Stahlbau und Baustatik
Aktuelle Probleme

Herausgegeben

von

H. Grengg · W. Pelikan · F. Reinitzhuber

Hermann Beer und Konrad Sattler
zum 60. Geburtstag gewidmet

Mit 255 Textabbildungen

1965

Springer-Verlag

Wien · New York

Die Redaktion dieser Festschrift besorgten

W. Mudrak · F. Resinger · E. Tungl

ISBN-13:978-3-7091-8132-4 e-ISBN-13:978-3-7091-8131-7
DOI: 10.1007/978-3-7091-8131-7

Softcover reprint of the hardcover 1st edition 1965

Library of Congress Catalog Card Number 65-27035

Titel Nr. 9149

Manzsche Buchdruckerei, Wien IX

Inhaltsverzeichnis

o. Prof. Dipl.-Ing. Dr. techn. Hermann Beer

geboren am 6. September 1905 in Graz

Dem späteren Freund und Vorbild der akademischen Jugend sind die pädagogischen Fähigkeiten als einem Lehrersohn sozusagen in die Wiege gelegt worden. Dem steirischen Kulturboden entsprossen, blieb Beer zeit seines Lebens dieser Herkunft verhaftet.

Nach dem Besuch der I. Staatsrealschule in Graz wendete Beer sich mit dem Wunsche, einmal kühne Bauwerke ausführen zu können, an der Technischen Hochschule Graz dem Bauingenieurwesen zu und hörte begeistert die Vorlesungen seiner berühmten Lehrer Federhofer, Kohlrausch, Kapsch u. a. m. Als Ausgleich zu diesem anstrengenden Studium dienten ihm Turnen, Wanderungen und Schifahrten im Kreise fröhlicher Kameraden, und dabei lernte er seine steirische Heimat in ihrer Schönheit kennen und lieben.

Anfang 1929 beendete Beer nach einer mit Auszeichnung abgelegten Zweiten Staatsprüfung seine Studien, um sofort von seinem verehrten Lehrer Kapsch als Assistent an die Lehrkanzel für Brückenbau geholt zu werden. Als Prof. Kapsch im Oktober 1929 einer Berufung an die Technische Hochschule München Folge leistete, bat er den jungen Assistenten, ihn nach München zu begleiten. In dieser Stellung blieb Beer bis Juli 1933 und konnte dort die wissenschaftliche Grundlage für seinen späteren Lebensweg verbreitern.

Anschließend folgten sieben arbeitsreiche Jahre in der Praxis, wo er in alle Bereiche der privaten Industrietätigkeit — verantwortungsvoll, aufreibend und doch schön — Einblick gewinnen konnte. Er lernte kennen, daß gerade die immerwährende Übernahme einer großen Verantwortung das Leben des Ingenieurs reizvoll macht. Bis 1936 war er erster Statiker der Stahlbauabteilung der Firma Humboldt-Deutz Motoren AG in Köln, und anschließend bis 1940 Leiter der Projektsabteilung und Oberingenieur der Stahlbauanstalt J. Gollnow u. Sohn, Stettin. Groß war die Zahl der Entwürfe und Ausführungen von Stahlkonstruktionen, die in diese Zeit fallen und an denen Beer maßgeblich mitgearbeitet hatte. Als Beispiele seien nur einige wenige genannt: Flughafen Berlin-Tempelhof, große Ausstellungshalle Berlin Masurenallee (erster Statiker der Gemeinschaftsbüros), Festhalle auf Rügen für 20000 Personen (Leiter des Entwurfes), Hängebrücke über den Hamburger Hafen mit 750 m Mittelspannweite (Leiter der wissenschaftlichen Abteilung des Entwurfsbüros), Entwurf und Ausführung der 450 m langen Autobahnbrücke über das Neandertal, zahlreiche genietete und geschweißte Brücken für Autobahnen, Eisenbahnen und Straßen.

Trotz dieser vielseitigen Tätigkeit gelang es ihm, in anstrengender Nachtarbeit seine Dissertation fertigzustellen, worauf ihm 1937 nach einem mit Auszeichnung bestandenen Rigorosum die Würde eines Doktors der technischen Wissenschaften durch die Technische Hochschule Graz verliehen wurde.

Dem Ruf, den sich Beer in wissenschaftlicher und praktischer Hinsicht in Deutschland erworben hatte, ist es zuzuschreiben, daß er bereits 1940 als a. o. Professor und Vorstand der Lehrkanzel für Baustatik an seine Heimathochschule Graz berufen wurde. Seine vielseitigen Erfahrungen konnten nun der Lehre und Forschung zugute kommen. In den schweren Tagen des Jahres 1945 war er eine wertvolle Stütze bei der Erhaltung des Lehrbetriebes an der Technischen Hochschule Graz. 1946 übernahm er dann zusätzlich die Lehrkanzel für Stahlbau, die er bis heute als ordentlicher Professor innehat, während er 1955 die Lehrkanzel für Baustatik an Prof. Dr.-Ing. E. h. E. Chwalla übergab, mit dem ihn eine tiefe Freundschaft verband.

Diese bis heute 22jährige Tätigkeit an der Grazer Hochschule war nur während der Jahre 1949 bis 1952 unterbrochen, als BEER, zeitüblicher Bedrängung unbeugsam zu begegnen, als Gastprofessor an der argentinischen National-Universität in Tucumán lehrend tätig war. Dieser Aufenthalt in Südamerika förderte Weitblick und Weltkenntnis in lebensentscheidendem Ausmaß und brachte auch die wertvolle Kenntnis der spanischen Weltsprache ein. In jener Zeit beschäftigte er sich noch besonders mit Flächentragwerken, so daß er nach seiner Rückkehr nach Graz als Ordinarius dieses Gebiet in seine Lehre und Forschung aufnahm und seine Lehrkanzel für „Stahlbau, Holzbau und Flächentragwerke" benennen durfte.

Einem inneren Drange folgend, hat BEER während seiner gesamten Tätigkeit als Hochschullehrer die wesentliche Verpflichtung eines wirklichen Ingenieurs, die Konstruktion zu fördern und zu pflegen, nie vernachlässigt. In enger Zusammenarbeit mit der Industrie war er auf dem vielseitigen Gebiete des Stahlbaues immer wieder mit neuen Ideen wirksam. Es seien wieder nur einige besondere Bauwerke als Beispiele dieser Tätigkeit angeführt: neuartige Konstruktionen des Stahlwasserbaues, Industriebaues und Brückenbaues; Entwurfsberatung für ein 70000-t-Schwimmdock in Skaramanga (Griechenland), Gutachten für einen 1300 m langen Brückenzug über den Brahmaputra, Gutachten für die Einrüstung des 8,5 km langen Brückenzuges über die Meerenge von Maracaibo (Venezuela), Entwurfsberatung und Prüfung der Europa-Brücke Tirol, Flughafenanlage Innsbruck, Rohrbrücke über die Donau unter Wien, Autobahnbrücke Wolfsgraben (Wiener Westeinfahrt) u. a. m.

Die vielen anfallenden Probleme regten BEER zu einer reichen wissenschaftlich-technischen Arbeit an. In mehr als 60 Veröffentlichungen in österreichischen, deutschen, englischen, argentinischen und schweizerischen Fachzeitschriften hat er seine gesammelten Erkenntnisse einer interessierten Fachwelt bekanntgemacht. Hier seien nur die folgenden Arbeitsgebiete erwähnt: Stabilität, Zellenbauweise, Hängebrücken, Modellmessungen an Talsperren, räumliche Systeme, orthotrope Platten, Trägerroste, Verbundkonstruktionen usw.

Alle diese Arbeiten zeichnen sich durch eine besondere Klarheit in Form und Inhalt aus. Das gleiche gilt auch für seine Vorlesungen und Vorträge. Gerade die Vortragstätigkeit hält BEER für besonders wichtig, und er ist auf Grund seiner Vorträge in vielen Ländern, in Deutschland, Schweiz, Belgien, Frankreich, Portugal, Jugoslawien, Argentinien, Brasilien, Venezuela, Indien, Rumänien und Ägypten, zu einem Künder österreichischer Ingenieurkunst und wissenschaftlicher Gründlichkeit geworden.

Angesichts dieser beruflichen Tätigkeit ist es nicht verwunderlich, daß die Stahlindustrie mit verlockenden Angeboten und verschiedene Hochschulen mit Berufungsanträgen (Braunschweig 1954, Stuttgart 1955, München 1960) an ihn herantraten. BEER indessen hat es als verpflichtend angesehen, im Geiste seiner ehemaligen Lehrer an der Technischen Hochschule Graz zu lehren. Das Vertrauen des Professorenkollegiums der Technischen Hochschule Graz hat BEER für die Jahre 1957 bis 1959 zum

Dekan der Fakultät für Bauingenieurwesen und Architektur und für die Jahre 1960 bis 1962 zum Rektor magnificus gewählt; die würdevolle Gestaltung der 150-Jahr-Feier der Technischen Hochschule Graz war ein Höhepunkt seiner Rektorszeit.

Beer ist ordentliches Mitglied der Akademie der Wissenschaften in Tucumán und korrespondierendes Mitglied der Österreichischen Akademie der Wissenschaften, Präsident der österreichischen Gruppe der Internationalen Vereinigung für Brückenbau und Hochbau (IVBH), Vorsitzender der Arbeitskommission II (Stahlbau) der IVBH, Vorsitzender der Arbeitskommission VIII (Stabilitätsfälle) und österreichischer Delegierter in der Arbeitskommission X der Europäischen Stahlbaukonvention.

Der geschilderte Lebenslauf bringt nur die nüchternen Tatsachen eines überaus arbeitsreichen Lebens. Daneben ist aber nicht der Mensch und Kollege Beer zu vergessen. Seine Aufrichtigkeit und innere Fröhlichkeit haben ihn die Herzen seiner Kollegen und Mitarbeiter gewinnen lassen und mit vielen von ihnen verbindet ihn eine lange, unzertrennliche Freundschaft. Dies gilt auch für viele seiner Kollegen jenseits der Grenzen seiner Heimat. Er ist zeit seines Lebens treu zu seinem deutschen Volke gestanden.

H. Grengg

Verzeichnis der wissenschaftlichen Veröffentlichungen

1. Festigkeits- und Stabilitätsuntersuchung der Portale oben offener Brücken. Dissertation 1937, Technische Hochschule Graz.
2. Stabilitätsuntersuchung der geknickten mittleren Portale von durchlaufenden Fachwerkbrücken mit Rhombenausfachung. „Der Stahlbau“ 1944.
3. Die Berechnung von Tragflügeln in Zellenbauweise. Junkers Berichte 1943.
4. Stabilitätsuntersuchung von Verbundkörpern mit spezieller Anwendung auf den Leichtmetallzellenbau. Junkers Berichte 1944.
5. Stabilitätsuntersuchung von Trägergurten mit ausgebeultem Steg. Junkers Berichte 1944.
6. Untersuchung des seitlichen Ausweichens von Stabwerken mit elastisch gestütztem Mittelknoten. Österreichisches Ingenieurarchiv 1947.
7. Eine Betrachtung zum heutigen Stand der Theorie und Gestaltung von Hängebrücken. Österreichische Bauzeitschrift 1946.
8. Neuzeitliche Gesichtspunkte der Konstruktion von Hängebrücken. Österreichische Bauzeitschrift 1947.
9. Der heutige Stand der Montage von Hängebrücken. Österreichische Bauzeitschrift 1949.
10. Die praktische Bemessung von Zweigelenkportalen. Die Bauwissenschaft 1947.
11. Stabilitäts- und Festigkeitsuntersuchung der geknickten Endportale von Fachwerkbrücken mit Rhombenausfachung. Österreichische Bauzeitschrift 1947.
12. Static tests an models of arch dams (englisch), gemeinsam mit E. Tschech. Commission Internationale des grandes barrages, Paris 1948.
13. Das räumliche Seileck. Internationale Vereinigung für Brückenbau und Hochbau, III. Kongreß, Schlußbericht 1948.
14. Elastostatische Modellversuche an Bogenstaumauern. Internationale Vereinigung für Brückenbau und Hochbau, III. Kongreß, Schlußbericht 1948 (gemeinsam mit E. Tschech).
15. Beitrag zur Berechnung von räumlichen Rahmen mit beweglicher Knotenfigur. Österreichische Bauzeitschrift 1948.
16. Ensayos estáticos mediante modelos de estructuras (spanisch). Publikation der Argentinischen Akademie der Wissenschaften in Tucumán, 1950

17. Ein allgemeines Verfahren zur Berechnung räumlicher Rahmensysteme. Festschrift: FEDERHOFER-GIRKMANN, Wien 1950.
18. Sobre un nuovo sistema de puentes (spanisch). Zeitschrift: Técnica, Tucumán 1950.
19. La acción conjuncta de la viga metálica y la losa de hormigon (spanisch). Zeitschrift: Ciencia y Técnica, Buenos Aires 1951.
20. Cálculo aproximado de loses con armadura cruzada (spanisch). Zeitschrift: Técnica, Tucumán 1951.
21. Los progresos en la técnica del hormigon en los últimos cincuenta anos (spanisch). Zeitschrift: Ciencia y Técnica, Buenos Aires 1950.
22. Sobre el cálculo de lajas mediante la functón exterior de tensiones (spanisch), gemeinsam mit Ing. GENARO PISCITELLI. Zeitschrift: Técnica, Tucumán 1951.
23. Sobre el cálculo de placas mediante polinomios (spanisch), gemeinsam mit Ing. JUAN E. BAUMANN. Zeitschrift: Técnica, Tucumán 1952.
24. La solicitación de la laja de timpano en sistema plegados (spanisch), gemeinsam mit Ing. G. PISCIPELLI. Zeitschrift: Técnica, Tucumán 1953.
25. Einige bemerkenswerte Ingenieurhochbauten Argentiniens. Österreichische Bauzeitschrift 1953.
26. Zur Berechnung torsionssteifer Trägerroste, gemeinsam mit F. RESINGER. Österreichische Bauzeitschrift 1954, Nachrichten des Österreichischen Betonvereines, S. 13 usw.
27. El procedimiento de la ménsulas en el trazado de lineas de influencia. Técnica y Arte, 1953, Tucumán.
28. Stahlhochbau in Österreich. Abhandlungen aus dem Stahlbau, H. 14, 1953.
29. Verbundkonstruktionen I. und II. Teil. Österreichische Bauzeitschrift 1954, H. 6, 7, 8, 9.
30. Genaue Berechnung schiefer Trägerroste mit Einflußlinien, gemeinsam mit F. RESINGER. Der Bauingenieur 1955.
31. Ein baustatisches Verfahren zur Berechnung orthotroper Platten und Plattenroste. Österreichisches Ingenieur-Archiv 1955, Sonderheft, KARL FEDERHOFER gewidmet.
32. Métodos didácticos en el trazado de lineas de influencia. Técnica y Arte, 1955, S. 31 usw., Tucumán.
33. Ein baustatisches Verfahren zur Ermittlung der Krafteinleitung in rechtwinklig ausgesteifte Scheiben, gemeinsam mit F. RESINGER. Der Stahlbau 1957, S. 3 usw.
34. Spannungsverteilung in orthotropen Scheiben, gemeinsam mit F. RESINGER. V. Kongreß der IVBH in Lissabon 1956, Schlußbericht.
35. Neuere statische und konstruktive Gesichtspunkte im Stahlhochbau. Stahlbau-Rundschau 1958.
36. Jahresversammlung des Internationalen Institutes für Schweißtechnik 1958 in Wien. Hauptreferet über die Arbeitsgruppen IV und V, Schlußbericht.
37. Die Barbarabrücke über die Donau, ein neuartiges Hängebrückensystem. Österreichische Ingenieurzeitschrift 1959, H. 3, gemeinsam mit F. MASANZ.
38. Der Preflexträger. Deutsche Betonsteinzeitung 1960, H. 5.
39. Neuere Rohrleitungsbrücken in Stahlkonstruktion. Zeitschrift des Österreichischen Stahlbauverbandes, Jahrg. 5, Sonderheft 1959.
40. Eine neuartige Hallenkonstruktion mit Rohrfachwerkbindern. Schweizerische Bauzeitung 1960.
41. Einige Gesichtspunkte zur Anwendung hochfester, vorgespannter Schrauben im Stahlbau. Internationale Vereinigung für Brückenbau und Hochbau, VI. Kongreß, Stockholm 1960, zweite Arbeitssitzung (Schlußbericht).
42. Wissenschaftliche Beiträge für die Arbeitskommission VIII (Stabilitätsfälle) der Europäischen Konvention der Stahlbauverbände.
43. Verfassung von europäischen Richtlinien für die Anwendung von hochfesten vorgespannten Schrauben im Stahlbau, gemeinsam mit Prof. IR. A. A. VAN DOUWEN, Holland.

44. Studie zur Festlegung einer Kurve der zulässigen Knickspannungen. Stahlbau-Rundschau, H. 18, 1960.
45. Über die Schalenbauweise bei Wehrverschlüssen. Österreichische Wasserwirtschaft, H. 5/6, 1961, Festschrift Hermann Grengg.
46. Die Europabrücke über dem Silltal in Tirol. Der Bauingenieur, H. 1, 1961.
47. Die Villacher Draubrücke, eine neuartige Hohlkastenverbundbrücke. Der Bauingenieur, H. 9, 1961.
48. Konstruktiver Ingenieurbau. Österreichische Ingenieurzeitschrift, H. 8, 1961.
49. Einige bemerkenswerte Stahlbauten aus Österreich. Stahlbautagung Kassel 1962. Veröffentlichungen des Deutschen Stahlbau-Verbandes, H. 17.
50. Rundhalle mit Hängekegeldach. Der Stahlbau 1963, H. 1. (Die Arbeit wurde auch ins Englische und Französische übersetzt.)
51. Die Pragerstraßenbrücke in Wien. Der Bauingenieur 1963, H. 5.
52. Normung und Wissenschaft. Stahlbau-Rundschau 1963.
53. Das neue Flughafengebäude in Innsbruck. Der Bauingenieur 1963, H. 9.
54. Entwicklungstendenzen im Stahlhochbau. Zeitschrift des Vereines Deutscher Ingenieure 1963, Nr. 23.
55. Beitrag zur Wandersicherheit von HV-Verbindungen. Internationale Vereinigung für Brückenbau und Hochbau, VII. Kongreß 1964, Rio de Janeiro, gemeinsam mit F. Wallner, Vorbericht.
56. Das Tragverhalten statisch unbestimmter Systeme aus hochfestem Baustahl. Internationale Vereinigung für Brückenbau und Hochbau, VII. Kongreß 1964, Rio de Janeiro, gemeinsam mit K. Moser, Vorbericht.
57. Generalbericht über das Thema III (Stahlbrückenbau) für den Kongreß der Internationalen Vereinigung für Brückenbau und Hochbau in Rio de Janeiro 1964, Vorbericht.
58. Konstruktiver Ingenieurbau. Inaugurationsrede 1960, Separatdruck.
59. Die Verwendung von Rohren im Stahlbau. Zeitschrift für Umformtechnik 1964, Nr. 8.
60. VII. Kongreß der IVBH 1964 in Rio de Janeiro. Diskussionsbeitrag zum Thema II d (Ermüdungsfestigkeit), erscheint im Schlußbericht.
61. Diskussionsbeitrag zum Thema III a (schiefe und gekrümmte Brücken) und III c (vorgespannte Brücken). VII. Kongreß der IVBH 1964, erscheint im Schlußbericht.
62. Generalreferat über das Kongreßthema III (Stahlbrückenbau) und Schlußfolgerungen (Schlußbericht). VII. Kongreß der IVBH 1964.
63. Statische und konstruktive Gesichtspunkte im Stahlleichtbau. Stahlbau-Rundschau 1964, H. 25, und Construction Métallique 1965, H. 1.
64. Einige neue Gesichtspunkte in der Planung und Berechnung von Stahlbauten, Hauptreferat. 1. Internationaler Kongreß für Stahlbau in Luxemburg 1964. Publikation der Hohen Montanbehörde 1965.
65. Sheddächer in Holzbauweise. VDI-Sonderheft 107 (1965), Heft 17.

o. Prof. Dr. techn. h. c. Dr.-Ing. Konrad Sattler

geboren am 28. September 1905 in Köflach

Das bisherige Lebenswerk Professor SATTLERS stellt eine glückliche Synthese zwischen schöpferischer Forschungsarbeit und erfindungsreichem Ingenieurschaffen dar. SATTLER, Sohn eines Schulleiters, hat an der Technischen Hochschule Graz seine Ausbildung erhalten. Von den damaligen Professoren fühlte sich SATTLER besonders zu dem Brückenbauer GEORG KAPSCH hingezogen, dessen exakte wissenschaftliche Betrachtungsweise der technischen Probleme und begnadete konstruktive Begabung nachhaltigen Einfluß auf ihn ausübte.

Die beiden Staatsprüfungen bestand Sattler mit Auszeichnung und schloß seine Studien im Jahre 1929 ab. Schon 1932 folgte das Doktorat der technischen Wissenschaften, das er mit einer Arbeit „Beitrag zur Knicktheorie dünner Platten" und dem mit Auszeichnung bestandenen Rigorosum erwarb. Seine vierjährige Assistententätigkeit bei Franz Brunner ließ ihm Zeit zu einer intensiven Beschäftigung mit den Grundwissenschaften der Festigkeitslehre und Statik; und Sattler erwarb sich hier die Grundlage für seine späteren bedeutenden Forschungsarbeiten. Die Assistententätigkeit bei Brunner brachte für Sattler aber auch die erste Mitarbeit an einem großen Brückenprojekt, nämlich einem Sonderentwurf für die Reichsbrücke in Wien, einer Hängebrücke, die den ersten Preis erhielt.

Der Weg Sattlers führte von Graz nach Deutschland zu einer der größten Brückenbaufirmen, der Gutehoffnungshütte in Sterkrade-Oberhausen, und nach eineinhalbjähriger Tätigkeit zu Hein-Lehmann nach Düsseldorf. In diesen beiden traditionsreichen Brückenbauanstalten hat Sattler Brücken- und Hochbauten, aber auch Stahlwasserbauten und Druckrohrleitungen berechnet und sich innerhalb seiner dreijährigen Tätigkeit zum selbständig entwerfenden Ingenieur entwickelt, dessen Ideenreichtum den Firmen manch schöne Erfolge brachte. Für Sattlers Ingenieurlaufbahn entscheidend war sein Eintritt in die Firma Krupp-Stahlbau Rheinhausen, in der er als Oberingenieur mit Handlungsvollmacht schließlich die Leitung der Abteilung Brückenbau übernahm. Hier konnte er nicht nur die baureifen Entwürfe zahlreicher Brücken für das In- und Ausland durchführen, sondern auch große und kühne neuartige Brückenprojekte bis zur Ausführungsreife entwickeln. Hier seien nur genannt: die Eisenbahn- und Straßenbrücke über den Öresund mit einer Hängebrücke von 3 × 756 m Stützweite, bei der erstmalig die statischen und konstruktiven Probleme des Zusammenwirkens von drei Hauptspannweiten zu lösen waren, und die größte Drehbrücke Europas in Glove auf Rügen, deren Ausführung durch das Fortschreiten des Krieges verhindert wurde. Sattlers Entwurf der Straßenbrücke über den Nil bei Samanoud mit einer Drehbrücke gelangte noch vor Kriegsausbruch zur Ausführung und hat in der Fachwelt starke Beachtung gefunden. Wohl die bedeutendste Ingenieurleistung Sattlers während seiner Tätigkeit bei Krupp ist aber die Entwicklung der SKR-Brücke, eines zerlegbaren Brückengerätes der Deutschen Reichsbahn mit Stützweiten bis 120 m, das noch während des Krieges, aber vor allem beim Wiederaufbau zerstörter Brücken nach dem Kriege in größtem Umfang eingesetzt wurde. Schon allein die Tatsache, daß 140000 t dieses Gerätes erzeugt wurden, beweist die technisch ausgezeichnet gelungene Gesamtkonzeption.

Der Ruf als Nachfolger Franz Brunners an die Technische Hochschule Graz erreichte Sattler im Jahre 1944, mitten in seiner Tätigkeit im Kriegsgebiet bei der Hebung der großen Bogenbrücke Nymwegen, die eine Ingenieurleistung ersten Ranges darstellt.

Der Tätigkeit Sattlers in Graz war leider keine lange Dauer beschieden. Trotzdem sich das Professorenkollegium mit einem eindrucksvollen

Memorandum an das Unterrichtsministerium gewandt hatte, um sein weiteres Verbleiben an der Hochschule zu erwirken, mußte SATTLER das Los so vieler charaktervoller Männer und ausgezeichneter Fachleute teilen und wurde 1946 entlassen. Seinem Mut und seinem schöpferischen Geist konnte dieser harte Schlag allerdings nichts anhaben. Der Gesellschafter der Firma Ast u. Co., Dipl.-Ing. KIESLING, bot ihm in seiner Firma sofort die Existenzgrundlage an, und bald wurden auch hier seine erfinderischen Gedanken in die Tat umgesetzt. Aus der Erfahrung mit der Entwicklung und Anwendung des SKR-Brückengerätes heraus schuf SATTLER eine Baubrücke in zerlegbarer Stahlfachwerkkonstruktion, die heute in Österreich vielfältig Anwendung findet; entwickelte eine Stahlgleitschalung für doppelt gekrümmte Gewölbestaumauern und entwarf und berechnete Stahlbetonkonstruktionen. An dieser Stelle sei vor allem auch die Montagebauweise Sattler-Pucher genannt, deren Tragsystem aus einem Scheibenskelett besteht und die in Kapfenberg ihre erste Ausführung erlebte.

Mit der Berufung an die Technische Universität Berlin am 27. November 1950 nahm SATTLER seine Lehrtätigkeit wieder auf, auf jenem Lehrstuhl, den einst ein MÜLLER-BRESLAU innegehabt hat und den der greise Geheimrat HERTWIG zuletzt verwaltete. Hier hat SATTLER neben der Lehre eine Forschungstätigkeit entfaltet, die in großer Spannweite viele Themen der Elasto- und Plastostatik und des konstruktiven Ingenieurbaues umfaßte. Die Krönung dieser Tätigkeit war die Herausgabe des Werkes „Theorie der Verbundkonstruktionen" im Jahre 1954, dem 1959 ein vollständig neubearbeitetes zweibändiges Werk nachfolgte, das auch den Spannbeton mit einbezog. Von den weiteren Arbeiten SATTLERS, die während seiner fast zwölfjährigen Tätigkeit an der Technischen Universität Berlin entstanden sind, seien vor allem die Untersuchungen über das plastische Verhalten von Verbund- und Stahlkonstruktionen sowie über den räumlichen Spannungszustand im elastischen und plastischen Bereich und die Behandlung der Probleme der Theorie zweiter Ordnung hervorgehoben. SATTLER hat auch das Verfahren von GUYON-MASSONNET für die Berechnung von Trägerrosten erweitert und verallgemeinert.

Das hohe Ansehen, das SATTLER als Ingenieur und Forscher genießt, hat zu seiner Promotion zum Doktor der technischen Wissenschaften ehrenhalber an seiner Heimathochschule geführt. Schließlich gelang es dieser Hochschule im Jahre 1962, SATTLER als Nachfolger des allzu früh verstorbenen ERNST CHWALLA wieder zu gewinnen; ein Beweis für die völlige Unabhängigkeit der SATTLERschen Berufsauffassung von materiellen Erwägungen.

SATTLER hat sich auch durch die Herausgabe der Zeitschrift „Der Bauingenieur" internationales Ansehen erworben, jener allbekannten erstrangigen Ingenieurzeitschrift, die in den Fachkreisen der ganzen Welt gelesen wird.

Es ist bei der Bedeutung SATTLERS auch verständlich, daß er viele Einladungen zu Vorträgen erhielt und im In- und Ausland an Technischen Hochschulen, vor Akademien der Wissenschaften und auf Tagungen über seine Arbeiten berichtet hat.

Seine Verbundenheit mit dem akademischen Lehramt hat SATTLER unter anderem auch dadurch bewiesen, daß er ein glänzendes Angebot, in die Geschäftsführung der Firma Fried. Krupp Maschinen- und Stahlbau Rheinhausen einzutreten, abgelehnt hat. SATTLER hat an der Technischen Universität Berlin im Studienjahr 1957/58 das Amt eines Dekans der Fakultät für Bauingenieurwesen bekleidet und wurde für das Studienjahr 1965/66 zum Dekan der Fakultät für Bauingenieurwesen und Architektur an der Technischen Hochschule Graz gewählt. H. GRENGG

Verzeichnis der wissenschaftlichen Veröffentlichungen

Bücher und Schriften

1. Theorie der Verbundkonstruktionen. Verlag Wilhelm Ernst u. Sohn. 1952.
2. Betrachtungen über Theorie und Anwendung der Verbundkonstruktionen. Veröffentlichungen des Deutschen Stahlbau-Verbandes 1954, H. 4.
3. Ein allgemeines Berechnungsverfahren für Tragwerke mit elastischem Verbund. Veröffentlichungen des Deutschen Stahlbau-Verbandes 1955, H. 8.
4. Bearbeitung des Kapitels „Verbundkonstruktionen" im Taschenbuch „Hütte", Bd. III, 28. Aufl., 1956.
5. Theorie der Verbundkonstruktionen (Spannbeton, Stahlträger in Verbund mit Beton), 2 Bände. Verlag Wilhelm Ernst u. Sohn. 1959.
6. Bearbeitung des Kapitels „Verbundkonstruktionen" im Stahlbau-Taschenbuch 1960.
7. Zusammenfassende Betrachtungen über Berechnung und Ausführung von Verbundkonstruktionen. Mitteilungen der Technischen Kommission des Schweizer Stahlbau-Verbandes, H. 20, 1960.
8. Die sinnvolle Berechnung zur Konstruktion. Veröffentlichungen des Deutschen Stahlbau-Verbandes, H. 14, 1960.

Veröffentlichungen in Zeitschriften

9. Beitrag zur Knicktheorie dünner Platten. Mitt. Forsch.-Anst. GHH-Konzern, Bd. 3, H. 10, 1935, S. 257ff.
10. Beitrag zur Berechnung der Eigenschwingungen von vollwandigen Balkenbrücken. Der Bauingenieur 1935, H. 51/52.
11. Straßenbrücke über den Nil bei Samannoud. Bautechnik 1940, H. 17.
12. Eine neue Bauweise für Wohnhäuser. Der Aufbau, Wien, November 1946.
13. Hölzerne Tragwerke mit genagelten stählernen Stoßblechen. Bautechnik 1948, H. 3, S. 53ff.
14. Ermittlung der Eigengewichte stählerner Brücken. Bautechnik 1948, H. 8.
15. Montagebauweise Sattler-Pucher. Neues Bauen und Wohnen. Graz 1949.
16. Eine universell verwendbare Baubrücke. Schweizerische Bauzeitung, 67. Jahrg., Nr. 52 vom 24. Dezember 1949.
17. Betrachtungen über Schalungen, Rüstungen, Gerüstbrücken. Beton- und Stahlbetonbau, 46. Jahrg., 1951, H. 8, S. 169ff.
18. Der Fachwerkverbundträger mit einem Stahlbetongurt. Bautechnik, 29. Jahrg., 1952, H. 5, S. 118.
19. Allgemeine Theorie der Rautenfachwerke. Bautechnik, 29. Jahrg., 1952, H. 6, S. 152ff.
20. Die Fließsicherheit von Vollwandverbundkonstruktionen. Bautechnik, 30. Jahrg., H. 6, S. 153ff.

21. Das Verfahren Slavin zur Untersuchung der Stabilität ganzer Fachwerksysteme. Bautechnik, 30. Jahrg., 1953, H. 8, S. 222ff.

22. Das Durchbiegungsverfahren zur Lösung von Stabilitätsproblemen. Bautechnik, 30. Jahrg., 1953, H. 10 und 11, S. 288ff.

23. Die Stabilität von Stockwerkrahmen mit seitlich verschieblichen Knotenpunkten. Österreichische Bauzeitschrift, November 1953.

24. Kriechen und Schwinden bei vorgespannten Verbund-Stahlbetonkonstruktionen und beliebigen Stahlträger-Verbundkonstruktionen. Beton- und Stahlbetonbau 1954, H. 1 und 2.

25. Eine einfache Näherungsberechnung für statisch unbestimmte vollwandige Stahlträger in Verbundkonstruktion. Bautechnik 1954, H. 3, S. 72ff.

26. Die Hebung der Bogenbrücke in Nymwegen. Der Stahlbau 1954, S. 104ff.

27. Betrachtungen zu einer zerlegbaren universellen Baubrücke. Baumaschine und Bautechnik 1954, H. 6.

28. Betrachtungen zum Berechnungsverfahren von Guyon-Massonnet für freiaufliegende Trägerroste und Erweiterung dieses Verfahrens auf beliebige Systeme. Bauingenieur 1955, H. 3, S. 72ff.

29. Nachruf für Geh.-Rat Prof. Dr.-Ing. E. h. August Hertwig. Bautechnik 1955, H. 5.

30. Nachruf für Geh.-Rat Prof. Dr.-Ing. E. h. August Hertwig. Humanismus und Technik 1955, 3. Bd., 1. H.

31. Betrachtungen über Spannungs-Dehnungsgesetze für metallische Stoffe im plastischen Bereich. Österreichische Bauzeitschrift, Januar 1956.

32. Beitrag zur Bemessung stählerner Vollwandkonstruktionen. Bautechnik 1956, H. 1.

33. Betrachtungen über die Durchbiegung von Stahlbetonträgern. Bautechnik 1956, H. 11. Il cemento 1, 1957.

34. Beitrag zur Berechnung von Spannbeton-Konstruktionen. Bauingenieur 1956, H. 12, S. 444—457.

35. Ergebnisse der Messungen an der Verbundbrücke Montabaur. Bautechnik, 34. Jahrg., 1957, H. 9.

36. Plastizitätsprobleme bei Stahlbeton- und Spannbetonkonstruktionen. Bologna 1957.

37. Su alcuni problemi di plasticitá. Milano 1958.

38. Betrachtungen über den Fließsicherheitsnachweis bei Verbundkonstruktionen. Stahlbau-Verlags GmbH, Köln 1958.

39. Betrachtungen über Trägerroste mit Steifigkeitsunterschieden zwischen Rand- und Innenträgern. Bauingenieur, 34. Jahrg., 1959, H. 1, S. 1—9, H. 2, S. 53—59.

40. Gedanken über Studium, Tätigkeit und Wesen des Ingenieurs. Stahlbau-Rundschau, Zeitschrift des Österreichischen Stahlbauverbandes, 5. Jahrg., H. 2, 1959.

41. Betrachtungen über die Verwendung hochzugfester Schrauben bei Stahlträger Verbundkonstruktionen. Vorbericht zum 6. Kongreß der Internationalen Vereinigung für Brückenbau und Hochbau, 1960.

42. Die plastische Berechnung stählerner biegefester Systeme mit Stäben veränderlichen Querschnitts. Bauingenieur 1960, H. 6, S. 198ff.

43. Nachruf für Prof. Dr.-Ing. E. h. Ernst Chwalla. Bauingenieur 1960, H. 7, S. 275ff.

44. Considerazioni sui graticci di travi ortogonali e sulle lastre caricate nel proprio piano e normalmente a questo con anisotropia parallela al conorno. Estratto dai Rendiconti e Publicazioni in cemento armato. Vol. XI. Milano 1960.

45. Composite Construction in Theory and Practice. The Structural Engineer, April 1961, Vol. XXXIX, No. 4.

46. Betrachtungen zum ideellen Schwerpunkt von eingespannten Rahmen und Bogen. Bauingenieur 1962, H. 12, S. 469ff.

47. Betrachtungen über neuere Verdübelungen im Verbundbau. Bauingenieur 1962, H. 1 und 2, S. 1—8 und S. 60—67.

48. Die Baustatik und ihre Lehre aus der Sicht persönlicher Erlebnisse. Stahlbau-Rundschau 1963, H. 24.

49. Betrachtungen zu den verschiedenen Problemen der Verbundbauweise. IVBH-Vorbericht zum 7. Kongreß in Rio de Janeiro 1964.

50. Untersuchungen über Verbundträger für den Tunnelbau und für Hochbauten. Bauingenieur 1964, H. 1, S. 11ff.

51. Eine neuartige Baubrücke. Techn. Mitt. Krupp Bd. 22 (1964), H. 4.

52. Die Bedeutung der Statik im Leben des Ingenieurs (Schinkelfest-Vortrag 1965). Schriftenreihe d. Arch.- u. Ing.-Ver. zu Berlin, Heft 17 (1965).

53. Die neue Österreichische Tunnelbauweise, gemeinsam mit Prof. L. v. Rabcewicz. Bauingenieur 1965, H. 8.

Zur numerischen Lösung von linearen totalen Differentialgleichungen

Von

F. Stüssi, Zürich

Mit 1 Textabbildung

I. Gegenstand

Es kommt in der Technik häufig vor, daß Differentialgleichungen, für die keine analytische Lösung existiert, numerisch gelöst werden müssen. Auch die Mathematik hat sich in letzter Zeit mehr und mehr mit numerischen Methoden beschäftigt, doch zeigt sich sehr oft, daß solche mathematisch orientierten numerischen Methoden der Denkweise des Ingenieurs in bezug auf Übersichtlichkeit und Anschaulichkeit nicht entsprechen. An eine numerische Methode muß im Interesse einer sicheren, zuverlässigen und prüfbaren Berechnung die Forderung gestellt werden, daß sie mit Zusammenhängen und Begriffen arbeitet, die denjenigen, die diese Berechnung ausführen müssen, geläufig und vertraut sind.

Es sei ausdrücklich festgestellt, daß numerische Methoden analytische Lösungen nicht konkurrenzieren sollen. Wenn eine analytische Lösung existiert, so besitzt sie den großen Vorteil, daß sie das gestellte Problem allgemein löst; im gegebenen Einzelfall sind lediglich die besonderen Zahlenwerte in eine Formel einzusetzen. Bei einer numerischen Lösungsmethode dagegen ist in jedem Einzelfall die ganze Berechnung durchzuführen. Die Baustatik kennt solche numerische Methoden beispielsweise für die Berechnung der Momentenfläche oder der Biegungslinie eines einfachen Balkens durch Konstruktion oder Berechnung des Seilpolygons zur Belastungsfläche, wobei die Schlußlinie durch die Randbedingungen bestimmt wird. Es wird wohl keinem Ingenieur einfallen, etwa die Momentenfläche eines einfachen Balkens für gleichmäßig verteilte Belastung durch die Seilpolygonkonstruktion zu bestimmen, weil hier die analytische Lösung der Gleichung $M'' = -p$ für $p =$ konst. mit den Randbedingungen $M_A = 0$ und $M_B = 0$ durch zweimalige Integration sich ein für allemal zu $M = \frac{p}{2} \cdot x \cdot (l - x)$ finden läßt. Ist umgekehrt die Belastungsfunktion nur schwierig integrierbar, dann wird man zur numerischen Lösungsmethode greifen. Genau die gleichen Verhältnisse dürften auch bei der Lösung von totalen linearen Differentialgleichungen vorliegen, und zwar sowohl bei Randwertproblemen wie bei Anfangswertproblemen.

Handelt es sich z. B. um die Lösung der Differentialgleichung

$$y'' \pm c\, y + F(x) = 0, \tag{1}$$

so beruht eine numerische Lösungsmethode darauf, daß die zweiten Ableitungen y'' eliminiert bzw. durch die gesuchte Funktion y selber ausgedrückt werden. Die Elimination der zweiten Ableitung y'' ist nun durch die Seilpolygongleichung

$$\Delta x \cdot K_m(y'') = y_{m-1} - 2\, y_m + y_{m+1}$$

streng möglich; durch Umsetzung der zu lösenden Differentialgleichung in eine entsprechende Gleichung der Δx-fachen Knotenlasten erhalten wir ein sehr leicht zu lösendes dreigliedriges Gleichungssystem bei Randwertproblemen bzw. eine Rekursionsformel bei Anfangswertproblemen [1].

Ist dagegen die vollständige Differentialgleichung zweiter Ordnung

$$y'' + b\, y' + c\, y + F(x) = 0 \tag{2}$$

zu lösen, so tritt die Schwierigkeit auf, daß die Knotenlast des „Dämpfungsgliedes" $b \cdot y'$ nur angenähert durch drei aufeinanderfolgende Werte y ausgedrückt werden kann. Dieser Nachteil ist bei den meisten in der Baustatik vorkommenden Differentialgleichungen nicht schwerwiegend, weil hier in der Regel der Einfluß des Dämpfungsgliedes an sich klein ist und seine nur angenäherte Erfassung die Genauigkeit der Lösung nicht stark beeinträchtigt. Nur in solchen Fällen, in denen das Dämpfungsglied $b \cdot y'$ relativ groß ist, d. h. sein Einfluß auf die Lösung von gleicher Größenordnung ist wie etwa von $c \cdot y$ oder von $F(x)$, wirkt sich der erwähnte Nachteil störend aus. Man könnte versuchen, die Knotenlast des Dämpfungsgliedes $b \cdot y'$ genauer zu erfassen; da dies aber nur mit Hilfe einer größeren Anzahl von Funktionswerten y möglich ist, ist ein solches Vorgehen praktisch nicht interessant, weil der Zeitaufwand für die Durchführung der Berechnung stark ansteigen würde. Es soll deshalb im folgenden ein numerisches Verfahren zur Lösung von totalen linearen Differentialgleichungen angegeben werden, bei denen nicht die Hauptfunktionen $y, y'' \ldots$ dominieren, sondern bei denen auch die Nebenfunktionen $y', y''' \ldots$ grundsätzlich gleichwertig sind wie die Hauptfunktionen.

II. Einfachere Lösung

Zu lösen sei (als Beispiel) die Differentialgleichung zweiter Ordnung

$$y'' + b \cdot y' + c \cdot y = F(x) \tag{2 a}$$

als Anfangswertproblem mit den Anfangsbedingungen $y(0) = y_0$, $y'(0) = y_0'$; damit ist aus der zu lösenden Differentialgleichung auch y_0'' gegeben: $y_0'' = F(0) - c_0 \cdot y_0 - b_0 \cdot y_0'$.

Wir setzen

$$y = a_0 + a_1\, x + a_2\, x^2 + a_3\, x^3; \tag{3}$$

somit ist

$$y' = a_1 + 2\, a_2\, x + 3\, a_3\, x^2,$$

$$y'' = 2\, a_2 + 6\, a_3\, x$$

oder, wegen $y_0 = a_0$, $y_0' = a_1$, $y_0'' = 2\,a_2$:

$$\left.\begin{aligned} y &= y_0 + y_0' \cdot x + \frac{y_0''}{2} \cdot x^2 + a_3 \cdot x^3, \\ y' &= y_0' + y_0'' \cdot x + 3\,a_3 \cdot x^2, \\ y'' &= y_0'' + 6\,a_3 \cdot x. \end{aligned}\right\} \tag{3 a}$$

Setzen wir diese Werte für $x = x_1$ in die zu lösende Differentialgleichung (2 a) ein, so ergibt sich

$$y_0'' + 6\,a_3 \cdot x_1 + b_1 \cdot (y_0' + y_0'' \cdot x_1 + 3\,a_3 \cdot x_1^2) + \\ + c_1 \cdot \left(y_0 + y_0' \cdot x_1 + \frac{1}{2}\,y_0'' \cdot x_1^2 + a_3 \cdot x_1^3\right) = F_1,$$

woraus wir durch Ordnen die Bestimmungsgleichung für den unbekannten Koeffizienten a_3 erhalten:

$$a_3 \cdot (6\,x_1 + 3\,b_1 \cdot x_1^2 + c_1 \cdot x_1^3) = \\ = F_1 - y_0'' \cdot \left(1 + b_1 \cdot x_1 + \frac{1}{2}\,c_1 \cdot x_1^2\right) - y_0' \cdot (b_1 + c_1 \cdot x_1) - c_1 \cdot y_0. \tag{4}$$

Mit a_3 können die Werte y_1, y_1', y_1'' aus Gl. (3 a) berechnet werden. Ausgehend von Punkt $x = x_1$ können nun die Funktionswerte y_2, y_2' und y_2'' für den nächsten Punkt $x = x_2$ mit den geänderten Abszissenwerten $x_2 - x_1$ berechnet werden. Die Lösung der Differentialgleichung ergibt sich somit Punkt für Punkt, wobei die Intervallschritte im Verlaufe der Lösung beliebig gewählt werden können.

III. Genauere Lösung

Bei der skizzierten einfacheren Lösung kann es für die Genauigkeit nachteilig sein, daß y'' feldweise als Gerade angenähert wird, also als Polygon statt als stetige Kurve. Eine Verbesserung ist möglich durch den Ansatz

$$\left.\begin{aligned} y &= y_0 + y_0' \cdot x + \frac{1}{2}\,y_0'' \cdot x^2 + a_3 \cdot x^3 + a_4 \cdot x^4, \\ y' &= y_0' + y_0'' \cdot x + 3\,a_3 \cdot x^2 + 4\,a_4 \cdot x^3, \\ y'' &= y_0'' + 6\,x_3 \cdot x + 12\,a_4 \cdot x^2. \end{aligned}\right\} \tag{5}$$

Setzen wir diese Werte in die zu lösende Differentialgleichung für die Punkte $x = x_1$ und $x = x_2$ ein, so erhalten wir nach Ordnen zwei Bestimmungsgleichungen für die beiden unbekannten Koeffizienten a_3 und a_4:

$$\left.\begin{aligned} & a_3 \cdot (6\,x_1 + 3\,b_1 \cdot x_1^2 + c_1\,x_1^3) + a_4 \cdot (12\,x_1^2 + 4\,b_1 \cdot x_1^3 + c_1 \cdot x_1^4) = \\ & \quad = F_1 - y_0'' \cdot \left(1 + b_1 \cdot x_1 + \frac{c_1}{2} \cdot x_1^2\right) - y_0' \cdot (b_1 + c_1 \cdot x_1) - c_1 \cdot y_0 \\ & \text{und} \\ & a_3 \cdot (6\,x_2 + 3\,b_2 \cdot x_2^2 + c_2\,x_2^3) + a_4 \cdot (12\,x_2^2 + 4\,b_2\,x_2^3 + c_2 \cdot x_2^4) = \\ & \quad = F_2 - y_0'' \cdot \left(1 + b_2\,x_2 + \frac{c_2}{2}\,x_2^2\right) - y_0' \cdot (b_2 + c_2\,x_2) - c_2 \cdot y_0. \end{aligned}\right\} \tag{6}$$

Mit den Koeffizienten a_3 und a_4 liefern uns die Gl. (5) die gesuchten Funktionswerte y, y' und y'' in den beiden Punkten $x = x_1$ und $x = x_2$. Der nächste Doppelschritt geht nun von den Werten y_2, y_2' und y_2'' aus und liefert wieder die Lösung für das nächste Doppelintervall.

IV. Zahlenbeispiel

Als Beispiel für die Anwendung der beiden Lösungsverfahren wählen wir die von M. G. SALVADORI und M. L. BARON [2] aus der Elektrotechnik angegebene Differentialgleichung

$$y'' + 7{,}0 \cdot (1 + 0{,}5 \cdot \sin x) \cdot y' + 36 \cdot y = \cos 6\,x. \tag{7}$$

Eine Durchrechnung liefert die in Tabelle 1 zusammengestellten Ergebnisse[1] für die gesuchte Funktion y. Alle drei Funktionswerte y, y' und y''

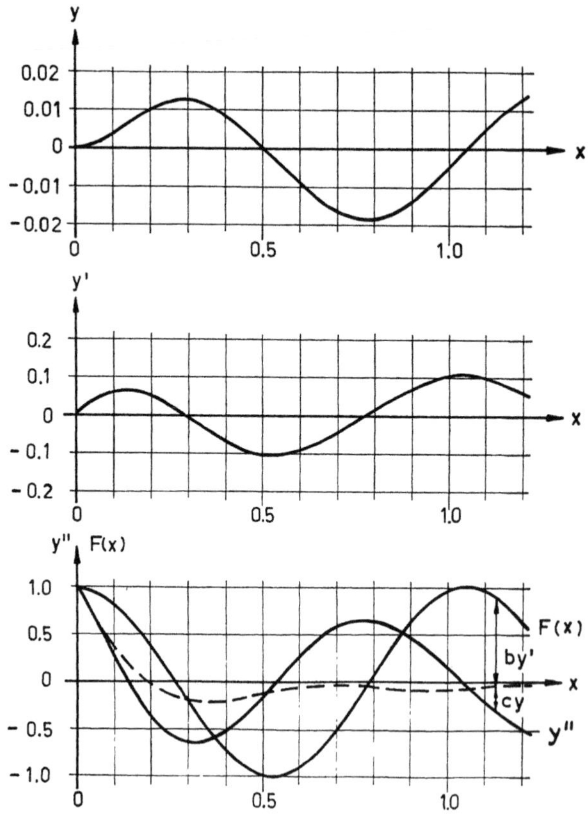

Abb. 1

sind in Abb. 1 aufgetragen. Offensichtlich sind die für die kleinste Intervallteilung $\Delta x = 0{,}025$ nach der genaueren Methode berechneten Werte die genauesten. Nun ist auffällig, daß bei der gleichen Intervallteilung $\Delta x = 0{,}10$ die „genauere" Methode den Wert $y_1 = 0{,}003690$ liefert, während die einfachere Methode den Wert $y_1 = 0{,}003728$ ergibt, der deutlich näher beim als praktisch genau anzunehmenden Wert von $y = 0{,}003751$ liegt. Die „genauere" Methode ist somit hier merkwürdigerweise weniger genau als die einfachere Methode. Wenn wir die in Abb. 1 aufgetragenen Kurven

[1] Die Durchrechnung des Zahlenbeispiels verdanke ich meinem Assistenten Dipl.-Ing. U. MÜRI.

untersuchen, so ergibt sich als Erklärung für diesen Widerspruch die Tatsache, daß die Kurve y'' im Bereich von $x = 0$ bis $x = 0{,}1$ sehr gut durch eine Gerade angenähert werden kann (einfachere Lösung), während ihr Verlauf weniger gut mit einer durch die drei Werte y'' für $x = 0$, $0{,}1$ und $0{,}2$ gelegten quadratischen Parabel übereinstimmt. Diese Feststellung bedeutet offensichtlich eine Anomalie, die vom besonderen Charakter der zu lösenden Differentialgleichung herrührt. Es ist eine seltene Ausnahme, daß die genauere Methode bei großen Intervallen Δx auf weniger genaue Ergebnisse führt als die einfachere Methode. Es kann festgestellt werden,

Tabelle 1. *Werte y*

x	Einfachere Methode			Genauere Methode		
	$\Delta x = 0{,}025$	$\Delta x = 0{,}05$	$\Delta x = 0{,}10$	$\Delta x = 0{,}025$	$\Delta x = 0{,}05$	$\Delta x = 0{,}10$
0	0,000000	0,000000	0,000000	0,000000	0,000000	0,000000
0,025	0,000294			0,000294		
0,050	0,001097	0,001094		0,001098	0,001095	
0,075	0,002289			0,002291		
0,100	0,003749	0,003742	0,003728	0,003751	0,003747	0,003690
0,125	0,005356			0,005358		
0,150	0,006996	0,006992		0,006997	0,006994	
0,175	0,008564			0,008564		
0,200	0,009968	0,009976	0,010020	0,009965	0,009962	0,009905
0,300		0,012634	0,012851		0,012563	0,012574
0,40		0,009140	0,009541		0,009009	0,009037
0,60		—0,009330	—0,008915		—0,009466	—0,009438
0,80		—0,018614	—0,018598		—0,018623	—0,018636
1,00		—0,005563	—0,005815		—0,005483	—0,005507
1,20		0,012967	0,012825		0,013014	0,013010

daß offenbar die Wahl der Intervallgröße für die Genauigkeit des Ergebnisses entscheidend wichtig ist. So läßt sich feststellen, daß die einfachere Methode mit Intervallen von $\Delta x = 0{,}025$ eher genauere Ergebnisse liefert als die genauere Methode mit einer Intervallgröße von $\Delta x = 0{,}05$. Es wird immer notwendig sein, bei der Lösung solcher Anfangswertprobleme den Funktionsverlauf sorgfältig zu beurteilen, um die gerade noch zulässige Intervallgröße festzulegen.

Es sei noch festgehalten, daß sich unser Ansatz für die Lösung y, y' und y'' nach den Gl. (3) und (5) grundsätzlich dadurch von einer Lösung durch Entwicklung in eine Taylor-Reihe unterscheidet, daß bei unserem Ansatz die Koeffizienten der Potenzreihe möglichst gut dem Funktionsverlauf in einem begrenzten Bereich angepaßt werden, während bei der Taylor-Reihe grundsätzlich erst unendlich viele Glieder die genaue Lösung geben und bei Abbrechen der Reihe mit endlicher Gliederzahl ein Fehler durch das nicht berücksichtigte Restglied entsteht, sobald die Abszissenwerte über einen kleinen Anfangsbereich hinausgehen. M. G. Salvadori und M. L. Baron bestimmen den ersten Funktionswert y_1 für $x_1 = 0{,}10$ mit der abgebrochenen Taylor-Entwicklung

$$y_1 = 0{,}50\, x_1^2 - 1{,}16667\, x_1^3 - 1{,}250\, x_1^4 = 0{,}003708$$

mit einem Fehler gegenüber dem genauen Wert von rund 1%. Würden wir dagegen sieben Glieder der Taylor-Entwicklung berücksichtigen, so würden wir für $x_1 = 0{,}10$ den Wert von $y = 0{,}003751$ erhalten. Es ist für die Genauigkeit der Lösung allgemein grundsätzlich wichtig, die gesuchten Funktionswerte und ihre Ableitungen in Ursprungsnähe möglichst zutreffend zu bestimmen.

Es läßt sich aus der Tabelle 1 noch feststellen, daß bei der einfacheren Methode bei einer Verkleinerung der Intervallgröße der Fehler normalerweise bedeutend langsamer abnimmt als bei der genaueren Methode. Wir haben somit stets die Möglichkeit, durch einige Vergleichsrechnungen im Anfangsbereich diese Genauigkeitsfragen zu beurteilen.

Ein Vergleich mit der auf Grund der Seilpolygongleichung aufgestellten Lösung [1] führt zur Feststellung, daß die Seilpolygonmethode bei gleicher Intervallteilung für die unvollständige Differentialgleichung zweiter Ordnung, Gl. (1), wesentlich genauere Lösungen ergibt als die hier skizzierte neue Berechnungsmethode, während für die vollständige Differentialgleichung, Gl. (2), bei großem Dämpfungsglied das hier skizzierte Verfahren deutlich genauer ist. Darin liegt seine Rechtfertigung.

V. Randwertprobleme

Bei Randwertproblemen über einen Integrationsbereich von A bis B liegt gegenüber Anfangswertproblemen in der Regel der Unterschied vor, daß am Anfang nur ein Funktionswert, z. B. $y(0) = y_A$, gegeben ist. Um die Lösungsmethode anwenden zu können, muß somit ein zweiter Anfangswert, z. B. $y'(0) = y_A'$, geschätzt oder willkürlich angenommen werden. Damit ergibt sich eine partikuläre Lösung y_p, die noch durch eine homogene Lösung y_h mit der gegebenen Anfangsbedingung $y_h(0) = 0$ und einem ebenfalls geschätzten oder willkürlich angenommenen Wert $y'_{h\,A}$ zu ergänzen ist. Ist die vorgeschriebene zweite Randbedingung beim Punkt B z. B. $y_B = 0$, so ist zu setzen:

$$y_B = y_{p\,B} + \mu \cdot y_{h\,B} = 0, \qquad \mu = -\frac{y_{p\,B}}{y_{h\,B}}$$

und die resultierende Lösung ergibt sich zu

$$y = y_p + \mu \cdot y_h.$$

Die analoge Superposition liefert im Bedarfsfall auch die Ableitungen y' und y''. Es ist somit hier im Gegensatz zur „Seilpolygonmethode" kein Gleichungssystem aufzulösen, sondern die Lösung ergibt sich aus der Superposition von zwei Lösungen, die gleich berechnet werden wie bei Anfangswertproblemen.

VI. Verallgemeinerung

Die angegebene Berechnungsmethode kann selbstverständlich nicht nur für Differentialgleichungen zweiter Ordnung, sondern auch für totale lineare Differentialgleichungen beliebiger Ordnung angewendet werden. Bei der einfacheren Lösung wird die Potenzreihe so viele Glieder aufweisen müssen, daß die höchste Ableitung gerade noch durch einen linearen Ansatz, bei der genaueren Lösung gerade noch durch eine quadratische Parabel angenähert wird. Selbstverständlich steigt der Arbeitsaufwand für eine solche numerische Lösung mit der Ordnung der zu lösenden Differentialgleichung.

Literatur

[1] Stüssi, F.: Grundlagen des Stahlbaues, Berlin 1958.

[2] Salvadori, M. G., and M. L. Baron: Numerical Methods in Engineering. Englewood Cliffs, N. J.; Prentice-Hall 1952, 1961.

Über die maximale Länge der monolithischen Beläge für Straßen und Flugplätze

Von

L. Stabilini, Mailand

Mit 7 Textabbildungen

1. Die Entfernung der Querfugen von Straßenbelägen aus reinem oder bewehrtem Beton[1], die bis vor wenigen Jahren nur einige Meter (5 bis 8 m) betrug, wurde in den letzten Jahren auf 20 bis 25 m vergrößert[2], was für den Fahrzeugverkehr von großem Vorteil ist. Dies war möglich durch die Erzielung einer geringeren Reibung, die einerseits durch größere Gleichmäßigkeit der Oberfläche des Unterbaues und anderseits durch die Anordnung einer zwischen Unterbau und Straßenbelag gelegten Schichte aus Teerpappe oder anderen Stoffen gewährleistet wird. Die allgemeine Tendenz geht dahin, den Abstand weiter zu erhöhen, worin man durch die Ergebnisse vorsichtiger Berechnungen und Versuche bestärkt wird[3].

Diese Bestrebungen werden durch die immer weiter gehende Anwendung mechanischer Baugeräte noch begünstigt[4], weil damit die Längen der einzelnen Abschnitte nur durch die Arbeitszeit beschränkt werden.

Der so entstehende monolithische Belag — dessen Spannungen aus den Belastungen bekanntlich genau berechnet werden können[5] — wird natürlich auch in größerem oder kleinerem Maße Spannungen[6], vor allem thermischer Natur, erfahren; bei sinkender Temperatur zieht sich der Belag zusammen und bekommt Risse, bei steigender Temperatur dehnt er sich aus. Daraus ergibt sich von selbst die Frage, ob — bei geringer Dicke des Belages und starker Erwärmung — Erscheinungen elastischer Instabilität zu befürchten sind, falls der Belag bei niederer Temperatur hergestellt wurde.

---

[1] In die Reihe der nichtbewehrten Betone wird auch zementierter Makadam einbezogen, welcher üblicherweise fugenlos verlegt wird.

[2] Streit, Gerhard: Technische Entwicklung und Probleme des deutschen Betonstraßenbaues. Beton- und Stahlbetonbau **47**, 118 (1952).

[3] Auf der Straße zwischen Mannheim und Frankfurt wurde eine Versuchsstrecke mit stark bewehrtem Beton in einer Dicke von 22 cm und über eine Länge von 400 m ohne Fugen verlegt.

[4] Siehe z. B. die Zeitschriften Contractors and Engineers und World Construction.

[5] Siehe z. B. Peltrier, R.: Le calcul des revetements rigides pour routes et aérodromes. Revue générale des routes et des aérodromes, 1952.

[6] Westergaard, H. M.: Analyses of stresses in concrete roads caused by variations of temperature. Public Road, 1927.

Diese kurze Bemerkung soll zur Lösung der gestellten Frage führen, wobei das vom Verfasser zur Untersuchung der Knickung von Schienen vor Jahren veröffentlichte Verfahren[7] angewandt werden soll.

2. Wir betrachten einen monolithischen Streifen mit der Einheitsbreite, den wir der Einfachheit halber als geradlinig voraussetzen, und nehmen an, er würde einer gleichmäßigen Erwärmung Δt unterworfen[8]. Dieser Streifen mit der Dicke s und einem spezifischen Gewicht γ wiegt $p = \gamma\, s$ je Flächeneinheit. Gemäß dem bekannten Gesetz von WINKLER

$$p = k\,\eta, \tag{1}$$

worin η die Einsenkung infolge des Druckes p und k der WINKLERsche Koeffizient sind, verursacht dieser Streifen in seiner ursprünglichen, geraden Form — der Grundform — eine gleichmäßige Einsenkung $\eta_0 = \frac{p_0}{k_0}$ des Untergrundes.

Aus Symmetriegründen verschiebt sich der Schnitt M in der Mitte (Abb. 1) nicht; es genügt daher, den halben Streifen $\overline{MA}$ zu betrachten.

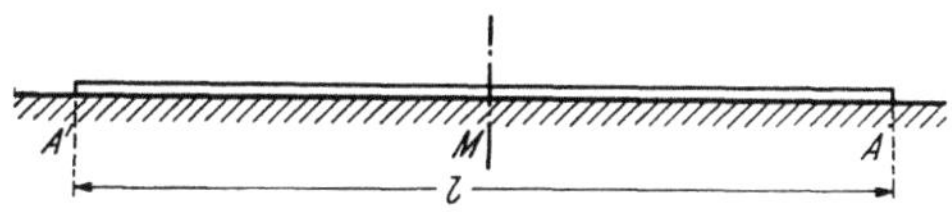

Abb. 1. Betrachteter Streifen

Unter dem Einfluß der Temperaturerhöhung Δt würde sich das Ende A des reibungsfrei aufliegenden Halbstreifens um $\alpha\,\frac{l}{2}\,\Delta t$ verschieben (l ist die Länge des ganzen Streifens und α der lineare Temperatur-Ausdehnungskoeffizient). Infolge der Lagerung auf dem rauhen Untergrund ist der Halbstreifen aber nicht frei. Daraus kann man schließen, daß die Reaktion r, die sich der Verschiebung widersetzt, bei kleiner Längsverschiebung ebenfalls gemäß dem WINKLERschen Gesetz dieser Verschiebung proportional ist, also

$$r = c_z\,\zeta \tag{2}$$

(c_z ist eine Konstante). Soweit (1) gilt, kann man annehmen, daß der ganze Vorgang im technischen Sinne elastisch und auch umkehrbar ist und daß keine relative Verschiebung zwischen dem Belag und der Unterlage eintritt.

Wenn aber die Verschiebung ζ des Streifens nicht mehr geringfügig ist, so verschiebt er sich gegenüber dem Untergrund und die horizontale Reaktion, die der Verschiebung entgegenwirkt, wird gleich dem Reibungswiderstand r_a zwischen Belag und Unterlage.

Es ist leicht zu erkennen, daß im allgemeinen im halben Streifen $\overline{MA} = l/2$, wenn er nur hinreichend lang ist, drei Abschnitte zu unter-

[7] L. STABILINI, Contributo allo studio dell'inflessione laterale delle rotaie, 2 note, Ingegneria ferroviaria, 1952.

[8] Der Einfluß des Unterschiedes der Temperaturänderung an der Oberseite des Belages, die der Lufttemperatur ausgesetzt ist, und der mit der Unterlage in Berührung stehenden Unterseite wird in einer anderen Arbeit behandelt werden.

scheiden sind (Abb. 2): ein äußerer $\overline{BA} = a$, in welchem die Längsverschiebung nicht klein ist und in dem daher der stetig verteilte Widerstand gegen die Verschiebung konstant, nämlich gleich r_a ist; dann ein Zwischenabschnitt $\overline{CB} = b$, in dem die Längsverschiebung kleiner ist

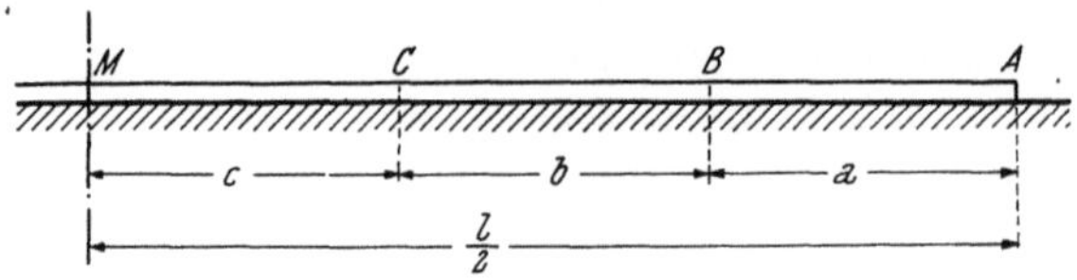

Abb. 2. Die drei Teilabschnitte

und daher der verteilte Widerstand gegen die Verschiebung durch (2) gegeben ist; endlich ein zentraler $\overline{MC} = c$, in dem die Längsverschiebung infolge des Längswiderstandes im Stück $\overline{CA}$ gleich Null ist.

Die Druck-Längsspannung im Belag steigt vom Wert Null in A bis C an und bleibt im Abschnitt MC konstant.

3. Wir wollen nun die Dehnung ε, die Längsverschiebung ζ und die Längskraft N in einem beliebigen Schnitt in jedem der drei Abschnitte MC, CB und BA berechnen.

Im Abschnitt BA ist die Verlängerung eines Streifenelementes (mit der Dicke s, der Länge dz und der Breite 1) mit dem YOUNGschen Modul E[9] gleich

$$\alpha\,\Delta t\,dz - \frac{N}{E\,s}\,dz \tag{3}$$

und daher die Dehnung

$$\varepsilon = \alpha\,\Delta t - \frac{N}{E\,s}.$$

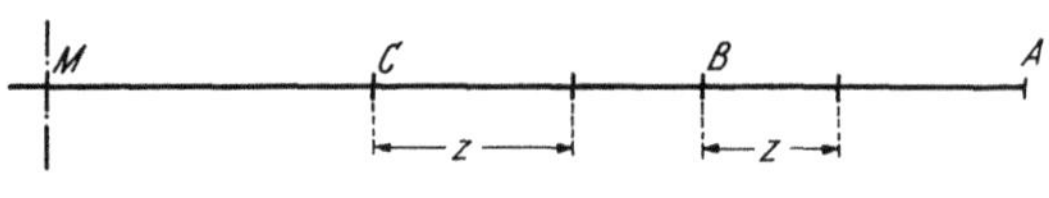

Abb. 3. Gewählte Koordinaten

Wenn für den Abschnitt BA als Ursprung der Abszisse z der Punkt B angenommen wird (Abb. 3), so ergibt sich für die Längsverschiebungen in diesem Abschnitt

[9] Wenn der Streifen sehr schmal ist, so daß die durch M hervorgerufene Querverformung möglich ist, ist es richtig, E in (3) einzusetzen. Wenn aber der Streifen nicht schmal ist und die transversale Verformung verhindert ist, muß man bekanntlich $\frac{m^2}{m^2-1}E$ an Stelle von E einsetzen, wobei $1/m$ der POISSONsche Koeffizient ist. Da $1/m = 1/6$, ist der obige Beiwert von E gleich 1,028. In der Praxis ist die Querverformung teilweise unterbunden und man müßte einen Mittelwert anwenden. Wegen der Unsicherheit der Zahlenwerte in diesem Abschnitt setzen wir einfach E ein.

$$\zeta = \zeta_B + \int_0^z \left(\alpha\, \Delta t - \frac{N}{E\, s}\right) dz, \tag{4}$$

während für die Normalkraft in einem beliebigen Schnitt einfach gilt

$$N = r_a\,(a - z). \tag{5}$$

Wenn man (5) in (4) einsetzt, so folgt

$$\zeta = \zeta_B + \left(\alpha\, \Delta t - \frac{r_a\, a}{E\, s}\right) z + \frac{r_a}{2\, E\, s}\, z^2. \tag{6}$$

Der Größtwert von N im Abschnitt $A\,B$ ergibt sich in B, also für $z = 0$, und beträgt einfach

$$N = r_a\, a, \tag{7}$$

während die größte Verschiebung in A entsteht mit

$$\zeta_A = \zeta_B + \alpha\, \Delta t \cdot a - \frac{r_a\, a^2}{2\, E\, s}. \tag{8}$$

Im Abschnitt $C\,B$ ist r durch (2) gegeben. Die Verlängerung eines Elementes ist wieder durch (3) gegeben; die Verschiebung in C ist Null. Wenn hier der Koordinatenursprung nach C verlegt wird, so ergibt sich

$$\zeta = \int_0^z \left(\alpha\, \Delta t - \frac{N}{E\, s}\right) dz, \tag{9}$$

worin mit Berücksichtigung von (7)

$$N = r_a\, a + \int_z^b r\, dz \tag{10}$$

oder gemäß (2)

$$N = r_a\, a + \int_z^b c_z\, \zeta\, dz. \tag{11}$$

Wenn man (11) in (9) einsetzt, so ergibt sich

$$\zeta = \int_0^z \left[\alpha\, \Delta t - \frac{1}{E\, s}\left(r_a\, a + \int_z^b c_z\, \zeta\, dz\right)\right] dz,$$

und wenn man beachtet, daß

$$\int_z^b = \int_z^0 + \int_0^b = \int_0^b - \int_0^z,$$

weiter

$$\zeta = \alpha\, \Delta t\, z - \frac{r_a\, a\, z}{E\, s} - \frac{c_z}{E\, s} \int_0^z \int_0^b \zeta\, dz\, dz + \frac{c_z}{E\, s} \int_0^z \int_0^z \zeta\, dz\, dz.$$

Mit Einführung von

$$Z = \int_0^z \int_0^z \zeta\, dz\, dz$$

und der Bezeichnung i für den bei Durchführung der Integrationen im dritten Ausdruck auftretenden Beiwert von z folgt

$$\frac{d^2Z}{dz^2} - \frac{c_z}{E\,s} Z - \left(\alpha\,\Delta t - \frac{r_a\,a}{E\,s} - i\right) z = 0. \tag{12}$$

Dies ist eine Differentialgleichung zweiter Ordnung für Z, deren Integral mit $\overline{K} = \alpha\,\Delta t - \frac{r_a\,a}{E\,s} - i$ lautet

$$Z = C_1 e^{\sqrt{\frac{c_z}{E\,s}}\,z} + C_2 e^{-\sqrt{\frac{c_z}{E\,s}}\,z} - \frac{\overline{K}\,E\,s}{c_z} z \tag{13}$$

mit den Integrationskonstanten C_1 und C_2. Daher ist

$$\zeta = \frac{d^2Z}{dz^2} = C_1 \frac{c_z}{E\,s} e^{\sqrt{\frac{c_z}{E\,s}}\,z} + C_2 \frac{c_z}{E\,s} e^{-\sqrt{\frac{c_z}{E\,s}}\,z}$$

oder auch aus der Bedingung, daß im Punkt C, für $z = 0$, gilt $\zeta = 0$ und daher $C_1 = -C_2$

$$\zeta = C_1 \frac{c_z}{E\,s}\left(e^{\sqrt{\frac{c_z}{E\,s}}\,z} - e^{-\sqrt{\frac{c_z}{E\,s}}\,z}\right) = 2\,C_1 \frac{c_z}{E\,s} \sinh \sqrt{\frac{c_z}{E\,s}}\,z. \tag{14}$$

Aus (11) folgt weiter für die Normalkraft

$$N = r_a\,a + C_1\,c_z \frac{c_z}{E\,s} \int_z^b \left(e^{\sqrt{\frac{c_z}{E\,s}}\,z} - e^{-\sqrt{\frac{c_z}{E\,s}}\,z}\right) dz =$$

$$= r_a\,a + C_1\,c_z \sqrt{\frac{c_z}{E\,s}} \left(e^{\sqrt{\frac{c_z}{E\,s}}\,b} - e^{\sqrt{\frac{c_z}{E\,s}}\,z} + e^{-\sqrt{\frac{c_z}{E\,s}}\,b} - e^{-\sqrt{\frac{c_z}{E\,s}}\,z}\right),$$

$$N = r_a\,a + 2\,C_1\,c_z \sqrt{\frac{c_z}{E\,s}} \left(\cosh \sqrt{\frac{c_z}{E\,s}}\,b - \cosh \sqrt{\frac{c_z}{E\,s}}\,z\right). \tag{15}$$

Der Größtwert von N ergibt sich im Punkt C mit $z = 0$ zu

$$N_C = r_a\,a + 2\,C_1\,c_z \sqrt{\frac{c_z}{E\,s}} \left(\cosh \sqrt{\frac{c_z}{E\,s}}\,b - 1\right). \tag{16}$$

Im Abschnitt $\overline{MC} = c$ (wobei $c = l/2 - a - b$) ist die Verschiebung überall gleich Null und die Normalkraft ist konstant und gleich dem Wert aus (16).

4. Zur Bestimmung von C_1, a und b dienen wie üblich die Randbedingungen.

Wir bemerken, daß aus (2) für den Punkt B gilt $r_a = c_z\,\zeta_B$; wenn wir daher den Wert $\zeta_B = \frac{r_a}{c_z}$ mit jenem aus (14) gleichsetzen, so folgt

$$\frac{r_a}{c_z} = 2\,C_1 \frac{c_z}{E\,s} \sinh \sqrt{\frac{c_z}{E\,s}}\, b. \tag{17}$$

Da außerdem in B die Normalkraft $N = r_a\, a$, so ergibt sich die Dehnung mit $\frac{r_a\, a}{E\,s}$; wird dieser Wert mit jenem aus (14) gleichgesetzt, so ergibt sich

$$\frac{r_a\, a}{E\,s} = 2\,C_1 \left(\frac{c_z}{E\,s}\right)^{\frac{3}{2}} \cosh \sqrt{\frac{c_z}{E\,s}}\, b. \tag{18}$$

Schließlich ist im Punkte C die thermische Ausdehnung gleich der elastischen Zusammendrückung infolge N_C, wobei N_C aus (16) folgt.

$$\alpha\, \Delta t = \frac{r_a\, a}{E\,s} + 2\,C_1 \left(\frac{c_z}{E\,s}\right)^{\frac{3}{2}} \left(\cosh \sqrt{\frac{c_z}{E\,s}}\, b - 1\right). \tag{19}$$

Wenn man den Wert für $2\,C_1 \frac{c_z}{E\,s}$ aus (17) entnimmt und in (18) einsetzt, so erhält man

$$a = \sqrt{\frac{E\,s}{c_z}} \operatorname{ctgh} \sqrt{\frac{c_z}{E\,s}}\, b. \tag{20}$$

Wenn man diesen Wert a und den von $2\,C_1 \frac{c_z}{E\,s}$ in (19) einsetzt, so wird

$$E\,s\,\alpha\,\Delta t = r_a \sqrt{\frac{E\,s}{c_z}} \left(2 \operatorname{ctgh} \sqrt{\frac{c_z}{E\,s}}\, b - \frac{1}{\sinh \sqrt{\frac{c_z}{E\,s}}\, b}\right), \tag{21}$$

woraus durch Versuchsrechnungen b und dann aus Gl. (20) auch a zu finden ist. Endlich folgt $c = l/2 - a - b$.

5. Nunmehr sind die Größen von a und b in der Praxis von Interesse.

Als Beispiel betrachten wir einen Streifen von der Einheitsbreite aus einem Belag mit $s = 20$ cm Dicke und $E = 2 \cdot 10^5$ kg/cm². Weiter nehmen wir an $r_a = 400$ kg/m² $= 0{,}04$ kg/cm² und $c_z = 10$ kg/cm³.[10] Die Erwärmung betrage 15° und $\alpha = 0{,}000012$. Aus (21) folgt nun

$$2 \operatorname{ctgh} \sqrt{\frac{c_z}{E\,s}}\, b - \frac{1}{\sinh \sqrt{\frac{c_z}{E\,s}}\, b} = \frac{E\,s\,\alpha\,\Delta t}{r_a \sqrt{\frac{E\,s}{c_z}}} =$$

$$= \frac{2 \cdot 10^5 \cdot 20 \cdot 0{,}000012 \cdot 15}{0{,}04 \cdot \sqrt{\frac{2 \cdot 10^5 \cdot 20}{10}}} = 28{,}461.$$

Diese Gleichung wird durch den Argumentwert 0,03517 befriedigt.

$$0{,}03517 = \sqrt{\frac{c_z}{E\,s}}\, b = \sqrt{\frac{10}{2 \cdot 10^5 \cdot 20}}\, b = \frac{b}{632{,}5},$$

woraus $b = 632{,}5 \cdot 0{,}03517 = 22{,}3$ cm $= 0{,}22$ m folgt.

[10] Dieser Wert ist aus Analogien übernommen worden, deren Erklärung zu weit führen würde, doch muß er, ebenso wie der von r, durch Versuche bestimmt werden.

Die Gl. (20) gibt dann sofort

$$a = \sqrt{\frac{2 \cdot 10^5 \cdot 20}{10}} \operatorname{ctgh} \frac{b}{632{,}5} = 632{,}5 \cdot \operatorname{ctgh} 0{,}03517 =$$
$$= 632{,}5 \cdot 28{,}445 = 17\,991 \text{ cm} = 179{,}91 \text{ m},$$

d. h. der Abschnitt b ist sehr kurz, während a sehr lang ist; c ergibt sich aus der Differenz auf $l/2$. Daher kann es nur bei überaus langem l auftreten, so daß wir uns nun auf den Fall beschränken können, daß $b = c = 0$ und $a = l/2$ ist.

Abb. 4. Die Streifenbelastung durch die Bodenreibung

Aus (19) folgt für $b = 0$

$$\Delta t \geqslant \frac{r_a\, a}{E\, s\, \alpha} = \frac{r_a \cdot l}{2\, E\, s\, \alpha}\text{[11]} \tag{22}$$

oder

$$l \leqslant \frac{2\, E\, s\, \alpha\, \Delta t}{r_a}. \tag{22'}$$

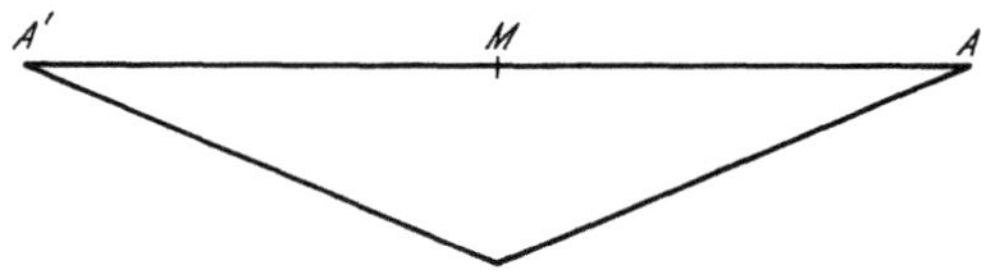

Abb. 5. Normalkraftverteilung durch die Bodenreibung

Mit den oben gewählten Ausgangswerten folgt

$$l \leqq \frac{2 \cdot 2 \cdot 10^5 \cdot 20 \cdot 0{,}000012 \cdot 15}{0{,}04} = 36\,000 \text{ cm} = 360 \text{ m}.$$

Die vorliegenden Überlegungen gelten daher für eine Streifenlänge von einigen hundert Metern (zirka 300 m).

6. Das statische Schema des Streifens, den wir mit der Breite 1 annehmen, ist das eines auf dem Boden aufliegenden Balkens; auf jeder Hälfte dieses Stabes wirkt die Kraft r_a (je Längeneinheit) (Abb. 4) ursprünglich axial gleichförmig gegen die Mitte; die Normalkraft ist daher nach dem Diagramm der Abb. 5 verteilt.

Der Streifen mit der Dicke s und dem Raumgewicht γ übt zunächst einen gleichmäßigen Druck $p_0 = \gamma \cdot s$ auf die Unterlage aus und verursacht so nach Gl. (1) die gleichmäßige Einsenkung

$$\eta_0 = \frac{p_0}{k} = \frac{\gamma\, s}{k}. \tag{23}$$

[11] Es genügt festzustellen, daß in (18), da alle anderen Werte positiv sind, auch C_1 positiv ist und daher aus (19) für $b = 0$, $\alpha\, \Delta t = \dfrac{r_a\, a}{E\, s}$ ist.

Wir bedenken, daß bei Erfüllung von (22) oder (22′) der Reibungswiderstand r_a konstant bleibt, gleichgültig, ob die Temperatur über den durch (22) gegebenen Wert ansteigt; nach der aufgestellten Hypothese verlängert sich der Streifen weiterhin, ohne daß sich die Normalkraft erhöht.

Wenn wir den Reibungsbeiwert zwischen Streifen und Unterlage mit f bezeichnen, so folgt aus dem in der Berührungsfläche ausgeübten Druck p der Reibungswiderstand r

$$r = f \cdot p = f\,k\,\eta \tag{24}$$

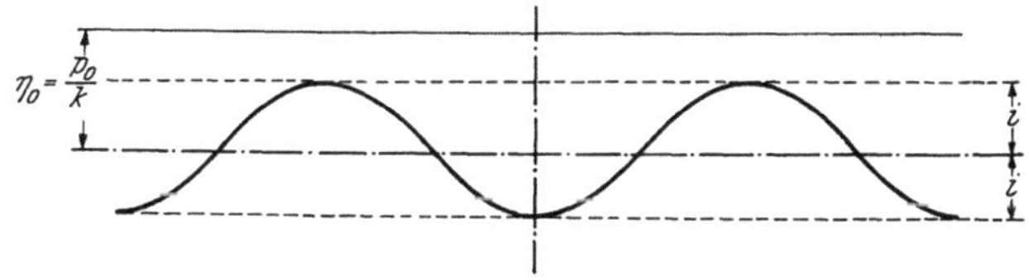

Abb. 6. Angenommene Verformung

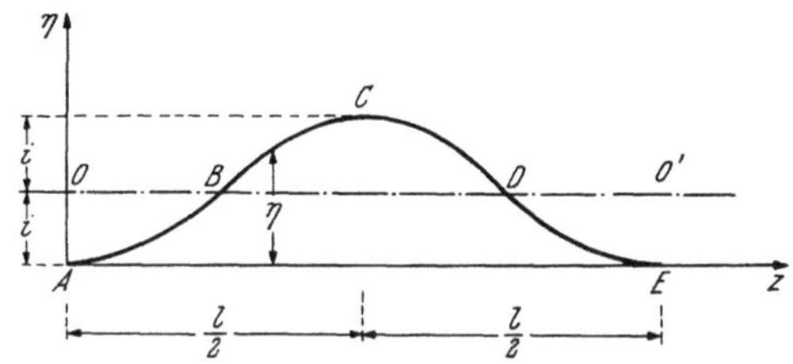

Abb. 7. Das Koordinatensystem der Biegelinie

und anfänglich, mit $p = p_0$,

$$r_a = f \cdot p_0 = f\,k\,\eta_0 \tag{25}$$

oder auch

$$r_a = f\,\gamma\,s. \tag{25'}$$

7. Um die Bedingung zu gewinnen, unter der das elastische Gleichgewicht des Belages indifferent wird, verwenden wir die energetische Methode von Timoschenko. Bei dem unter der kritischen Belastung erfolgenden Übergang des Belages aus der normalen geraden Form in die ausgebogene bezeichnen wir mit L_a die Arbeit der äußeren Kräfte und mit Φ das elastische Potential, das zu der besagten Formänderung gehört. Man erhält dann

$$L_a = \Phi. \tag{26}$$

Wir betrachten den in indifferentem Gleichgewicht stehenden Streifen, den wir nach einer Kurve $\eta = \eta(z)$ verbogen annehmen, die wir der Einfachheit halber als symmetrisch bezüglich der Mitte des Streifens voraussetzen. Wenn wir für $\eta(z)$ eine Sinuslinie wählen und dabei annehmen, daß die ganze Länge des Belages eine gerade Zahl von Halbwellen aufweist, so entsteht das in Abb. 6 dargestellte Bild (hier wurden als Beispiel vier Halbwellen gewählt). Infolge der Verformung werden einzelne Teile des Streifens, wie z. B. BCD (Abb. 7), gehoben und üben daher auf die Unterlage einen kleineren Druck aus, während die Stellen AB und DE das Gelände dafür mehr belasten, da ja das Gesamtgewicht des Belages unverändert bleibt. Während wir die ursprüngliche Senkung des Belages bis zur Linie 0 0′ mit η_0 bezeichnen, beziehen wir die Ordinate η eines allgemeinen Punktes der Biegelinie auf die durch die maximalen Einsenkungen gegebene Linie AE.

Die auf den Streifen wirkenden äußeren Kräfte sind sein Eigengewicht, der elastische Widerstand des Bodens und der Reibungswiderstand zwischen Belag und Boden. Sowohl für das Eigengewicht als auch für die elastische Reaktion des Geländes wird die Arbeit zu Null, weil die positiven Anteile die negativen aufheben, was leicht zu erkennen ist; es bleibt nur die Arbeit des Reibungswiderstandes zu betrachten.

Die Gerade 0 0′ ist die Mittellinie der Sinuslinie; daher ist die Setzung eines beliebigen Punktes $\eta_0 + i - \eta$ und damit wird die Reibung in einem beliebigen Punkt $f\,k\,(\eta_0 + i - \eta)$.

Infolge der Verformung nähert sich das allgemeine Element dz, das im Abstand z vom Streifenende A liegt, der Mittellinie[12] um

$$\int_z^{l/2} (ds - dz) = \int_z^{l/2} \left(\sqrt{dz^2 + d\eta^2} - dz\right) =$$

$$= \int_z^{l/2} \left(\sqrt{1 + \left(\frac{d\eta}{dz}\right)^2} - 1\right) dz \cong \frac{1}{2} \int_z^{l/2} \left(\frac{d\eta}{dz}\right)^2 dz,$$

und daher ist die von der Teilkraft $r\,dz$ geleistete Arbeit

$$dL_a = r\,dz\,\frac{1}{2} \int_z^{l/2} \left(\frac{d\eta}{dz}\right)^2 dz =$$

$$= f\,k\,(\eta_0 + i - \eta)\,dz\,\frac{1}{2} \int_z^{l/2} \left(\frac{d\eta}{dz}\right)^2 dz.^{13}$$

Wenn für η das Gesetz gewählt wird

$$\eta = i\left(1 - \cos\frac{n\,\pi\,z}{l}\right), \qquad n = 2, 4, 6 \ldots, \tag{27}$$

so erhält man

$$\frac{d\eta}{dz} = \frac{n\,\pi}{l}\,i \sin\frac{n\,\pi\,z}{l}$$

und daher

$$dL_a = \frac{f\,k\,(\eta_0 + i - \eta)}{2}\,dz \int_z^{l/2} \left(\frac{n\,\pi}{l}\,i \sin\frac{n\,\pi\,z}{l}\right)^2 dz.$$

Es ist auch wieder

$$\int_z^{l/2} = \int_z^{0} + \int_0^{l/2} = \int_0^{l/2} - \int_0^{z}.$$

[12] Es verhält sich so, als hätte sich der Belag zunächst infolge der Temperaturerhöhung verlängert, und dann kehrten die äußersten Enden in ihre Ausgangslage zurück.

[13] Man erinnere sich an die Annahme, daß n gerade ist.

Für den ganzen Halbstreifen zwischen A und M ist die Arbeit

$$L_a = f k \int_0^{l/2} \left(\eta_0 + i \cos \frac{n \pi z}{l}\right) i^2 \frac{n \pi}{2 l \cdot 4} \left[\frac{n \pi}{l} (l - 2 z) - \sin n \pi + \sin \frac{2 n \pi z}{l}\right] dz =$$

$$= f k \left[i^2 \eta_0 \frac{n^2 \pi^2}{8 l^2} \left(l \frac{l}{2} - \frac{l^2}{4} - 0 + 0\right) + i^3 \cos \frac{n \pi z}{l} (\ldots\ldots)\right].$$

Beachten wir, daß η zwar klein, aber endlich ist, während i im Sinne der Baustatik unendlich klein ist, so können wir die Ausdrücke in i^3 gegenüber jenen in i^2 vernachlässigen. Schließlich folgt also

$$L_a = \frac{1}{2} f k \eta_0 i^2 \frac{n^2 \pi^2}{16} \tag{28}$$

als Ausdruck für die Arbeit der Reibungsreaktion zwischen Streifen und Gelände; man beachte, daß L von l unabhängig ist.

Das elastische Potential, das aus dem Übergang der geraden in die ausgebogene Form folgt, wird aus den inneren Spannungen berechnet. Es muß dabei die Gl. (27) herangezogen und beachtet werden, daß die Querkontraktion bei einer Verbiegung des Belages in der Längsrichtung verhindert ist; daher muß mit $r = \frac{m^2}{m^2 - 1}$ multipliziert werden $\left(\text{wenn } \frac{1}{m}\right.$ der Poissonkoeffizient ist$\left.\right)$.

$$\Phi = r \frac{E J}{2} \int_0^{l/2} \left(\frac{d^2 \eta}{d z^2}\right)^2 dz = r \frac{E J}{2} \int_0^{l/2} i^2 \left(\frac{n \pi}{l}\right)^4 \cos^2 \frac{n \pi z}{l} dz =$$

$$= r \frac{E J}{2} i^2 \frac{n^4 \pi^4}{l^4} \left| \frac{z}{2} + \frac{l}{4 n \pi} \sin \frac{2 n \pi z}{l} \right|_0^{l/2},$$

$$\Phi = r \frac{E J}{2} i^2 \frac{n^4 \pi^4}{4 l^3}. \tag{29}$$

Die Gleichung des indifferenten Gleichgewichtes, $L_a = \Phi$, ergibt mit den Ausdrücken (28) und (29)

$$f k \eta_0 i^2 \frac{n^2 \pi^2}{32} = r \frac{E J}{2} i^2 \frac{n^4 \pi^4}{4 l^3}, \tag{30}$$

woraus

$$l = \sqrt[3]{\frac{4 r E J n^2 \pi^2}{f k \eta_0}}. \tag{31}$$

Da demnach l mit n zunimmt, erhält man das Minimum für $n = 2$, und die kritische Länge ist

$$l_{\text{cr}} = \sqrt[3]{\frac{16 r E J \pi^2}{f k \eta_0}}; \tag{32}$$

und da

$$J = \frac{s^3}{12}, \quad \eta_0 = \frac{p_0}{k} = \frac{\gamma s}{k},$$

$$l_{\text{cr}} = \sqrt[3]{\frac{4 r E s^2 \pi^2}{3 f \gamma}}. \tag{32'}$$

Für einen Belag aus Beton mit $\gamma = 2200\,\text{kg/m}^3 = 0{,}0022\,\text{kg/cm}^3$, $E = 2 \cdot 10^5\,\text{kg/cm}^2$, der Dicke $s = 20$ cm, $f = 0{,}6$, $m = 6$, womit $r = \frac{6^2}{6^2 - 1} = 1{,}028$, ergibt sich

$$l_{cr} = \sqrt[3]{\frac{4 \cdot 1{,}028 \cdot 2 \cdot 10^5 \cdot 20^2\,\pi^2}{3 \cdot 0{,}6 \cdot 0{,}0022}} = 9361\ \text{cm} = 93{,}61\ \text{m}.$$

8. Der so gefundene Zahlenwert ist mit Vorsicht aufzunehmen.

Vor allem kann der Widerstand, der sich der Längsverschiebung entgegensetzt, nach einem anderen Gesetz als dem hier angenommenen verteilt sein: wenn der Belag direkt auf dem Untergrund ohne eine Zwischenschicht und ohne die oft verwendete Teerpappe verlegt wird, erhöht sich natürlich der Reibungswiderstand zwischen Belag und Unterlage bedeutend, was zu einer Verkürzung der Abschnitte führt; es ist wahrscheinlich, daß Abschnitte „c" bei Bericht 2[14] überwiegen.

Zweitens ist der Einfluß der Zahlenwerte der verschiedenen physikalischen Konstanten, die bei diesem Problem mitspielen, sehr groß. Sie können nur auf experimentellem Wege bestimmt werden, wobei zu beachten ist, daß sie sehr wahrscheinlich stark von der Belagtype, der Geländebeschaffenheit und der Unterbodenart abhängen.

Die Untersuchung des Problems kann verfeinert werden, indem man den Einfluß der Temperaturdifferenz zwischen den beiden Seiten der Platten untersucht und beachtet, daß r_a für die untere Plattenseite gilt, daß also die Reibung an der Unterfläche angreift und nicht in der Mittelebene, wie hier stillschweigend vorausgesetzt wurde.

9. Es bereitet keine Schwierigkeiten, eine Platte eventuell vorzuspannen.

---

[14] Dies ist durch Beobachtungen bestätigt, die an der Versuchsstrecke aus bewehrtem Beton über 400 m gemacht wurden. Auf dieser Strecke zeigten sich infolge der Temperaturverminderung Risse nur über 60 bis 70 m an den beiden Enden der Versuchsstrecke; s. L. TOCCHETTI, angegebene Anmerkung.

Die Knickfestigkeit von Stäben mit örtlich verminderter Streckgrenze

Von

F. Faltus, Prag

Mit 8 Textabbildungen

Beim Schweißen von Stäben aus Leichtmetallegierungen ist mit einem Abfall der Festigkeit und der Streckgrenze in der Schweißung und deren Umgebung zu rechnen, insbesondere wenn es sich um Stäbe aus kalt- oder warmverfestigten Legierungen handelt. Auch im Stahlleichtbau verwenden wir oft Profile mit künstlich erhöhter Fließgrenze, bei denen die Schweißhitze die Festigkeitswerte wieder in die Nähe der Ausgangswerte herabsinken läßt. Die Größe des Abfalles hängt von der Höhe und Dauer der Erwärmung und der Größe des betroffenen Querschnittes ab. Mit einer örtlichen Erniedrigung der Festigkeitswerte ist auch bei Punktschweißungen bzw. bei Verbindungen mit Kehlnähten zu rechnen, wobei allerdings nur ein Teil des Querschnittes in Mitleidenschaft gezogen wird. Die Verminderung der Streckgrenze der Schweißverbindung können wir mit einem Abminderungsfaktor

$$\beta = \frac{\sigma_{F\,\mathrm{sch}}}{\sigma_{F\,\mathrm{mat}}} < 1$$

kennzeichnen.

Bei nur örtlicher Beeinflussung soll β die durchschnittliche Auswirkung auf den ganzen Querschnitt ausdrücken. In praktischen Fällen wird etwa $0{,}5 < \beta < 1$ sein.

Die Bestimmung von β ist eine wichtige Forschungsaufgabe, denn für die Beurteilung der Tragfähigkeit des Gesamtquerschnittes ist nicht nur das Verhältnis der Streckgrenzen von Schweißnaht und Ursprungsmaterial maßgebend, sondern unter anderem auch die Breite der geschwächten Zone, durch die Stützwirkung infolge verhinderter Kontraktion, wie dies z. B. bei Lötverbindungen bekannt ist.

Eine weitere wichtige Aufgabe ist es, den Einfluß solcher örtlicher schwacher Stellen (mit gegebenem β) auf die Tragfähigkeit ganzer Konstruktionen zu verfolgen. Wir wollen im weiteren einen kleinen Beitrag zu dieser Aufgabe bringen, und zwar die Knickfestigkeit von Stäben mit örtlich verminderter Streckgrenze abschätzen.

Gegeben sei ein zentrisch belasteter, praktisch gerader Druckstab mit der Knicklänge l (Abb. 1) aus einem Material mit der Streckgrenze σ_F. An gewissen Stellen wurde z. B. durch Schweißung die Streckgrenze auf σ_F' abgemindert, der Elastizitätsmodul E jedoch nicht geändert. Die Breite der beeinflußten Zone sei so groß, daß mit einer Stützwirkung nicht zu rechnen ist. Bei einem Zugstab würden wir also mit einer zulässigen Beanspruchung in diesen Stellen $\sigma_{\text{zul sch}} = \beta\, \sigma_{\text{zul}}$ rechnen.

Betrachten wir die Knickung als ein Festigkeitsproblem II. Ordnung eines ausmittig gedrückten geraden oder gebogenen Stabes. Die Ausmittigkeit soll alle baupraktisch unvermeidlichen Abweichungen des Stabes von dem ideal geraden und homogenen Knickstab ausdrücken. Fast in allen Knickvorschriften sind die Knickzahlen unter dieser Annahme berechnet. Es wurden allerdings in den verschiedenen Ländern die „unvermeidlichen" Ausmittigkeiten sehr verschieden gewählt. Der Berechnung wird entweder eine nach einer Sinuswelle ausgebogene Stabachse oder ein gerader Stab mit an den Enden ausmittig angreifender Belastung zugrunde gelegt. Als Grenze der Tragkraft wird entweder das Erreichen der Fließgrenze angesehen, oder es wird auch die plastische Reserve des Materials ausgenützt. Die Knickzahlen verschiedener Vorschriften weichen trotzdem nicht allzusehr voneinander ab, die Unterschiede werden weitgehend durch die Wahl eines von der Schlankheit abhängigen Sicherheitsgrades ausgeglichen.

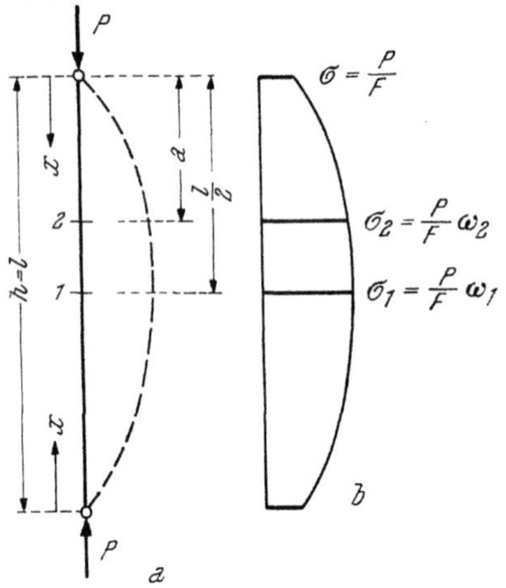

Abb. 1. Knickstab, Fall I

Unserer weiteren Berechnung legen wir zunächst (Fall I) die Annahme einer Anfangskrümmung des Stabes nach einer Sinuswelle zugrunde und vernachlässigen die ohnedies kleine plastische Reserve. Für die Tragfähigkeit unseres Stabes ist entweder die Stabmitte 1 oder die der Stabmitte nächstgelegene Schweißstelle 2 maßgebend.

Wenn Querschnitt 1 maßgebend ist, sei die Tragfähigkeit durch die Beziehung

$$\mu \frac{P}{F} \omega_1 = \mu\, \sigma_{\text{zul}} = \sigma_F \tag{1}$$

gegeben. Hier bedeuten w_1 die Knickzahl zur Knicklänge l, μ den Sicherheitsgrad. Die Beanspruchung ist längs des Stabes nach Abb. 1b verteilt, die Beanspruchung im Querschnitt 2 ist

$$\sigma_2 = \frac{\mu P}{F}\left[1 + (\omega_1 - 1) \sin \frac{a\pi}{l}\right] = \frac{\mu P}{F}[1 + (\omega_1 - 1)\, \alpha] = \frac{\mu P}{F} \omega_2. \tag{2}$$

Soll Querschnitt 1 maßgebend sein, muß $\sigma_2 < \mu \beta \sigma_{zul}$ sein. Gl. (1) gilt also mit

$$\alpha_m = \frac{\beta \omega_1 - 1}{\omega_1 - 1} \quad \text{bzw.} \quad \beta_m = \frac{1 - \alpha}{\omega_1} + \alpha \tag{3}$$

für $\alpha < \alpha_m$ bzw. $\beta > \beta_m$.

Für $\alpha > \alpha_m$ bzw. $\beta < \beta_m$ ist Querschnitt 2 maßgebend. Wir würden jedoch mit einer zu großen Sicherheit rechnen, wenn wir in Gl. (2) einfach $\sigma_2 = \mu \beta \sigma_{zul}$ setzen, da bei Erreichen der Beanspruchung $\mu \beta \sigma_{zul}$ in Querschnitt 2 in Querschnitt 1 die Beanspruchung kleiner als σ_F ist. Die Knickzahl ω_1 wurde für die Grenzspannung σ_F berechnet, bei $\alpha > \alpha_m$ bzw. $\beta < \beta_m$ entspricht die Ausbiegung des Stabes einer kleineren Stabkraft, es ist also mit einer Knickzahl $\omega_1' < \omega_1$ zu rechnen, welche einer kleineren gedachten Streckgrenze $\sigma_F' < \sigma_F$ entspricht.

Wenn im Querschnitt 2 die Beanspruchung

$$\sigma_2 = \frac{\mu P'}{F} \omega_2' = \beta \sigma_F \tag{4}$$

erreicht ist, ist sie in Querschnitt 1

$$\sigma_1 = \frac{\mu P'}{F} \omega_1' = \frac{\mu P}{F} \frac{\omega_2' - 1 + \alpha}{\alpha} < \mu \sigma_{zul}. \tag{4'}$$

Die neuen Knickkoeffizienten ω_1' sind also für eine gedachte Streckgrenze

$$\sigma_F' = \sigma_F \frac{\omega_2' - 1 + \alpha}{\alpha}$$

abzuleiten.

Bei nicht allzu großem Unterschied zwischen σ_F' und σ_F können wir mit der Näherungsformel

$$(\omega_1' - 1) \doteq (\omega_1 - 1) \frac{\sigma_F'}{\sigma_F} \tag{5}$$

rechnen, wobei

$$\frac{\sigma_F'}{\sigma_F} = \frac{\omega_2' - 1 + \alpha}{\alpha \omega_1} \cdot \frac{P'}{P}$$

ist.

Gl. (5) können wir mit folgender Überlegung ableiten. Die Beanspruchung eines ausmittig gedrückten geraden oder eines gekrümmten Stabes der Ausbiegung e setzt sich zusammen aus einer Druck- und einer Biegespannung $\sigma_a = \frac{P}{F}$ und $\sigma_b = \frac{P y}{F k}$, wo $y > e$ die wirkliche, durch die elastische Ausbiegung vergrößerte Ausmittigkeit e, k die Kernweite bedeuten. Die Biegespannung wächst im maßgebenden Querschnitt rascher als linear nach Abb. 2a und erreicht im Grenzzustand $P_k = \mu P$ die Fließgrenze σ_F. Es gilt

$$\sigma_F = \frac{\mu P}{F}\left(1 + \frac{y}{k}\right) = \frac{\mu P}{F} \omega.$$

Der Biegeanteil σ_b ist also durch den Ausdruck $\sigma_b = \frac{\mu P}{F} (\omega_1 - 1)$ bestimmt. Wenn die Fließgrenze $\sigma_F' < \sigma_F$ maßgebend ist, ist $P_k' = \mu P' <$

$< P_k$ und entspricht dem Punkte b auf der für die gegebene Schlankheit gezeichneten Kurve I. Es gilt die Beziehung

$$\sigma_F' = \frac{\mu P'}{F} + \frac{\mu P'}{F}(\omega_1' - 1),$$

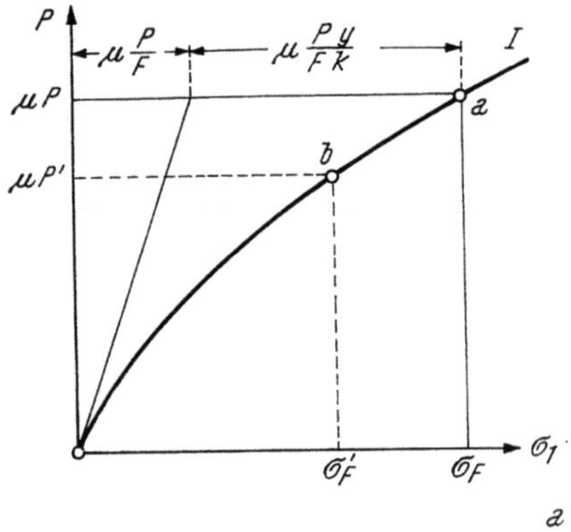

Abb. 2a. Druck und Biegebeanspruchung bei wachsender Belastung

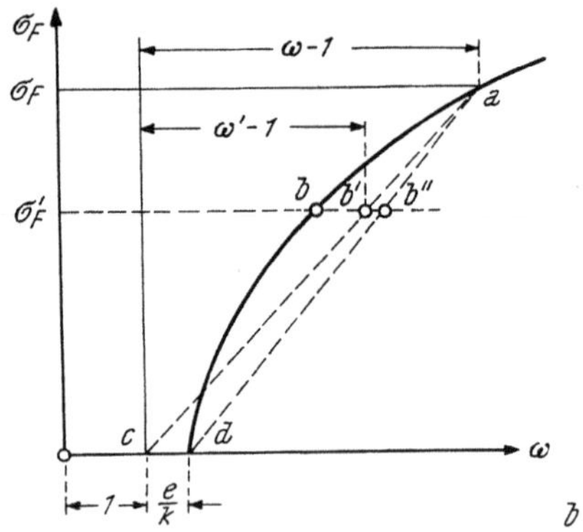

Abb. 2b. Knickzahlen für verschiedene Fließgrenzen

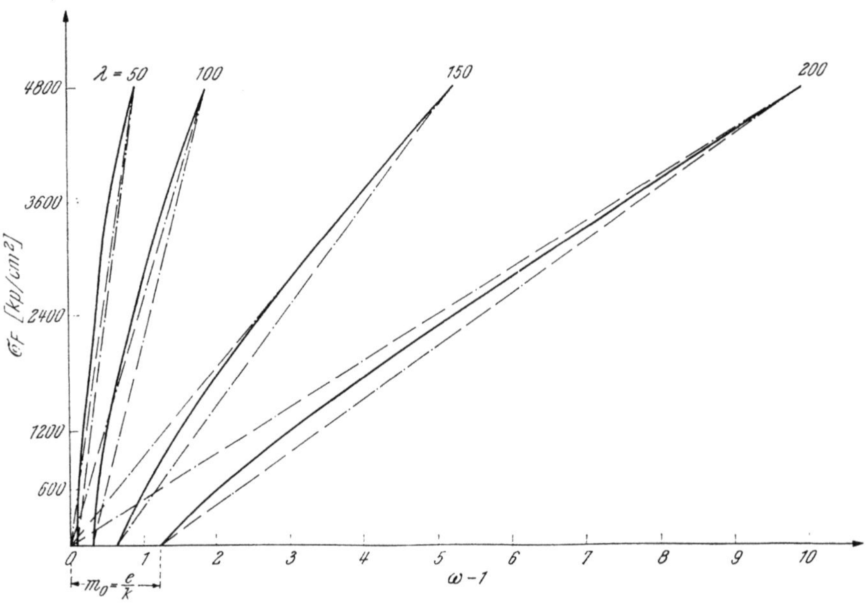

Abb. 3. Knickzahlen nach tschechoslowakischer Norm (Vorschlag) für Stähle verschiedener Fließgrenzen

wobei ω_1' die Knickzahl für einen Werkstoff mit der Fließgrenze σ_F' bedeutet. In Abb. 2b sind die Knickzahlen ω für eine gewisse Schlankheit λ in Abhängigkeit von der Streckgrenze σ_F aufgetragen.

Wir bewegen uns auf der sicheren Seite, wenn wir für den Übergang zu einer kleineren Streckgrenze statt mit der Kurve a, b, d mit der Geraden $a - b' - c$, also nach Gl. (5), rechnen.

Die Gerade könnte auch statt zu Punkt c zu Punkt d geführt werden, man könnte also auch mit

$$\left(\omega_1' - 1 - \frac{e}{k}\right) = \left(\omega_1 - 1 - \frac{e}{k}\right) \frac{\sigma_F'}{\sigma_F} \tag{5'}$$

rechnen.

In Abb. 3 sind die Knickzahlen $(\omega - 1)$ für gewisse Schlankheitsverhältnisse λ nach der tschechoslowakischen Knicknorm[1] für Stähle ver-

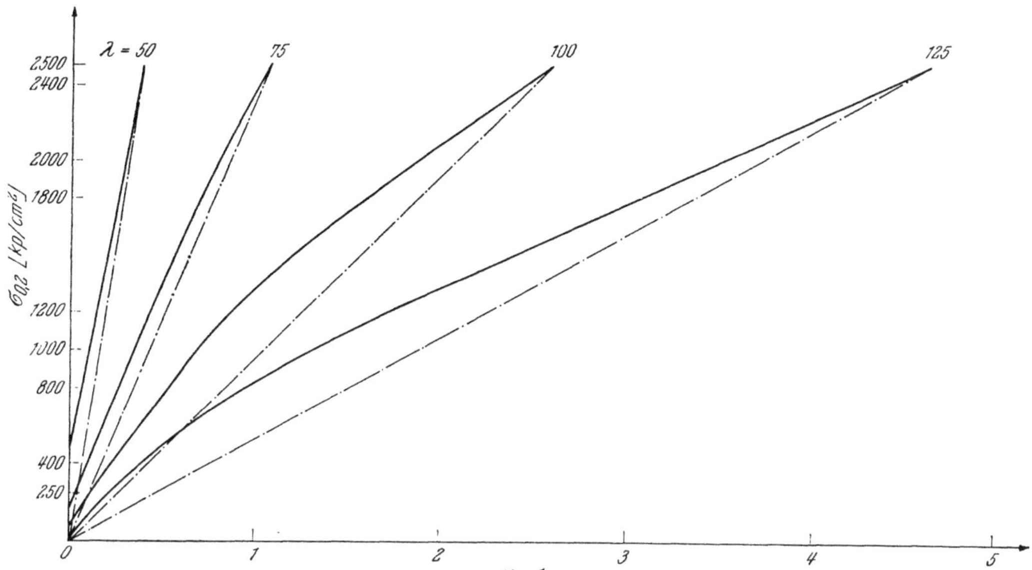

Abb. 4. Knickzahlen für Al-Legierungen verschiedener Fließgrenzen

schiedener Streckgrenzen aufgetragen. In der Abbildung sind auch die Geraden nach Gl. (5) bzw. Gl. (5') eingezeichnet. In Abb. 4 sind die Knickbeiwerte $\omega = \frac{\sigma_{0,2}}{\sigma_{\text{kr}}}$ für Aluminiumlegierungen ($E = 700\,000$ kp/cm²) nach den im Aluminiumtaschenbuch, Aluminium-Verlag GmbH., Düsseldorf 1955, angegebenen Formeln für gewisse λ aufgetragen. Auch hier zeigt sich, daß die Genauigkeit der Gl. (5) für unsere Betrachtung genügt. In Abb. 5 sind noch die ω-Werte für Stahl 37 und Stahl 52 nach DIN 4114 und die aus ω_{52} nach Gl. (5) bzw. Gl. (5') umgerechneten Werte ω_{37}' enthalten. Auch hier sind die Abweichungen auf der sicheren Seite und für unser Vorhaben erträglich.

[1] Die Werte ergeben sich mit $m_0 = \frac{e}{k} = 0{,}3 \left(\frac{\lambda}{100}\right)^2$ aus

$$\omega^2 - \left(\frac{\lambda\,\sigma_F}{\pi^2 E} + 1 + m_0\right)\omega + \frac{\lambda^2\,\sigma_F}{\pi^2 E} = 0.$$

Nach Einführen der Werte für P' und P aus (1) und (4') in (5) erhalten wir

$$\omega_2' (\omega_1 - 1) = (\omega_2' - 1 + \alpha) (\omega_1 - 1) \beta$$

und daraus

$$\omega_2' = \frac{1}{2} \{1 + \beta (\omega_1 - 1) + \sqrt{[1 + \beta (\omega_1 - 1)]^2 - 4 \beta (\omega_1 - 1) (1 - \alpha)}\} \tag{6}$$

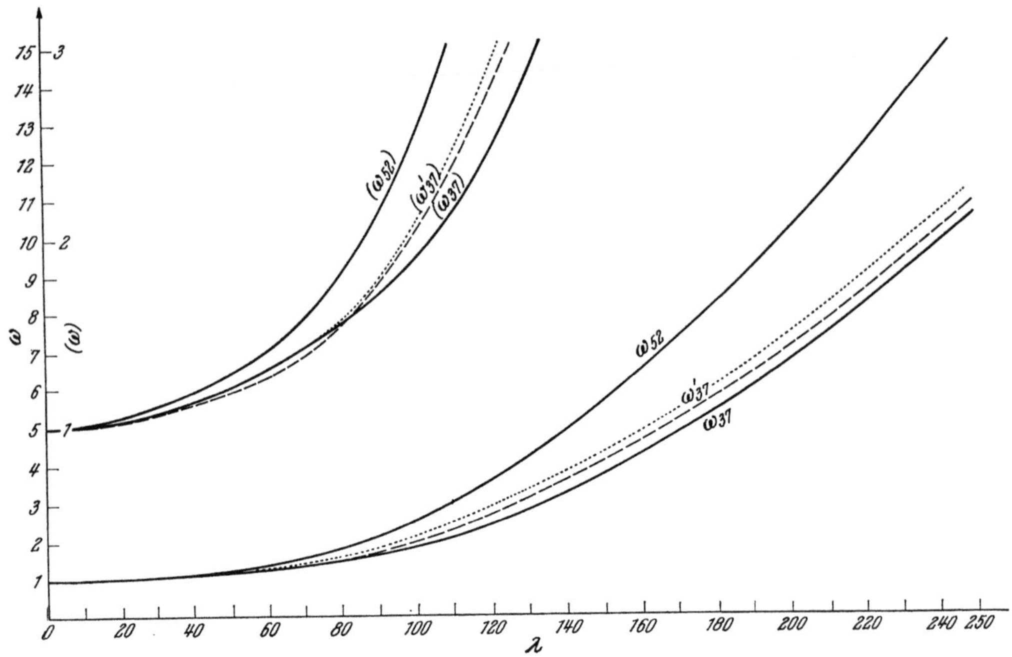

Abb. 5. Knickzahlen ω_{52} und w_{37} nach Din 4114 und - - - $\omega_{37}' = 1 + (\omega_{52} - 1)\ 24/36$ bzw. . . . . . $\omega_{37}' = 1 + 0{,}25\ (\lambda/100)^2 + [\omega_{52} - 1 - 0{,}25\ (\lambda/100)^2]\ 24/36$.

oder mit den Bezeichnungen

$$\beta (\omega_1 - 1) = \varrho$$

und

$$\omega_2' - 1 = \gamma \cdot \varrho,$$

$$\omega_2' = \frac{1}{2} [1 + \varrho + \sqrt{(1 + \varrho)^2 - 4 \varrho (1 - \alpha)}] \tag{6'}$$

bzw.

$$\gamma = \frac{\varrho - 1}{2 \varrho} \left[1 + \sqrt{1 + \frac{4 \varrho \alpha}{(\varrho - 1)^2}}\right] \quad \text{für } \varrho > 1 \tag{6''}$$

bzw.

$$\gamma = \frac{\varrho - 1}{2 \varrho} \left[1 - \sqrt{1 + \frac{4 \varrho \alpha}{(\varrho - 1)^2}}\right] \quad \text{für } \varrho < 1. \tag{6''}$$

Für $\varrho = 1$ ist $\gamma = \sqrt{\alpha}$, für $\varrho = 0$ ist $\gamma = \alpha$.
Die Gl. (6'') sind in Abb. 6 dargestellt.

Für $\alpha = 0$, also für einen an einem oder beiden Enden angeschweißten Stab, ist $\beta_m > 0$. Für $\beta < \beta_m$ ist der Endquerschnitt maßgebend, die zulässige Belastung ist $P = F \cdot \beta\, \sigma_{\text{zul}}$.

Wenn $\beta > \beta_m$, ist die Schwächung durch die Schweißung nicht maßgebend, die zulässige Belastung ist $P = \frac{F}{\omega_1}\, \sigma_{\text{zul}}$. Für einen im Mittel-

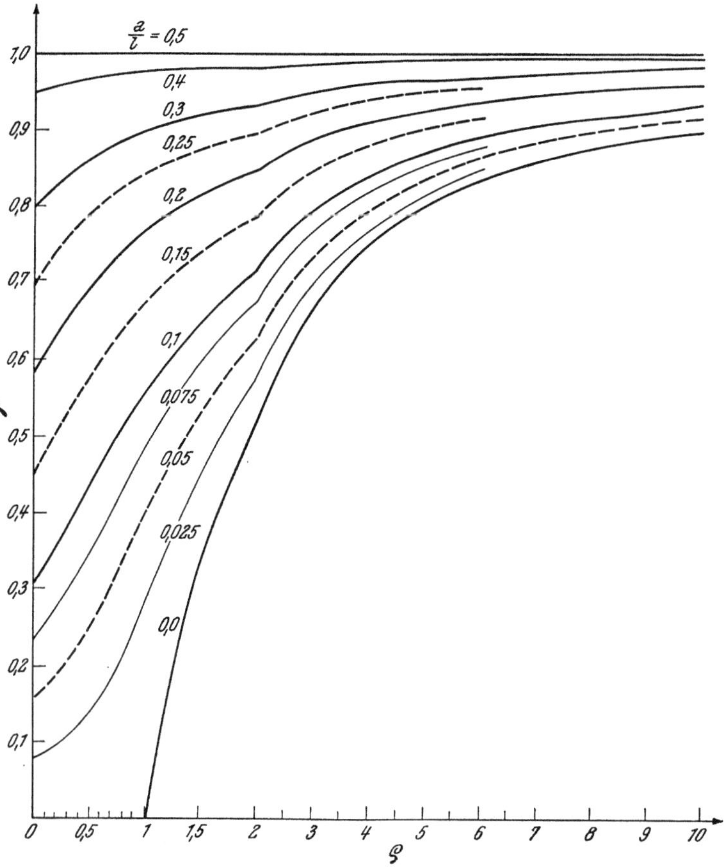

Abb. 6. Diagramm für Gl. (6″)

querschnitt geschweißten Stab ist $\beta_m = 1$, es ist also immer

$$P = \frac{F}{\omega_1'}\, \beta\, \sigma_{\text{zul}},$$

wobei

$$\omega_1' = 1 + (\omega_1 - 1)\, \beta.$$

Für

$$\beta_m = \alpha + \frac{1 - \alpha}{\omega_1} \quad \text{bzw.} \quad \alpha_m = \frac{\beta\, \omega_1 - 1}{\omega_1 - 1}$$

ist

$$\frac{\omega_2'}{\beta} = \omega_1' = \omega_1.$$

Die abgeleiteten Formeln können sinngemäß auch für anders als gelenkig gelagerte Stäbe verwendet werden. Der Abstand a ist jedoch vom

Inflexionspunkt der Biegelinie des Knickstabes zu rechnen, wie in Abb. 7 angedeutet ist. In Tafel I sind die Gleichungen für verschiedene einfache Knickfälle zusammengestellt.

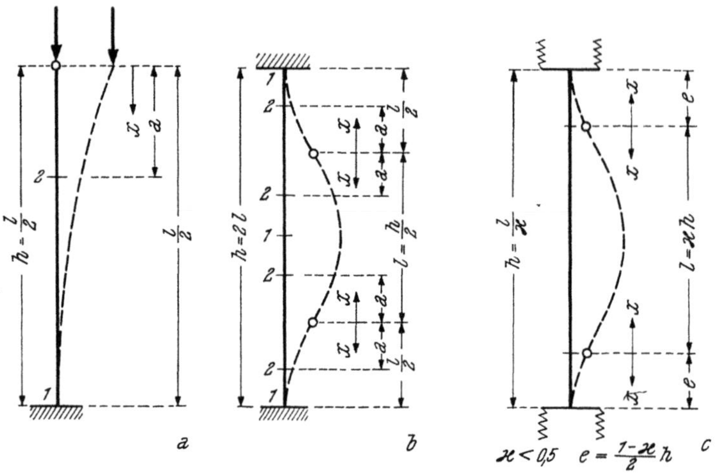

Abb. 7. Einfache Knickfälle

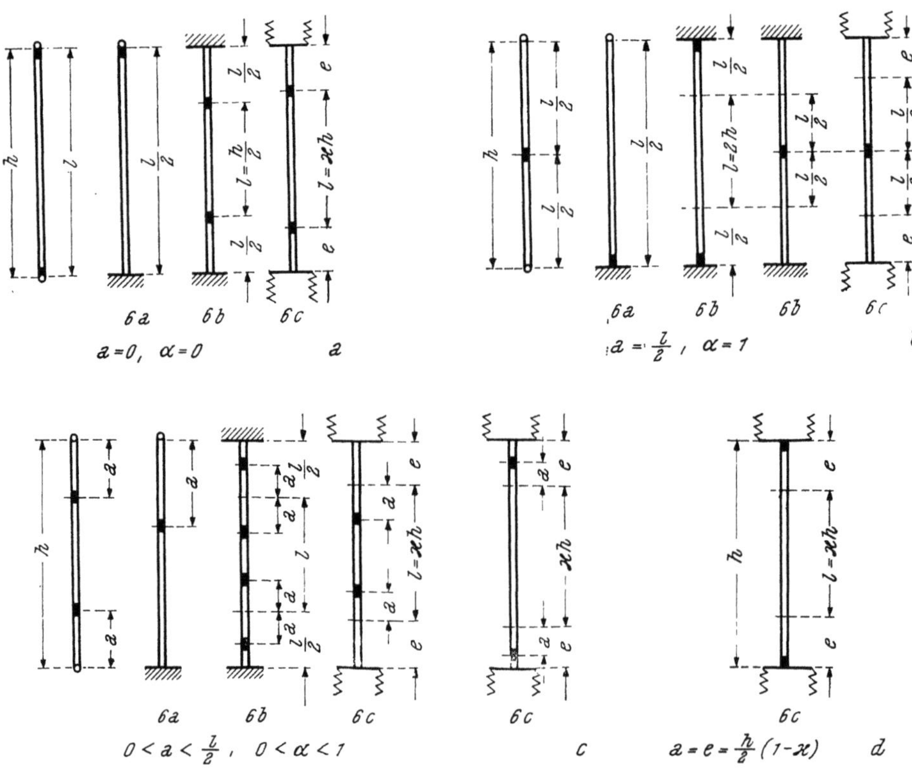

Zu Tafel 1.

Tafel 1. *Berechnungsformeln für verschiedene Knickfälle*

Fall I:

a) $\beta_m = \frac{1}{\omega_1}$

$\beta \leqq \beta_m$: $\sigma_3 = \frac{P}{F} \leqq \beta \cdot \sigma_{zul}$

$\beta \geqq \beta_m$: $\sigma_1 = \frac{P}{F}\omega_1 \leqq \sigma_{zul}$

b) $\beta_m = 1$

$\beta \leqq 1$

$\sigma_1 = \frac{P}{F}\omega_1' \leqq \beta\,\sigma_{zul}$

$\omega_1' = 1 + (\omega_1 - 1)\beta$

c) $\alpha_m = \frac{\beta\,\omega_1 - 1}{\omega_1 - 1'}, \qquad \beta_m = \alpha + \frac{1-\alpha}{\omega_1}$

$\beta \leqq \beta_m$, $\alpha \geqq \alpha_m$: $\sigma_2 = \frac{P}{F}\omega_2' \leqq \beta\,\sigma_{zul}$

$\beta \geqq \beta_m$, $\alpha \leqq \alpha_m$: $\sigma_1 = \frac{P}{F}\omega_1 \leqq \sigma_{zul}$

$$\omega_2' = \frac{1}{2}[1 + \beta(\omega_1 - 1) + \sqrt{[1 + \beta(\omega_1 - 1)]^2 - 4\beta(\omega_1 - 1)(1-\alpha)}] =$$
$$= \gamma \cdot \varrho + 1, \qquad \varrho = (\omega_1 - 1)\beta.$$

d) $\alpha_1 = \sin\frac{e}{l}\pi, \qquad \beta_m = \alpha_1 + \frac{1-\alpha_1}{\omega_1}$

$\beta \leqq \beta_m$, $\alpha_1 \geqq \alpha_m$: $\sigma_2 = \frac{P}{F}\omega_2' \leqq \beta\,\sigma_{zul}$

$\beta \geqq \beta_m$, $\alpha_1 \leqq \alpha_m$: $\sigma_1 = \frac{P}{F}\omega_1 \leqq \sigma_{zul}$

Fall II:

a) $\beta_m = \frac{1+m_0}{\omega_1}$

$\beta < \beta_m$: $\sigma_3 = \frac{P}{F}(1+m_0) \leqq \beta\,\sigma_{zul}$

$\beta > \beta_m$: $\sigma_1 = \frac{P}{F}\omega_1 < \sigma_{zul}$

b) $\beta_m = 1$

$\sigma_1 = \frac{P}{F}\omega_1' \leqq \beta\,\sigma_{zul}$

$\omega_1' = (1+m_0) + (\omega_1 - 1 - m_0)\beta$

c) $\alpha_m = \frac{\beta\,\omega_1 - 1 - m_0}{\omega_1 - 1 - m_0}, \qquad \beta_m = \alpha + \frac{(1+m_0)(1-\alpha)}{\omega_1}$

$\beta \leqq \beta_m$, $\alpha > \alpha_m$: $\sigma_2 = \frac{P}{F}\omega_2' \leqq \beta\,\sigma_{zul}$

$\beta \geqq \beta_m$, $\alpha < \alpha_m$: $\sigma_1 = \frac{P}{F}\omega_1 < \sigma_{zul}$

$$\omega_2' = \frac{1}{2}\{1 + \beta(\omega_1 - 1 - m_0) +$$
$$+ \sqrt{[1 + \beta(\omega_1 - 1 - m_0)]^2 - 4\beta(\omega_1 - 1 - m_0)(1-\alpha)}\} = \gamma \cdot \varrho + 1,$$
$$\varrho = (\omega_1 - 1 - m_0)\beta.$$

d) $\alpha_1 = \sin\frac{e}{l}\pi, \qquad \beta_m = \alpha_1 + \frac{(1+m_0)(1-\alpha_1)}{\omega_1}$

$\beta \leqq \beta_m$, $\alpha_1 > \alpha_m$: $\sigma_2 = \frac{P}{F}\omega_2' \leqq \beta\,\sigma_{zul}$

$\beta > \beta_m$, $\alpha_1 < \alpha_m$: $\sigma_1 = \frac{P}{F}\omega_1 < \sigma_{zul}$.

Wenn wir unserer Berechnung die Annahme eines geraden „ausmittig gedrückten" Stabes zugrunde legen (Fall II) (Abb. 8a), so ist die Spannungsverteilung längs der Stabachse nach Abb. 8b etwas ungünstiger als im ersten Fall, da am Stabende die Beanspruchung $\sigma_3 = \frac{P}{F}(1 + m_0)$ ist. Die Spannung verläuft nach einem Teil einer Sinuskurve, ohne wesentlichen Fehler können wir jedoch statt

$$\sigma_2 = \frac{\mu P}{F} \sin \frac{a' \pi}{l'^2}$$

schreiben

$$\sigma_2 = \frac{\mu P}{F}\left[1 + m_0 + (\omega_1 - 1 - m_0) \sin \frac{a \pi}{l}\right]. \qquad (7)$$

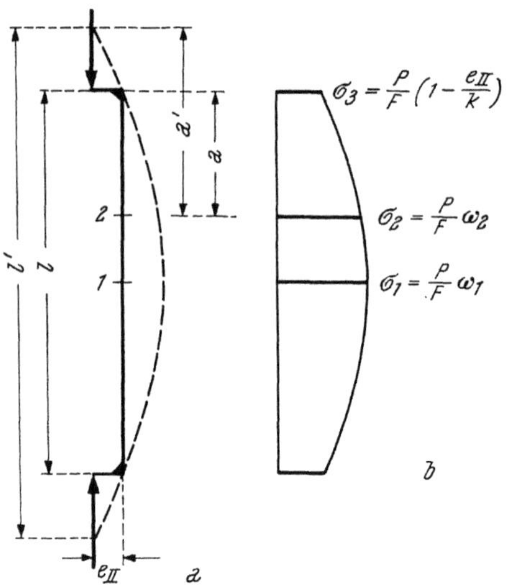

Abb. 8. Knickstab, Fall II

Wenn wir für die Berechnung der abgeminderten Knickzahlen dann Gl. (5) verwenden, gelangen wir zu denselben Formeln wie im ersten Fall, nur ist statt $(\omega_1 - 1)$ der Wert $(\omega_1 - 1 - m_0)$ zu schreiben.

In Tafel I sind die Formeln auch für diesen Fall angeführt.

Die Berechnung unseres Stabes nach Fall II gibt für die Stabenden etwas größere Werte, ist aber der Wirklichkeit näher, da die Annahme der Ausbiegung nach einer Sinuswelle einen zu günstigen Idealfall darstellt. Es sei noch vermerkt, daß die Berechnung der Knickzahlen, ausgehend von einem nach einer Sinuswelle gebogenen Stab, mit der Ausbiegung e_I bzw. von einem exzentrisch gedrückten geraden Stab (e_{II}) dieselben Werte liefert, wenn, wie leicht zu errechnen ist,

$$e_{II} = \frac{1}{1 + 0{,}272 \frac{\lambda^2}{w} \cdot 10^{-4}} e_I.$$

Für $\lambda = 100$ gibt dies $e_{II} = 0{,}87 \cdot e_I$.

Wenn wir uns vergegenwärtigen, welche verschiedenen Annahmen zur Festlegung der Knickzahlen gemacht wurden, kommen wir zu dem Schluß, daß es möglich ist, um die Rechnung zu vereinfachen, in die Berechnung nach Fall II einen genäherten Wert der Ausmittigkeit m_0 einzusetzen, etwa für Stahl $m_0 = 0{,}25 \left(\frac{\lambda}{100}\right)^2$ oder für Aluminiumlegierungen $m_0 = 0{,}4 \left(\frac{\lambda}{100}\right)^2$.

Den Anstoß zu obiger Arbeit gab die Tagung des internationalen Institutes für Schweißung in Prag im Juni 1964, auf der unter anderem die Frage der Berechnung geschweißter Stäbe aus Aluminiumlegierungen aufgeworfen wurde.

Die Knicklast des an den Gelenken seitlich gestützten Pendelstabes

Von

W. Pelikan, Stuttgart

Mit 10 Textabbildungen

1. Einleitung

Auf Druck beanspruchte Pendelstäbe, die an einem oder an beiden Gelenken seitlich elastisch gestützt sind, finden sich sowohl in endgültigen Konstruktionen, wie auch in Montagehilfsstützen und in Montagegeräten. Ihre Stabilitätsberechnung ist bekannt und wird unter der allgemein üblichen Annahme kleiner Formänderungen, im vorliegenden Fall also kleiner seitlicher Ausweichungen der Gelenke im Verhältnis zur Stablänge durchgeführt (s. [1], [2]).

Die Voraussetzung kleiner Auslenkungen trifft bei endgültigen Konstruktionen stets zu, nicht immer jedoch bei Montagestützungen oder Montagegeräten, für welche auch seitliche Stützungen der Gelenke mit großen Federwegen ausgeführt werden.

In den folgenden Untersuchungen wird daher die Annahme kleiner Ausweichungen der Gelenke verlassen, es wird nur vorausgesetzt, daß die Federkräfte in den Gelenken proportional mit den Auslenkungen wachsen, was im allgemeinen genügend genau zutrifft. Weiter wird angenommen, daß der Pendelstab zwischen den Gelenken knicksicher ist, die Instabilität also nur durch seitliche Verschiebung der Gelenke ohne Verbiegung des Stabes eintritt.

Die Knicklast wird für eine konstante lotrechte, richtungstreue Last P ermittelt, die entweder mittig oder außermittig an einem lotrechten oder unter dem Winkel α_0 gegen die Lotrechte geneigten Stab angreift. Die Untersuchung wird dann auf eine lotrechte, richtungstreue Last ausgedehnt, deren Größe mit der Neigung des Pendelstabes veränderlich ist.

Die Ergebnisse werden im Schlußabschnitt den Werten der üblichen Stabilitätsberechnung unter Voraussetzung sehr kleiner Auslenkungen gegenübergestellt.

2. Pendelstab an beiden Gelenken seitlich elastisch gestützt

2.1. Belastung durch eine konstante lotrechte, mittig angreifende Last

2.1.1. *Anfangslage des Pendelstabes lotrecht*

Die Federkonstanten für die seitliche Stützung des Pendelstabes betragen für das obere Gelenk c_o Mp/m und für das untere Gelenk c_u Mp/m.

Es soll untersucht werden, welche Gleichgewichtslagen ohne Einschränkung in der Annahme der Größe der seitlichen Auslenkungen der Gelenke möglich sind und ob diese Gleichgewichtslagen stabil, labil oder indifferent sind. Vorausgesetzt wird dabei, daß der Pendelstab zwischen den Gelenken eine ausreichende Knicksicherheit aufweist.

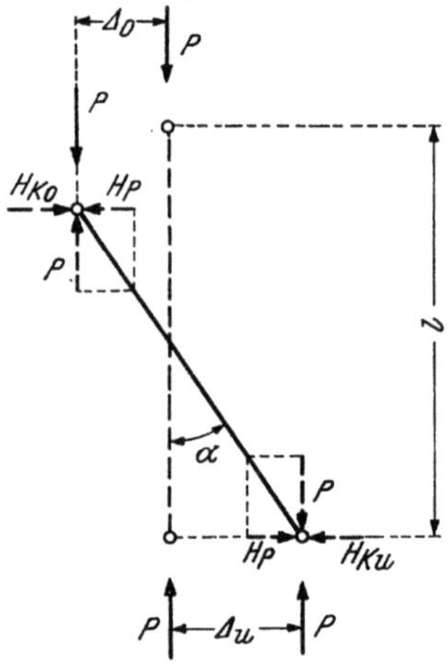

Abb. 1.

Nimmt man an, daß sich der Pendelstab unter der Einwirkung der lotrechten Last P um den Winkel α schräg stellt (Abb. 1), dann erfährt das obere Gelenk eine seitliche Auslenkung Δ_o und das untere Gelenk eine seitliche Auslenkung Δ_u. Die Reaktionskräfte in der seitlichen Stützung der Gelenke betragen dann

$$H_{ko} = c_o \cdot \Delta_o, \tag{1}$$

$$H_{ku} = c_u \cdot \Delta_u. \tag{2}$$

Die in den Gelenken wirkende waagrechte Seitenkraft aus der angreifenden Last P beträgt

$$H_P = P \cdot \operatorname{tg} \alpha. \tag{3}$$

Sie ist, wenn man sich nicht auf sehr kleine seitliche Auslenkungen beschränkt, nicht mehr linear mit den Auslenkungen veränderlich.

Die Gleichgewichtsbedingungen für beide Gelenke lauten:

$$-H_P + H_{ko} = 0, \tag{4}$$

$$H_P - H_{ku} = 0. \tag{5}$$

Daraus folgt, daß

$$H_{ko} = H_{ku} = H_k \quad \text{und} \quad c_o \cdot \Delta_o = c_u \cdot \Delta_u.$$

Mit

$$\Delta_u = \Delta_o \cdot \frac{c_o}{c_u}$$

und

$$\sin \alpha = \frac{\Delta_o + \Delta_u}{l} = \frac{\Delta_o}{l} \cdot \frac{c_o + c_u}{c_u}$$

erhält man

$$\Delta_o = \frac{c_u}{c_o + c_u} \cdot l \cdot \sin \alpha. \tag{6}$$

Wenn man diesen Wert in Gl. (4) einsetzt, so erhält man

$$\frac{c_o \cdot c_u}{c_o + c_u} \cdot l \cdot \sin \alpha - P \cdot \operatorname{tg} \alpha = 0$$

oder mit der Abkürzung $C = \frac{c_o \cdot c_u}{c_o + c_u}$

$$\sin\alpha \left(C \cdot l - \frac{P}{\cos\alpha}\right) = 0. \tag{7}$$

Aus Gl. (7) ergibt sich, daß zwei Gleichgewichtslagen möglich sind:

$$1. \quad \sin\alpha = 0, \qquad \alpha = 0, \tag{8}$$

$$2. \quad \cos\alpha = \frac{P}{C \cdot l}. \tag{9}$$

Nun ist noch zu untersuchen, unter welchen Voraussetzungen diese Gleichgewichtslagen stabil, labil oder indifferent sind.

Vergrößert man die Neigung des Pendelstabes um den Wert $d\alpha$, so leisten bei dieser kleinen Verschiebung die angreifenden Kräfte folgende Arbeit (s. Abb. 2):

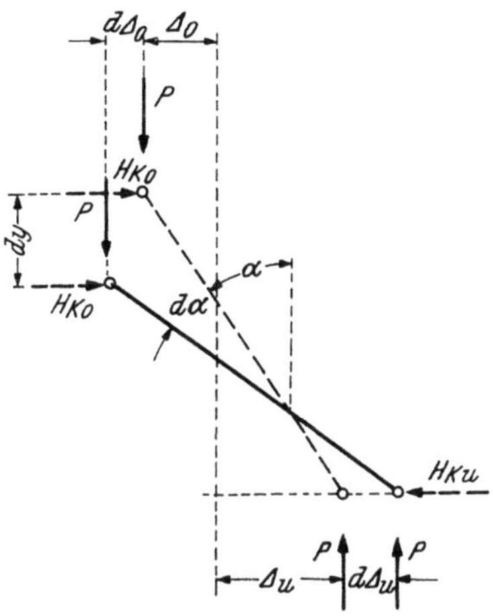

Abb. 2.

$$dA = P \cdot dy - H_{ko} \cdot d\Delta_o - H_{ku} \cdot d\Delta_u. \tag{10}$$

Drückt man die Werte dy, $d\Delta_o$, $d\Delta_u$ als Funktion von α bzw. $d\alpha$ aus, so erhält man

$$y = -l \cdot \cos\alpha, \qquad dy = l \cdot \sin\alpha \cdot d\alpha$$

und aus Gl. (6)

$$d\Delta_o = \frac{c_u}{c_o + c_u} \cdot l \cdot \cos\alpha \cdot d\alpha.$$

Analog erhält man

$$d\Delta_u = \frac{c_o}{c_o + c_u} \cdot l \cdot \cos\alpha \, d\alpha.$$

Setzt man diese Werte in Gl. (10) ein, so erhält man nach einigen Umformungen

$$\frac{dA}{d\alpha} = l \cdot [P \cdot \sin\alpha - C(\Delta_o + \Delta_u) \cdot \cos\alpha]$$

und mit $\Delta_o + \Delta_u = l \cdot \sin\alpha$

$$\frac{dA}{d\alpha} = l \cdot \sin\alpha \, [P - C \cdot l \cdot \cos\alpha]. \tag{11}$$

Aus der Beziehung $\frac{dA}{d\alpha} = 0$ kann man auch die bereits oben aus den Gleichgewichtsbedingungen abgeleiteten Gln. (8) und (9) erhalten.

Durch nochmaliges Differenzieren der Gl. (11) nach α erhält man die Bedingungsgleichung zur Ermittlung der Stabilität der beiden Gleichgewichtslagen zu

$$\frac{d^2A}{d\alpha^2} = P \cdot l \cdot \cos\alpha - C \cdot l^2 \cdot (\cos^2\alpha - \sin^2\alpha). \tag{12}$$

Für die Gleichgewichtslage 1, Gl. (8), wird mit

$$\alpha = 0, \quad \sin\alpha = 0, \quad \cos\alpha = 1,$$

$$\frac{d^2A}{d\alpha^2} = P \cdot l - C \cdot l^2.$$

Die Gleichgewichtslage 1 ist daher für

$$P \lessgtr C \cdot l \begin{cases} \text{stabil} \\ \text{labil} \end{cases}$$

und für $P = C \cdot l$ indifferent. (13)

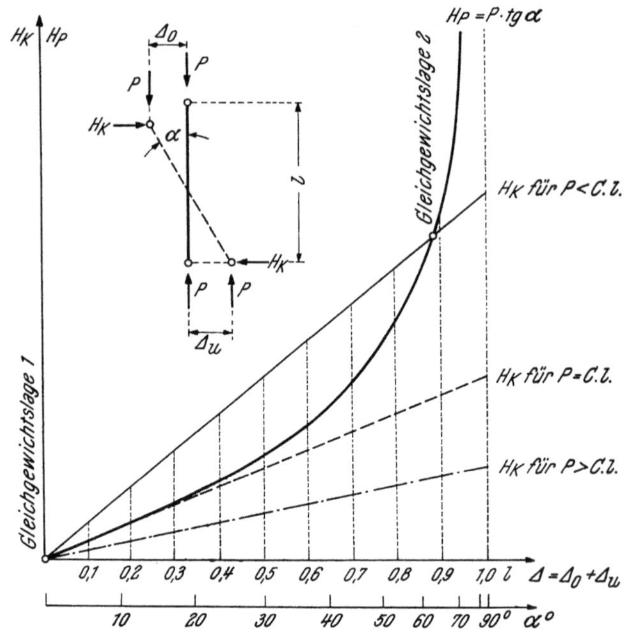

Abb. 3.

Die Last $P_k = C \cdot l$ kann somit als Knicklast des lotrechten, an den Gelenken seitlich elastisch gestützten Pendelstabes bezeichnet werden.

Die Gleichgewichtslage 2 tritt nur für die Bedingung $P < C \cdot l$ auf. Setzt man die Werte von (9) in (12) ein, so erhält man nach einigen Umformungen:

$$\frac{d^2A}{d\alpha^2} = \frac{1}{C} [C^2 \cdot l^2 - P^2]. \tag{14}$$

Dieser Wert ist für $P < C \cdot l$ stets positiv; die Gleichgewichtslage 2 ist daher labil.

Die Zusammenhänge werden durch die graphische Darstellung von H_P und H_k in Abb. 3 veranschaulicht.

Um die Werte H_k als Gerade darstellen zu können, wird als Abszisse der Wert $\Delta = \Delta_o + \Delta_u$ gewählt.

Unter Verwendung von (6) erhält man

$$H_k = H_{k o} = c_o \cdot \Delta_o = C \cdot l \cdot \sin \alpha = C \cdot (\Delta_o + \Delta_u),$$

$$H_k = C \cdot \Delta. \tag{15}$$

Führt man in (3) statt α Δ als Variable ein, so erhält man

$$H_P = P \left[\left(\frac{l}{\Delta} \right)^2 - 1 \right]^{-\frac{1}{2}}. \tag{16}$$

Ist die Gleichgewichtslage 1 ($\Delta = 0$) indifferent, so muß nach (13) $P = C \cdot l$ sein.

Damit wird aber die Gerade H_k nach (15) zur Tangente an die Kurve H_P im Punkte $\Delta = 0$, da, wie unten gezeigt wird, für diesen Punkt die ersten Differentialquotienten nach Δ von H_P und H_k einander gleich werden.

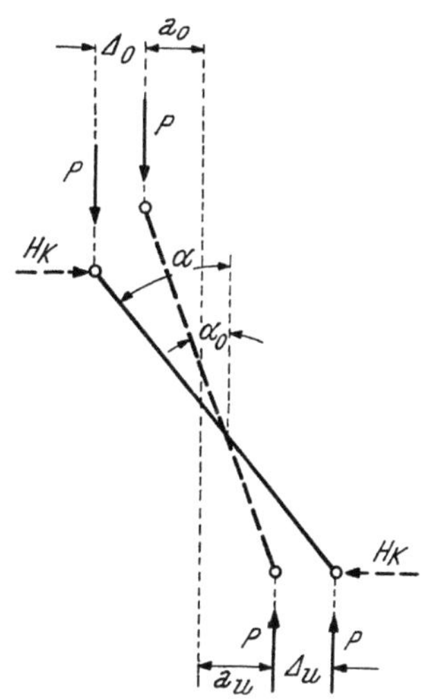

Abb. 4.

Aus (16) erhält man

$$\frac{dH_P}{d\Delta} = P \cdot l^2 [l^2 - \Delta^2]^{-\frac{3}{2}}$$

und für $\Delta = 0$ mit Berücksichtigung von (13)

$$\frac{dH_P}{d\Delta} = C.$$

Aus (15) erhält man ebenfalls $\frac{dH_k}{d\Delta} = C$.

Für die stabile Gleichgewichtslage 1 ($P < C \cdot l$) nimmt mit von Null an wachsendem Δ der Wert für H_k stärker zu als der Wert für H_P. Lenkt man für diesen Fall den lotrechten Pendelstab seitlich aus, dann wird er nach Abklingen der Störkraft von selbst in die lotrechte Gleichgewichtslage zurückgehen. Dies gilt für Auslenkungen, die kleiner bleiben, als die Auslenkung der Gleichgewichtslage 2. Aus Abb. 3 ersieht man, daß über die Gleichgewichtslage 2 hinaus die Werte H_P schneller anwachsen als die Werte H_k, daß also diese Gleichgewichtslage labil ist.

Für den Fall der labilen Gleichgewichtslage 1 bleibt die Gerade H_k unter der Tangente an die Kurve H_P im Punkte $\Delta = 0$.

2.1.2. *Anfangslage des Pendelstabes schräg* (Vorneigung α_0)

Für diesen Fall gelten ebenfalls die Gleichgewichtsbedingungen (4) und (5) und die daraus abgeleiteten Beziehungen $H_{k o} = H_{k u} = H_k$ und $c_o \cdot \Delta_o = c_u \cdot \Delta_u$. Es soll wieder untersucht werden, welche Gleichgewichtslagen möglich sind.

Mit den Werten von Abb. 4 erhält man

$$\sin \alpha_0 = \frac{a_o + a_u}{l} = \frac{a}{l}, \tag{17}$$

$$\sin\alpha - \sin\alpha_0 = \frac{\Delta_o + \Delta_u}{l} = \frac{\Delta}{l}, \tag{18}$$

$$\sin\alpha = \frac{a + \Delta}{l}.$$

Aus (18) erhält man

$$\Delta_0 = \frac{c_u}{c_o + c_u}\, l\,(\sin\alpha - \sin\alpha_0), \tag{19}$$

$$H_k = H_{k\,o} = c_o \cdot \Delta_o = C \cdot l\,(\sin\alpha - \sin\alpha_0). \tag{20}$$

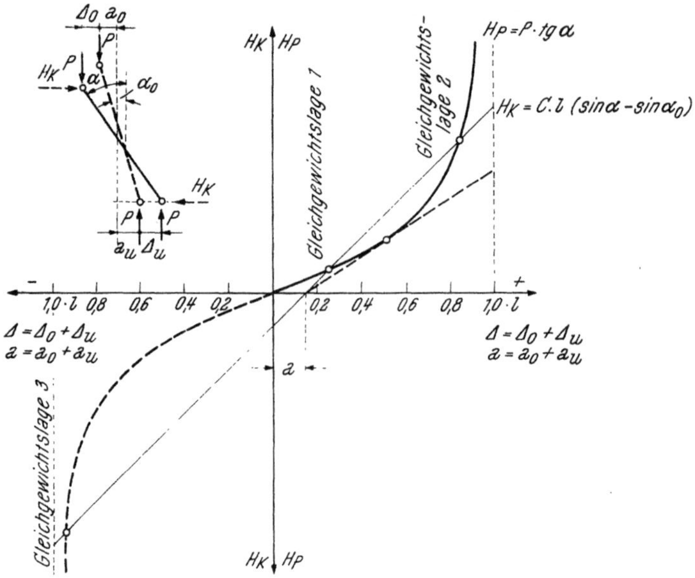

Abb. 5.

Aus (4) erhält man unter Berücksichtigung von (20)

$$P \cdot \operatorname{tg}\alpha - C \cdot l\,(\sin\alpha - \sin\alpha_0) = 0, \tag{21}$$

eine trigonometrische Gleichung für den Neigungswinkel α der möglichen Gleichgewichtslagen.

Diese Gleichgewichtslagen kann man auch durch die Auslenkungen $\Delta = \Delta_o + \Delta_u$ kennzeichnen.

Wenn man in (21) die Beziehungen (17) und (18) einsetzt, so erhält man nach verschiedenen Zwischenrechnungen die folgende Gleichung 4. Grades zur Ermittlung der Gesamtauslenkungen für die möglichen Gleichgewichtslagen:

$$\Delta^4 + 2\,a\,\Delta^3 + \left(\frac{P^2}{C^2} + a^2 - l^2\right) \cdot \Delta^2 + \frac{2\,P^2\,a}{C^2}\,\Delta + \frac{P^2\,a^2}{C^2} = 0. \tag{22}$$

Von den vier möglichen Wurzeln der Gl. (21) bzw. Gl. (22) haben nur drei eine praktische Bedeutung, was sich unmittelbar aus der graphischen Darstellung in Abb. 5 ergibt. Daraus ist weiter zu ersehen, daß die Gleichgewichtslage 1 stabil ist, dagegen die Gleichgewichtslagen 2 und 3 labil sind.

Variiert man bei gleichbleibender Last P die Steifigkeit der seitlichen Stützung des Pendelstabes, so wird bei kleiner werdenden Werten von C die Neigung des Stabes bis zur stabilen Gleichgewichtslage 1 immer größer und die weitere, zusätzliche Neigung bis zum Erreichen der labilen Gleichgewichtslage 2 immer kleiner werden.

Der Grenzwert des indifferenten Gleichgewichtes wird erreicht, wenn man die Steifigkeit C soweit verringert, daß die Gerade

$$H_k = C \cdot l \cdot (\sin \alpha - \sin \alpha_0)$$

zur in Abb. 5 gestrichelt gezeichneten Tangente an die Kurve H_P wird. Die Last P wird damit zur Knicklast P_k.

Die Größe dieser Knicklast erhält man aus den Kriterien

$$\frac{dA}{d\alpha} = 0 \quad \text{und} \quad \frac{d^2A}{d\alpha^2} = 0.$$

Mit den Werten

$$y = -l \cdot \cos \alpha, \qquad dy = l \cdot \sin \alpha \cdot d\alpha,$$

$$d\Delta_o = \frac{c_u}{c_o + c_u} l \cdot \cos \alpha \cdot d\alpha,$$

$$d\Delta_u = \frac{c_o}{c_o + c_u} l \cdot \cos \alpha \cdot d\alpha,$$

$$H_{ko} = H_{ku} = H_k = C \cdot l \cdot (\sin \alpha - \sin \alpha_0)$$

erhält man aus (10)

$$\frac{dA}{d\alpha} = P \cdot l \cdot \sin \alpha - C \cdot l^2 \cdot \cos \alpha (\sin \alpha - \sin \alpha_0) = 0 \tag{23}$$

und durch nochmaliges Differenzieren

$$\frac{d^2A}{d\alpha^2} = P \cdot l \cdot \cos \alpha - C \cdot l^2 (\cos^2 \alpha - \sin^2 \alpha + \sin \alpha \sin \alpha_0) = 0. \tag{24}$$

Aus diesen beiden Gleichungen erhält man die Neigung des Pendelstabes bei Erreichen des indifferenten Gleichgewichtes zu

$$\sin \alpha = \sqrt[3]{\sin \alpha_0} \tag{25}$$

und die zugehörige Knicklast

$$P_k = C \cdot l (1 - \sqrt[3]{\sin^2 \alpha_0}) \cdot \sqrt{1 - \sqrt[3]{\sin^2 \alpha_0}}. \tag{26}$$

Für $\alpha_0 = 0$, $\sin \alpha_0 = 0$ wird $P_k = C \cdot l$ Gl. (13),

für $\alpha_0 = \pi/2$, $\sin \alpha_0 = 1$ wird $P_k = 0$.

2.2. Belastung durch eine konstante lotrechte, außermittig angreifende Last. (Anfangslage des Pendelstabes lotrecht)

Wenn eine lotrechte Last P mit der Exzentrizität e auf den ursprünglich lotrechten Pendelstab einwirkt, erhält man die waagrechte, in den Gelenken angreifende Lastkomponente bei beliebiger Neigung des Pendelstabes aus der Gleichung (s. Abb. 6):

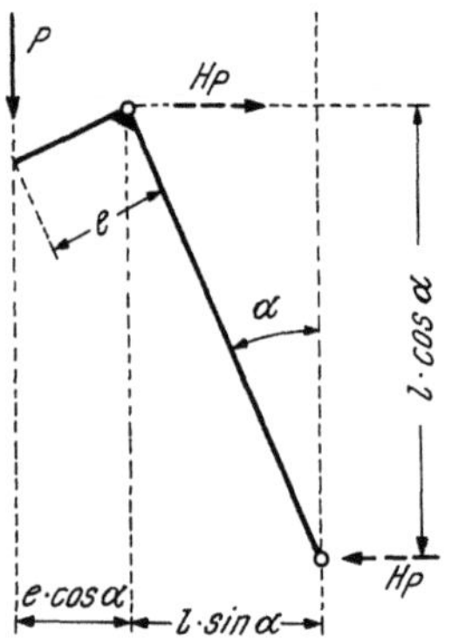

Abb. 6.

$$H_P \cdot l \cdot \cos\alpha - P(l \cdot \sin\alpha + e \cdot \cos\alpha) = 0$$

$$H_P = P\left(\operatorname{tg}\alpha + \frac{e}{l}\right). \quad (27)$$

Aus den Gleichgewichtsbedingungen (4) und (5) erhält man unter Beachtung von (15)

$$P\left(\operatorname{tg}\alpha + \frac{e}{l}\right) - C \cdot l \cdot \sin\alpha = 0. \quad (28)$$

Mit Hilfe dieser trigonometrischen Gleichung können die Neigungswinkel α der möglichen Gleichgewichtslagen bestimmt werden.

Man kann die Gleichgewichtslagen auch als Funktion der Gesamtauslenkung Δ erhalten, wenn man in (28) für

$$\sin\alpha = \frac{\Delta}{l} \quad \text{und} \quad \operatorname{tg}\alpha = \frac{\Delta}{\sqrt{l^2 - \Delta^2}}$$

einsetzt. Nach einigen Umformungen erhält man die folgende Gleichung 4. Grades für Δ:

$$\Delta^4 - 2\frac{P}{C}\frac{e}{l}\Delta^3 + \left[\frac{P^2}{C^2}\left(1 + \frac{e^2}{l^2}\right) - l^2\right]\Delta^2 + 2\frac{P}{C}e \cdot l \cdot \Delta - \frac{P^2}{C^2}e^2 = 0. \quad (29)$$

Von den vier Wurzeln dieser Gleichung haben, wie in Abschnitt 2.1.2, nur drei Werte eine praktische Bedeutung.

Die Knicklast erhält man aus der Bedingung für das Auftreten des indifferenten Gleichgewichtes, die durch die beiden Gleichungen

$$\frac{dA}{d\alpha} = 0 \quad \text{und} \quad \frac{d^2A}{d\alpha^2} = 0$$

erfüllt wird. Setzt man in (10) die Werte

$$y = -l \cdot \cos\alpha + e \cdot \sin\alpha, \qquad dy = l \cdot \sin\alpha \cdot d\alpha + e \cdot \cos\alpha \cdot d\alpha,$$

$$H_k = H_{ko} = H_{ku} = C \cdot l \cdot \sin\alpha,$$

$$d\Delta_o = \frac{c_u}{c_o + c_u} l \cdot \cos\alpha \cdot d\alpha, \qquad d\Delta_u = \frac{c_o}{c_o + c_u} \cdot l \cdot \cos\alpha \cdot d\alpha$$

ein, so erhält man

$$\frac{dA}{d\alpha} = P \cdot l \cdot \sin\alpha + P \cdot e \cdot \cos\alpha - C \cdot l^2 \cdot \sin\alpha \cdot \cos\alpha = 0, \quad (30)$$

$$\frac{d^2A}{d\alpha^2} = P \cdot l \cdot \cos\alpha - P \cdot e \cdot \sin\alpha - C \cdot l^2 (\cos^2\alpha - \sin^2\alpha) = 0. \tag{31}$$

Die Lösung der beiden Gleichungen bringt

$$\operatorname{tg}\alpha = \sqrt[3]{\frac{e}{l}}, \tag{32}$$

$$P_k = \frac{C \cdot l}{\sqrt{\left(1 + \sqrt[3]{\frac{e^2}{l^2}}\right)^3}}. \tag{33}$$

Für $e = 0$ wird $P_k = C \cdot l$.

„ $e = l$ „ $P_k = 0{,}355 \cdot C \cdot l$.

2.3. Belastung durch eine lotrechte, mittig angreifende Last, die sich mit der Senkung Δ_v des oberen Gelenkes nach der Beziehung $P = P_0 - c_v \cdot \Delta_v$ ändert

2.3.1. *Anfangslage des Pendelstabes lotrecht*

Ändert sich die angreifende Last P nach der Beziehung $P = P_0 - c_v \cdot \Delta_v$, dann wird für eine beliebige Neigung α des Pendelstabes die an den Gelenkpunkten wirkende, waagrechte Teilkraft der Last P (Abb. 7)

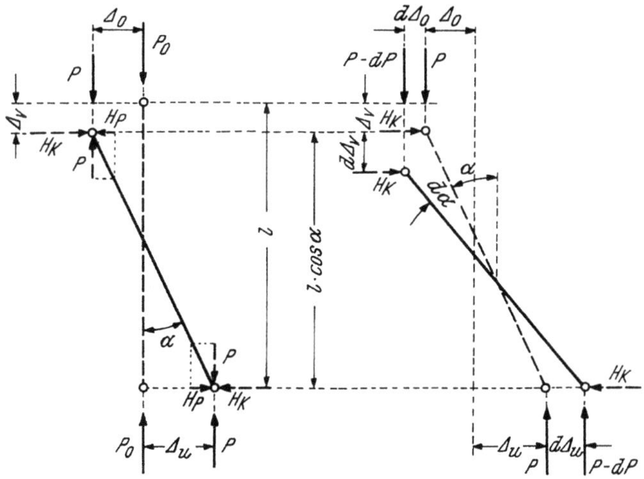

Abb. 7.

$$H_P = (P_0 - c_v \cdot \Delta_v) \operatorname{tg}\alpha. \tag{34}$$

Die Reaktionskräfte an den seitlichen Stützungen der Gelenke betragen:

$$H_{ko} = c_o \cdot \Delta_o; \quad H_{ku} = c_u \cdot \Delta_u,$$

wobei nach (4) und (5) $H_{ko} = H_{ku} = H_k$ ist.

Verschiebt man den um α geneigten Pendelstab um den Wert $d\alpha$, so leisten die angreifenden Kräfte folgende Arbeit:

$$dA = P \cdot d\Delta_v - H_{k\,o} \cdot d\Delta_o - H_{k\,u} \cdot d\Delta_u.$$

Mit den Werten

$$\Delta_v = l\,(1 - \cos\alpha); \quad d\Delta_v = l \cdot \sin\alpha \cdot d\alpha \text{ (s. Abb. 7)}, \tag{35}$$

$$d\Delta_o = \frac{c_u}{c_o + c_u}\, l \cdot \cos\alpha \cdot d\alpha; \quad d\Delta_u = \frac{c_o}{c_o + c_u}\, l \cdot \cos\alpha \cdot d\,\alpha$$

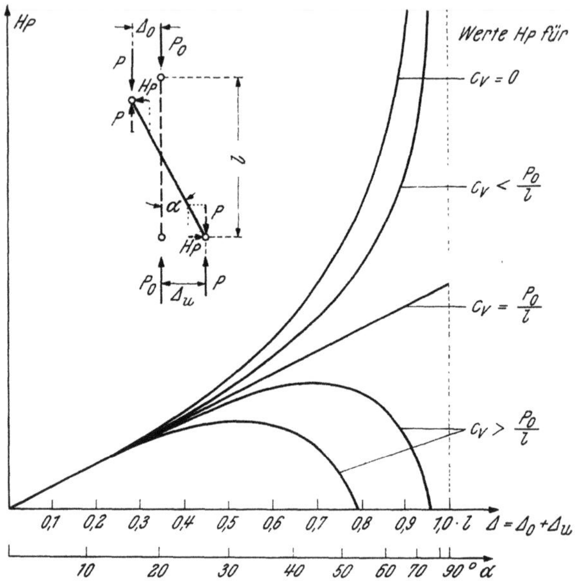

Abb. 8.

nimmt die Arbeitsgleichung folgende Form an:

$$\frac{dA}{d\alpha} = (P_0 - c_v \cdot l)\, l \cdot \sin\alpha - (C - c_v)\, l^2 \sin\alpha \cdot \cos\alpha. \tag{36}$$

Die zweite Ableitung der Arbeit nach α ergibt sich zu:

$$\frac{d^2A}{d\alpha^2} = (P_0 - c_v \cdot l)\, l \cdot \cos\alpha - (C - c_v) \cdot l^2 (\cos^2\alpha - \sin^2\alpha). \tag{37}$$

Zum besseren Verständnis der Zusammenhänge ist es wichtig, den Verlauf von H_P als Funktion von Δ für verschiedene Steifigkeitsziffern c_v zu kennen (Abb. 8).

Für $c_v = 0$ ist $P = P_0 =$ konstant; dieser Fall wurde in Abschnitt 2.1.1 behandelt.

Schreibt man H_P als Funktion von Δ, so erhält man mit

$$\cos\alpha = \frac{\sqrt{l^2 - \Delta^2}}{l}; \quad \operatorname{tg}\alpha = \frac{\Delta}{\sqrt{l^2 - \Delta^2}}$$

und unter Beachtung von (35)

$$H_P = \frac{P_0 - c_v \cdot l}{\sqrt{l^2 - \Delta^2}} \cdot \Delta + c_v \cdot \Delta. \tag{38}$$

Für $c_v = \frac{P_0}{l}$ wird $H_P = c_v \cdot \Delta$, ist also linear mit Δ veränderlich. Oberhalb dieser Geraden verlaufen die Kurven H_P für $c_v < \frac{P_0}{l}$, unterhalb die Kurven H_P für $c_v > \frac{P_0}{l}$ (Abb. 8).

Die Gerade $H_P = \frac{P_0}{l} \cdot \Delta$ ist die Tangente an sämtliche Kurven H_P im Punkt $\Delta = 0$, denn

$$\frac{dH_P}{d\Delta} = \frac{P_0 - c_v \cdot l}{\sqrt{l^2 - \Delta^2}} \left[\frac{\Delta^2}{l^2 - \Delta^2} + 1\right] + c_v$$

wird für $\Delta = 0$

$$\left.\frac{dH_P}{d\Delta}\right|_{\Delta = 0} = \frac{P_0 - c_v \cdot l}{l} + c_v = \frac{P_0}{l}$$

Die möglichen Gleichgewichtslagen erhält man aus der Bedingung $\frac{dA}{d\alpha} = 0$ unter Beachtung von (36) zu

$$l \cdot \sin\alpha \, [P_0 - c_v \cdot l - (C - c_v)\, l \cdot \cos\alpha] = 0.$$

Daraus ergibt sich

$$\text{Gleichgewichtslage 1 für } \sin\alpha = 0; \quad \alpha = 0,$$

$$\text{Gleichgewichtslage 2 für } \cos\alpha = \frac{P_0 - c_v \cdot l}{(C - c_v) \cdot l}. \tag{39}$$

Diskussion Gleichgewichtslage 1

Für $\alpha = 0$ wird Gl. (37):

$$\frac{d^2A}{d\alpha^2} = (P_0 - c_v \cdot l) \cdot l - (C - c_v) \cdot l^2 = P_0 \cdot l - C \cdot l^2.$$

Die Gleichgewichtslage 1 ist daher unabhängig von der Steifigkeitsziffer c_v für

$$P_0 \lesseqgtr C \cdot l \begin{cases} \text{stabil} \\ \text{labil} \end{cases}$$

$$P_0 = C \cdot l \text{ indifferent.}$$

Diskussion Gleichgewichtslage 2

Setzt man (39) in (37) ein, so wird

$$\frac{d^2A}{d\alpha^2} = \frac{l^2}{C - c_v} \left[(C - c_v)^2 - \left(\frac{P_0}{l} - c_v\right)^2\right].$$

Dieser Ausdruck wird

$$\text{positiv, wenn } c_v < \frac{P_0}{l}; \quad C > \frac{P_0}{l},$$

$$\text{negativ, wenn } c_v > \frac{P_0}{l}; \quad C < \frac{P_0}{l} \text{ ist.}$$

Für den Sonderfall $c_v = C = \frac{P_0}{l}$ wird $\frac{d^2A}{d\alpha^2} = \frac{0}{0}$.

Dies heißt also, daß die Gleichgewichtslage 2 für

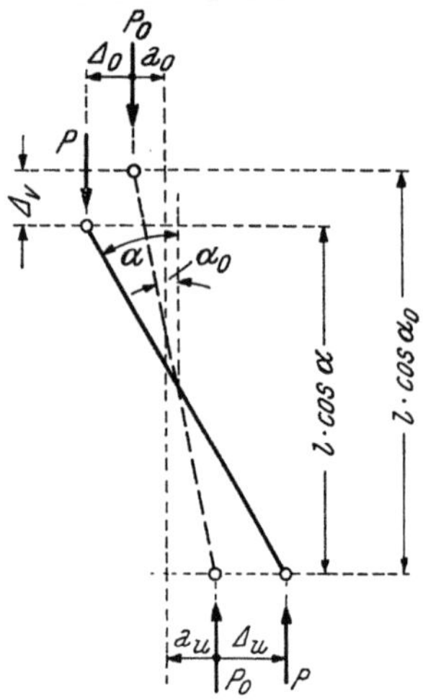

Abb. 9.

$$c_v < \frac{P_0}{l}; \quad C > \frac{P_0}{l} \text{ labil,}$$

$$c_v > \frac{P_0}{l}; \quad C < \frac{P_0}{l} \text{ stabil ist.}$$

Für den Sonderfall $c_v = C = \frac{P_0}{l}$ ist der Pendelstab in jeder Lage im Gleichgewicht.

2.3.2. *Anfangslage des Pendelstabes schräg.* (Vorneigung α_0)

Bei einer unendlich kleinen Verdrehung $d\alpha$ des um den Winkel α geneigten Pendelstabes wird von den angreifenden Kräften folgende Arbeit geleistet:

$$dA = P \cdot d\Delta_v - H_{ko} \cdot d\Delta_o - H_{ku} \cdot d\Delta_u.$$

Mit den Werten in Abb. 9 erhält man:

$$\Delta_v = l(\cos\alpha_0 - \cos\alpha); \qquad d\Delta_v = l \cdot \sin\alpha \cdot d\alpha,$$

$$\Delta_o = \frac{c_u}{c_o + c_u} l(\sin\alpha - \sin\alpha_0); \qquad d\Delta_o = \frac{c_u}{c_o + c_u} l \cdot \cos\alpha \cdot d\alpha,$$

$$\Delta_u = \frac{c_o}{c_o + c_u} l(\sin\alpha - \sin\alpha_0); \qquad d\Delta_u = \frac{c_o}{c_o + c_u} l \cdot \cos\alpha \cdot d\alpha$$

und damit wird

$$\frac{dA}{d\alpha} = (P_0 - c_v l \cdot \cos\alpha_0) l \cdot \sin\alpha - (C - c_v) l^2 \sin\alpha\cos\alpha + C l^2 \sin\alpha_0 \cos\alpha.$$

Für die möglichen Gleichgewichtslagen erhält man aus der Bedingung $\frac{dA}{d\alpha} = 0$ die folgende trigonometrische Gleichung:

$$(P_0 - c_v l \cdot \cos\alpha_0) \operatorname{tg}\alpha - (C - c_v) l \cdot \sin\alpha + C \cdot l \cdot \sin\alpha_0 = 0. \tag{40}$$

Setzt man für

$$\sin\alpha = \frac{a + \Delta}{l}; \qquad \operatorname{tg}\alpha = \frac{a + \Delta}{\sqrt{l^2 - (a + \Delta)^2}},$$

so erhält man nach einigen Umformungen die folgende Gleichung 4. Grades für $\varDelta$, die den möglichen Gleichgewichtslagen entspricht:

$$\varDelta^4 + 2a\left(2 - \frac{C}{\bar{C}}\right)\varDelta^3 + \left[\frac{\bar{P}^2}{\bar{C}^2} + a^2\left(1 - \frac{C}{\bar{C}}\right)^2 + 4a^2\left(1 - \frac{C}{\bar{C}}\right) + a^2 - l^2\right]\varDelta^2 +$$

$$+ \left[2a\frac{\bar{P}^2}{\bar{C}^2} + 2a^3\left(1 - \frac{C}{\bar{C}}\right)^2 - (l^2 - a^2)\,2a\left(1 - \frac{C}{\bar{C}}\right)\right]\varDelta +$$

$$+ \frac{\bar{P}^2}{\bar{C}^2}a^2 - (l^2 - a^2)\,a^2\left(1 - \frac{C}{\bar{C}}\right)^2 = 0. \tag{41}$$

In dieser Gleichung bedeuten:

$$\bar{C} = C - c_v,$$

$$\bar{P} = P_0 - c_v \cdot l \cdot \cos\alpha_0 = P_0 - c_v\sqrt{l^2 - a^2}.$$

Für $c_v = 0$ geht Gl. (41) in Gl. (22) über.

Die Knicklast erhält man wieder aus den beiden Bedingungsgleichungen:

$$\frac{dA}{d\alpha} = 0; \quad \frac{d^2A}{d\alpha^2} = 0,$$

$$\frac{dA}{d\alpha} = (P_0 - c_v l \cdot \cos\alpha_0)\, l \cdot \sin\alpha - (C - c_v)\, l^2 \sin\alpha\cos\alpha + C\, l^2 \sin\alpha_0\cos\alpha,$$

$$\frac{d^2A}{d\alpha^2} = (P_0 - c_v l \cdot \cos\alpha_0)\, l \cdot \cos\alpha - (C - c_v)\, l^2(\cos^2\alpha - \sin^2\alpha) - C\, l^2 \sin\alpha\sin\alpha_0.$$

Daraus ergeben sich die beiden Bedingungsgleichungen zur Ermittlung von α und P_{0k} zu

$$P_0\sin\alpha - c_v l\sin\alpha\cos\alpha_0 - (C - c_v)\, l\sin\alpha\cos\alpha + C\, l\sin\alpha_0\cos\alpha = 0,$$
$$P_0\cos\alpha - c_v l\cos\alpha\cos\alpha_0 - (C - c_v)\, l(\cos^2\alpha - \sin^2\alpha) - C\, l\sin\alpha_0\sin\alpha = 0$$

und es wird

$$\sin\alpha = \sqrt[3]{\frac{C}{C - c_v}\sin\alpha_0} \tag{42}$$

und

$$P_{0k} = c_v l\cos\alpha_0 + C\, l\left(1 - \frac{c_v}{C}\right)\sqrt{1 - \sqrt[3]{\left(\frac{C\sin\alpha_0}{C - c_v}\right)^2}}\left[1 - \sqrt[3]{\left(\frac{C\sin\alpha_0}{C - c_v}\right)^2}\right]. \tag{43}$$

Für $c_v = 0$ geht (43) in (26) über.

Eine Knicklast kann, wie aus Abb. 8 unmittelbar hervorgeht, nur auftreten, wenn $c_v < \frac{P_0}{l}$ und $C > \frac{P_0}{l}$ ist.

3. Pendelstab an dem einen Gelenk seitlich fest und an dem anderen Gelenk seitlich elastisch gestützt

Die in Kapitel 2 erarbeiteten Ergebnisse können unmittelbar auch für Pendelstäbe verwendet werden, die an einem Gelenk seitlich fest und am anderen seitlich elastisch gestützt sind.

In den oben abgeleiteten Formeln ist dann zu setzen:

$\Delta_o = 0$, wenn das obere Gelenk festgehalten,

$\Delta_u = 0$, wenn das untere Gelenk festgehalten ist.

Damit wird

$\Delta = \Delta_u$, wenn das obere Gelenk festgehalten,

$\Delta = \Delta_o$, wenn das untere Gelenk festgehalten ist.

4. Näherungswerte für die Knicklast bei Annahme sehr kleiner seitlicher Auslenkungen der Gelenke

4.1. Pendelstab an beiden Gelenken seitlich elastisch gestützt, Belastung durch eine konstante lotrechte, mittig angreifende Last

4.1.1. *Anfangslage des Pendelstabes lotrecht*

Für kleine seitliche Auslenkungen der Gelenke — eine Annahme, die den allgemein üblichen Berechnungen zugrunde gelegt wird — kann angenähert gesetzt werden:

$$\sin \alpha \cong \alpha; \qquad \cos \alpha \cong 1.$$

Damit geht Gl. (11) über in die Form

$$\frac{dA}{d\alpha} = l \cdot \alpha \, (P - C \cdot l). \tag{44}$$

Durch nochmaliges Differenzieren nach α erhält man

$$\frac{d^2 A}{d\alpha^2} = l \cdot (P - C \cdot l). \tag{45}$$

Die möglichen Gleichgewichtslagen können aus $\frac{dA}{d\alpha} = 0$ ermittelt werden, woraus sich $\alpha = 0$ ergibt.

Aus Gl. (45) erhält man die Aussage, daß die einzige, nach der Näherungslösung sich ergebende Gleichgewichtslage für

$$P \lessgtr C \cdot l \begin{cases} \text{stabil} \\ \text{labil,} \end{cases}$$

$$P = C \cdot l \quad \text{indifferent ist.}$$

Diese Ergebnisse stimmen mit den Werten der in Abschnitt 2.1.1 durchgeführten, genauen Berechnung für die Gleichgewichtslage 1 überein.

Die linearisierte Näherungsberechnung beschreibt somit die Gleichgewichtslage 1 richtig; sie vermag jedoch keine Auskunft zu geben über die labile Gleichgewichtslage 2.

Zur Veranschaulichung ist in Abb. 10 der linearisierte Wert H_P mit den verschiedenen Werten H_k dargestellt; der genaue, aus Abb. 3 entnommene Wert H_P ist strichliert gezeichnet.

4.1.2. *Anfangslage des Pendelstabes schräg.* (Vorneigung α_0)

Für kleine Werte α geht (21) über in

$$P \cdot \alpha - C \cdot l\,(\alpha - \alpha_0) = 0. \tag{46}$$

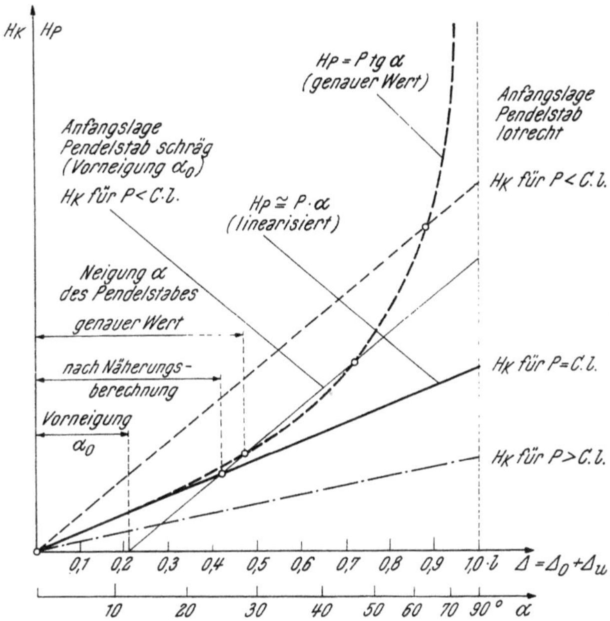

Abb. 10.

Daraus erhält man

$$\alpha = \frac{C\,l\,\alpha_0}{C \cdot l - P} = \frac{\alpha_0}{1 - \dfrac{P}{C\,l}}. \tag{47}$$

Setzt man für

$$\alpha = \frac{a + \Delta}{l}; \quad \alpha_0 = \frac{a}{l},$$

so erhält man

$$\Delta = \frac{a}{\dfrac{C\,l}{P} - 1}. \tag{47a}$$

Die Werte (47) und (47a) sind kleiner als die genauen Werte und können als erste Näherung zur numerischen Lösung der Gl. (21) und (22) verwendet werden.

Eine Knicklast P_k kann, wie unmittelbar aus Abb. 10 hervorgeht, bei linearisiertem H_P nicht abgeleitet werden.

4.2. Pendelstab an beiden Gelenken seitlich elastisch gestützt. Belastung durch eine konstante lotrechte, außermittig angreifende Last. Anfangslage des Pendelstabes lotrecht

Für kleine Werte von α erhält man aus (27) und (28)

$$H_P = P\left(\alpha + \frac{e}{l}\right),$$

$$P\left(\alpha + \frac{e}{l}\right) - C \cdot l \cdot \alpha = 0.$$

Daraus ergibt sich

$$\alpha = \frac{\frac{e}{l}}{\frac{C\,l}{P} - 1} \tag{48}$$

oder in der Schreibweise von [2], S. 8:

$$\alpha = \frac{\frac{P}{C\,l} \cdot \frac{e}{l}}{1 - \frac{P}{C\,l}}.$$

Dieser Wert von α ist kleiner als der genaue Wert und kann als erste Näherung zur numerischen Lösung von Gl. (28) und (29) verwendet werden.

Eine Knicklast P_k kann bei linearisiertem H_P — ähnlich wie in Abschnitt 4.1.2 — nicht abgeleitet werden.

5. Zusammenfassung und Vergleich der genauen und der Näherungsberechnung

Die vorstehenden Ausführungen haben gezeigt, daß die übliche Näherungsberechnung unter Annahme sehr kleiner seitlicher Auslenkungen der Gelenke und der damit verbundenen Linearisierung des Wertes für H_P nur ein Teilbild des Gesamtproblems zu vermitteln vermag.

Für den lotrechten Pendelstab, der durch eine konstante lotrechte, mittig angreifende Last belastet ist, werden durch die Näherungsberechnung die Gleichgewichtslage 1 und ihre Stabilitätskriterien richtig beschrieben; die Gleichgewichtslage 2 wird jedoch nicht erfaßt, was für die Praxis keinen wesentlichen Mangel bedeutet. Es kann also gesagt werden, daß dieses spezielle Problem nach der üblichen Näherungsberechnung praktisch ausreichend genau beschrieben wird.

In der Praxis kommen jedoch genau lotrechte Pendelstäbe mit mittiger Belastung kaum vor. Die Lage der Stäbe wird infolge von Maßtoleranzen oder Temperatureinflüssen mehr oder weniger von der Lotrechten abweichen und die Belastung wirkt stets außermittig, entweder mit der baupraktisch unvermeidbaren oder auch mit einer gewollten Exzentrizität.

Pendelstäbe mit Vorneigung α_0 oder außermittig angreifender Last sind in den Abschnitten 2.1.2, 2.2, 4.1.2 und 4.2 behandelt. Während die genaue Berechnung vier Lösungen für die Gleichgewichtslagen bringt, von welchen drei (eine stabile und zwei labile Gleichgewichtslagen) praktisch verwertbar sind, erhält man mit der Näherungsberechnung nur eine Gleichgewichtslage. Sie liegt in der Nähe der stabilen Gleichgewichtslage der genauen Berechnung und kann als erste Näherung für die Ermittlung des genauen Wertes aus den trigonometrischen Gl. (21) und (28) bzw. den Gleichungen 4. Grades (22) und (29) verwendet werden.

Während die Näherungsberechnung wenigstens einen angenäherten Wert für die stabile Gleichgewichtslage eines Pendelstabes mit Vorneigung oder außermittiger Belastung erbringt, vermag sie über die Knicklast dieser Stäbe keine Aussage zu machen. Wenn man — wie dies in [2] geschieht — den Versuch macht, aus der Näherungsberechnung eine Knicklast abzuleiten, so erhält man dafür denselben Wert, wie für den lotrechten Pendelstab mit mittiger Last.

Die Knicklast für schräge Pendelstäbe oder exzentrische Belastung nimmt jedoch — s. (26), (33) — mit der Größe der Vorneigung α_0 bzw. der Exzentrizität e ab. Man würde also auf Grund der Näherungsberechnung die Knicksicherheit dieser Pendelstäbe zu hoch einschätzen. Für größere Vorneigungen α_0 oder Exzentrizitäten e ist daher eine genaue Berechnung unerläßlich.

Ebenso notwendig ist die genaue Berechnung für den in Abschnitt 2.3 bei Montagestützungen häufig vorkommenden Fall einer mit der Neigung des Pendelstabes veränderlichen Last, weil darüber die Näherungsberechnung keine Angaben zu machen vermag.

Literatur

[1] Bürgermeister, Steup und Kretschmar: Stabilitätstheorie, Teil II, S. 10, 97. 1963.

[2] Kollbrunner und Meister: Knicken, Biegedrillknicken, Kippen, 2. Aufl., S. 7, 8. 1961.

Zur vollständigen Berechnung von „orthotropen Platten" im Stahlbau

Von

O. Steinhardt, Karlsruhe

Mit 7 Textabbildungen

1.

Im Stahlbrückenbau und im Stahlwasserbau ist es heute an Hand des einschlägigen Schrifttums verhältnismäßig leicht möglich, eine durch Rippen versteifte Flachblechtafel als „orthotrope Platte" in ihrem elastischen *Gesamt*verhalten exakt zu untersuchen. *Vorausgesetzt* wird allerdings in der Regel, daß eine zuverlässige Kenntnis der jeweils „rechnerisch voll mitwirkenden Breite (m. B.)" der Blechhaut (als gleichzeitiger Gurt von „Längs-" bzw. „Querträger") besteht und daß gegebenenfalls auch über die Verdrillsteifigkeit der Platte eine zutreffende Aussage gemacht werden kann. — Üblicherweise richtet man sich in der Frage der m. B. nach den grundlegenden Ausführungen von E. Chwalla [1] (vgl. auch DIN 19704, 1963, 5. 5. 3.); wieweit eine „linearisierte Theorie" zulässig ist, soll nachfolgend diskutiert werden.

Im Rahmen einer größeren Forschungsarbeit wurden im Jahre 1956 in der „Versuchsanstalt für Stahl, Holz und Steine (Technische Hochschule Karlsruhe)" unter anderem auch Last-Durchbiegungs-Diagramme für einen speziellen Hohlquerschnitt aufgenommen (und zwar für zwei charakteristische Lastanordnungen, nämlich a) „über den Stegen" und b) „über den Feldmitten"), die ein sehr unterschiedliches Verhalten desselben tragenden Querschnittes, der sich als Kastenträger mit relativ empfindlichem Stahlblechobergut darstellt, zeigten (Abb. 1). Für die Höchstlast war bei diesen Versuchen zwar jeweils die Beulstabilität des „Obergurtes" maßgebend, doch besaß dieser Gurt eine mit steigender Last sich laufend vermindernde m. B. (vgl. Diagramm Abb. 1b). Diese m. B. ist also wesentlich durch die Lasteintragungsart vorbestimmt; und sie ist überdies im Fall b mit den sich allmählich entwickelnden Spannungs- und Verformungsverhältnissen als *veränderlich* erkennbar.

In einem Karlsruher Bericht [2] wurde späterhin das Gleichgewicht am *verformten* Flachblechobergurt genauer verfolgt, wobei der Platten-, Membran- und Scheibenzustand durch nachfolgende Formeln beschrieben ist (Abb. 2):

$$B_x \frac{\partial^4 w}{\partial x^4} + 2H \frac{\partial^4 w}{\partial x^2\, \partial y^2} + B_y \frac{\partial^4 w}{\partial y^4} = p_0(x, y) +$$
$$+ E\left(\frac{\partial^2 F}{\partial y^2}\frac{\partial^2 w}{\partial x^2} - 2\frac{\partial^2 F}{\partial x\,\partial y}\frac{\partial^2 w}{\partial x\,\partial y} + \frac{\partial^2 F}{\partial x^2}\frac{\partial^2 w}{\partial y^2}\right). \tag{1}$$

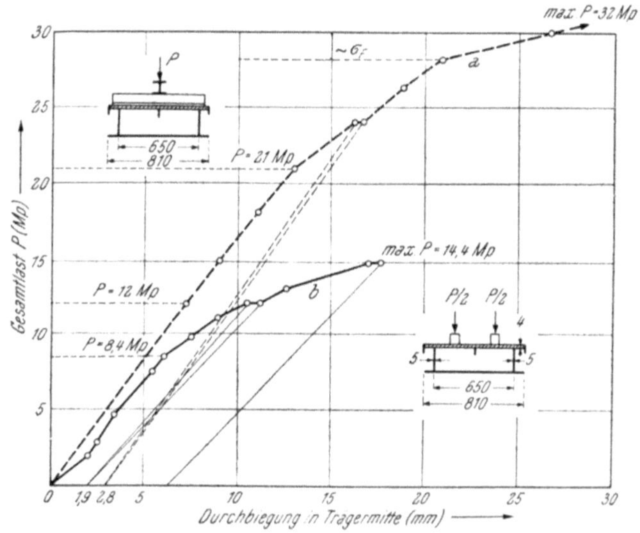

a

b

Abb. 1. Last-Durchbiegungs-Diagramm eines Kastenträgers. a Lasteintragung über den Stegen, b Lasteintragung in den Feldmitten

$$D_x \frac{\partial^4 F}{\partial x^4} + 2T \frac{\partial^4 F}{\partial x^2\, \partial y^2} + D_y \frac{\partial^4 F}{\partial y^4} = R\left[\left(\frac{\partial^2 w}{\partial x\,\partial y}\right)^2 - \frac{\partial^2 w}{\partial x^2}\frac{\partial^2 w}{\partial y^2}\right]. \tag{2}$$

Hierbei ist für die orthotrope Platte:

$$B_x = \frac{E\,J_Q}{a_y};\quad B_y = \frac{E\,J_L}{a_x};\quad D_x = \frac{1}{1-\mu^2} + \frac{f_x}{t\,a_y};\quad D_y = \frac{1}{1-\mu^2} + \frac{f_y}{t\,a_x};$$

$$2\,T = 2\,(1+\mu)\left[D_x D_y - \frac{\mu}{(1-\mu^2)^2}\right]; \qquad R = t\left[D_x D_y - \left(\frac{\mu}{1-\mu^2}\right)^2\right].$$

Für die isotrope Platte:

Es entfallen hier H, D und T sowie die Indizes bei B; an Stelle von R tritt t. Es ergibt sich zudem folgende mögliche Schreibweise:

$$B\left[\frac{\partial^4 w_0}{\partial x^4} + 2\frac{\partial^4 w_0}{\partial x^2\,\partial y^2} + \frac{\partial^4 w_0}{\partial y^4}\right] + B\left[\frac{\partial^4 w_1}{\partial x^4} + 2\frac{\partial^4 w_1}{\partial x^2\,\partial y^2} + \frac{\partial^4 w_1}{\partial y^4}\right] =$$

$$= p_0(x, y) + p_1(x, y), \qquad (3)$$

wobei die tatsächliche Plattendurchbiegung w zerlegt ist in $w_0 + w_1$,

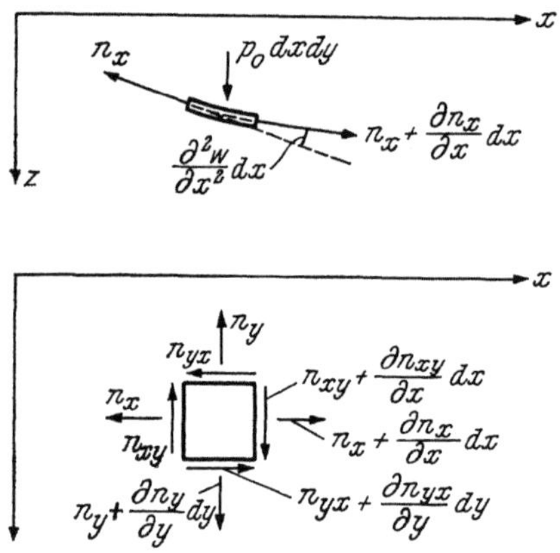

Abb. 2. Zu den Gleichgewichtsbedingungen am verformten Plattenelement

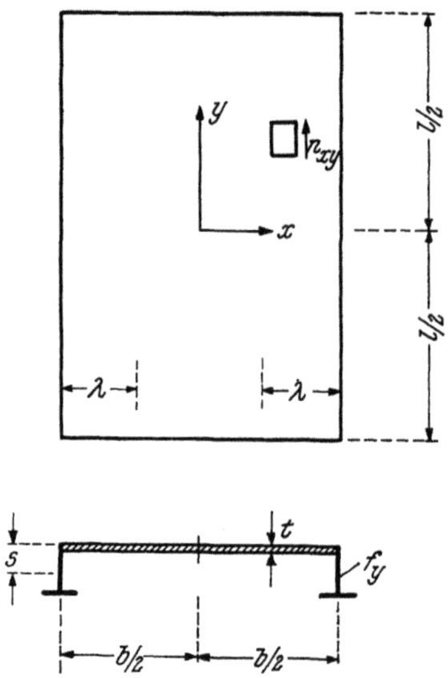

Abb. 3. Die rechteckige isotrope Platte

mit w_0 als einfache Plattendurchbiegung infolge äußerer Belastung $p_0(x, y)$ und

$$p_1(x, y) = B\left[\frac{\partial^4 w_1}{\partial x^4} + 2\,\frac{\partial^4 w_1}{\partial x^2\,\partial y^2} + \frac{\partial^4 w_1}{\partial y^4}\right] =$$

$$= E\left[\frac{\partial^2 F}{\partial y^2}\,\frac{\partial^2 w}{\partial x^2} - 2\,\frac{\partial^2 F}{\partial x\,\partial y}\,\frac{\partial^2 w}{\partial x\,\partial y} + \frac{\partial^2 F}{\partial x^2}\,\frac{\partial^2 w}{\partial y^2}\right] \qquad (4)$$

(mit w_1 als *zusätzliche* Plattendurchbiegung auf Grund der Membran- und Scheibenspannungen).

In der Gleichgewichtsbedingung am Element (1) erscheinen die beiden unbekannten Funktionen für die Durchbiegung w und die Spannungen (über die Spannungsfunktion F), während die elastische und geometrische Verträglichkeit durch die Gl. (2) zum Ausdruck kommt. Bei kritischer Durchsicht der bisherigen einschlägigen Literatur kann die für die praktische *Anwendung* wichtige Tatsache herausgestellt werden, daß für die (gleichzeitig als Gurt der „Längs- und Querträger“ dienenden) Flachbleche die Ermittlung der Spannungen und der zugehörigen m. B. wie folgt zerlegt werden kann: Im *ersten* Iterationsschritt wird $p_1(x, y) = 0$ angesetzt. Mittels Gl. (3) errechnet man dann die zugehörige Durchbiegung w_0 der Platte (das entspricht der Theorie 1. Ordnung). Mit diesem w_0 kann man über Gl. (2) eine zugehörige angenäherte Spannungsfunktion F_0 bestimmen. — Im *zweiten* Schritt errechnet man die zusätzliche Belastung $p_1(x, y)$ mit Hilfe von w_0 und F_0 gemäß Gl. (4), um einen genaueren Wert der Plattendurchbiegung $w = w_0 + w_1$ über Gl. (3) zu erhalten; und man wiederholt diesen Rechnungsgang solange, bis eine ausreichende Genauigkeit von w und F erreicht ist. — Für den Fall, daß die „zusätzliche Durchbiegung w_1“ im Vergleich zum primären w_0 (aus der Plattenquerbelastung) nicht vernachlässigt werden darf (z. B. bei großen äußeren Randkräften oder bei größerem Einfluß der Membranspannungen), kann man — da die *Form* der endgültigen Biegefläche von der Anfangsbiegefläche nicht wesentlich abweicht — annehmen, daß $w_1 + w_0 = c \cdot w_0$ ist; man bestimmt dann c über einen Vergleich der Durchbiegungen in Plattenmitte. Da zuletzt die Längsspannungen im Gurtblech (σ_0) eine quadratische Funktion der Plattendurchbiegungen w sind, findet man $\sigma_{\text{zusätzl.}} = \sigma_0 \cdot c^2$.

Die vorbeschriebene *nichtlineare* Theorie der „großen Durchbiegungen“, die als Iterationsverfahren (mittels Reihenansätze) auf isotrope und orthotrope Platten anwendbar ist, kann meist noch wesentlich verkürzt werden, wenn man für w_0 einen einfachen Reihenansatz wählt, weil man dadurch die Differentialgleichungen (3) und (4) nicht mehr simultan für Durchbiegung und Spannung lösen muß. Dann kann vor allem die Berechnung der Längsspannungen und der zugehörigen m. B. der „Gurtplatte“ genau genug an Hand der Plattendurchbiegung w_0 (bzw. an Hand von $w_0 + w_1$, s. oben) durchgeführt werden; es ist hierfür nur noch Gl. (4) zu lösen.

An Stelle der Doppelreihenansätze für w_0 und w_1 (Abb. 3)

$$\left.\begin{aligned} w_0 &= \sum_n \sum_m a_{n\,m} \cos \frac{n\,\pi}{b}\, x \cos \frac{m\,\pi}{l}\, y \\ w_1 &= \sum_n \sum_m k_{n\,m} \cos \frac{n\,\pi}{b}\, x \cos \frac{m\,\pi}{l}\, y \end{aligned}\right\} \quad (n, m = 1, 3, 5 \ldots) \tag{5a}$$

verwendet man also für w_0 einen Einfachreihenansatz

$$w_0 = \sum_m \left[a_m + E \cosh \frac{m\,\pi}{l}\, x + F_m \frac{m\,\pi}{l}\, x \sinh \frac{m\,\pi}{l}\, x\right] \cos \frac{m\,\pi}{l}\, y$$

$$(m = 1, 3, 5 \ldots). \tag{5b}$$

Es wird dann nämlich der weitere Rechnungsgang wie folgt möglich: Die Spannungsfunktion $F_m = F_0 + F_1$, mit

$$F_0 = \sum_m A_m \left[-\frac{b}{2} \operatorname{tangh} \beta_m \cos \frac{m\,\pi}{l}\, x + x \sinh \frac{m\,\pi}{l}\, x\right] \cos \frac{m\,\pi}{l}\, y \tag{6}$$

$$\left(\text{Spannungsfunktion der ebenen Scheibe, } \beta_m = \frac{m\,\pi}{l} \frac{l}{2}\right),$$

$F_1 = F_{11} + F_{12}$ (Spannungsfunktion der Membran):

$$F_{11} = \sum_n \sum_m C_{nm} \cos \frac{n\pi}{b} x \cos \frac{m\pi}{l} y, \tag{7a}$$

$$F_{12} = \sum_m H_m \left[-\frac{b}{2} \operatorname{tangh} \beta_m \cosh \frac{m \cdot \pi}{l} x + x \sinh \frac{m\pi}{l} x \right] \cos \frac{m\pi}{l} y, \tag{7b}$$

wobei

$$H_m = \frac{1}{L_m} \left(\frac{J}{sF} + s \right) \sum_n C_{nm} \frac{n}{b} \frac{l}{m} (-1)^{\frac{n+3}{2}},$$

$$L_m = \frac{2J}{st} \cosh \beta_m + \left(\frac{J}{sF} + s \right) Q_m,$$

$$Q_m = \left(\frac{l}{m\pi} - \frac{b}{2} \operatorname{tangh} \beta_m \right) \sinh \beta_m + \frac{b}{2} \cosh \beta_m,$$

kann bezüglich der Spannungskoeffizienten A_m direkt, bezüglich der Spannungskoeffizienten C_{nm} aus einer Doppelreihe mit guter Konvergenz gewonnen werden. Die Differentialgleichungen (3) und (4) sind nicht mehr simultan. Aus F_{11} (7a) folgt die Längsspannung zu

$$\sigma_y = -\frac{E}{t} \sum_n \sum_m C_{nm} \left(\frac{n\pi}{b} \right)^2 \cos \frac{n\pi}{b} x \cos \frac{m\pi}{l} y. \tag{8}$$

Die mit den Trägeroberkanten verbundenen Ränder der verformten *Platte* sind in ihrer Längsdehnung behindert; es entstehen unter anderem Teilschubkräfte n_{xy} $\left(\text{für } x = \pm \frac{b}{2} \right)$, die auf die Randträger wirken:

$$\int_{-\frac{b}{2}}^{+\frac{b}{2}} \sigma_y \, t \, dx = 2 \int_y^{\frac{l}{2}} n_{xy} \, dy;$$

für $y = 0$:

$$2 N_y = 2 \int_y^{\frac{l}{2}} n_{xy} \, dy \left(\text{für } x = \pm \frac{b}{2} \right) = -2E \sum_n \sum_m C_{nm} \frac{n\pi}{b} (-1)^{\frac{n+3}{2}}. \tag{9}$$

Für $y = 0$ kann die Wirkung der zusätzlichen Druckkraft ($2N_y$) aus entsprechend vorbereiteten graphischen Darstellungen (Abb. 4 und 5) entnommen werden. [Die Spannungen σ_y (und σ_x) wurden hier gemäß Gl. (8) gefunden.]

2.

Die „*mitwirkende Breite*, m. B.“, des Flachbleches als Gurt der „Längs-“ bzw. „Querträger“ kann allgemein dadurch gefunden werden, daß man den *Platten*-Formänderungszustand über w, d. h. über die Durchbiegungskoeffizienten a_{nm} und k_{nm} der Gl. (5a) sowie über den *Scheiben*- und

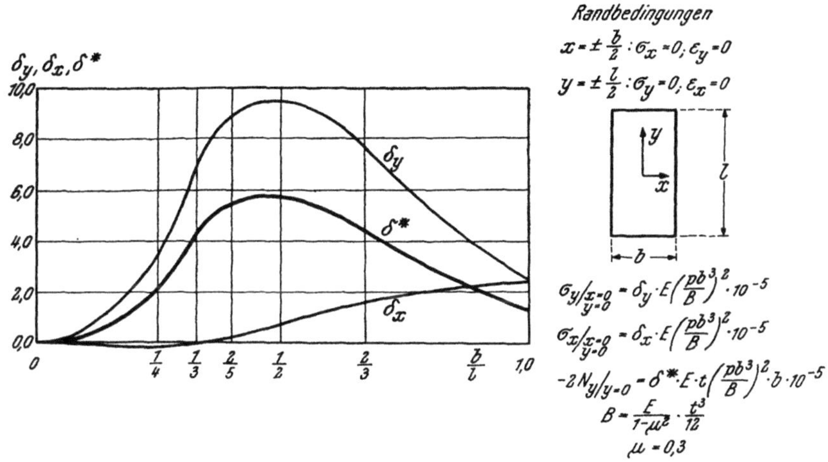

Abb. 4. Membranspannungszustand einer gleichmäßig belasteten Platte (Rand frei drehbar)

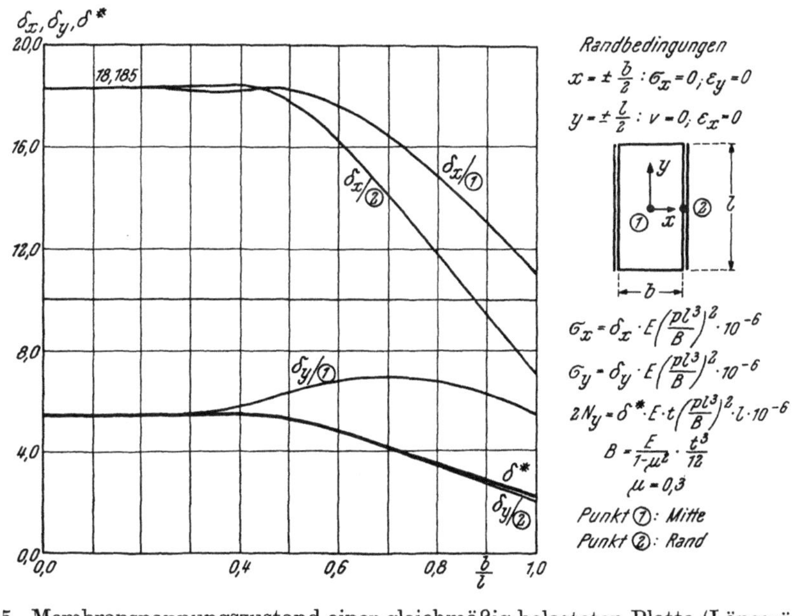

Abb. 5. Membranspannungszustand einer gleichmäßig belasteten Platte (Längsränder eingespannt)

Membran-Spannungszustand der Gl. (6), (7a) und (7b) ermittelt. Für die Ränder $x = \pm \frac{b}{2}$ ergibt sich dann für die Dehnung:

$$\varepsilon_y \left(\text{für } x = + \frac{b}{2}\right) = \frac{2}{t} \sum_m (A_m + H_m) \frac{m\pi}{l} \cosh \beta_m \cos \frac{m\pi}{l} y, \qquad (10)$$

und für die Druckkraft findet man

$$2\,N_y = 2\,E \sum_m (A_m + H_m)\,Q_m \frac{m\,\pi}{l} \cos \frac{m\,\pi}{l}\,y -$$

$$- 2\,E \sum_n \sum_m C_{n\,m} \frac{n\,\pi}{b} (-1)^{\frac{n+3}{2}} \cos \frac{m\,\pi}{l}\,y. \tag{11}$$

Diese Druckkraft ruft in einem „Ersatzgurt" mit den Abmessungen $2\,\lambda_y\,t$ die Dehnung

$$\varepsilon_y{}^* = \frac{2\,N_y}{2\lambda_y\,t\,E} \tag{12}$$

hervor. Die m. B. der Platte, nämlich $2\,\lambda$ (Abb. 3), ergibt sich zuletzt aus der Gleichsetzung

$$\varepsilon_y = \varepsilon_y{}^*. \tag{13}$$

Eine *Näherungsberechnung* für die m. B. bietet sich wie folgt an: *Erstens* werden die Gurtspannungen gemäß Ansatz (6) in Gl. (13) eingeführt, womit man für die m. B. (bei $C_{n\,m} = 0$) sofort die Formel

$$\text{m. B}_{(m)}. = 2\,\lambda_y = \left(\frac{l}{m\,\pi} - \frac{b}{2} \operatorname{tangh} \beta_m\right) \operatorname{tangh} \beta_m + \frac{b}{2} \tag{14}$$

erhält. Die m. B. ändert sich hier (da Theorie 1. Ordnung) nur mit dem Verhältnis der Plattenlänge zur Plattenbreite, sie hängt also weder von den Abmessungen der „Träger" noch von der Größe der Belastung ab. Für das in Form einer FOURIER-Reihe entwickelte Biegemoment entnimmt man für jeden Momentanteil, der einer Harmonischen entspricht, die zugehörige m. B. Danach wird die obere Längsspannung σ_1 der Träger errechnet, wobei sich die Gebrauchsspannung aus den einzelnen Momentenanteilen ergibt.

Zweitens erfolgt die Ermittlung der *zusätzlichen* Spannungen infolge der *Membranwirkung* über die Gl. (7). Es werden die mit den Oberkanten der „Träger" verbundenen Ränder der Plattenmembran in ihrer Längsdehnung zusätzlich behindert; dadurch entstehen erneut Schubkräfte $N_{x\,y}$ $\left(\text{für } x = \pm \frac{b}{2}\right)$, die z. B. auf die „Längsträger" in y-Richtung wirken. Aus Gl. (13) folgt der vollständige Ausdruck

$$\text{m. B.} = 2\,\lambda_y = \frac{2\,N_y}{E\,t\,\varepsilon_y \left(\text{für } x = \frac{b}{2}\right)} =$$

$$= \frac{\sum_m (A_m + H_m)\,Q_m \frac{m\,\pi}{l} \cos \frac{m\,\pi}{l}\,y}{N = \sum_m (A_m + H_m) \frac{m\,\pi}{l} \cosh \beta_m \cos \frac{m\,\pi}{l}\,y} -$$

$$- \frac{\sum_n \sum_m C_{n\,m} \frac{n\,\pi}{b} (-1)^{\frac{n+3}{2}}}{N} \cos \frac{m\,\pi}{l}, \tag{13a}$$

der für $y = 0$ den Wert $2\,N_y = 2\,E \sum_n \sum_m C_{n\,m} \frac{n\,\pi}{b} (-1)^{\frac{n+3}{2}}$ bestimmt, der jeweils — entsprechend den Randbedingungen — aus Abb. 4 bzw. Abb. 5 entnommen werden kann. Die daraus errechneten zusätzlichen oberen Randspannungen des Längsträgers $\left(\text{bei } x = \pm \frac{b}{2} \text{ des Flachbleches}\right)$ betragen in der Regel nur einen geringen Teil der Gesamtspannung (aus (1. + 2.); daher genügt es, in Gl. (14) nur $m = 1$ zu berücksichtigen. Nimmt man zudem für die Querverteilung der Spannungen σ_y näherungsweise eine Parabelform an $\left(\text{mit } \sigma_{\min} \text{ für } x = 0,\ \sigma_{\max} \text{ für } x = \frac{b}{2}\right)$, so erhält man

$$2\,\lambda = \frac{\sigma_{\min} + (\sigma_{\max} - \sigma_{\min})\,\frac{1}{3}}{\sigma_{\max}}\,b = \left(1 + 2\,\frac{\sigma_{\min}}{\sigma_{\max}}\right)\frac{b}{3} \tag{15}$$

oder auch
$$\frac{\sigma_{\min}}{\sigma_{\max}} = \frac{3\,\lambda}{b} - \frac{1}{2}.$$

Speziell ergibt sich (für den 2. Schritt) an der Stelle $x = 0,\ y = 0$:

$$\sigma_{2\,(x=0)} = \frac{\sigma_{\min}}{\sigma_{\max}}\,\sigma_{2\left(x=\frac{b}{2}\right)} + \sigma_{\text{Membran}},$$

wobei der letzte Anteil ebenfalls aus Abb. 4 bzw. Abb. 5 entnommen werden kann.

3.

Hiermit ist ein vollständiges, *praktisches Berechnungsverfahren* — zunächst für *isotrope* Platten — umschrieben; es mag an einigen *Beispielen* erläutert sein.

Fall A. Gelenkige Lagerung der Rechteckplatte, Nachgiebigkeit in x-Richtung (gemäß Abb. 4).

1. *Beispiel* (Abb. 6). Nach der *linearisierten* Theorie erhält man σ_y $\left(\text{für } x = \frac{b}{2},\ y = 0\right) = -0{,}259\ \text{Mp/cm}^2$ bzw. (für $x = 0,\ y = 0) = -0{,}186\ \text{Mp/cm}^2$ und (bei ausschließlicher Berücksichtigung von $m = 1$) gemäß Gl. (14):

$$\text{m. B.} = 2\,\lambda = \left(\frac{l}{\pi} - \frac{b}{2}\,\text{tangh}\,\beta_1\right)\text{tangh}\,\beta_1 + \frac{b}{2} = 0{,}788\,b.$$

Ausreichend genau ist für $\sigma_y \left(x = \frac{b}{2}\right)$ auch die direkte Verwendung der m. B. (z. B. gemäß DIN 19704, Abb. 2, Kurve ν_1; aber auch gemäß Tabelle 3, Spalte 1) sowie anschließend die Benutzung der Gl. (15). An Hand der „abgeminderten Gurtbreite“ findet man für den „1. Ersatzbalken“: $F + \lambda\,\text{t} = 186{,}0\ \text{cm}^2$, $s' = 7{,}255$ cm, $J' = 24053\ \text{cm}^4$.

Die mit den „Längsträgern“ verbundenen Plattenränder werden in ihrer Längsausdehnung behindert; die zugehörige maximale Spannung σ_y (für $y = 0,\ x = 0$) ergibt sich (gemäß Abb. 4) zu

$$\sigma_{\text{Membran}} = 8{,}851\,E \left(\frac{p\,b^3}{B}\right)^2 \cdot 10^{-5} = +\,0{,}474\ \text{Mp/cm}^2,$$

während die gesamte Membrankraft über die Plattenbreite (im Schnitt $y = 0$) sich ergibt zu

$$2\,N_y = -\,5{,}444\,t\,E\left(\frac{p\,b^3}{B}\right)^2 b \cdot 10^{-5} = 91{,}8\,\text{Mp}.$$

Mittels des letztgenannten Wertes errechnet man für den „1. Ersatzbalken“:

$$\sigma_{y\,\text{zusätzl.}}\left(y = 0,\quad x = \frac{b}{2}\right) = -\frac{P}{F'} - \frac{\overline{M}}{W'} =$$

$$= -\frac{0{,}5 \cdot 91{,}8}{186{,}0} - \frac{0{,}5 \cdot 91{,}8 \cdot 7{,}255^2}{2405} = -\,0{,}347\ \text{Mp/cm}^2,$$

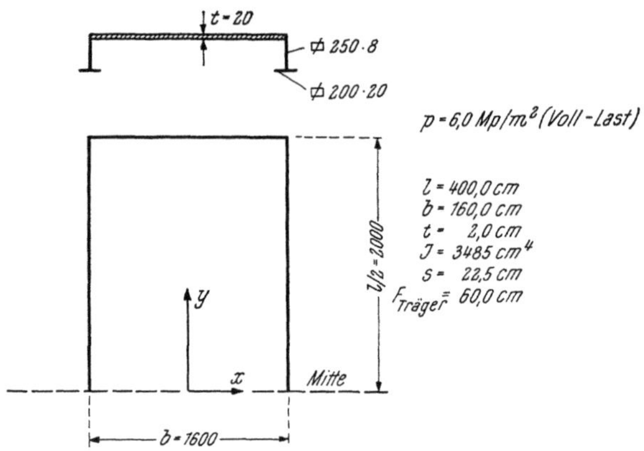

Abb. 6. Zahlenbeispiel (isotrope Platte)

$$\left(\frac{\sigma_{\min}}{\sigma_{\max}}\right)' = \frac{3 \cdot 0{,}788}{2} - 0{,}5 = 0{,}682,$$

$$\sigma_{y\,\text{zusätzl.}} = (y = 0,\ x = 0) = -\,0{,}347 \cdot 0{,}682 + 0{,}474 = 0{,}237\ \text{Mp/cm}^2,$$

$$\sigma_y\left(\text{für}\ y = 0,\ x = \frac{b}{2}\right) = -\,0{,}259 - 0{,}347 = -\,0{,}606\ \text{Mp/cm}^2,$$

$$\sigma_y\ (\text{für}\ y = 0,\ x = 0) = -\,0{,}186 + 0{,}237 = +\,0{,}051\ \text{Mp/cm}^2.$$

Man erhält daraus erneut (und abschließend):

$$\left(\frac{\sigma_{\min}}{\sigma_{\max}}\right)'' = -\,0{,}084 \qquad \text{und} \qquad 2\,\lambda = 0{,}278\,b.$$

Würde man diesen Wert des praktischen Näherungsverfahrens mit demjenigen des Iterationsverfahrens (bei nur *einem* Schritt) und demjenigen der „Theorie 1. Ordnung“ vergleichen, so ergäbe sich für $\frac{2\,\lambda}{b}$ jeweils das Verhältnis 0,28 : 0,32 : 0,81, so daß sich zumindest die Verwendung des Näherungsverfahrens empfiehlt.

Für den *Fall A* stellt *Beispiel* 1 insofern eine Grenzuntersuchung dar, weil die *gleichmäßig verteilte Vollast* mit $p = 6{,}0$ Mp/m² eine Ausnutzung des Flachblechwerkstoffes bis zur Fließgrenze ($\sigma_s = 2400$ kp/cm²) ergibt (bei einer insgesamt gleichgroßen *Rechteckbelastung* auf einer Fläche von 70×80 cm² würde übrigens die theoretische m. B. für die „Längsträger“ sogar auf unter 10% abfallen, wobei allerdings die effektive Tragfähigkeit des Bleches selbst (als Membran) nicht erschöpft zu sein braucht). — Nunmehr soll an Hand von praxisnahen *weiteren Beispielen* bei unterschiedlichem Seitenverhältnis $l : b$ untersucht werden, welchen Verlust an m. B. für die „Längsträger“ die Feldbelastung (z. B. im Sinne der DIN 19704) erbringt, wenn für St 37 eine Ausnutzung von 1000 kp/cm² für die Plattenwirkung (Feldmitte) und von 400 kp/cm² für die Gurtwirkung der „Rand-

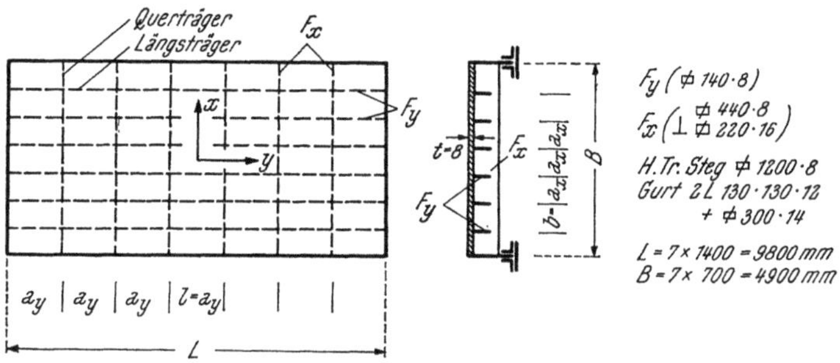

Abb. 7. Zahlenbeispiel (orthotrope Platte)

träger“ zugelassen ist. Die Berechnungsergebnisse zeigt Tabelle 1. Man entnimmt hier, auch schon für den Nutzlastbereich, bei Verwendung von St 37 deutliche *Abminderungen* der m. B. gegenüber derjenigen gemäß der „linearisierten Theorie“. Bei Verwendung von St 52 würden diese Abminderungen noch zunehmen, wie der direkte Vergleich nachweist.

Man kann einwenden, daß die Lagerungsart des Falles A relativ selten ist; deshalb soll für *Fall B* (d. h. etwa für folgende Konstruktionsform: Flachblech als durchlaufende Stauwand über Pfosten und Riegel) eine entsprechende Berechnung erfolgen; d. h. jedoch unter Benutzung der Diagramme aus Abb. 5 sowie unter näherungsweiser Erfassung der Einspannungen an den Schmalseiten eines mittleren Flachbleches. Es handelt sich also im weiteren um eine an den Längswänden *eingespannte* (und gegen Verschiebung in x-Richtung festgehaltene) Flachblechtafel. Die Ergebnisse sind in Tabelle 2 zusammengefaßt.

Bei rechtwinklig ausgesteiften Gesamtplatten (*orthotropen Platten*) wird üblicherweise folgende „Zergliederung“ vorgenommen (Abb. 7):

a) Die orthotrope Gesamtplatte aus dem Flachblech, den „Längsträgern“ (= Längsrippen + Flachblechanteil) und den „Querträgern“ (= Querrippen + Flachblechanteil). Sie wirkt in der Regel als frei drehbar gelagerte „Platte“; es treffen die Überlegungen aus Abschnitt 3 zum Teil wie bei c) zu (s. unten);

Tabelle 1. *Ermittlung der mittragenden Plattenbreite* (gelenkig gelagerte

1	2	3	4	5	6	7
Fall	$l:b$ l cm b cm t cm	Querschnitt	DIN 19704 p Mp/m² M Mp · m σ Mp/cm²	m. B. cm	Neuer Querschnitt e J F e_0	$\sigma_{\text{Membr.}}/x = 0$ $y = 0$ $2 N_y/y = 0$
α	3 : 1 300 100 1,2	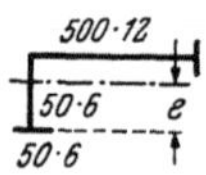	2,00 2,25	$0{,}85 \cdot b$ $= 85$	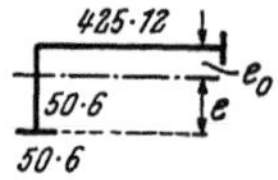 $e = 5{,}43$ cm $J = 2 \cdot 132{,}9$ cm⁴ $F = 2 \cdot 57{,}0$ cm² $e_0 = 0{,}474$ cm	+ 53 kp/cm² — 3970 kp
β	2 : 1 300 150 1,8	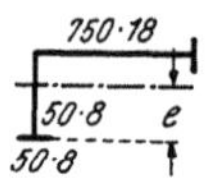	2,36 3,98	$0{,}7 \cdot b$ $= 105$	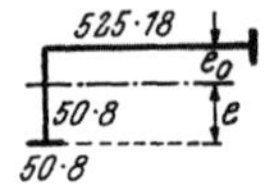 $e = 5{,}92$ cm $J = 2 \cdot 224{,}1$ cm⁴ $F = 2 \cdot 102{,}5$ cm² $e_0 = 0{,}379$ cm	+ 100 kp/cm² — 16450 kp
α'	wie α, aber St. 52	wie α, jedoch (σ + 50%)	3,00 3,38	$0{,}85 \cdot b$ $= 85$	s. oben	+ 119 kp/cm² — 8930 kp
β'	wie β, aber St. 52	wie β, jedoch (σ + 50%)	3,54 5,97	$0{,}7 \cdot b$ $= 105$	s. oben	+ 225 kp/cm² — 37013 kp

b) die orthotrope Platte, bestehend aus dem Flachblech und den Längsrippen. Sie wirkt als durchlaufende Platte über den Querrippen;

c) das Deckblech als durchlaufend isotrope Platte.

In seiner Karlsruher Dissertation hat G. ABDEL-SAYED ein *Zahlenbeispiel* gemäß Abb. 7 exakt durchgerechnet (vgl. auch [2], S. 85ff.), wobei eine gleichmäßig verteilte Vollast $p = 7{,}0$ Mp/m² berücksichtigt wurde. Wie leicht festgestellt werden kann, beeinflußt die Membranwirkung der beiden Plattensysteme c) und b) die Spannungen in den Hauptträgern. Für diese gelten zunächst (bei der „Obergurtplatte") die Verhältnisse $l/b = 2{,}0$ und $f_y/a_x t = 0{,}2$; damit kann aus Tabelle 3 für die 1. Harmonische entnommen werden: m. B. $= 0{,}658\, b$, und man kann $\sigma_{o\,\text{H}}$ und $\sigma_{u\,\text{H}}$ berechnen. $2\, N_y$ wird für System a) mit 0,77 Mp gefunden, während man für System b) 0,182 Mp erhält; die Auswirkung auf die Hauptträger ist nur gering. Etwas größer sind die „Zusatzspannungen" bei den Querrippen und Längsrippen; insgesamt ergibt sich folgende Zusammenstellung (Tabelle 4).

Einfeldplatte, verteilte Vollast p [Mp/m²], Material St 37 bzw. St 52)

8	9	10	11	12
$\frac{\sigma_{min}}{\sigma_{max}} = \frac{3\lambda}{b} - \frac{1}{2}$	Endgültige zusätzl. Spannung zusätzl. $\sigma_{y/x} = \frac{b}{2}$; $y = 0$ zusätzl. $\sigma_{y/x} = 0$; $y = 0$	Lin. Theorie (parabolisch) $\bar{\sigma}_{y/x} = \frac{b}{2}$; $y = 0$ $\bar{\sigma}_{y/x} = 0$; $y = 0$	Endgültige Spannung $\sigma_{y/x} = \frac{b}{2}$; $y = 0$ $\sigma_{y/x} = 0$; $y = 0$	m. B. r (% weniger)
+ 0,775	— 33,8 kp/cm² + 26,8 kp/cm²	— 401 kp/cm² — 311 kp/cm²	— 444,8 kp/cm² — 284,2 kp/cm²	75,8 cm 0,758 (11%)
+ 0,550	— 85,5 kp/cm² + 53,0 kp/cm²	— 337 kp/cm² — 185,4 kp/cm²	— 422,5 kp/cm² — 132,4 kp/cm²	81,3 cm 0,542 (22,6%)
+ 0,775	— 84,3 kp/cm² + 52,4 kp/cm²	— 388 kp/cm² — 300,8 kp/cm²	— 472,2 kp/cm² — 247,0 kp/cm²	68,1 cm 0,681 (19,9%)
+ 0,550	— 192,4 kp/cm² + 119,2 kp/cm²	— 506 kp/cm² — 278 kp/cm²	— 698,4 kp/cm² — 158,8 kp/cm²	72,7 cm 0,48 (31%)

Man erkennt, daß im Obergurt der Längsrippen die zusätzliche Längsspannung mit — 0,114 Mp/cm² zirka 7,6% der zulässigen Spannung (z. B. eines St 42) beträgt. An der gleichen Stelle tritt die Randspannung aus der Wirkung des Flachbleches als Obergurt der Hauptträger auf, so daß diese zusätzliche Spannung unter Umständen wesentlich wird. Bei den „Querträgern“ liegen ähnliche Verhältnisse vor, hier beträgt die zusätzliche Spannung 9%. Die Durchbiegung eines rechtwinklig ausgesteiften Flachbleches ist in der Regel gering, so daß die Auswirkung innerhalb des Systems a) unbedeutend bleibt.

Zusammenfassend darf festgestellt werden: 1. In Sonderfällen wird die Berechnung von „orthotropen Platten“ nach der *linearisierten* Theorie unter Umständen sehr ungenau; die gleichzeitige Berücksichtigung der „abgeminderten m. B.“ aus der *Membranwirkung* ist dann unbedingt notwendig. Dies gilt insbesondere für weitgespannte, nicht eingespannte Flachbleche, die relativ hoch in den Spannungen ausgenutzt werden. — 2. Die eventuelle Anhebung der zulässigen Belastung der Flachbleche selbst

Tabelle 2. *Berechnung der mittragenden Plattenbreite* (Durchlaufplatte, verteilte Vollast p [Mp/m²], Material St 37 bzw. St 52; hier sind nur die Berechnungen für den Feldbereich $y = 0$ aufgeführt)

1	2	4			5	6
			Nach DIN 19704			
Fall	$l : b =$ $a_y : a_x =$ a_y cm a_x cm t cm 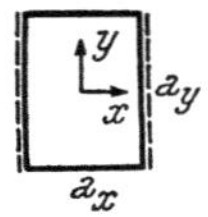 	Belastung p nach DIN 19704 p [Mp/m²] Moment M in Feldmitte M [Mp · m]	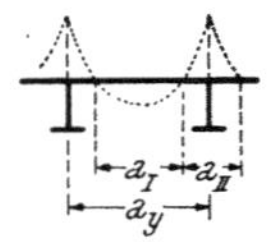 a_I cm $= 0{,}5774 \cdot a_y$	$\frac{a_I}{a_x/2} \to v_I$	Mittr. Breite im Feld m. B. [cm]	Querschnitt im Feld e cm J cm⁴ F cm² $e_0 = s$
St 37 α	3 : 1 300 100 1,2	2,0 0,748	173	3,46 → 0,625	62,5	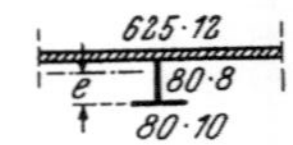 7,97 cm 715 cm⁴ 89,4 cm² 1,13 cm
β	2 : 1 300 150 1,8	2,36 1,32	173	2,30 → 0,424	63,5	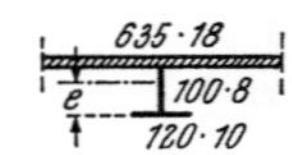 10 cm 1653 cm⁴ 134 cm² 1,4 cm
St 52 α'	3 : 1 300 100 1,2	3,0 1,12	173	3,46 → 0,625	62,5	s. oben unter α
β'	2 : 1 300 150 1,8	3,55 1,99	173	2,30 → 0,424	63,5	s. oben unter β

1	7/1	7/2	8	9	10	11		12
Fall	Membranspannungen $\sigma_{Membr.}/x = \frac{a_x}{2};\ y = 0$ $\sigma_{Membr.}/x = 0;\ y = 0$ kp/cm²	Druckkraft $2\,N_y$ und zusätzl. Biegespannungen $2\,N_y$ ↗ $\sigma_{y/x = \frac{a_x}{2};\, y = 0}$ ↘ $\sigma_{y/x = 0;\, y = 0}$ kp / kp/cm²	$\frac{\sigma_{min}}{\sigma_{max}} = \frac{3\,\lambda}{b} - \frac{1}{2}$	Endgültige zusätzl. Spannungen $\sigma_{y/x = \frac{a_x}{2};\ y = 0}$ $\sigma_{y/x = 0;\ y = 0}$ kp/cm²	Lin. Theorie (parabelf.) $\sigma_{y/x = \frac{a_x}{2};\ y = 0}$ $\sigma_{y/x = 0;\ y = 0}$ kp/cm²	Endgültige Ges.-Spannungen $\sigma_{y/x = \frac{a_x}{2};\ y = 0}$ $\sigma_{y/x = 0;\ y = 0}$	$\frac{\sigma_{min}}{\sigma_{max}}$	Neue mittr. Breite m. B. [cm] ν_I^* (% Abweichung)
St 37 α	+ 4,0 + 4,0	495 ↗ — 6 ↘ — 2,5	0,437	— 2 + 1,5	— 118 — 52	— 120 — 50,5	0,421	61,5 cm 0,615 (1,6%)
β	+ 5,5 + 6,5	1480 ↗ — 12 ↘ — 1,5	0,135	— 6,5 + 5,0	— 113 — 15	— 119,5 — 10	0,0836	58,5 cm 0,389 (7,9%)
St 52 α'	+ 9,0 + 9,0	1115 ↗ — 12,7 ↘ — 5,6	0,437	— 3,7 + 3,4	— 177 — 77	— 180,7 — 73,6	0,408	60,3 cm 0,603 (3,7%)
β'	+ 12,4 + 14,6	3330 ↗ — 25,4 ↘ — 3,4	0,135	— 13 + 9,6	— 168 — 22,7	— 181 — 13,1	0,0718	57,2 cm 0,381 (10%)

Tabelle 3. *Verhältnis der m. B. (2 λ) zur Breite b einer rechtwinklig ausgesteiften (orthotropen) Platte*

	$\frac{l}{b}$	$\frac{2\lambda}{b}$							
		$\frac{t_y}{t\,a_x} = 0{,}0$	= 0,1	= 0,2	= 0,3	= 0,4	= 0,5	= 0,6	= 0,7
erste Harmonische	1,0	0,372	0,353	0,337	0,323	0,311	0,300	0,290	0,281
	2,0	0,691	0,679	0,658	0,638	0,620	0,603	0,588	0,573
	3,0	0,834	0,827	0,812	0,798	0,784	0,771	0,758	0,746
	4,0	0,899	0,895	0,885	0,875	0,869	0,856	0,847	0,838
	5,0	0,933	0,931	0,923	0,916	0,909	0,902	0,896	0,889
	∞	1,000	1,000	1,000	1,000	1,000	1,000	1,000	1,000
dritte Harmonische	1,0	0,107	0,102	0,098	0,095	0,092	0,089	0,086	0,084
	2,0	0,230	0,216	0,207	0,200	0,192	0,186	0,180	0,175
	3,0	0,372	0,353	0,337	0,323	0,311	0,300	0,290	0,281
	4,0	0,503	0,485	0,465	0,446	0,429	0,415	0,401	0,389
	5,0	0,610	0,595	0,573	0,552	0,534	0,518	0,502	0,488
	∞	1,000	1,000	1,000	1,000	1,000	1,000	1,000	1,000
fünfte Harmonische	1,0	0,064	0,061	0,059	0,057	0,055	0,053	0,052	0,050
	2,0	0,129	0,123	0,118	0,114	0,110	0,107	0,104	0,101
	3,0	0,203	0,191	0,183	0,176	0,171	0,165	0,160	0,156
	4,0	0,286	0,269	0,257	0,247	0,238	0,230	0,223	0,216
	5,0	0,372	0,353	0,337	0,323	0,311	0,300	0,290	0,281
	∞	1,000	1,000	1,000	1,000	1,000	1,000	1,000	1,000

Tabelle 4. *Zusammenstellung der rechnerischen Spannungen (Mp/cm²) für die Hauptträger und Plattenrippen des Zahlenbeispiels*

Tragwerksteil			Spannung nach Theorie 1. Ordnung	Zusätzliche Spannung infolge der Plattendurchbiegung
Hauptträger		σ_o	— 1,041 Mp/cm²	— 0,003 Mp/cm²
		σ_u	+ 1,516 „	≅ 0,0 „
Querrippen		σ_o	— 0,641 Mp/cm²	— 0,134 Mp/cm²
		σ_u	+ 1,479 „	+ 0,014 „
Längsrippen	am Auflager	σ_o	+ 0,278 Mp/cm²	+ 0,020 Mp/cm²
		σ_u	— 1,462 „	— 0,107 „
	in Feldmitte	σ_o	— 0,139 „	— 0,114 „
		σ_u	+ 0,731 „	— 0,041 „

durch Ausnutzung der Plattenmembranwirkung darf nur in solchen Fällen vorgenommen werden, bei denen die Folgen der größeren Querlasten auf die m. B. der „Längs- und Querträger" gleichzeitig festgestellt werden. (In dieser Hinsicht darf die derzeitige Regelung gemäß DIN 19704, die nur Biegespannungen des Bleches im *elastischen* Bereich zuläßt, als „mit Recht vorsichtig" bezeichnet werden.) — 3. Vergleichsspannungsermittlungen verlangen oft die Berücksichtigung der „vollständigen Theorie“. — 4. Für Flachblechfahrbahntafeln des Stahlbrückenbaus muß auf die sehr ungünstige Auswirkung von Einzellasten bzw. von rechteckigen Flächenlasten innerhalb der Felder aufmerksam gemacht werden; hier wird die m. B. (z. B. der „Längsträger“) besonders deutlich beeinflußt, allerdings sind bekanntlich die Rippenabstände meist (auch wegen der dann günstigen Haftung der Asphaltdecken) sehr gering. — 5. An Hand der Abb. 4 und 5 sowie der Tabelle 3 kann in der Regel eine „vollständige“ Berechnung der „orthotropen Platte“ (einschließlich der Membranwirkungen des Deckbleches) mittels der bekannten Literatur [3] vorgenommen werden.

Literatur

[1] Chwalla, E.: Der Stahlbau, S. 73ff. 1936.
[2] Steinhardt, O., und G. Abdel-Sayed: Berichte der Versuchsanstalt für Stahl, Holz und Steine (3. Folge-Heft 1, 1963), dort weiteres Schrifttum.
[3] Pelikan-Esslinger: MAN-Forschungsheft Nr. 7 (1957).

Die Tragfähigkeit metallischer Druckstäbe

Von

M. Marinček, Ljubljana

Mitteilung aus der Lehrkanzel für Metallkonstruktionen an der Universität Ljubljana

Mit 26 Textabbildungen

I. Einleitung

Im vergangenen Dezennium hat besonders in den USA und Belgien eine intensive Forschung über die Tragfähigkeit stählerner Druckstäbe mit Berücksichtigung des Einflusses von Eigenspannungen eingesetzt [1], [2], [3]. Neben Eigenspannungen werden zugleich auch andere „Imperfektionen", wie die unvermeidliche Exzentrizität des Lastangriffes, die Abweichung der Stabachse von der Geraden, die Inhomogenität des Materials und die Abweichungen vom Sollquerschnitt berücksichtigt. Die Inhomogenitäten und Eigenspannungen hängen wesentlich vom technologischen Herstellungsverfahren und der Nachbehandlung ab. Ebenso ist bekannt, daß die Querschnittsform einen wesentlichen Einfluß auf das elastoplastische Verhalten des Druckstabes hat.

In neuerer Zeit hat auch die Stabilitätskommission der Europäischen Konvention der Stahlbauverbände sich mit der Traglast von mit Imperfektionen behafteten Druckstäben befaßt und ein umfangreiches Versuchsprogramm aufgestellt.

Die Arbeit behandelt das Tragverhalten von Druckstäben und entwickelt eine elastoplastische Theorie, welche beliebige Imperfektionen, Materialeigenschaften, Querschnittsformen und Belastungen berücksichtigt.

II. Korrektionsfaktor K

Setzen wir eine lineare Beziehung zwischen dem Biegemoment M und der Winkeländerung φ (bzw. Krümmung $\frac{1}{\varrho}$) voraus, so gilt der bekannte Ausdruck

$$\varphi = \frac{1}{\varrho} = y'' = -\frac{M}{E\,J}, \tag{1}$$

wobei die Steifigkeit $E\,J$ unabhängig von der Belastung ist. Lassen wir diese Voraussetzung fallen, so kann die Winkeländerung φ' folgendermaßen ausgedrückt werden:

$$\varphi' = -\frac{M}{E\,J} K. \tag{2}$$

Dabei wird K als Korrektionsfaktor, mit dem der Einfluß der Nichtlinearität berücksichtigt ist, bezeichnet. Aus Abb. 1 folgt, daß der Korrektionsfaktor K das Verhältnis zwischen der nichtlinearen und der zugehörigen linearen Winkeländerung darstellt, daher gilt:

$$K = \varphi' : \varphi. \qquad (3)$$

Die Ursache dieser Nichtlinearität ist die teilweise Plastizierung, wenn der Einfluß des elastischen Ausbeulens dünner Teile außer acht gelassen wird. Der Korrektionsfaktor K hängt im allgemeinen von folgenden Einflüssen ab: den inneren Kräften, dem Spannungs-Dehnungs-Diagramm des Materials und der entsprechenden Inhomogenität, den Eigenspannungen und der Querschnittsform. Bisweilen werden zur Berücksichtigung der

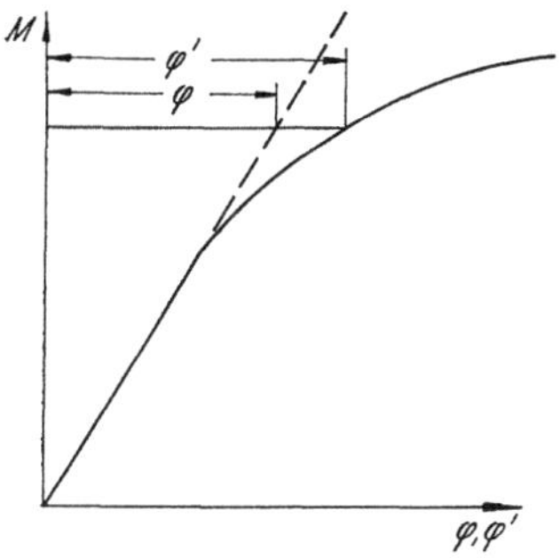

Abb. 1. Nichtlineare Beziehung zwischen dem Biegemoment und der Winkeländerung

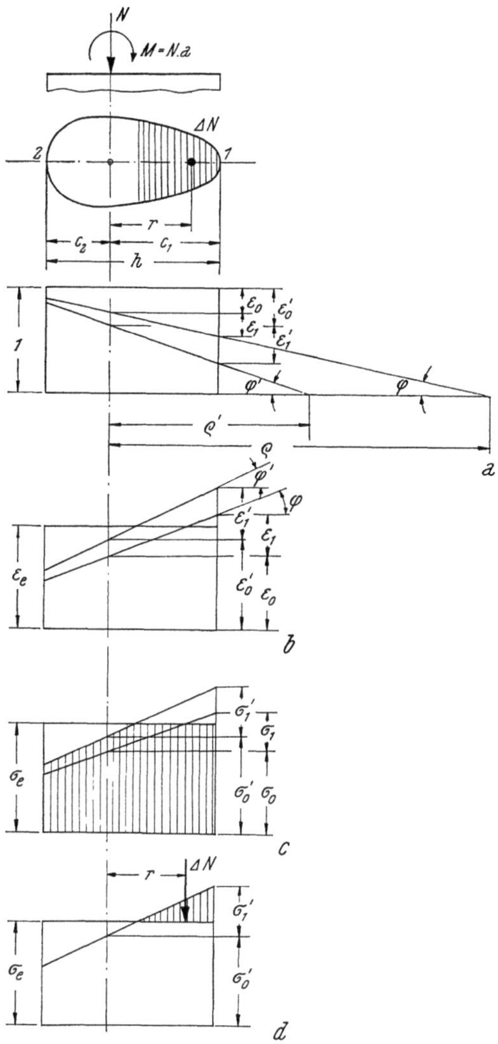

Abb. 2. Elastoplastischer Deformations- und Spannungszustand bei gleichzeitiger Wirkung von N und M

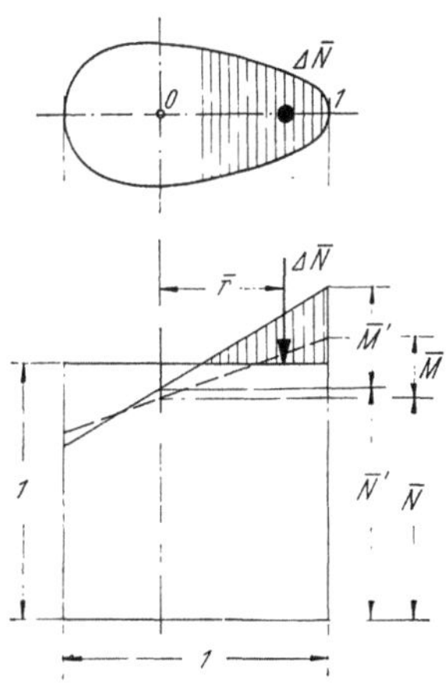

Abb. 3. Dimensionslose Größen

Nichtlinearität ein entsprechend veränderlicher fiktiver Elastizitätsmodul oder ein wirksames Trägheitsmoment eingeführt. Das Verhältnis zwischen dem fiktiven und normalen Elastizitätsmodul (oder wirksamen Trägheitsmoment) entspricht dem reziproken Wert des Korrektionsfaktors K. Zur allgemeinen Behandlung ist jedoch die direkte Anwendung des Korrektionsfaktors K besonders geeignet, da dieser auch bei einem aus verschiedenen Materialien zusammengesetzten Stabquerschnitt J eine klare physikalische Bedeutung beibehält.

III. Berechnung der Korrektionsfaktoren K bei exzentrischem Druck und idealem Spannungs-Dehnungsdiagramm

In der Folge wird die rechnerische Ermittlung der Korrektionsfaktoren K unter folgenden Voraussetzungen dargelegt: einfach symmetrische Querschnittsform, exzentrisch wirkende Druckkraft (Hebelarm a) in einer Symmetrieebene, ideal elastisches, ideal plastisches Spannungs-Dehnungs-Gesetz und Ebenbleiben der Querschnitte. In Verbindung mit Abb. 2 wird nun die Ableitung der Korrektionsfaktoren durchgeführt.

Am Querschnitt wirke die Normalkraft N und das Moment $M = N\,a$. Unter Annahme der Gültigkeit des HOOKEschen Gesetzes wird dadurch im Schwerpunkt 0 die Verkürzung ε_0 und am Randpunkt 1 die Verkürzung ε_1 mit der zugehörigen Winkeländerung φ hervorgerufen. Im Falle teilweiser Plastizierung werden die Werte auf ε_0', ε_1', φ' anwachsen. Die diesen Dehnungen entsprechenden Spannungen sind σ_0, σ_1 bzw. σ_0', σ_1'. Die tatsächlichen Spannungen sind aber mit der Fließgrenze σ_e begrenzt, welcher die Dehnung $\varepsilon_e = \sigma_e : E$ entspricht.

Bezeichnen F die Querschnittsfläche und W das Widerstandsmoment, bezogen auf den Randpunkt 1, so wird

$$\sigma_0 = \frac{N}{F}, \quad \sigma_1 = \frac{M}{W}.$$

Aus Abb. 2 d ergibt sich die Normalkraft

$$N = N' - \Delta N \tag{4}$$

und das Biegemoment

$$M = M' - \Delta M = M' - \Delta N \cdot r. \tag{5}$$

Hierbei ist $N' = F \cdot \sigma_0'$ und $M' = W \cdot \sigma_1'$. ΔN stellt das über der Fließgrenze liegende Spannungsvolumen und r den Abstand seines Schwerpunktes vom Querschnittsschwerpunkt dar.

Der Korrektionsfaktor K beträgt nach Abb. 2:

$$K = \frac{\varphi'}{\varphi} = \frac{\varepsilon_1'}{\varepsilon_1} = \frac{\sigma_1'}{\sigma_1} = \frac{M'}{M}.$$

Zur Verallgemeinerung der Ableitungen erweist es sich als zweckmäßig, folgende dimensionslose Größen im Sinne der Abb. 3 einzuführen:

$$\bar{N} = \frac{N}{N_e} = \frac{\sigma_0}{\sigma_e} \qquad \Delta\bar{N} = \frac{\Delta N}{N_e}; \quad \Delta\bar{M} = \frac{\Delta M}{M_e},$$

$$\bar{N}' = \frac{N'}{N_e} = \frac{\sigma_0'}{\sigma_e} \qquad \bar{r} = \frac{r}{h},$$

$$\bar{M} = \frac{M}{M_e} = \frac{\sigma_1}{\sigma_e} \qquad \bar{k} = \frac{k}{h},$$

$$\bar{M}' = \frac{M'}{M_e} = \frac{\sigma_1'}{\sigma_e} \qquad k = \frac{W}{F}.$$

Hierbei ist $N_e = F \cdot \sigma_e$ und $M_e = W \cdot \sigma_e$. Die Gln. (4) und (5) lauten nun:

$$\bar{N} = \bar{N}' - \Delta\bar{N}, \tag{6}$$

$$\bar{M} = \bar{M}' - \Delta\bar{M} = \bar{M}' - \frac{\Delta\bar{N} \cdot \bar{r}}{\bar{k}}, \tag{7}$$

da

$$\Delta\bar{M} = \frac{\Delta N \cdot r}{M_e} = \frac{\Delta N \cdot r \cdot F}{F \cdot \sigma_e \cdot W} = \frac{\Delta N}{N_e} \cdot \frac{r}{k} = \frac{\Delta\bar{N} \cdot \bar{r}}{\bar{k}}.$$

Schließlich ist

$$K = \frac{\bar{M}'}{\bar{M}} \tag{8}$$

und

$$\frac{\bar{M}}{\bar{N}} = m$$

mit

$$m = \frac{a}{k} = \frac{a \cdot F \cdot \sigma_e}{W \cdot \sigma_e} = \frac{a \cdot N_e}{M_e} = \frac{M \cdot N_e}{N \cdot M_e} = \frac{\bar{M}}{\bar{N}},$$

wobei m das bekannte dimensionslose Exzentrizitätsmaß bedeutet.

Der Korrektionsfaktor K ist als Funktion von $\bar{N}$ und $\bar{M}$ unabhängig von der Höhe der Fließgrenze und von den Dimensionen des Querschnittes. Er hängt nur von der Form des Querschnittes ab. Um die Kurven gleicher K-Werte für eine beliebige Querschnittsform in Abhängigkeit von $\bar{N}$ und $\bar{M}$ zu bestimmen, werden nach einer geeigneten Ordnung verschiedene Werte von $\bar{N}'$ und $\bar{M}'$ gewählt, worauf die zugehörigen Werte von $\Delta\bar{N}$ und $\bar{r}$ bestimmt und danach $\bar{M}$ aus der Gl. (7) und die K-Werte aus der Gl. (8) errechnet werden. Mit der graphischen Interpolation können schließlich im $\bar{N} - \bar{M}$ oder $\bar{N} - m$ Diagramm die Kurven gleicher K-Werte ermittelt werden. Überwiegt der Einfluß des Biegemomentes jenen der Normalkraft, so ist es zweckmäßiger, für die Bestimmung der $\bar{N}$- und $\bar{M}$-Werte die tatsächlichen Spannungen über den Querschnitt zu integrieren.

In Abb. 4 sind die K-Kurven für das Profil IAP 150 für die Ausbiegung um die schwache Achse bzw. für jedes beliebige querschnittsähnliche Profil im Diagramm $\bar{N} - \bar{M}$ dargestellt. Die Gerade mit $K = 1$ entspricht der Bedingung, daß am Rande die Fließgrenze erreicht wird. Die Gleichung der elastischen Grenzgeraden lautet daher:

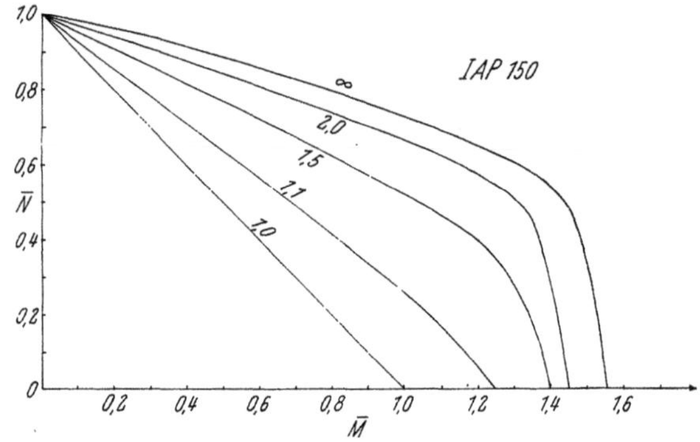

Abb. 4. Kurven der gleichen Korrektionsfaktoren K für Walzprofil IAP 150 bezüglich der schwachen Achse in der Abhängigkeit von $\bar{N}$ und $\bar{M}$

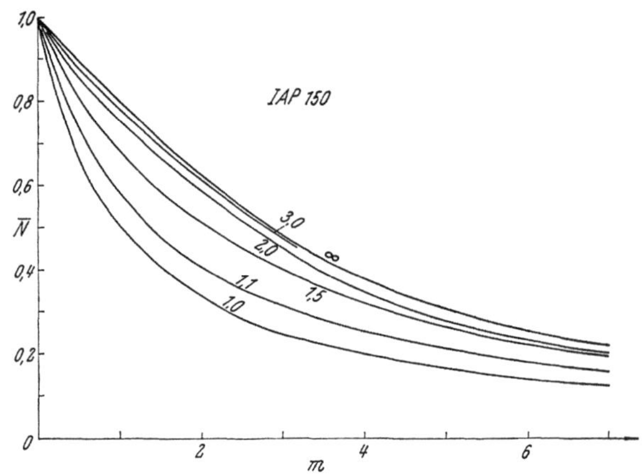

Abb. 5. K-Kurven für IAP 150 in der Abhängigkeit von $\bar{N}$ und m

$$\sigma_e = \frac{N}{F} + \frac{M}{W}$$

oder in dimensionsloser Form:

$$1 = \bar{N} + \bar{M} = \bar{N}(1 + m).$$

Die Kurve mit $K = \infty$ entspricht der vollen Plastizierung des Querschnittes unter Annahme des ideal elastischen, ideal plastischen Spannungs-Dehnungs-Diagrammes. Zwischen den beiden erwähnten Kurven liegt der elastoplastische Bereich. In Abb. 5 sind für das Profil IAP 150 noch die K-Kurven im Diagramm $\overline{N} - m$ dargestellt. Bei der Behandlung von Instabilitätsproblemen ist es zweckmäßig, das Diagramm $\overline{N} - n$ für die Darstellung der K-Kurven anzuwenden, wobei die Abszisse

$$n = \frac{m}{1 + m}$$

ist. Damit ist der Bereich mit kleinen Exzentrizitätsmaßen m bedeutend vergrößert dargestellt. Das entsprechende Diagramm für IAP 150 ist in Abb. 6 aufgetragen.

Da das elastoplastische Verhalten von Stäben von der Form des Querschnittes abhängt, ist es von Interesse, die Kurven der vollen Plastizierung mit $K = \infty$ für typische Querschnittsformen miteinander zu vergleichen. In Abb. 7 sind im Diagramm $\overline{N} - \overline{M}$ und in Abb. 8 im Diagramm $\overline{N} - n$ die berechneten Kurven der vollen Plastizierung für verschiedene Querschnittsformen aufgetragen. Man erkennt klar die recht verschiedene Größe der „plastischen Reserve“ bei den meisten praktisch vorkommenden Querschnittsformen.

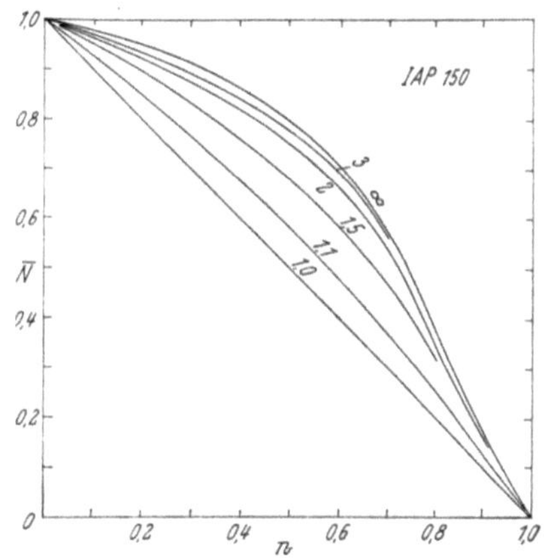

Abb. 6. K-Kurven für IAP 150 in der Abhängigkeit von $\overline{N}$ und $n = m : (1 + m)$

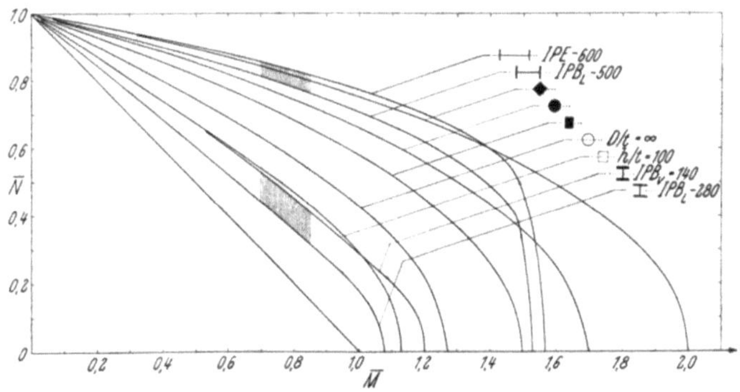

Abb. 7. Kurven der vollen Plastizierung für verschiedene Querschnittsformen ($K = \infty$) in der Abhängigkeit von $\overline{N}$ und $\overline{M}$. Beide schraffierten Bereiche decken genormte I-Walzprofile

IV. Einfluß von Eigenspannungen und Inhomogenität der Fließgrenze

Die Eigenspannungen, die bei ungleichmäßigem Abkühlen der Stäbe nach dem Warmwalzen oder dem Schweißen sowie infolge der Kaltverformung auftreten, sind imstande, in beträchtlichem Maße den Verlauf der K-Kurven zu beeinflussen. Dasselbe gilt für den Einfluß der Inhomogenität der Fließgrenze. Die Methode zur Ermittlung der Korrektionsfaktoren K bei Berücksichtigung des Einflusses der Eigenspannungen und der Inhomogenität ist die gleiche, wie unter Abschnitt III erläutert. Hierbei ist nur eine entsprechend veränderliche, fiktive Fließgrenze zu ermitteln, worauf die Bestimmung der Korrektionsfaktoren K, wie bereits ausgeführt, durch die Ermittlung von $\Delta \overline{N}$ und $\bar{r}$ für ausgewählte $\overline{N}'$ und $\overline{M}'$ erfolgen kann.

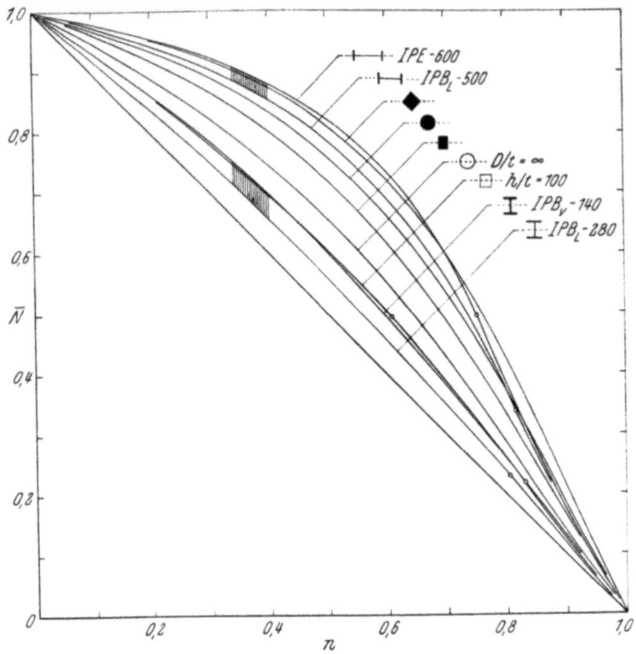

Abb. 8. Kurven der vollen Plastizierung in der Abhängigkeit von $\overline{N}$ und n

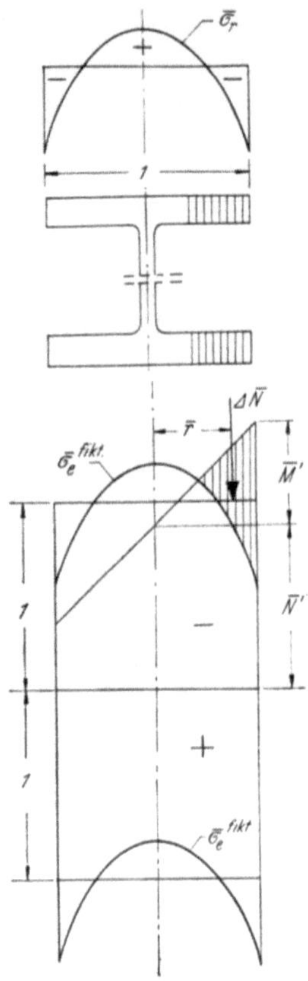

Abb. 9. Zur Bestimmung von K-Werten beim Einfluß von Eigenspannungen und/oder Inhomogenität der Fließgrenze beim ideal elastischen — ideal plastischen Material

Abb. 9 zeigt, wie bei den dimensionslos gemachten Eigenspannungen $\bar{\sigma}_r = \sigma_r : \sigma_e$ in den beiden Flanschen eines I-Profiles die zugehörige fiktive Fließgrenze verläuft und wie für ein gegebenes $\overline{N}'$ und $\overline{M}'$ die Werte $\Delta \overline{N}$ und $\bar{r}$ bei einseitiger Plastizierung zu bestimmen sind. Tritt infolge der Eigenspannungsverteilung und Inhomogenität Plastizierung an mehreren Stellen des Querschnittes gleichzeitig ein, so sind die entsprechenden Summen $\Sigma\, \Delta \overline{N}$ und $\Sigma\, \Delta \overline{N} \cdot \bar{r}$ der über der mittleren Fließgrenze liegenden Spannungsvolumen zu berücksichtigen. In Abb. 10 sind im $\overline{N} - n$-Diagramm die K-Kurven für das Profil IAP 150 bzw. für ähnliche Profile unter Annahme eines dreieckförmigen Eigenspannungsverlaufes in den

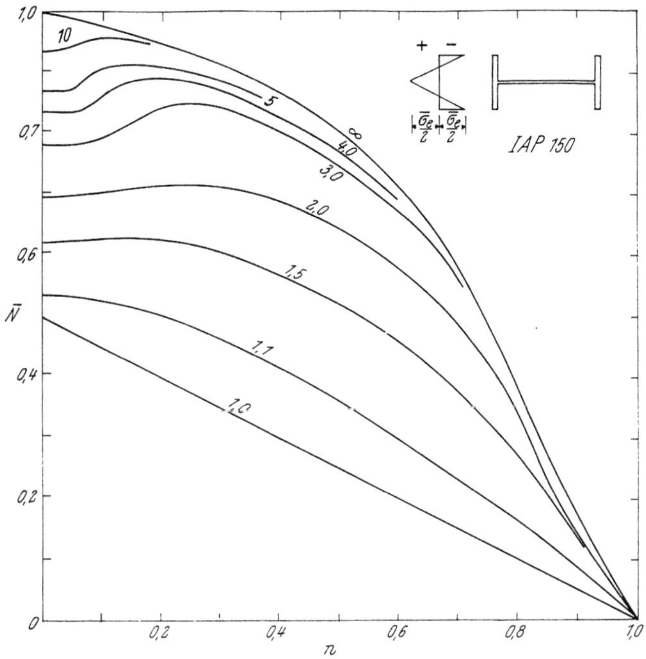

Abb. 10. K-Kurven für IAP 150 bezüglich der schwachen Achse beim Einfluß von Eigenspannungen in den Flanschen nach der Skizze

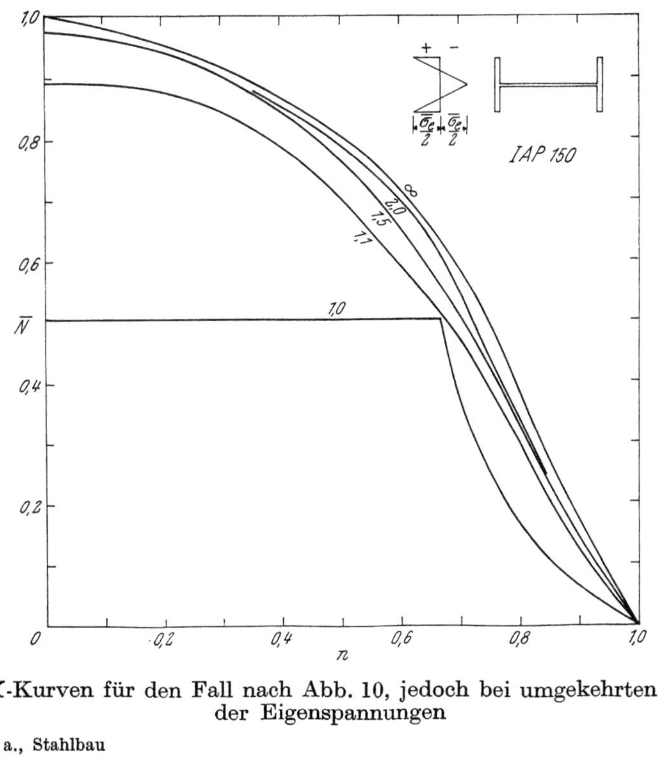

Abb. 11. K-Kurven für den Fall nach Abb. 10, jedoch bei umgekehrten Vorzeichen der Eigenspannungen

Flanschen dargestellt. In Abb. 11 sind die K-Kurven für denselben Fall, jedoch bei umgekehrten Vorzeichen der Eigenspannungen aufgetragen.

In ähnlicher Weise wie der Einfluß der Eigenspannungen kann auch der Einfluß der Inhomogenität der Fließgrenze sowie der Fall, wenn beide Einflüsse gleichzeitig wirken, behandelt werden. Dabei ist wieder lediglich eine entsprechende fiktive Fließgrenze anzuwenden.

Die übliche experimentelle Methode zur Feststellung von Eigenspannungen und Fließgrenzen in den Stäben durch Zerschneiden in viele schmale Streifen ist ziemlich zeitraubend. Hingegen kann unter bestimmten Voraussetzungen die Verteilung und die Größe der Eigenspannungen in den einzelnen Querschnittsteilen der Profile durch die Aufnahme der Arbeitslinie im Zugversuch und durch Bestimmung des Neigungswinkels dieser Arbeitslinie auf halbexperimentellem Wege sehr einfach ermittelt werden [4]. Die Feststellung der Inhomogenität der Fließgrenze erfolgt auf dieselbe Weise mit spannungsfrei geglühten Querschnittsteilen.

V. Sonstige Einflüsse auf den Verlauf der K-Kurven

Eine nichtlineare Beziehung zwischen den inneren Kräften und der spezifischen Formänderung kann auch im elastischen Zustand bei dünnwandigen Querschnitten infolge lokaler Beulung einzelner Querschnittsteile bestehen. Die Nichtlinearität kann ferner durch die Plastizierung infolge Spannungserhöhungen an einzelnen Querschnittsteilen auftreten, welche ihre Ursache in der Verringerung der „mittragenden Breite" haben. Im allgemeinsten Fall der räumlichen Betrachtung des Stabes sind neben Normalkräften und Biegemomenten in zwei Ebenen auch Torsionsmomente zu berücksichtigen. Fallweise können auch die Querkräfte Einfluß auf die K-Werte gewinnen. Auch hier wird man vorteilhaft mit dimensionslosen Größen arbeiten.

Berücksichtigt man ein beliebiges Spannungs-Dehnungs-Diagramm, so ist die beschriebene Methode für die Ermittlung von K ebenfalls anwendbar, jedoch mit mehr Arbeitsaufwand verbunden. In solchen Fällen könnte man auch die experimentelle Bestimmung der Korrektionsfaktoren K mit Hilfe des Kraft-Verformungs-Diagrammes im Sinne der Abb. 1 in Anwendung bringen.

Die experimentelle Bestimmung der Korrektionsfaktoren K ist auch als eine Ergänzung zur rechnerischen Ermittlung zu betrachten. Auf diese Weise ermittelte K-Werte entsprechen natürlich viel eher der Wirklichkeit. Sie können zugleich die Einflüsse des inhomogenen Fließens durch LÜDERSsche Linien, des eventuellen BAUSCHINGER-Effektes sowie auch die Wirkung der Deformationsgeschwindigkeit und der Temperatur auf das Spannungs-Dehnungs-Diagramm des Materials mitberücksichtigen.

Für die experimentelle Bestimmung von K-Werten werden geeignet belastete kurze Stäbe verwendet (coupon test). Im übrigen können auch bei jedem Knickversuch gleichzeitig die zugehörigen K-Werte bestimmt werden. In beiden Fällen sind an geeigneten Stellen die Dehnungen ε_1

und ε_2 am Biegezug- und Biegedruckrand zu messen, wobei wieder gilt

$$K = \varphi' : \varphi$$

mit

$$\varphi' = \frac{\varepsilon_1 - \varepsilon_2}{h} \tag{10}$$

und

$$\varphi = \frac{M}{EJ} = \frac{N \cdot a}{EJ}.$$

Um die Verallgemeinerung zu erreichen, ist es auch hier zweckmäßig, die K-Kurven in Abhängigkeit von den dimensionslosen Größen $\overline{N}$ und n in das Diagramm einzutragen.

Es sei hier hervorgehoben, daß eine experimentelle Bestimmung der K-Kurven im $\overline{N} - n$-Diagramm nur dann vollen Wert besitzt, wenn das Spannungs-Dehnungs-Diagramm des Materials, die Eigenspannungen und die Inhomogenität der Fließgrenze für den zu untersuchenden Querschnitt des Stabes bekannt sind.

VI. Dimensionslose Darstellung des elastischen Deformationsverhaltens von gekrümmten, exzentrisch und querbelasteten Druckstäben

Wir beschränken uns auf den Grundfall, nämlich den beiderseits gelenkig gelagerten Stab mit konstantem Querschnitt. Zuerst sollen die bekannten Ausdrücke für die Bestimmung der Durchbiegungen von gekrümmten, exzentrisch oder querbelasteten Druckstäben im elastischen Bereich etwas umgeformt werden. Für den Stab mit sinusförmiger Anfangskrümmung nach Abb. 12 a ist bekanntlich:

$$y_{0m} + y_m = \frac{y_{0m}}{1 - \frac{P}{P_E}}. \tag{11}$$

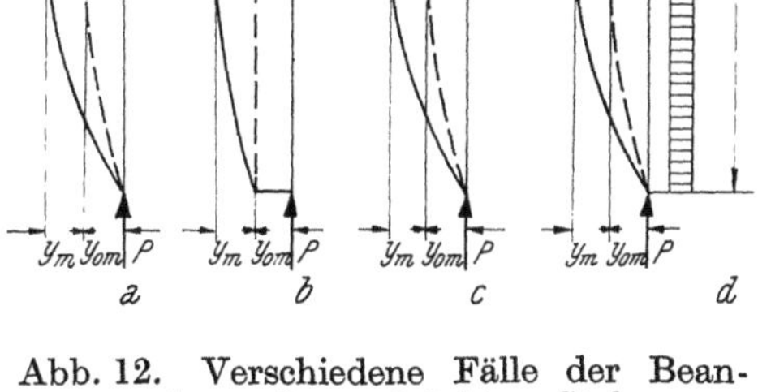

Abb. 12. Verschiedene Fälle der Beanspruchung des gedrückten Stabes

Mit $P_E = \frac{\pi^2 EJ}{l^2}$ und $\frac{P}{F \cdot \sigma_e} = \frac{P}{P_e} = \overline{P} = \overline{N}$, wobei N die Normalkraft in Stabmitte bedeutet, folgt

$$\frac{P}{P_E} = \overline{N} \cdot \overline{\lambda}^2, \tag{12}$$

wobei das Schlankheitsverhältnis $\overline{\lambda} = \lambda : \lambda_e$ mit

$$\lambda_e = \pi \sqrt{\frac{E}{\sigma_e}}. \tag{13}$$

λ_e ist diejenige Schlankheit, bei welcher die Eulersche Knickspannung gleich der Fließgrenze ist.

Mit Einführung von $m = (y_{0m} + y_m) : k$ und $m_0 = y_{0m} : k$, wobei $k = W : F$ sich auf den Biegedruckrand bezieht, ergibt sich nun der Ausdruck (11) wie folgt:

$$\frac{y_{0m} + y_m}{y_{0m}} = \frac{m}{m_0} = \frac{1}{1 - \bar{N}\,\bar{\lambda}^2}. \tag{14}$$

Beim exzentrisch belasteten Stab nach Abb. 12 b ist bekanntlich

$$y_{0m} + y_m = \frac{y_{0m}}{\cos \frac{l}{2}\sqrt{\frac{P}{EJ}}}, \tag{15}$$

woraus sich analog

$$\frac{y_{0m} + y_m}{y_{0m}} = \frac{m}{m_0} = \frac{1}{\cos \frac{\pi}{2}\,\bar{\lambda}\sqrt{\bar{N}}} \tag{16}$$

ergibt.

Bei dem mit konstanter Einzellast Q_0 querbelasteten Stab nach Abb. 12 c gilt demgemäß in ähnlicher Weise:

$$\frac{y_{0m} + y_m}{y_{0m}} = \frac{m}{m_0} = \frac{3}{d^2}\left(\frac{\operatorname{tg} d}{d} - 1\right) \tag{17}$$

mit

$$d = \frac{\pi}{2}\,\bar{\lambda}\sqrt{\bar{N}}$$

und

$$y_{0m} = \frac{Q_0\, l^3}{48\, E J}.$$

Schließlich ist noch bei dem mit gleichmäßig verteilter konstanter Querbelastung von der Gesamtgröße Q_0 belasteten Stab nach Abb. 12 d:

$$\frac{y_{0m} + y_m}{y_{0m}} = \frac{m}{m_0} = \frac{12}{5\, d^2}\left[\frac{2\,(1 - \cos d)}{d^2 \cos d} - 1\right] \tag{18}$$

mit

$$d = \frac{\pi}{2}\,\bar{\lambda}\sqrt{\bar{N}}$$

und

$$y_{0m} = \frac{5\, Q_0\, l^3}{384\, E J}.$$

Um einen Vergleich zwischen dem Formänderungsverhalten dieser vier Belastungsfälle des Stabes anzustellen, sind die obigen Beziehungen in Abb. 13 im $\bar{N} - n$-Diagramm für das Anfangsexzentrizitätsmaß in der Mitte des Stabes $m_0 = 0{,}2$ und für mehrere Schlankheitsverhältnisse $\bar{\lambda}$

eingetragen. Man erkennt klar, daß der anfangs gekrümmte Stab und beide querbelasteten Stäbe praktisch dieselben Kurven ergeben. Sie unterscheiden sich voneinander so wenig, daß sie im Maßstab der Abbildung praktisch zusammenfallen. Ähnliche Verhältnisse gelten auch für andere m_0-Werte.

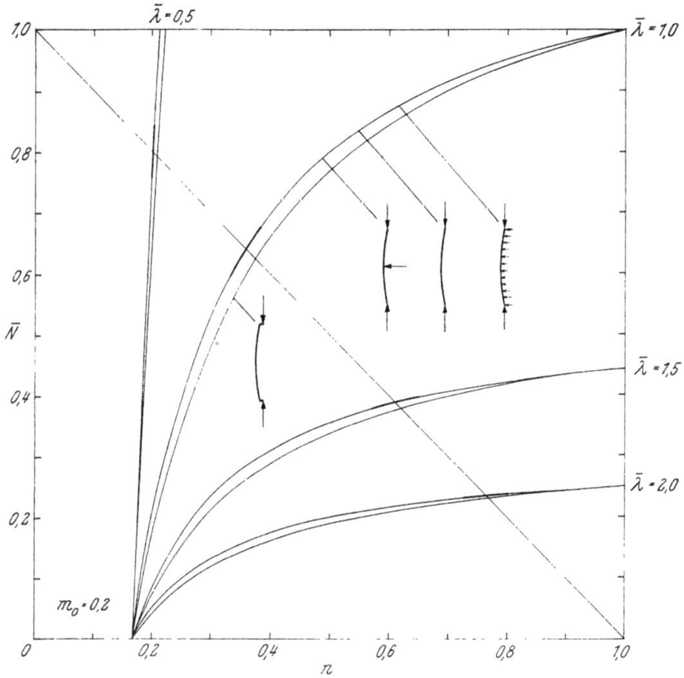

Abb. 13. Elastische Kraft-Durchbiegungskurven für die Fälle nach Abb. 12 bei $m_0 = 0{,}2$

Für jedes beliebige m_0 erreichen die Kurven des elastischen Deformationsverhaltens bei $m = \infty$ bzw. $n = 1$ den Wert

$$\bar{N} = \frac{1}{\bar{\lambda}^2}, \tag{19}$$

welcher der EULERschen Knicklast entspricht. Die Durchbiegungen sind jedoch nicht nur durch die Länge des Stabes begrenzt, sondern auch die linearisierte Differentialgleichung der Biegelinie verliert bei großen Ausbiegungen ihre Gültigkeit, so daß der mathematisch exakte Ausdruck für die Stabkrümmung einzuführen ist. Um diesen Einfluß ungefähr abzuschätzen, wird der Fall des Knickens des zentrisch belasteten Stabes betrachtet. Auf Grund der linearisierten Differentialgleichung der Biegelinie ist für diesen Fall die Last-Durchbiegungs-Kurve im $\bar{N} - n$-Diagramm nach dem Erreichen der EULERschen Last eine horizontale Gerade. Bei genauerer Berücksichtigung des Deformationsverhaltens erhält man nach [5]:

$$y_m = \frac{l}{\pi}\sqrt{8\,\frac{P_E}{P}\left(1-\frac{P_E}{P}\right)}. \tag{20}$$

Infolge der größeren Durchbiegung in der Mitte des Stabes y_m wachsen die Werte von P allmählich im Vergleich zur Euler-Last P_E an. Die Unterschiede zwischen P und P_E sind jedoch am Ende des elastischen Zustandes unter Zugrundelegung von für den Stahlbau ungünstigsten Verhältnissen sehr klein. Sie betragen z. B. bei einer Schlankheit $\lambda = 250$ und einer Fließgrenze $\sigma_e = 10\,000$ kp/cm², was einer Vergleichsschlankheit $\bar{\lambda} = 5{,}49$, der zugehörigen Euler-Last $\bar{N} = 0{,}331$ und dem Exzentrizitätsmaß $n = 0{,}967$ bzw. $m = 29{,}2$ in der Mitte des Stabes entspricht, nur etwas über 1%.

VII. Berechnung der Last-Durchbiegungskurve bei elastoplastischem Deformationsverhalten

Oberhalb der elastischen Grenzlinie im elastoplastischen Gebiet wendet sich die Last-Durchbiegungs-Kurve nach abwärts und nähert sich, wie in

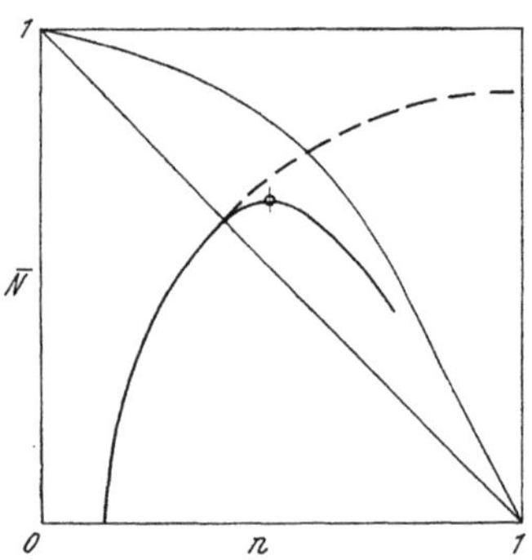

Abb. 14. Der Einfluß der Elastoplastizität auf das Kraft-Durchbiegungsdiagramm

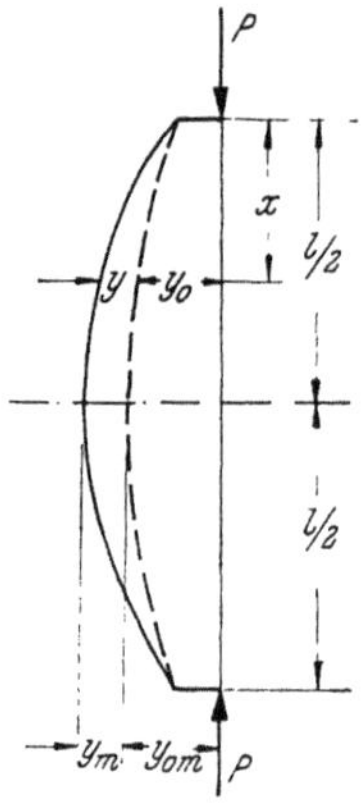

Abb. 15. Exzentrisch belasteter Stab mit Anfangskrümmung

Abb. 14 gezeigt ist, der Kurve der vollen Plastizierung des Querschnittes. Beim maximalen Wert $\bar{N}$ dieser Kurve ist die Grenztragfähigkeit des Stabes infolge Instabilität erreicht.

Die Belastungs-Durchbiegungs-Kurven mit Berücksichtigung der Plastizität können wie in der Elastizitätstheorie ermittelt werden, wenn man bei Querschnitten mit teilweiser Plastizierung den Korrektionsfaktor K einführt. Die Ausgangsgleichung für die Berechnung der Durchbiegung y_m in der Mitte des exzentrisch belasteten Stabes mit Anfangskrümmung im Sinne der Abb. 15 erhält man unter Anwendung des Prinzips der virtuellen Arbeit zu

$$y_m = 2\int_0^{\frac{l}{2}} \frac{M\,M_v}{E\,J}\,K\,dx, \tag{21}$$

wobei der Korrektionsfaktor K die teilweise Querschnittsplastizierung berücksichtigt. Im weiteren beschränken wir uns wieder auf $EJ =$ konst.; da $M = P(y_0 + y)$ und $M_v = x/2$ ist, kann der Ausdruck (21) in folgender Form geschrieben werden:

$$y_m = \frac{P}{EJ} \int_0^{\frac{l}{2}} (y_0 + y) K x \, dx. \tag{22}$$

Mit $x = \bar{x} \frac{l}{2}$, $dx = d\bar{x} \frac{l}{2}$ und nach Dividieren durch y_m ist

$$1 = \frac{P l^2}{E J 4} \int_0^1 \frac{y_0 + y}{y_m} K \bar{x} \, d\bar{x} = \frac{P}{P_E} \frac{\pi^2}{4} \int_0^1 \frac{y_0 + y}{y_m} K \bar{x} \, d\bar{x}.$$

Unter Berücksichtigung der bekannten Beziehung (12)

$$\frac{P}{P_E} = \bar{N} \cdot \bar{\lambda}^2$$

folgt

$$\underline{\bar{N} = \frac{1}{\bar{\lambda}^2 C},} \tag{23}$$

wobei

$$C = \frac{\pi^2}{4} \int_0^1 \frac{y_0 + y}{y_m} K \bar{x} \, d\bar{x}$$

ist. Mit Hilfe der derart umgeformten Gleichung können durch Iteration einzelne Punkte des Last-Durchbiegungs-Diagrammes beliebig genau bestimmt werden.

Vor allem gilt jedoch unser Interesse der Traglast. Zur Bestimmung der annähernden Lage der Traglast im Diagramm gehen wir von den vereinfachenden Annahmen der sinusförmigen Biegelinie und des längs der Stabachse konstanten Korrektionsfaktors K_m aus. Mit diesen Annahmen gelingt es, ohne Iteration auszukommen. Bezeichnen wir mit K_m den Korrektionsfaktor in Stabmitte, so wird mit

$$y = y_m \sin \frac{\pi x}{l} \quad \text{bzw.} \quad \frac{y}{y_m} = \bar{y} = \sin \frac{\pi \bar{x}}{2} \quad \text{und} \quad y_0 = y_{0m} \cdot \bar{y}_0,$$

$$C = K_m \frac{\pi^2}{4} \int_0^1 \left(\frac{y_{0m}}{y_m} \bar{y}_0 + \frac{y}{y_m} \right) \bar{x} \, d\bar{x} =$$

$$= K_m \frac{\pi^2}{4} \left[\frac{y_{0m}}{y_m} \int_0^1 \bar{y}_0 \bar{x} \, d\bar{x} + \int_0^1 \bar{x} \sin \frac{\pi \bar{x}}{2} \, d\bar{x} \right].$$

Mit dem statischen Moment

$$S_0 = \int_0^1 \bar{y}_0 \bar{x} \, d\bar{x}$$

und dem Integral

$$\int_0^1 \bar{x} \sin \frac{\pi \bar{x}}{2} d\bar{x} = \frac{4}{\pi^2}$$

sowie

$$\frac{y_{0m}}{y_m} = \frac{m_0}{m - m_0}; \quad m_0 = \frac{y_{0m}}{k}; \quad m = \frac{y_{0m} + y_m}{k}$$

ergibt sich schließlich

$$C = K_m \cdot A, \tag{24}$$

$$A = 1 + \frac{\pi^2}{4} S_0 \frac{m_0}{m - m_0}. \tag{25}$$

Das statische Moment S_0 kann nun für eine beliebige Anfangsexzentrizität und Anfangskrümmung der Stabachse ermittelt werden. Es ist z. B. für:

$$\bar{y}_0 = \sin \frac{\pi \bar{x}}{2}, \qquad S_0 = \frac{4}{\pi^2} \text{ und } A = 1 + \frac{m_0}{m - m_0};$$

$$\bar{y}_0 = \bar{x}, \qquad S_0 = \frac{1}{3} \text{ und } A = 1 + 0{,}8225 \frac{m_0}{m - m_0};$$

$$\bar{y}_0 = 1, \qquad S_0 = \frac{1}{2} \text{ und } A = 1 + 1{,}234 \frac{m_0}{m - m_0}.$$

Für die Ermittlung der Punkte der angenäherten Last-Durchbiegungs-Kurve ist es zweckmäßig, statt mit der Beziehung

$$\bar{N} = \frac{1}{\bar{\lambda}^2 K_m A}$$

mit der folgenden zu arbeiten:

$$\bar{\lambda}^2 A = \psi, \tag{26}$$

$$\psi = \frac{1}{\bar{N} K_m}. \tag{27}$$

Die Werte ψ sind für einzelne Exzentrizitätsmaße m bzw. n als Funktion von $\bar{N}$ in einer Kurvenschar dargestellt. Die unmittelbare Bestimmung der Punkte $\bar{N}, n$ der angenäherten Last-Durchbiegungs-Kurve geschieht somit folgendermaßen: Für eine gegebene Vergleichsschlankheit des Stabes $\bar{\lambda}$ und eine Anfangsexzentrizität in Stabmitte m_0 wird $\bar{\lambda}^2 A$ für ein angenommenes m bei gegebenem Verlauf von $\bar{y}_0$ gerechnet. Mit Hilfe der Kurvenscharen des $\bar{N} - \psi$-Diagrammes ist dann diesem Werte m die entsprechende Lage von $\bar{N}$ zugeordnet.

Nachdem auf obige Weise die annähernde Lage der Traglast ermittelt wurde, kann unsere Aufmerksamkeit der genauen Berechnung der Last-

Durchbiegungs-Kurve in direkter Nähe der Traglast gewidmet werden. Die bei der genauen Berechnung erforderliche Iteration ist jedoch etwas zeitraubender, da sie den veränderlichen Korrektionsfaktor K längs des Stabes und die tatsächliche Form der Biegelinie berücksichtigt.

Hier wird wieder die Gl. (23) mit

$$C = \frac{\pi^2}{4} \int_0^1 \frac{y_0 + y}{y_m} K \bar{x} \, d\bar{x}$$

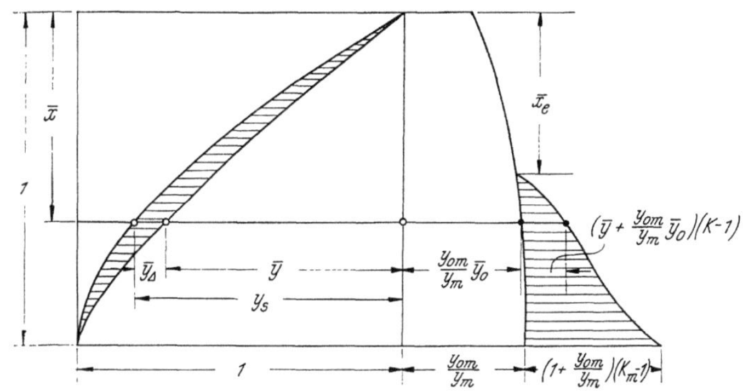

Abb. 16. Flächen, von welchen die statischen Momente zu bestimmen sind

angewendet, welche durch $y_0 = y_{0m} \cdot \bar{y}$, $y = y_m \cdot \bar{y}$, $\bar{y} = \bar{y}_s - \bar{y}_\Delta$, $\bar{y}_s = \sin \frac{\pi \bar{x}}{2}$ entsprechend Abb. 16 die folgende Form erhält:

$$C = \frac{\pi^2}{4} \left[\int_0^1 \left(\frac{y_{0m}}{y_m} \bar{y}_0 + \bar{y}_s - \bar{y}_\Delta \right) \bar{x} \, d\bar{x} + \int_{\bar{x}_e}^1 \left(\frac{y_{0m}}{y_m} \bar{y}_0 + \bar{y} \right) (K - 1) \, \bar{x} \, d\bar{x}. \right].$$

Mit

$$S_0 = \int_0^1 \bar{y}_0 \, \bar{x} \, d\bar{x},$$

$$S_\Delta = \int_0^1 \bar{y}_\Delta \, \bar{x} \, d\bar{x},$$

$$S_K = \int_{\bar{x}_e}^1 \left(\frac{y_{0m}}{y_m} \bar{y}_0 + \bar{y} \right) (K - 1) \, \bar{x} \, d\bar{x},$$

$$S_{K\Delta} = S_K - S_\Delta,$$

$$\int_0^1 \bar{y}_s \, \bar{x} \, d\bar{x} = \frac{4}{\pi^2},$$

$$\frac{y_{0m}}{y_m} = \frac{m_0}{m - m_0}$$

ist schließlich

$$C = 1 + \frac{\pi^2}{4}\left(S_0 \frac{m_0}{m - m_0} + S_K - S_\Delta\right)$$

bzw.

$$\underline{C = A + B} \tag{28}$$

mit

$$A = 1 + \frac{\pi^2}{4} S_0 \frac{m_0}{m - m_0} \tag{29}$$

und

$$B = \frac{\pi^2}{4}(S_K - S_\Delta) = \frac{\pi^2}{4} S_{K\Delta}. \tag{30}$$

Die Ermittlung des Punktes der Last-Durchbiegungs-Kurve erfolgt nun durch schrittweise Verbesserung von C durch die Neubestimmung der statischen Momente S_K und S_Δ bei jedem Iterationsschritt und Berechnung von

$$\bar{N} = \frac{1}{\bar{\lambda}^2 C}.$$

Die Bestimmung von $S_{K\Delta}$ ist auf Grund des bekannten Verlaufes

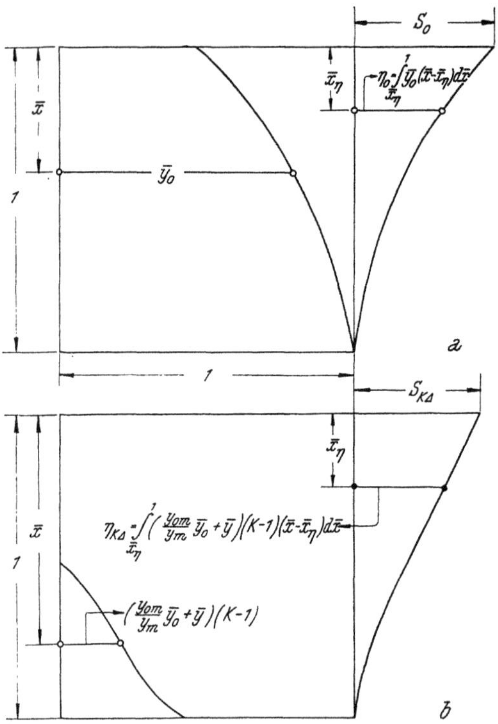

Abb. 17. *a* Bestimmung des statischen Momentes S_0; *b* Bestimmung des statischen Momentes $S_{K\Delta}$

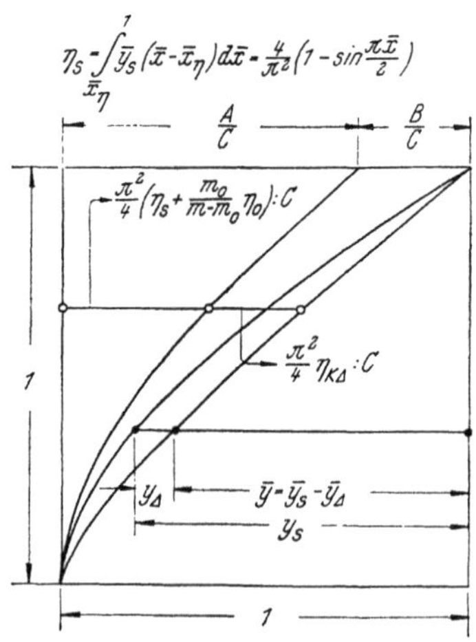

Abb. 18. Bestimmung von y_Δ

von $\bar{y} = \bar{y}_s - \bar{y}_\Delta$ unter Verwendung der Beziehungen aus den Abb. 17 und 18 möglich. Mit den z. B. graphisch bestimmten S_0 nach Abb. 17 a und $S_{K\Delta}$ nach Abb. 17 b (wobei als erste Annahme $\bar{y}_\Delta = 0$ gilt) erfolgt die Ermittlung der ersten Werte von $\bar{y}_\Delta$ wie auf Abb. 18 ersichtlich.

Die iterative Bestimmung von $\bar{N}$ für den gegebenen Verlauf von $\bar{y}_0$ und für gegebene Werte $\bar{\lambda}$, m_0 und ein angenommenes m verläuft nach folgendem Schema:

$$\bar{N}_1 \rightarrow S_{K\Delta 1} \rightarrow C_1 \rightarrow \bar{N}_2 \rightarrow S_{K\Delta 2} \rightarrow \ldots \text{ bis } \bar{N}_n \approx \bar{N}_{n+1}.$$

Meist ist bei den Stäben mit konstantem Querschnitt $\bar{y}$ im Vergleich zu $\bar{y}_s$ sehr klein, weshalb S_Δ bei der Bestimmung von C praktisch oft vernachlässigt werden kann. Dann ist nur eine wiederholte Bestimmung des Integrals S_K nötig.

Es erübrigt sich, noch zu erwähnen, daß in den Bereichen von annähernd horizontal verlaufenden K-Kurven im $\bar{N} - n$-Diagramm, die ihre Ursache in den Eigenspannungen haben, die genaue Berechnung durch die Berücksichtigung der statischen Momente $S_{K\Delta}$ bzw. S_K keinen merklichen Unterschied gegenüber der direkten Methode mit K_m konstant längs des Stabes aufweist.

VIII. Beispiele

In der Folge sollen einige Resultate der Berechnung von Last-Durchbiegungs-Kurven und damit der Traglasten für beiderseits gelenkig gelagerte Druckstäbe aus DIE 20 für Biegung um die schwache Achse als Ergänzung der theoretischen Betrachtungen wiedergegeben werden, wobei die Eigenspannungen sowie die Inhomogenität der Fließgrenze experimentell festgestellt wurden [2]. Die Berechnungen wurden für den sinusförmigen Verlauf der Anfangskrümmung mit dem Exzentrizitätsmaß in der Stabmitte $m_0 = 0{,}3\,\bar{\lambda}^2$ (entsprechend den französischen Stahlbauvorschriften) durchgeführt. Hierbei sind sowohl der homogene Stab ohne Eigenspannungen als auch der mit Eigenspannungen und Inhomogenität behaftete Stab (Abb. 19) in die Betrachtung einbezogen. Die von Campus-Massonnet experimentell festgestellten Eigenspannungen sind in Abb. 19 etwas abgeändert worden. Ferner wurde das ideal elastische, ideal plastische Spannungs-Dehnungs-Diagramm des Stahles bei der Berechnung von K-Kurven im $\bar{N} - n$-Diagramm berücksichtigt. In den Abb. 20 und 21 sind die K-Kurven im $\bar{N} - n$-Diagramm und das $\bar{N} - \psi$-Diagramm für den Fall ohne und in den Abb. 22 und 23 beide Diagramme für den Fall mit Eigenspannungen und Inhomogenität in der Fließgrenze aufgetragen. In Abb. 24 sind die berechneten Last-Durchbiegungs-Kurven dargestellt, während in Abb. 25 die kritischen Lasten $\bar{N}$ in Abhängigkeit von $\bar{\lambda}$ für verschiedene Ausgangszustände festgelegt werden. Schließlich sind in Abb. 26 die Resultate der dimensionslosen Berechnung, umgerechnet auf Stäbe mit zwei verschiedenen Fließgrenzen (25 und 75 kp/cm^2), im üblichen Knickdiagramm aufgetragen. Die Umrechnung erfolgt durch die Beziehungen

$$\frac{N_1}{F} = \bar{N} \cdot \sigma_{e1} \quad \text{und} \quad \lambda_1 = \lambda \cdot \bar{\lambda}_{e1}. \tag{31}$$

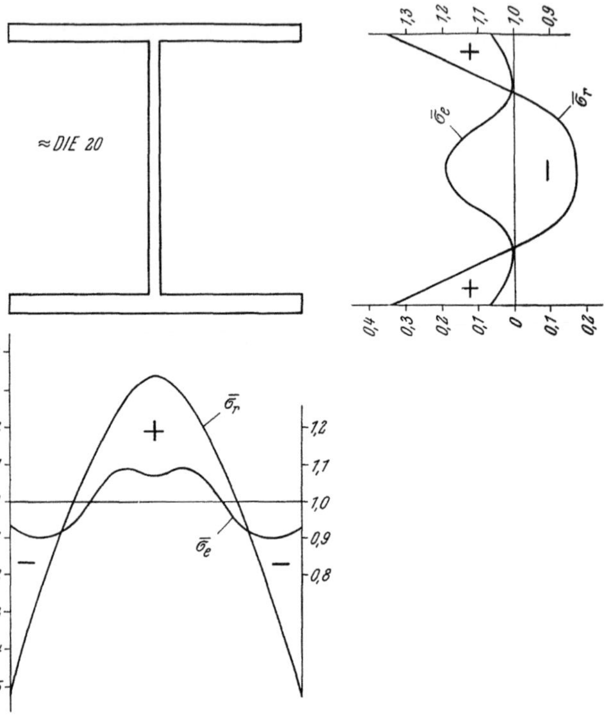

Abb. 19. Verlauf von Eigenspannungen und Inhomogenität in der Fließgrenze im I-Breitflanschwalzprofil DIE 20 nach Campus und Massonnet [2] in dimensionsloser Form

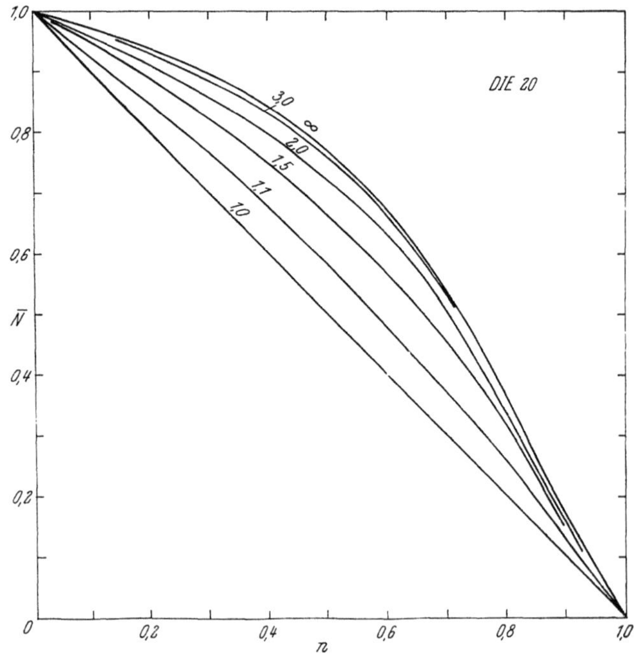

Abb. 20. K-Kurven für DIE 20 bezüglich der schwachen Achse im $\bar{N}$ — n-Diagramm beim ideal elastischen, ideal plastischen Material (homogener, eigenspannungsfreier Kohlenstoffstahl)

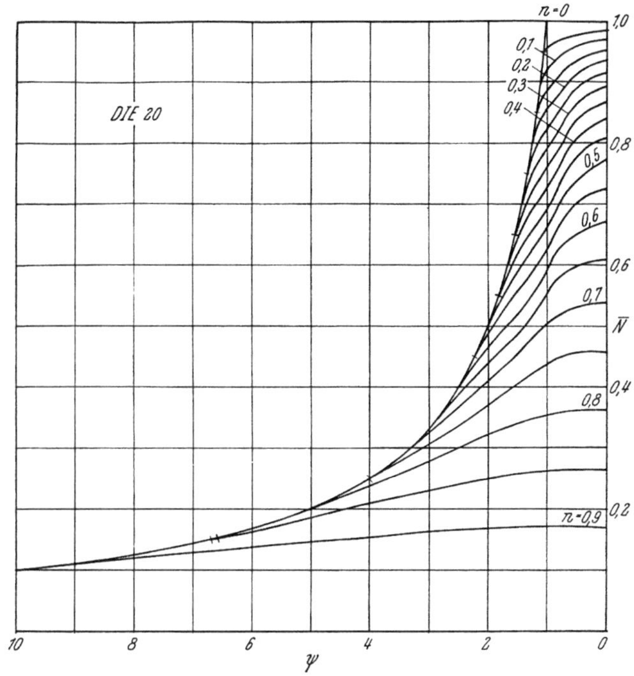

Abb. 21. Der Abb. 20 entsprechendes $\overline{N} - \psi$-Diagramm

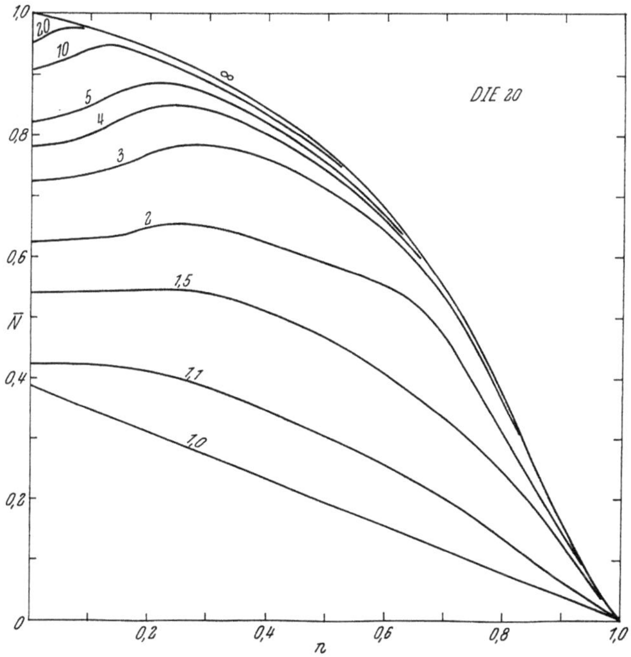

Abb. 22. K-Kurven für DIE 20 im $\overline{N} - n$-Diagramm bei Eigenspannungen und Inhomogenität der Fließgrenze nach Abb. 19

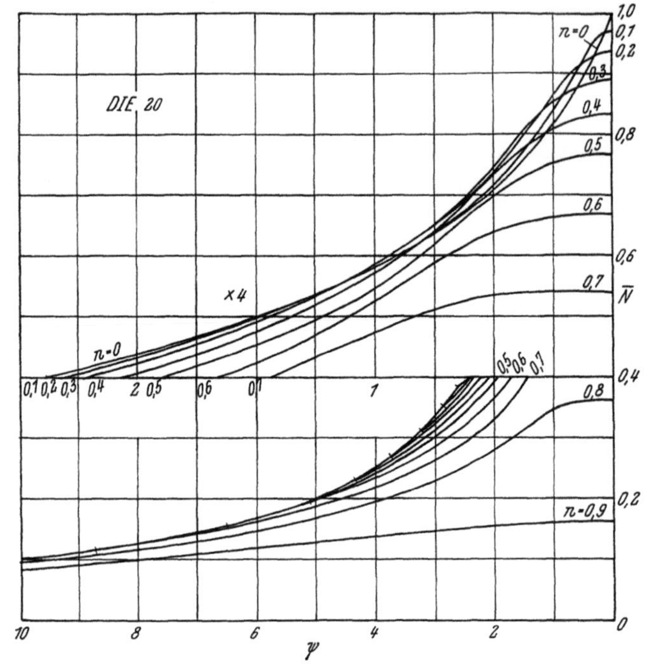

Abb. 23. Der Abb. 22 entsprechendes $\overline{N}$ — ψ-Diagramm

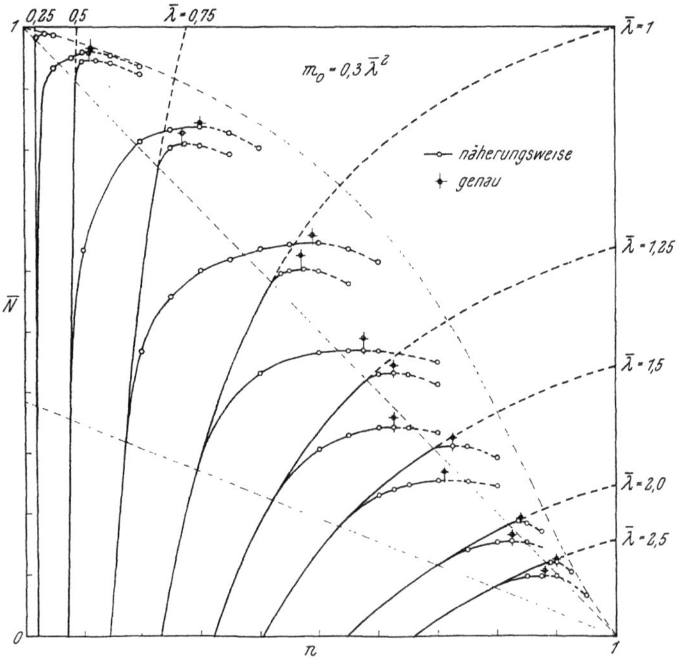

Abb. 24. Bestimmung der Traglasten von Stäben aus DIE 20 bezüglich der schwachen Achse bei sinusförmiger Anfangskrümmung mit dem Gesetz für m_0 nach der französischen Stahlbauvorschrift bei verschiedenen Vergleichsschlankheiten. Der obere Wert entspricht immer dem Fall mit ideal elastischem, ideal plastischem Material, der untere dem Einfluß von Eigenspannungen und Inhomogenität nach Abb. 19

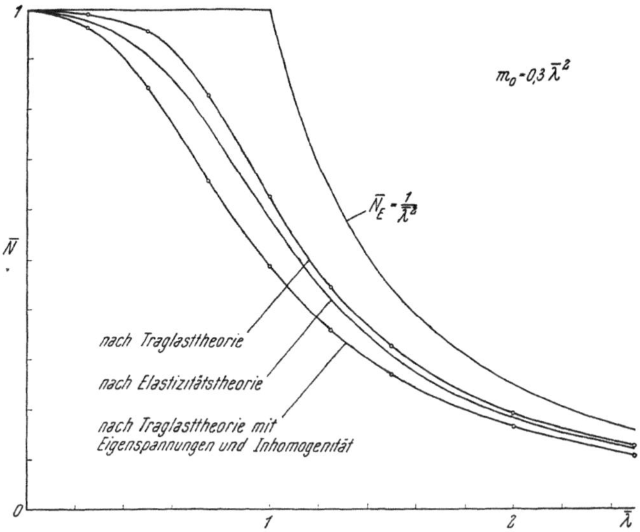

Abb. 25. Traglasten aus Abb. 24 in dimensionslosem Knickdiagramm und die zugehörige Kurve der kritischen Lasten nach der Elastizitätstheorie

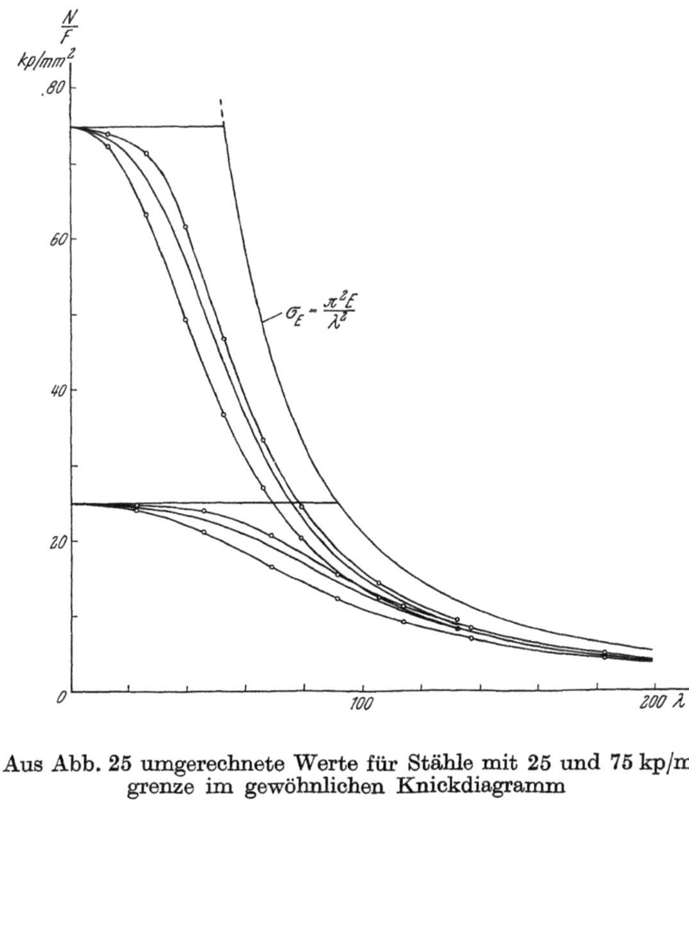

Abb. 26. Aus Abb. 25 umgerechnete Werte für Stähle mit 25 und 75 kp/mm² Fließgrenze im gewöhnlichen Knickdiagramm

Die geschilderte Auswertung der dimensionslosen Berechnung bei Berücksichtigung der Eigenspannungen ist für Baustähle verschiedener Fließgrenzen nur dann streng richtig, wenn die Eigenspannungen und die Inhomogenität im selben Verhältnis zu der Fließgrenze stehen.

IX. Diskussion und Schlußfolgerungen

Die vorgeschlagene Theorie zur Berücksichtigung der Nichtlinearität zwischen den inneren Kräften und den Formänderungen ist als Ergänzung der bisherigen Möglichkeiten gedacht, welche eine systematische Lösung des schwierigen Problems der Berechnung des tatsächlichen Verhaltens von industriell erzeugten Druckstäben und Stabwerken anstreben.

Neben der Berechnung der Korrektionsfaktoren K ist auch ihre experimentelle Bestimmung möglich und fallweise vorteilhaft. Dies ist z. B. dann der Fall, wenn man den Einfluß des BAUSCHINGER-Effektes, der die Beziehung zwischen Spannungen und Verzerrungen merklich beeinflussen kann, berücksichtigen will. Bei der experimentellen Bestimmung der K-Werte ist es dringend zu empfehlen, gleichzeitig auch die Komponenten, welche diese K-Werte beeinflussen, zu erfassen, um ein klares Bild über die Entstehung der K-Werte zu erhalten. Dabei wäre vor allem der Einfluß des Eigenspannungsverlaufes, die Form des Spannungs-Dehnungs-Diagrammes und die eventuelle Querschnittsinhomogenität zu erwähnen.

Das Spannungs-Dehnungs-Diagramm des Materials, welches bekanntlich unter dem Einfluß der Dehngeschwindigkeit, der Temperaturänderung und des mehrachsigen Spannungszustandes steht, wird für Kohlenstoffstähle sowie auch für Stähle der Sorte T 1 berechtigt als ideal elastisch, ideal plastisch angenommen. Die Annahme der klassischen Knicktheorie des geraden Stabes, die von einem durch die Proportionalitätsgrenze begrenzten elastischen Bereich und einen anschließenden durch eine Abkrümmung der Spannungs-Dehnungs-Linie dargestellten unelastischen Bereich ausgeht, ist daher für diese Stähle unhaltbar, da diese Abkrümmung nicht materialbedingt ist, sondern durch Eigenspannungen und Inhomogenität hervorgerufen wird. Anderseits ist auch das ideal plastische Verhalten von Kohlenstoffstählen im Verlauf des Fließens bekanntlich keine homogene Erscheinung, weil sich das Fließen nach dem Erreichen der eventuellen oberen Fließgrenze inhomogen mit dem Auftreten der LÜDERSschen Fließfiguren bis zur Verfestigung weiter entwickelt. Je mehr aber die Spannungen durch die äußere Belastung und die Eigenspannungen inhomogen werden, desto mehr wird die Berechnung des elastoplastischen Deformationsverhaltens der Stäbe aus Kohlenstoffstählen unter der Annahme des ideal elastischen, ideal plastischen Spannungs-Dehnungs-Diagrammes ihre Berechtigung haben.

Die in dieser Arbeit berechneten und angewandten Korrektionsfaktoren K berücksichtigen keine Entlastung von plastifizierten Fasern. Diese Tatsache erweckt zunächst den Anschein, daß es sich um eine wesentliche Begrenzung des Anwendungsbereiches der entwickelten Theorie handle. Dies ist jedoch nicht der Fall, da es bis zum Erreichen der Traglast bei ideal elastischem, ideal plastischem Spannungs-Dehnungs-Diagramm ohne Eigenspannungen und Inhomogenität niemals zu einer Entlastung von bereits plastizierten Fasern kommen kann. Aber auch bei vorhandenen Eigenspannungen und Inhomogenitäten tritt bei der Bestimmung der Traglast mit Hilfe der K-Werte im allgemeinen kein Entlastungseffekt von plastizierten Fasern in Erscheinung. Mit anderen Worten, im allgemeinen ist der SHANLEY-Effekt vorhanden, nach welchem bei Steigerung der Belastung nur Verkürzungen aller Stabfasern auftreten.

Demgemäß erscheint es als angebracht, die Korrektionsfaktoren K, welche unter der Annahme des SHANLEY-Effektes berechnet sind, mit K_S und diejenigen, welche auf die Entlastung der plastizierten Fasern Rücksicht nehmen, mit K_{EK} (in Hinblick auf dic ENGESSER-KARMANsche Knicktheorie) zu bezeichnen. Im übrigen besteht ein sehr einfaches Kriterium darüber, ob es berechtigt ist, bei der Bestimmung der Last-Durchbiegungs-Kurve nur mit den Korrektionsfaktoren K_S zu arbeiten. Dies ist immer dann der Fall, wenn an jeder Stelle des Stabes bei Steigerung der Belastung auch die K_S-Werte ständig wachsen. Tritt dabei an irgendeiner Stelle eine Verminderung der K_S-Werte ein, so wären die entsprechenden Korrektionsfaktoren K_{EK} zu berücksichtigen. Es ist klar, daß bei ansteigender Last-Durchbiegungs-Kurve eine Verminderung der K_S-Werte nur in jenem Gebiet des $\bar{N} - n$-Diagrammes auftreten kann, in welchem die Kurven mit gleichen K_S-Werten mit wachsendem n ebenfalls zunehmen. Die Notwendigkeit der Berücksichtigung von K_{EK}-Werten besteht also nur dann, wenn sich die Last-Durchbiegungs-Kurve vom parallelen Verlauf zur K_S-Kurve im $\bar{N} - n$-Diagramm weiter nach unten abzubiegen beginnt.

Offen bleibt noch die Frage der Bestimmung und der Anwendung der Korrektionsfaktoren K_{EK} im $\bar{N} - n$-Diagramm. Aus bisherigen Untersuchungen von Druckstäben mit Anfangskrümmung und Eigenspannungen ist jedoch zu entnehmen, daß der Einfluß der Entlastung von plastizierten Fasern nur bei sehr kleinen Anfangsexzentrizitäten und kleinen Schlankheiten in Erscheinung tritt, wobei auch hier die Auswirkung auf die Größe der Traglast unerheblich sein dürfte.

Es ist selbstverständlich möglich, die entwickelte Theorie für die Bestimmung der Last-Durchbiegungs-Kurven und der Traglast mit Hilfe der Korrektionsfaktoren K auch auf Stäbe mit beliebig veränderlichem Querschnitt und mit beliebig veränderlichen inneren Kräften sowie auch für Stäbe in Verbundbauweise anzuwenden.

Das dringendste Problem, das einer baldigen endgültigen Analyse zugeführt werden soll, ist jedoch die Frage der Traglast des planmäßig geraden, zentrisch belasteten Druckstabes mit allen Imperfektionen, des sogenannten Standardfalles, welcher das Grundsystem für die Berechnung der Traglast von statisch unbestimmten Stabwerken darstellt. Um eine plausible Annahme für diese Imperfektionen zu treffen, ist es notwendig, auch statistische Methoden anzuwenden.

In diesem Zusammenhang möge die Tatsache nicht außer acht gelassen werden, daß die Verteilung der Eigenspannungen und anderer Imperfektionen längs des Stabes nicht konstant sein muß. Um die Berechnung jedoch nicht unnötig zu komplizieren, wird empfohlen, diesen Einfluß zunächst unberücksichtigt zu lassen.

Die Baupraxis hat in erster Linie Bedarf nach Angaben zur Aufstellung einer Kurve der zulässigen Druckbeanspruchungen für planmäßig gerade Stäbe in Abhängigkeit von der Schlankheit, die sowohl die Forderung der Sicherheit als auch der Wirtschaftlichkeit bestmöglich erfüllt. Man ist der Auffassung, daß mehrere solche Knickkurven in Betracht kommen dürften. Es wäre daher zu empfehlen, eine Gruppierung verschiedener Querschnittsformen unter gleichzeitiger Berücksichtigung von typischen Eigenspannungsverteilungen vorzunehmen und die Traglast zu bestimmen.

Die Frage des Sicherheitskoeffizienten wurde in der vorliegenden Arbeit nicht behandelt. Der Verfasser ist jedoch der Meinung, daß die Frage des Sicherheitskoeffizienten nicht einfach ist.

Die vielen Einflußfaktoren sind bei der mathematischen Betrachtung des elastoplastischen Verhaltens von Druckstäben so schwierig zu meistern, daß die Möglichkeiten expliziter Lösungen als sehr beschränkt angesehen werden müssen. Die Anwendung geeigneter Iterationsverfahren kann jedenfalls weitgehend dazu beitragen, das Verhalten metallischer Druckstäbe ausreichend genau zu erfassen. Zur Erreichung dieses Zieles sollten jedoch Theorie, Berechnung und experimentelle Forschung sowie Beobachtungen in der Werkstatt und an ausgeführten Bauwerken miteinander in Einklang gebracht werden. Mit Hilfe der Theorie, welche auch die schwierigsten Probleme des elastoplastischen Verhaltens der Stäbe und Stabwerke bei Kenntnis der Imperfektionen zu lösen vermag, könnte man manche Unklarheiten eindeutig präzisieren und endgültig beseitigen. Dann erübrigt sich auch jede polemische Diskussion auf diesem Gebiete. Es liegt jedoch noch eine sehr umfangreiche systematische Arbeit vor uns, welche zweifellos am schnellsten und wirksamsten von einem internationalen Gremium durchgeführt werden könnte. Besitzt man einmal diese globale Übersicht, so wird es am ehesten möglich sein, zu einfachen Bemessungsregeln zu gelangen und Richtlinien für die zweckmäßigste Materialauswahl, technologische Behandlung und Wahl der Querschnittsform zu geben.

Zusammenfassung

Die Differentialgleichung der klassischen Biegelehre setzt Linearität zwischen den inneren Kräften und den Winkeländerungen voraus. Durch Einführung der Korrektionsfaktoren K läßt sich diese Differentialgleichung auch auf nichtlineare Verhältnisse anwenden, wodurch — unter Anwendung eines Iterationsverfahrens — die Berechnung des elastoplastischen Verhaltens von exzentrisch gedrückten oder querbelasteten, geraden oder krummen Stäben auf einfache Weise möglich ist. Mit diesen Korrektionsfaktoren K können der Einfluß der Querschnittsform, die Eigenspannungen, verschiedene Formen des Spannungs-Dehnungs-Diagrammes und die

Inhomogenität des Materials berücksichtigt werden. Die Korrektionsfaktoren K können sowohl auf theoretischem Wege als auch experimentell ermittelt werden.

Am Schluß möchte ich jenen meiner Diplomanden, die im Rahmen ihrer Diplomarbeiten die numerischen Berechnungen für die Aufstellung der Diagramme dieser Arbeit durchgeführt haben, herzlich danken.

Es soll zugleich auch nicht unerwähnt bleiben, daß ich den Herren Professoren BEER und SATTLER den tiefsten Dank für die bedeutende Unterstützung beim Entstehen dieser Arbeit schuldig bin.

Literatur

[1] KETTER, R., E. KAMINSKY and L. BEEDLE: Plastic Deformation of Wide-Flange Beam-Columns. Proceedings ASCE, Nov. 1953, Vol. 79, Separate No. 330.

[2] CAMPUS, F., et CH. MASSONNET: Recherches sur le flambement de colonnes en acier A 37 à profil en double té, sollicitées obliquement. Compte rendu de Recherches de l'I. R. S. I. A., no 17, Bruxelles 1955.

[3] MASSONNET, CH, et M. SAVE: Calcul plastique des construction, vol. I. Bruxelles 1961.

[4] MARINČEK, M.: Der Einfluß von Restspannungen und Inhomogenität auf die Verformung metallischer Stäbe. Schweizer Archiv 445—449 (1963).

[5] DOMKE, O.: Die Ausbiegung eines Druckstabes bei Überschreitung der Knicklast. Bautechnik (1926).

Théorie et Expérience

Un point de vue

Par

D. Sfintesco, Paris

L'art de l'ingénieur porte, dans son essence même, l'empreinte de ses origines premières, qui se situent dans les techniques artisanales des divers corps de métiers, dont il a hérité non seulement les plus belles traditions, mais aussi le caractère éminemment utilitaire et pratique: l'acte technique a non seulement un résultat, il a toujours un but.

Quant à la forme que revêt cet art dans sa conception moderne, nous dirons que si le sens technique de l'ingénieur et l'intuition doivent nécessairement inspirer celui-ci dans l'accomplissement de ses oeuvres, il est tout aussi essentiel de fonder toute création technique sur les lois qui, au niveau actuel de notre connaissance, régissent la matière et son comportement.

Il est donc indispensable, pour faire oeuvre technique valable, d'associer constamment l'esprit chercheur, inventif (qui s'ingénie!), à la somme de science qui se rapporte à l'acte visé.

Cela se traduit, en l'occurrence, par une fructueuse exploitation conjointe de théorie et d'expérience, l'une tout aussi irremplaçable que l'autre. Il serait donc absurde de vouloir confiner la technique et ses expressions dans les limites de l'expérience car ce serait la ramener au niveau artisanal de ses origines; mais ne serait-ce pas tout aussi vain de vouloir l'asservir inconditionnellement au gré de développements purement théoriques, en lui enlevant ainsi le fondement matériel et utilitaire qui est sa raison d'être?

En fait, il est à peine concevable que l'on soit contraint de se ranger en faveur de l'une ou l'autre de ces options qui ne sont qu'apparentes. Pratiquement, il faut reconnaître que si une loi, pour être digne de ce nom, doit avoir fait preuve palpable de vérité, il n'en est pas moins vrai que toute recherche expérimentale est rattachée à quelque idée initiale qui, consciemment ou non, l'oriente: le chercheur théorique trouve dans la vérification concrète le point d'appui (tel celui que réclamait Archimède!) pour donner consistance à son système, tandis que l'expérimentateur ne saurait se libérer de toute idée directrice. Il y a interdépendance inéluctable entre la loi et l'expérience, la connaissance procédant d'un dialogue entre l'a priori et l'a posteriori.

Y a-t-il alors encore une hiérarchie possible entre les deux? Voilà qui semble s'exclure par simple logique.

Dès lors qu'il en est ainsi, il ne reste plus qu'à se plier à la discipline des fins, pour atteindre, ignorant toute contrainte de méthodologie, la maîtrise des moyens.

Et cependant, cela paraît tout d'abord impliquer une vaine ambition, car la loi c'est la généralité et on n'observe jamais que des cas. Nous dirons avec POINCARÉ, que l'on ne peut tirer d'un indicatif un impératif.

De plus, l'expérimentation n'est-elle pas, en quelque sorte, entachée elle-même d'une certaine subjectivité, aussi inattendu que cela puisse paraitre? Que l'on élimine (pour autant qu'on y parvienne!) tout élément personnel de manipulation, d'observation et d'interprétation, il y aura toujours, du fait même de la conception organisée de l'expérience, une certaine collusion entre la majeure et la mineure du syllogisme de prévision.

Nous dirons, en paraphrasant ce que VALÉRY reprochait à l'histoire, qu'hélas on ne peut séparer l'expérience de l'expérimentateur.

Mais alors, si telle est, strictement parlant, notre impuissance de retrouver la généralité dans le cas, la loi dans l'expérience, faut-il en désespérer?

Nullement, car — pour les techniciens que nous sommes — il y a mieux. Il y a la loi du nombre, qui couvre souverainement les imperfections inhérentes et à l'objet et à l'expérimentation.

Il est, certes, hautement significatif de constater que pour cette opération logiquement imprécise qu'est la retouche des imperfections dans un but de généralisation, on se trouve secouru par une branche de la plus exacte des sciences: par la statistique mathématique.

Mais si imprécises que puissent être nos réalités techniques, elles n'en sont pas moins soumises à des lois rigoureuses qu'il nous incombe de définir afin de prévoir — statistiquement! En effet, il ne semble pas qu'il y ait une incompatibilité quelconque entre loi et probabilité et on constate bien, dans toute loi, un caractère de probabilisme plus ou moins prononcé, suivant le domaine couvert. Seules les mathématiques pures, semble-t-il, accusent une probabilité égale à la certitude ($2 + 2 = 4$). Les lois des sciences physiques ne peuvent, elles, formuler qu'une *certaine* probabilité, ce qui devient plus sensible encore dans le domaine de la technique.

Cela apparaît bien sûr comme une contradiction flagrante vis-à-vis de l'esprit de la résistance des matériaux classique, par exemple. Il est toutefois bien évident que cela tient aussi bien de l'imperfection de réalisation de l'objet, que de celle de la conduite de l'expérimentation. On pourrait, en principe, prévoir de façon exacte les phénomènes de chaque instant, *si* l'on pouvait pratiquement déterminer de façon également exacte toutes les coordonnées du système étudié. Il y a donc indéterminisme de fait, dû à l'indétermination des données.

Voilà pourquoi les techniques de l'ingénieur constituent un terrain de choix pour l'application de la statistique mathématique, qui apporte — depuis peu de temps et pour la première fois dans l'histoire de ces techniques — des réponses à la fois satisfaisantes pour l'esprit et conformes aux réalités.

Depuis les grandes découvertes des lois fondamentales de la résistance des pièces, des grands principes de la théorie de l'élasticité et de l'étude du comportement élasto-plastique des métaux, l'introduction des notions probabilistes dans la résistance des matériaux représente sans aucun doute l'évènement le plus marquant dans ce domaine. La conséquence majeure en a été la nouvelle conception, aujourd'hui incontestée, de la sécurité des ouvrages qui implique la disparition de la notion «classique» du coefficient de sécurité, notion que le Professeur STRELETZKY dénonçait d'ailleurs, avec une remarquable clairvoyance, dès 1928 au Congrès de Vienne, comme dépourvue de sens réel.

Mais ce n'est que vingt ans plus tard, que l'on enregistrait, au Congrès de Liège, la grande offensive des «probabilistes» (M. PROT, E. LÉVY, J. DUTHEIL) dont le Professeur CAMPUS se faisait l'écho en admettant le bien-fondé de cette orientation nouvelle, ce qui l'amenait à formuler le voeu que «la primauté de l'expérience soit avant tout reconnue en matière de sécurité», voeu qui devait être exaucé, du moins en France, en 1956 (Règles CM).

Toutes ces considérations conduisent, nous semble-t-il, à un moyen terme entre les deux tendances — théorique et expérimentale — qui se partagent l'orientation de l'ingénieur: s'il est porté, par formation (défectueuse, à notre sens) à s'égarer dans le séduisant domaine des calculs poussés à outrance, l'exercice du métier et le sens pratique que nous lui supposons ne tarderont pas à lui montrer que — pour citer à nouveau le Professeur CAMPUS — «au-delà d'un certain point, cela devient plutôt une vanité qu'une réalité».

Voilà donc, entre la théorie et l'expérience, l'équilibre rétabli. La part judicieuse faite à l'une et à l'autre a amené des solutions remarquables à des problèmes qui, auparavant, n'avaient été résolus que de façon très imparfaite.

Ainsi, c'est en greffant la théorie sur des recherches expérimentales que l'Institut International de la Soudure a été à même de libérer le projeteur d'un mode de calcul des soudures d'angle âme-semelle, qui ne reflétait pas la réalité.

C'est aussi en se basant sur une vaste recherche expérimentale et en adoptant l'application des notions probabilistes au problème du flambement, sans pour autant renoncer à une théorie complète et cohérente, que la Convention Européenne de la Construction Métallique a entrepris d'établir des règles supranationales dont le prestige devra résider davantage encore dans leur caractère évolué que dans leur origine. C'est au Professeur BEER qu'est revenue la charge insigne de présider à cette entreprise.

Ces deux exemples, marquants parmi de nombreux autres, illustrent bien tout le bénéfice résultant de ces voies nouvelles, tant pour la satisfaction de l'esprit que pour la pratique des constructions.

Nous dirons, pour conclure, que la recherche dans le domaine des techniques de l'ingénieur ne saurait se concevoir ni comme purement théorique ni comme purement expérimentale. La recherche théorique pure, non ancrée dans le concret de l'expérimentation, s'avère vaine et stérile sinon trompeuse. De même, la recherche expérimentale n'a de sens qu'avec une base théorique adéquate. Une recherche technique valable se doit de relever des deux.

Berücksichtigung der Krümmung von Stäben mit Vouten im Rahmen des Reduktionsverfahrens

Von

G. Heinrich und **K. Desoyer**, Wien

Mit 13 Textabbildungen

1. Einleitung

Werden Stäbe mit Vouten auch durch Längskräfte beansprucht, dann bedeutet der übliche Ersatz durch einen Stab mit gerader Achse die Vernachlässigung der von den Längskräften herrührenden Biegemomente und der durch sie erzeugten Verformungen. Dadurch entstehen Fehler, die bei einigem Anspruch an Genauigkeit nicht mehr vernachlässigbar sind. Von etwa derselben Größenordnung ist der Fehler, der dadurch entsteht, daß man üblicherweise die Knoten bei Stabverbindungen als punktförmig ansieht, wodurch im allgemeinen die Steifigkeit des Tragwerks rechnungsmäßig zu gering veranschlagt wird. Es soll daher im folgenden der Stab mit Vouten als Bogenträger bzw. als Stab mit geknickter Achse behandelt werden in einer Darstellung, die für die Anwendung im Rahmen des Reduktionsverfahrens [1], [2] geeignet ist.

2. Herleitung der Feldmatrix für einen Stab mit Vouten

Wir betrachten einen Stab mit Vouten nach Abb. 1a oder 1b. Die x-Achse wird in Längsrichtung des Stabes durch den geometrischen Schwerpunkt des kleinsten Querschnittes gelegt. Die unverformte Stabachse (Verbindungslinie der Schwerpunkte aller normal auf die x-Achse stehenden Querschnitte, welche kurz „Normalschnitte" genannt seien) sei eine ebene Kurve, die durch $\zeta(x)$ gegeben ist. Die durch die Verformung der Stabachse bedingte Vertikalverschiebung der Stabachse wird mit $w(x)$, die zugehörige Winkeländerung mit $\varphi(x)$ bezeichnet.

Die Gleichgewichtsbedingungen für ein Stabelement, das durch zwei benachbarte Normalschnitte abgetrennt ist, lauten für konstant vorausgesetzte Längskraft N (vgl. Abb. 2)

$$dQ = q(x)\,dx, \tag{2.1}$$

$$dM = Q(x)\,dx - N\,d\zeta. \tag{2.2}$$

Dabei bedeuten Q bzw. N die Querkraft bzw. Normalkraft in bezug auf den Normalschnitt, der hier im allgemeinen nicht senkrecht auf die krumme oder geknickte Stabachse steht. M bedeutet das Biegemoment, q die Belastung pro Längeneinheit der x-Achse. Die aus den Abb. 1a, 1b und 2 ersichtlichen positiven Zählrichtungen für Q, N, M, w und φ entsprechen den in [1] und [2] verwendeten Festsetzungen.

Bei Rahmentragwerken, für die diese Betrachtungen vornehmlich von Bedeutung sind, kann man die Knotenbereiche als relativ steif ansehen, so daß die Endquerschnitte der Voutenstäbe auch nach der Verformung in guter Näherung als eben angesehen werden können. Da diese Normalschnitte sind, sollen auch alle anderen Normalschnitte als eben bleibend angesehen werden, wenn die üblichen Voraussetzungen der technischen Biegelehre erfüllt sind. Es gilt dann

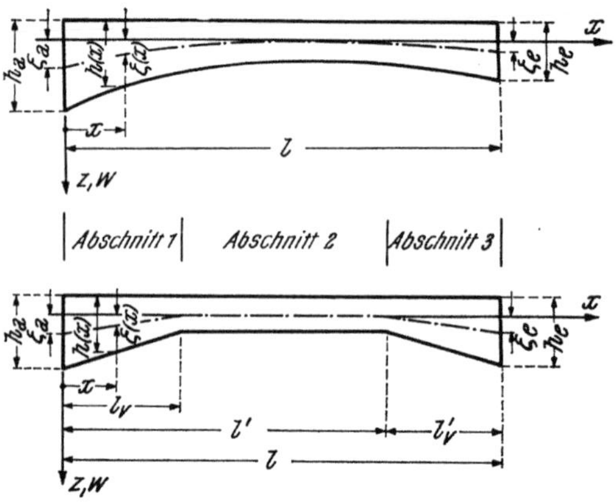

Abb. 1a, 1b. Stäbe mit gekrümmten und geraden Vouten

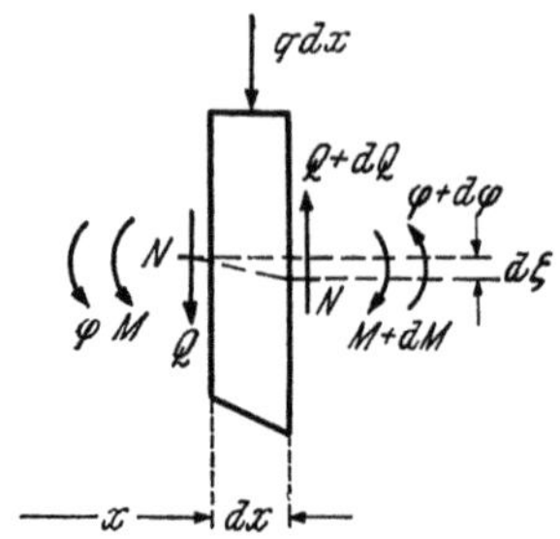

Abb. 2. Stabelement, positive Zählrichtungen

$$\frac{d\varphi}{dx} = -\frac{M(x)}{E\,I(x)}, \tag{2.3}$$

wobei φ die Änderung des Neigungswinkels der Stabachse zufolge der Biegung und I das geometrische Trägheitsmoment des Normalschnittes in bezug auf die horizontale Schwerachse bedeutet. Schließlich gilt für die Durchbiegung w der geometrische Zusammenhang

$$\frac{dw}{dx} = -\varphi(x). \tag{2.4}$$

Die Integration von (2.1) liefert

$$Q(x) = Q_a + \tilde{Q}(x) \tag{2.5}$$

unter Verwendung der Abkürzung

$$\tilde{Q}(x) = \int_0^x q(\xi)\,d\xi. \tag{2.6}$$

Q_a bedeutet die Querkraft im Anfangsquerschnitt. Durch die Indizes a bzw. e werden die Werte der betreffenden Größen im Anfangs- bzw. Endquerschnitt ($x = 0$ bzw. l) eines Feldes gekennzeichnet.

Nach Einsetzen von (2.5) in (2.2) und Integration erhält man

$$M(x) = M_a + x Q_a - N\,[\zeta(x) - \zeta_a] + \tilde{M}(x) \tag{2.7}$$

mit der Abkürzung

$$\tilde{M}(x) = \int_0^x \tilde{Q}(\xi)\, d\xi. \tag{2.8}$$

Aus (2.3) und (2.7) ergibt sich

$$\varphi(x) = \varphi_a + \alpha_{\varphi M}(x) \cdot M_a + \alpha_{\varphi Q}(x) \cdot Q_a + \alpha_{\varphi N}(x) \cdot N + \tilde{\varphi}(x) \tag{2.9}$$

mit den Abkürzungen

$$\alpha_{\varphi M}(x) = -\int_0^x \frac{d\xi}{E\, I(\xi)}, \tag{2.10}$$

$$\alpha_{\varphi Q}(x) = -\int_0^x \frac{\xi\, d\xi}{E\, I(\xi)}, \tag{2.11}$$

$$\alpha_{\varphi N}(x) = \int_0^x \frac{\zeta(\xi) - \zeta_a}{E\, I(\xi)}\, d\xi, \tag{2.12}$$

$$\tilde{\varphi}(x) = -\int_0^x \frac{\tilde{M}(\xi)}{E\, I(\xi)}\, d\xi. \tag{2.13}$$

Schließlich erhält man aus (2.4) und (2.9)

$$w(x) = w_a - x\,\varphi_a + \alpha_{wM}(x) \cdot M_a + \alpha_{wQ}(x) \cdot Q_a + \alpha_{wN}(x) \cdot N + \tilde{w}(x) \tag{2.14}$$

mit den Abkürzungen

$$\alpha_{wM}(x) = -\int_0^x \alpha_{\varphi M}(\xi)\, d\xi, \tag{2.15}$$

$$\alpha_{wQ}(x) = -\int_0^x \alpha_{\varphi Q}(\xi)\, d\xi, \tag{2.16}$$

$$\alpha_{wN}(x) = -\int_0^x \alpha_{\varphi N}(\xi)\, d\xi, \tag{2.17}$$

$$\tilde{w}(x) = -\int_0^x \tilde{\varphi}(\xi)\, d\xi. \tag{2.18}$$

Da der Stab im allgemeinen nicht als schwach gekrümmt angesehen werden kann, muß die Längenänderung in der x-Richtung berücksichtigt werden. Es sei $u(x)$ die Verschiebung des Schwerpunktes eines Normalschnittes an der Stelle x in Richtung der x-Achse in bezug auf ein ortsfestes System. Dann gilt

$$du = \varphi(x)\, d\zeta - \frac{N}{E\,F(x)}\, dx, \tag{2.19}$$

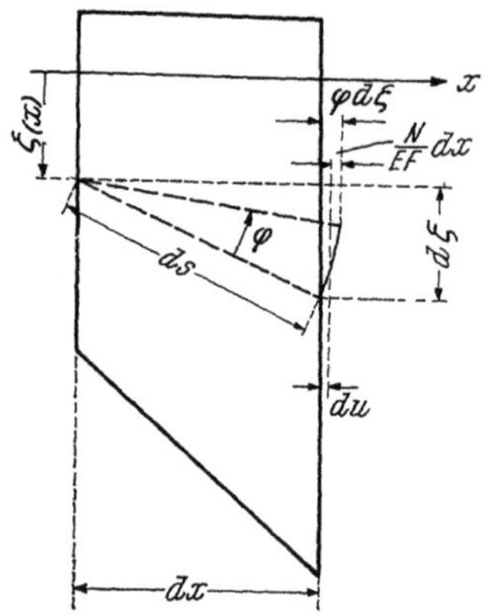

Abb. 3. Zur Ableitung der Längsverschiebung für ein Stabelement

wobei $F(x)$ die Fläche des Normalschnittes bedeutet. Wie aus Abb. 3 ersichtlich ist, rührt der erste Term von der Verdrehung des Stabelementes der Länge dx um den Winkel φ her. Der zweite Term, der im allgemeinen vernachlässigt werden kann, ist die elastische Längenänderung des Elementes dx durch die Längskraft N. Wir wollen ihn vor allem deshalb hier zunächst mitführen, damit auch der Übergang zu Stäben mit gerader Achse erreicht werden kann.

Mit (2.9) erhält man durch Integration von (2.19)

$$u(x) = u_a + [\zeta(x) - \zeta_a]\,\varphi_a + \alpha_{uM}(x)\cdot M_a + \alpha_{uQ}(x)\cdot Q_a + \alpha_{uN}(x)\cdot N + \tilde{u}(x) \tag{2.20}$$

mit den Abkürzungen

$$\alpha_{uM}(x) = \int_0^x \alpha_{\varphi M}(\xi)\,\frac{d\zeta}{d\xi}\,d\xi, \tag{2.21}$$

$$\alpha_{uQ}(x) = \int_0^x \alpha_{\varphi Q}(\xi)\,\frac{d\zeta}{d\xi}\,d\xi, \tag{2.22}$$

$$\alpha_{uN}(x) = \int_0^x \alpha_{\varphi N}(\xi)\,\frac{d\zeta}{d\xi}\,d\xi - \int_0^x \frac{d\xi}{E\,F(\xi)}, \tag{2.23}$$

$$\tilde{u}(x) = \int_0^x \tilde{\varphi}(\xi)\,\frac{d\zeta}{d\xi}\,d\xi. \tag{2.24}$$

Das System der Gln. (2.20), (2.14), (2.9), (2.7) und (2.5) schreiben wir zusammen mit der Gleichung $N(x) = N$ in Matrizenform:

$$\begin{pmatrix} u(x) \\ w(x) \\ \varphi(x) \\ M(x) \\ Q(x) \\ N(x) \\ 1 \end{pmatrix} = \begin{pmatrix} 1 & 0 & \zeta(x)-\zeta_a & \alpha_{uM}(x) & \alpha_{uQ}(x) & \alpha_{uN}(x) & \tilde{u}(x) \\ 0 & 1 & -x & \alpha_{wM}(x) & \alpha_{wQ}(x) & \alpha_{wN}(x) & \tilde{w}(x) \\ 0 & 0 & 1 & \alpha_{\varphi M}(x) & \alpha_{\varphi Q}(x) & \alpha_{\varphi N}(x) & \tilde{\varphi}(x) \\ 0 & 0 & 0 & 1 & x & \zeta_a-\zeta(x) & \tilde{M}(x) \\ 0 & 0 & 0 & 0 & 1 & 0 & \tilde{Q}(x) \\ 0 & 0 & 0 & 0 & 0 & 1 & 0 \\ 0 & 0 & 0 & 0 & 0 & 0 & 1 \end{pmatrix} \begin{pmatrix} u_a \\ w_a \\ \varphi_a \\ M_a \\ Q_a \\ N \\ 1 \end{pmatrix} \tag{2.25}$$

Die mit α bezeichneten Größen, die wir „Übertragungsfunktionen" nennen, hängen nur von der Form und der Steifigkeitsverteilung des Stabes ab. Wie man aus (2.9) erkennt, bedeutet z. B. die Größe $\alpha_{\varphi M}(x)$ den Beitrag, den ein Biegemoment von der Größe der Maßeinheit, auf den Feldanfang wirkend, zur Winkeländerung φ an der Stelle x liefert. Die mit Tilde versehenen Terme sind die von der Belastung des Feldes allein herrührenden Zuwächse der mit den gleichen Buchstaben bezeichneten Größen und werden „Belastungsfunktionen" genannt. Sie verschwinden für ein unbelastetes Feld. Die speziellen Werte der Übertragungsfunktionen bzw. der Belastungsfunktionen für das Feldende e $(x = l)$ nennen wir „Übertragungszahlen" bzw. „Belastungszahlen" und schreiben z. B.:

$$\alpha_{\varphi M}(l) = \alpha_{\varphi M, e} \quad \text{bzw.} \quad \tilde{M}(l) = \tilde{M}_e.$$

3. Berechnung der Übertragungsfunktionen

Wie in einer vorangegangenen Arbeit [3] der Verfasser gezeigt wurde, sind die Übertragungsfunktionen nicht voneinander unabhängig. Sie lassen sich durch einen Satz von linear unabhängigen Funktionen

$$\overset{n}{V}(x) = \int\limits_0^x \frac{\xi^n}{E\,I(\xi)}\,d\xi \quad (n = 0, 1, 2, 3, \ldots), \tag{3.1}$$

die „Voutenfunktionen" genannt wurden, darstellen. Nach (2.10) und (2.11) ist

$$\alpha_{\varphi M}(x) = -\overset{0}{V}(x), \tag{3.2}$$

$$\alpha_{\varphi Q}(x) = -\overset{1}{V}(x). \tag{3.3}$$

Ferner folgt durch partielle Integration aus (2.15) und (2.16) mit (3.1)

$$\alpha_{wM}(x) = x\,\overset{0}{V}(x) - \overset{1}{V}(x), \tag{3.4}$$

$$\alpha_{wQ}(x) = x\,\overset{1}{V}(x) - \overset{2}{V}(x). \tag{3.5}$$

In der Arbeit [3] wurde auch gezeigt, wie man die Belastungsfunktionen durch die Voutenfunktionen ausdrücken kann. Es finden sich dort auch Tabellen für die nullte bis dritte Voutenfunktion für geradlinige Vouten. Die in [3] noch nicht durchgeführte Berücksichtigung der Krümmung der Stabachse führte hier auf die neuen Übertragungsfunktionen $\alpha_{\varphi N}$, α_{wN}, α_{uM}, α_{uQ}, α_{uN}. Diese können ebenfalls auf die Voutenfunktionen zurückgeführt werden.

Für den Fall, daß die Form $\zeta(x)$ der Stabachse durch ein Polynom

$$\zeta(x) = \zeta_a + \sum_{j=1}^{n} A_j\,x^j \tag{3.6}$$

dargestellt oder angenähert werden kann, erhält man aus (2.12) und (3.6)

$$\alpha_{\varphi N}(x) = \int_0^x \frac{\sum_{j=1}^{n} A_j\,\xi^j}{E\,I(\xi)}\,d\xi$$

und somit nach (3.1)

$$\alpha_{\varphi N}(x) = \sum_{j=1}^{n} A_j \overset{j}{V}(x). \tag{3.7}$$

Mit Hilfe der in [3] durch partielle Integration abgeleiteten Beziehung

$$\int_a^x \overset{n}{V}(\xi)\,d\xi = x\,\overset{n}{V}(x) - \overset{n+1}{V}(x) - [a\,\overset{n}{V}(a) - \overset{n+1}{V}(a)] \quad (n = 0, 1, 2, 3, \ldots) \tag{3.8}$$

erhält man aus (2.17) und (3.1)

$$\alpha_{wN}(x) = \sum_{j=1}^{n} A_j\,[\overset{j+1}{V}(x) - x\,\overset{j}{V}(x)]. \tag{3.9}$$

Nach der Definition (2.21) und nach (3.6) wird mit (3.2)

$$\alpha_{uM}(x) = -\sum_{j=1}^{n} [j\,A_j \int_0^x \overset{0}{V}(\xi)\cdot\xi^{j-1}\,d\xi].$$

Durch partielle Integration erhält man allgemein

$$\int_0^x \overset{n}{V}(\xi)\cdot\xi^{j-1}\,d\xi = \frac{1}{j}\,[x^j\,\overset{n}{V}(x) - \overset{j+n}{V}(x)]. \tag{3.10}$$

Verwendet man diese Beziehung speziell für $n = 0$, so ergibt sich für $\alpha_{uM}(x)$ die Darstellung

$$\alpha_{uM}(x) = -\sum_{j=1}^{n} A_j\,[x^j\,\overset{0}{V}(x) - \overset{j}{V}(x)]. \tag{3.11}$$

In ähnlicher Weise ergibt sich aus (2.22), (3.3), (3.6) und (3.10)

$$\alpha_{uQ} = -\sum_{j=1}^{n} A_j\,[x^j\,\overset{1}{V}(x) - \overset{j+1}{V}(x)]. \tag{3.12}$$

Schließlich erhält man aus (2.23) mit (3.6) und (3.7), wenn man den zweiten Term in (2.23) vernachlässigt,

$$\alpha_{uN}(x) = \sum_{j=1}^{n}\sum_{k=1}^{n} [j\,A_j\,A_k \int_0^x \overset{k}{V}(\xi)\cdot\xi^{j-1}\,d\xi]$$

und daraus mit (3.10)

$$\alpha_{uN}(x) = \sum_{j=1}^{n}\sum_{k=1}^{n} A_j\,A_k\,[x^j\,\overset{k}{V}(x) - \overset{j+k}{V}(x)]. \tag{3.13}$$

Für geradlinige Vouten (Abb. 1b) ist

$$\zeta(\xi) = \left\{\begin{array}{lll} \zeta_a\left(1 - \dfrac{\xi}{l_v}\right) & \text{für } 0 \leqq \xi \leqq l_v & \text{(Abschnitt 1)}, \\ 0 & \text{für } l_v \leqq \xi \leqq l - l_v' & \text{(Abschnitt 2)}, \\ \dfrac{\zeta_e}{l_v'}\,[\xi - (l - l_v')] & \text{für } l - l_v' \leqq \xi \leqq l & \text{(Abschnitt 3)}. \end{array}\right\} \tag{3.14}$$

Damit ergibt sich aus (2.12) durch stückweise Integration unter Verwendung von (3.1) für die Abschnitte 1, 2, 3:

$$\left.\begin{aligned} \alpha_{\varphi N,1}(x) &= -\frac{\zeta_a}{l_v}\overset{1}{V}(x), \\ \alpha_{\varphi N,2}(x) &= -\zeta_a\left\{[\overset{0}{V}(x) - \overset{0}{V}(l_v)] + \frac{1}{l_v}\,\overset{1}{V}(l_v)\right\}, \\ \alpha_{\varphi N,3}(x) &= -\zeta_a\left\{[\overset{0}{V}(x) - \overset{0}{V}(l_v)] + \frac{1}{l_v}\,\overset{1}{V}(l_v)\right\} - \zeta_e\,\frac{l'}{l_v'}\,[\overset{0}{V}(x) - \\ &\quad - \overset{0}{V}(l')] + \frac{\zeta_e}{l_v'}\,[\overset{1}{V}(x) - \overset{1}{V}(l')]. \end{aligned}\right\} \tag{3.15}$$

Nach (2.17) erhält man aus (3.15) durch abschnittsweise Integration bei Verwendung von (3.8)

$$\left.\begin{aligned} \alpha_{wN,1}(x) &= \frac{\zeta_a}{l_v}\,[x\,\overset{1}{V}(x) - \overset{2}{V}(x)], \\ \alpha_{wN,2}(x) &= \frac{\zeta_a}{l_v}\,[x\,\overset{1}{V}(l_v) - \overset{2}{V}(l_v)] + \zeta_a\,\{x\,[\overset{0}{V}(x) - \overset{0}{V}(l_v)] - \\ &\qquad - [\overset{1}{V}(x) - \overset{1}{V}(l_v)]\}, \\ \alpha_{wN,3}(x) &= \frac{\zeta_a}{l_v}\,[x\,\overset{1}{V}(l_v) - \overset{2}{V}(l_v)] + \zeta_a\,\{x\,[\overset{0}{V}(x) - \overset{0}{V}(l_v)] - \\ &- [\overset{1}{V}(x) - \overset{1}{V}(l_v)]\} + \frac{\zeta_e}{l_v'}\,\{x\,l'\,[\overset{0}{V}(x) - \overset{0}{V}(l')] - (x + l')\,[\overset{1}{V}(x) - \\ &\qquad - \overset{1}{V}(l')] + [\overset{2}{V}(x) - \overset{2}{V}(l')]\}. \end{aligned}\right\} \tag{3.16}$$

Aus (2.21), (3.2), (3.14) mit (3.8) erhält man

$$\left.\begin{aligned} \alpha_{uM,1}(x) &= \frac{\zeta_a}{l_v}\,[x\,\overset{0}{V}(x) - \overset{1}{V}(x)], \\ \alpha_{uM,2}(x) &= \frac{\zeta_a}{l_v}\,[l_v\,\overset{0}{V}(l_v) - \overset{1}{V}(l_v)] = \text{konst.}, \\ \alpha_{uM,3}(x) &= \frac{\zeta_a}{l_v}\,[l_v\,\overset{0}{V}(l_v) - \overset{1}{V}(l_v)] - \frac{\zeta_e}{l_v'}\,\{[x\,\overset{0}{V}(x) - l'\,\overset{0}{V}(l')] - \\ &\qquad - [\overset{1}{V}(x) - \overset{1}{V}(l')]\}. \end{aligned}\right\} \tag{3.17}$$

Aus (2.22), (3.3), (3.14) mit (3.8) ergibt sich

$$\left.\begin{aligned} \alpha_{uQ,1}(x) &= \frac{\zeta_a}{l_v}\,[x\overset{1}{V}(x) - \overset{2}{V}(x)], \\ \alpha_{uQ,2}(x) &= \frac{\zeta_a}{l_v}\,[l_v\,\overset{1}{V}(l_v) - \overset{2}{V}(l_v)] = \text{konst.}, \\ \alpha_{uQ,3}(x) &= \frac{\zeta_a}{l_v}\,[l_v\,\overset{1}{V}(l_v) - \overset{2}{V}(l_v)] - \frac{\zeta_e}{l_v'}\,\{[x\,\overset{1}{V}(x) - l'\,\overset{1}{V}(l')] - \\ &\qquad - [\overset{2}{V}(x) - \overset{2}{V}(l')]\}. \end{aligned}\right\} \tag{3.18}$$

Schließlich erhält man aus (2.23) bei Verwendung von (3.15), (3.14) und (3.8), wenn man den zweiten Term in (2.23) vernachlässigt,

$$\left.\begin{aligned}
\alpha_{u\,N,1}(x) &= \left(\frac{\zeta_a}{l_v}\right)^2 [x \overset{1}{V}(x) - \overset{2}{V}(x)],\\
\alpha_{u\,N,2}(x) &= \left(\frac{\zeta_a}{l_v}\right)^2 [l_v \overset{1}{V}(l_v) - \overset{2}{V}(l_v)] = \text{konst.},\\
\alpha_{u\,N,3}(x) &= \left(\frac{\zeta_a}{l_v}\right)^2 [l_v \overset{1}{V}(l_v) - \overset{2}{V}(l_v)] - \frac{\zeta_e}{l_v'}\left(\zeta_a + \zeta_e \frac{l'}{l_v'}\right)\{[x \overset{0}{V}(x) -\\
&\quad - l' \overset{0}{V}(l')] - [\overset{1}{V}(x) - \overset{1}{V}(l')]\} + \left(\frac{\zeta_e}{l_v'}\right)^2 \{[x \overset{1}{V}(x) - l' \overset{1}{V}(l')] -\\
&\quad - [\overset{2}{V}(x) - \overset{2}{V}(l')]\} + \frac{\zeta}{l_v'}\left\{\frac{\zeta_a}{l_v}[l_v \overset{0}{V}(l_v) - \overset{1}{V}(l_v)] +\right.\\
&\quad \left. + \frac{\zeta_e}{l_v'}[l' \overset{0}{V}(l') - \overset{1}{V}(l')]\right\}(x - l').
\end{aligned}\right\} \qquad (3.19)$$

Vereinfachungen für symmetrische Vouten

Für einen Stab mit symmetrischen Vouten werden die Ausdrücke (3.15) bis (3.19) wesentlich einfacher. Für diesen Fall läßt sich ganz allgemein ein Zusammenhang zwischen den Werten der Voutenfunktionen an zwei symmetrisch liegenden Stellen x und $l - x$ herleiten (Abb. 4). Wegen der Symmetrie gilt

$$E\,I(x) = E\,I(l - x). \qquad (3.20)$$

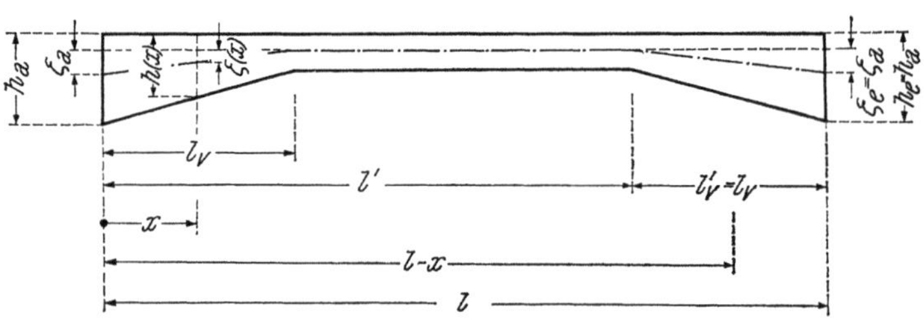

Abb. 4. Stab mit geraden, symmetrischen Vouten

Aus der Definition (3.1) folgt zunächst, wenn man x durch $l - x$ ersetzt,

$$\overset{n}{V}(l - x) = \int_0^{l-x} \frac{\xi^n}{E\,I(\xi)}\,d\xi.$$

Substituiert man nun $\xi = l - \eta$, so wird bei Beachtung von (3.20)

$$\overset{n}{V}(l - x) = \int_x^l \frac{(l - \eta)^n}{E\,I(\eta)}\,d\eta.$$

Entwickelt man $(l - \eta)^n$ nach der binomischen Reihe und integriert gliedweise, so ergibt sich mit (3.1) der gewünschte Zusammenhang

$$\overset{n}{V}(l-x) = \sum_{j=0}^{n} (-1)^j \binom{n}{j} l^{n-j} [\overset{j}{V}(l) - \overset{j}{V}(x)]. \tag{3.21}$$

Setzt man in (3.21) $x = 0$, so erhält man speziell mit der Bezeichnung $\overset{n}{V}(l) = \overset{n}{V}_e$ die Beziehung

$$\overset{n}{V}_e = \sum_{j=0}^{n} (-1)^j \binom{n}{j} l^{n-j} \overset{j}{V}_e. \tag{3.22}$$

Wie man sich durch Anschreiben dieser Gleichungen für $n = 0, 1, 2\ldots$ überzeugen kann, liefern sie Identitäten für gerade n, während sich mit Hilfe dieser Gleichungen die Endwerte der Voutenfunktionen mit ungeradem Index n durch die Endwerte der Voutenfunktionen mit kleineren geraden n ausdrücken lassen. Man erhält z. B. für $n = 1$

$$\overset{1}{V}_e = \frac{l}{2} \overset{0}{V}_e. \tag{3.23}$$

Für $n = 3$ ergibt sich bei Verwendung von (3.23)

$$\overset{3}{V}_e = \frac{3}{2} l \overset{2}{V}_e - \frac{1}{4} l^3 \overset{0}{V}_e. \tag{3.24}$$

Für gerade symmetrische Vouten gilt

$$l_v' = l_v, \qquad l' = l - l_v. \tag{3.25}$$

Damit erhält man aus (3.21) für $x = l_v$

$$\overset{n}{V}(l') = \sum_{j=0}^{n} (-1)^j \binom{n}{j} l^{n-j} [\overset{j}{V}_e - \overset{j}{V}(l_v)]. \tag{3.26}$$

Mit (3.25), (3.26), (3.23) und der Beziehung $\zeta_a = \zeta_e$ erhält man aus den jeweils dritten Gleichungen von (3.15) bis (3.19) die einfachen Ausdrücke für die Übertragungszahlen (Werte der Übertragungsfunktionen für $x = l$):

$$\alpha_{\varphi N,3}(l) = \alpha_{\varphi N,e} = \zeta_a \left[2 \overset{0}{V}(l_v) - \overset{0}{V}_e - \frac{2}{l_v} \overset{1}{V}(l_v)\right], \tag{3.27}$$

$$\alpha_{wN,e} = -\frac{l}{2} \alpha_{\varphi N,e}, \tag{3.28}$$

$$\alpha_{uM,e} = \alpha_{\varphi N,e}, \tag{3.29}$$

$$\alpha_{uQ,e} = \frac{l}{2} \alpha_{\varphi N,e}, \tag{3.30}$$

$$\alpha_{uN,e} = \zeta_a^2 \left[2 \overset{0}{V}(l_v) - \overset{0}{V}_e - \frac{2}{l_v^2} \overset{2}{V}(l_v)\right]. \tag{3.31}$$

Für einen geraden Stab konstanter Steifigkeit EI mit konstantem Querschnitt F wird nach (3.1) speziell

$$\overset{n}{V}(x) = \frac{1}{EI} \frac{x^{n+1}}{n+1}, \tag{3.32}$$

somit nach (3.2) bis (3.5)

$$\left.\begin{aligned} \alpha_{\varphi M}(x) &= -\frac{x}{E\,I}, & \alpha_{w M}(x) &= \frac{1}{E\,I}\frac{x^2}{2}, \\ \alpha_{\varphi Q}(x) &= -\frac{1}{E\,I}\frac{x^2}{2}, & \alpha_{w Q}(x) &= \frac{1}{E\,I}\frac{x^3}{6}. \end{aligned}\right\} \tag{3.33}$$

und nach (2.23)

$$\alpha_{u N}(x) = -\frac{x}{E F}, \tag{3.34}$$

während $\alpha_{\varphi N}$, α_{wN}, α_{uM}, α_{uQ} wegen $\zeta = 0$ verschwinden.

Die Beziehungen (2.25) gehen für diesen Fall über in die bekannte Form

$$\begin{pmatrix} u(x) \\ w(x) \\ \varphi(x) \\ M(x) \\ Q(x) \\ N(x) \\ 1 \end{pmatrix} = \begin{pmatrix} 1 & 0 & 0 & 0 & 0 & -\frac{x}{EF} & 0 \\ 0 & 1 & -x & \frac{1}{E\,I}\frac{x^2}{2} & \frac{1}{E\,I}\frac{x^3}{6} & 0 & \tilde{w}(x) \\ 0 & 0 & 1 & -\frac{x}{E\,I} & -\frac{1}{E\,I}\frac{x^2}{2} & 0 & \tilde{\varphi}(x) \\ 0 & 0 & 0 & 1 & x & 0 & \tilde{M}(x) \\ 0 & 0 & 0 & 0 & 1 & 0 & \tilde{Q}(x) \\ 0 & 0 & 0 & 0 & 0 & 1 & 0 \\ 0 & 0 & 0 & 0 & 0 & 0 & 1 \end{pmatrix} \begin{pmatrix} u_a \\ w_a \\ \varphi_a \\ M_a \\ Q_a \\ N \\ 1 \end{pmatrix} \tag{3.35}$$

4. Ermittlung der Belastungsfunktionen für einen Stab mit Vouten

In [3] wurden bereits die Belastungsfunktionen $\tilde{Q}$, $\tilde{M}$, $\tilde{\varphi}$, $\tilde{w}$ für verschiedene Lastverteilungen zusammengestellt. Für eine über das ganze Feld verteilte Gleichlast q ergab sich

$$\left.\begin{aligned} \tilde{Q}(x) &= q\,x, & \tilde{\varphi}(x) &= -\frac{q}{2}\overset{2}{V}(x), \\ \tilde{M}(x) &= q\frac{x^2}{2}, & \tilde{w}(x) &= \frac{q}{2}[x\,\overset{2}{V}(x) - \overset{3}{V}(x)]. \end{aligned}\right\} \tag{4.1}$$

Für die neu hinzukommende Größe $\tilde{u}(x)$ ergibt sich aus (2.24) mit (4.1) zunächst

$$\tilde{u}(x) = -\frac{q}{2}\int_0^x \overset{2}{V}(\xi)\frac{d\zeta}{d\xi}\,d\xi. \tag{4.2}$$

Daraus erhält man für einen Voutenstab, dessen Achse in der Form (3.6) gegeben ist, bei Verwendung von (3.1) und (3.10) den Ausdruck

$$\tilde{u}(x) = -\frac{q}{2}\sum_{j=1}^{n} A_j\,[x^j\,\overset{2}{V}(x) - \overset{2+j}{V}(x)]. \tag{4.3}$$

Für gerade Vouten nach (3.14) (Abb. 1b) ergibt sich aus (4.2) durch abschnittsweise Integration für die drei Bereiche

$$\left.\begin{aligned}
\tilde{u}_1(x) &= \frac{q}{2}\frac{\zeta_a}{l_v}[x \overset{2}{V}(x) - \overset{3}{V}(x)],\\
\tilde{u}_2(x) &= \frac{q}{2}\frac{\zeta_a}{l_v}[l_v \overset{2}{V}(l_v) - \overset{3}{V}(l_v)] = \text{konst.},\\
\tilde{u}_3(x) &= \frac{q}{2}\frac{\zeta_a}{l_v}[l_v \overset{2}{V}(l_v) - \overset{3}{V}(l_v)] -\\
&\quad - \frac{q}{2}\frac{\zeta_e}{l_v'}\{x \overset{2}{V}(x) - l' \overset{2}{V}(l') - [\overset{3}{V}(x) - \overset{3}{V}(l')]\}.
\end{aligned}\right\} \tag{4.4}$$

Für eine Einzellast P im Abstand a vom Feldbeginn eines Voutenstabes beliebiger Form ist

$$\tilde{Q}(x) = U_{(x-a)} \cdot P, \tag{4.5}$$

$$\tilde{M}(x) = U_{(x-a)} \cdot P \cdot (x - a), \tag{4.6}$$

wobei
$$U_{(x-a)} = \begin{cases} 0 & \text{für} \quad x - a < 0, \\ 1 & \text{für} \quad x - a > 0. \end{cases} \tag{4.7}$$

Aus (2.13) folgt mit (4.6)

$$\tilde{\varphi}(x) = - P \int_0^x U_{(\xi-a)} \frac{\xi - a}{E\, I(\xi)} d\xi = - P\, U_{(x-a)} \int_a^x \frac{\xi - a}{E\, I(\xi)} d\xi.$$

Mit (3.1) wird somit

$$\tilde{\varphi}(x) = - U_{(x-a)} P \{\overset{1}{V}(x) - \overset{1}{V}(a) - a[\overset{0}{V}(x) - \overset{0}{V}(a)]\}. \tag{4.8}$$

Mit (4.8) erhält man nach (2.18) und (3.8)

$$\tilde{w}(x) = - U_{(x-a)} P \{x a [\overset{0}{V}(x) - \overset{0}{V}(a)] - (x + a)[\overset{1}{V}(x) - \overset{1}{V}(a)] + \\ + \overset{2}{V}(x) - \overset{2}{V}(a)\}. \tag{4.9}$$

Für einen Stab, dessen Achse nach (3.6) gegeben ist, ergibt sich nach (2.24) mit (3.10)

$$\tilde{u}(x) = U_{(x-a)} P \sum_{j=1}^{n} A_j \{a [x^j \overset{0}{V}(x) - a^j \overset{0}{V}(a)] - a [\overset{j}{V}(x) - \overset{j}{V}(a)] - \\ - [x^j \overset{1}{V}(x) - a^j \overset{1}{V}(a)] + [\overset{j+1}{V}(x) - \overset{j+1}{V}(a)] - \\ - [a \overset{0}{V}(a) - \overset{1}{V}(a)](x^j - a^j)\}. \tag{4.10}$$

Für einen Stab mit geraden Vouten bleiben (4.5) bis (4.8) gültig, während bei der Berechnung von $\tilde{u}$ drei Laststellungsbereiche unterschieden werden müssen (Abb. 1b). Für die Endwerte $\tilde{u}(l) = \tilde{u}_e$ erhält man

$$\tilde{u}_e = - P \frac{\zeta_a}{l_v} \{a\, l_v [\overset{0}{V}(l_v) - \overset{0}{V}(a)] - (a + l_v)[\overset{1}{V}(l_v) - \overset{1}{V}(a)] + \\ + [\overset{2}{V}(l_v) - \overset{2}{V}(a)]\} + P \frac{\zeta_e}{l_v'} \{a\, l [\overset{0}{V}_e - \overset{0}{V}(a)] - a\, l' [\overset{0}{V}(l') - \overset{0}{V}(a)] -$$

$$- (a + l) [\overset{1}{V}_e - \overset{1}{V}(a)] + (a + l') [\overset{1}{V}(l') - \overset{1}{V}(a)] +$$

$$+ [\overset{2}{V}_e - \overset{2}{V}(l')]\} \qquad \text{für} \quad 0 \leqq a \leqq l_v. \quad (4.11)$$

$$\tilde{u}_e = P \frac{\zeta_e}{l_v'} \{a\, l [\overset{0}{V}_e - \overset{0}{V}(a)] - a\, l' [\overset{0}{V}(l') - \overset{0}{V}(a)] - (a + l) [\overset{1}{V}_e - \overset{1}{V}(a)] +$$

$$+ (a + l') [\overset{1}{V}(l') - \overset{1}{V}(a)] + [\overset{2}{V}_e - \overset{2}{V}(l')]\} \qquad \text{für} \quad l_v \leqq a \leqq l'. \quad (4.12)$$

$$\tilde{u}_e = P \frac{\zeta_e}{l_v'} \{a\, l [\overset{0}{V}_e - \overset{0}{V}(a)] - (a + l) [\overset{1}{V}_e - \overset{1}{V}(a)] + [\overset{2}{V}_e - \overset{2}{V}(a)]\}$$

$$\text{für} \quad l' \leqq a \leqq l. \quad (4.13)$$

5. Anwendung auf Stockwerkrahmen

Im folgenden werden die Gleichungen bzw. Übertragungsmatrizen für ebene Stockwerkrahmen abgeleitet, wobei die endliche Ausdehnung der Knotenbereiche und die Krümmung der Achsen der Voutenstäbe berücksichtigt werden sollen.

Der als starr vorausgesetzte Knotenbereich werde durch das in Abb. 5 strichpunktiert eingezeichnete Rechteck abgegrenzt. Die Bezeichnungen der an den Knoten $i\,\lambda$ angrenzenden Felder und der Abmessungen gehen

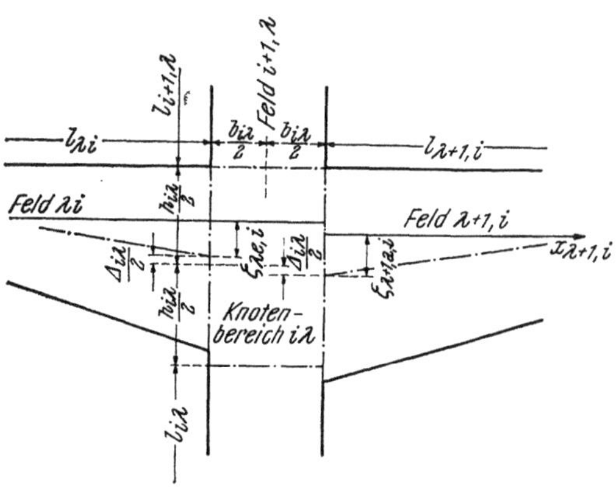

Abb. 5. Knotenbereich $i\,\lambda$ mit anschließenden Feldern

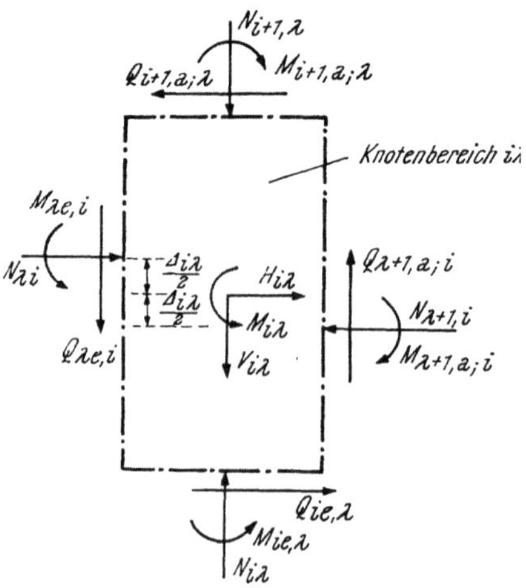

Abb. 6. Knotenbereich $i\,\lambda$ mit Schnittgrößen

aus der Abb. 5 hervor. Die „Hauptstränge“ (Ständer) seien, von links beginnend, durch den Index $\lambda = \text{I, II, III} \ldots \varkappa$, die horizontalen Niveaus, von unten beginnend, durch den Index $i = 0, 1, 2, 3 \ldots n$ gekennzeichnet. In der Abb. 6 sind die auf die Berandung des Knotenbereiches wirkenden Schnittkräfte und Schnittmomente mit ihren positiven Zählrichtungen eingezeichnet. $V_{i\,\lambda}$, $H_{i\,\lambda}$ und $M_{i\,\lambda}$ bedeuten die auf den Mittelpunkt des Rechteckes reduzierten zusätzlichen Kräfte und Momente, die eventuell im Knotenbereich selbst angreifen.

Die Gleichgewichtsbedingungen für den Knotenbereich lauten

$$N_{\lambda i} - N_{\lambda+1,i} + Q_{ie,\lambda} - Q_{i+1,a;\lambda} + H_{i\lambda} = 0, \tag{5.1}$$

$$N_{ie,\lambda} - N_{i+1,a;\lambda} + Q_{\lambda+1,a;i} - Q_{\lambda e,i} - V_{i\lambda} = 0, \tag{5.2}$$

$$M_{ie,\lambda} - M_{i+1,a;\lambda} + M_{\lambda e,i} - M_{\lambda+1,a;i} + (Q_{ie,\lambda} + Q_{i+1,a;\lambda}) \frac{h_{i\lambda}}{2} + \\ + (Q_{\lambda e,i} + Q_{\lambda+1,a;i}) \frac{b_{i\lambda}}{2} - (N_{\lambda i} + N_{\lambda+1,i}) \frac{\Delta_{i\lambda}}{2} + M_{i\lambda} = 0. \tag{5.3}$$

Diese Gleichungen werden später bei der Bildung der Übertragungsmatrix benötigt.

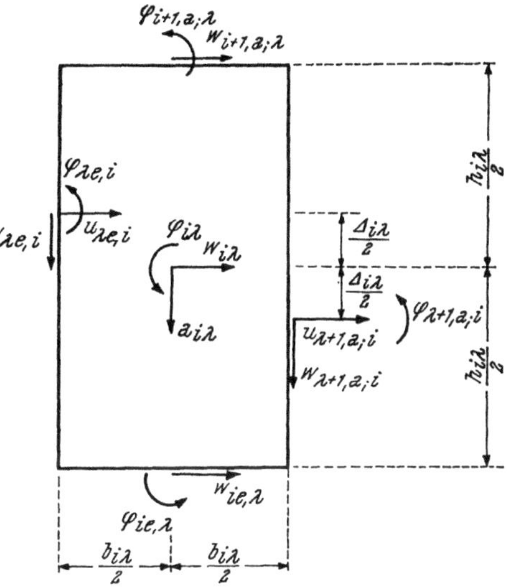

Abb. 7. Knotenbereich $i\,\lambda$ mit Verschiebungen und Verdrehungen

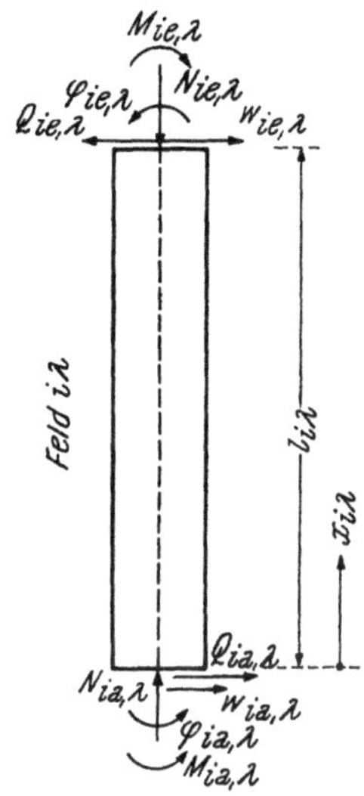

Abb. 8. Belastetes Ständerfeld $i\,\lambda$ mit Schnittgrößen, Verschiebungen und Verdrehungen

Mit den Bezeichnungen nach Abb. 7 für die Verschiebungen und Drehwinkel gelten die geometrischen Zusammenhänge

$$\varphi_{i+1,a;\lambda} = \varphi_{ie,\lambda} = \varphi_{\lambda+1,a;i} = \varphi_{\lambda e,i} = \varphi_{i\lambda}, \tag{5.4}$$

$$w_{ie,\lambda} = w_{i\lambda} + \frac{h_{i\lambda}}{2} \varphi_{i\lambda}, \tag{5.5}$$

$$w_{i+1,a;\lambda} = w_{i\lambda} - \frac{h_{i\lambda}}{2} \varphi_{i\lambda}, \tag{5.6}$$

$$w_{\lambda e,i} = a_{i\lambda} + \frac{b_{i\lambda}}{2} \varphi_{i\lambda}, \tag{5.7}$$

$$w_{\lambda+1,a;i} = a_{i\lambda} - \frac{b_{i\lambda}}{2} \varphi_{i\lambda}, \tag{5.8}$$

$$u_{\lambda e, i} = w_{i\lambda} - \frac{\Delta_{i\lambda}}{2} \varphi_{i\lambda}, \tag{5.9}$$

$$u_{\lambda+1, a; i} = w_{i\lambda} + \frac{\Delta_{i\lambda}}{2} \varphi_{i\lambda}. \tag{5.10}$$

Hierin bedeutet $a_{i\lambda}$ eine eventuell vorhandene vorgegebene Senkung.

Für das Ständerfeld $i\,\lambda$ (gerader Stab konstanter Steifigkeit, der als „längsstarr" angesehen wird) nach Abb. 8 gelten gemäß (3.35) mit (5.4) die vier Gleichungen

$$w_{ie,\lambda} = w_{ia,\lambda} - l_{i\lambda}\varphi_{i-1,\lambda} + \frac{l_{i\lambda}^2}{2(EI)_{i\lambda}} M_{ia,\lambda} + \frac{l_{i\lambda}^3}{6(EI)_{i\lambda}} Q_{ia,\lambda} + \tilde{w}_{ie,\lambda}, \tag{5.11}$$

$$\varphi_{i\lambda} = \varphi_{i-1,\lambda} - \frac{l_{i\lambda}}{(EI)_{i\lambda}} M_{ia,\lambda} - \frac{l_{i\lambda}^2}{2(EI)_{i\lambda}} Q_{ia,\lambda} + \tilde{\varphi}_{ie,\lambda}, \tag{5.12}$$

$$M_{ie,\lambda} = M_{ia,\lambda} + l_{i\lambda} Q_{ia,\lambda} + \tilde{M}_{ie,\lambda}, \tag{5.13}$$

$$Q_{ie,\lambda} = Q_{ia,\lambda} + \tilde{Q}_{ie,\lambda}. \tag{5.14}$$

Bei Verwendung der geometrischen Beziehungen (5.5) und (5.6) und nach Elimination des Winkels $\varphi_{i\lambda}$ mittels (5.12) wird aus (5.11)

$$w_{i\lambda} = w_{i-1,\lambda} - \left(l_{i\lambda} + \frac{h_{i-1,\lambda}}{2} + \frac{h_{i\lambda}}{2}\right)\varphi_{i-1,\lambda} + \frac{l_{i\lambda}}{2(EI)_{i\lambda}}(l_{i\lambda} + h_{i\lambda}) M_{ia,\lambda} +$$

$$+ \frac{l_{i\lambda}^2}{6(EI)_{i\lambda}}\left(l_{i\lambda} + \frac{3}{2} h_{i\lambda}\right) Q_{ia,\lambda} + \tilde{w}_{ie,\lambda} - \frac{h_{i\lambda}}{2}\tilde{\varphi}_{ie,\lambda}. \tag{5.15}$$

Für die numerische Rechnung ist es zweckmäßig, die Gl. (5.15) nur für $\lambda = \mathrm{I}$ zu verwenden und die Verschiebungen $w_{i\lambda}$ für $\lambda \neq \mathrm{I}$ in der Form

$$w_{i\lambda} = w_{i\,\mathrm{I}} + \sum_{\nu=\mathrm{II}}^{\lambda} \Delta w_{i\nu} \tag{5.16}$$

darzustellen. $\Delta w_{i\nu}$ bedeutet dann die Differenz der Knotenverschiebungen des Riegels $\nu\,i$

$$\Delta w_{i\nu} = w_{i\nu} - w_{i,\nu-1}. \tag{5.17}$$

Aus (5.15) und (5.16) erhält man für $\lambda \neq \mathrm{I}$

$$\Delta w_{i\lambda} = w_{i-1,\mathrm{I}} + \sum_{\nu=\mathrm{II}}^{\lambda} \Delta w_{i-1,\nu} - \left(l_{i\lambda} + \frac{h_{i-1,\lambda}}{2} + \frac{h_{i\lambda}}{2}\right)\varphi_{i-1,\lambda} +$$

$$+ \frac{l_{i\lambda}}{2(EI)_{i\lambda}}(l_{i\lambda} + h_{i\lambda}) M_{ia,\lambda} + \frac{l_{i\lambda}^2}{6(EI)_{i\lambda}}\left(l_{i\lambda} + \frac{3}{2} h_{i\lambda}\right) Q_{ia,\lambda} + \tilde{w}_{ie,\lambda} -$$

$$- \frac{h_{i\lambda}}{2}\tilde{\varphi}_{ie,\lambda} - w_{i\mathrm{I}} - \sum_{\nu=\mathrm{II}}^{\lambda-1} \Delta w_{i\nu}. \tag{5.18}$$

Für den Riegel λi der Abb. 9 lautet das System (2.25) für $x = l_{\lambda i}$ bei Verwendung von (5.4), wenn man den Index e bei den Übertragungszahlen $\alpha_{uM,e}$, $\alpha_{uQ,e}$, $\alpha_{uN,e}$, $\alpha_{\varphi N,e}$, $\alpha_{wN,e}$ wegläßt und die Übertragungszahlen $\alpha_{\varphi M,e}$, $\alpha_{\varphi Q,e}$, $\alpha_{wM,e}$, $\alpha_{wQ,e}$ nach (3.2) bis (3.5) durch die Endwerte der Voutenfunktionen $\overset{n}{V}_e$ ausdrückt und auch bei diesen den Index e wegläßt,

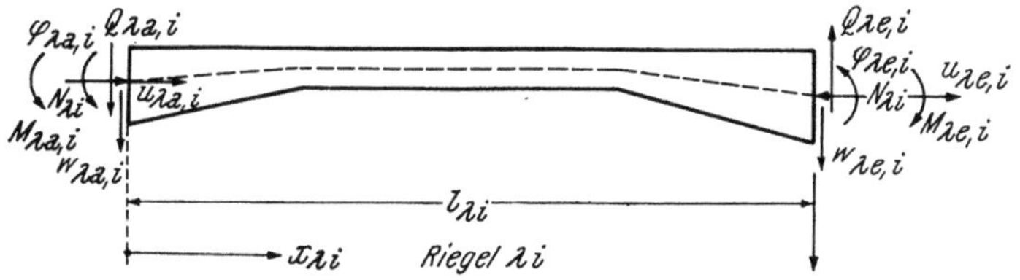

Abb. 9. Belastetes Riegelfeld λi mit Schnittgrößen, Verschiebungen und Verdrehungen

$$u_{\lambda e,i} = u_{\lambda a,i} + (\zeta_{\lambda e,i} - \zeta_{\lambda a,i})\,\varphi_{i,\lambda-1} + \alpha_{uM,\lambda i}\,M_{\lambda a,i} + \alpha_{uQ,\lambda i}\,Q_{\lambda a,i} + \\ + \alpha_{uN,\lambda i}\,N_{\lambda i} + \tilde{u}_{\lambda e,i}, \tag{5.19}$$

$$w_{\lambda e,i} = w_{\lambda a,i} - l_{\lambda i}\,\varphi_{i,\lambda-1} + (l_{\lambda i}\,\overset{0}{V}_{\lambda i} - \overset{1}{V}_{\lambda i})\,M_{\lambda a,i} + \\ + (l_{\lambda i}\,\overset{1}{V}_{\lambda i} - \overset{2}{V}_{\lambda i})\,Q_{\lambda a,i} + \alpha_{wN,\lambda i}\,N_{\lambda i} + \tilde{w}_{\lambda e,i}, \tag{5.20}$$

$$\varphi_{i\lambda} = \varphi_{i,\lambda-1} - \overset{0}{V}_{\lambda i}\,M_{\lambda a,i} - \overset{1}{V}_{\lambda i}\,Q_{\lambda a,i} + \alpha_{\varphi N,\lambda i}\,N_{\lambda i} + \tilde{\varphi}_{\lambda e,i}, \tag{5.21}$$

$$M_{\lambda e,i} = M_{\lambda a,i} + l_{\lambda i}\,Q_{\lambda a,i} - (\zeta_{\lambda e,i} - \zeta_{\lambda a,i})\,N_{\lambda i} + \tilde{M}_{\lambda e,i}, \tag{5.22}$$

$$Q_{\lambda e,i} = Q_{\lambda a,i} + \tilde{Q}_{\lambda e,i}. \tag{5.23}$$

Mit den geometrischen Beziehungen (5.7) bis (5.10) und Verwendung von (5.17) gehen (5.19) und (5.20) über in

$$\Delta w_{i\lambda} = \left(\zeta_{\lambda e,i} - \zeta_{\lambda a,i} + \frac{\Delta_{i,\lambda-1}}{2}\right)\varphi_{i,\lambda-1} + \frac{\Delta_{i\lambda}}{2}\,\varphi_{i\lambda} + \alpha_{uM,\lambda i}\,M_{\lambda a,i} + \\ + \alpha_{uQ,\lambda i}\,Q_{\lambda a,i} + \alpha_{uN,\lambda i}\,N_{\lambda i} + \tilde{u}_{\lambda e,i}, \tag{5.24}$$

$$\frac{b_{i\lambda}}{2}\,\varphi_{i\lambda} = -\left(l_{\lambda i} + \frac{b_{i,\lambda-1}}{2}\right)\varphi_{i,\lambda-1} + (l_{\lambda i}\,\overset{0}{V}_{\lambda i} - \overset{1}{V}_{\lambda i})\,M_{\lambda a,i} + \\ + (l_{\lambda i}\,\overset{1}{V}_{\lambda i} - \overset{2}{V}_{\lambda i})\,Q_{\lambda a,i} + \alpha_{wN,\lambda i}\,N_{\lambda i} + \tilde{w}_{\lambda e,i} + a_{i,\lambda-1} - a_{i\lambda}. \tag{5.25}$$

Die Gln. (5.12), (5.13), (5.14), die Gln. (5.15) für $\lambda = \mathrm{I}$ und (5.18) für $\lambda \neq \mathrm{I}$, weiters (5.21) bis (5.25) bestimmen zusammen mit den Gleichgewichtsbedingungen (5.1) bis (5.3) für gegebene Belastungen und Randbedingungen die Lösung. Man kann daraus eine Übertragungsmatrix gewinnen, welche die zum Niveau i gehörigen Zustandsgrößen in die entsprechenden des Niveaus $i+1$ überführt. Um diese Matrix zu gewinnen, ordnen wir zunächst die drei Gl. (5.25), (5.21) und (5.24) für die Riegel in folgender Weise an:

$$(l\overset{0}{V}-\overset{1}{V})_{\lambda i}M_{\lambda a,i}+(l\overset{1}{V}-\overset{2}{V})_{\lambda i}Q_{\lambda a,i}+\alpha_{wN,\lambda i}N_{\lambda i}=$$
$$=\left(l_{\lambda i}+\frac{b_{i,\lambda-1}}{2}\right)\varphi_{i,\lambda-1}+\frac{b_{i\lambda}}{2}\varphi_{i\lambda}-\tilde{w}_{\lambda e,i}-a_{i,\lambda-1}+a_{i\lambda}. \qquad (5.26)$$

$$\overset{0}{V}_{\lambda i}M_{\lambda a,i}+\overset{1}{V}_{\lambda i}Q_{\lambda a,i}-\alpha_{\varphi N,\lambda i}N_{\lambda i}=\varphi_{i,\lambda-1}-\varphi_{i\lambda}+\tilde{\varphi}_{\lambda e,i}. \qquad (5.27)$$

$$\alpha_{uM,\lambda i}M_{\lambda a,i}+\alpha_{uQ,\lambda i}Q_{\lambda a,i}+\alpha_{uN,\lambda i}N_{\lambda i}=$$
$$=\left(\zeta_{\lambda a,i}-\zeta_{\lambda e,i}-\frac{\Delta_{i,\lambda-1}}{2}\right)\varphi_{i,\lambda-1}-\frac{\Delta_{i\lambda}}{2}\varphi_{i\lambda}+\Delta w_{i\lambda}-\tilde{u}_{\lambda e,i}. \qquad (5.28)$$

Aus diesen Gleichungen ($\lambda=$ II, III, ... $\varkappa$) lassen sich die Momente $M_{\lambda a,i}$, die Querkräfte $Q_{\lambda a,i}$ und die Längskräfte $N_{\lambda i}$ durch die Knotendrehwinkel $\varphi_{i,\lambda-1}$ und $\varphi_{i\lambda}$, die Verschiebungsdifferenzen $\Delta w_{i\lambda}$ und gegebene Zahlenwerte ausdrücken. Zu diesem Zweck führen wir zunächst folgende Abkürzungen ein:

$$D_{\lambda i}=\left|\begin{matrix} l\overset{0}{V}-\overset{1}{V} & l\overset{1}{V}-\overset{2}{V} & \alpha_{wN}\\ \overset{0}{V} & \overset{1}{V} & -\alpha_{\varphi N}\\ \alpha_{uM} & \alpha_{uQ} & \alpha_{uN}\end{matrix}\right|_{\lambda i}. \qquad (5.29)$$

$$\left.\begin{aligned}
A^{(11)}_{\lambda i}&=\frac{1}{D_{\lambda i}}\left|\begin{matrix}\overset{1}{V} & -\alpha_{\varphi N}\\ \alpha_{uQ} & \alpha_{uN}\end{matrix}\right|_{\lambda i}, \quad A^{(12)}_{\lambda i}=-\frac{1}{D_{\lambda i}}\left|\begin{matrix}\overset{0}{V} & -\alpha_{\varphi N}\\ \alpha_{uM} & \alpha_{uN}\end{matrix}\right|_{\lambda i},\\
A^{(13)}_{\lambda i}&=\frac{1}{D_{\lambda i}}\left|\begin{matrix}\overset{0}{V} & \overset{1}{V}\\ \alpha_{uM} & \alpha_{uQ}\end{matrix}\right|_{\lambda i},\\
A^{(21)}_{\lambda i}&=-\frac{1}{D_{\lambda i}}\left|\begin{matrix} l\overset{1}{V}-\overset{2}{V} & \alpha_{wN}\\ \alpha_{uQ} & \alpha_{uN}\end{matrix}\right|_{\lambda i}, \quad A^{(22)}_{\lambda i}=\frac{1}{D_{\lambda i}}\left|\begin{matrix} l\overset{0}{V}-\overset{1}{V} & \alpha_{wN}\\ \alpha_{uM} & \alpha_{uN}\end{matrix}\right|_{\lambda i},\\
A^{(23)}_{\lambda i}&=-\frac{1}{D_{\lambda i}}\left|\begin{matrix} l\overset{0}{V}-\overset{1}{V} & l\overset{1}{V}-\overset{2}{V}\\ \alpha_{uM} & \alpha_{uQ}\end{matrix}\right|_{\lambda i},\\
A^{(31)}_{\lambda i}&=\frac{1}{D_{\lambda i}}\left|\begin{matrix} l\overset{1}{V}-\overset{2}{V} & \alpha_{wN}\\ \overset{1}{V} & -\alpha_{\varphi N}\end{matrix}\right|_{\lambda i}, \quad A^{(32)}_{\lambda i}=-\frac{1}{D_{\lambda i}}\left|\begin{matrix} l\overset{0}{V}-\overset{1}{V} & \alpha_{wN}\\ \overset{0}{V} & -\alpha_{\varphi N}\end{matrix}\right|_{\lambda i},\\
A^{(33)}_{\lambda i}&=\frac{1}{D_{\lambda i}}\left|\begin{matrix} l\overset{0}{V}-\overset{1}{V} & l\overset{1}{V}-\overset{2}{V}\\ \overset{0}{V} & \overset{1}{V}\end{matrix}\right|_{\lambda i}.
\end{aligned}\right\} \qquad (5.30)$$

Damit folgen aus (5.26), (5.27) und (5.28) mit (5.22) die „Anfederungsgleichungen" für die Riegel λi ($\lambda=$ II, III ... $\varkappa$, $i=1,2,\ldots n$)

$$Q_{\lambda a,i}=\overset{a}{c}_{\lambda i}\varphi_{i,\lambda-1}+\overset{e}{c}_{\lambda i}\varphi_{i\lambda}+A^{(32)}_{\lambda i}\Delta w_{i\lambda}+\underset{\sim}{Q}_{\lambda a,i}. \qquad (5.31)$$

$$N_{\lambda i} = n^a_{\lambda i}\,\varphi_{i,\lambda-1} + n^e_{\lambda i}\,\varphi_{i\lambda} + A^{(33)}_{\lambda i}\,\Delta w_{i\lambda} + \underset{\sim}{N}_{\lambda i}. \tag{5.32}$$

$$\begin{bmatrix} -M_{\lambda a,i} \\ M_{\lambda e,i} \end{bmatrix} = \begin{bmatrix} C^{aa}_{\lambda i} & C^{ae}_{\lambda i} \\ C^{ea}_{\lambda i} & C^{ee}_{\lambda i} \end{bmatrix} \begin{bmatrix} \varphi_{i,\lambda-1} \\ \varphi_{i\lambda} \end{bmatrix} - \begin{bmatrix} S^a_{\lambda i} \\ S^e_{\lambda i} \end{bmatrix} \Delta w_{i\lambda} + \begin{bmatrix} -\underset{\sim}{M}_{\lambda a,i} \\ \underset{\sim}{M}_{\lambda e,i} \end{bmatrix}. \tag{5.33}$$

Die hier auftretenden „Federzahlen“ und „Lastspaltengrößen“ ergeben sich dabei zu:

$$\left.\begin{aligned} c^a_{\lambda i} &= \left(l_{\lambda i} + \frac{b_{i,\lambda-1}}{2}\right) A^{(12)}_{\lambda i} + A^{(22)}_{\lambda i} + \left(\zeta_{\lambda a,i} - \zeta_{\lambda e,i} - \frac{\Delta_{i,\lambda-1}}{2}\right) A^{(32)}_{\lambda i}, \\ c^e_{\lambda i} &= \frac{b_{i\lambda}}{2} A^{(12)}_{\lambda i} - A^{(22)}_{\lambda i} - \frac{\Delta_{i\lambda}}{2} A^{(32)}_{\lambda i}. \end{aligned}\right\} \tag{5.34}$$

$$\underset{\sim}{Q}_{\lambda a,i} = -\left(\tilde{w}_{\lambda e,i} + a_{i,\lambda-1} - a_{i\lambda}\right) A^{(12)}_{\lambda i} + \tilde{\varphi}_{\lambda e,i}\, A^{(22)}_{\lambda i} - \tilde{u}_{\lambda e,i}\, A^{(32)}_{\lambda i}. \tag{5.35}$$

$$\left.\begin{aligned} n^a_{\lambda i} &= \left(l_{\lambda i} + \frac{b_{i,\lambda-1}}{2}\right) A^{(13)}_{\lambda i} + A^{(23)}_{\lambda i} + \left(\zeta_{\lambda a,i} - \zeta_{\lambda e,i} - \frac{\Delta_{i,\lambda-1}}{2}\right) A^{(33)}_{\lambda i}, \\ n^e_{\lambda i} &= \frac{b_{i\lambda}}{2} A^{(13)}_{\lambda i} - A^{(23)}_{\lambda i} - \frac{\Delta_{i\lambda}}{2} A^{(33)}_{\lambda i}. \end{aligned}\right\} \tag{5.36}$$

$$\underset{\sim}{N}_{\lambda i} = -\left(\tilde{w}_{\lambda e,i} + a_{i,\lambda-1} - a_{i\lambda}\right) A^{(13)}_{\lambda i} + \tilde{\varphi}_{\lambda e,i}\, A^{(23)}_{\lambda i} - \tilde{u}_{\lambda e,i}\, A^{(33)}_{\lambda i}. \tag{5.37}$$

$$\left.\begin{aligned} C^{aa}_{\lambda i} &= -\left[\left(l_{\lambda i} + \frac{b_{i,\lambda-1}}{2}\right) A^{(11)}_{\lambda i} + A^{(21)}_{\lambda i} + \left(\zeta_{\lambda a,i} - \zeta_{\lambda e,i} - \frac{\Delta_{i,\lambda-1}}{2}\right) A^{(31)}_{\lambda i}\right], \\ C^{ae}_{\lambda i} &= -\left[\frac{b_{i\lambda}}{2} A^{(11)}_{\lambda i} - A^{(21)}_{\lambda i} - \frac{\Delta_{i\lambda}}{2} A^{(31)}_{\lambda i}\right]. \end{aligned}\right\} \tag{5.38}$$

$$S^a_{\lambda i} = A^{(31)}_{\lambda i}. \tag{5.39}$$

$$\underset{\sim}{M}_{\lambda a,i} = -\left(\tilde{w}_{\lambda e,i} + a_{i,\lambda-1} - a_{i\lambda}\right) A^{(11)}_{\lambda i} + \tilde{\varphi}_{\lambda e,i}\, A^{(21)}_{\lambda i} - \tilde{u}_{\lambda e,i}\, A^{(31)}_{\lambda i}. \tag{5.40}$$

$$\begin{aligned} C^{ea}_{\lambda i} &= -C^{aa}_{\lambda i} + l_{\lambda i}\, c^a_{\lambda i} + \left(\zeta_{\lambda a,i} - \zeta_{\lambda e,i}\right) n^a_{\lambda i} = \\ &= \left(l_{\lambda i} + \frac{b_{i,\lambda-1}}{2}\right) A^{(11)}_{\lambda i} + A^{(21)}_{\lambda i} + \left(\zeta_{\lambda a,i} - \zeta_{\lambda e,i} - \frac{\Delta_{i,\lambda-1}}{2}\right) A^{(31)}_{\lambda i} + \\ &+ \left[\left(l_{\lambda i} + \frac{b_{i,\lambda-1}}{2}\right) A^{(12)}_{\lambda i} + A^{(22)}_{\lambda i} + \left(\zeta_{\lambda a,i} - \zeta_{\lambda e,i} - \frac{\Delta_{i,\lambda-1}}{2}\right) A^{(32)}_{\lambda i}\right] l_{\lambda i} + \\ &+ \left[\left(l_{\lambda i} + \frac{b_{i,\lambda-1}}{2}\right) A^{(13)}_{\lambda i} + A^{(23)}_{\lambda i} + \left(\zeta_{\lambda a,i} - \zeta_{\lambda e,i} - \frac{\Delta_{i,\lambda-1}}{2}\right) A^{(33)}_{\lambda i}\right] \left(\zeta_{\lambda a,i} - \zeta_{\lambda e,i}\right). \end{aligned} \tag{5.41}$$

$$\begin{aligned} C^{ee}_{\lambda i} &= -C^{ae}_{\lambda i} + l_{\lambda i}\, c^e_{\lambda i} + \left(\zeta_{\lambda a,i} - \zeta_{\lambda e,i}\right) n^e_{\lambda i} = \\ &= \frac{b_{i\lambda}}{2} A^{(11)}_{\lambda i} - A^{(21)}_{\lambda i} - \frac{\Delta_{i\lambda}}{2} A^{(31)}_{\lambda i} + \\ &+ \left[\frac{b_{i\lambda}}{2} A^{(12)}_{\lambda i} - A^{(22)}_{\lambda i} - \frac{\Delta_{i\lambda}}{2} A^{(32)}_{\lambda i}\right] l_{\lambda i} + \\ &+ \left[\frac{b_{i\lambda}}{2} A^{(13)}_{\lambda i} - A^{(23)}_{\lambda i} - \frac{\Delta_{i\lambda}}{2} A^{(33)}_{\lambda i}\right] \left(\zeta_{\lambda a,i} - \zeta_{\lambda e,i}\right). \end{aligned} \tag{5.42}$$

$$S^e_{\lambda i} = -[A^{(31)}_{\lambda i} + l_{\lambda i} A^{(32)}_{\lambda i} + (\zeta_{\lambda a,i} - \zeta_{\lambda e,i}) A^{(33)}_{\lambda i}]. \tag{5.43}$$

$$\begin{aligned} \underset{\sim}{M}_{\lambda e,i} &= \underset{\sim}{M}_{\lambda a,i} + l_{\lambda i} \underset{\sim}{Q}_{\lambda a,i} + (\zeta_{\lambda a,i} - \zeta_{\lambda e,i}) \underset{\sim}{N}_{\lambda i} + \tilde{M}_{\lambda e,i} = \\ &= (-\tilde{w}_{\lambda e,i} - a_{i,\lambda-1} + a_{i\lambda}) A^{(11)}_{\lambda i} + \tilde{\varphi}_{\lambda e,i} A^{(21)}_{\lambda i} - \tilde{u}_{\lambda e,i} A^{(31)}_{\lambda i} + \\ &+ [(-\tilde{w}_{\lambda e,i} - a_{i,\lambda-1} + a_{i\lambda}) A^{(12)}_{\lambda i} + \tilde{\varphi}_{\lambda e,i} A^{(22)}_{\lambda i} - \tilde{u}_{\lambda e,i} A^{(32)}_{\lambda i}] l_{\lambda i} + \\ &+ [(-\tilde{w}_{\lambda e,i} - a_{i,\lambda-1} + a_{i\lambda}) A^{(13)}_{\lambda i} + \tilde{\varphi}_{\lambda e,i} A^{(23)}_{\lambda i} - \tilde{u}_{\lambda e,i} A^{(33)}_{\lambda i}] (\zeta_{\lambda a,i} - \zeta_{\lambda e,i}) + \\ &+ \tilde{M}_{\lambda e,i}. \end{aligned} \tag{5.44}$$

Aus der Gleichgewichtsbedingung (5.1) erhält man nun mit (5.14) und (5.32) die Übertragungsgleichung für die Querkräfte an den unteren Grenzen der Ständerfelder

$$\begin{aligned} Q_{i+1,a;\lambda} &= Q_{ia,\lambda} + n^a_{\lambda i} \varphi_{i,\lambda-1} + n_{i\lambda} \varphi_{i\lambda} - n^e_{\lambda+1,i} \varphi_{i,\lambda+1} + \\ &+ A^{(33)}_{\lambda i} \Delta w_{i\lambda} - A^{(33)}_{\lambda+1,i} \Delta w_{i,\lambda+1} + \underset{\sim}{Q}_{i\lambda} \end{aligned} \tag{5.45}$$

mit den Abkürzungen

$$n_{i\lambda} = n^e_{\lambda i} - n^a_{\lambda+1,i}, \tag{5.46}$$

$$\underset{\sim}{Q}_{i\lambda} = \tilde{Q}_{ie,\lambda} + H_{i\lambda} + \underset{\sim}{N}_{\lambda i} - \underset{\sim}{N}_{\lambda+1,i}. \tag{5.47}$$

Zur Gewinnung der Übertragungsgleichung für die Biegemomente der Ständer eliminieren wir zunächst $Q_{i+1,a;\lambda}$ aus (5.1) und (5.3), ersetzen dabei $M_{ie,\lambda}$ nach (5.13), $Q_{ie,\lambda}$ nach (5.14) und $Q_{\lambda e,i}$ nach (5.23). Bei Verwendung der Anfederungsgleichungen (5.31) bis (5.33) ergibt sich

$$\begin{aligned} M_{i+1,a;\lambda} &= M_{ia,\lambda} + (l_{i\lambda} + h_{i\lambda}) Q_{ia,\lambda} + K^l_{i\lambda} \varphi_{i,\lambda-1} + K_{i\lambda} \varphi_{i\lambda} + \\ &+ K^r_{i\lambda} \varphi_{i,\lambda+1} - L^l_{i\lambda} \Delta w_{i\lambda} + L^r_{i\lambda} \Delta w_{i,\lambda+1} + \underset{\sim}{M}_{i\lambda}, \end{aligned} \tag{5.48}$$

mit den Federzahlen

$$\left.\begin{aligned} K^l_{i\lambda} &= C^{ea}_{\lambda i} + \frac{b_{i\lambda}}{2} c^a_{\lambda i} + \frac{1}{2} (h_{i\lambda} - \Delta_{i\lambda}) n^a_{\lambda i}, \\ K_{i\lambda} &= \left[C^{ee}_{\lambda i} + \frac{b_{i\lambda}}{2} c^e_{\lambda i} + \frac{1}{2} (h_{i\lambda} - \Delta_{i\lambda}) n^e_{\lambda i}\right] + \\ &+ \left[C^{aa}_{\lambda+1,i} + \frac{b_{i\lambda}}{2} c^a_{\lambda+1,i} - \frac{1}{2} (h_{i\lambda} + \Delta_{i\lambda}) n^a_{\lambda+1,i}\right], \\ K^r_{i\lambda} &= C^{ae}_{\lambda+1,i} + \frac{b_{i\lambda}}{2} c^e_{\lambda+1,i} - \frac{1}{2} (h_{i\lambda} + \Delta_{i\lambda}) n^e_{\lambda+1,i}. \end{aligned}\right\} \tag{5.49}$$

$$\left.\begin{aligned} L^l_{i\lambda} &= S^e_{\lambda i} - \frac{b_{i\lambda}}{2} A^{(32)}_{\lambda i} - \frac{1}{2} (h_{i\lambda} - \Delta_{i\lambda}) A^{(33)}_{\lambda i} = \\ &= -\left[A^{(31)}_{\lambda i} + \left(l_{\lambda i} + \frac{b_{i\lambda}}{2}\right) A^{(32)}_{\lambda i} + \left(\zeta_{\lambda a,i} - \zeta_{\lambda e,i} + \frac{1}{2} h_{i\lambda} - \frac{1}{2} \Delta_{i\lambda}\right) A^{(33)}_{\lambda i}\right], \\ L^r_{i\lambda} &= -\left[A^{(31)}_{\lambda+1,i} - \frac{b_{i\lambda}}{2} A^{(32)}_{\lambda+1,i} + \frac{1}{2} (h_{i\lambda} + \Delta_{i\lambda}) A^{(33)}_{\lambda+1,i}\right] \end{aligned}\right\} \tag{5.50}$$

und der Lastspaltengröße

$$\underset{\sim}{M}_{i\lambda} = \tilde{M}_{ie,\lambda} + h_{i\lambda}\tilde{Q}_{ie,\lambda} + M_{i\lambda} + \frac{h_{i\lambda}}{2} H_{i\lambda} + \underset{\sim}{M}_{\lambda e,i} + \frac{b_{i\lambda}}{2}(\underset{\sim}{Q}_{\lambda a,i} + \tilde{Q}_{\lambda e,i}) + \\ + \frac{1}{2}(h_{i\lambda} - \Delta_{i\lambda})\underset{\sim}{N}_{\lambda i} - \underset{\sim}{M}_{\lambda+1,a;i} + \frac{b_{i\lambda}}{2}\underset{\sim}{Q}_{\lambda+1,a;i} - \frac{1}{2}(h_{i\lambda} + \Delta_{i\lambda})\underset{\sim}{N}_{\lambda+1,i}. \tag{5.51}$$

Die Gln. (5.15) für $\lambda = \mathrm{I}$, (5.18) für $\lambda = \mathrm{II}, \mathrm{III}, \ldots \varkappa$, (5.12), (5.48) und (5.45) für $\lambda = \mathrm{I}, \mathrm{II}, \ldots \varkappa$ sind auf S. 122 zur Übertragungsmatrix zusammengefaßt. Es kommen darin die Abkürzungen (5.17), (5.49) bis (5.51), (5.36) und (5.30) vor.

6. Übertragungsmatrix für die gebräuchliche Näherung

Zum Abschluß soll noch die Übertragungsmatrix für Stockwerkrahmen hergeleitet werden, bei denen in üblicher Weise [4] weder die Krümmung der Stabachsen noch die endliche Ausdehnung der Knotenbereiche Berücksichtigung finden. Damit soll dann auch an einem Beispiel der Unterschied in den numerischen Resultaten zwischen beiden Berechnungsarten gezeigt werden.

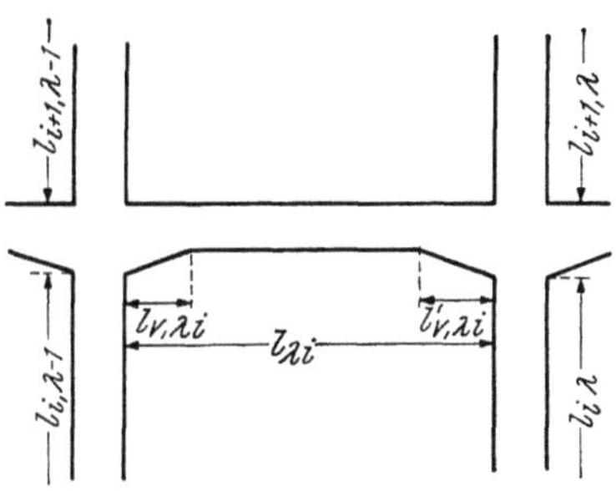

Abb. 10a. Riegel mit Knotenbereichen

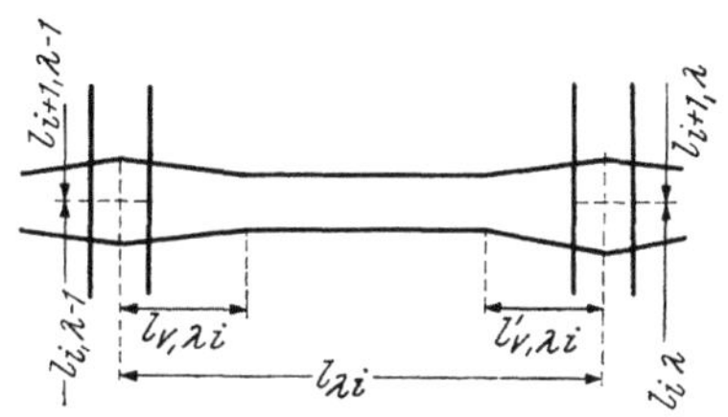

Abb. 10b. Der üblichen Näherung entsprechendes Ersatzmodell zu dem Rahmenteil nach Abb. 10a

In der üblichen Vereinfachung wird eine Anordnung nach Abb. 10a ersetzt durch ein Modell nach Abb. 10b. Man erkennt, daß im Ersatzmodell die Ständer-, Riegel- und Voutenlängen verfälscht sind. Da nunmehr die Achsen der Riegel geradlinig sind, können die Riegel als „längsstarr" angesehen werden. Damit spezialisieren sich die Gln. (2.7), (2.9) und (2.14) für den Riegel λi zu:

$$M_{\lambda e,i} = M_{\lambda a,i} + l_{\lambda i} Q_{\lambda a,i} + \tilde{M}_{\lambda e,i}, \tag{6.1}$$

$$\varphi_{\lambda e,i} = \varphi_{\lambda a,i} + \alpha_{\varphi M,\lambda i} M_{\lambda a,i} + \alpha_{\varphi Q,\lambda i} Q_{\lambda a,i} + \tilde{\varphi}_{\lambda e,i}, \tag{6.2}$$

$$w_{\lambda e,i} = w_{\lambda a,i} - l_{\lambda i}\varphi_{\lambda a,i} + \alpha_{wM,\lambda i} M_{\lambda a,i} + \alpha_{wQ,\lambda i} Q_{\lambda a,i} + \tilde{w}_{\lambda e,i}. \tag{6.3}$$

Unverändert bleibt die Gl. (2.5)

$$Q_{\lambda e,i} = Q_{\lambda a,i} + \tilde{Q}_{\lambda e,i}. \tag{6.4}$$

Übertragungsmatrix zu Abschnitt 5,

gebildet aus den Gln. $(5.15)_{\lambda=\mathrm{I}}$, $(5.18)_{\lambda\neq\mathrm{I}}$, (5.12), (5.48) und (5.45)

$$
\begin{pmatrix}
w_{i\mathrm{I}} \\ \Delta w_{i\mathrm{II}} \\ \Delta w_{i\mathrm{III}} \\ \vdots \\ \Delta w_{i\varkappa} \\ \hline
\varphi_{i\mathrm{I}} \\ \vdots \\ \varphi_{i\varkappa} \\ \hline
M_{i+1,a;\mathrm{I}} \\ \vdots \\ M_{i+1,a;\varkappa} \\ \hline
Q_{i+1,a;\mathrm{I}} \\ \vdots \\ Q_{i+1,a;\varkappa} \\ \hline
1
\end{pmatrix}
=
\left(\begin{array}{ccccc|ccc|ccc|ccc|c|ccccc|ccccc}
1 & & & & & \beta_{i\mathrm{I}} & & & \beta'_{i\mathrm{I}} & & & \beta''_{i\mathrm{I}} & & & \tilde{w}_{ie,\mathrm{I}}-\frac{h_{i\mathrm{I}}}{2}\tilde{\varphi}_{ie,\mathrm{I}} & 0 & & & & & & & & & \\
1 & 1 & & & & & \ddots & & & \ddots & & & \ddots & & \vdots & -1 & & & & & & & & & \\
1 & 1 & 1 & & & & & & & & & & & & & -1 & -1 & & & & & & & & \\
\vdots & \vdots & \vdots & \ddots & & & & & & & & & & & & \vdots & \vdots & \ddots & & & & & & & \\
1 & 1 & 1 & \cdots & 1 & & & \beta_{i\varkappa} & & & \beta'_{i\varkappa} & & & \beta''_{i\varkappa} & \tilde{w}_{ie,\varkappa}-\frac{h_{i\varkappa}}{2}\tilde{\varphi}_{ie,\varkappa} & -1 & -1 & \cdots & -1 & 0 & & & & & \\ \hline
 & & & & & 1 & & & -\frac{l_{i\mathrm{I}}}{(EI)_{i\mathrm{I}}} & & & -\frac{l_{i\mathrm{I}}^2}{2(EI)_{i\mathrm{I}}} & & & \tilde{\varphi}_{ie,\mathrm{I}} & & & & & & & & & & \\
 & & & & & & \ddots & & & \ddots & & & \ddots & & \vdots & & & & & & & & & & \\
 & & & & & & & 1 & & & -\frac{l_{i\varkappa}}{(EI)_{i\varkappa}} & & & -\frac{l_{i\varkappa}^2}{2(EI)_{i\varkappa}} & \tilde{\varphi}_{ie,\varkappa} & & & & & & & & & & \\ \hline
 & & & & & & & & 1 & & & l_{i\mathrm{I}}+h_{i\mathrm{I}} & & & \underset{\sim}{M}_{i\mathrm{I}} & -L^l_{i\mathrm{I}} & L^r_{i\mathrm{I}} & & & & K_{i\mathrm{I}} & K^r_{i\mathrm{I}} & & & \\
 & & & & & & & & & \ddots & & & \ddots & & \vdots & & -L^l_{i\mathrm{II}} & L^r_{i\mathrm{II}} & & & K^l_{i\mathrm{II}} & K_{i\mathrm{II}} & K^r_{i\mathrm{II}} & & \\
 & & & & & & & & & & & & & & & & & \ddots & -L^l_{i,\varkappa-1} & L^r_{i,\varkappa-1} & & \ddots & K^l_{i,\varkappa-1} & K_{i,\varkappa-1} & K^r_{i,\varkappa-1} \\
 & & & & & & & & & & 1 & & & l_{i\varkappa}+h_{i\varkappa} & \underset{\sim}{M}_{i\varkappa} & & & & & -L^l_{i\varkappa} & & & & K^l_{i\varkappa} & K_{i\varkappa} \\ \hline
 & & & & & & & & & & & 1 & & & \underset{\sim}{Q}_{i\mathrm{I}} & 0 & -A^{(33)}_{\mathrm{II}i} & & & & n_{i\mathrm{I}} & -n^e_{\mathrm{II}i} & & & \\
 & & & & & & & & & & & & \ddots & & \vdots & & A^{(33)}_{\mathrm{II}i} & -A^{(33)}_{\mathrm{III}i} & & & n^a_{\mathrm{II}i} & n_{i\mathrm{II}} & -n^e_{\mathrm{III}i} & & \\
 & & & & & & & & & & & & & & & & & \ddots & A^{(33)}_{\varkappa-2,i} & -A^{(33)}_{\varkappa-1,i} & & \ddots & n^a_{\varkappa-1,i} & n_{i,\varkappa-1} & -n^e_{\varkappa i} \\
 & & & & & & & & & & & & & 1 & \underset{\sim}{Q}_{i\varkappa} & & & & & A^{(33)}_{\varkappa i} & & & & n^a_{\varkappa i} & n_{i\varkappa} \\ \hline
 & & & & & & & & & & & & & & 1 & & & & & & & & & &
\end{array}\right)
\begin{pmatrix}
w_{i-1,\mathrm{I}} \\ \Delta w_{i-1,\mathrm{II}} \\ \Delta w_{i-1,\mathrm{III}} \\ \vdots \\ \Delta w_{i-1,\varkappa} \\ \hline
\varphi_{i-1,\mathrm{I}} \\ \vdots \\ \varphi_{i-1,\varkappa} \\ \hline
M_{ia,\mathrm{I}} \\ \vdots \\ M_{ia,\varkappa} \\ \hline
Q_{ia,\mathrm{I}} \\ \vdots \\ Q_{ia,\varkappa} \\ \hline
1 \\ \hline
w_{i\mathrm{I}} \\ \Delta w_{i\mathrm{II}} \\ \Delta w_{i\mathrm{III}} \\ \vdots \\ \Delta w_{i,\varkappa-1} \\ \Delta w_{i\varkappa} \\ \hline
\varphi_{i\mathrm{I}} \\ \varphi_{i\mathrm{II}} \\ \varphi_{i\mathrm{III}} \\ \vdots \\ \varphi_{i,\varkappa-2} \\ \varphi_{i,\varkappa-1} \\ \varphi_{i\varkappa}
\end{pmatrix}
$$

Abkürzungen: $\beta_{i\lambda} = -\left(l_{i\lambda} + \frac{h_{i\lambda}}{2} + \frac{h_{i-1,\lambda}}{2}\right)$, $\beta'_{i\lambda} = \frac{l_{i\lambda}(l_{i\lambda}+h_{i\lambda})}{2(EI)_{i\lambda}}$, $\beta''_{i\lambda} = \frac{l_{i\lambda}^2\left(l_{i\lambda}+\frac{3}{2}h_{i\lambda}\right)}{6(EI)_{i\lambda}}$

Für das Ständerfeld $i\,\lambda$ gilt nach (3.35)

$$w_{ie,\lambda} = w_{ia,\lambda} - l_{i\lambda}\,\varphi_{ia,\lambda} + \frac{l_{i\lambda}^2}{2\,(E\,I)_{i\lambda}}\,M_{ia,\lambda} + \frac{l_{i\lambda}^3}{6\,(E\,I)_{i\lambda}}\,Q_{ia,\lambda} + \tilde{w}_{ie,\lambda}, \qquad (6.5)$$

$$\varphi_{ie,\lambda} = \varphi_{ia,\lambda} - \frac{l_{i\lambda}}{(E\,I)_{i\lambda}}\,M_{ia,\lambda} - \frac{l_{i\lambda}^2}{2\,(E\,I)_{i\lambda}}\,Q_{ia,\lambda} + \tilde{\varphi}_{ie,\lambda}, \qquad (6.6)$$

$$M_{ie,\lambda} = M_{ia,\lambda} + l_{i\lambda}\,Q_{ia,\lambda} + \tilde{M}_{ie,\lambda}, \qquad (6.7)$$

$$Q_{ie,\lambda} = Q_{ia,\lambda} + \tilde{Q}_{ie,\lambda}. \qquad (6.8)$$

Da die Knotenbereiche als punktförmig angesehen werden, ist

$$w_{ie,\lambda} = w_{i+1,a;\,\lambda}.$$

Wegen der näherungsweise vorausgesetzten Längsstarrheit der Riegel schreiben wir

$$w_{ie,\lambda} = w_{i+1,a;\,\lambda} = w_i \qquad \text{für } \lambda = \text{I}, \text{II}, \ldots \varkappa \qquad (6.9)$$

Damit kann man die Summe aller Querkräfte in einem Horizontalschnitt über dem Niveau i als neue Zustandsgröße einführen, die dann in der Übertragungsgleichung für w_i vorkommt. Multipliziert man die Gl. (6.5) mit $6\,(E\,I)_{i\lambda}/l_{i\lambda}^3$ und summiert über λ, so erhält man bei Beachtung von (5.4)

$$w_i \sum_{\lambda=\text{I}}^{\varkappa} \frac{6\,(E\,I)_{i\lambda}}{l_{i\lambda}^3} = w_{i-1} \sum_{\lambda=\text{I}}^{\varkappa} \frac{6\,(E\,I)_{i\lambda}}{l_{i\lambda}^3} - \sum_{\lambda=\text{I}}^{\varkappa} \frac{6\,(E\,I)_{i\lambda}}{l_{i\lambda}^2}\,\varphi_{i-1,\lambda} + \sum_{\lambda=\text{I}}^{\varkappa} \frac{3}{l_{i\lambda}}\,M_{ia,\lambda} +$$

$$+ \sum_{\lambda=\text{I}}^{\varkappa} Q_{ia,\lambda} + \sum_{\lambda=\text{I}}^{\varkappa} \frac{6\,(E\,I)_{i\lambda}}{l_{i\lambda}^3}\,\tilde{w}_{ie,\lambda}.$$

Mit der Abkürzung

$$\frac{1}{A_i} = \sum_{\lambda=\text{I}}^{\varkappa} \frac{(E\,I)_{i\lambda}}{l_{i\lambda}^3} \qquad (6.10)$$

wird daraus die Übertragungsgleichung für w_i

$$w_i = w_{i-1} - A_i \sum_{\lambda=\text{I}}^{\varkappa} \frac{(E\,I)_{i\lambda}}{l_{i\lambda}^2}\,\varphi_{i-1,\lambda} + \frac{A_i}{2} \sum_{\lambda=\text{I}}^{\varkappa} \frac{1}{l_{i\lambda}}\,M_{ia,\lambda} + \frac{A_i}{6} \sum_{\lambda=\text{I}}^{\varkappa} Q_{ia,\lambda} +$$

$$+ A_i \sum_{\lambda=\text{I}}^{\varkappa} \frac{(E\,I)_{i\lambda}}{l_{i\lambda}^3}\,\tilde{w}_{ie,\lambda}. \qquad (6.11)$$

Setzt man die Größe $Q_{ia,\lambda}$ aus (6.5) in die Gln. (6.6) und (6.7) ein, so erhält man bei Beachtung von (5.4) und (6.9)

$$\varphi_{i\lambda} = -2\,\varphi_{i-1,\lambda} + \frac{l_{i\lambda}}{2\,(E\,I)_{i\lambda}}\,M_{ia,\lambda} + \bar{\bar{\varphi}}_{ie,\lambda} - \frac{3}{l_{i\lambda}}\,(w_i - w_{i-1}) \qquad (6.12)$$

und

$$M_{ie,\lambda} = \frac{6\,(E\,I)_{i\lambda}}{l_{i\lambda}}\,\varphi_{i-1,\lambda} - 2\,M_{ia,\lambda} + \bar{\bar{M}}_{ie,\lambda} + \frac{6\,(E\,I)_{i\lambda}}{l_{i\lambda}^2}\,(w_i - w_{i-1}) \qquad (6.13)$$

mit den Abkürzungen

$$\left.\begin{aligned}\bar{\tilde{\varphi}}_{ie,\lambda} &= \tilde{\varphi}_{ie,\lambda} + \frac{3}{l_{i\lambda}}\,\tilde{w}_{ie,\lambda},\\ \bar{\tilde{M}}_{ie,\lambda} &= \tilde{M}_{ie,\lambda} - \frac{6\,(E\,I)_{i\lambda}}{l_{i\lambda}^{2}}\,\tilde{w}_{ie,\lambda}.\end{aligned}\right\}\qquad(6.14)$$

(6.12) ist bereits die Übertragungsgleichung für $\varphi_{i\lambda}$. Um die Übertragungsgleichung für $M_{i+1,\,a;\,\lambda}$ zu erhalten, gehen wir von der Gleichgewichtsbedingung für die Momente am Knoten $i\,\lambda$ (Abb. 11) aus

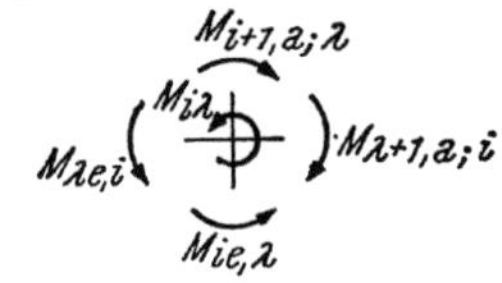

Abb. 11. Auf den Knoten $i\,\lambda$ wirkende Momente

$$M_{i+1,\,a;\,\lambda} = M_{ie,\lambda} + M_{\lambda e,i} - M_{\lambda+1,\,a;\,i} + M_{i\lambda}. \qquad (6.15)$$

Rechnet man aus (6.3) die Größe $Q_{\lambda a,\,i}$ aus und setzt diese in (6.1) und (6.2) ein, so erhält man bei Beachtung von (5.4) und Verwendung von (3.2) bis (3.5) die Darstellung für die Riegelendmomente

$$\begin{pmatrix} -M_{\lambda a,\,i} \\ M_{\lambda e,\,i}\end{pmatrix} = \begin{pmatrix} -\Gamma^{aa}_{\lambda i} & -\Gamma^{ae}_{\lambda i} \\ -\Gamma^{ea}_{\lambda i} & -\Gamma^{ee}_{\lambda i}\end{pmatrix} \begin{pmatrix}\varphi_{i,\,\lambda-1} \\ \varphi_{i\lambda}\end{pmatrix} + \begin{pmatrix} -\underset{\sim}{M}'_{\lambda a,\,i} \\ \underset{\sim}{M}'_{\lambda e,\,i}\end{pmatrix} \qquad (6.16)$$

mit den „Federzahlen“

$$\left.\begin{aligned}\Gamma^{aa}_{\lambda i} &= \left(\frac{\overset{2}{V}}{\overset{0}{V}\,\overset{2}{V} - \overset{1}{V}\,\overset{1}{V}}\right)_{\lambda i}, \qquad \Gamma^{ae}_{\lambda i} = \Gamma^{ea}_{\lambda i} = \left(\frac{l\,\overset{1}{V} - \overset{2}{V}}{\overset{0}{V}\,\overset{2}{V} - \overset{1}{V}\,\overset{1}{V}}\right)_{\lambda i},\\ \Gamma^{ee}_{\lambda i} &= \left(\frac{l^2\,\overset{0}{V} - 2\,l\,\overset{1}{V} + \overset{2}{V}}{\overset{0}{V}\,\overset{2}{V} - \overset{1}{V}\,\overset{1}{V}}\right)_{\lambda i}\end{aligned}\right\}\qquad(6.17)$$

und den von den Riegelbelastungen und etwaigen gegebenen Knotensenkungen $w_{\lambda e,\,i} = w_{\lambda+1,a;\,i} = a_{i\lambda}$ herrührenden Endmomentenanteilen

$$-\underset{\sim}{M}'_{\lambda a,\,i} = \Gamma^{ae}_{\lambda i}\,\tilde{\varphi}_{\lambda e,\,i} + \left(\frac{\overset{1}{V}}{\overset{0}{V}\,\overset{2}{V} - \overset{1}{V}\,\overset{1}{V}}\right)_{\lambda i} (\tilde{w}_{\lambda e,\,i} + a_{i,\,\lambda-1} - a_{i\lambda}), \qquad (6.18)$$

$$\underset{\sim}{M}'_{\lambda e,\,i} = \tilde{M}_{\lambda\,e,\,i} + \Gamma^{ee}_{\lambda i}\,\tilde{\varphi}_{\lambda e,\,i} + \left(\frac{l\,\overset{0}{V} - \overset{1}{V}}{\overset{0}{V}\,\overset{2}{V} - \overset{1}{V}\,\overset{1}{V}}\right)_{\lambda i} (\tilde{w}_{\lambda e,\,i} + a_{i,\,\lambda-1} - a_{i\lambda}). \qquad (6.19)$$

Durch Einsetzen von (6.13) und (6.16) in (6.15) erhält man schließlich die Übertragungsgleichung für $M_{i+1,a;\,\lambda}$

$$M_{i+1,a;\lambda} = -\frac{6(E\,I)_{i\lambda}}{l_{i\lambda}^2}\,w_{i-1} + \frac{6(E\,I)_{i\lambda}}{l_{i\lambda}}\,\varphi_{i-1,\lambda} - 2\,M_{ia,\lambda} + \underset{\sim}{M}'_{i\lambda} +$$

$$+\frac{6(E\,I)_{i\lambda}}{l_{i\lambda}^2}\,w_i - \Gamma^{ea}_{\lambda i}\,\varphi_{i,\lambda-1} - (\Gamma^{ee}_{\lambda i} + \Gamma^{aa}_{\lambda+1,i})\,\varphi_{i\lambda} - \Gamma^{ae}_{\lambda+1,i}\,\varphi_{i,\lambda+1} \qquad (6.20)$$

mit der Abkürzung

$$\underset{\sim}{M}'_{i\lambda} = \overline{\overline{M}}_{ie,\lambda} + \underset{\sim}{M}'_{\lambda e,i} - \underset{\sim}{M}'_{\lambda+1,a;i} + M_{i\lambda}. \qquad (6.21)$$

Die Übertragungsgleichung für die Größe $\sum_{\lambda=I}^{\varkappa} Q_{i+1,a;\lambda}$ ergibt sich aus (5.1) durch Summation über λ. Wegen $N_{I\,i} = N_{\varkappa+1,i} = 0$ folgt

$$\sum_{\lambda=I}^{\varkappa} Q_{i+1,a;\lambda} = \sum_{\lambda=I}^{\varkappa} Q_{ie,\lambda} + \sum_{\lambda=I}^{\varkappa} H_{i\lambda}$$

und daraus mit (6.8)

$$\sum_{\lambda=I}^{\varkappa} Q_{i+1,a;\lambda} = \sum_{\lambda=I}^{\varkappa} Q_{ia,\lambda} + \sum_{\lambda=I}^{\varkappa} (\tilde{Q}_{ie,\lambda} + H_{i\lambda}). \qquad (6.22)$$

Die Summe der Querkräfte im tiefsten Horizontalschnitt ist aus der Gleichgewichtsbedingung für den ganzen Rahmen bekannt:

$$\sum_{\lambda=I}^{\varkappa} Q_{1a,\lambda} = \sum_{i=1}^{n} \sum_{\lambda=I}^{\varkappa} (\tilde{Q}_{ie,\lambda} + H_{i\lambda}). \qquad (6.23)$$

Auf S. 126 sind die Gln. (6.11), (6.12), (6.20) und (6.22) zur Übertragungsmatrix zusammengefaßt.

7. Zahlenbeispiel zu Abschnitt 5

Um die Anwendung des entwickelten Verfahrens an einem Beispiel zu zeigen, wählen wir den Stockwerkrahmen nach Abb. 12 mit den dort angegebenen Daten. Den für alle Riegel und Ständer gleichen Elastizitäts-

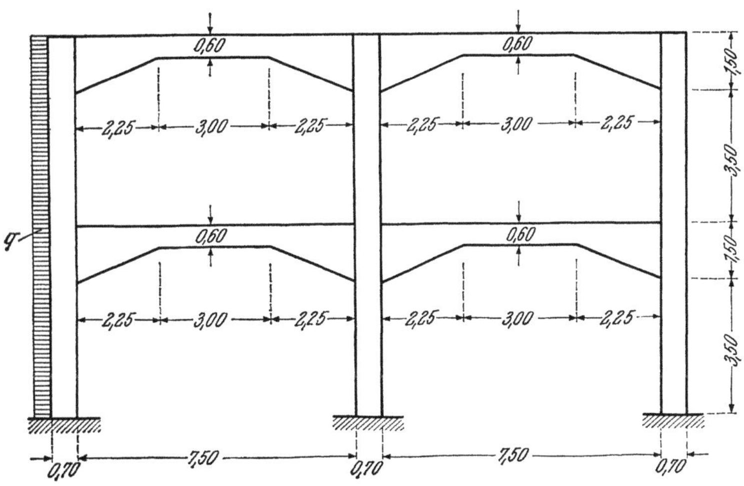

Abb. 12. Rahmen für das Zahlenbeispiel im Abschnitt 7

Übertragungsmatrix zu Abschnitt 6,
gebildet aus den Gln. (6.11), (6.12), (6.20) und (6.22)

	=	w_{i-1}	$\varphi_{i-1,\mathrm{I}} \cdots \varphi_{i-1,\varkappa}$	$M_{ia,\mathrm{I}} \cdots M_{ia,\varkappa}$	$\sum_{\lambda=\mathrm{I}}^{\varkappa} Q_{ia,\lambda}$	1	w_i	$\varphi_{i\,\mathrm{I}},\ \varphi_{i\,\mathrm{II}},\ \varphi_{i\,\mathrm{III}} \cdots \varphi_{i,\varkappa-1},\ \varphi_{i\varkappa}$
w_i		1	$-A_i \frac{(EI)_{i\mathrm{I}}}{l^2_{i\varkappa}} \cdots -A_i \frac{(EI)_{i\varkappa}}{l^2_{i\varkappa}}$	$\frac{A_i}{2l_{i\mathrm{I}}} \cdots \frac{A_i}{2l_{i\varkappa}}$	$\frac{A_i}{6}$	$A_i \sum_{\lambda=\mathrm{I}}^{\varkappa} \frac{(EI)_{i\lambda}}{l^3_{i\lambda}} \tilde{w}_{ie,\lambda}$		
$\varphi_{i\,\mathrm{I}}$ $\vdots$ $\varphi_{i\varkappa}$		$\frac{3}{l_{i\mathrm{I}}}$ $\vdots$ $\frac{3}{l_{i\varkappa}}$	-2 $\ddots$ -2	$\frac{l_{i\mathrm{I}}}{2(EI)_{i\mathrm{I}}}$ $\ddots$ $\frac{l_{i\varkappa}}{2(EI)_{i\varkappa}}$		$\bar{\bar{\varphi}}_{ie,\mathrm{I}}$ $\vdots$ $\bar{\bar{\varphi}}_{ie,\varkappa}$	$-\frac{3}{l_{i\mathrm{I}}}$ $\vdots$ $-\frac{3}{l_{i\varkappa}}$	
$M_{i+1,a;\mathrm{I}}$ $\vdots$ $M_{i+1,a;\varkappa}$		$-\frac{6(EI)_{i\mathrm{I}}}{l_{i\mathrm{I}}^2}$ $\vdots$ $-\frac{6(EI)_{i\varkappa}}{l_{i\varkappa}^2}$	$\frac{6(EI)_{i\mathrm{I}}}{l_{i\mathrm{I}}}$ $\ddots$ $\frac{6(EI)_{i\varkappa}}{l_{i\varkappa}}$	-2 $\ddots$ -2		$\underset{\sim}{M}'_{i\mathrm{I}}$ $\vdots$ $\underset{\sim}{M}'_{i\varkappa}$	$\frac{6(EI)_{i\mathrm{I}}}{l_{i\mathrm{I}}^2}$ $\vdots$ $\frac{6(EI)_{i\varkappa}}{l_{i\varkappa}^2}$	$-\Gamma^{aa}_{\mathrm{II}\,i}\quad -\Gamma^{ae}_{\mathrm{II}\,i}$ $-\Gamma^{ea}_{\mathrm{II}\,i}\quad -(\Gamma^{ee}_{\mathrm{II}\,i} + \Gamma^{aa}_{\mathrm{III}\,i})\quad -\Gamma^{ae}_{\mathrm{III}\,i}$ $\ddots\quad \ddots\quad \ddots$ $-\Gamma^{ea}_{\varkappa-1,i}\quad -(\Gamma^{ee}_{\varkappa-1,i} + \Gamma^{aa}_{\varkappa i})\quad -\Gamma^{ae}_{\varkappa i}$ $-\Gamma^{ea}_{\varkappa i}\quad -\Gamma^{ee}_{\varkappa i}$
$\sum_{\lambda=\mathrm{I}}^{\varkappa} Q_{i+1,a;\lambda}$					1	$\sum_{\lambda=\mathrm{I}}^{\varkappa} (\tilde{Q}_{ie,\lambda} + H_{i\lambda})$		
1						1		

modul E und die horizontale Gleichlast q legen wir numerisch nicht fest. Es sollen zunächst die Zahlenwerte für die in der Lastspalte und in den Zusatzspalten der Matrix auf S. 122 auftretenden Größen berechnet werden. Man benötigt die Voutenzahlen und die Übertragungszahlen für die Riegel. Für die Werte $l_v/l = 0{,}3$ und $h_k/h_a = 0{,}4$ der Riegel entnimmt man aus der Tafel 23 der unter [3] zitierten Arbeit die dimensionslosen Voutenzahlen

$$\overset{0}{V}{}^{*}_{\lambda e,i} = 0{,}5680, \quad \overset{1}{V}{}^{*}_{\lambda e,i} = 0{,}2840, \quad \overset{2}{V}{}^{*}_{\lambda e,i} = 0{,}1620$$

und aus Tafel 3

$$\overset{0}{V}{}^{*}_{\lambda i}\left(\frac{l_v}{l}\right) = 0{,}08400, \quad \overset{1}{V}{}^{*}_{\lambda i}\left(\frac{l_v}{l}\right) = 0{,}01800, \quad \overset{2}{V}{}^{*}_{\lambda i}\left(\frac{l_v}{l}\right) = 0{,}00433.$$

Daraus folgen gemäß

$$\overset{n}{V}_{\lambda i}(x) = \frac{l_{\lambda i}^{n+1}}{(E_k I_k)_{\lambda i}} \overset{n}{V}{}^{*}_{\lambda i}(x^*) \tag{7.1}$$

[Gl. (56) der zitierten Arbeit [3]] mit der Riegellänge $l_{\lambda i} = 7{,}50$ m und dem Trägheitsmoment des kleinsten Riegelquerschnittes $I_k = 0{,}009$ m^4 die Voutenzahlen

$$\overset{0}{V}_{\lambda e,i} = 473{,}333333 \frac{1}{E} \mathrm{m}^{-3}, \quad \overset{1}{V}_{\lambda e,i} = 1775{,}00000 \frac{1}{E} \mathrm{m}^{-2},$$

$$\overset{2}{V}_{\lambda e,i} = 7593{,}75000 \frac{1}{E} \mathrm{m}^{-1}$$

und die Funktionswerte

$$\overset{0}{V}_{\lambda i}(l_v) = 70{,}0000000 \frac{1}{E} \mathrm{m}^{-3}, \quad \overset{1}{V}_{\lambda i}(l_v) = 112{,}500000 \frac{1}{E} \mathrm{m}^{-2},$$

$$\overset{3}{V}_{\lambda i}(l_v) = 202{,}968750 \frac{1}{E} \mathrm{m}^{-1}.$$

Wegen der im Zuge der Zahlenrechnung auftretenden Stellenverluste rechnen wir neunstellig, was mit der Genauigkeit der eingegebenen Daten nichts zu tun hat. Nach den für symmetrische Vouten geltenden Gln. (3.27) bis (3.31) berechnen wir mit $\zeta_a = 0{,}45$ m und $l_v = 2{,}25$ m die Übertragungszahlen

$$\alpha_{\varphi N,e} = \alpha_{uM,e} = -195{,}000000 \frac{1}{E} \mathrm{m}^{-2},$$

$$\alpha_{wN,e} = -\alpha_{uQ,e} = 731{,}250000 \frac{1}{E} \mathrm{m}^{-1},$$

$$\alpha_{uN,e} = -83{,}7374999 \frac{1}{E} \mathrm{m}^{-1}.$$

Nach (5.29) ergibt sich daraus

$$D_{\lambda i} = -1510078{,}26 \frac{1}{E} \mathrm{m}^{-5}$$

und nach (5.30)

$$A_{\lambda i}^{(11)} = A_{\lambda i}^{(22)} = 0{,}00399999952\, E\,\mathrm{m}^2, \quad A_{\lambda i}^{(12)} = -\,0{,}00106666652\, E\,\mathrm{m},$$

$$A_{\lambda i}^{(13)} = A_{\lambda i}^{(32)} = 0, \quad A_{\lambda i}^{(31)} = -\,A_{\lambda i}^{(23)} = 0{,}121061606\, E\,\mathrm{m}^2,$$

$$A_{\lambda i}^{(21)} = 0{,}00369866492\, E\,\mathrm{m}^3, \quad A_{\lambda i}^{(33)} = -\,0{,}293858940\, E\,\mathrm{m}.$$

Mit $b_{i\lambda} = 0{,}70$ m, $\Delta_{i\lambda} = 0$ und $\zeta_{\lambda a,i} = \zeta_{\lambda e,i} = 0{,}45$ m erhält man nach (5.34) die Federzahlen

$$c_{\lambda i}^{a} = c_{\lambda i}^{e} = 0{,}00437333273\, E\,\mathrm{m}^2 \quad (\lambda = \mathrm{II}, \mathrm{III};\ i = 1, 2),$$

aus (5.36) und (5.46) die Federzahlen

$$-\,n_{\lambda i}^{a} = n_{\lambda i}^{e} = n_{i\,\mathrm{I}} = n_{i\,\mathrm{III}} = 0{,}121061606\, E\,\mathrm{m}^2, \quad n_{i\,\mathrm{II}} = 0{,}242123212\, E\,\mathrm{m}^2$$

und aus (5.38), (5.41), (5.42) die Federzahlen

$$C_{\lambda i}^{aa} = C_{\lambda i}^{ee} = -\,0{,}0683866454\, E\,\mathrm{m}^3, \quad C_{\lambda i}^{ae} = C_{\lambda i}^{ea} = 0{,}0355866500\, E\,\mathrm{m}^3.$$

Aus (5.39) und (5.43) wird

$$S_{\lambda i}^{a} = -\,S_{\lambda i}^{e} = 0{,}121061606\, E\,\mathrm{m}^2.$$

Nach (5.49) und (5.50) erhält man mit $h = 1{,}50$ m die Federzahlen für die Zusatzspalten

$$K_{i\mathrm{I}}^{l} = 0, \quad K_{i\mathrm{II}}^{l} = K_{i\mathrm{III}}^{l} = K_{i\mathrm{I}}^{r} = K_{i\mathrm{II}}^{r} = -\,0{,}0567402210\, E\,\mathrm{m}^3, \quad K_{i\mathrm{III}}^{r} = 0,$$

$$K_{i\mathrm{I}} = K_{i\mathrm{III}} = 0{,}0208788926\, E\,\mathrm{m}^3, \quad K_{i\,\mathrm{II}} = 0{,}0417577852\, E\,\mathrm{m}^3.$$

$$L_{i\mathrm{I}}^{l} = 0, \quad L_{i\,\mathrm{II}}^{l} = L_{i\,\mathrm{III}}^{l} = L_{i\mathrm{I}}^{r} = L_{i\mathrm{II}}^{r} = 0{,}0993325990\, E\,\mathrm{m}^2, \quad L_{i\,\mathrm{III}}^{r} = 0.$$

Da die Riegel unbelastet sind und keine Ständersenkungen auftreten sollen ($a_{i\lambda} = 0$), verschwinden die Belastungszahlen $\tilde{Q}_{\lambda e,i}$, $\tilde{M}_{\lambda e,i}$, $\tilde{w}_{\lambda e,i}$, $\tilde{u}_{\lambda e,i}$ und $\tilde{\varphi}_{\lambda e,i}$. Damit verschwinden nach (5.35), (5.37), (5.40) und (5.44) auch die Größen $\underset{\sim}{Q}_{\lambda a,i}$, $\underset{\sim}{N}_{\lambda i}$, $\underset{\sim}{M}_{\lambda a,i}$, $\underset{\sim}{M}_{\lambda e,i}$. Für die belasteten Ständerfelder 1 I und 2 I sind die Belastungszahlen nach (2.6), (2.8), (2.13) und (2.18) oder nach Tabelle 1 der zitierten Arbeit [3]:

$$\tilde{Q}_{ie,\mathrm{I}} = q\,l_{i\mathrm{I}}, \quad \tilde{M}_{ie,\mathrm{I}} = \frac{q}{2}\,l_{i\mathrm{I}}^{2}, \quad \tilde{\varphi}_{ie,\mathrm{I}} = -\frac{q}{(E\,I)_{i\mathrm{I}}} \cdot \frac{l_{i\mathrm{I}}^{3}}{6}, \quad \tilde{w}_{ie,\mathrm{I}} = \frac{q}{(EI)_{i\mathrm{I}}} \cdot \frac{l_{i\mathrm{I}}^{4}}{24}.$$

Mit $l_{i\mathrm{I}} = 3{,}50$ m und $I_{i\mathrm{I}} = 0{,}02\ \mathrm{m}^4$ erhält man

$$\tilde{Q}_{ie,\mathrm{I}} = 3{,}50\, q\ \mathrm{m}, \quad \tilde{M}_{ie,\mathrm{I}} = 6{,}125\, q\ \mathrm{m}^2, \quad \tilde{\varphi}_{ie,\mathrm{I}} = -\,357{,}291667\,\frac{q}{E}\,\mathrm{m}^{-1},$$

$$w_{ie,\mathrm{I}} = 580{,}598958\,\frac{q}{E}.$$

Damit ergeben sich die noch benötigten Lastspaltenterme für die Übertragungsmatrix:

$$\tilde{w}_{ie,\mathrm{I}} - \frac{h_{i\mathrm{I}}}{2}\,\tilde{\varphi}_{ie,\mathrm{I}} = 580{,}598958\,\frac{q}{E}.$$

Nach (5.51) ist

$$\underset{\sim}{M}_{i\,\mathrm{I}} = \tilde{M}_{ie,\,\mathrm{I}} + h_{i\,\mathrm{I}}\,\tilde{Q}_{ie,\,\mathrm{I}} + \frac{h_{i\,\mathrm{I}}}{2}\,H_{i\,\mathrm{I}}.$$

Mit $h_{i\,\mathrm{I}} = 1{,}50$ m ist $H_{i\,\mathrm{I}} = 1{,}50\,q$ m und damit $\underset{\sim}{M}_{i\,\mathrm{I}} = 12{,}5\,q\,\mathrm{m}^2$. Nach (5.47) ist schließlich $\underset{\sim}{Q}_{i\,\mathrm{I}} = \tilde{Q}_{ie,\,\mathrm{I}} + H_{i\,\mathrm{I}} = 5\,q$ m.

Die bisher noch nicht berechneten Zahlenwerte der Übertragungsmatrix ergeben sich direkt aus den Abmessungen. Die komplette Übertragungsmatrix für $i = 2$ ist auf S. 130/131 angegeben. Für $i = 1$ gilt dieselbe Matrix, nur sind die drei Werte -5 in der ersten, zweiten und dritten Zeile durch $-4{,}25$ zu ersetzen, letztere Werte gehen aber in die Rechnung nicht ein. Der Zustandsvektor für das unterste Niveau enthält sechs Anfangsunbekannte: die drei Einspannmomente $M_{1\,a,\,\mathrm{I}}$, $M_{1\,a,\,\mathrm{II}}$, $M_{1\,a,\,\mathrm{III}}$ und die drei Querkräfte $Q_{1\,a,\,\mathrm{I}}$, $Q_{1\,a,\,\mathrm{II}}$, $Q_{1\,a,\,\mathrm{III}}$. Multipliziert man diesen Zustandsvektor (in der üblichen Aufspaltung nach Anfangsunbekannten) an den beiden Übertragungsmatrizen für $i = 1$ und $i = 2$ vorbei, dann ergeben die Randbedingungen im Niveau 2 ($M_{3\,a,\,\mathrm{I}} = M_{3\,a,\,\mathrm{II}} = M_{3\,a,\,\mathrm{III}} = 0$ und $Q_{3\,a,\,\mathrm{I}} = Q_{3\,a,\,\mathrm{II}} = Q_{3\,a,\,\mathrm{III}} = 0$) die sechs linearen inhomogenen Gleichungen für die sechs Anfangsunbekannten

$$\begin{pmatrix} 25\,116{,}0083 \\ -37\,260{,}7945 \\ 14\,183{,}6681 \\ 77\,107{,}3976 \\ -116\,484{,}176 \\ 39\,376{,}7782 \end{pmatrix} M_{1a,\mathrm{I}} + \begin{pmatrix} -38\,905{,}4184 \\ 74\,047{,}6906 \\ -38\,905{,}4184 \\ -115\,544{,}391 \\ 231\,088{,}782 \\ -115\,544{,}391 \end{pmatrix} M_{1a,\mathrm{II}} + \begin{pmatrix} 14\,183{,}6681 \\ -37\,260{,}7945 \\ 25\,116{,}0083 \\ 39\,376{,}7782 \\ -116\,484{,}176 \\ 77\,107{,}3976 \end{pmatrix} M_{1a,\mathrm{III}} +$$

$$+ \begin{pmatrix} 34\,888{,}3773 \\ -51\,869{,}5564 \\ 19\,900{,}9396 \\ 107\,030{,}143 \\ -162\,279{,}731 \\ 55\,250{,}5881 \end{pmatrix} Q_{1a,\mathrm{I}} + \begin{pmatrix} -54\,059{,}7367 \\ 102\,980{,}798 \\ -54\,059{,}7367 \\ -160\,635{,}107 \\ 321\,271{,}214 \\ -160\,635{,}107 \end{pmatrix} Q_{1a,\mathrm{II}} + \begin{pmatrix} 19\,900{,}9396 \\ -51\,869{,}5564 \\ 34\,888{,}3773 \\ 55\,250{,}5881 \\ -162\,279{,}731 \\ 107\,030{,}143 \end{pmatrix} Q_{1a,\mathrm{III}} =$$

$$= \begin{pmatrix} -34\,948{,}7517\,q \\ 52\,156{,}0452\,q \\ -20\,347{,}4831\,q \\ -106\,987{,}8185\,q \\ 163\,469{,}2200\,q \\ -56\,491{,}4014\,q \end{pmatrix}$$

Wegen der Symmetrie der Koeffizienten läßt sich dieses System leicht auf drei Gleichungen für drei Unbekannte zurückführen. Bei der Berechnung der Unbekannten treten auch hier wieder Stellenverluste auf. Es zeigt sich jedoch, daß man ohne Verlust an Genauigkeit rechnen kann, wenn man nach der Multiplikation zweier neunstelliger Zahlen das Produkt mit entsprechend mehr als neun Stellen weiterverwendet, so daß bei der

Übertragungsmatri

1	0	0	—5	0	0	437,5/E	0	0	586,979165/E	0	0	580,598958 q/E
1	1	0	0	—5	0	0	437,5/E	0	0	586,979165/E	0	0
1	1	1	0	0	—5	0	0	437,5/E	0	0	586,979165/E	0
0	0	0	1	0	0	—175/E	0	0	—306,25/E	0	0	—357,291667 q/
0	0	0	0	1	0	0	—175/E	0	0	—306,25/E	0	0
0	0	0	0	0	1	0	0	—175/E	0	0	—306,25/E	0
0	0	0	0	0	0	1	0	0	5	0	0	12,5 q
0	0	0	0	0	0	0	1	0	0	5	0	0
0	0	0	0	0	0	0	0	1	0	0	5	0
0	0	0	0	0	0	0	0	0	1	0	0	5 q
0	0	0	0	0	0	0	0	0	0	1	0	0
0	0	0	0	0	0	0	0	0	0	0	1	0
0	0	0	0	0	0	0	0	0	0	0	0	1

Übertragungsmatrix (i =

1	—1,566667	—1,566667	—1,566667	184,0833/E	184,0833/E	184,0833/
0,6382979	—2	0	0	117,5/E	0	0
0,6382979	0	—2	0	0	117,5/E	0
0,6382979	0	0	—2	0	0	117,5/E
—0,005432322 E	0,02553191 E	0	0	—2	0	0
—0,005432322 E	0	0,02553191 E	0	0	—2	0
—0,005432322 E	0	0	0,02553191 E	0	0	—2
0	0	0	0	0	0	0
0	0	0	0	0	0	0

Übertragungsmatrix (i =

1	—1,666667	—1,666667	—1,666667	208,3333/E	208,3333/E	208,3333
0,6	—2	0	0	125/E	0	0
0,6	0	—2	0	0	125/E	0
0,0	0	0	—2	0	0	125/E
—0,0048 E	—0,024 E	0	0	—2	0	0
—0,0048 E	0	—0,024 E	0	0	—2	0
—0,0048 E	0	0	—0,024 E	0	0	—2
0	0	0	0	0	0	0
0	0	0	0	0	0	0

Differenzbildung wieder neun Stellen überbleiben. Als Lösung des obigen Gleichungssystems ergibt sich auf diese Weise

$$M_{1a,\mathrm{I}} = 6{,}50325327\, q\,\mathrm{m}^2, \qquad Q_{1a,\mathrm{I}} = -\,4{,}24807438\, q\,\mathrm{m},$$

$$M_{1a,\mathrm{II}} = 6{,}75962352\, q\,\mathrm{m}^2, \qquad Q_{1a,\mathrm{II}} = -\,3{,}42932633\, q\,\mathrm{m},$$

$$M_{1a,\mathrm{III}} = 5{,}19917115\, q\,\mathrm{m}^2, \qquad Q_{1a,\mathrm{III}} = -\,2{,}32259929\, q\,\mathrm{m}.$$

ür das Zahlenbeispiel des Abschnittes 7

0	0	0	0	0	0
—1	0	0	0	0	0
—1	—1	0	0	0	0
0	0	0	0	0	0
0	0	0	0	0	0
0	0	0	0	0	0
0	0,0993325990 E	0	0,0208788926 E	—0,0567402210 E	0
0	—0,0993325990 E	0,0993325990 E	—0,0567402210 E	0,0417577852 E	—0,0567402210 E
0	0	—0,0993325990 E	0	—0,0567402210 E	0,0208788926 E
0	0,293858940 E	0	0,121061606 E	—0,121061606 E	0
0	—0,293858940 E	0,293858940 E	—0,121061606 E	0,242123212 E	—0,121061606 E
0	0	—0,293858940 E	0	—0,121061606 E	0,121061606 E
0	0	0	0	0	0

ür das Zahlenbeispiel des Abschnittes 8

288,3972/E	388,8667 q/E	0	0	0	0
0	—216,2979 q/E	—0,6382979	0	0	0
0	0	—0,6382979	0	0	0
0	0	—0,6382979	0	0	0
0	5,522500 q	0,005432322 E	—0,01830986 E	—0,01412876 E	0
0	0	0,005432322 E	—0,01412876 E	—0,03661973 E	—0,01412876 E
0	0	0,005432322 E	0	—0,01412876 E	—0,01830986 E
1	4,70 q	0	0	0	0
0	1	0	0	0	0

ür das Zahlenbeispiel des Abschnittes 8

347,2222/E	434,0278 q/E	0	0	0	0
0	—260,4167 q/E	—0,6	0	0	0
0	0	—0,6	0	0	0
0	0	—0,6	0	0	0
0	6,205 q	0,0048 E	—0,01830986 E	—0,01412876 E	0
0	0	0,0048 E	—0,01412876 E	—0,03661973 E	—0,01412876 E
0	0	0,0048 E	0	—0,01412876 E	—0,01830986 E
1	5,30 q	0	0	0	0
0	1	0	0	0	0

Diese Werte wurden hier wieder neunstellig berechnet, da beim Rückeinsetzen zufolge unvermeidlicher Stellenwertverluste bei Differenzbildungen, die im Wesen des Reduktionsverfahrens überhaupt liegen, einige Stellen verloren gehen. In der Tabelle auf S. 133, in der die Ergebnisse zusammengestellt sind, werden diese vierstellig angegeben, da die Kontrolle zeigt, daß letztlich die Gleichgewichtsbedingungen für jeden Knotenbereich und für jedes Feld auf mindestens vier Stellen genau erfüllt sind.

Aus dem Matrizenschema ergeben sich die Werte $w_{1\,\mathrm{I}}$ bis $Q_{2a,\,\mathrm{III}}$ dieser Tabelle direkt durch Rückeinsetzen. Die Riegelendmomente $M_{\lambda a,i}$, $M_{\lambda e,i}$ und die Riegelquerkräfte $Q_{\lambda a,i}$, $Q_{\lambda e,i}$ lassen sich dann aus (5.33) bzw. (5.31) und (5.23) berechnen. Da die Riegel hier unbelastet sind, gilt dabei $\underset{\sim}{M}_{\lambda a,i} = \underset{\sim}{M}_{\lambda e,i} = 0$ und $\tilde{Q}_{\lambda e,i} = 0$. Die Längskräfte $N_{\lambda i}$ in den Riegeln folgen aus (5.32) mit $\underset{\sim}{N}_{\lambda i} = 0$. Schließlich erhält man die Biegemomente $M_{ie,\lambda}$ und die Querkräfte $Q_{ie,\lambda}$ an den oberen Enden der Ständerfelder aus (5.13) und (5.14).

8. Zahlenbeispiel zu Abschnitt 6

Zum Vergleich sei abschließend noch derselbe Rahmen (Abb. 12) nach der im Abschnitt 6 angegebenen üblichen Näherung behandelt. Das zugehörige Ersatzmodell ist mit Angabe der entsprechenden Abmessungen in Abb. 13 dargestellt. In diesem Fall ist

$$\left(\frac{l_v}{l}\right)_{\lambda i} = 0{,}317073, \qquad \left(\frac{h_k}{h_a}\right)_{\lambda i} = 0{,}365854.$$

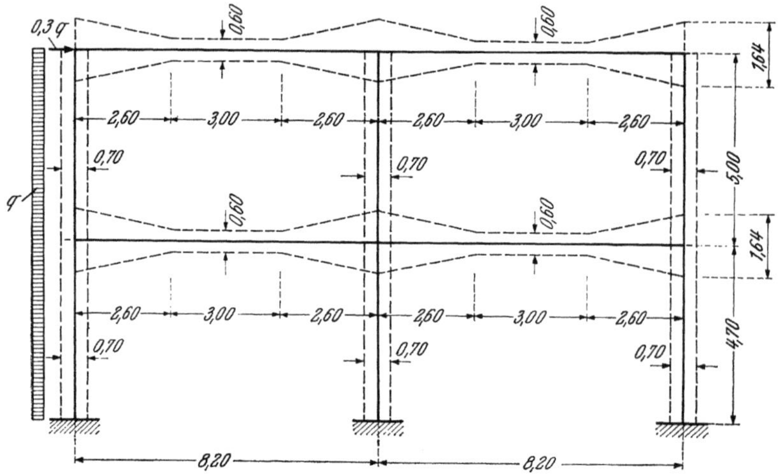

Abb. 13. Der üblichen Näherung entsprechendes Ersatzmodell für den Rahmen nach Abb. 12

Die zugehörigen dimensionslosen Voutenzahlen können aus den Tabellen der Arbeit [3] durch Interpolation gefunden werden. Man erhält

$$\overset{0}{V}{}^{*}_{\lambda e,i} = 0{,}525010, \qquad \overset{1}{V}{}^{*}_{\lambda e,i} = 0{,}262505, \qquad \overset{2}{V}{}^{*}_{\lambda e,i} = 0{,}148170.$$

Daraus folgen mittels (7.1) mit $l_{\lambda i} = 8{,}20$ m und $(I_k)_{\lambda i} = 0{,}009\ \mathrm{m}^4$ die Voutenzahlen

$$\overset{0}{V}_{\lambda e,i} = 478{,}342 \cdot \frac{1}{E}\,\mathrm{m}^{-3}, \qquad \overset{1}{V}_{\lambda e,i} = 1961{,}20 \cdot \frac{1}{E}\,\mathrm{m}^{-2},$$

$$\overset{2}{V}_{\lambda e,i} = 9077{,}36 \cdot \frac{1}{E}\,\mathrm{m}^{-1}.$$

Zusammenstellung und Vergleich der Resultate des Zahlenbeispiels

Die Gleichlast q ist in kp/m, der Elastizitätsmodul E in kp/m² einzusetzen. Man erhält dann die Momente M in kp · m, die Querkräfte Q und die Längskräfte N in kp, die Verschiebungen w und Verschiebungsdifferenzen Δw in m, die Drehwinkel φ im Bogenmaß.

Die angegebenen Abweichungen in % bedeuten

$$\frac{\text{Größe links minus Größe rechts}}{\text{Größe rechts}} \cdot 100.$$

	Nach Abschnitt 5	Nach Näherung Abschnitt 6	Abweichung %
$M_{1a,\mathrm{I}}$	6,503 q	8,163 q	—20,3
$M_{1a,\mathrm{II}}$	6,760 q	7,595 q	—11,0
$M_{1a,\mathrm{III}}$	5,199 q	6,445 q	—19,3
$Q_{1a,\mathrm{I}}$	—4,248 q	—4,603 q	—7,71
$Q_{1a,\mathrm{II}}$	—3,429 q	—3,065 q	11,9
$Q_{1a,\mathrm{III}}$	—2,323 q	—2,332 q	—0,386
$w_{1\mathrm{I}}$	932,2 q/E	1542 q/E	—39,5
$\Delta w_{1\mathrm{II}}$	12,15 q/E	0	
$\Delta w_{1\mathrm{III}}$	—33,07 q/E	0	
$w_{2\mathrm{I}}$	1707 q/E	2614 q/E	—34,7
$\Delta w_{2\mathrm{II}}$	—28,47 q/E	0	
$\Delta w_{2\mathrm{III}}$	—0,8035 q/E	0	
$\varphi_{1\mathrm{I}}$	—194,4 q/E	—241,5 q/E	—19,5
$\varphi_{1\mathrm{II}}$	—132,7 q/E	—91,95 q/E	44,3
$\varphi_{1\mathrm{III}}$	—198,6 q/E	—227,0 q/E	—12,5
$\varphi_{2\mathrm{I}}$	—15,65 q/E	—8,537 q/E	83,3
$\varphi_{2\mathrm{II}}$	—69,43 q/E	—62,33 q/E	11,4
$\varphi_{2\mathrm{III}}$	—66,62 q/E	—71,33 q/E	—6,60
$M_{2a,\mathrm{I}}$	2,441 q	3,295 q	—25,9
$M_{2a,\mathrm{II}}$	1,875 q	3,174 q	—40,9
$M_{2a,\mathrm{III}}$	0,2552 q	0,9414 q	—72,9
$Q_{2a,\mathrm{I}}$	—3,145 q	—3,357 q	—6,31
$Q_{2a,\mathrm{II}}$	—1,278 q	—1,317 q	—2,96
$Q_{2a,\mathrm{III}}$	—0,5767 q	—0,6256 q	—7,82
$M_{\mathrm{II}a,1}$	—7,100 q	—5,721 q	24,1
$M_{\mathrm{II}e,1}$	3,629 q	5,096 q	—28,8

	Nach Abschnitt 5	Nach Näherung Abschnitt 6	Abweichung %
$M_{\mathrm{III}a,1}$	—6,013 q	—4,891 q	22,9
$M_{\mathrm{III}e,1}$	4,853 q	5,455 q	—11,0
$M_{\mathrm{II}a,2}$	—2,046 q	—1,037 q	97,3
$M_{\mathrm{II}e,2}$	0,7449 q	1,262 q	—41,0
$M_{\mathrm{III}a,2}$	—2,475 q	—2,149 q	15,2
$M_{\mathrm{III}e,2}$	1,988 q	2,187 q	—9,10
$Q_{\mathrm{II}1}$	1,430 q	1,319 q	8,42
$Q_{\mathrm{III}1}$	1,449 q	1,262 q	14,8
$Q_{\mathrm{II}2}$	0,3721 q	0,2803 q	32,8
$Q_{\mathrm{III}2}$	0,5950 q	0,5287 q	12,5
$N_{\mathrm{II}1}$	3,897 q	3,454 q	12,8
$N_{\mathrm{III}1}$	1,746 q	1,706 q	2,34
$N_{\mathrm{II}2}$	1,855 q	1,943 q	—4,53
$N_{\mathrm{III}2}$	0,5767 q	0,6256 q	—7,82
$M_{1e,\mathrm{I}}$	—2,240 q	—2,426 q	—7,67
$M_{1e,\mathrm{II}}$	—5,243 q	—6,812 q	—23,0
$M_{1e,\mathrm{III}}$	—2,930 q	—4,514 q	—35,1
$M_{2e,\mathrm{I}}$	—2,442 q	—0,9920 q	146
$M_{2e,\mathrm{II}}$	—2,598 q	—3,411 q	—23,8
$M_{2e,\mathrm{III}}$	—1,763 q	—2,187 q	—19,4
$Q_{1e,\mathrm{I}}$	—0,7481 q	0,09707 q	—871
$Q_{1\mathrm{II}}$	—3,429 q	—3,065 q	11,9
$Q_{1\mathrm{III}}$	—2,323 q	—2,332 q	—0,386
$Q_{2e,\mathrm{I}}$	0,3549 q	1,643 q	—78,4
$Q_{2\mathrm{II}}$	—1,278 q	—1,317 q	—2,96
$Q_{2\mathrm{III}}$	—0,5767 q	—0,6256 q	—7,82

Mit diesen Zahlenwerten und den im Abschnitt 6 angegebenen Beziehungen erhält man durch Einsetzen in die für $i = 1$ und $i = 2$ ($n = 2$, $\varkappa = \mathrm{III}$) spezialisierte Matrix der S. 126 die beiden auf S. 130/131 angeschriebenen Übertragungsmatrizen. Als Anfangsunbekannte treten hier nur die drei Einspannmomente $M_{1a,\mathrm{I}}$, $M_{1a,\mathrm{II}}$ und $M_{1a,\mathrm{III}}$ auf. Die Summe der Querkräfte $\sum_{\lambda=\mathrm{I}}^{\mathrm{III}} Q_{1a,\lambda}$ ist nach (6.23) bekannt. Multipliziert man den Zustandsvektor an den zwei Übertragungsmatrizen, die hier zum Teil verschieden sind, vorbei, dann liefern die oberen Randbedingungen ($M_{3a,\mathrm{I}} = M_{3a,\mathrm{II}} = M_{3a,\mathrm{III}} = 0$) die drei Gleichungen für die Einspannmomente

$$\begin{pmatrix} 53{,}9093 \\ 60{,}1933 \\ 28{,}9822 \end{pmatrix} M_{1a,\mathrm{I}} + \begin{pmatrix} 28{,}3551 \\ 62{,}6461 \\ 28{,}3551 \end{pmatrix} M_{1a,\mathrm{II}} + \begin{pmatrix} 28{,}9822 \\ 60{,}1933 \\ 53{,}9093 \end{pmatrix} M_{1a,\mathrm{III}} = \begin{pmatrix} 842{,}209\,q \\ 1355{,}11\,q \\ 799{,}401\,q \end{pmatrix}.$$

Daraus ergibt sich $M_{1a,\mathrm{I}} = 8{,}16286\,q\,\mathrm{m}^2$, $M_{1a,\mathrm{II}} = 7{,}59476\,q\,\mathrm{m}^2$, $M_{1a,\mathrm{III}} = 6{,}44552\,q\,\mathrm{m}^2$. Durch Rückeinsetzen dieser Werte in das Multiplikationsschema erhält man direkt die Größen w_i, $\varphi_{i\lambda}$ ($i = 1, 2$; $\lambda = \mathrm{I, II, III}$) und $M_{ia,\lambda}$ ($i = 2$; $\lambda = \mathrm{I, II, III}$) und damit aus der Beziehung (6.16) die Riegelendmomente $M_{\lambda a,i}$ und $M_{\lambda e,i}$ ($i = 1, 2$; $\lambda = \mathrm{II, III}$). Aus (6.1) mit (6.4) sind die Riegelquerkräfte $Q_{\lambda a,i}$ und $Q_{\lambda e,i}$ zu ermitteln. Die Momente $M_{ie,\lambda}$ ($i = 1, 2$; $\lambda = \mathrm{I, II, III}$) an den oberen Enden der Ständerfelder ergeben sich aus (6.13) und die zugehörigen Querkräfte $Q_{ie,\lambda}$ aus (6.7) und (6.8). Die Längskräfte $N_{\lambda i}$ ($i = 1, 2$; $\lambda = \mathrm{II, III}$) der Riegel erhält man aus den Gleichgewichtsbedingungen für die Knoten:

$$N_{\lambda+1,i} = N_{\lambda i} + Q_{ie,\lambda} - Q_{i+1,a;\lambda} + H_{i\lambda} \qquad (\lambda = \mathrm{I, II, III};\ i = 1, 2).$$

Dabei ist $N_{\mathrm{I}i} = N_{\mathrm{IV},i} = 0$ zu setzen.

Alle diese Werte sind in der Tabelle auf S. 133 jeweils neben den aus der Rechnung nach Abschnitt 5 erhaltenen Werten angeschrieben. Auch hier sind, wie man sich leicht überzeugt, alle Gleichgewichtsbedingungen für die Knoten und die Felder erfüllt.

Der Vergleich der beiden Resultate in der Tabelle auf S. 133 zeigt merkliche Verschiedenheiten. So erhöht sich z. B. das nach der Näherung berechnete größte Riegelkopfmoment $M_{\mathrm{II}a,1}$ um 24,1%, kleinere Momente wie $M_{\mathrm{II}a,2}$ um 97,3% und $M_{2e,\mathrm{I}}$ sogar um 146%. Aber auch Abweichungen in der anderen Richtung kommen vor. Es erniedrigen sich z. B. die nach der Näherung gerechneten Werte von $M_{1a,\mathrm{I}}$ um 20,3%, $M_{2a,\mathrm{II}}$ um 40,9% und $M_{2a,\mathrm{III}}$ um 72,9%.

Bei etwas gesteigerten Ansprüchen an Genauigkeit wird es sich also im gegebenen Fall empfehlen, nach der genaueren Methode zu rechnen. Dies bereitet, besonders bei Einsatz einer programmgesteuerten Rechenanlage, keine wesentlichen Schwierigkeiten.

Literatur

[1] FALK, S.: Die Berechnung des beliebig gestützten Durchlaufträgers nach dem Reduktionsverfahren. Ing.-Arch. **24**, 216—232 (1956). — Die Berechnung offener Rahmentragwerke nach dem Reduktionsverfahren. Ing.-Arch. **26**, 61—80 (1958). — Die Berechnung geschlossener Rahmentragwerke nach dem Reduktionsverfahren. Ing.-Arch. **26**, 96—109 (1958).

[2] KERSTEN, R.: Das Reduktionsverfahren der Baustatik. Berlin: Springer-Verlag. 1962.

[3] HEINRICH, G., und DESOYER K.: Voutenfunktionen für das Reduktionsverfahren in der Baustatik. Fortschritt-Bericht Reihe 4, Nr. 2. Düsseldorf: VDI-Verlag. April 1965.

[4] Vgl. z. B. GULDAN, R.: Rahmentragwerke und Durchlaufträger. Wien: Springer-Verlag. 1949.

Der Einfluß von Eigenspannungen auf die Torsion dünnwandiger offener Profile

Von

H. Parkus und **E. Tungl**, Wien

Mit 3 Textabbildungen

Die Differentialgleichung für die Torsion von Stäben mit dünnwandigen offenen Profilen unter der Wirkung von axialen Kräften, Biegemomenten und Drehmomenten bei endlichen, aber nicht zu großen Drehwinkeln kann in der folgenden Form geschrieben werden [1], die auf S. E. KINDEM [2] zurückgeht:

$$M_T = \Big[G J_T + \frac{N}{F} J_{pM} - - 2\, M_y (z_K - z_M) - 2\, M_z (y_K - y_M)\Big]\, \vartheta - E\, \Gamma_M\, \vartheta''. \tag{1}$$

Hierin bedeuten:

M_T ... Torsionsmoment bezüglich Schubmittelpunkt,
M_y, M_z ... Biegungsmomente um die Querschnittsachsen y, z durch den Schwerpunkt,
N ... Axialkraft,
E, G ... Elastizitäts- und Schubmodul,
F ... Querschnittsfläche,
Γ_M ... Wölbwiderstand, bezogen auf den Schubmittelpunkt,
J_T ... SAINT-VENANTscher Drillungswiderstand des Querschnittes,
J_{pM} ... polares Trägheitsmoment, bezogen auf den Schubmittelpunkt,
y_M, z_M ... Koordinaten des Schubmittelpunktes,
y_K, z_K ... Koordinaten des KINDEMschen Torsionspunktes,
χ ... Verdrehungswinkel,
$\vartheta = d\chi/dx$ Verwindung.

Im nachstehenden soll nun diese Gleichung auf den Fall erweitert werden, daß axiale *Eigenspannungen* im Stab wirksam sind. Hierbei ist es gleichgültig, wie diese Eigenspannungen zustande gekommen sind, also etwa durch plastische Vorverformung (Restspannungen) oder durch ungleichförmige Temperaturänderung (Wärmespannungen).

Die einfachste Methode zur Auffindung der in Gl. (1) zufolge eines Eigenspannungszustandes hinzukommenden Glieder besteht in der Anwendung der Variationsrechnung, ausgehend vom Prinzip vom Minimum der potentiellen Energie. Dabei braucht hier nur der Energieanteil untersucht zu werden, der vom Eigenspannungsfeld herrührt.

Wir wählen einen beliebigen Punkt 0 (Abb. 1) und bezeichnen das Eigenspannungssystem mit $\sigma_x{}^0(s, x)$, wobei s die längs der Mittellinie des dünnwandigen, offenen Querschnittsprofiles umlaufende Bogenlänge und x die Richtung der Stabachse bedeutet. Da die Eigenspannungen ein Gleichgewichtssystem bilden, muß gelten:

$$\int_F \sigma_x{}^0 \, dF = 0, \qquad \int_F \bar{y} \, \sigma_x{}^0 \, dF = 0, \qquad \int_F \bar{z} \, \sigma_x{}^0 \, dF = 0. \tag{2}$$

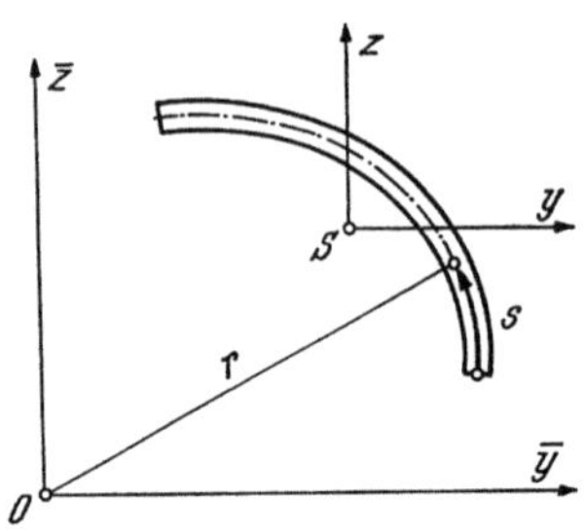

Abb. 1

Wir denken uns jetzt den Verzerrungszustand des Stabes variiert. Die während dieser Variation bereits in voller Größe vorhandenen Eigenspannungen leisten dabei die Arbeit

$$\delta A = -\int_0^l dx \int_F \sigma_x{}^0 \, \delta \varepsilon_x \, dF, \tag{3}$$

wo l die Stablänge und ε_x die axiale Dehnung bezeichnen. Wenn $\sigma_x{}^0$ von x abhängt, also in Richtung der Stabachse veränderlich ist, müssen aus Gleichgewichtsgründen auch Eigenschubspannungen $\tau_{xs}{}^0$ in den Querschnittsflächen auftreten. Die Arbeit dieser Schubspannungen ist aber Null, weil auch in der KINDEMschen Theorie, ebenso wie in der gewöhnlichen Wölbkrafttorsion, die Schubverzerrungen γ_{xs} vernachlässigt werden.

Für die in Gl. (3) einzuführende Axialdehnung gibt KINDEM [2] den Ausdruck

$$\varepsilon_x = \frac{N}{E\,F} - y\,\varkappa_{\bar{z}} - z\,\varkappa_{\bar{y}} + \varphi\,\vartheta' + \frac{1}{2}\,(r^2 - i^2)\,\vartheta^2, \tag{4}$$

wobei

$$\varkappa_{\bar{y}} = -v''\sin\chi + w''\cos\chi,$$

$$\varkappa_{\bar{z}} = v''\cos\chi + w''\sin\chi$$

die Krümmungskomponenten um die $\bar{z}$- bzw. $\bar{y}$-Achse der Längsfaser durch den beliebig gewählten Bezugspunkt 0 und

r ... den Abstand von 0,

φ ... die von KAPPUS eingeführte „Einheitsverwölbung" für den Punkt 0 sowie

$$i^2 = \frac{1}{F}\int_F r^2\,dF$$

bedeuten. Damit wird

$$\delta\varepsilon_x = -y\,\delta\varkappa_{\bar{z}} - z\,\delta\varkappa_{\bar{y}} + \varphi\,\delta\vartheta' + (r^2 - i^2)\,\vartheta\,\delta\vartheta,$$

somit

$$\delta A = \int_0^l dx \, \{\delta \varkappa_{\bar{z}} \int_F y \, \sigma_x{}^0 \, dF + \delta \varkappa_{\bar{y}} \int_F z \, \sigma_x{}^0 \, dF - \delta \vartheta' \int_F \varphi \, \sigma_x{}^0 \, dF -$$

$$- \vartheta \, \delta \vartheta \, [\int_F r^2 \, \sigma_x{}^0 \, dF - i^2 \int_F \sigma_x{}^0 \, dF]\},$$

wobei das erste, zweite und letzte Glied gemäß Gl. (2) verschwinden. Weiters wird noch mit Hilfe partieller Integration umgeformt

$$\int_l \delta \vartheta' \int_F \varphi(s) \, \sigma_x{}^0(s, x) \, dF \, dx = \delta \vartheta \int_F \varphi \, \sigma_x{}^0 \, dF \, \Big|_0^l - \int_l \delta \vartheta \int_F \varphi \frac{\partial \sigma_x{}^0}{\partial x} \, dF \, dx,$$

so daß sich schließlich ergibt:

$$\delta A = - \delta \vartheta \int_F \varphi \, \sigma_x{}^0 \, dF \, \Big|_0^l - \int_0^l \left[\vartheta \int_F r^2 \, \sigma_x{}^0 \, dF - \int_F \varphi \frac{\partial \sigma_x{}^0}{\partial x} \, dF\right] \delta \vartheta \, dx.$$

Der nach x ausintegrierte Bestandteil stellt nach den Regeln der Variationsrechnung ein Korrekturglied zu den Randbedingungen der Differentialgleichung dar, während der unter dem Integral stehende Faktor von $\delta\vartheta$ zum Torsionsmoment M_T hinzuzufügen ist. Sämtliche Zusatzglieder sind vom Bezugspunkt unabhängig, weil das Spannungssystem $\sigma_x{}^0$ ein Gleichgewichtssystem bildet. Die erweiterte Differentialgleichung (1) lautet somit:

$$M_T + \int_F \varphi \frac{\partial \sigma_x{}^0}{\partial x} \, dF = \Big[G \, J_T + \frac{N}{F} J_{pM} - 2 \, M_y \, (z_K - z_M) -$$

$$- 2 \, M_z \, (y_K - y_M) + \int_F r^2 \, \sigma_x{}^0 \, dF\Big] \, \vartheta - E \, \Gamma_M \, \vartheta''. \qquad (5)$$

Es zeigt sich also, daß die Eigenspannungen keinen Einfluß auf die Wölbsteifigkeit $E\,\Gamma_M$, wohl aber einen auf die Torsionssteifigkeit $G\,J_T$ haben. Mit $N = 0$, $M_y = M_z = M_T = 0$ erhält man die Deformationen unter den Eigenspannungen.

Das von den Eigenspannungen herrührende Teilzusatzglied auf der rechten Seite von Gl. (5) ist bereits von GOODIER [3] unter der Voraussetzung SAINT-VENANTscher Torsion hergeleitet worden. Eine intuitive Ableitung gibt HOFF [4].

Anwendungsbeispiel

Plastisch vordeformierter Stab mit [*-Querschnitt.* Durch das Aufbringen der Eigenspannungen wird der Stab tordiert und auch verbogen. Wir nehmen an, daß der Eigenspannungszustand mit den Normalspannungen $\sigma_x{}^0$ folgendermaßen entstanden ist:

I. Biegung des beiderseits frei drehbar gelagerten Stabes durch eine Einzellast in der Mitte (Abb. 2 a), so daß im Mittelbereich $|x| \leqq \xi_g \, l$ die

Normalspannung σ_I in einem Teil des Querschnittes die Fließgrenze σ_F erreicht (Abb. 3).

II. Rein elastische Entlastung, der eine Normalspannung σ_{II} entspricht. Es darf dabei die Differenz $|\sigma_I - \sigma_{II}|$ nirgends größer als σ_F werden.

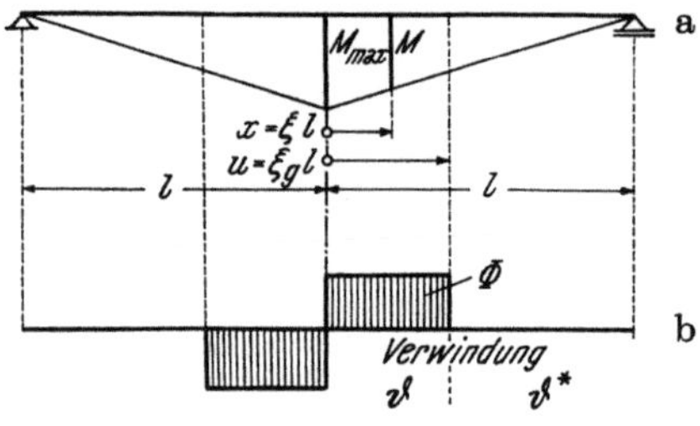

Abb. 2 a, b

Im Stab verbleibt somit der Eigenspannungszustand

$$\sigma_x{}^0 = \sigma_I - \sigma_{II}. \tag{6}$$

Spannungszustand σ_I. In einem beliebigen Stabquerschnitt $x = \xi l$ sei der Fließbereich bis zum Abstand $a = \alpha h$ von der Nullinie (Abb. 3) eingedrungen. Das zu den Spannungen σ_I gehörige Biegemoment M ist dann

$$M = \sigma_F b t h + \sigma_F t \left[\left(\frac{h}{2} - a\right)\left(\frac{h}{2} + a\right) + \frac{(2a)^2}{6}\right] = \sigma_F h^3 \tau \left(\beta + \frac{1}{4} - \frac{\alpha^2}{3}\right),$$

und daraus folgt

$$\alpha^2 = 3\left[\beta + \frac{1}{4} - \frac{M}{\sigma_F h^3 \tau}\right].$$

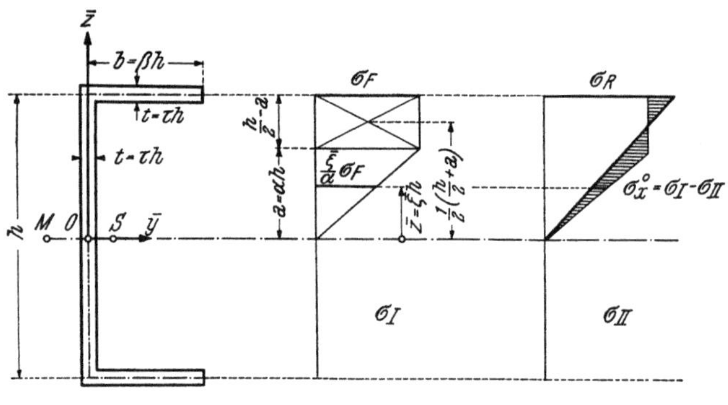

Abb. 3

Zufolge des linearen Momentenverlaufes

$$M = (1 - \xi)\, M_{\max}$$

können wir auch schreiben:

$$\alpha^2 = 3\left[\beta + \frac{1}{4} - \frac{M_{\max}}{\sigma_F h^3 \tau}(1 - \xi)\right]. \tag{7}$$

An der Grenze des plastischen Bereiches $\xi = \xi_g$ wird σ_F gerade in der Randfaser erreicht. Wir haben also $\alpha = \frac{1}{2}$ zu setzen und bekommen aus Gl. (7):

$$1 - \xi_g = \frac{\sigma_F h^3 \tau}{6 M_{\max}}(6\beta + 1). \tag{8}$$

Die Randspannung σ_R des *Spannungszustandes* σ_{II} wird aus den Bedingungen (2) ermittelt. Im vorliegenden Fall verbleibt davon nur noch die dritte Bedingung zu erfüllen, welche lautet:

$$b\,t\,(\sigma_F - \sigma_R)\,\frac{h}{2} + t\left[\sigma_F \int\limits_a^{\frac{h}{2}} \bar{z}\,dz + \frac{\sigma_F}{a}\int\limits_0^a \bar{z}^2\,dz - \frac{2\,\sigma_R}{h}\int\limits_0^{\frac{h}{2}} \bar{z}^2\,dz\right] = 0$$

und ergibt

$$\sigma_R = \sigma_F\,\frac{12\,\beta + 3 - 4\,\alpha^2}{12\,\beta + 2},$$

bzw. mit Benützung von Gl. (7)

$$\sigma_R = \frac{M_{\max}}{h^3\,\tau}\,\frac{6}{6\,\beta + 1}\,(1 - \xi). \tag{9}$$

Die im Stab verbliebenen *Eigenspannungen* $\sigma_x{}^0$ haben daher nachstehenden Verlauf, wobei wegen der Antimetrie nur die Querschnittshälfte mit positiven $\bar{z}$ angeschrieben wird (Abb. 3):

$$\left.\begin{aligned}
&\text{für } |x| \leqq u \text{ und } a \leqq \bar{z} \leqq \frac{h}{2}:\\
&\qquad \sigma_x{}^0 = \sigma_F - 2\,\bar{\zeta}\,\sigma_R = \sigma_F - \frac{12}{6\,\beta + 1}\,\frac{M_{\max}}{h^3\,\tau}\,(1 - \xi)\,\bar{\zeta},\\
&\qquad 0 \leqq \bar{z} \leqq a:\\
&\qquad \sigma_x{}^0 = \frac{\bar{\zeta}}{\alpha}\,\sigma_F - 2\,\bar{\zeta}\,\sigma_R =\\
&\quad = \frac{\bar{\zeta}\,\sigma_F}{\sqrt{3\left[\beta + \frac{1}{4} - \frac{M_{\max}}{\sigma_F\,h^3\,\tau}\,(1 - \xi)\right]}} - \frac{12}{6\,\beta + 1}\,\frac{M_{\max}}{h^3\,\tau}\,(1 - \xi)\,\bar{\zeta},\\
&\text{für } |x| \geqq u \qquad \sigma_x{}^0 \equiv 0.
\end{aligned}\right\} \tag{10}$$

Die *Wölbfunktion* φ, bezogen auf den in Stegmitte angenommenen Punkt 0 (Abb. 3), ist gegeben durch [5]

$$\left.\begin{aligned}
\varphi &= \frac{h\,\bar{y}}{2} && \text{Oberflansch,}\\
\varphi &= 0 && \text{Steg,}\\
\varphi &= -\frac{h\,\bar{y}}{2} && \text{Unterflansch.}
\end{aligned}\right\} \tag{11}$$

Mit Gl. (10) und (11) bilden wir nun das auf der linken Seite der Differentialgleichung (5) aufscheinende Integral, welches gemäß Gl. (11) nur in den Flanschen von Null verschiedene Beiträge liefert. Wegen der Symmetrie des Integranden in $\bar{z}$ betrachten wir nur den Oberflansch. Dort ist $\bar{\zeta} = \frac{1}{2}$ und

$$\frac{\partial \sigma_x{}^0}{\partial \xi} = \frac{6}{6\,\beta + 1}\,\frac{M_{\max}}{h^3\,\tau},$$

so daß sich ergibt:

$$\int\limits_F \varphi \frac{\partial \sigma_x^0}{\partial x} dF = \frac{2}{l} \int\limits_{\frac{F}{2}} \varphi \frac{\partial \sigma_x^0}{\partial \xi} dF = \frac{2}{l} \frac{6}{6\beta + 1} \frac{M_{\max}}{h^3 \tau} \int\limits_0^b \frac{h\,\bar{y}}{2} t\, d\bar{y} =$$

$$= \frac{3h}{l} \frac{\beta^2}{6\beta + 1} M_{\max} = \Phi, \tag{12}$$

wobei Φ eine für den weiteren Rechnungsverlauf gewählte Abkürzung bedeutet.

Um die Differentialgleichung (5) anschreiben zu können, brauchen wir noch das auf der rechten Seite stehende Integral. Dieses verschwindet jedoch, weil r^2 in $\bar{z}$ gerade und σ_x^0 ungerade ist.

Die Differentialgleichung für unser Eigenspannungssystem lautet also:

$$f(x) = G J_T \vartheta - E \Gamma_M \vartheta'',$$

wobei $f(x)$ wegen Gl. (10) und (12) nachstehenden Verlauf aufweist (Abb. 2 b):

$$0 \leqq x \leqq u, \qquad f(x) = \Phi,$$

$$u \leqq x \leqq l, \qquad f(x) = 0.$$

Bezeichnen wir mit ω den folgenden Wurzelausdruck:

$$\omega = \sqrt{\frac{G J_T}{E \Gamma_M}} \tag{13}$$

und zur Kenntlichmachung der Bereichstrennung die Verwindung im Endbereich mit ϑ^*, dann sind die beiden Differentialgleichungen

$$\vartheta'' - \omega^2 \vartheta = -\frac{\Phi}{E \Gamma_M}, \qquad \vartheta^{*\prime\prime} - \omega^2 \vartheta^* = 0 \tag{14}$$

zu lösen. Dies geschieht mit den Ansätzen

$$\left.\begin{aligned} \vartheta &= A \sinh \omega x + B \cosh \omega x + \Theta, \\ \vartheta^* &= C \sinh \omega x + D \cosh \omega x \qquad , \end{aligned}\right\} \tag{15}$$

wobei gemäß den Gln. (12) und (13)

$$\Theta = \frac{\Phi}{\omega^2 E \Gamma_M} = \frac{\Phi}{G J_T} = \frac{3h}{l} \frac{\beta^2}{6\beta + 1} \frac{M_{\max}}{G J_T} \tag{16}$$

bedeutet. Die Integrationskonstanten A bis D sind aus den Rand- und Übergangsbedingungen

$$\left.\begin{aligned} x &= 0, & \vartheta &= 0, \\ x &= l, & \vartheta^{*\prime} &= 0, \\ x &= u, & \vartheta &= \vartheta^*, \ \vartheta' = \vartheta^{*\prime} \end{aligned}\right\} \tag{17}$$

zu bestimmen. Hierbei wurde drehmomentenfreie Lagerung der Stabenden angenommen.

Aus den ersten zwei Bedingungen bekommen wir sofort

$$B = -\Theta, \qquad C = -D \tanh \omega l \tag{18}$$

und damit

$$\left.\begin{aligned} \vartheta &= A \sinh \omega x - \Theta (\cosh \omega x - 1), \\ \vartheta^* &= D (\cosh \omega x - \tanh \omega l \sinh \omega x). \end{aligned}\right\} \tag{19}$$

Die beiden Übergangsbedingungen in $x = u$ liefern das Gleichungssystem

$$A \sinh \omega u - D (\cosh \omega u - \tanh \omega l \sinh \omega u) = \Theta (\cosh \omega u - 1),$$

$$A \cosh \omega u - D (\sinh \omega u - \tanh \omega l \cosh \omega u) = \Theta \sinh \omega u$$

mit den Lösungen

$$\left.\begin{aligned} A &= \Theta [\sinh \omega u + (1 - \cosh \omega u) \tanh \omega l], \\ D &= \Theta [\cosh \omega u - 1]. \end{aligned}\right\} \tag{20}$$

Mit den Gln. (18) und (20) ist die Verwindung in den beiden Bereichen gemäß Gl. (15) gegeben durch

$$\left.\begin{aligned} \vartheta &= \Theta \{[\sin \omega u + (1 - \cosh \omega u) \tanh \omega l] \sinh \omega x - \cosh \omega x + 1\}, \\ \vartheta^* &= \Theta (\cosh \omega u - 1) (\cosh \omega x - \tanh \omega l \sinh \omega x). \end{aligned}\right\} \tag{21}$$

Den Verdrehungswinkel χ erhält man definitionsgemäß aus ϑ durch Integration nach x. Bezeichnen wir die Integrationskonstanten mit H und H^*, dann ist:

$$\omega \chi = \Theta \{[\sinh \omega u + (1 - \cosh \omega u) \tanh \omega l] \cosh \omega x - \sinh \omega x + \\ + \omega x + H\},$$

$$\omega \chi^* = \Theta \{(\cosh \omega u - 1) (\sinh \omega x - \tanh \omega l \cosh \omega x) + H^*\}.$$

Wir zählen die Verdrehungswinkel vom Mittelquerschnitt aus und haben somit die Bedingungen

$$x = 0 \qquad \chi = 0,$$

$$x = u \qquad \chi = \chi^*,$$

zu erfüllen. Sie liefern

$$H = (\cosh \omega u - 1) \tanh \omega l - \sinh \omega u,$$

$$H^* = (\cosh \omega u - 1) \tanh \omega l - \sinh \omega u + \omega u = H + \omega u$$

und daher ist

$$\left.\begin{aligned} \omega \chi &= \Theta \{[\sinh \omega u + (1 - \cosh \omega u) \tanh \omega l] (\cosh \omega x - 1) - \\ &\qquad - \sinh \omega x + \omega x\}, \\ \omega \chi^* &= \Theta \{[\sinh \omega x + (1 - \cosh \omega x) \tanh \omega l] (\cosh \omega u - 1) - \\ &\qquad - \sinh \omega u + \omega u\}. \end{aligned}\right\} \tag{22}$$

Zahlenbeispiel. [-Stahl-Abkantprofil, $h = 100$ mm, $b = 40$ mm, $t = 4$ mm, $(\beta = 0{,}4;\ \tau = 0{,}04)$, $E = 2{,}1 \cdot 10^6$ kp/cm², $\mu = 0{,}3$, $\sigma_F = 2400$ kp/cm², $M_{\max} = 6 \cdot 10^4$ kpcm, $2\,l = 600$ cm.

Die Lage von Schubmittelpunkt und Schwerpunkt findet man aus

$$\bar{y}_M = -\frac{3\,b^2}{h + 6\,b} = -\frac{3 \cdot 4^2}{10 + 24} = -1{,}412 \text{ cm},$$

$$\bar{y}_S = \frac{b^2}{h + 2\,b} = \frac{4^2}{10 + 8} = +0{,}889 \text{ cm}.$$

Wölbwiderstand und Drillungswiderstand des Profiles ergeben sich zu

$$\Gamma_M = \frac{b^3 h^2 t}{12} \frac{3\,b + 2\,h}{6\,b + h} = \frac{4^3\, 10^2\, 0{,}4}{12} \frac{12 + 20}{24 + 10} = 200{,}78 \text{ cm}^6.$$

$$J_T = \frac{t^3}{3}(2\,b + h) = \frac{0{,}4^3}{3}(8 + 10) = 0{,}38400 \text{ cm}^4.$$

Weiters ist aus den Gln. (7), (8), (13) und (16):

$$\alpha^2 = 3\left[0{,}4 + 0{,}25 - \frac{6 \cdot 10^4}{2400 \cdot 10^3 \cdot 0{,}04}(1 - \xi)\right] = 0{,}075 + 2{,}175\,\xi,$$

$$\xi_g = 1 - \frac{2400 \cdot 10^3 \cdot 0{,}04}{6 \cdot 6 \cdot 10^4}(2{,}4 + 1) = 0{,}09333,$$

$$\omega = \sqrt{\frac{1}{2\,(1 + 0{,}3)} \frac{0{,}3840}{200{,}78}} = 2{,}7122 \cdot 10^{-2} \frac{1}{\text{cm}},$$

$$\Theta = \frac{3 \cdot 10}{300} \frac{0{,}4^2}{2{,}4 + 1} \frac{2\,(1 + 0{,}3)}{2{,}1 \cdot 10^6} \frac{6 \cdot 10^4}{0{,}384} = 0{,}91036 \cdot 10^{-3} \frac{1}{\text{cm}},$$

$$\frac{\Theta}{\omega} = \frac{0{,}91036 \cdot 10^{-3}}{2{,}7122 \cdot 10^{-2}} = 3{,}3565 \cdot 10^{-2}.$$

Schließlich benötigen wir noch die Zahlenwerte

$$u = 0{,}09333 \cdot 300 = 28{,}000 \text{ cm}, \qquad \omega\,u = 0{,}75942,$$

$$\sinh \omega\,u = 0{,}83455, \qquad \cosh \omega\,u = 1{,}30273,$$

$$\omega\,l = 8{,}13667, \qquad \sinh \omega\,l = \cosh \omega\,l = 1653{,}29, \qquad \tanh \omega\,l = 1$$

und bekommen damit aus Gl. (22) die Verdrehungswinkel, umgerechnet auf Bogengrade bzw. Bogenminuten:

$$\chi_{x=u} = 3{,}3565 \cdot 10^{-2}\{[0{,}83455 - 0{,}30273]\,0{,}30273 - 0{,}83455 + 0{,}75942\} =$$
$$= 0{,}1988 \cdot 10^{-2} = 0{,}1139^0 = 6{,}8',$$

$$\chi^*_{x=l} = 3{,}3565 \cdot 10^{-2}\{0{,}30273 - 0{,}83455 + 0{,}75942\} =$$
$$= 0{,}7639 \cdot 10^{-2} = 0{,}4377^0 = 26{,}3'.$$

Wird bei sonst gleichbleibenden Angaben die Stützweite reduziert, so ergibt sich für $2\,l = 400$ cm:

$$\chi_{x=u} = 0{,}1515 \cdot 10^{-2} = 5{,}2', \qquad \chi_{x=l} = 0{,}5488 \cdot 10^{-2} = 18{,}9'.$$

Man sieht, daß die von den Eigenspannungen verursachten Deformationen sehr klein sind.

Literatur

[1] CHWALLA, E., and H. PARKUS: Strength of Materials. In Civil Engineering Reference Book, Ed. J. COMRIE, vol. 1, 2nd ed. London: Butterworths 1961.

[2] KINDEM, S. E.: Biegung, Drehung und Knickung gerader Stäbe mit offenem Profil. Trondheim, Norwegen, 1949.

[3] GOODIER, J. N.: Elastic Torsion in the Presence of Initial Stress. Journ. Appl. Mech. **17**, 383 (1950).

[4] HOFF, N. J.: Approximate Analysis of the Reduction in Torsional Rigidity and of the Torsional Buckling of Solid Wings under Thermal Stresses. J. Aer. Sc. **23**, 603 (1956).

[5] Siehe z. B. PARKUS, H.: Mechanik der festen Körper. Wien: Springer-Verlag 1960.

Der Einfluß nichtidealer Lagerungsbedingungen auf das Schwingungsverhalten von Schalen*

Von

A. Slibar, Wien, und **G. Brinkmann**, Stuttgart

Mit 31 Textabbildungen

1. Einleitung

Das Streben nach leichteren Konstruktionen und schlankeren Bauteilen führt zu einer erhöhten Gefährdung der Konstruktionen infolge dynamischer Beanspruchungen. Dies hat zur Folge, daß die Berechnung des Verhaltens bzw. der Gefährdung von Bauteilen bei dynamischen Beanspruchungen weitere Bedeutung gewinnen wird. Sofern eine tatsächlich ausgeführte oder projektierte Konstruktion die Annahmen der Theorie der kleinen Schwingungen elastischer Systeme genügend genau erfüllt, läßt sich ihr Schwingungsverhalten berechnen, da unter Annahme idealer Randbedingungen diese Theorie weit ausgebaut ist. Der numerische Aufwand bei komplizierten Systemen stellt heute kein wesentliches Hindernis dar, es sind Verfahren bekannt, mit denen Fachwerke mit hundert und mehr Knotenpunkten berechnet wurden.

Einführungen in die Theorie der kleinen Schwingungen und Behandlungen von Beispielen findet man z. B. bei Rayleigh [1], Geiger [2], Timoshenko [3], Flügge [4], von Santen [5], Rausch [6], Klotter [7] und Kolousek [8].

Zwei Gruppen von Problemen können jedoch nur selten genau genug rechnerisch erfaßt werden: Einmal Probleme, die über die Gültigkeit der linearen Elastizitätstheorie hinausgehen, z. B. Schwingungen mit großen Verformungen bzw. mit Plastifizierungsbereichen oder auch mit starker Dämpfung (z. B. durch Reibung). Weitere Fortschritte bei solchen Anwendungen erscheinen erreichbar durch den Ausbau der theoretischen und numerischen Methoden, was jedoch nicht ausschließt, daß bestimmte Aufgaben in mathematisch durchschaubaren Fällen heute schon erfolgreich angegangen werden können.

Zum anderen gibt es viele Probleme, die zwar im Rahmen der linearen Elastizitätstheorie bleiben, bei denen jedoch die Randbedingungen in der Natur mit den in der analytischen Behandlung angenommenen nicht in genügender Übereinstimmung stehen.

* Diese Arbeit wurde durchgeführt mit finanzieller Unterstützung durch das Landesgewerbeamt Baden-Württemberg, für die auch hier gedankt werden soll.

Solche Aufgaben sind im Hochbau häufig anzutreffen: Sowohl jene Systeme gehören dazu, bei denen eine Unterteilung in Einzelelemente aus numerischen Gründen unumgänglich ist, als auch auf dem Baugrund gelagerte Systeme, sofern die Nachgiebigkeit des Baugrundes in der Größenordnung der Nachgiebigkeit des Systems liegt. Bei der Berechnung dieser Systeme wird über die zur Berechnung notwendigen Idealisierungen der Randbedingungen ein Fehler eingeführt, dessen Größe bei dynamischen Untersuchungen nur schwer abzuschätzen ist. Ein Beispiel: Es ist bei statischen Untersuchungen üblich und hat sich durchaus bewährt, eine elastische Einspannung im Baugrund zu ersetzen durch eine starre Einspannung in größerer Tiefe. Dieses Verfahren wird bei dynamischen Untersuchungen versagen, da mit wachsenden Frequenzen der Schwingung des Systems jener Teil des Baugrundes, der annähernd synchron mitschwingt, kleiner wird. Man müßte also die Tiefe der idealisiert angenommenen Einspannung als (geschätzte) Funktion der Frequenz in die Rechnung einführen. Man käme mathematisch gesehen daher zu Eigenwertproblemen mit Auftreten des Eigenwertes in den Randbedingungen, was zu komplizierten Rechnungen führt. Über die Genauigkeit des Ergebnisses könnten jedoch keine befriedigenden Angaben gemacht werden.

Aus dieser letzteren Gruppe soll hier ein Beispiel weiter untersucht werden, und zwar im Vergleich von Theorie und Modellversuch. Es soll Aufschluß darüber gewonnen werden, inwieweit eine Verfeinerung der analytischen Methoden bei diesen grundsätzlichen Mängeln in der Definition der Ausgangswerte sinnvoll ist bzw. welche Genauigkeit der Berechnung überhaupt angestrebt werden sollte. Gewählt wurde das Beispiel der Tonnenschale mit freien Meridianrändern und gelenkig gehaltenen Längsrändern. Diese Schale war in der Versuchsdurchführung relativ leicht zu handhaben und gestattet in der Rechnung den Vergleich zwischen Balken-, Platten- und Schalenberechnung.

2. Versuchsanordnung

2.1. Modelle

Drei Modelle verschiedener Dicke bzw. Konstruktion bei sonst gleichem Werkstoff und gleichen Abmessungen wurden untersucht. Die gemeinsamen Abmessungen waren: Schalenfläche 100×100 cm, Krümmungsradius 100 cm. Der Modellwerkstoff war Stahl. Das Modell a hatte eine Dicke von 2 cm, die Modelle b und c von 0,3 cm. Das Modell a war im Vergleich zum Unterbau als steif anzusprechen, für dieses Modell mußten also die Versuchsergebnisse von den rechnerischen Ergebnissen abweichen. Das Modell c war ein der Schale b ähnliches, aus sechs Ebenen zusammengesetztes Faltwerk. Hiermit sollte als Nebenergebnis die übliche Annahme der gegenseitigen Vertauschbarkeit von Schalen- und Faltwerksrechnung überprüft werden.

Die gelenkig gehaltenen Ränder wurden folgendermaßen ausgebildet: bei dem Modell a wurde an den Längsrändern ein T-Eisen vorgeschweißt

(s. Schema, Abb. 1). Damit war der Querschnitt an der Einspannstelle auf ein Fünftel der sonstigen Querschnittshöhe reduziert, das Flächenträgheitsmoment um die maßgebliche Schwerachse des Querschnittes sank

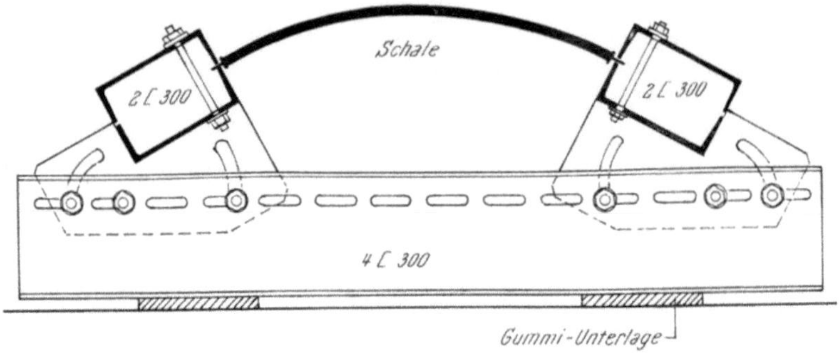

Abb. 1. Untersuchtes Modell mit Konstruktion des Unterbaues

dort auf ein Hundertfünfundzwanzigstel des sonstigen Wertes. Bei den Modellen b und c wurde der Querschnitt längs der Ränder durch eine Ausnehmung geschwächt. An dieser Stelle hatten die Modelle etwa noch ein Drittel der sonstigen Dicke.

Abb. 2. Ansicht des Modellaufbaues

2.2. Unterbau

Die Konstruktion des Unterbaues zeigt gleichfalls Abb. 1. Dieser Unterbau gestattet die Lagerung von Schalen und Platten unterschiedlichster Abmessungen.

2.3. Erregung und Messung

Die elektronische Apparatur zur Erregung der Modelle bestand aus Schwingungsgenerator, Leistungsverstärker und Schwingungserreger. Der

Schwingungsgenerator war über den Bereich von 3 Hz bis 11 kHz kontinuierlich einstellbar, die Genauigkeit der Frequenzeinstellung lag innerhalb $\pm 3\%$.

Der Schwingungserreger wurde über dem Modell an einer Brücke befestigt, deren Eigenfrequenzen durch Dämpfungselemente unterdrückt waren (Modell a) bzw. bei Versuchen an den Modellen b und c weit oberhalb der zu untersuchenden Eigenfrequenzen lagen.

Die Bewegung des Modells wurde mit direkt am Modell befestigten Beschleunigungsgebern aufgenommen, nach Verstärkung gemessen bzw. auf dem Oszillographenschirm sichtbar gemacht und photographisch registriert. Eine Geschwindigkeits- oder Wegmessung bewährte sich wegen akustischer Störerregung des Modells nicht. Die Beschleunigungsgeber waren mit Dauermagneten am Modell befestigt. Dadurch konnten die Meßpunkte schnell nacheinander abgegriffen werden.

3. Ergebnisse der Messung

3.1. Allgemeines

Die Theorie läßt Eigenschwingungsformen mit Knotenlinien parallel zu den Rändern erwarten. Dementsprechend ist im folgenden mit Indexbezeichnung „m, n“ jene Schwingungsform zu verstehen, welche parallel zu den freien Meridianen m Knotenlinien, parallel zu den gelenkig gehaltenen Rändern n Knotenlinien aufweist. Die Versuche zeigen das theoretisch erwartete Verhalten mehr oder weniger scharf. Das Versuchsergebnis wird bei jener Bezeichnung eingeordnet, deren Form am besten mit der beobachteten übereinstimmt.

3.2. Modell a (starke Schale)

Gemessen wurden die Schwingungsformen für die Frequenzen bis 2000 Hz. Es ergab sich, geordnet nach der Form, in Hz:

	$n = 0$	1	2	3	4
$m = 0$	92	155	420	745	1120
1	107	234	438	764	—
2	[1]	460	[1]	—	—
3	800	720	850	—	—
4	1008	1020	1150	—	—
5	1320	1380	1530	—	—
6	1740	1820	1980	—	—

3.3. Modelle b und c (schwache Schale bzw. schwaches Faltwerk)

Gemessen wurden die Schwingungsformen für die Frequenzen bis 300 Hz. Es ergab sich, geordnet nach der Form, in Hz:

[1] Bei 565 und 624 Hz traten Mischungen der Formen 2, 0; und 2, 2; auf. Sie sind daher nicht eindeutig einzuordnen.

	$n = 0$	1	2	3	4	5
$m = 0$	—	40,7	75,3	136,5	222	277
	—	37,6	69,2	129	196	277
1	—	33,7	81,3	127	208	—
	—	31,4	74,2	124,5	—	—
2	—	—	—	206	254	—
	—	—	—	204	255	—
3	—	—	—	291	—	—
	—	—	—	—	—	—

Die oberen Zahlen in den Reihen und Spalten der Indizes bedeuten die Resonanzfrequenzen der Schale, die unteren diejenigen des Faltwerkes. Bei denjenigen Formen, bei welchen kein Wert eingetragen ist, liegen die Resonanzfrequenzen oberhalb des untersuchten Bereiches. Die Frequenz des Faltwerkes bei Form 1, 4 liegt vermutlich bei 195 Hz, die der Form 3, 3 war nicht aufzufinden; schon bei der Schale ist die Form 3, 3 sehr irregulär (s. Abb. 28).

4. Berechnung des Schwingungsverhaltens der Schale

Für die analytische Voraussage des Schwingungsverhaltens der angegebenen Modelle wurden vier verschiedene Ersatzmodelle durchgerechnet. Gemeinsam für alle Ersatzmodelle wurde angenommen, daß die Endlagerungen als unverschiebliche Gelenke angenommen werden dürfen. Mit dieser Annahme wurden berechnet a) ein gerader Balken, b) eine Platte, c) ein gekrümmter Balken und d) eine Schale. Diese Rechnungen wurden durchgeführt sowohl für den Vergleich mit Modell a als auch mit Modell b.

a) Gerader Balken als rechnerisches Modell

Die Schwingungsfrequenz des geraden Balkens geben Den Hartog-Mesmer [10] an zu

$$\nu_n = \frac{n^2 \pi^2}{l^2} \sqrt{\frac{E J}{q}}, \tag{1}$$

wenn n die Ordnung der Schwingung, l die Länge des Balkens, q die Masse pro Längeneinheit, E den Elastizitätsmodul des Balkenwerkstoffes und J das axiale Trägheitsmoment des Balkenquerschnittes bedeuten. Die Ordnung der Schwingung wird bei Den Hartog-Mesmer nach der Anzahl der Schwingungsbäuche n festgelegt, weswegen hier n durch $n + 1$ ersetzt werden muß. Weiters sollte analytisch eine Schale durch ein Balkenmodell angenähert werden; es war daher in der angestrebten Näherung die Balkensteifigkeit $E J$ des Balkens zu ersetzen durch die Plattensteifigkeit $N = \frac{E b h^3}{12 (1 - \mu^2)}$. Die dann zum Vergleich zu benutzende Gleichung lautet somit

$$\nu_n = \frac{(n + 1)^2 \pi^2}{l^2} \sqrt{\frac{E b h^3}{12 q (1 - \mu^2)}}. \tag{2}$$

Aus Gl. (2) ergeben sich mit den Werten des Modells a die Frequenzen:

$n =$	0	1	2	3
$\nu_n =$	49,2	196,2	441,2	784,5 Hz

mit den Werten des Modells b die Frequenzen:

$n =$	0	1	2	3
$\nu_n =$	7,38	29,43	66,2	117,7 Hz.

Hier und bei den weiteren berechneten Werten werden Ergebnisse, die mit den Meßergebnissen im Bereich von $\pm 10\%$ übereinstimmen, fett gedruckt. Die angegebenen berechneten Frequenzen sind dabei zu vergleichen mit den gemessenen Frequenzen der Formen 0, n.

b) Platte als rechnerisches Modell

Die Bestimmungsgleichung für die Schwingungsfrequenz einer Platte gewinnt KOLOUSEK [8] aus Energieüberlegungen. Mit $w = w(x, y)$ als der bekannten oder angenommenen Durchbiegung der Platte lautet die Frequenzgleichung:

$$f^2 = \frac{\omega^2}{4\pi^2} = \frac{E\,h^3}{4\pi^2(1-\mu^2)\,12\,h\,\varrho} \times$$

$$\times \frac{\int\limits_0^b\int\limits_0^a [w_{xx}{}^2 + w_{yy}{}^2 + 2(1-\mu)\,w_{xy}{}^2 + 2\mu\,w_{xx}\,w_{yy}]\,dx\,dy}{\int\limits_0^b\int\limits_0^a w^2\,dx\,dy}. \tag{3}$$

Hierbei bedeuten a die Länge der Platte in x-Richtung, b die Abmessung der Platte in y-Richtung, h die Dicke der Platte, E und μ die Elastizitätskonstanten des Plattenwerkstoffes, ϱ die Dichte des Werkstoffes. Tief gestellte Indizes bezeichnen in üblicher Weise partielle Ableitungen.

Im vorliegenden Fall (zwei gegenüberliegende gelenkig gelagerte Ränder, die anderen beiden Ränder frei) wurde als Ansatz für die Durchbiegung w gewählt:

$$w = w_0\left(1 + \alpha_0\frac{y^2}{b^2}\right)\sin\frac{(n+1)\,\pi\,x}{a}. \tag{4}$$

Der Ansatz (4) erfüllt die geometrischen Randbedingungen und enthält in der x-Richtung die Form mit null und zwei Knotenlinien. Als ergänzender Ansatz wurde gewählt:

$$w = w_1\left(\frac{y}{b} + \alpha_1\frac{y^3}{b^3}\right)\sin\frac{(n+1)\,\pi\,x}{a}. \tag{5}$$

Der Ansatz (5) enthält für die y-Richtung die Form mit einer und drei Knotenlinien. Abhängig von der Größe von α_i kann die Frequenz f verschiedene Werte annehmen. Das Minimum bzw. Maximum der möglichen Werte wird als mit diesen Ansätzen bestmögliche Näherung der theoretischen Frequenzen angesehen. Es ergaben sich so für die dicke Schale (Modell a) die Frequenzen:

	$n = 0$	1	2	3
$m = 0$	34,9	**152,7**	**422,5**	**771,5**
1	94,8	266	498	**812**
2	203,8	389,5	**631**	988
3	533	**713**	1034	1521 Hz.

Die Ergebnisse für die Modelle b und c lauteten:

	$n = 0$	1	2	3
$m = 0$	5,24	22,9	63,4	115,8
1	14,22	39,9	74,7	121,8
2	30,3	58,4	94,6	148,2
3	79,9	107	155	228 Hz.

c) Gekrümmter Balken als rechnerisches Modell

Der gekrümmte Balken (Radius r_0) mit gelenkig gelagerten Enden hat im Gegensatz zum geraden Balken als niedrigste Schwingungsfrequenz die Frequenz mit der ersten Oberwellenform ($n = 1$). Das Auftreten der Grundform wird durch die hohe Dehnsteifigkeit eines Balkens im Vergleich zur Biegesteifigkeit verhindert, da zu der Grundform notwendigerweise eine Dehnung bzw. Stauchung der Balkenelemente gehört. Bei der Aufstellung der Schwingungsgleichungen für den gekrümmten Balken darf daher die Kopplung der Transversalbewegung mit der Longitudinalbewegung nicht übersehen werden.

KOLOUSEK [9] gibt die Schwingungsgleichung des mit einem konstanten Radius gekrümmten Balkens an zu

$$\frac{d^6u}{d\varphi^6} + 2\frac{d^4u}{d\varphi^4} + (1 - X)\frac{d^2u}{d\varphi^2} + X\,u = 0. \tag{6}$$

Hierbei ist u die Verschiebung eines Balkenquerschnittes in Stabrichtung. Bei dehnungsloser Verformung ergibt sich daraus die transversale Verschiebung v zu $v = \frac{du}{d\varphi}$.

Aus der gegebenen Differentialgleichung erhält man durch Energieüberlegungen den RAYLEIGH-Quotienten:

$$X = \frac{\int\limits_0^{\varphi_0} u\left(\frac{d^6u}{d\varphi^6} + 2\,\frac{d^4u}{d\varphi^4} + \frac{d^2u}{d\varphi^2}\right)d\varphi}{\int\limits_0^{\varphi_0} u\left(\frac{d^2u}{d\varphi^2} - u\right)d\varphi} \tag{7}$$

und daraus die Schwingungsfrequenz f zu

$$f^2 = \frac{E\,h^2}{12\,(1 - \mu^2)\,4\,\pi^2\,\varrho\,r_0^4}\,X. \tag{8}$$

Ein Ansatz für u, der die Randbedingungen für u und v erfüllt, lautet:

$$u = u_0\left[\cos\frac{(n - 1)\,2\,\pi}{\varphi_0}\,\varphi - \cos\frac{n\cdot 2\,\pi}{\varphi_0}\,\varphi\right]. \tag{9}$$

Dieser Ansatz ergibt für das untersuchte Modell a (dicke Schale) die Schwingungsfrequenzen:

$n =$	1	2	3
$f =$	184,6	411	738 Hz

und für das dünne Modell b die Werte:

$n =$	1	2	3
$f =$	27,7	61,6	110,8 Hz.

d) Schale als rechnerisches Modell

Für die Berechnung der Schwingungsfrequenz der Schale kann wie im vorigen Abschnitt aus den Schwingungsgleichungen der RAYLEIGH-Quotient abgeleitet werden. Dies erfordert bei freien Rändern komplizierte Ansätze für die Verschiebungsfunktionen, welche auch die dynamischen Randbedingungen erfüllen müssen. Es ist daher vorteilhaft, die Verformungsenergie der Schale bei einer gegebenen Durchbiegung aufzustellen und mit der kinetischen Energie bei Durchgang durch die Nullage zu vergleichen. Nimmt man zusätzlich wie bei dem gekrümmten Balken an, daß Schalenelemente weder gestaucht noch gedehnt werden sollen, so erhält man mit v als Verschiebung in Meridianrichtung (Koordinatenrichtung φ) die Frequenzgleichung

$$f^2 = \frac{E\,h^2}{12\,(1-\mu^2)\,r_0^4\,\varrho\,4\,\pi^2} \int_F \Big[12\,\frac{r_0^2}{h^2}\,\frac{1-\mu}{2}\,v_\xi^2 + v^2_{\xi\xi\varphi} + v^2_{\varphi\varphi\varphi} + \\ + 2\,(1-\mu)\,v^2_{\xi\varphi\varphi} + 2\,\mu\,v_{\xi\xi\varphi}\,v_{\varphi\varphi\varphi} + v_\varphi^2 + 2\,v_\varphi\,v_{\varphi\varphi\varphi} + \mu\,v_\varphi\,v_{\xi\xi\varphi} + \\ + 3\,v_{\xi\varphi\varphi}\,v_\xi\Big]\,dF\,\frac{1}{\int_F (v^2 + v_\varphi^2)\,dF}. \tag{10}$$

Ein Ansatz, der bei null und zwei in Meridianrichtung liegenden Knotenlinien die geometrischen Randbedingungen erfüllt, lautet:

$$v = v_0\left(\cos\frac{(n-1)\,2\,\pi}{\varphi_0}\,\varphi - \cos\frac{n\cdot 2\,\pi}{\varphi_0}\,\varphi\right)(1 + \alpha_0\,\xi^2) \tag{11}$$

und für eine Schwingungsform mit einem bzw. drei Knoten:

$$v = v_1\left(\cos\frac{(n-1)\,2\,\pi}{\varphi_0}\,\varphi - \cos\frac{n\cdot 2\,\pi}{\varphi_0}\,\varphi\right)(\xi + \alpha_1\,\xi^3). \tag{12}$$

Wie bei der Platte erhält man die Frequenz als Funktion der Parameter α_i. Das Maximum und Minimum der in der Gl. (10) ausgedrückten Funktion wird als bester Wert für die zu berechnenden Schwingungsfrequenzen $f[v(\alpha_i)]$ angesehen. So erhält man für das starkwandige Modell a die Werte:

	$n = 1$	2	3
$m = 0$	186,4	408	838
1	366,5	528	759
2	1105	822	846
3	1351	1263	1379 Hz

und für das dünne Modell b:

	$n = 1$	2	3
$m = 0$	28,9	61,6	104,8
1	466	236	212
2	1037	553	406
3	1223	948	639 Hz.

5. Vergleich und Folgerungen

Der Vergleich der Versuchsergebnisse mit den aus der rechnerischen Behandlung folgenden Aussagen läßt eine gute Übereinstimmung von Plattenrechnung mit experimentell festgestelltem Schalenverhalten erkennen. Dieser von den Randbedingungen verursachte Ausnahmefall erfordert jedoch, die Grenzen des Geltungsbereiches dieser Berechnungsmethode anzugeben.

Zunächst sollen die Ergebnisse an der dickeren Schale (Modell a) diskutiert werden. Die dickere Schale war relativ biegesteif. Auch die Masse der Schale war in der Größenordnung der Masse des Unterbaues. Es überrascht daher nicht, wenn der Unterbau — wie auf den Abb. 3 bis 9

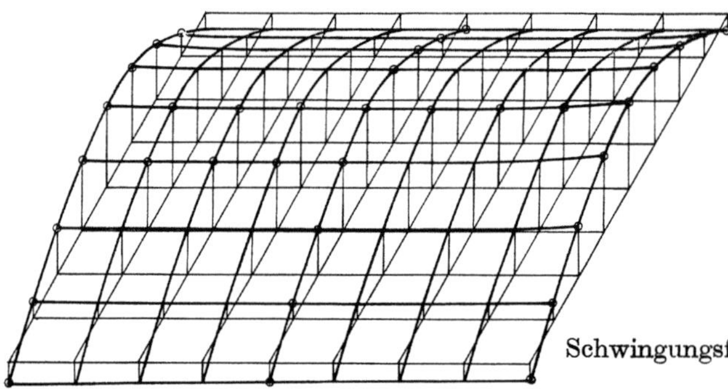

Schwingungsform 0,0

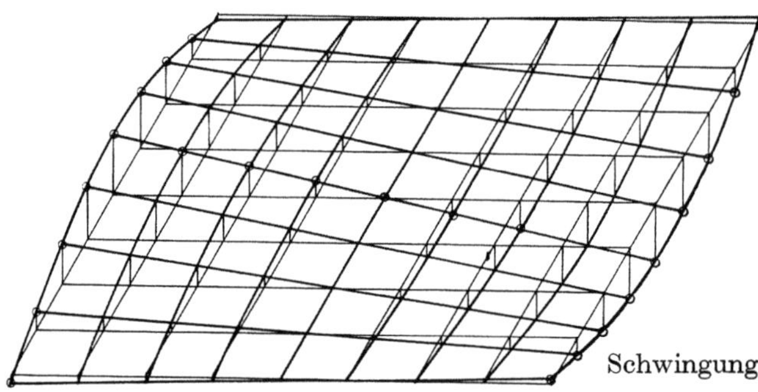

Schwingungsform 1,0

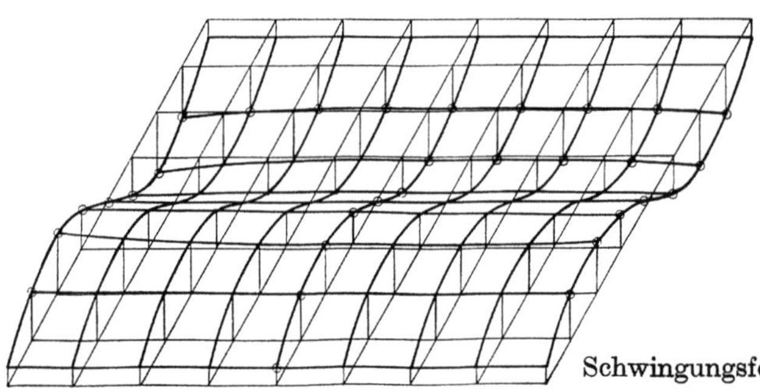

Schwingungsform 0,1

Abb. 3 bis 5. Schwingungsformen des Modells a

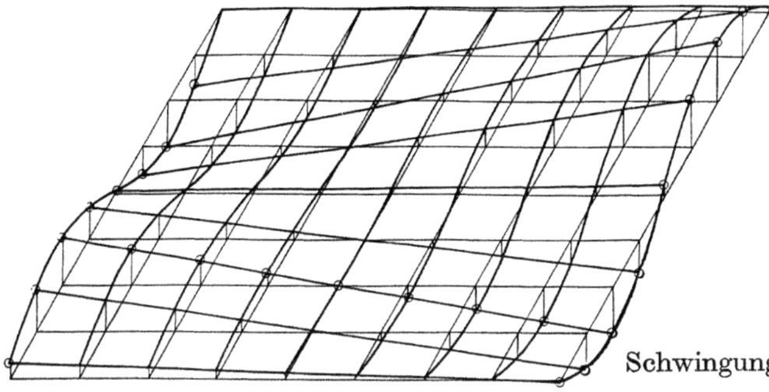

Schwingungsform 1,1

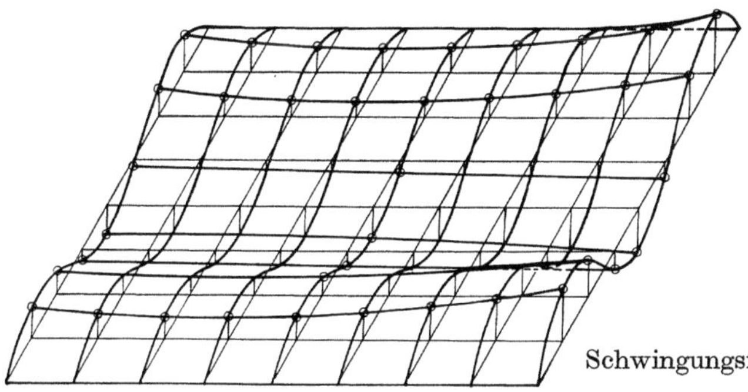

Schwingungsform 0,2

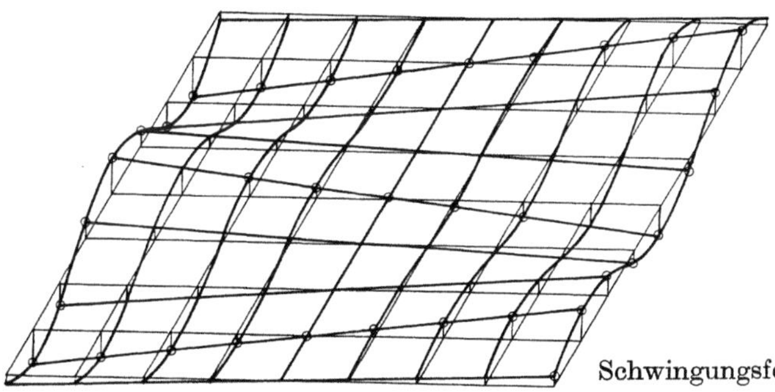

Schwingungsform 1,2

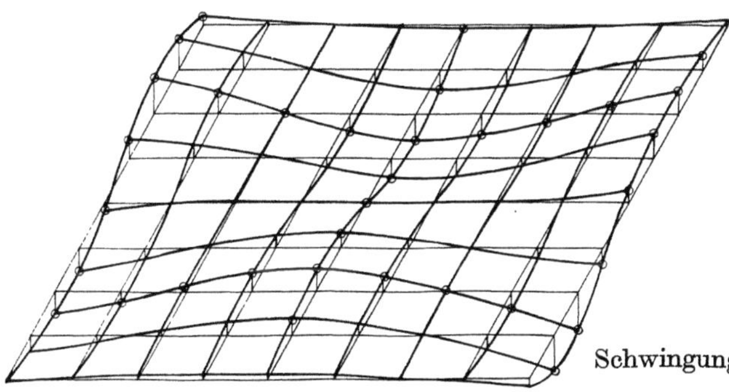

Schwingungsform 2,1

Abb. 6 bis 9. Schwingungsformen des Modells a

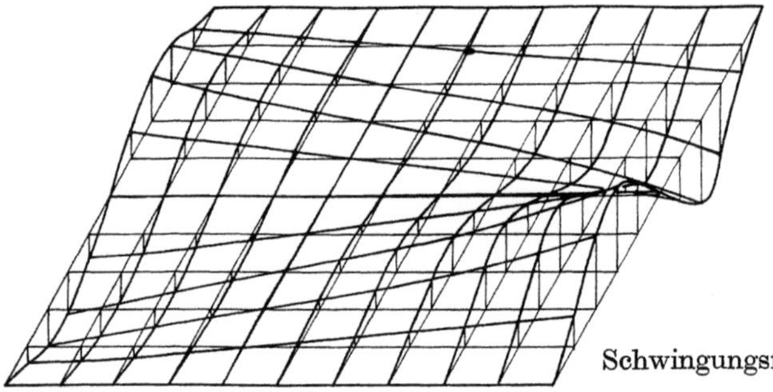

Schwingungsform 1,1

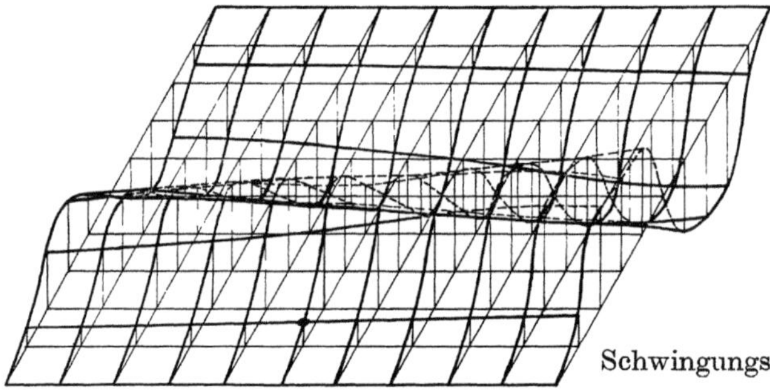

Schwingungsform 0,1

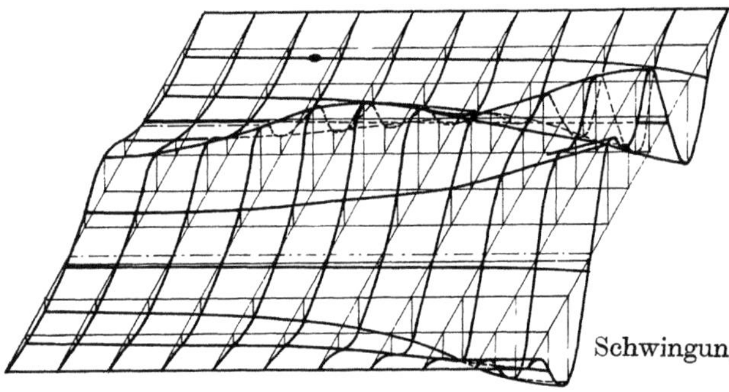

Schwingungsform 0,2

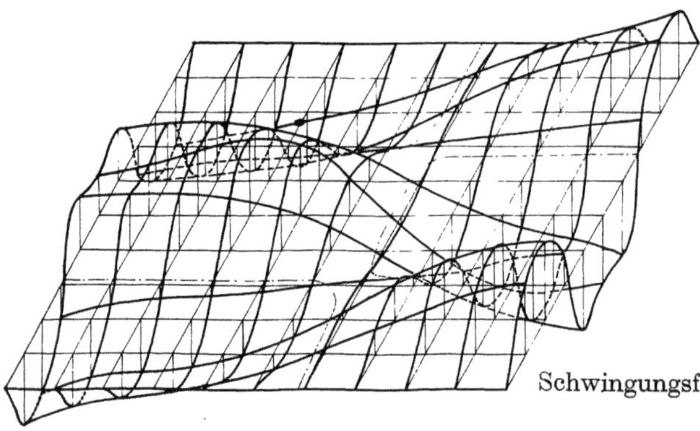

Schwingungsform 1,2

Abb. 10 bis 13. Schwingungsformen des Modells b

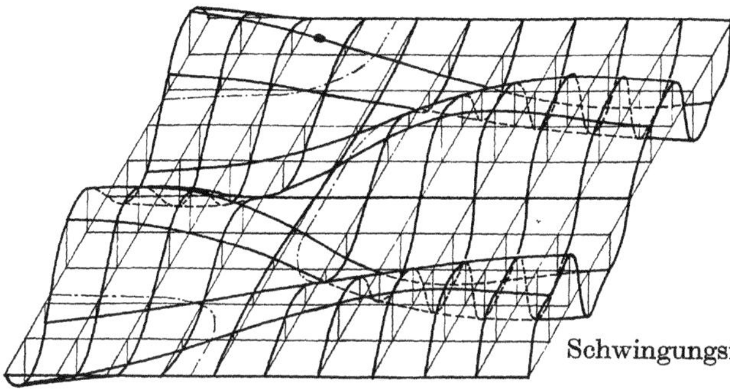

Schwingungsform 1,3

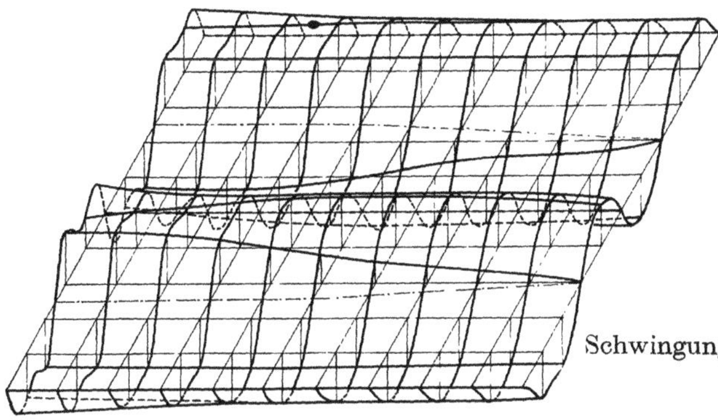

Schwingungsform 0,3

Abb. 14 und 15. Schwingungsformen des Modells b

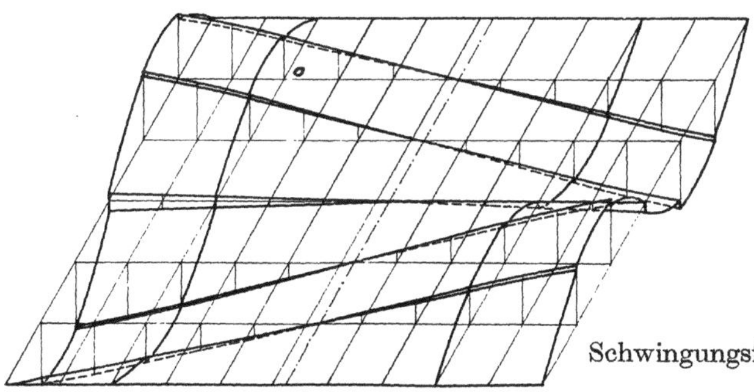

Schwingungsform 1,1

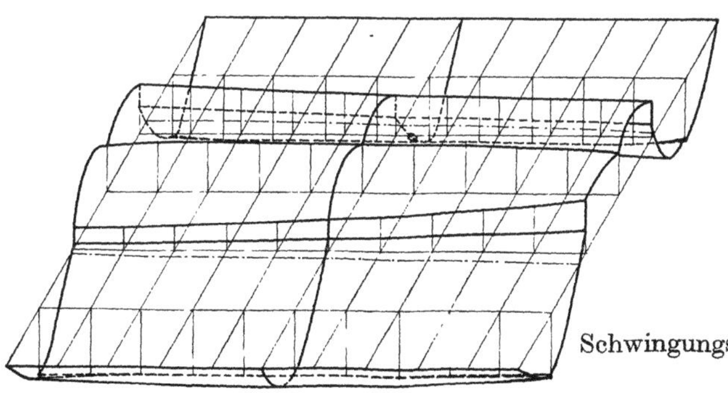

Schwingungsform 0,2

Abb. 16 und 17. Schwingungsformen des Modells c

erkennbar — noch merkliche Schwingungen ausführt. Es muß wegen der Nachgiebigkeit der Auflager also erwartet werden, daß die Frequenzen niedriger sein werden als sie sich nach der Theorie ergeben.

Die Nachgiebigkeit der Auflager macht sich ganz besonders bei den Frequenzen mit der Form „m, 0" bemerkbar. Bei unnachgiebigen Lagerungen dürften diese Formen nach der Rechnung überhaupt nicht auftreten, im Versuch traten sie jedoch sehr deutlich auf, allerdings mit zum Teil gegenüber den Ergebnissen der Plattenrechnung merklich erhöhter Frequenz. Während die analytische Annäherung der experimentell behandelten Schale durch ein entsprechendes Plattenmodell im allgemeinen technisch brauchbare Ergebnisse liefert, muß festgestellt werden, daß bei besserer Erfüllung der idealisierten Einspannbedingungen sich ganz wesentliche Abweichungen von Rechnung zu Experiment ergeben würden. Dies war zum Teil bereits der Fall bei der vorliegenden relativ steif gebauten Versuchsanordnung und wird bei den im Bauwesen verwendeten Auflagerungen vielfach zu wesentlich größeren Abweichungen führen. Gegen die rechnerischen Ergebnisse der Plattentheorie ergeben sich am gemessenen Schalenmodell — zufolge der Krümmung der Schalenmittelfläche — zum Teil beachtlich erhöhte Frequenzen. Die Schalenrechnung gestattet die Auffindung der stark abweichenden Frequenzen. Die hier durchgeführte numerisch stark vereinfachte Form einer Schalenberechnung gibt jedoch noch keine quantitativ guten Ergebnisse.

Für den Vergleich der Balkenrechnungen mit den Versuchsergebnissen gilt analog: Der gerade Balken läßt bestimmte Rückschlüsse auf die Frequenz der Schale zu; grobe Fehler könnten jedoch unterlaufen, wenn das Verformungsverhalten des gekrümmten Balkens vollständig übersehen wird. Die Berechnung der gekrümmten Balken berücksichtigt andererseits die Verformungsmöglichkeit der Auflager nicht, wodurch Fehler nach der anderen Richtung entstehen können.

Bei den Ergebnissen der dünneren Schale (Modell b) kann man an den Verformungsbildern der Versuche erkennen, daß die in der Theorie vorausgesetzte Unverschieblichkeit der Lager im wesentlichen realisiert wurde. Deutliche Wirkungen von Einspannmomenten waren zu beobachten. Es verwundert daher nicht, wenn die analytische Behandlung des Modells als Platte bei fast allen Formen zu kleine Frequenzen liefert. Weiter ist zu beobachten, daß die Formen (m, 0) tatsächlich durch die unverschieblichen Ränder behindert werden. Hier ist der Mangel der angenäherten Rechnung einer Schale als Balken oder Platte klar erkennbar.

Die Schalenrechnung war im Ansatz zu einfach gewählt. Daher weichen verschiedene Ergebnisse der Schalenrechnung erheblich von den gemessenen Werten ab, sowohl in den Schwingungsfrequenzen als auch in den Schwingungsformen. Gerade bei den Formen (0, 3) und (1, 3) z. B. läßt sich erkennen, daß höhere Entwicklungen im Ansatz für die Schwingungsform nötig sind. Trotzdem liefert die Schalenrechnung auch so schon einige Erkenntnisse. Es wäre rein aus den Plattenergebnissen her nicht verständlich, warum die Formen (3, 2), (3, 3), (4, 2) und (4, 3) nicht gemessen werden konnten. Bei der Schalenberechnung zeigt sich, daß zu diesen Formen eine große Verzerrungsenergie gehört, die zum Erreichen solcher Schwingungsformen bei der ebenen Platte nicht nötig ist. Die Schwingungsfrequenz bei diesen Formen wächst also stark infolge der Krümmung der Schale.

Abschließend kann festgestellt werden, daß es wohl möglich ist, mit einfachen Berechnungsmethoden brauchbare Ergebnisse zu erhalten. Es darf dann jedoch nicht am Vergleich von mit verschiedenen Methoden erhaltenen Ergebnissen gespart werden, da nur dann der Einfluß der unvollkommen in die Berechnung eingeführten Größen erkannt und deren Einflußtendenz näherungsweise berücksichtigt werden kann.

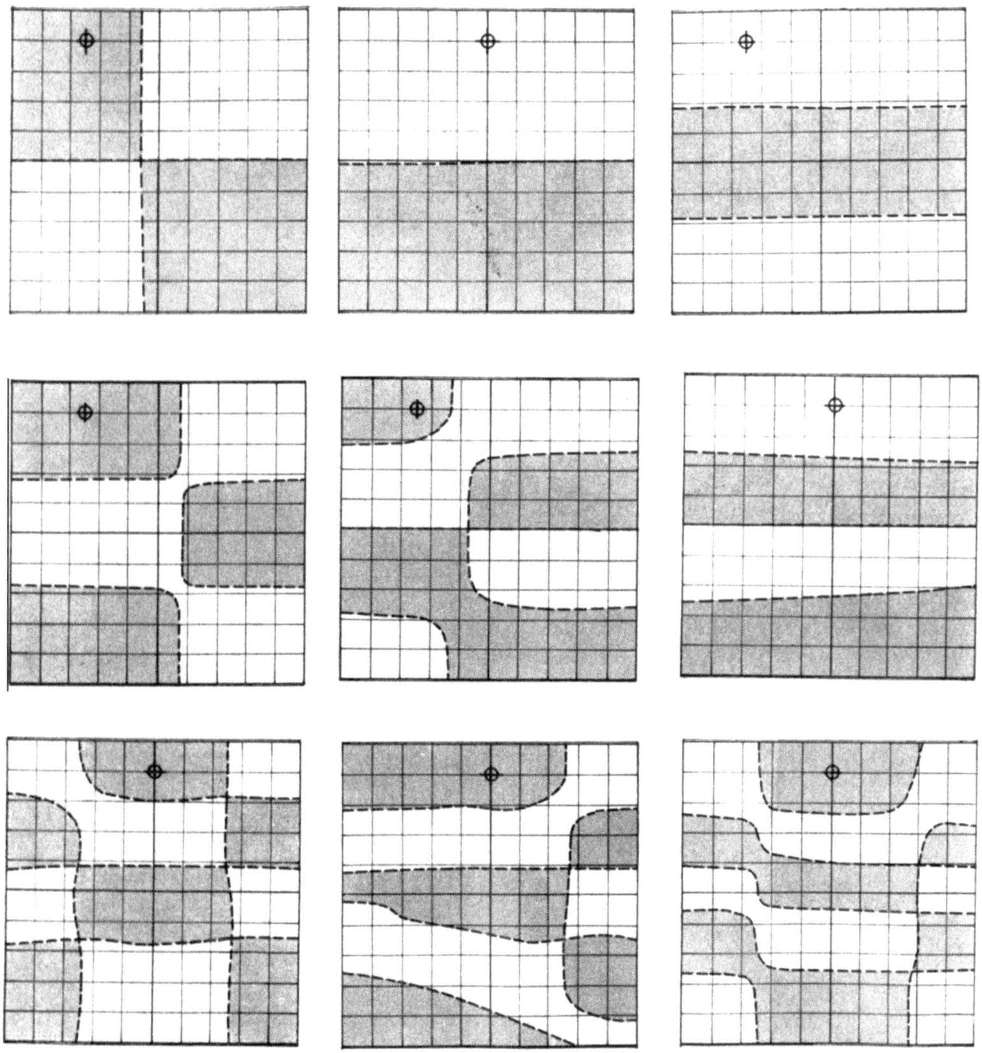

Abb. 18 bis 26. Knotenlinienbilder des Modells b
Das eingetragene Zeichen ⊕ kennzeichnet den Punkt der Erregung

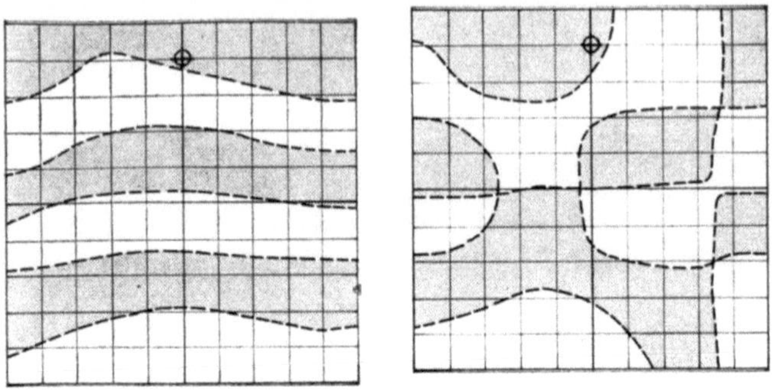

Abb. 27 und 28. Knotenlinienbilder des Modells b mit eingetragenem Erregungspunkt

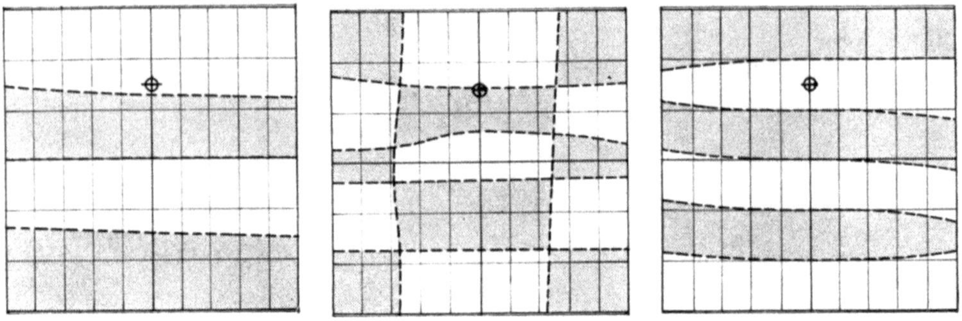

Abb. 29 bis 31. Knotenlinienbilder des Modells c mit eingetragenem Erregungspunkt

Literatur

[1] RAYLEIGH, J. W. S.: The Theory of Sound. Dover Publ. New York 1945.

[2] GEIGER, J.: Mechanische Schwingungen. Berlin: Springer-Verlag 1927.

[3] TIMOSHENKO, S.: Schwingungsprobleme der Technik. Berlin: Springer-Verlag 1932.

[4] FLÜGGE, W.: Statik und Dynamik der Schalen. Berlin: Springer-Verlag 1934.

[5] SANTEN, G. W. VAN: Einführung in das Gebiet der mechanischen Schwingungen. Philips Techn. Bibl. 1954.

[6] RAUSCH, E.: Maschinenfundamente und andere dynamisch beanspruchte Baukonstruktionen. Düsseldorf: VDI-Verlag 1959.

[7] KLOTTER, K.: Technische Schwingungslehre. Berlin-Göttingen-Heidelberg: Springer-Verlag 1960.

[8] KOLOUSEK, V.: Dynamik der Baukonstruktionen. Berlin: VEB-Verlag Bauwesen 1962.

[9] KOLOUSEK, V.: Baudynamik der Durchlaufträger und Rahmen. Leipzig: Fachbuch-Verlag 1953.

[10] DEN HARTOG, J. P., und G. MESMER: Mechanische Schwingungen. Berlin-Göttingen-Heidelberg: Springer-Verlag 1952.

Beitrag zur Berechnung von Platten, die durch Randträger verstärkt sind

Von

F. Reinitzhuber und S. Krug, Rheinhausen

Mit 5 Textabbildungen

I. Allgemeines

Die vorliegende Arbeit ist ein Teilabschnitt aus dem umfangreichen Arbeitsgebiet der Berechnung von zweiseitig gelagerten, an den Rändern durch biege- und torsionssteife Balken verstärkten Platten. Die Arbeit hat das Ziel, unter Anwendung von elektronischen Rechenautomaten eine schnelle und umfassende numerische Berechnung durchführen und dabei die verschiedensten Einflüsse variieren zu können. Dadurch sollen die Erkenntnisse auf dem Gebiet der zweiseitig gelagerten Platten erweitert und

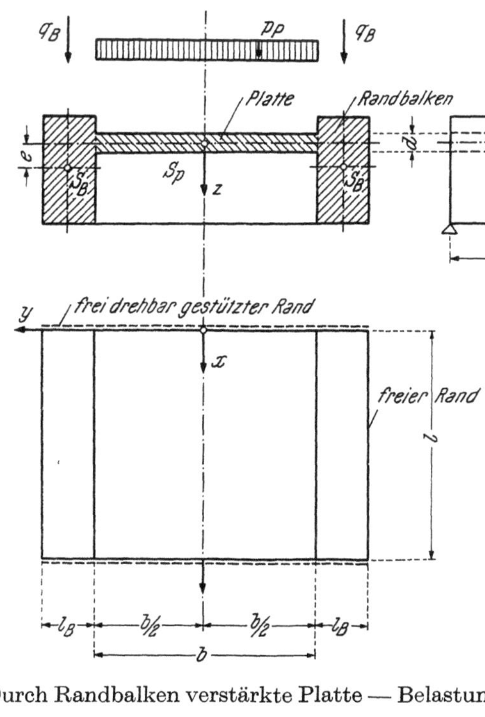

Abb. 1. Durch Randbalken verstärkte Platte — Belastung, System und Bezeichnungen

unter Umständen die bisher schon vorhandenen Tabellenwerke ergänzt werden. Zu gegebener Zeit wird anderen Ortes über die vollständigen Ergebnisse zu berichten sein.

Das Schrifttum auf dem Gebiete der Platten- und Scheibenberechnungen ist so umfangreich, daß hier nicht auf die vielen Einzelarbeiten besonders hingewiesen werden kann. Die dennoch genannten Arbeiten sind diejenigen, die dieser Arbeit unmittelbar als Anregung und Grundlage gedient haben [1] bis [4].

Die nachfolgenden Ableitungen gehen von dem in Abb. 1 dargestellten System aus.

Es bedeuten:

q_B = Eine Linienlast auf dem Randbalken.

p_P = Eine Flächenlast auf der Platte.

Die übrigen Bezeichnungen sind geometrische Abmessungen, und ihre Bedeutung ist aus der Abb. 1 unmittelbar zu entnehmen. An den gestützten Rändern, parallel der y-Richtung, sind die Platte und die Balken frei drehbar gelagert. Platte und Balken werden durch Biege- und Torsionsmomente sowie durch Quer- und Normalkräfte beansprucht. Für die Ableitungen werden die der KIRCHHOFFschen Plattentheorie [1] zugrunde liegenden Hypothesen übernommen und hinsichtlich der Scheibe die sich aus der Plattenbiegung ergebenden Verschiebungen aus der Scheibenebene heraus vernachlässigt.

II. Die Differentialgleichungen von Platte, Scheibe und Balken

Die in der Platte auftretenden Beanspruchungen werden durch die Differentialgleichungen für die Platte und Scheibe, die in den Randbalken durch die entsprechenden Differentialgleichungen des Balkens charakterisiert und erfaßt.

Für die Differentialgleichungen der orthotropen Platte gilt mit guter Näherung [2]

$$B_x \frac{\partial^4 w_P}{\partial x^4} + 2\sqrt{B_x B_y}\, \frac{\partial^4 w_P}{\partial x^2\, \partial y^2} + B_y \frac{\partial^4 w_P}{\partial y^4} = p;$$

darin bedeuten:

$B_x = \frac{(E\,J)_x}{1-\nu^2}$ Plattensteifigkeit in x-Richtung.

$B_y = \frac{(E\,J)_y}{1-\nu^2}$ Plattensteifigkeit in y-Richtung.

ν = Querdehnungszahl.

E = Elastizitätsmodul.

J = Biegeträgheitsmoment pro Längeneinheit.

w_P = Biegefläche der Plattenmittelebene.

Für die nachfolgenden Ableitungen werden gleiche Steifigkeiten in x- und y-Richtung sowohl bei der Platte als auch bei der Scheibe angenommen und deshalb von den beiden Differentialgleichungen für die isotrope Platte und Scheibe ausgegangen.

$$\text{Platte: } B\frac{\partial^4 w_P}{\partial x^4} + 2\,B\frac{\partial^4 w_P}{\partial x^2\,\partial y^2} + B\frac{\partial^4 w_P}{\partial y^4} = p, \tag{1}$$

$$\text{Scheibe: } \frac{\partial^4 F_P}{\partial x^4} + 2\frac{\partial^4 F_P}{\partial x^2\,\partial y^2} + \frac{\partial^4 F_P}{\partial y^4} = 0. \tag{2}$$

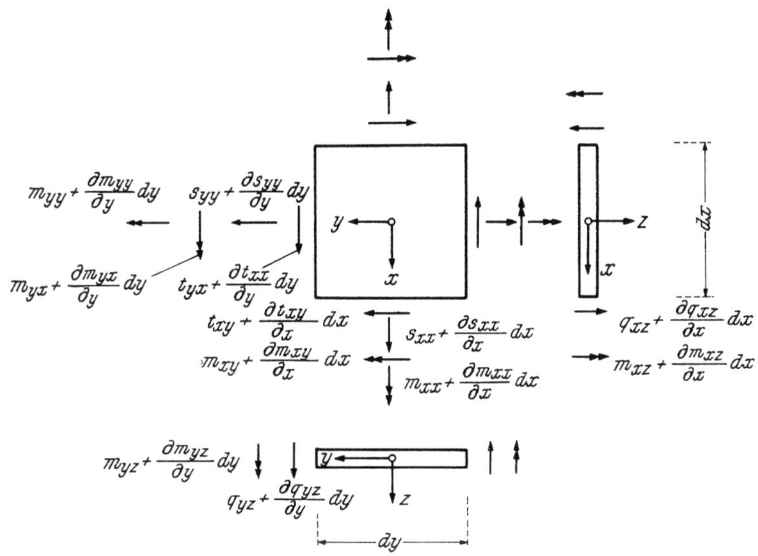

Abb. 2. Schnittlasten und Bezeichnungen am Platten- bzw. Scheibenelement

Sind die Biegefläche $w_P = w_P(x, y)$ und die Spannungsfunktion $F_P = F_P(x, y)$ bekannt, so lassen sich daraus die in Abb. 2 am Platten- und Scheibenelement eingetragenen Schnittlasten, die sich aus Momenten, Quer- und Längskräften zusammensetzen, ermitteln.

Die Ermittlung der Biegefläche und der Spannungsfunktion erfolgt durch Ansätze, die einerseits die Differentialgleichungen und anderseits auch die Navierschen Randbedingungen des gestützten Randes erfüllen. Die Bedingungen des durch Randbalken verstärkten Plattenrandes werden mit Hilfe der in den Ansätzen vorhandenen freien Konstanten erfüllt.

Die Differentialgleichungen des Randbalkens lauten:

$$(E\,J)_{B\,y}\frac{\partial^2 w_B}{\partial x^2} = -\,M_{B\,x\,y}, \tag{3}$$

$$(E\,J)_{B\,z}\frac{\partial^2 v_B}{\partial x^2} = M_{B\,x\,z}, \tag{4}$$

$$(G\,J_T)_{B\,x}\frac{\partial \varphi_B}{\partial x} = T_{B\,x\,x}, \tag{5}$$

$$(E\,F)_{B\,x}\frac{\partial u_B}{\partial x} = N_{B\,x\,x}. \tag{6}$$

Darin bedeuten:

w_B = Durchbiegung des Balkens in Richtung z.

v_B = Durchbiegung des Balkens in Richtung y.

u_B = Dehnung des Balkens in Richtung x.

φ_B = Verdrehung des Balkens um die x-Achse.

E = Elastizitätsmodul des Balkenmaterials.

$J_{(y,z)}$ = Biegeträgheitsmoment, bezogen auf die y- bzw. z-Achse.

$J_{(Tx)}$ = Torsionsträgheitsmoment, bezogen auf die x-Achse.

F = Balkenquerschnittsfläche.

M_B = Biegemoment im Balken.

T_B = Torsionsmoment im Balken.

N_B = Normalkraft im Balken.

Die übrigen in der Arbeit verwendeten Indizes x, y bzw. z sind im allgemeinen so gewählt, daß der erste stets den Ort bzw. die Stelle angibt, während der zweite die Richtung des Vektors anzeigt.

III. Die Gleichgewichtsbedingung am Balkenelement

Mit Hilfe der Abb. 3 und den dort eingetragenen Schnittlasten lassen sich die sechs Gleichgewichtsbedingungen des Balkenelements mit anschließendem Platten- bzw. Scheibenrand anschaulich ableiten und formulieren.

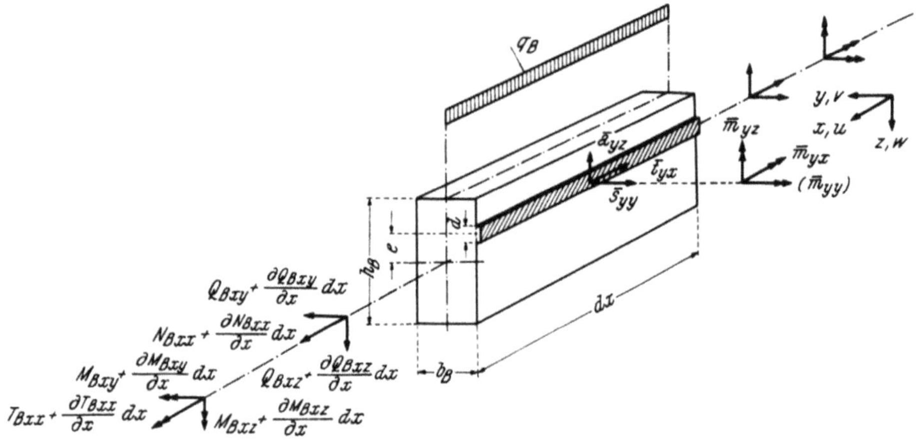

Abb. 3. Schnittlasten und Bezeichnungen am Balkenelement sowie Platten- bzw. Scheibenrand

Es ergibt sich aus dem Kräftegleichgewicht:

$$\bar{t}_{yx} = \frac{\partial N_{Bxx}}{\partial x}, \tag{7}$$

$$\bar{s}_{yy} = \frac{\partial Q_{Bxy}}{\partial x}, \tag{8}$$

$$-(q_B - \bar{a}_{yz}) = \frac{\partial Q_{Bxz}}{\partial x}. \tag{9}$$

Aus dem Momentengleichgewicht folgt mit $\bar{m}_{yy}$ und $\bar{m}_{yz} \approx 0$:

$$\bar{m}_{yx} + \bar{s}_{yy}\, e - \bar{a}_{yz}\frac{b_B}{2} = \frac{\partial T_{Bxx}}{\partial x}, \tag{10}$$

$$Q_{Bxz} - \bar{t}_{yx}\, e = \frac{\partial M_{Bxy}}{\partial x}, \tag{11}$$

$$-Q_{Bxy} + \bar{t}_{yx}\frac{b_B}{2} = \frac{\partial M_{Bxz}}{\partial x}. \tag{12}$$

Eliminiert man aus den Gln. (3) bis (6) die Schnittlasten des Balkens und setzt dafür die entsprechenden Schnittlasten des Platten- bzw. Scheibenrandes nach den Gln. (7) bis (12) ein, so ergeben sich folgende Beziehungen:

Aus (3) mit (9) und (11):

$$q_B - \bar{a}_{yz} + \frac{\partial \bar{t}_{yz}}{\partial x}\, e = (E\,J)_{By}\frac{\partial^4 w_B}{\partial x^4}. \tag{13}$$

Aus (4) mit (8) und (12):

$$-\bar{s}_{yy} + \frac{\partial \bar{t}_{yx}}{\partial x}\frac{b_B}{2} = (E\,J)_{Bz}\frac{\partial^4 v_B}{\partial x^4}. \tag{14}$$

Aus (5) mit (10):

$$\bar{m}_{yx} + \bar{s}_{yy}\, e - \bar{a}_{yz}\frac{b_B}{2} = (G\,J_T)_{Bx}\frac{\partial^2 \varphi_B}{\partial x^2}. \tag{15}$$

Aus (6) mit (7):

$$\bar{t}_{yx} = (E\,F)_{Bx}\frac{\partial^2 u_B}{\partial x^2}. \tag{16}$$

IV. Verträglichkeitsbedingungen zwischen Platten- und Balkenrand

Die Beziehungen zwischen den Formänderungen des Plattenrandes und denen des Balkens lassen sich in anschaulicher Weise aus den Abb. 4 und 5 ableiten.

Wie man aus Abb. 4 (mit vorzeichengerechtem φ_B) erkennt, gilt:

$$\bar{w}_P = w_B - \frac{b_B}{2}\varphi_B, \tag{17}$$

$$\frac{\partial \bar{w}_P}{\partial y} = \varphi_B, \tag{18}$$

$$\bar{v}_P = v_B + e\,\varphi_B. \tag{19}$$

Aus Abb. 5 läßt sich unter Vernachlässigung einiger Größen, die klein höherer Ordnung sind, ableiten:

$$\bar{u}_P = u_B + e\frac{\partial w_B}{\partial x} + \frac{b_B}{2}\frac{\partial v_B}{\partial x}. \tag{20}$$

Aus den Gln. (13) bis (16) ergibt sich nun unter Verwendung der Beziehungen (17) bis (20) das nachfolgende Gleichungssystem, welches nur noch Verformungen und Schnittlasten des Platten- bzw. Scheibenrandes enthält:

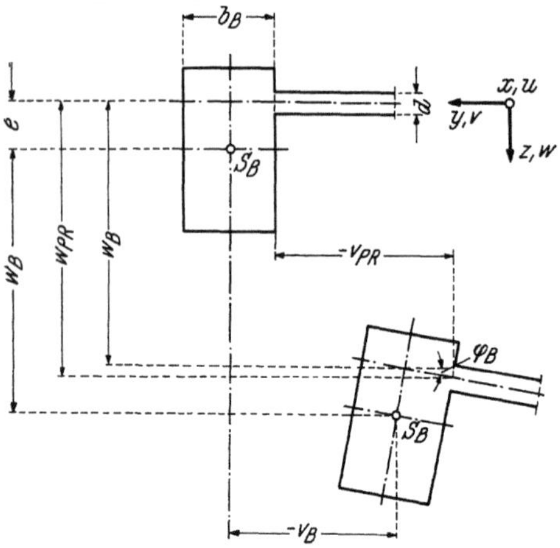

Abb. 4. Anschauliche Darstellung von Verformungen des Randbalkens und Plattenrandes

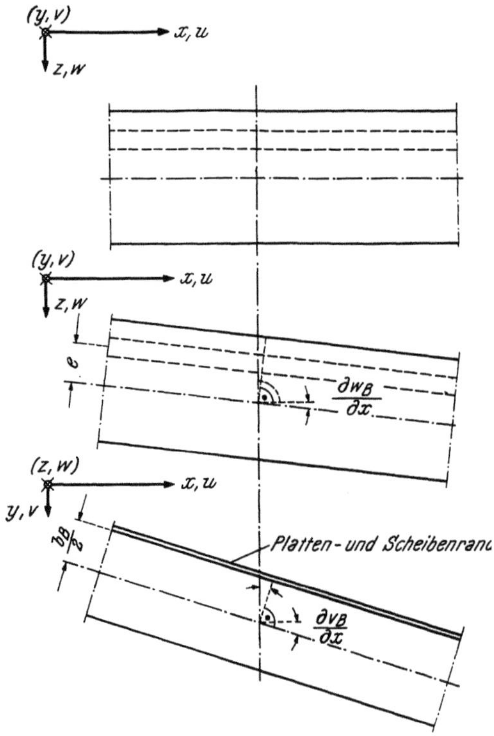

Abb. 5. Anschauliche Darstellung von Verformungen des Randbalkens

$$q_B - \bar{a}_{yz} + \frac{\partial \bar{t}_{yx}}{\partial x} e = (E J)_{By}\left\{\frac{\partial^4 \bar{w}_P}{\partial x^4} + \frac{b_B}{2}\,\frac{\partial^5 \bar{w}_P}{\partial x^4\,\partial y}\right\}, \tag{21}$$

$$-\frac{\partial \bar{s}_{yy}}{\partial y} + \frac{\partial^2 \bar{t}_{yz}}{\partial x\,\partial y}\,\frac{b_B}{2} = (E J)_{Bz}\left\{\frac{\partial^5 \bar{v}_P}{\partial x^4\,\partial y} - e\,\frac{\partial^6 \bar{w}_P}{\partial x^4\,\partial y^2}\right\}, \tag{22}$$

$$\bar{m}_{yx} + \bar{s}_{yy}\, e - \bar{a}_{yz}\,\frac{b_B}{2} = (G J_T)_{Bx}\left\{\frac{\partial^3 \bar{w}_P}{\partial x^2\,\partial y}\right\}, \tag{23}$$

$$\frac{\partial \bar{t}_{yx}}{\partial y} = (E F)_{Bx}\left\{\frac{\partial^3 u_P}{\partial x^2\,\partial y} - e\,\frac{\partial^4 \bar{w}_P}{\partial x^3\,\partial y} - \frac{b_B}{2}\,\frac{\partial^4 \bar{v}_P}{\partial x^3\,\partial y}\right\}. \tag{24}$$

V. Die Ansätze für die Spannungsfunktion und für die Durchbiegung

Die Ansätze für die Spannungsfunktion $F_P = F_P(x, y)$ und die Biegefläche $w_P = w_P(x, y)$ genügen, wie schon erwähnt, den Differentialgleichungen der Scheibe und der Platte. Darüber hinaus erfüllen sie auch die Randbedingungen der Ränder für $x = 0$ und $x = l$ parallel zur y-Achse. Die Ansätze enthalten noch vier freie Konstanten, und damit können die Bedingungen des verstärkten freien Randes erfüllt werden.

Die Ansätze lauten:

$$w_P = \frac{4\,p\,l^4}{\pi^5 B} \sum_{1,3,5}^{\infty} \left(\frac{1}{m^5} + A_m \cosh \eta_m + D_m \eta_m \sinh \eta_m \right) \sin \xi_m, \tag{25}$$

$$F_P = \sum_{1,3,5}^{\infty} (C_m \cosh \eta_m + D_m \eta_m \sinh \eta_m) \sin \xi_m. \tag{26}$$

Darin bedeuten:

$$\eta_m = m\,\pi \frac{y}{l}, \quad \xi_m = m\,\pi \frac{x}{l} \tag{27}$$

und für den Rand $y = \pm b/2$ ergibt sich:

$$\bar{\eta}_m = m\,\pi \frac{b}{2\,l}.$$

Die Ansätze (25) und (26) bzw. ihre Ableitungen nach x und y werden in das Gleichungssystem (21) bis (24) eingesetzt, zuvor aber außerdem noch die nachfolgenden Beziehungen (28) bis (33) entsprechend [1] bzw. [2] berücksichtigt:

$$\bar{m}_{yx} = B \left(\frac{\partial^2 \bar{w}_P}{\partial y^2} + \nu \frac{\partial^2 \bar{w}_P}{\partial x^2} \right), \tag{28}$$

$$\bar{a}_{yz} = -B \left(\frac{\partial^3 \bar{w}_P}{\partial y^3} + (2 - \nu) \frac{\partial^3 \bar{w}_P}{\partial x^2 \partial y} \right), \tag{29}$$

$$\bar{t}_{yz} = \bar{\tau}_{yx}\, d = - \frac{\partial^2 \bar{F}_P}{\partial x\, \partial y}\, d, \tag{30}$$

$$\bar{s}_{yy} = \bar{\sigma}_{yy}\, d = \frac{\partial^2 \bar{F}_P}{\partial x^2}\, d, \tag{31}$$

$$\frac{\partial \bar{u}_P}{\partial x} = \frac{1}{E} \left(\frac{\partial^2 \bar{F}_P}{\partial y^2} - \nu \frac{\partial^2 \bar{F}_P}{\partial x^2} \right), \tag{32}$$

$$\frac{\partial \bar{v}_P}{\partial y} = \frac{1}{E} \left(\frac{\partial^2 \bar{F}_P}{\partial x^2} - \nu \frac{\partial^2 \bar{F}_P}{\partial y^2} \right). \tag{33}$$

Mit den Gln. (28) bis (33) ergibt sich somit aus dem Gleichungssystem (21) bis (24) das folgende System, das nur noch Verformungen w und die Spannungsfunktion F enthält.

$$q_B + B \left[\frac{\partial^3 \bar{w}_P}{\partial y^3} + (2 - \nu) \frac{\partial^3 \bar{w}_P}{\partial x^2 \partial y} \right] - \frac{\partial^3 \bar{F}_P}{\partial x^2 \partial y}\, d\, e =$$

$$= (E\,J)_{By} \left(\frac{\partial^4 \bar{w}_P}{\partial x^4} + \frac{b_B}{2} \frac{\partial^5 \bar{w}_P}{\partial x^4 \partial y} \right), \tag{34}$$

$$- d \left(\frac{\partial^3 \bar{F}_P}{\partial x^2 \partial y} + \frac{b_B}{2} \frac{\partial^4 \bar{F}_P}{\partial x^2 \partial y^2} \right) = (E\,J)_{Bz} \left[\frac{1}{E} \left(\frac{\partial^6 \bar{w}_P}{\partial x^6} - \nu \frac{\partial^6 \bar{F}_P}{\partial x^4 \partial y^2} \right) - e \frac{\partial^6 \bar{w}_P}{\partial x^4 \partial y^2} \right], \tag{35}$$

$$B\left(\frac{\partial^2 \overline{w}_P}{\partial y^2} + \nu \frac{\partial^2 \overline{w}_P}{\partial x^2}\right) + \frac{\partial^2 \overline{F}_P}{\partial x^2} d\, e + \frac{b_B}{2} B\left[\frac{\partial^3 \overline{w}_P}{\partial y^3} + (2-\nu)\frac{\partial^3 \overline{w}_P}{\partial x^2\, \partial y}\right] =$$

$$= (G\, J_T)_{B\,x} \frac{\partial^3 \overline{w}_P}{\partial x^2\, \partial y}, \tag{36}$$

$$-\frac{\partial^3 \overline{F}_P}{\partial x\, \partial y^2} d = (E\, F)_{B\,x}\left[\frac{1}{E}\left(\frac{\partial^4 \overline{F}_P}{\partial x\, \partial y^3} - \nu \frac{\partial^4 \overline{F}_P}{\partial x^3\, \partial y}\right) - e\frac{\partial^4 \overline{w}_P}{\partial x^3\, \partial y} - \right.$$

$$\left. - \frac{b_B}{2}\frac{1}{E}\left(\frac{\partial^5 \overline{F}_P}{\partial x^5} - \nu \frac{\partial^5 \overline{F}_P}{\partial x^3\, \partial y^2}\right)\right]. \tag{37}$$

Nachdem man noch für die Belastung q_B eine Reihenentwicklung

$$q_B = \sum_{1,3,5}^{\infty} \frac{4\, q_B}{\pi\, m} \sin \xi_m \tag{38}$$

eingeführt hat, erhält man schließlich nach umfangreichen Umformungen für jedes m ein viergliedriges Gleichungssystem, in dem die Konstanten A_m, D_m, C_m und E_m die Unbekannten darstellen. Die Lösung der Gleichungssysteme erfolgt für jedes m unabhängig und mit Hilfe der elektronischen Rechenmaschine in Abhängigkeit von den Parameterwerten aus der äußeren Belastung bzw. den geometrischen Abmessungen sowie den Stoffkennwerten.

VI. Die Ermittlung der freien Konstanten

Führt man die folgenden Abkürzungen (39) und (40) ein, so vereinfachen sich die Gln. (34) bis (37) zu einem übersichtlichen System, dessen Unbekannte die Konstanten A_m, C_m, D_m und E_m sind.

Es bedeuten:

$$\left.\begin{aligned}
&\Phi_a = \frac{4\, p\, l\, m^3}{\pi^2}, \quad \Phi_w = \frac{(E\, J)_{B\,y}}{B}\frac{4\, p\, m^4}{\pi}, \quad \Phi_m = \frac{4\, p\, l^2\, m^2}{\pi^3},\\
&\Phi_v = -\frac{(E\, J)_{B\,z}}{E}\frac{m^6\, \pi^6}{l^6}, \quad \Phi_s = -\frac{e\, d\, m^2\, \pi^2}{l^2}, \quad \Phi_u = \frac{(E\, F)_{B\,x}}{E}\frac{m^4\, \pi^4}{l^4},\\
&\psi_w = \frac{(E\, J)_{B\,y}}{B}\frac{2\, b_B\, p\, m^5}{l}, \quad \psi_t = \frac{d\, e\, m^3\, \pi^3}{l^3}, \quad \psi_s = -d\frac{\pi^3\, m^3}{l^3},\\
&\psi_v = -\frac{(E\, F)_{B\,x}}{E}\frac{b_B\, m^5\, \pi^5}{2\, l^5},\\
&\chi_t = \frac{d\, b_B\, m^4\, \pi^4}{2\, l^4}, \quad \chi_w = -\frac{(E\, J)_{B\,z}}{B}\frac{e\, \pi\, 4\, p\, m^6}{l^2},\\
&\sigma_t = -\frac{d\, m^3\, \pi^3}{l^3}, \quad \sigma_w = -\frac{(G\, J_T)_{B\,x}}{B}\frac{4\, p\, l\, m^3}{\pi^2},\\
&\pi_w = \frac{(E\, F)_{B\,x}}{B}\frac{4\, p\, e\, m^4}{\pi}.
\end{aligned}\right\} \tag{39}$$

Außerdem gelten die Beziehungen:

$$\left.\begin{aligned}
a_1 &= (1-\nu)\,\Phi_a \sinh\bar\eta_m, \quad a_2 = \Phi_w \cosh\bar\eta_m + \psi_w \sinh\bar\eta_m,\\
a_3 &= \chi_w \cosh\bar\eta_m, \qquad a_4 = (1-\nu)\,\Phi_m \cosh\bar\eta_m,\\
a_5 &= \sigma_w \sinh\bar\eta_m, \qquad a_6 = \pi_w \sinh\bar\eta_m,\\
c_1 &= \psi_t \sinh\bar\eta_m, \qquad c_2 = \psi_s \sinh\bar\eta_m,\\
c_3 &= \chi_t \cosh\bar\eta_m, \qquad c_4 = (1-\nu)\,\Phi_v \cosh\bar\eta_m,\\
c_5 &= \Phi_s \cosh\bar\eta_m, \qquad c_6 = \sigma_t \cosh\bar\eta_m,\\
c_7 &= (1+\nu)\,\Phi_u \sinh\bar\eta_m,\\
d_1 &= \Phi_a\,[3\sinh\bar\eta_m + \bar\eta_m\cosh\bar\eta_m - (2-\nu)(\sinh\bar\eta_m + \bar\eta_m\cosh\bar\eta_m)],\\
d_2 &= \Phi_w\,\bar\eta_m \sinh\bar\eta_m + \psi_w(\sinh\bar\eta_m + \bar\eta_m\cosh\bar\eta_m),\\
d_3 &= \chi_w\,(2\cosh\bar\eta_m + \bar\eta_m\sinh\bar\eta_m),\\
d_4 &= \Phi_m\,(2\cosh\bar\eta_m + \bar\eta_m\sinh\bar\eta_m - \nu\,\bar\eta_m\sinh\bar\eta_m),\\
d_5 &= \sigma_w\,(\sinh\bar\eta_m + \bar\eta_m\cosh\bar\eta_m),\\
d_6 &= \pi_w\,(\sinh\bar\eta_m + \bar\eta_m\cosh\bar\eta_m),\\
e_1 &= \psi_t\,(\sinh\bar\eta_m + \bar\eta_m\cosh\bar\eta_m),\\
e_2 &= \psi_s\,(\sinh\bar\eta_m + \bar\eta_m\cosh\bar\eta_m),\\
e_3 &= \chi_t\,(2\cosh\bar\eta_m + \bar\eta_m\sinh\bar\eta_m),\\
e_4 &= \Phi_v\,[\bar\eta_m\sinh\bar\eta_m + \nu\,(2\cosh\bar\eta_m + \bar\eta_m\sinh\bar\eta_m)],\\
e_5 &= \Phi_s\,\bar\eta_m\sinh\bar\eta_m,\\
e_6 &= \sigma_t\,(2\cosh\bar\eta_m + \bar\eta_m\sinh\bar\eta_m),\\
e_7 &= \Phi_u\,[3\sinh\bar\eta_m + \bar\eta_m\cosh\bar\eta_m + \nu\,(\sinh\bar\eta_m + \bar\eta_m\cosh\bar\eta_m)] +\\
&\quad + \psi_v\,[\bar\eta_m\sinh\bar\eta_m + \nu\,(2\cosh\bar\eta_m + \bar\eta_m\sinh\bar\eta_m)].
\end{aligned}\right\} \quad (40)$$

Das Gleichungssystem lautet mit den Abkürzungen (39) und (40):

A_m	C_m	D_m	E_m	= Abs.-Gl.
$-(a_1 + a_2)$	c_1	$(d_1 - d_2)$	e_1	$\frac{1}{m^5}\Phi_w - \frac{4}{\pi m} q_B$
$-a_3$	$(-c_2 + c_3 - c_4)$	$-d_3$	$(-e_2 + e_3 - e_4)$	0
$\left(-a_1 \frac{b_B}{2} + a_4 + a_5\right)$	c_5	$\left(d_1 \frac{b_B}{2} + d_4 - d_5\right)$	e_5	$\nu\,\Phi_m \frac{1}{m^5}$
$-a_6$	$(c_6 - c_7)$	$-d_6$	$(e_6 - e_7)$	0

(41)

VII. Die Schnittlasten für Balken, Platte und Scheibe

Sind die Unbekannten aus Gl. (41) bekannt, so lassen sich auch die Schnittlasten im Tragwerk angeben.

Für den Balken erhält man z. B.:

$$M_{Bxy} = -(E\,J)_{By} \frac{\partial^2 w_B}{\partial x^2} = -(E\,J)_{By} \frac{\partial^2}{\partial x^2}\left(\bar w_P + \frac{b_B}{2}\varphi_B\right).$$

Mit (18) und (25) ergibt sich daraus:

$$M_{Bxy} = \sum_{1,3,5}^{\infty} (E\,J)_{By} \frac{4\,p\,l^4}{\pi^5\,B} \left\{ \left(\frac{1}{m^5} + A_m \cosh \bar{\eta}_m + D_m \bar{\eta}_m \sinh \bar{\eta}_m \right) \left(\frac{m\,\pi}{l} \right)^2 + \right.$$

$$\left. + \frac{b_B}{2} \left[A_m \sinh \bar{\eta}_m + D_m (\sinh \bar{\eta}_m + \bar{\eta}_m \cosh \bar{\eta}_m) \right] \left(\frac{m\,\pi}{l} \right)^3 \right\} \sin \xi_m.$$

Für die Scheibe ergibt sich z. B.:

$$s_{xx} = d \frac{\partial^2 F}{\partial y^2} =$$

$$= \sum_{1,3,5}^{\infty} d \left[C_m \cosh \bar{\eta}_m + E_m (2 \cosh \bar{\eta}_m + \bar{\eta}_m \sinh \bar{\eta}_m) \right] \left(\frac{m\,\pi}{l} \right)^2 \sin \xi_m,$$

$$s_{yy} = d \frac{\partial^2 F}{\partial x^2} = - \sum_{1,3,5}^{\infty} d\,(C_m \cosh \bar{\eta}_m + E_m \bar{\eta}_m \sinh \bar{\eta}_m) \left(\frac{m\,\pi}{l} \right)^2 \sin \xi_m.$$

Für die Platte ergibt sich z. B.:

$$m_{yx} = B \left(\frac{\partial^2 w_P}{\partial y^2} + \nu \frac{\partial^2 w_P}{\partial x^2} \right)$$

$$= - \sum_{1,3,5}^{\infty} \frac{4\,p\,l^2\,m^2}{\pi^3} \left[A_m \cosh \bar{\eta}_m + D_m (2 \cosh \bar{\eta}_m + \bar{\eta}_m \sinh \bar{\eta}_m) - \right.$$

$$\left. - \nu \left(\frac{1}{m^5} + A_m \cosh \bar{\eta}_m + D_m \bar{\eta}_m \sinh \bar{\eta}_m \right) \right] \sin \xi_m,$$

$$m_{xy} = B \left(\frac{\partial^2 w_P}{\partial x^2} + \nu \frac{\partial^2 w_P}{\partial y^2} \right)$$

$$= - \sum_{1,3,5}^{\infty} \frac{4\,p\,l^2\,m^2}{\pi^3} \left\{ - \left(\frac{1}{m^5} + A_m \cosh \bar{\eta}_m + D_m \bar{\eta}_m \sin \bar{\eta}_m \right) + \right.$$

$$\left. + \nu \left[A_m \cosh \bar{\eta}_m + D_m (2 \cosh \bar{\eta}_m + \bar{\eta}_m \sinh \bar{\eta}_m) \right] \right\} \sin \xi_m.$$

VIII. Numerische Auswertung

Die Vielzahl der in die Berechnung eingehenden Parameter ergibt selbstverständlich auch eine Fülle von Variationsmöglichkeiten und es ist eine umfassende Berechnung trotz elektronischer Berechnungen noch nicht abgeschlossen. Das wird anderen Ortes zu gegebener Zeit erfolgen, desgleichen die Verallgemeinerung der Theorie auf nicht symmetrische Balkenquerschnitte, Belastungen und unterschiedliche Steifigkeiten.

Literatur

[1] Girkmann, K.: Flächentragwerke, 6. Aufl. Wien: Springer-Verlag. 1963.

[2] Olsen-Reinitzhuber: Die zweiseitig gelagerte Platte, 1. Band, 3. Aufl. Berlin: Wilhelm Ernst & Sohn. 1959; 2. Band, 2. Aufl. Berlin: Wilhelm Ernst & Sohn. 1962.

[3] Gilg, B.: Der Randträgereinfluß bei Plattenbrücken. Schweizerische Bauzeitung 71. Jg., Nr. 48 (1953).

[4] Reinitzhuber, F., und S. Krug: Platten mit Verstärkungen. Die Bautechnik 40. Jg., Heft 9, September 1963.

Der Einsatz von mechanischen und elektrischen Dehnungsmeßgeräten bei Ingenieurbauwerken

Von

F. Pilny, Berlin

Mit 14 Textabbildungen

Der Stand der Technik

Zur Prüfung der Beanspruchungsverhältnisse in Bau- und Konstruktionsteilen werden Dehnungsmessungen an Stahl, Beton und neuerdings auch an Kunststoffen in steigendem Maße angewandt. Während die dazu erforderlichen Meßgeräte bei Stahl selbst für seltenere Sonderaufgaben in ihrer Entwicklung einen gewissen Abschluß erkennen lassen, ist dies bei Beton und Kunststoff nicht der Fall. Für diese nichtmetallischen Werkstoffe sind vielfach die bereits vorhandenen Meßverfahren nur entsprechend abgewandelt worden. Durch Vergrößerung der Meßlänge und durch Anpassung der Befestigungsmittel erhielt man dadurch zum Teil recht brauchbare Geräte. Aber die Möglichkeiten, durch eine werkstoffgerechte Neugestaltung der Geber den Eigenheiten von Beton oder Kunststoff in zufriedenstellender Weise Rechnung zu tragen, scheinen bisher noch nicht voll genutzt worden zu sein. Für Dehnungsmessungen an der Oberfläche und noch viel weniger für die sehr häufig verlangten Dehnungsmessungen im Inneren des Betons gibt es im Handel kaum ein Gerät, das allen Anforderungen einigermaßen gerecht würde. Die Tatsache, daß einzelne wissenschaftliche Institute selbst Dehnungsgeber für Beton oder Kunststoffe entwickelten und auch bauen, zeigt, daß hier im Geräteangebot der Fachfirmen noch eine spürbare Lücke klafft.

Die Entwicklung der Dehnungsmeßverfahren, die für Stahlkonstruktionen Anwendung finden, läßt deutlich erkennen, daß Geräte mit rein optischer oder mechanischer Übersetzung (Abb. 1 und 2) wegen ihres meist größeren Platzbedarfes, der schwierigen Anbring- und Ablesbarkeit und wegen ihrer Erschütterungsempfindlichkeit durch Geräte mit elektrischer Übersetzung verdrängt worden sind. Eine Ausnahme bilden dabei die Setzdehnungsmesser (Abb. 3) und die zugehörigen Abnehmer, die sich auf Grund ihrer Meßart auch bei großer Meßstellenzahl und bei Langzeitmessungen sowie bei erschütterungsreichen Konstruktionen behaupten konnten und immer größere Verbreitung finden.

Neben den elektrischen Verfahren, die mit schwingenden Saiten oder mit Differentialtransformatoren induktiv arbeiten (Abb. 4), nehmen die Dehnungsmeßstreifen eine Sonderstellung ein. Sie befinden sich sowohl bezüglich der Anwendbarkeit als auch bezüglich ihrer Ausführung noch in reger Entwicklung und werden in Form, Empfindlichkeit, Handhabung

Abb. 1. Dehnungsmesser mit mechanischer Übersetzung (Huggenberger Tensometer ohne und mit stetig veränderlicher Meßlänge, Mohr & Federhaff, Martens-Kennedy)

Abb. 2. Doppel-Spiegelablesung mit Autokolliminations-Fernrohr (Bauart Staeger)

und Eigenschaften laufend vervollkommnet. So sind in den letzten Jahren sowohl schwingfeste Ausführungen als auch zur Erfassung mehrachsiger Dehnungszustände übereinander liegende Widerstandsstreifen sowie gegen Temperatureinfluß selbstkompensierte Folien mit nur geringem Temperaturgang entwickelt worden. Ferner gestatten fremdkompensierte Dehnungsmeßstreifen von außen her den Temperaturausgleich über eine mittig eingebaute Platindrahtschlaufe. Auch große Dehnungen bis zu 10% (gegenüber 1,5 bis 3,8% in der Normalausführung), wie sie unter anderem bei Kunststoffen auftreten können, sind noch erfaßbar. Durch Meßstreifen mit zwei zueinander senkrecht angeordneten Folienwindungen wird es möglich, einen der Spannung verhältnisgleichen Meßwert zu erhalten, der den Umweg, die Spannung über die Dehnung und den Elastizitätsmodul zu errechnen, vermeidet. Auch sind Messungen bei erstaunlich hohen Temperaturen (bis zu 700°) bereits ausführbar. Das Aufbringen derartiger Hochtemperatur-Dehnungsmeßstreifen geschieht durch Aufschweißen einer zwischengeschalteten Stahlfolie. Dadurch ist gleichzeitig eine Wiederverwendbarkeit in beschränktem Umfang gegeben. Halbleiter-Dehnungsmeßstreifen, deren Widerstand sich um zwei Zehnerpotenzen stärker verändert als bei den bisher üblichen Typen ($k = \pm 80$

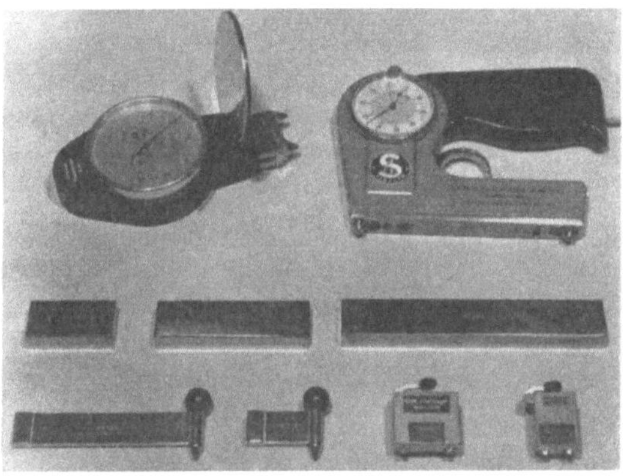

Abb. 3. Setzdehnungsmesser (Bauarten Huggenberger und Pfender mit 3 Prüfmaßen, 2 Setzfüßen zur Erweiterung der Meßlänge und 2 BAM-Übertrager, Bauart Feucht)

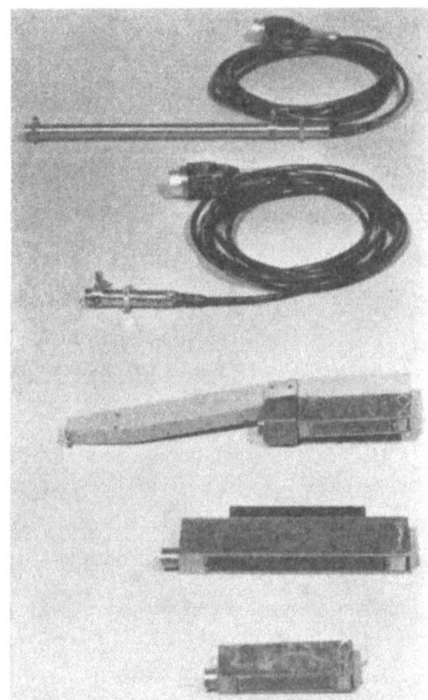

Abb. 4. Elektrische Dehnungsmesser (2 induktive Dehnungsgeber mit stetig bis 200 mm und 50 mm veränderlicher Meßlänge, Saitendehnungsgeber für 200, 100 und 50 mm Meßlänge)

bis ± 200) und deren Empfindlichkeit sich dadurch stark erhöht, sowie Sondertypen mit eingebauten Thermoelementen zeigen, daß von derartigen Meßelementen bereits ganz außerordentliche Leistungen verlangt werden können.

Außer den optischen, mechanischen und elektrischen Meßverfahren ist noch ein pneumatisches bekannt geworden, das durch seine besonders große Übersetzung (bis 1 : 200000) eine außerordentliche Empfindlichkeit besitzt. Da aber gleichzeitig der Meßbereich besonders klein ist (0,001 mm), blieb dieses Verfahren in seiner Anwendung noch auf Sonderfälle beschränkt.

Bei Dehnungsmessungen an Beton sind keineswegs schon alle Schwierigkeiten gebannt, wenn an den von der Stahlprüfung her übernommenen Meßgeräten die Meßlänge vergrößert worden ist. Die Praxis zeigt, daß die Eigenarten des Betons den erforderlichen Mindestaufwand an Meßtechnik wesentlich erhöhen. Beton besitzt nämlich zum Unterschied von Stahl keine vom Alter und der Feuchtigkeit unabhängige Länge. Sogar eine klimatisch bedingte Änderung der Feuchtigkeitsverteilung innerhalb seiner Kapillar- und Gelporen ändert seine Längenabmessungen in einem Ausmaß, wie es etwa der Zugdehnung durch die Nutzbeanspruchung entspricht. Eine weitere Schwierigkeit liegt bei Dehnungsmessungen an Beton darin, daß sie sich meist über längere Zeiträume erstrecken müssen, was nicht nur eine sorgfältige Temperaturkompensation und nullpunktdriftarme Meßbrücken, sondern auch einen sehr verläßlichen Schutz der Meßwertgeber gegen Feuchtigkeit und chemische Einflüsse erforderlich macht.

In den meisten Fällen genügt es auch bei Betonbauwerken nicht, die Dehnungen nur an deren Oberfläche zu messen. Oft ist wegen der geforderten sofortigen Nutzung eines Ingenieurbauwerkes die Befestigung der Geber auf der Oberfläche gar nicht möglich. Sie müssen dann in den Frischbeton vor dessen Verdichtung eingebettet werden und sind — nach dem Einbau nicht mehr zugänglich — von Anfang an dem Angriff des basischen Anmachwassers ausgesetzt. Die Maßnahmen zur Abdichtung der eingebetteten Dehnungsgeber dürfen aber deren Querschnittsabmessungen nicht beliebig vergrößern, weil oft auch in dünnen Bauteilen zu messen ist. Genau so wichtig ist die Unempfindlichkeit gegen mechanische Beanspruchung, die wegen des rauhen Baubetriebes beim Einbau gewährleistet sein muß. Nicht alle diese Forderungen wurden von den bisher bekannt gewordenen Bauarten (1) bis (8) vollkommen erfüllt. Den Anlaß für eine Neugestaltung der Geberform gab nicht zuletzt das Bestreben, die Werkstattfertigung in Anbetracht der benötigten größeren Stückzahlen besonders wirtschaftlich zu machen.

Die Gesichtspunkte für die Auswahl eines Dehnungsmeßgerätes

Das gleichzeitige Bestehen und die fortdauernde Anwendung verschiedenartiger Dehnungsmeßgeräte durch die Fachwelt berechtigt zur Frage, ob es sich hier nur um Parallelentwicklungen annähernd gleichwertiger Geräte mehrerer Firmen handelt oder ob die Anwendbarkeit bestimmter Dehnungsgebertypen auch (oder ausschließlich) von der Art des Meßobjektes abhängig sei. Zweifellos wird es Fälle geben, bei denen zwei gänzlich verschiedene Meßgeräte mit gleichem Erfolg anwendbar sind. In der Regel grenzen aber folgende Kenngrößen die Auswahl merkbar ein:

Lage der Meßstellen (an der Oberfläche, im Inneren oder in Kerben),

erforderliche Meßlänge (je nach Homogenität des Werkstoffes),

größte zu erwartende Dehnung,

verlangte Empfindlichkeit (Dehnung je 1 mm Zeigerausschlag oder je digitale Einheit),

Meßdauer (Stunden, Tage, Jahre),

Beanspruchung während des Meßzeitraumes (durch Berührung, Erschütterungen infolge von Verkehrslasten, Stöße durch auftretende Risse, Witterungseinfluß),

Anzahl der Meßstellen (Kostenfrage).

Die jahrelange Entwicklungsarbeit hat durch entsprechende konstruktive Gestaltung zu gut brauchbaren Lösungen geführt. Wesentliche Schwierigkeiten bestehen zur Zeit noch durch die Anforderungen bei langer Meßdauer, da die vollkommene Unempfindlichkeit gegen Witterungsbeanspruchung nur sehr schwer zu erfüllen ist.

Solange sich die Meßstellen wie bei Stahl oder fallweise auch bei Beton nur an der Oberfläche des Meßobjektes befinden, können Störungen überprüft, die Anbringung verbessert und Fehler beseitigt werden. Eine örtliche Ablesung des Meßwertes am Geber selbst ist meist möglich und die Übertragung desselben zu einer zentralen Ablesestelle nur bei schlechter Zugänglichkeit und sehr großer Meßstellenanzahl erforderlich.

Wesentlich schwieriger wird die Messung, wenn die Geber im Inneren von Beton liegen. Sie sind nicht immer mit Sicherheit in der richtigen Lage einzubauen, weil der Verdichtungsvorgang ungewollte Verschiebungen und Verdrehungen bewirken kann. Eine nachträgliche Beseitigung der Lagefehler, die vielfach gar nicht erkennbar sind, ist hier nicht mehr möglich.

An Stahlkonstruktionen richtet sich bei Dehnungsmessungen die zu wählende Meßlänge in der Regel nach dem zu erwartenden Dehnungsgefälle. Ist es groß, so muß die Meßlänge möglichst klein vorgesehen werden, da alle Dehnungsgeber, von den Dehnungsmeßstreifen abgesehen, eigentlich Weggeber sind und nur die mittlere Dehnung der Meßstrecke anzeigen können. Für Kerben stehen heute Geräte mit extrem kleinen Meßlängen bis zu 1 mm zur Verfügung. Spitzen im Dehnungsverlauf können mit einem HUGGENBERGER-Dehnungsmesser, dessen Meßlänge stetig verändert werden kann, nach dem Verfahren von RÜHL-FISCHER durch mehrmaliges Messen und anschließendes Differenzieren der Dehnungslinie erfaßt werden (Abb. 1).

Bei Beton muß der Einfluß der Inhomogenität durch eine genügend große Meßlänge klein gehalten werden. Als Regel gilt hier, daß die Meßlänge mindestens dreimal so groß wie der verwendete Größtkorndurchmesser des Zuschlagstoffes sein muß. FRANZ [9] hat durch den Druckversuch an einem seitlich glattgeschnittenen Betonwürfel, dessen Schnittfläche mit einer spannungsoptisch wirksamen Schicht überzogen war, anschaulich gemacht, wie ungleichmäßig die Dehnungsverteilung im Inneren des aus Zementstein, Zuschlagstoffen und Luftporen bestehenden Betons ist. Eine möglichst große Meßlänge ist bei Beton auch deshalb erwünscht, weil seine Nutzspannungen und damit auch die zu messenden Dehnungen im Vergleich zu Stahl außerordentlich klein sind. Setzdehnungsmesser lassen sich zwar bis zu 2 m Meßlänge bauen (Abb. 5), sie ergeben aber trotz Berücksichtigung des Temperatureinflusses (durch gleichzeitiges Messen auf einer Invarstahl-Vergleichsstrecke, wodurch die Gerätelängenänderungen erfaßt werden) und nicht zuletzt wegen der schwierigeren Handhabung sehr streuende Werte.

Die genauigkeitserhöhende Forderung, daß das Meßgerät während der Messung unberührt bleiben soll, erfüllt ein vom Verfasser gebauter Invardraht-Dehnungsmesser mit 3 m Meßlänge (Abb. 6), auf dessen Konstruktion im nächsten Abschnitt noch näher eingegangen werden soll.

Bei zugänglich bleibenden Gebern kann auf den genügend großen Meßbereich zugunsten einer besseren Empfindlichkeit unter Umständen verzichtet werden. Es wird oft vorteilhafter sein, bei Erschöpfung des

Abb. 5. Setzdehnungsmesser für Beton mit 2 m Meßlänge

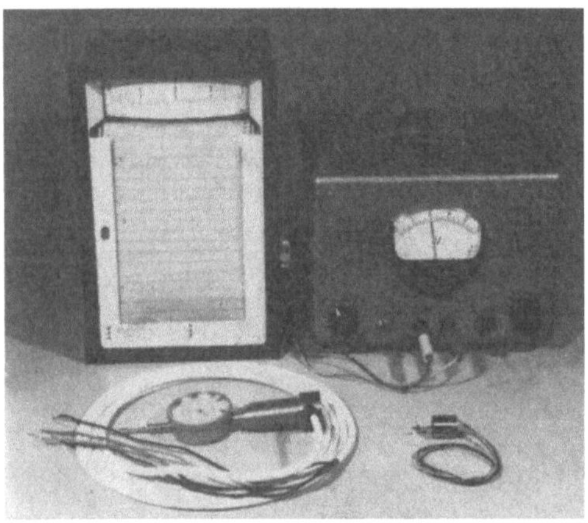

Abb. 7. GLC-Geber für große Dehnungen mit Schreib- und Speisegerät (ohne und mit Gehäuse)

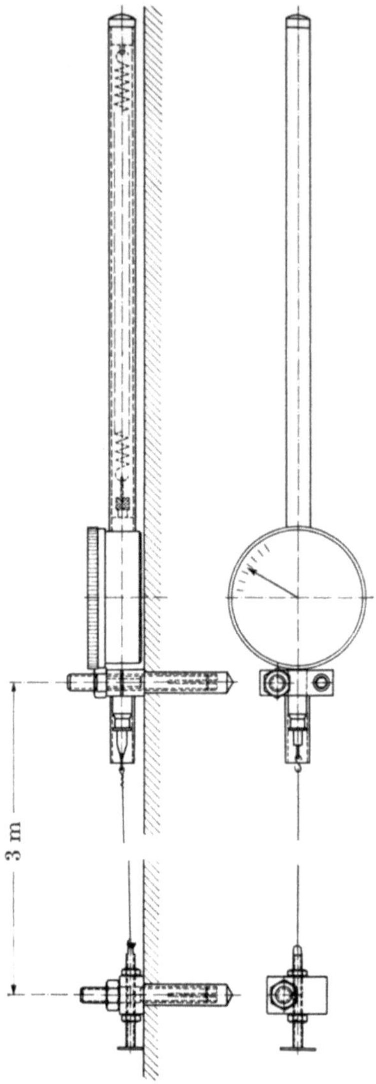

Abb. 6. Invardraht-Dehnungsmesser mit 3 m Meßlänge für Beton

Anzeigebereiches eine Anschlußmessung vorzunehmen, als ein Gerät zu verwenden, das den genügend großen Meßbereich mit einer wesentlich kleineren Übersetzung erkauft.

Die zeitliche Veränderlichkeit selbst bei gleichbleibender Last und das von der Belastungsgeschwindigkeit abhängige Verformungsverhalten machen aber meist auch eine Aufzeichnung der Meßwerte erforderlich, weil sonst die Messung durch die Zufälligkeit der gerade abgelesenen Augenblickswerte kein wirklichkeitstreues Bild des Verformungsverlaufes ergibt. Für derartige Meßaufgaben wurden vom Verfasser normale Meßuhren mit einem sogenannten GLC-Geber versehen (Abb. 7 und 14). Die Dehnung kann dann sowohl visuell als Augenblickswert an dem Meßuhrzeiger sowie auf dem Schreibgerät in ihrem zeitlichen Verlauf beobachtet werden.

Der Steigerung der Empfindlichkeit, gekennzeichnet durch den gemessenen Weg je Millimeter Anzeige oder je Digitaleinheit, ist bei allen Verfahren, ob mechanisch, elektrisch oder pneumatisch, dadurch eine Grenze gesetzt, daß mit der Steigerung der Übersetzung auch die unvermeidbaren inneren Fehler der Geräte, wie Reibung, Temperatureinfluß, mechanische Verformungen oder elektrisch bedingte Störungseinflüsse, mitvergrößert werden. Man sollte daher die Empfindlichkeit nicht wesentlich höher treiben, als es für die sichere Erfassung von Dehnungsbeträgen, die gerade noch von Einfluß auf die Bemessung sind, erforderlich ist. Vielfach wird auch vergessen, daß das Messen eines Wertes mit erhöhter Genauigkeit zwecklos wird, wenn nicht auch alle anderen Einflußgrößen, wie Belastung, Lage der Lasteinleitung, Querschnittsabmessungen oder die durch Temperatur und Feuchtigkeit hervorgerufenen Verformungen, mit der gleichen Genauigkeit erfaßt werden können. Man erhält dann unreproduzierbare Zufälligkeitswerte als Meßergebnis, die auch durch Vermehrung der Dezimalstellen nicht zuverlässiger werden.

Nicht immer bedeutet eine größere Übersetzung auch eine erhöhte Genauigkeit des Meßgerätes. Meßuhren mit $^1/_{1000}$-mm-Teilung besitzen z. B. wegen der größeren Zahnradübersetzung eine beachtliche innere Reibung und täuschen daher bei gegenläufigen und sehr langsamen Meßwertänderungen nur eine größere Genauigkeit vor, die auch durch das zur Verringerung der Reibung übliche leichte Klopfen kaum wesentlich erhöht werden kann. Meßuhren mit $^1/_{1000}$-mm-Teilung sind ausschließlich bei Messungen angebracht, bei denen ihre Spindel jeweils zur Ablesung abgesenkt und aufgesetzt wird (z. B. bei den Setzdehnungsmessern nach Pfender und Huggenberger).

Einen anerkannten Fortschritt in der Genauigkeit bedeuten die aus der Werkstattmeßtechnik kommenden Feintaster, deren $^1/_{1000}$-mm-Teilung der wirklich vorhandenen Empfindlichkeit wegen der eingebauten reibungsarmen Kipphebelmechanik voll entspricht. Der geringe Meßbereich von $^1/_{10}$ mm kann durch Anschlußmessungen leicht erweitert werden. Die Preiswürdigkeit dieses Gerätes gestattet es auch, z. B. bei Schwindmessungen jede Probe einzeln für sich zu messen und sie während der ganzen Beobachtungszeit (abgesehen von den zur Bereichserweiterung erforderlichen Anschlußmessungen) unberührt zu lassen.

Die Empfindlichkeit handelsüblicher und neuerer Dehnungsmeßgeräte ist aus der Zusammenstellung in Abb. 8 ersichtlich. Als objektiver Vergleichsmaßstab kann die Empfindlichkeit in μ je 1 mm Skalenlänge gelten. Üblicherweise wird aber für Dehnungsmeßgeräte auch der von der gewählten Meßlänge abhängige Kennwert 10^{-6} je Skalenteil als Maßstab für die Empfindlichkeit benutzt, und er ist daher gleichfalls in der Tabelle angeführt worden.

	Meßlänge in mm	Empfindlichkeit	
		10^{-6} je Skalenteil	μ je mm Skalenlänge
Mechanisch wirkende Geräte:			
MARTENS-KENNEDY	100	500	50
HUGGENBERGER-Tensometer	20	52,6	1,05
MOHR und FEDERHAFF	200	25	3,4
Setzdehnungsmesser (PFENDER)	100	10	0,64
„ (HUGGENBERGER)	100	10	0,64
Invardraht-Dehnungsmesser	3000	3,3	6,4
Feintaster	500	2	1,3
Optische Geräte:			
GAUSS-POGGENDORFsche Spiegelablesung	100	20	2
Autokollimations-Spiegelablesung (STAEGER)	100	5,8	0,6
Sonstige Verfahren:			
Saitendehnungsgeber	200	0,1	0,02
Induktive Geber	200	0,075	0,017
GLC-Geber (bei 6 Volt Speisespannung und 30 mm Schreibstiftausschlag je Volt)	—	—	25
Dehnungsmeßstreifen	—	1	—

Abb. 8. Empfindlichkeit handelsüblicher und neuer Dehnungsmeßgeräte

Eine lange Meßdauer (die Zeit zwischen der ersten Messung des Bezugswertes und der letzten Ablesung kann unter Umständen Monate oder Jahre betragen) setzt die Genauigkeit einer Beobachtung meist sehr herab. Die sogenannte Nullpunktdrift der elektrischen Geräte sowie das Wandern der Anzeige infolge von unerwünschten temperatur-, feuchtigkeits- und zeitabhängigen Verformungen sind die am schwersten zu beherrschenden Einflußgrößen langzeitiger Messungen. Nicht nur von der Geräteseite her, sondern auch vom Werkstoff aus wird demnach die Ablesung durch Anteile verändert, die in ihrer Größe nur schwer erfaßbar sind. Bei Stahl sind es die Fließ- und Kriechvorgänge unter den angesetzten Schneiden der Dehnungsmeßgeräte, die infolge der sehr hohen örtlichen Flächenpressungen den Werkstoff weit über die Fließgrenze hinaus beanspruchen und unter Umständen mehrere Stunden zum Abklingen brauchen. Auch ein zeitlich veränderliches Temperaturgefälle im Versuchsobjekt, das sich auch im Laboratorium selten ganz vermeiden läßt, bewirkt ein Wandern der Anzeigen. Bei Beton kommen ungewollte Längenänderungen durch schwankende Außentemperaturen und durch die Feuchtigkeitsaufnahme oder -abgabe zustande. Außerdem liefern Änderungen der Feuchtigkeitsverteilung innerhalb des Betons, die durch Absinken der Umgebungstemperatur ausgelöst und durch Kapillarkondensation in verschieden großen Poren entsteht, Dehnungsanteile, die keine Feuchtigkeitsaufnahme oder -abgabe von außen her zur Voraussetzung haben. Der scheinbare Temperatureinfluß, der in Wirklichkeit demnach auch zum Teil vom veränderten Durchfeuchtungszustand verursacht ist, läßt sich hier daher keineswegs so einfach beseitigen, wie man es bei WHEATSTONschen Brückenschaltungen zu tun gewohnt ist. Einen allein durch die Temperaturänderung beeinflußten inaktiven Geber in den anderen Brückenzweig zu legen, nützt nichts, da auch Dehnungsanteile infolge Feuchtigkeit zu berücksichtigen sind. Insbesondere bei dünnen Betonquerschnitten erwies es sich praktisch als unmöglich, den mechanisch unbeanspruchten Dehnungsgeber (Dummy) so anzuordnen, daß er zu jeder Zeit die gleiche Temperatur wie die aktiven Geber besitzt. Bei Fahrbahnplatten bewirken z. B. bereits die geringen Farbunterschiede der mit aufgesprühter Emulsion nachbehandelten Betonoberfläche oder die vom Nachttau zurückgebliebenen Wasserreste Temperaturunterschiede von einigen Graden. Bei Dummys beeinträchtigt auch die weiche Zwischenschicht, die ihn vor mechanischer Verformung schützt, den Wärmeübergang. Sie bringt in den Temperaturverlauf eine störende zeitliche Verzögerung.

Nur bei sehr massiven Betonbauwerken gelingt es unter Ausnutzung der ausreichend großen Querschnitte, Dummys für temperatur- und feuchtigkeitsbedingte Dehnungen so einzubauen, daß sie annähernd gleichen Bedingungen wie die im Inneren des Bauwerksbetons angeordneten Dehnungsgeber unterworfen sind.

Kurzzeitige Messungen sind, selbst wenn sie unter Witterungseinfluß im Freien durchgeführt werden, unvergleichlich genauer, weil dann alle störenden Einflüsse, hervorgerufen durch Temperatur und Feuchtigkeit, entfallen.

Bei Brücken und anderen Verkehrsbauten besteht meist die Notwendigkeit, die Messungen über eine längere Betriebszeit zu erstrecken. Dies schränkt die Zahl der anwendbaren Meßverfahren wesentlich ein und macht auch besondere Schutzmaßnahmen erforderlich. Am Meßobjekt verbleibende Dehnungsgeber mit mechanischer Übersetzung sind wegen ihres konstruktiven Aufbaues wesentlich erschütterungsempfindlicher als elektrische Geber, die induktiv oder mit dem Frequenzverfahren arbeiten. Am unempfindlichsten sind aufgeklebte Dehnungsmeßstreifen, wenn sie ausreichend gegen Feuchtigkeit geschützt werden können. Es besteht aber auch die Möglichkeit, mit Setzdehnungsmessern (Abb. 3 und 5) zu arbeiten, die nur während des Meßvorganges von Hand aus aufgedrückt und dann wieder entfernt werden. Der Schutz der dabei erforderlichen und vorher anzubringenden Meßmarken läßt sich durch Fett oder bei Beton durch flächenebene Verschlußschrauben verhältnismäßig einfach auch über sehr lange Zeiträume gewährleisten.

Ein bei langdauernden Messungen von der Geräteseite her kommender, elektrisch verursachter Fehler, die sogenannte Nullpunktdrift, kann in manchen Fällen durch eine Kunstschaltung in der Meßbrücke wirkungslos gemacht werden. Durch Umkehr des Meßwertes und Mittelwertbildung gelingt es, ihn auszuschalten.

Es wäre unrealistisch, wollte man den Kosten der Geber einen Einfluß auf die Auswahl des Meßverfahrens absprechen. Zutreffend ist, daß bei sehr großen Bauobjekten, insbesondere wenn es sich um die Beobachtung aus Sicherheitsgründen handelt, der Aufwand für die Meßgeräte keine Rolle spielt und auch nicht spielen sollte. Die Anzahl der erforderlichen

Meßstellen ist aber oft auch bei kleinen Meßobjekten, wie Platten, Verbundkörpern oder Stahlkonstruktionsteilen, nicht gering, weil ein möglichst genaues Bild der vorhandenen Dehnungsverteilung zu ermitteln ist. Die Kosten verlorener Dehnungsgeber für das Innere von Beton liegen, wenn sie mit Dehnungsmeßstreifen arbeiten, im Vergleich zu den nach anderen Verfahren messenden um rund 60% niedriger. Einige Forschungsstellen sind daher dazu übergegangen, solche Widerstandsgeber für Messungen im Inneren von Beton selbst zu bauen und sowohl im Laboratorium als auch bei Feldmessungen in größerem Umfang einzusetzen.

Die Weiterentwicklung

Der Stand der Technik und die durch die meßtechnische Praxis offenbar gewordenen Anforderungen, die an Dehnungsgeber zu stellen sind, waren Anlaß für einige eigene Entwicklungsarbeiten, über die im folgenden berichtet werden soll. Vordringlich schienen oberflächlich ansetzbare Betondehnungsgeber mit ausreichend großer Meßlänge und Dehnungsgeber für das Innere von Beton, die von örtlichen Temperaturen unbeeinflußt anzeigen, diese gleichzeitig aber auch messen und den ungünstigsten Umgebungsbedingungen trotzen. Schließlich war die Erfassung zeitlich veränderlicher und großer Dehnungen von Interesse.

Vor einigen Jahren mit Setzdehnungsmessern nach Abb. 5 versuchsweise durchgeführte Messungen an Fahrbahnplatten zeigten, daß auch bei 2 m Meßlänge die verhältnismäßig kleinen Dehnungen in der Streubreite der abgelesenen Werte untergingen. Für die folgenden Meßvorhaben wurde daher die Meßlänge auf 3 m vergrößert und statt des an Meßmarken anzusetzenden Gerätes ein fest angebauter Invardraht-Dehnungsmesser verwendet. Dieser neue, mechanisch arbeitende Dehnungsmesser (Abb. 6) erfaßt die Längenänderung zwischen zwei Punkten der Betonoberfläche mit Hilfe eines 0,8 mm dicken und 3 m langen Invarstahldrahtes, der etwa 5 mm über dem Beton — durch eine Feder mit 2 kp vorgespannt — verläuft. Seine Länge wird durch eine am Drahtende eingebaute Meßuhr mit der des Betons dauernd verglichen und die Änderungen infolge Temperatur, Feuchtigkeit oder Betonvorspannkraft angezeigt. Die Empfindlichkeit beträgt bei Verwendung einer Meßuhr mit $^1/_{100}$-mm-Teilung $3{,}3 \times 10^{-6}$ je Skalenteil.

Das angewandte Meßverfahren mit derartigen Gebern sei an einer längsvorgespannten Startbahnplatte erläutert, bei der die in der Mitte der Platte durch den Spannvorgang hervorgebrachte Stauchung des Betons gemessen werden sollte.

Die Invardraht-Dehnungsmesser waren am Plattenende und in der Plattenmitte sowohl in Längs- als auch in Querrichtung angesetzt (Abb. 9). Vernachlässigt man in Anbetracht der kurzen Meßzeit die Kriechverformung, so setzt sich die von der Meßuhr angezeigte Dehnung aus den Teilen

ε_σ ... infolge der Betonvorspannung,

ε_τ ... infolge der der Bewegung entgegenwirkenden Reibung zwischen Beton und Untergrund,

ε_{TF} ... infolge Temperatur- und Feuchtigkeitsverteilungsänderungen zwischen zwei Ablesungen,

ε_S ... infolge Schwindens (Feuchtigkeitsänderung)

zusammen. In Längsrichtung wird dann die Dehnungsänderung

$$\Delta\varepsilon_l = \Delta\varepsilon_\sigma + \Delta\varepsilon_\tau + \Delta\varepsilon_{TF} + \Delta\varepsilon_S$$

und in Querrichtung

$$\Delta\varepsilon_q = -\frac{\Delta\varepsilon_\sigma}{m} - \frac{\Delta\varepsilon_\tau}{m} + \Delta\varepsilon_{TF} + \Delta\varepsilon_S$$

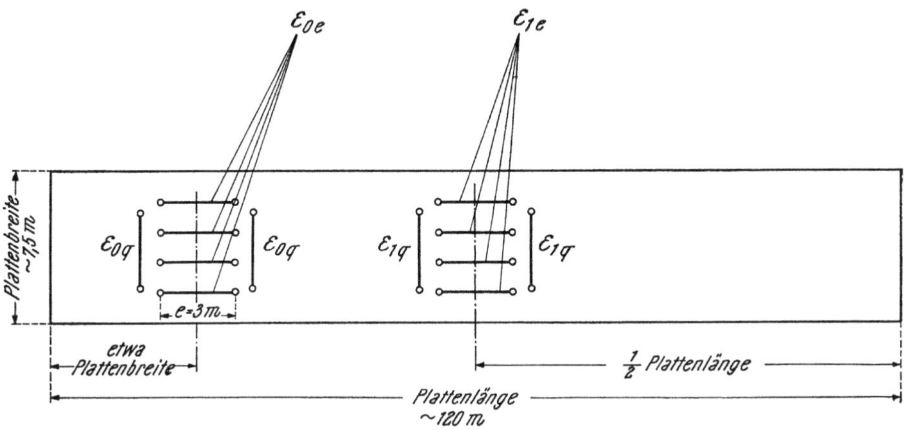

Abb. 9. Meßstellenanordnung zur Ermittlung des Vorspannverlustes an einer Startbahnplatte unter gleichzeitiger Ausschaltung des Temperatur- und Feuchtigkeitsdehnungsanteiles

zu messen sein, wobei m die POISSONsche Konstante bedeutet. Durch Subtraktion ergibt sich dann die gefragte Dehnung aus den beiden Gleichungen mit

$$\Delta\varepsilon_\sigma + \Delta\varepsilon_\tau = \frac{m}{m+1}(\Delta\varepsilon_l - \Delta\varepsilon_q).$$

Bei Dehnungsgebern für das Innere von Beton war das Hauptgewicht auf Widerstandsfähigkeit gegen Feuchtigkeit und einwandfreie Temperaturkompensation gelegt worden.

Die Verwirklichung der allseitigen Dichtigkeit durch die Verwendung eines nahtlosen Rohres ist durch die unvermeidliche Kabeleinführung gefährdet. Die im Geberinneren vorhandene Luft bewirkt nämlich bei Temperaturschwankungen, daß die sich ausdehnende und wieder zusammenziehende Luft wie eine Pumpe durch die geringste Undichtigkeit, die etwa bei der Kabeleinführung entstanden ist, feuchte Luft ansaugt. Ein vollständiges Ausfüllen des den Dehnungsmeßstreifen umgebenden Hohlraumes mit Kunstharz war unerwünscht, weil dies eine Querdruckempfindlichkeit zur Folge hatte. Auch die Hohlräume zwischen den elektrischen Zuleitungsadern leiten erfahrungsgemäß, wenn sie nicht richtig gegen den Geberinnenraum abgedichtet werden, die an Stoßstellen eingedrungene Feuchtigkeit durch Wasserdampfdiffusion auch über längere Strecken hinweg in das Geberinnere und tragen auf diese Weise zum Entstehen eines Nebenschlusses bei.

Bei der in Beton auftretenden Feuchtigkeit handelt es sich nicht um reines Wasser, sondern um eine stark basische Flüssigkeit, deren pH-Wert im jungen Alter an 12 heranreicht. Feuchtigkeitsteste, die mit destilliertem Wasser durchgeführt werden, besagen daher [10] für das Verhalten der Dehnungsmeßstreifen in Beton nichts. Daß bei einem Feuchtigkeitsschluß

Abb. 10. Prüfvorrichtung für die Messung der Dampfdiffusionsdichte von Kunststoffschichten (Behälter mit Silicagel, Kunststoffprobe, Verschlußring, Auflagesieb mit angefeuchteter Watte)

auch elektrolytische Vorgänge eine Rolle spielen, bestätigt das heftige Hin- und Herschwingen des Zeigers, wenn im Geber ein Feuchtigkeitsschluß vorliegt und die Spannung angelegt worden ist.

Bei Vergußmassen, wie sie an der Kabeleinführung Verwendung finden, glaubt man kaum, daß diese äußerlich dicht aussehenden Kunststoffe überhaupt Wasser in Dampfform hindurchlassen können. Der Partialdruck des Wasserdampfes ergibt aber bei erhöhter Umgebungstemperatur ein erhebliches Druckgefälle, das zu einem Eindringen von Wassermolekülen führt. Schadenverursachend ist auch die Kapillarwirkung, die gerade in ganz engen Spalten zwischen einer örtlich nicht vollkommen haftenden Vergußmasse und dem Kabel oder dem Stahlrohr einem Eindringen von Feuchtigkeitsspuren Vorschub leistet.

Die Dichtigkeit einer Vergußmasse kann durch ein gravimetrisch arbeitendes Dosenmeßverfahren geprüft werden (Abb. 10).

Die weitgehende Temperaturkompensation ist vor allem deshalb erforderlich, weil an den einzelnen Dehnungsmeßstellen mit unterschiedlichen Temperaturen gerechnet werden muß. Der neue Dehnungsgeber für das Innere von Beton sollte im Bereich von $-20°$ C bis $+80°$ C verwendbar sein. Sein Meßbereich wurde mit $+100 \times 10^{-6}$ bis -700×10^{-6} Dehnung festgelegt. Zusätzlich zu den Forderungen nach Temperatur- und Feuchtigkeitsunempfindlichkeit sollte auch ein möglichst kleiner Geberquerschnitt erreicht werden, damit die Verformungen dünner Betonquerschnitte durch den Einbau keine ins Gewicht fallende Beeinflussung erfahren.

Den inneren Aufbau des neuen Dehnungsgebers (Type DMS-T) zeigt Abb. 11. Um ihn gegen Biegungsbeanspruchungen, wie sie beim Einbau leicht auftreten, unempfindlich zu machen, sind alle Dehnungsmeßstreifen paarweise, sich jeweils auf dem Stahlband von 0,3 × 8 mm Querschnitt genau gegenüberliegend, aufgeklebt worden. Durch ein Lichtschnittgerät war sowohl die Lage als auch die Richtung leicht genau einzuhalten (Abb. 12).

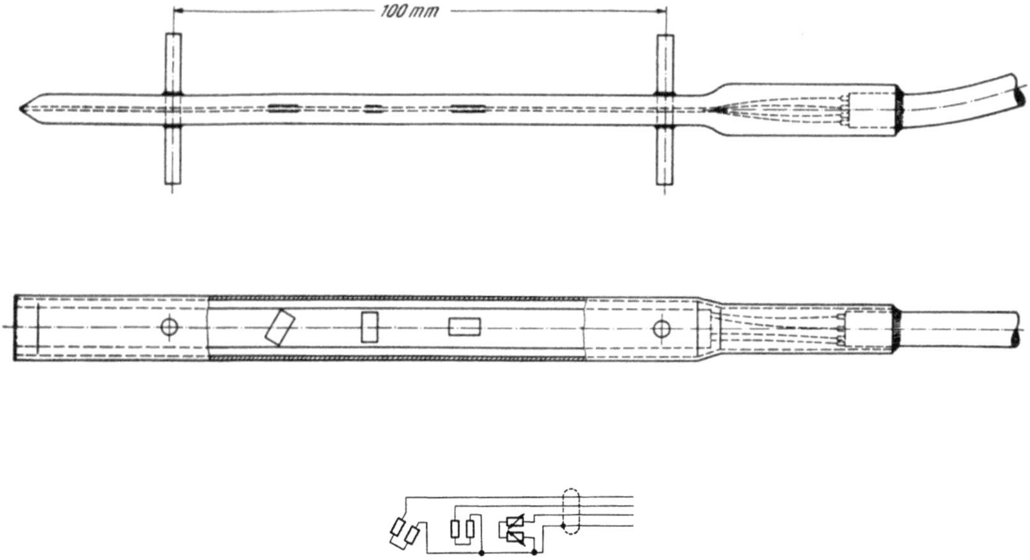

Abb. 11. Dehnungs- und Temperaturgeber für das Innere von Beton

Die beiden Dehnungsmeßstreifenpaare, in Längs- und Querrichtung angebracht, haben mit Sicherheit immer genau die gleiche Temperatur. Da außerdem durch Wahl eines entsprechenden Widerstandsmaterials die Dehnungsmeßstreifen selbst schon „temperaturkompensiert" waren, betrug der Temperaturgang bis 80° C im Mittel nur mehr $1 \times 10^{-6}/°$ C. Um gleichzeitig auch die Temperatur der Meßstelle zu erfassen, die bei Beton zur Errechnung der vom Geber nicht mit angezeigten Temperaturdehnungen benötigt wird, sind zwei weitere, einander gegenüberliegende Dehnungsmeßstreifen auf das Stahlband aufgeklebt worden, deren Legierung aber für Aluminium temperaturkompensiert war. Sie zeigten bei Erwärmung auf Stahl daher eine Widerstandsänderung von $11 \times 10^{-6}/°$ C. Um den Anzeigewert dieser Streifen von der Dehnung des Stahlbandes

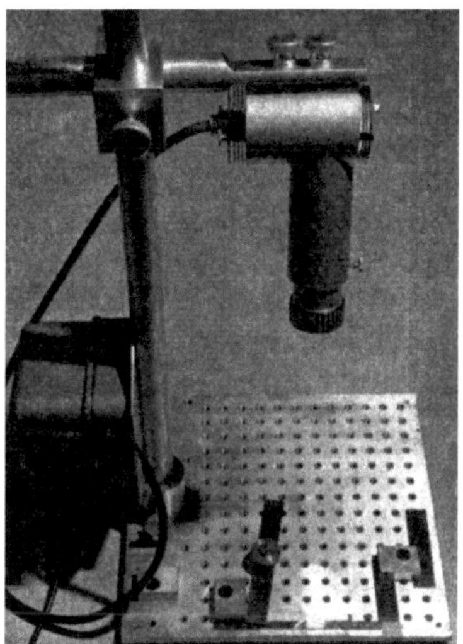

Abb. 12. Lichtschnittgerät für den genauen Einbau der Dehnungsmeßstreifen

unabhängig zu machen, wurden sie unter einem Winkel von 27° 42′ gegen die Längsrichtung geneigt aufgeklebt. Dieser ergibt sich aus der Berücksichtigung der Querempfindlichkeit. Kontrollmessungen ergaben einen Temperaturfehler infolge der Dehnung von nur 1° C je 600×10^{-6} Dehnung.

Durch die Anordnung des zweiten Dehnungsmeßstreifenpaares in Querrichtung zur Hauptdehnungsrichtung wurde nicht nur eine Temperaturkompensation erzielt, sondern es trat auch eine Erhöhung der Empfindlichkeit ein. Die Diagonalspannung in der Meßbrücke, die vom Zeiger als Meßwert angezeigt wird, steht mit den Widerstandsänderungen der beiden Dehnungsmeßstreifenpaare in folgendem Zusammenhang:

$$\varDelta U_0 = U \left[\frac{\varDelta R_1 \cdot R_2}{(R_1 + R_2)^2} + \frac{R_1 \cdot \varDelta R_2}{(R_1 + R_2)^2}\right].$$

Mit

$$R_1 = R_2 = R, \qquad \varDelta R_1 = R \cdot k \cdot \varDelta\varepsilon_l$$

und

$$\varDelta R_2 = R \cdot k \cdot \varDelta\varepsilon_q = -R \cdot k \frac{\varDelta\varepsilon_l}{m}$$

erhält man

$$\varDelta U_0 = \frac{(m+1)\,k}{4 \cdot m} \cdot U \cdot \varDelta\varepsilon_l,$$

also einen etwas größeren Wert als bei der Messung mit einem nicht temperaturkompensierten Dehnungsmeßstreifenpaar:

$$\varDelta U_0' = \frac{k}{4} \cdot U \cdot \varDelta\varepsilon_l.$$

Um bei der Stauchung des Gebers ein Ausknicken des Stahlbandes zu verhindern, wurde es bei dem Einbau mit einer Vorrichtung auf 80 kp gegen das äußere Stahlrohr vorgespannt. Die Verbindung erfolgte an beiden Enden durch die Zylinderstifte, die nach dem Eindrücken verlötet wurden und die auch gleichzeitig die spätere Krafteinleitung aus dem Beton übernahmen, soweit sie nicht bereits durch die Haftung am unrunden und an seinen Enden verdickten Rohr gegeben war.

Der Verguß des Geberinnenraumes geschah so, daß der noch offene Geber mit dem Kabelanschluß nach unten teilweise mit Dobeckot Nr. 556 gefüllt wurde. Nach dem Erstarren dieser Zweikomponentenvergußmasse ist dann eine zweite Menge eingefüllt worden. Unmittelbar danach wurde der Geber durch Zusammenquetschen geschlossen, verlötet und umgekehrt aufgehängt. Dadurch war der Teil, in dem die Dehnungsmeßstreifen liegen, zwar mit Feuchtigkeitsschutz umhüllt, trotzdem aber durch einen Hohlraum gegen jede störende Druckbeanspruchung von außen geschützt.

Der fertige Geber (Abb. 13) erhielt dann, um eichfähig zu werden, eine thermische Nachbehandlung. In einem Trockenschrank stufenweise bis auf etwa 83° erhitzt, wurde er anschließend 24 Stunden lang auf 80° Temperatur gehalten. Eine Überprüfung der Anzeige ist anschließend durch Gewichtsbelastung, stichprobenweise auch in Beton einbetoniert und auf einer Presse auf Druck beansprucht, durchgeführt worden. Zur Kontrolle der Dehnungsanzeige waren bei der letztgenannten Prüfart an den Seitenflächen des Betonprismas vier MAIHAK-Dehnungsmesser befestigt, mit deren Werten die gemessene Dehnung verglichen wurde.

Der scheinbare Elastizitätsmodul des Geberquerschnittes beträgt bei dieser Bauart $0{,}6 \cdot 10^{+6}$ kp/cm² und ist von dem eines sehr guten Betons nicht allzu verschieden. Die Störung des Dehnungsverlaufes im Beton ist daher gering. Der Fehler [11] gegenüber der wahren Betondehnung liegt sicher unter 5%.

Zur Erfassung von relativ großen Dehnungen mit zeitlicher Abhängigkeit, wie sie z. B. bei Kunststoffen auftreten, ist ein Meßgerät entwickelt worden, das die auf einer Meßuhr angezeigte Dehnung mit Hilfe eines GLC-Gebers aufzuzeichnen gestattet. Dieses nach der amerikanischen Firma G. L. Collins benannte, nur 19⌀ × 21 mm große Meßelement (Abb. 7, rechts) beinhaltet, luftdicht eingegossen, einen transistorierten Trägerfrequenzgenerator mit einem phasenempfindlichen Demodulator. Die Verschiebung des richtkraftfreien Kernes, der in der mittigen Bohrung mit Spiel beweglich angeordnet ist, verstimmt einen Differentialtransformator. Der Meßbereich betrug bei der gewählten Type ± 1,27 mm. Die

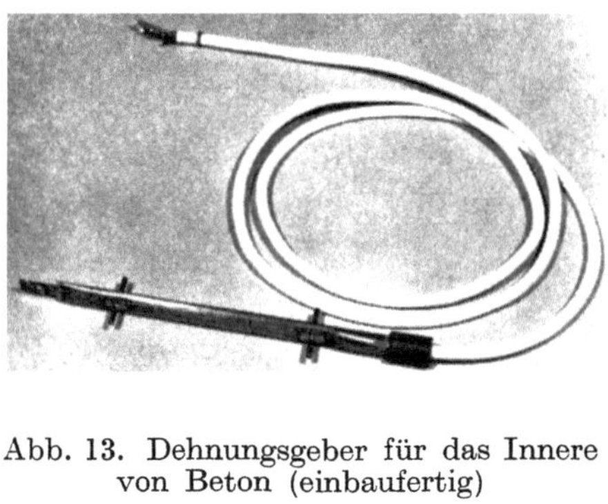

Abb. 13. Dehnungsgeber für das Innere von Beton (einbaufertig)

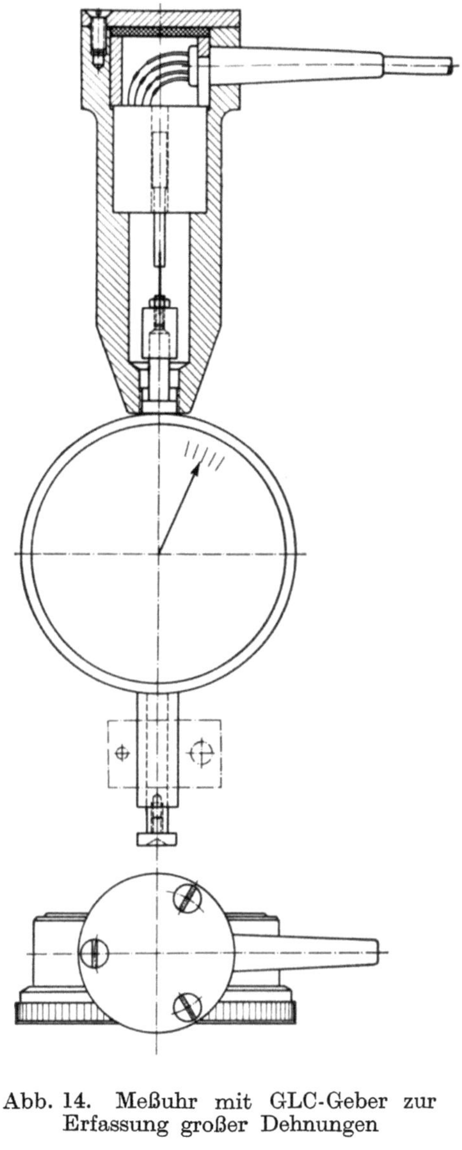

Abb. 14. Meßuhr mit GLC-Geber zur Erfassung großer Dehnungen

6-Volt-Einspeisung erfolgt durch einen Gleichstromkonstanter, die Ausgangsspannung kann durch einen Spannungsschreiber aufgezeichnet werden. Da das Auflösungsvermögen des Gebers unendlich groß ist, liegt es nur an der Empfindlichkeit des Schreibgerätes, wie groß das Übersetzungsverhältnis, im vorliegenden Fall etwa 25 μ/mm Papierbreite, wird. Die Meßuhranzeige gewährleistet, daß zu jeder Zeit der Verlauf der Dehnung unabhängig von der elektrischen Verstärkungseinrichtung beobachtet werden kann.

Die Meßlänge ist bei diesem Dehnungsmesser beliebig zwischen 50 und 1000 mm wählbar. Die Meßuhr wird dabei über ein Zwischenstück mit Schneiden an der Oberfläche des Prüfstückes festgeklemmt oder einfach festgeschraubt. Den anderen Endpunkt der Meßstrecke bildet ein eingesetzter Zapfen oder ein eingeklemmtes Klötzchen mit Schneide. An diesem wird die Meßstange befestigt, die mit einer Spitze in ein Formstück, das an die Meßuhrspindel angeschraubt wird (Abb. 14), momentenfrei einrastet. Die Verformungen werden auf diese Weise auf die Uhr übertragen.

Zusammenfassung

Während für Dehnungsmessungen an Stahl Gebertypen zur Verfügung stehen, die fast allen vorkommenden Anwendungsfällen gerecht werden, ist dies bei Beton nicht der Fall. Beton ändert seine Länge nicht nur durch die auftretenden Spannungen und durch die Temperatur, sondern auch durch Feuchtigkeit und durch die innere Feuchtigkeitsverteilung. Es kann daher nicht nur die örtliche Dehnung und die Temperatur allein gemessen werden, sondern es muß auch durch geeignet liegende Meßstrecken der Feuchtigkeitseinfluß auf die Betondehnung mit erfaßt werden. Wegen des in der Regel sehr langen Zeitraumes, in dem im Inneren des Betons liegende Dehnungsgeber betriebsfähig bleiben müssen, kommt dem Feuchtigkeitsschutz entscheidende Bedeutung zu.

Zwei der beschriebenen neuen Gebertypen, die für Dehnungsmessungen auf und in Beton vorgesehen sind, gestatten es, auch bei vorhandenem Temperatur- und Feuchtigkeitseinfluß die durch Spannungen hervorgerufenen Verformungen zu ermitteln, vorausgesetzt, daß die Meßstellen in bestimmter Art angeordnet werden.

Für die Erfassung zeitabhängiger Dehnungen dient ein weiterer Dehnungsgeber, der — wie beschrieben — die Anzeige seiner Meßuhr mit Hilfe eines sogenannten GLC-Gebers laufend auf ein Schreibgerät übertragen kann.

Neben diesen drei Beispielen für eine in letzter Zeit durchgeführte Weiterentwicklung wird auf die Einsatzmöglichkeiten anderer handelsüblicher Dehnungsgeberarten und die dabei zu beachtenden Gesichtspunkte eingegangen.

Literatur

[1] Mittelmann, G.: Überwachungsmessungen während und nach der Herstellung einer Spannbetonfahrbahn. Beton- und Stahlbetonbau **54**, H. 2, 37—41.

[2] Kuhn, R.: Erfahrungen mit Dehnungsmessungen im Massenbetonbau. ZVDI **99**, Nr. 17, 751—763 (1957).

[3] Rohrbach, Chr.: Dehnungsmeßstreifen mit metallischem Träger als schnell meßbereites, feuchtigkeitsunempfindliches Meßelement für Dehnungsmessungen auf Beton. Der Bauingenieur **33**, H. 7, 265—269 (1958).

[4] Weil, G.: Spannungsermittlung an Beton durch Dehnungsmessungen. ZVDI **99**, Nr. 36, 1781—1786 (1957).

[5] Klein, P. E.: Geber mit Widerstands-Systemen zur elektrischen und elektronischen Messung nichtelektrischer Größen. Zeitschr. Elektronik **4**, Nr. 11, 1—7.

[6] Bub, H.: Berichte aus der Bauforschung **1963**, H. 30, 14—22.

[7] Hottinger Firmenschrift 211.01-1001.4.

[8] Rohrbach, Chr.: Spannungs- und Dehnungsmessungen an Beton. Archiv für Technisches Messen V 8246/7, 183—186 (1962), nebst weiteren Literaturangaben.

[9] Franz, G.: Diskussionsbeitrag zu dem Vortrag: Dehnungsmessungen an Betonbauteilen. Deutscher Betonverein e. V., Vorträge Betontag 1963, S. 179.

[10] Fink, K., und Chr. Rohrbach: Handbuch der Spannungs- und Dehnungsmessung, S. 253.

[11] Rohrbach, Chr.: Spannungs- und Dehnungsmessungen an Beton. Archiv für Technisches Messen V 8346/47, 183 (1962).

Beitrag zur Berechnung von orthogonal anisotropen Scheiben

Von

P. Stein, Wien

Mit 18 Textabbildungen

A. Einleitung und Aufgabenstellung

Die nachstehende Arbeit behandelt den Spannungszustand in Scheiben mit „randparalleler Orthotropie" [1].

Diese Aufgabe der Elastizitätstheorie wird in allen bekannten Arbeiten [1], [2] mit Hilfe der Airyschen Spannungsfunktion F gelöst. Aber bereits Sadowski [3] hat 1929 die Methode der Airyschen Spannungsfunktion einer kritischen Betrachtung unterzogen. Es ist bemerkenswert, daß der in dieser Arbeit gewiesene Weg nicht weiterverfolgt wurde. Offensichtlich hat die Tatsache, daß die allgemeinen Differentialbeziehungen bei Anwendung der Airyschen Spannungsfunktion durch nur *eine* Veränderliche beschrieben werden können und die Lösung der simultanen partiellen Differentialgleichungen der Verschiebungen umgangen wird, dazu geführt, daß die Verschiebungen nicht als Ausgangspunkt für die Darstellung der Spannungen gewählt wurden. Ein Grund kann auch dadurch gegeben sein, daß oft die Verschiebungen gar nicht berechnet werden und nur die Darstellung der Spannungen erfolgt [4]. Werden aber notwendigerweise die Verschiebungen ermittelt — denn ohne Kenntnis der Verschiebungen kann keine Aufgabe der Elastizitätstheorie als gelöst betrachtet werden —, so ist der *Umweg* über die Airysche Spannungsfunktion nicht gerechtfertigt, zumal bekanntlich bei der nachträglichen Ermittlung der Verschiebungen aus der Spannungsfunktion zusätzliche Integrationen auftreten.

Aufgabe und Ziel der Arbeit wird es sein, für die Verschiebungen allgemeingültige Lösungssysteme zu entwickeln, aus denen dann ohne große Schwierigkeiten singuläre, partikuläre und vollständige Integrale für die Verschiebungen aufgebaut werden können. Durch einmalige Differentiation ergeben sich daraus die Spannungen. Dieser Weg, das Verschiebungsfeld grundsätzlich zur Darstellung des Spannungsproblems heranzuziehen, vereinfacht nicht nur die Berechnung, sondern fördert auch die Anschaulichkeit, denn Verschiebungen und Dehnungen gehören zu den geläufigen Begriffen des Ingenieurs, während die Deutung der Ordinaten der Spannungsfunktion als Durchbiegungen $\mathfrak{w}$ einer durch Randkräfte erzeugten Biegefläche einer an der Oberfläche kräftefreien Platte zwar einwandfrei ist, aber nicht unbedingt zur Förderung des Verständnisses beiträgt.

Der entscheidende Nachteil der AIRYschen Spannungsfunktion liegt aber in der Tatsache begründet, daß sie im allgemeinen nicht die MAXWELLsche Symmetrieeigenschaft $F(x, y; \xi, \eta) = F(\xi, \eta; x, y)$ aufweist. Die Spannungsfunktion kann daher nicht zur Ermittlung von Einflußfeldern Verwendung finden. Um diese Einflußfelder darzustellen, ist es erforderlich, das Verschiebungsfeld mit den Komponenten $u(x, y; \xi, \eta)$ und $v(x, y; \xi, \eta)$ zu verwenden, das die geforderte Symmetrieeigenschaft erfüllt.

B. Allgemeiner Teil

I. Voraussetzungen

Die nachstehenden Entwicklungen gelten für die orthogonal anisotrope Scheibe, die aus einem isotropen, homogenen Blech konstanter Dicke t und aus symmetrisch zur Blechmittelebene angeordneten, sich rechtwinklig kreuzenden Versteifungen besteht. Es wird ferner vorausgesetzt, daß der Abstand der Versteifungen konstant und hinreichend klein ist, damit das System als Kontinuum behandelt werden kann. Weiterhin sollen die einzelnen Scharen der Versteifungen parallel zu dem Scheibenrande verlaufen, also sogenannte „randparallele Orthotropie“ bestehen.

Im übrigen sollen die bekannten Annahmen gelten, die der Elastizitätstheorie der Scheiben zugrunde liegen.

II. Bezeichnungen und Abkürzungen

Es werden die nachfolgenden Bezeichnungen eingeführt:

x, y Koordinaten der Scheibe; die (x, y)-Ebene fällt mit der Mittelebene des Bleches zusammen.

u, v Verschiebungen eines Punktes der Mittelebene der Scheibe in x- bzw. y-Richtung.

t Dicke des isotropen, homogenen Bleches.

f_x, f_y Querschnittsflächen der Versteifungen pro Längeneinheit.

E Elastizitätsmodul des Werkstoffes.

ν Querdehnungszahl des Werkstoffes (bei Stahl beträgt $\nu \approx 0{,}3$).

$\mathfrak{Re}\, f(z_i)$ Realteil
$\mathfrak{Im}\, f(z_i)$ Imaginärteil
} der Funktion f mit dem komplexen Argument z_i.

Weiterhin werden die angegebenen Abkürzungen verwendet:

$$\left.\begin{aligned}
a_{xx} &= \left[\frac{t}{1-\nu^2} + f_x\right] E, \\
a_{yy} &= \left[\frac{t}{1-\nu^2} + f_y\right] E, \\
a_{\mathrm{Bl}} &= \frac{t}{1-\nu^2} E, \\
a_{xy} &= \varkappa \sqrt{a_{xx} a_{yy}} = \frac{a_{\mathrm{Bl}}}{1-\nu}\left[\frac{a_{xx} a_{yy}}{a^2_{\mathrm{Bl}}} - \nu\right], \\
\lambda_x &= \frac{1}{\lambda_y} = \sqrt[4]{\frac{a_{xx}}{a_{yy}}}, \\
\gamma &= \nu \frac{a_{\mathrm{Bl}}}{\sqrt{a_{xx} a_{yy}}}.
\end{aligned}\right\} \tag{1}$$

III. Grundgleichungen

Die Beziehungen zwischen den Schnittkräften und den Verschiebungen sowie die Gleichgewichtsbedingungen werden einer Arbeit von PFLÜGER [5] entnommen, wobei jedoch die Abkürzungen nach (1) Verwendung finden.

1. Schnittkräfte am Scheibenelement

$$N_x = a_{xx}\left[\frac{\partial u}{\partial x} + \lambda_y^2 \gamma \frac{\partial v}{\partial y}\right], \tag{2 a}$$

$$N_y = a_{yy}\left[\frac{\partial v}{\partial y} + \lambda_x^2 \gamma \frac{\partial u}{\partial x}\right], \tag{2 b}$$

$$N_{xy} = N_{yx} = \frac{a_{xy}}{2\varkappa} \frac{(1-\gamma^2)}{(\varkappa+\gamma)} \left[\frac{\partial u}{\partial x} + \frac{\partial v}{\partial y}\right]. \tag{2 c}$$

Auf eine explizite Darstellung der Dehnungen ε_x, ε_y und der Gleitung γ_{xy} wird verzichtet, da diese aus den Gln. (2) leicht gewonnen werden können.

2. Gleichgewichtsbedingungen am Scheibenelement

$$\frac{\partial N_x}{\partial x} + \frac{\partial N_{xy}}{\partial y} = 0, \tag{3 a}$$

$$\frac{\partial N_y}{\partial y} + \frac{\partial N_{xy}}{\partial x} = 0. \tag{3 b}$$

Die Wirkung von Massenkräften, die beispielsweise vom Eigengewicht einer vertikalen Scheibe oder von D'ALEMBERTschen Trägheitskräften einer bewegten Scheibe herrühren, wurde in den Gleichungen nicht berücksichtigt.

3. Differentialgleichungen

Werden die Gln. (2) in die Gleichgewichtsbedingungen (3) eingesetzt, so ergibt sich für die Verschiebungen u und v ein System gekoppelter, linearer, homogener, partieller Differentialgleichungen 2. Ordnung in Abhängigkeit von den Koordinaten x und y:

$$2\,\lambda_x^2\,(\varkappa+\gamma)\,\frac{\partial^2 u}{\partial x^2}+(1-\gamma^2)\,\frac{\partial^2 u}{\partial y^2}+(1+2\,\varkappa\,\gamma+\gamma^2)\,\frac{\partial^2 v}{\partial x\,\partial y}=0, \qquad (4\text{ a})$$

$$2\,\lambda_y^2\,(\varkappa+\gamma)\,\frac{\partial^2 v}{\partial y^2}+(1-\gamma^2)\,\frac{\partial^2 v}{\partial x^2}+(1+2\,\varkappa\,\gamma+\gamma^2)\,\frac{\partial^2 u}{\partial x\,\partial y}=0. \qquad (4\text{ b})$$

Dieses System kann entkoppelt werden, und es ergeben sich für die Verschiebungen u und v zwei lineare, homogene, partielle Differentialgleichungen 4. Ordnung:

$$\lambda_x^4\,\frac{\partial^4 u}{\partial x^4}+2\,\varkappa\,\lambda_x^2\,\frac{\partial^4 u}{\partial x^2\,\partial y^2}+\frac{\partial^4 u}{\partial y^2}=0, \qquad (5\text{ a})$$

$$\lambda_x^4\,\frac{\partial^4 v}{\partial x^4}+2\,\varkappa\,\lambda_x^2\,\frac{\partial^4 v}{\partial x^2\,\partial y^2}+\frac{\partial^4 v}{\partial y^2}=0. \qquad (5\text{ b})$$

Aus den Gl. (5) ist zu ersehen, daß sowohl die Verschiebung u als auch die Verschiebung v der gleichen partiellen Differentialgleichung gehorcht. Es gilt nun, Lösungen dieser Differentialgleichungen aufzusuchen, wobei jedoch darauf zu achten ist, daß die Lösungen für die Verschiebungen u und v wegen der Kopplung entsprechend den Gln. (4) nicht unabhängig voneinander bestehen können.

Auf die Einführung dimensionsloser Koordinaten, wie dies in den Arbeiten [6], [7] geschehen ist, wird verzichtet.

IV. Das Lösungssystem der Verschiebungen *u* und *v*

Um das Verschiebungsfeld zu entwickeln, werden zunächst Lösungen der Differentialgleichungen (5) aufgesucht, und in Verbindung mit den Beziehungen (4) wird dann dem Kopplungseffekt Rechnung getragen.

1. Lösung der Differentialgleichungen (5)

Zur Auffindung von Lösungen der Differentialgleichungen (5) führen die Ansätze

$$u_i(x,\,y)=u(z_i)\ [6] \qquad (6\text{ a})$$

und

$$v_i(x,\,y)=v(z_i) \qquad (6\text{ b})$$

mit dem komplexen Argument

$$^{y}z_i=x+a_i\,\overline{y} \qquad (6\text{ c})$$

und der Abkürzung

$$\overline{y}=\lambda_x\,y. \qquad (6\text{ d})$$

Die Werte a_i sind die Wurzeln der charakteristischen Gleichung, die sich durch Einsetzen der Lösungsansätze (6 a, b) in die Differentialgleichungen (5) ergeben.

Die Wurzeln lauten:

$$a_{1,2,3,4} = \pm \sqrt{-\varkappa \pm \sqrt{\varkappa^2 - 1}}. \tag{7 a}$$

Da der Kennwert $\varkappa \geqq 0$ ist, sind drei Fälle zu unterscheiden:

a) $0 \leqq \varkappa \leqq 1$ unterdrillsteife Scheibe.

b) $\varkappa = 1$ quasi-isodrillsteife Scheibe, die für $\lambda_x = \lambda_y = 1$ zum Fall der isotropen Scheibe hinüberführt.

c) $1 \leqq \varkappa < \infty$ überdrillsteife Scheibe.

Die weiteren Untersuchungen werden auf den Fall a der unterdrillsteifen Scheibe beschränkt, da aus den Lösungen dieses Falles die Gleichungen für die quasi-isodrillsteife Scheibe durch den Grenzübergang $\varkappa \to 1$ und für die überdrillsteife Scheibe durch die Verwendung der Beziehungen der elementaren komplexen Funktionen hergeleitet werden können.

Für die folgenden Entwicklungen werden die vier Wurzeln a_i des Falles a auf die Form [6]

$$a_{1,2,3,4} = \pm (\beta \pm i\,\alpha) \tag{7 b}$$

gebracht, wobei zur Abkürzung

$$\beta = \sqrt{\frac{1-\varkappa}{2}} \quad \text{und} \quad \alpha = \sqrt{\frac{1+\varkappa}{2}} \tag{7 c}$$

gesetzt wurde.

Lösungen der Differentialgleichungen (5) für die Verschiebungen u und v sind somit sowohl alle Funktionen $f(z_i)$ des komplexen Argumentes z_i als auch die $\mathfrak{Re}$- und $\mathfrak{Im}$-Teile dieser Funktionen, sowie deren Linearkombinationen. Wird z. B. $\mathfrak{Cof}\, z_1$ gewählt, so sind auch die Funktionen

$$\mathfrak{Re}(\mathfrak{Cof}\, z_1) = [\mathfrak{Cof}\, x\, \mathfrak{Cof}\, \beta\, \bar{y} + \mathfrak{Sin}\, x\, \mathfrak{Sin}\, \beta\, \bar{y}] \cos \alpha\, \bar{y} \tag{8 a}$$

und

$$\mathfrak{Im}(\mathfrak{Cof}\, z_1) = [\mathfrak{Sin}\, x\, \mathfrak{Cof}\, \beta\, \bar{y} + \mathfrak{Sin}\, \beta\, \bar{y}\, \mathfrak{Cof}\, x] \sin \alpha\, \bar{y} \tag{8 b}$$

Lösungen.

Zwischen den einzelnen Funktionen bestehen noch folgende allgemeine Beziehungen:

$$\mathfrak{Re}\, f(z_1) = \quad \mathfrak{Re}\, f(z_3) = + \frac{1}{2} [f(z_1) + f(z_3)], \tag{9 a}$$

$$\mathfrak{Im}\, f(z_1) = - \mathfrak{Im}\, f(z_3) = - \frac{i}{2} [f(z_1) - f(z_3)], \tag{9 b}$$

$$\mathfrak{Re}\, f(z_2) = \quad \mathfrak{Re}\, f(z_4) = + \frac{1}{2} [f(z_2) + f(z_4)], \tag{9 c}$$

$$\mathfrak{Im}\, f(z_2) = - \mathfrak{Im}\, f(z_4) = - \frac{i}{2} [f(z_2) - f(z_4)], \tag{9 d}$$

die für die folgenden Ableitungen von Bedeutung sind.

Endlich sei noch darauf hingewiesen, daß durch die Wahl von ${}^{x}z_i = a_i \bar{x} + y$ mit $\bar{x} = \lambda_y x$ ebenfalls Lösungen für die Verschiebungen aufgebaut werden können, die geeignet sind, die Gesamtlösung in x und y symmetrisch zu gestalten [6].

2. Berücksichtigung des Kopplungseffektes

Es sind nun die allgemeinen Beziehungen zwischen den Lösungen der Verschiebungen u und v aufzustellen, da die Verschiebungen nicht nur die Gln. (5) befriedigen, sondern zusammen auch, wie bereits erwähnt, die Gln. (4) erfüllen müssen.

Hierzu werden zunächst Ansätze für die Verschiebung $u(z_i)$ frei gewählt, womit auf Grund der Gln. (4) die Verschiebung $v(z_i)$ festgelegt ist.

Für $u_k(z_i)$ werden die folgenden Ansätze gemacht [$z_i = {}^{y}z_i$ nach Gl. (6 c)]:

$$u_1(x, y) = + U_1 \frac{1}{2} [f(z_1) + f(z_3)] = U_1 \,\Re e f(z_1), \tag{10.1 a}$$

$$u_2(x, y) = + U_2 \frac{1}{2} [f(z_2) + f(z_4)] = U_2 \,\Re e f(z_2), \tag{10.2 a}$$

$$u_3(x, y) = - U_3 \frac{i}{2} [f(z_1) - f(z_3)] = U_3 \,\Im m f(z_1), \tag{10.3 a}$$

$$u_4(x, y) = - U_4 \frac{i}{2} [f(z_2) - f(z_4)] = U_4 \,\Im m f(z_2), \tag{10.4 a}$$

wobei die Gln. (9) für die Umformung Verwendung fanden und worin U_k Konstanten sind, die zur Erfüllung der geforderten Randbedingungen des Scheibenproblems dienen.

Für die Verschiebungen $v_k(z_i)$ werden die nachstehenden Lösungen gewählt:

$$v_1(x, y) = A_1 \frac{1}{2} [f(z_1) + f(z_3)] + B_1 \frac{i}{2} [f(z_1) - f(z_3)] =$$
$$= A_1 \,\Re e f(z_1) - B_1 \,\Im m f(z_1), \tag{10.1 b}$$

$$v_2(x, y) = A_2 \frac{1}{2} [f(z_2) + f(z_4)] + B_2 \frac{i}{2} [f(z_2) - f(z_4)] =$$
$$= A_2 \,\Re e f(z_2) - B_2 \,\Im m f(z_2), \tag{10.2 b}$$

$$v_3(x, y) = A_3 \frac{1}{2} [f(z_1) + f(z_3)] + B_3 \frac{i}{2} [f(z_1) - f(z_3)] =$$
$$= A_3 \,\Re e f(z_1) - B_3 \,\Im m f(z_1), \tag{10.3 b}$$

$$v_4(x, y) = A_4 \frac{1}{2} [f(z_2) + f(z_4)] + B_4 \frac{i}{2} [f(z_2) - f(z_4)] =$$
$$= A_4 \,\Re e f(z_2) - B_4 \,\Im m f(z_2). \tag{10.4 b}$$

Die Konstanten A_k und B_k ($k = 1, 2, 3, 4$) sind nun in Abhängigkeit von U_k so zu bestimmen, daß die Differentialgleichungen (4) erfüllt werden.

Hierzu reicht eine der Gln. (4) aus, da die verbleibende 2. Gleichung linear abhängige Bestimmungsgleichungen für die Konstanten liefert. Werden die Gln. (10) der Reihe nach in die Gln. (4) eingesetzt, so ergeben sich folgende Verschiebungsfelder:

$$\left\{\begin{aligned} u_1(x, y) &= + U_1 \,\Re e\, f(z_1), && (11.1\,\text{a})\\ v_1(x, y) &= - P\, U_1 [Q \,\Re e\, f(z_1) - R \,\Im m\, f(z_1)]. && (11.1\,\text{b})\end{aligned}\right.$$

In dieser und den folgenden Gleichungen gelten für die Konstanten P, Q und R nachstehende Beziehungen:

$$\left.\begin{aligned} P &= \frac{\lambda_x}{(1 + 2\varkappa\gamma + \gamma^2)} \sqrt{\frac{1+\varkappa}{2}},\\ Q &= (1 + 2\varkappa + 2\gamma - \gamma^2) \sqrt{\frac{1-\varkappa}{1+\varkappa}},\\ R &= (1 - 2\varkappa - 2\gamma - \gamma^2).\end{aligned}\right\} \quad (12)$$

$$\left\{\begin{aligned} u_2(x, y) &= + U_2 \,\Re e\, f(z_2), && (11.2\,\text{a})\\ v_2(x, y) &= + P\, U_2 [Q \,\Re e\, f(z_2) - R \,\Im m\, f(z_2)]; && (11.2\,\text{b})\end{aligned}\right.$$

$$\left\{\begin{aligned} u_3(x, y) &= + U_3 \,\Im m\, f(z_1), && (11.3\,\text{a})\\ v_3(x, y) &= - P\, U_3 [R \,\Re e\, f(z_1) + Q \,\Im m\, f(z_1)]; && (11.3\,\text{b})\end{aligned}\right.$$

$$\left\{\begin{aligned} u_4(x, y) &= + U_4 \,\Im m\, f(z_2), && (11.4\,\text{a})\\ v_4(x, y) &= + P\, U_4 [R \,\Re e\, f(z_2) + Q \,\Im m\, f(z_2)]. && (11.4\,\text{b})\end{aligned}\right.$$

Ein gleichartiges System kann angeschrieben werden, wenn $v(z_i)$ als unabhängige Verschiebung gewählt wird.

Es lautet:

$$\left\{\begin{aligned} v_1(x, y) &= + V_1 \,\Re e\, f(z_1), && (13.1\,\text{a})\\ u_1(x, y) &= - P\, V_1 [Q \,\Re e\, f(z_1) + R \,\Im m\, f(z_1)]; && (13.1\,\text{b})\end{aligned}\right.$$

$$\left\{\begin{aligned} v_2(x, y) &= + V_2 \,\Re e\, f(z_2), && (13.2\,\text{a})\\ u_2(x, y) &= + P\, V_2 [Q \,\Re e\, f(z_2) + R \,\Im m\, f(z_2)]; && (13.2\,\text{b})\end{aligned}\right.$$

$$\left\{\begin{aligned} v_3(x, y) &= + V_3 \,\Im m\, f(z_1), && (13.3\,\text{a})\\ u_3(x, y) &= + P\, V_3 [R \,\Re e\, f(z_1) - Q \,\Im m\, f(z_1)]; && (13.3\,\text{b})\end{aligned}\right.$$

$$\left\{\begin{aligned} v_4(x, y) &= + V_4 \,\Im m\, f(z_2), && (13.4\,\text{a})\\ u_4(x, y) &= - P\, V_4 [R \,\Re e\, f(z_2) - Q \,\Im m\, f(z_2)]. && (13.4\,\text{b})\end{aligned}\right.$$

Mit Hilfe dieser Lösungssysteme (11) und (13), in denen $\Re e\, f(z_i)$ und $\Im m\, f(z_i)$ den Real- und Imaginärteil einer beliebigen Funktion $f(z_i)$ des komplexen Argumentes z_i darstellen und die Konstanten U_k und V_k den geforderten Randbedingungen anzupassen sind, können durch entsprechende lineare Superposition die Verschiebungsfelder aufgebaut werden.

Es bleibt noch zu erwähnen, daß bei Verwendung des komplexen Argumentes ${}^{x}z_i = a_i \bar{x} + y$ analoge Verschiebungssysteme entwickelt werden können. Sie ergeben sich, wenn in den Gln. (11) und (13) u und v vertauscht werden und wenn ferner in der Gl. (12) für P der Wert λ_x durch λ_y ersetzt wird.

Während bei der Anwendung der Gln. (11) und (13) sowohl die Gln. (4) als auch die Gln. (5) erfüllt werden, kann auch der Weg des Koeffizientenvergleichs gewählt werden. In diesem Falle werden für die Verschiebungen u und v spezielle Lösungen der Gln. (5) ausgewählt, die aber noch nicht die Gln. (4) befriedigen. In den Ansätzen für u und v muß dann aber die Anzahl der Konstanten so groß sein, daß sowohl die Randbedingungen erfüllt werden als auch die Befriedigung der simultanen Differentialgleichungen möglich wird.

Beide Wege werden an Beispielen dargelegt werden. Es sei hier bereits darauf hingewiesen, daß sich der zweite Lösungsweg besonders für den Aufbau von Verschiebungsfeldern unter Verwendung von quasi-biharmonischen Polynomen für die Verschiebungskomponenten eignet.

C. Anwendung der Theorie

Die Grundlagen des vorigen Abschnittes werden in dem folgenden Teil der Arbeit zur Lösung von konkreten Problemen der orthotropen Scheibe herangezogen.

I. Allgemeiner Lösungsaufbau

Die allgemeine Lösung des Spannungszustandes der Scheiben kann durch folgenden grundsätzlichen Ansatz für die Verschiebungen u und v beschrieben werden:

$$u(x, y) = u_0(x, y) + u_P(x, y), \tag{14 a}$$

$$v(x, y) = v_0(x, y) + v_P(x, y). \tag{14 b}$$

Hierin bedeuten $u_P(x, y)$ und $v_P(x, y)$ partikuläre Integrale der Differentialgleichungen (4) und (5), während $u_0(x, y)$ und $v_0(x, y)$ reguläre Lösungen darstellen, die den partikulären Integralen hinzuzufügen sind, um die Randbedingungen, die durch die partikulären Lösungen noch nicht befriedigt sind, zu erfüllen. Es ist selbstverständlich erforderlich, daß auch die regulären Funktionen $u_0(x, y)$ und $v_0(x, y)$ Lösungen der Differentialgleichungen (4) und (5) sind.

Als partikuläre Lösungen sollen die klassischen Singularitäten der Vollscheibe sowie die modifizierten Singularitäten der Halb- und Viertelscheibe Verwendung finden, während der reguläre Lösungsanteil durch Polynome gebildet wird.

Dieser Aufbau der allgemeinen Lösung hat sich bei der Aufstellung der Einflußflächen von orthotropen Platten [8] bewährt und soll daher hier ebenfalls gewählt werden.

II. Die klassischen Singularitäten

1. Die Vollscheibe mit einer Einzelkraft P_x (Abb. 1)

Obgleich diese Singularität bereits von anderen Autoren [2], [4] mit Hilfe der Airyschen Spannungsfunktion abgeleitet wurde, wird sie in diese

Arbeit mitaufgenommen, da sie weiter unten als Ansatz für die Momentensingularität Verwendung findet.

Ausgangspunkt bildet die Verschiebung $v(x, y)$, wofür der Ansatz nach Gl. (13.1 a) und (13.2 a) mit $V = V_1 = -V_2$ und $f(z_1) = \ln {}^y z_1$ und $f(z_2) = = \ln {}^y z_2$ gemacht wird. Es ergibt sich die Gleichung

$$v(x, y) = V \{\Re (\ln {}^y z_1) - \Re (\ln {}^y z_2)\}. \tag{15}$$

Durch diese Wahl ist die Verschiebung $u(x, y)$ durch die Gln. (13.1 b) und (13.2 b) festgelegt. Die Konstante V wird schließlich aus der Gleichgewichtsbedingung (Abb. 2)

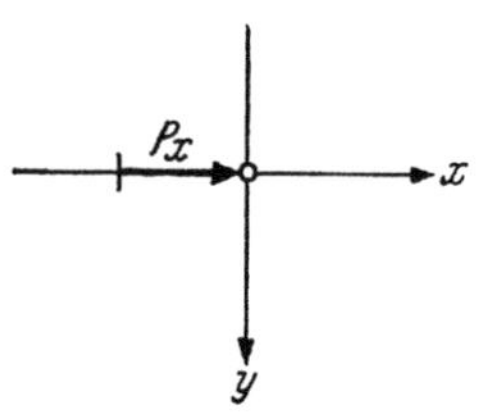

Abb. 1

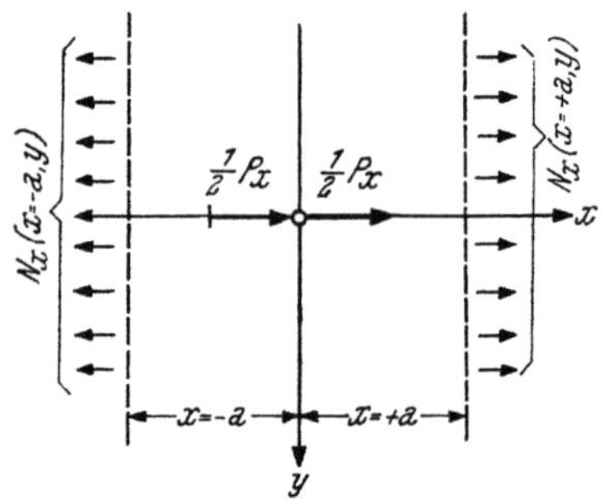

Abb. 2

$$\frac{P_x}{2} + \int\limits_{-\infty}^{+\infty} N_x (x = +a, y)\, dy = 0$$

bestimmt, wobei bereits der Antimetrie der Spannung N_x zur y-Achse Rechnung getragen wurde. Nach Durchführung der Zwischenrechnungen ergeben sich folgende *Verschiebungen:*

$$u(x, y) = -\frac{P_x}{4\pi} \frac{\lambda_x}{a_{xx}(1-\gamma^2)} \left[\frac{(1 + 2\varkappa + 2\gamma - \gamma^2)}{\sqrt{2(1+\varkappa)}} \ln \sqrt{x^4 + 2\varkappa x^2 \bar{y}^2 + \bar{y}^4} - \right.$$
$$\left. - \frac{(1 - 2\varkappa - 2\gamma - \gamma^2)}{\sqrt{2(1-\varkappa)}} \operatorname{arctg} \frac{\sqrt{1-\varkappa^2}\, \bar{y}^2}{x^2 + \varkappa \bar{y}^2} \right], \tag{15 a}$$

$$v(x, y) = +\frac{P_x}{4\pi} \frac{\lambda_x^2}{a_{xx}(1-\gamma^2)} \frac{(1 + 2\varkappa\gamma + \gamma^2)}{\sqrt{1-\varkappa^2}} \ln \sqrt{\frac{x^2 + \sqrt{2(1-\varkappa)}\, x \bar{y} + \bar{y}^2}{x^2 - \sqrt{2(1-\varkappa)}\, x \bar{y} + \bar{y}^2}}. \tag{15 b}$$

Werden die Gln. (15 a) und (15 b) in die Gln. (2) eingesetzt, so lauten die *Spannungen:*

$$N_x(x, y) = -\frac{P_x}{4\pi} \lambda_x \sqrt{\frac{2}{1+\varkappa}} \frac{[(1 + 2\varkappa + \gamma)\, x^3 + (1-\gamma)\, x \bar{y}^2]}{(x^4 + 2\varkappa x^2 \bar{y}^2 + \bar{y}^4)}, \tag{15 c}$$

$$N_y(x, y) = +\frac{P_x}{4\pi} \frac{1}{\lambda_x} \sqrt{\frac{2}{1+\varkappa}} \frac{[(1-\gamma)\, x^3 - (1 + 2\varkappa\gamma + \gamma)\, x \bar{y}^2]}{(x^4 + 2\varkappa x^2 \bar{y}^2 + \bar{y}^4)}, \tag{15 d}$$

$$N_{xy}(x, y) = -\frac{P_x}{4\pi} \sqrt{\frac{2}{1+\varkappa}} \frac{[(1-\gamma)\, \bar{y}^3 + (1 + 2\varkappa + \gamma)\, \bar{y} x^2]}{(x^4 + 2\varkappa x^2 \bar{y}^2 + \bar{y}^4)}. \tag{15 e}$$

Es soll an dieser Lösung kurz aufgezeigt werden, wie der Übergang zur quasi-isodrillsteifen und zur überdrillsteifen Scheibe durchgeführt wird. Diese Umformung braucht nur für das Verschiebungsfeld zu erfolgen, da die Spannungen für den gesamten Bereich $0 \leqq \varkappa < \infty$ ihre volle Gültigkeit besitzen.

Quasi-isodrillsteife Scheibe

Nach Bildung des Grenzüberganges

$$u(x, y, \varkappa = 1) = \lim_{\varkappa \to 1} u(x, y, \varkappa)$$

ergibt sich mit der Beziehung

$$\lim_{\varkappa \to 1} \frac{1}{\sqrt{2(1-\varkappa)}} \operatorname{arctg} \frac{\sqrt{1-\varkappa^2}\,\bar{y}^2}{x^2 + \varkappa \bar{y}^2} = \frac{\bar{y}^2}{x^2 + \bar{y}^2}$$

der folgende Wert für die Verschiebung

$$u(x, y, \varkappa = 1) = -\frac{P_x}{4\pi} \frac{\lambda_x}{a_{xx}(1-\gamma^2)} \left[\frac{(3 + 2\gamma - \gamma^2)}{2} \ln(x^2 + \bar{y}^2) + \right.$$

$$\left. + (1+\gamma)^2 \frac{\bar{y}^2}{x^2 + \bar{y}^2}\right]. \tag{16 a}$$

Wird in ähnlicher Weise für die Verschiebung $v(x, y)$ der Grenzwert nach der Regel von L'Hospital durchgeführt

$$v(x, y, \varkappa = 1) = \lim_{\varkappa \to 1} v(x, y, \varkappa),$$

so ergibt sich mit

$$\lim_{\varkappa \to 1} \frac{1}{\sqrt{1-\varkappa^2}} \ln \sqrt{\frac{x^2 + \sqrt{2(1-\varkappa)}\,x\bar{y} + \bar{y}^2}{x^2 - \sqrt{2(1-\varkappa)}\,x\bar{y} + \bar{y}^2}} = \frac{x\bar{y}}{x^2 + \bar{y}^2}$$

der Wert

$$v(x, y, \varkappa = 1) = +\frac{P_x}{4\pi} \frac{\lambda_x^2 (1+\gamma)}{a_{xx}(1-\gamma)} \frac{x\bar{y}}{x^2 + \bar{y}^2}. \tag{16 b}$$

Überdrillsteife Scheibe $(1 < \varkappa < \infty)$

Aus Gl. (15 a) ergibt sich mit

$$\operatorname{arctg} \frac{i\sqrt{1-\varkappa^2}\,\bar{y}^2}{x^2 + \varkappa \bar{y}^2} = i \ln \sqrt{\frac{x^2 + (\varkappa + \sqrt{\varkappa^2 - 1})\,\bar{y}^2}{x^2 + (\varkappa - \sqrt{\varkappa^2 - 1})\,\bar{y}^2}},$$

$$u(x, y) = -\frac{P_x}{4\pi} \frac{\lambda_x}{a_{xx}(1-\gamma^2)} \left[\frac{(1 + 2\varkappa + 2\gamma - \gamma^2)}{\sqrt{2(1+\varkappa)}} \ln \sqrt{x^4 + 2\varkappa x^2 \bar{y}^2 + \bar{y}^4} - \right.$$

$$\left. - \frac{(1 - 2\varkappa - 2\gamma - \gamma^2)}{\sqrt{2(\varkappa - 1)}} \ln \sqrt{\frac{x^2 + (\varkappa + \sqrt{\varkappa^2 - 1})\,\bar{y}^2}{x^2 + (\varkappa - \sqrt{\varkappa^2 - 1})\,\bar{y}^2}}\right]. \tag{17 a}$$

Die Verschiebung $v(x, y)$ lautet bei Benutzung der Beziehung

$$\ln \sqrt{\frac{x^2 + i\sqrt{2(\varkappa - 1)}\,x\bar{y} + \bar{y}^2}{x^2 - i\sqrt{2(\varkappa - 1)}\,x\bar{y} + \bar{y}^2}} = i \operatorname{arctg} \frac{\sqrt{2(\varkappa - 1)}\,x\bar{y}}{x^2 + \bar{y}^2}$$

für diesen Bereich

$$v(x, y) = + \frac{P_x}{4\pi} \frac{\lambda_x^2}{a_{xx}(1-\gamma^2)} \frac{(1+2\varkappa\gamma+\gamma^2)}{\sqrt{\varkappa^2-1}} \operatorname{arctg} \frac{\sqrt{2(\varkappa-1)}\, x\, \bar{y}}{x^2+\bar{y}^2}. \quad (17\,\text{b})$$

In der gleichen Weise können bei allen im folgenden entwickelten Gleichungen die Übergänge durchgeführt werden, worauf im Rahmen dieser Arbeit aber verzichtet werden soll.

2. Die Vollscheibe mit einem Einzelmoment M_z (Abb. 3)

Dieser Lastangriff kann aus den beiden Lastfällen „Vollscheibe mit einer Einzellast P_x und mit einer Einzellast P_y“ durch einen Grenzübergang gelöst werden. Hierzu wird das Moment M_z in bekannter Weise [6], [9] durch die beiden Kräftepaare

$$M_z = P_x c_y + P_y c_x$$

ersetzt (Abb. 4).

Die Verschiebungen für die Vollscheibe mit einer Einzellast P_x sind durch die Gln. (15a) und (15b) gegeben und werden im folgenden mit ${}^x u(x, y)$ und ${}^x v(x, y)$ bezeichnet. Ähnliche Gleichungen gelten für die

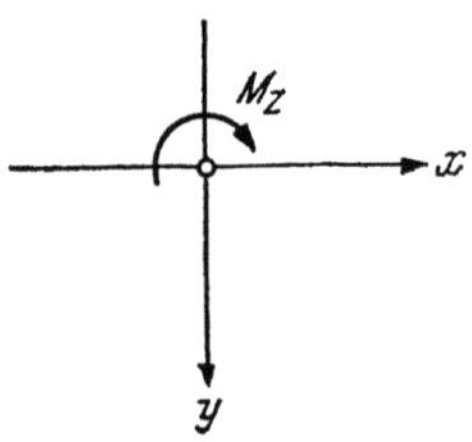

Abb. 3

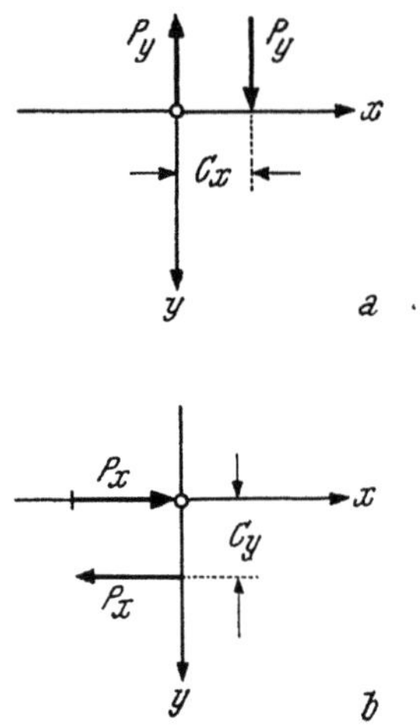

Abb. 4

Verschiebungen der Vollscheibe mit einer Einzellast P_y, die ohne Ableitung angeschrieben werden:

$${}^y u(x, y) =$$

$$= + \frac{P_y}{4\pi} \frac{\lambda_y^2}{a_{yy}(1-\gamma^2)} \frac{(1+2\varkappa\gamma+\gamma^2)}{\sqrt{1-\varkappa^2}} \ln \sqrt{\frac{x^2+\sqrt{2(1-\varkappa)}\, x\, \bar{y}+\bar{y}^2}{x^2-\sqrt{2(1-\varkappa)}\, x\, \bar{y}+\bar{y}^2}}, \quad (18\,\text{a})$$

$${}^y v(x, y) = - \frac{P_y}{4\pi} \frac{\lambda_y}{a_{yy}(1-\gamma^2)} \left[\frac{(1+2\varkappa+2\gamma-\gamma^2)}{\sqrt{2(1+\varkappa)}} \ln \sqrt{x^4+2\varkappa x^2 \bar{y}^2+\bar{y}^4} + \right.$$

$$\left. + \frac{(1-2\varkappa-2\gamma-\gamma^2)}{\sqrt{2(1-\varkappa)}} \operatorname{arctg} \frac{\sqrt{1-\varkappa^2}\, \bar{y}^2}{x^2+\varkappa\bar{y}^2} \right]. \quad (18\,\text{b})$$

Wird in den Gln. (15a) und (15b) P_x durch $\frac{M_z}{2c_y}$ und in den Gln. (18a) und (18b) die Kraft P_y durch $\frac{M_z}{2c_x}$ ersetzt, so ergeben sich die Verschiebungen der Vollscheibe mit einem Einzelmoment M_z aus den beiden Grenzübergängen:

$$
{}^{M}u(x, y) = \frac{1}{2}\left[\lim_{c_x \to 0} \frac{1}{c_x}\{{}^{y}u(x - c_x, y) - {}^{y}u(x, y)\} - \right.
$$

$$
\left. - \lim_{c_y \to 0} \frac{1}{c_y}\{{}^{x}u(x, y - c_y) - {}^{x}u(x, y)\}\right], \tag{19 a}
$$

$$
{}^{M}v(x, y) = \frac{1}{2}\left[\lim_{c_x \to 0} \frac{1}{c_x}\{{}^{y}v(x - c_x, y) - {}^{y}v(x, y)\} - \right.
$$

$$
\left. - \lim_{c_y \to 0} \frac{1}{c_y}\{{}^{x}v(x, y - c_y) - {}^{x}v(x, y)\}\right]. \tag{19 b}
$$

Da sich für $c_x \to 0$ und $c_y \to 0$ unbestimmte Ausdrücke von der Form $\left(\frac{0}{0}\right)$ ergeben, erfolgt die Grenzwertbestimmung nach der Regel von L'Hospital. Die Durchführung der Berechnung liefert das folgende Verschiebungsfeld:

$$
{}^{M}u(x, y) = -\frac{M_z}{4\pi} \frac{\lambda_x^2}{a_{xx}(1 - \gamma^2)} \sqrt{2(1 + \varkappa)} \frac{[(1 + \gamma)\bar{y}^3 - (1 - 2\varkappa - \gamma)x^2\bar{y}]}{(x^4 + 2\varkappa x^2\bar{y}^2 + \bar{y}^4)}, \tag{20 a}
$$

$$
{}^{M}v(x, y) = +\frac{M_z}{4\pi} \frac{\lambda_x^3}{a_{xx}(1 - \gamma^2)} \sqrt{2(1 + \varkappa)} \frac{[(1 + \gamma)x^3 - (1 - 2\varkappa - \gamma)x\bar{y}^2]}{(x^4 + 2\varkappa x^2\bar{y}^2 + \bar{y}^4)}. \tag{20 b}
$$

Um die Spannungen zu erhalten, werden die Gln. (20) in die Gln. (2) eingesetzt. Sie lauten:

$$
N_x(x, y) = -\frac{M_z}{2\pi} \lambda_x^2 \sqrt{2(1 + \varkappa)} \frac{[(1 - 2\varkappa)x^4 - 2x^2\bar{y}^2 - \bar{y}^4]}{(x^4 + 2\varkappa x^2\bar{y}^2 + \bar{y}^4)^2} x\bar{y}, \tag{20 c}
$$

$$
N_y(x, y) = -\frac{M_z}{2\pi} \sqrt{2(1 + \varkappa)} \frac{[x^4 + 2x^2\bar{y}^2 - (1 - 2\varkappa)\bar{y}^4]}{(x^4 + 2\varkappa x^2\bar{y}^2 + \bar{y}^4)^2} x\bar{y}, \tag{20 d}
$$

$$
N_{xy}(x, y) = -\frac{M_z}{4\pi} \lambda_x \sqrt{2(1 + \varkappa)} \frac{[x^6 + (3 - 2\varkappa)x^4\bar{y}^2 - (3 - 2\varkappa)x^2\bar{y}^4 - \bar{y}^6]}{(x^4 + 2\varkappa x^2\bar{y}^2 + \bar{y}^4)^2}. \tag{20 e}
$$

Die Überprüfung der Ergebnisse kann an Hand der Gleichgewichtsbedingung einer herausgeschnittenen streifenförmigen Scheibe mit der Breite $2a$ erfolgen. Die Bedingung (Abb. 5)

$$
M_z - \int_{-\infty}^{+\infty} [N_x(a, y) - N_x(-a, y)]\, y\, dy +
$$

$$
+ \int_{-\infty}^{+\infty} [N_{xy}(a, y) + N_{xy}(-a, y)]\, a\, dy \equiv 0
$$

wird in der Tat erfüllt.

3. Die Halbscheibe mit einer Einzelkraft P_y (Abb. 6)

In diesem Belastungsfall führt der folgende Ansatz für die Verschiebung u zum Ziel:

$$u(x, y) = U_A\,[\mathfrak{Re}\,(\ln {}^y z_1) - \mathfrak{Re}\,(\ln {}^y z_2)] + U_B\,[\mathfrak{Im}\,(\ln {}^y z_1) - \mathfrak{Im}\,(\ln {}^y z_2)]. \tag{21}$$

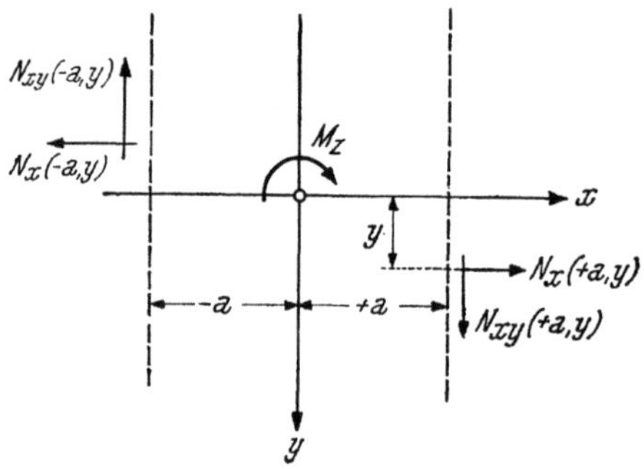

Abb. 5

Auf Grund der Kopplung ist damit die Verschiebung v durch die Gln. (11.1 b), (11.2 b), (11.3 b), (11.4 b) gegeben. Die beiden Konstanten U_A und U_B werden aus der Randbedingung

$$N_{xy}(x, y = 0) = 0$$

und der Gleichgewichtsbedingung (Abb. 7)

$$P_y + \int_{-\infty}^{+\infty} N_y(x, y = +b)\,dx = 0$$

bestimmt. Die Randbedingung

$$N_y(x \neq 0, y = 0) = 0$$

wird durch den gewählten Ansatz bereits erfüllt.

Da dieser Ansatz später für die Lösung der Viertelscheibe Verwendung findet, werden an dieser Stelle die Zwischenergebnisse mitgeteilt, wie sie sich nach der Erfüllung der Randbedingung

$$N_{xy}(x \neq 0, y = 0) = 0$$

darstellen.

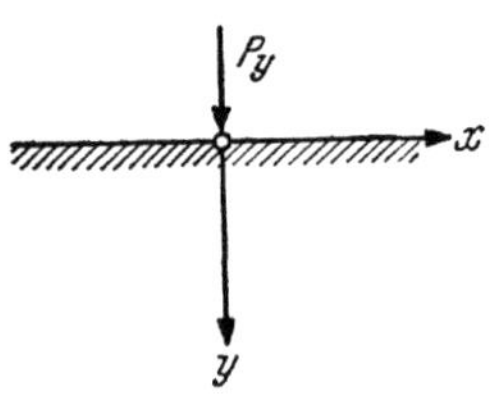

Abb. 6

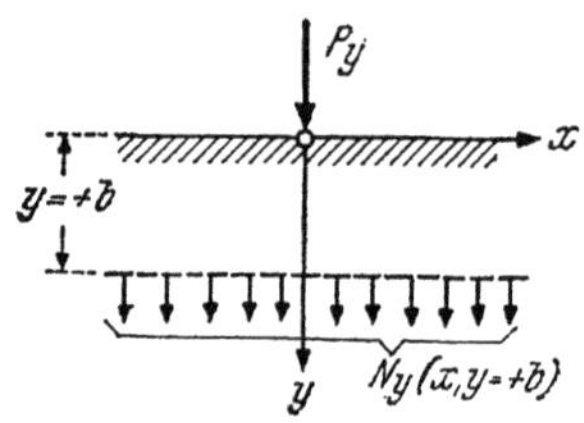

Abb. 7

Verschiebungen:

$$u(x, y) = + U_A\left[\ln\sqrt{\frac{x^2 + \sqrt{2\,(1-\varkappa)}\,x\,\overline{y} + \overline{y}^2}{x^2 - \sqrt{2\,(1-\varkappa)}\,x\,\overline{y} + \overline{y}^2}} + \right.$$

$$\left. + \frac{(1-\gamma)}{(1+\gamma)}\sqrt{\frac{1-\varkappa}{1+\varkappa}}\,\operatorname{arctg}\frac{\sqrt{2\,(1+\varkappa)}\,x\,\overline{y}}{x^2 - \overline{y}^2}\right], \tag{22 a}$$

$$v(x, y) = - U_A \frac{\lambda_x}{(1+\gamma)} \sqrt{2(1-\varkappa)} \left[\ln \sqrt{x^4 + 2\varkappa x^2 \bar{y}^2 + \bar{y}^4} - \right.$$

$$\left. - \frac{(\varkappa + \gamma)}{\sqrt{1-\varkappa^2}} \operatorname{arctg} \frac{\sqrt{1-\varkappa^2}\,\bar{y}^2}{x^2 + \varkappa \bar{y}^2}\right]. \tag{22 b}$$

Spannungen:

$$N_x(x, y) = -2(1-\gamma)\sqrt{2(1-\varkappa)}\, a_{xx} \frac{x^2 \bar{y}}{(x^4 + 2\varkappa x^2 \bar{y}^2 + \bar{y}^4)} U_A, \tag{22 c}$$

$$N_y(x, y) = -2 \frac{a_{xx}}{\lambda_x^2} (1-\gamma)\sqrt{2(1-\varkappa)} \frac{\bar{y}^3}{(x^4 + 2\varkappa x^2 \bar{y}^2 + \bar{y}^4)} U_A, \tag{22 d}$$

$$N_{xy}(x, y) = -2 \frac{a_{xx}}{\lambda_x} (1-\gamma)\sqrt{2(1-\varkappa)} \frac{x \bar{y}^2}{(x^4 + 2\varkappa x^2 \bar{y}^2 + \bar{y}^4)} U_A. \tag{22 e}$$

Da die Einzelkraftsingularität für die Momentensingularität der Halbscheibe von Bedeutung ist, wird sie hier auch in ihrer endgültigen Form angegeben, obgleich sie bereits von MOSSAKOWSKI [2] ermittelt wurde. Sie lautet für die Verschiebungen:

$$u(x, y) = + \frac{P_y}{2\pi} \frac{\lambda_x^2}{a_{xx}(1-\gamma^2)} \left[(1+\gamma)\sqrt{\frac{1+\varkappa}{1-\varkappa}} \times \right.$$

$$\left. \times \ln \sqrt{\frac{x^2 + \sqrt{2(1-\varkappa)}\, x \bar{y} + \bar{y}^2}{x^2 - \sqrt{2(1-\varkappa)}\, x \bar{y} + \bar{y}^2}} + (1-\gamma) \operatorname{arctg} \frac{\sqrt{2(1+\varkappa)}\, x \bar{y}}{x^2 - \bar{y}^2}\right], \tag{23 a}$$

$$v(x, y) = - \frac{P_y}{2\pi} \frac{\lambda_x^3}{a_{xx}(1-\gamma^2)} \sqrt{2(1+\varkappa)} \left[\ln \sqrt{x^4 + 2\varkappa x^2 \bar{y}^2 + \bar{y}^4} - \right.$$

$$\left. - \frac{(\varkappa + \gamma)}{\sqrt{1-\varkappa^2}} \operatorname{arctg} \frac{\sqrt{1-\varkappa^2}\,\bar{y}^2}{x^2 + \varkappa \bar{y}^2}\right]. \tag{23 b}$$

Für die Spannungen ergibt sich:

$$N_x(x, y) = - \frac{P_y}{\pi} \lambda_x^2 \sqrt{2(1+\varkappa)} \frac{x^2 \bar{y}}{(x^4 + 2\varkappa x^2 \bar{y}^2 + \bar{y}^4)}, \tag{23 c}$$

$$N_y(x, y) = - \frac{P_y}{\pi} \sqrt{2(1+\varkappa)} \frac{\bar{y}^3}{(x^4 + 2\varkappa x^2 \bar{y}^2 + \bar{y}^4)}, \tag{23 d}$$

$$N_{xy}(x, y) = - \frac{P_y}{\pi} \lambda_x \sqrt{2(1+\varkappa)} \frac{x \bar{y}^2}{(x^4 + 2\varkappa x^2 \bar{y}^2 + \bar{y}^4)}. \tag{23 e}$$

4. Die Halbscheibe mit einem Einzelmoment M_z (Abb. 8)

Wird das Moment M_z wieder durch ein Kräftepaar $M_z = P_y c_x$ ersetzt und führt man für P_y den Wert $\frac{M_z}{c_x}$ in die Gln. (23) ein, so folgen durch Bildung der Grenzwerte

$${}^{M}u(x, y) = \lim_{c_x \to 0} \frac{1}{c_x} \{{}^{y}u(x - c_x, y) - {}^{y}u(x, y)\},$$

$${}^{M}v(x, y) = \lim_{c_x \to 0} \frac{1}{c_x} \{{}^{y}v(x - c_x, y) - {}^{y}v(x, y)\}$$

die Verschiebungssingularitäten für die Halbscheibe:

$$ {}^{M}u(x, y) = -\frac{M_z}{\pi}\,\frac{\lambda_x^2}{a_{xx}(1-\gamma^2)}\,\sqrt{2(1+\varkappa)}\,\frac{\overline{y}\,(\gamma\,\overline{y}^2 - x^2)}{(x^4 + 2\,\varkappa\,x^2\,\overline{y}^2 + \overline{y}^4)}, \tag{24 a} $$

$$ {}^{M}v(x, y) = +\frac{M_z}{\pi}\,\frac{\lambda_x^3}{a_{xx}(1-\gamma^2)}\,\sqrt{2(1+\varkappa)}\,\frac{x\,[x^2 + (2\,\varkappa + \gamma)\,\overline{y}^2]}{(x^4 + 2\,\varkappa\,x^2\,\overline{y}^2 + \overline{y}^4)}. \tag{24 b} $$

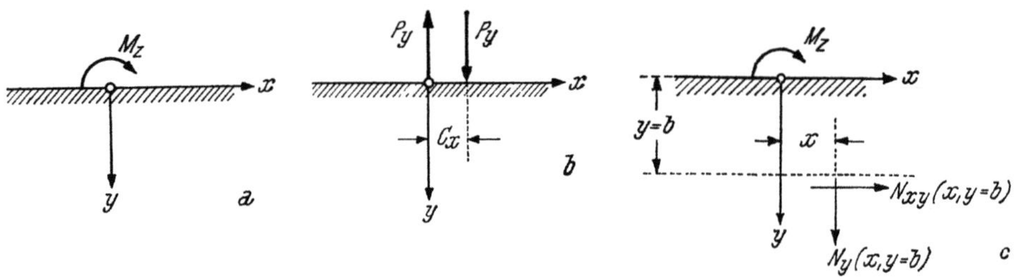

Abb. 8

Durch Auswertung der Gln. (2) ergeben sich die Spannungen:

$$ N_x(x, y) = -\frac{M_z}{\pi}\,2\,\lambda_x^2\,\sqrt{2(1+\varkappa)}\,\frac{x\,\overline{y}\,(x^4 - \overline{y}^4)}{(x^4 + 2\,\varkappa\,x^2\,\overline{y}^2 + \overline{y}^4)^2}, \tag{24 c} $$

$$ N_y(x, y) = -\frac{M_z}{\pi}\,4\,\sqrt{2(1+\varkappa)}\,\frac{x\,\overline{y}^3\,(x^2 + \varkappa\,\overline{y}^2)}{(x^4 + 2\,\varkappa\,x^2\,\overline{y}^2 + \overline{y}^4)^2}, \tag{24 d} $$

$$ N_{xy}(x, y) = -\frac{M_z}{\pi}\,\lambda_x\,\sqrt{2(1+\varkappa)}\,\frac{\overline{y}^2\,(3\,x^4 + 2\,\varkappa\,x^2\,\overline{y}^2 - \overline{y}^4)}{(x^4 + 2\,\varkappa\,x^2\,\overline{y}^2 + \overline{y}^4)^2}. \tag{24 e} $$

Die Ergebnisse werden durch die Gleichgewichtsbedingung (Abb. 8 c)

$$ M_z + \int_{-\infty}^{+\infty} N_y(x, b)\,x\,dx - \int_{-\infty}^{+\infty} N_{xy}(x, b)\,b\,dx = 0 $$

bestätigt.

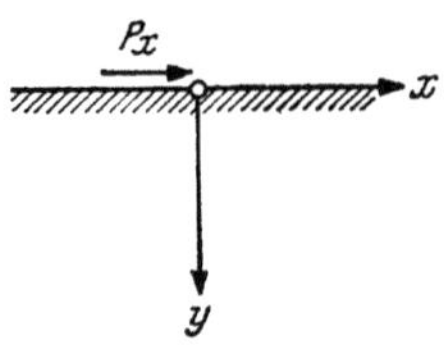

Abb. 9

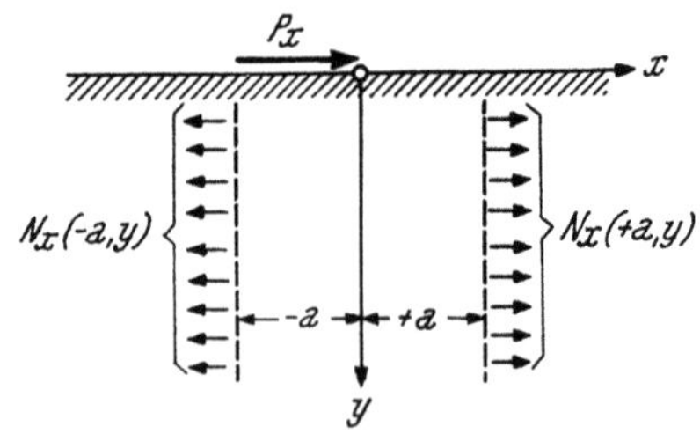

Abb. 10

5. Die Halbscheibe mit einer Einzelkraft P_x (Abb. 9)

Ausgangspunkt für diese Singularität bildet der nachstehende Ansatz für die Verschiebung v:

$$ v(x, y) = V_A\,[\mathfrak{Re}\,(\ln {}^{y}z_1) - \mathfrak{Re}\,(\ln {}^{y}z_2)] + V_B\,[\mathfrak{Im}\,(\ln {}^{y}z_1) - \mathfrak{Im}\,(\ln {}^{y}z_2)]. \tag{25} $$

Das Gesetz, dem die Verschiebung u gehorcht, ist somit durch die Gln. (13.1 b), (13.2 b), (13.3 b), (13.4 b) gegeben. Als Bestimmungsgleichungen für die Konstanten V_A und V_B stehen die Randbedingung

$$N_y(x, y = 0) = 0$$

und die Gleichgewichtsbedingung am Halbstreifen (Abb. 10)

$$P_x + \int_0^{+\infty} [N_x(+a, y) - N_x(-a, y)]\, dy = 0$$

zur Verfügung, während die Randbedingung

$$N_{xy}(x \neq 0, y = 0) = 0$$

bereits durch den Ansatz erfüllt wird.

Die Zwischenergebnisse, die nach der Befriedigung der Randbedingung

$$N_y(x, 0) = 0$$

vorliegen, werden auch bei dieser Singularität aufgeführt, da sie ebenfalls — wie die des Lastfalles 3 — für die Lösung der Viertelscheibe herangezogen werden.

Verschiebungen:

$$u(x, y) = -V_A \frac{\lambda_y}{(1+\gamma)} \sqrt{2(1-\varkappa)} \left[\ln \sqrt{x^4 + 2\varkappa x^2 \bar{y}^2 + \bar{y}^4} + \right.$$

$$\left. + \frac{(\varkappa + \gamma)}{\sqrt{1-\varkappa^2}} \operatorname{arctg} \frac{\sqrt{1-\varkappa^2}\, \bar{y}^2}{x^2 + \varkappa \bar{y}^2}\right], \tag{26 a}$$

$$v(x, y) = +V_A \left[\ln \sqrt{\frac{x^2 + \sqrt{2(1-\varkappa)}\, x \bar{y} + \bar{y}^2}{x^2 - \sqrt{2(1-\varkappa)}\, x \bar{y} + \bar{y}^2}} - \right.$$

$$\left. - \frac{(1-\gamma)}{(1+\gamma)} \sqrt{\frac{1-\varkappa}{1+\varkappa}} \operatorname{arctg} \frac{\sqrt{2(1+\varkappa)}\, x \bar{y}}{x^2 - \bar{y}^2}\right]. \tag{26 b}$$

Spannungen:

$$N_x(x, y) = -2(1-\gamma)\sqrt{2(1-\varkappa)}\, \frac{a_{xx}}{\lambda_x} \frac{x^3}{(x^4 + 2\varkappa x^2 \bar{y}^2 + \bar{y}^4)} V_A, \tag{26 c}$$

$$N_y(x, y) = -2(1-\gamma)\sqrt{2(1-\varkappa)}\, \frac{a_{xx}}{\lambda_x^3} \frac{x \bar{y}^2}{(x^4 + 2\varkappa x^2 \bar{y}^2 + \bar{y}^4)} V_A, \tag{26 d}$$

$$N_{xy}(x, y) = -2(1-\gamma)\sqrt{2(1-\varkappa)}\, \frac{a_{xx}}{\lambda_x^2} \frac{x^2 \bar{y}}{(x^4 + 2\varkappa x^2 \bar{y}^2 + \bar{y}^4)} V_A. \tag{26 e}$$

Die noch unbestimmte Konstante V_A steht dann für die Erfüllung der Bedingungsgleichungen der Viertelscheibe zur Verfügung.

Wird im vorliegenden Fall die Konstante aus der oben angegebenen Gleichgewichtsbedingung ermittelt, so ergibt sich die bereits von Mossakowski [2] mit Hilfe der Airyschen Spannungsfunktion entwickelte Singularität.

Verschiebungen:

$$u(x, y) = -\frac{P_x}{2\pi}\frac{\lambda_x}{a_{xx}(1-\gamma^2)}\sqrt{2(1+\varkappa)}\left[\ln\sqrt{x^4+2\varkappa x^2\bar{y}^2+\bar{y}^4}+\right.$$

$$\left.+\frac{(\varkappa+\gamma)}{\sqrt{1-\varkappa^2}}\,\text{atctg}\,\frac{\sqrt{1-\varkappa^2}\,\bar{y}^2}{x^2+\varkappa\,\bar{y}^2}\right], \qquad (27\text{ a})$$

$$v(x, y) = +\frac{P_x}{2\pi}\frac{\lambda_x{}^2}{a_{xx}(1-\gamma^2)}\sqrt{2(1+\varkappa)}\left[(1+\gamma)\sqrt{\frac{1+\varkappa}{1-\varkappa}}\times\right.$$

$$\left.\times\ln\sqrt{\frac{x^2+\sqrt{2(1-\varkappa)}\,x\,\bar{y}+\bar{y}^2}{x^2-\sqrt{2(1-\varkappa)}\,x\,\bar{y}+\bar{y}^2}}-(1-\gamma)\,\text{arctg}\,\frac{\sqrt{2(1+\varkappa)}\,x\,\bar{y}}{x^2-\bar{y}^2}\right]. \qquad (27\text{ b})$$

Spannungen:

$$N_x(x, y) = -\frac{P_x}{\pi}\lambda_x\sqrt{2(1+\varkappa)}\,\frac{x^3}{(x^4+2\varkappa x^2\bar{y}^2+\bar{y}^4)}, \qquad (27\text{ c})$$

$$N_y(x, y) = -\frac{P_x}{\pi}\frac{1}{\lambda_x}\sqrt{2(1+\varkappa)}\,\frac{x\,\bar{y}^2}{(x^4+2\varkappa x^2\bar{y}^2+\bar{y}^4)}, \qquad (27\text{ d})$$

$$N_{xy}(x, y) = -\frac{P_x}{\pi}\sqrt{2(1+\varkappa)}\,\frac{x^2\,\bar{y}}{(x^4+2\varkappa x^2\bar{y}^2+\bar{y}^4)}. \qquad (27\text{ e})$$

6. Die Viertelscheibe mit einer Einzellast P_x oder P_y (Abb. 11a, b)

Es wurde bereits darauf hingewiesen, daß die Gln. (22) und Gln. (26) für die Singularitäten der Viertelscheibe Verwendung finden.

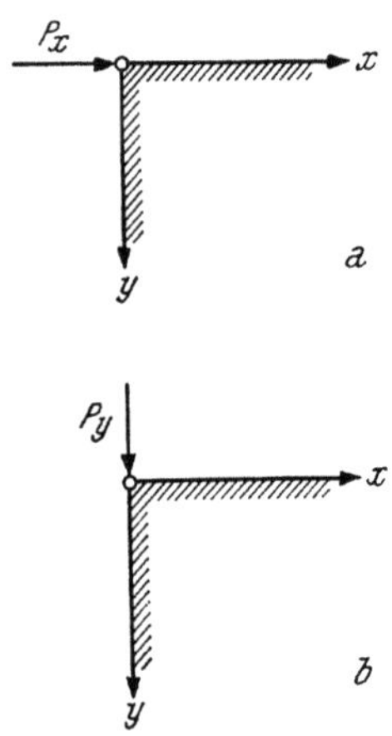

Abb. 11

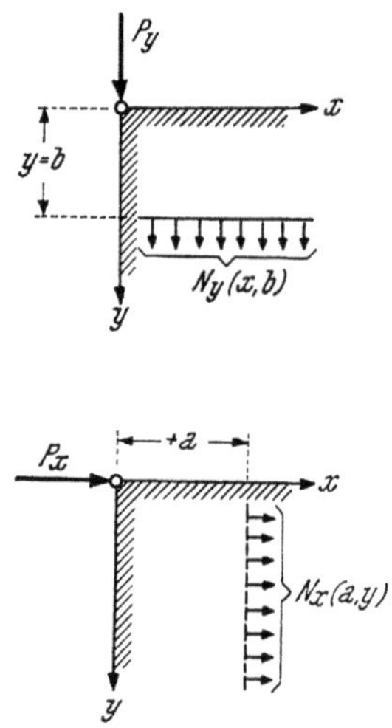

Abb. 12

Aus diesen Gleichungen ist zu ersehen, daß die zu fordernden Randbedingungen erfüllt werden:

$$N_y(x>0,\ y=0)=0,$$

$$N_x(x=0,\ y>0)=0,$$

$$N_{xy}(x>0,\ y=0)=N_{yx}(x=0,\ y>0)=0.$$

Die beiden Konstanten U_A und V_A werden aus den folgenden Gleichgewichtsbedingungen bestimmt (Abb. 12 a, b):

Lastfall P_y:

$$\left.\begin{aligned} &1.\quad P_y + \int_0^\infty N_y(x, b)\, dx = 0 \\ &2.\quad \int_0^\infty N_x(a, y)\, dy = 0 \end{aligned}\right\} U_y,\ V_y.$$

Lastfall P_x:

$$\left.\begin{aligned} &1.\quad \int_0^\infty N_y(x, b)\, dx = 0 \\ &2.\quad P_x + \int_0^\infty N_x(a, y)\, dy = 0 \end{aligned}\right\} U_x,\ V_x.$$

Für beide Lastfälle kann die Lösung in der folgenden Form angegeben werden:

Verschiebung:

$$u(x, y) = \frac{\lambda_x}{a_{xx}(1-\gamma^2)\,\overline{N}} \left[U_k \left\{ (1+\gamma) \sqrt{\frac{1+\varkappa}{1-\varkappa}} \times \right.\right.$$

$$\times \ln \sqrt{\frac{x^2 + \sqrt{2(1-\varkappa)}\, x\, \overline{y} + \overline{y}^2}{x^2 - \sqrt{2(1-\varkappa)}\, x\, \overline{y} + \overline{y}^2}} + (1-\gamma) \operatorname{arctg} \frac{\sqrt{2(1+\varkappa)}\, x\, \overline{y}}{x^2 - \overline{y}^2} \right\} -$$

$$\left.\left. - 2 V_k \left\{ \sqrt{\frac{1+\varkappa}{2}} \ln \sqrt{x^4 + 2\varkappa x^2 \overline{y}^2 + \overline{y}^4} + \frac{(\varkappa+\gamma)}{\sqrt{2(1-\varkappa)}} \operatorname{arctg} \frac{\sqrt{1-\varkappa^2}\, \overline{y}^2}{x^2 + \varkappa \overline{y}^2} \right\} \right], \tag{28 a}$$

$$v(x, y) = \frac{\lambda_x^2}{a_{xx}(1-\gamma^2)\,\overline{N}} \left[-2 U_k \left\{ \sqrt{\frac{1+\varkappa}{2}} \ln \sqrt{x^4 + 2\varkappa x^2 \overline{y}^2 + \overline{y}^4} - \right.\right.$$

$$\left. - \frac{(\varkappa+\gamma)}{\sqrt{2(1-\varkappa)}} \operatorname{arctg} \frac{\sqrt{1-\varkappa^2}\, \overline{y}^2}{x^2 + \varkappa \overline{y}^2} \right\} + V_k \left\{ (1+\gamma) \sqrt{\frac{1+\varkappa}{1-\varkappa}} \times \right.$$

$$\left.\left. \times \ln \sqrt{\frac{x^2 + \sqrt{2(1-\varkappa)}\, x\, \overline{y} + \overline{y}^2}{x^2 - \sqrt{2(1-\varkappa)}\, x\, \overline{y} + \overline{y}^2}} - (1-\gamma) \operatorname{arctg} \frac{\sqrt{2(1+\varkappa)}\, x\, \overline{y}}{x^2 - \overline{y}^2} \right\} \right]. \tag{28 b}$$

Spannungen:

$$N_x(x, y) = -2\lambda_x \frac{\sqrt{2(1+\varkappa)}}{\overline{N}} \frac{x^2}{(x^4 + 2\varkappa x^2 \overline{y}^2 + \overline{y}^4)} [U_k \overline{y} + V_k x], \tag{28 c}$$

$$N_y(x, y) = -2 \frac{1}{\lambda_x} \frac{\sqrt{2(1+\varkappa)}}{\overline{N}} \frac{\overline{y}^2}{(x^4 + 2\varkappa x^2 \overline{y}^2 + \overline{y}^4)} [U_k \overline{y} + V_k x], \tag{28 d}$$

$$N_{xy}(x, y) = -2 \frac{\sqrt{2(1+\varkappa)}}{\overline{N}} \frac{x\, \overline{y}}{(x^4 + 2\varkappa x^2 \overline{y}^2 + \overline{y}^4)} [U_k \overline{y} + V_k x]. \tag{28 e}$$

In diese Gleichungen ist für die Konstante $\overline{N}$ der Wert

$$\overline{N} = \pi^2 - \left\{\sqrt{\frac{2}{1-\varkappa}} \operatorname{arctg} \frac{\sqrt{1-\varkappa^2}}{\varkappa}\right\}^2$$

einzusetzen, während für die Konstanten U_k und V_k die Beziehungen gelten:

Lastfall P_x $(k = x)$:

$$U_x = -\sqrt{\frac{2}{1-\varkappa}} \operatorname{arctg} \frac{\sqrt{1-\varkappa^2}}{\varkappa} P_x,$$

$$V_x = +\pi P_x.$$

Lastfall P_y $(k = y)$:

$$U_y = +\pi \lambda_x P_y,$$

$$V_y = -\sqrt{\frac{2}{1-\varkappa}} \operatorname{arctg} \frac{\sqrt{1-\varkappa^2}}{\varkappa} P_y.$$

7. Die Viertelscheibe mit einem Einzelmoment M_z (Abb. 13)

Für die Verschiebung u wird der folgende Ansatz

$$u(x, y) = U_A \left[\Re e\left(\frac{1}{{}^y z_1}\right) + \Re e\left(\frac{1}{{}^y z_2}\right)\right] + U_B \left[\Im m\left(\frac{1}{{}^y z_1}\right) + \Im m\left(\frac{1}{{}^y z_2}\right)\right] \tag{29}$$

gewählt. Wegen der Kopplung ist die Verschiebung v durch die Gln. (11.1 b), (11.2 b), (11.3 b), (11.4 b) festgelegt. Das Lösungssystem entspricht bereits den Randbedingungen

$$N_{xy}(x = 0, y) = N_{yx}(x, y = 0) = 0.$$

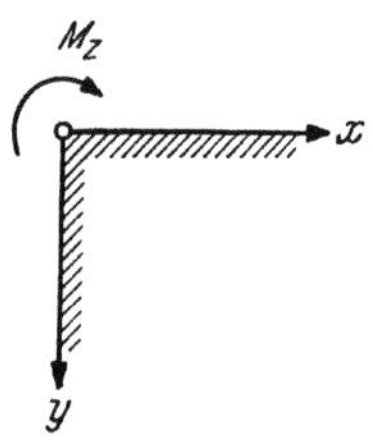

Abb. 13

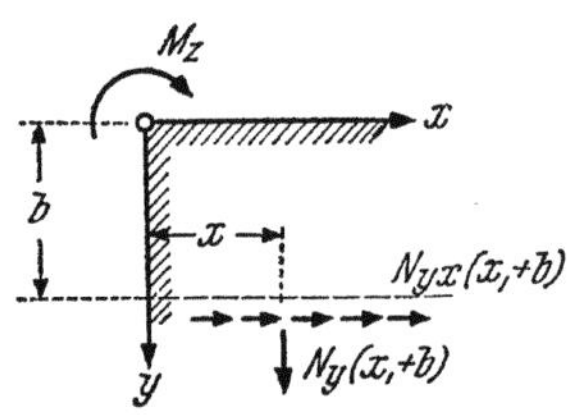

Abb. 14

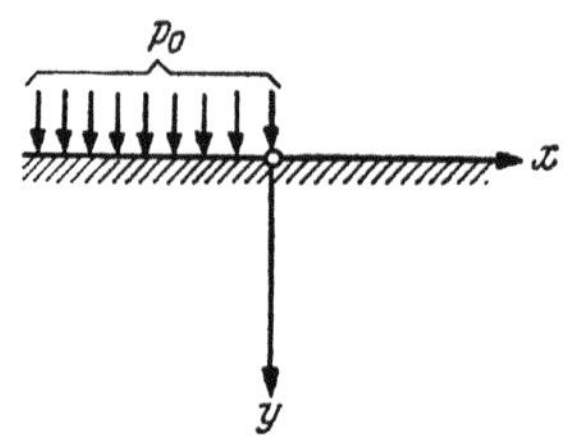

Abb. 15

Den beiden weiteren Randbedingungen wird durch das Verhältnis der Konstanten

$$\frac{U_1}{U_2} = -\frac{\sqrt{1-\varkappa^2}}{(\varkappa + \gamma)}$$

entsprochen, während aus der Gleichgewichtsbedingung (Abb. 14)

$$M_z + \int_0^\infty N_y(x, +b)\, x\, dx - \int_0^\infty N_{yx}(x, +b)\, b\, dx = 0$$

die endgültigen Werte der Konstanten bestimmt werden.

Es ergeben sich die folgenden Lösungen:

Verschiebungen:

$$u(x, y) = +2 \frac{\lambda_x^2}{a_{xx}(1-\gamma^2)} \frac{\sqrt{1-\varkappa^2}}{\operatorname{arctg} \frac{\sqrt{1-\varkappa^2}}{\varkappa}} \frac{x(x^2-\gamma \bar{y}^2)}{(x^4+2\varkappa x^2 \bar{y}^2+\bar{y}^4)} M_z, \tag{29 a}$$

$$v(x, y) = -2 \frac{\lambda_x^3}{a_{xx}(1-\gamma^2)} \frac{\sqrt{1-\varkappa^2}}{\operatorname{arctg} \frac{\sqrt{1-\varkappa^2}}{\varkappa}} \frac{\bar{y}(y^2-\gamma x^2)}{(x^4+2\varkappa x^2 \bar{y}^2+\bar{y}^4)} M_z. \tag{29 b}$$

Spannungen:

$$N_x(x, y) = +2 \lambda_x^2 \frac{\sqrt{1-\varkappa^2}}{\operatorname{arctg} \frac{\sqrt{1-\varkappa^2}}{\varkappa}} \frac{x^2(-x^4+2\varkappa x^2 \bar{y}^2+3\bar{y}^4)}{(x^4+2\varkappa x^2 \bar{y}^2+\bar{y}^4)^2}, \tag{29 c}$$

$$N_y(x, y) = +2 \frac{\sqrt{1-\varkappa^2}}{\operatorname{arctg} \frac{\sqrt{1-\varkappa^2}}{\varkappa}} \frac{\bar{y}^2(-3x^4-2\varkappa x^2 \bar{y}^2-\bar{y}^4)}{(x^4+2\varkappa x^2 \bar{y}^2+\bar{y}^4)^2}, \tag{29 d}$$

$$N_{xy}(x, y) = +4 \lambda_x \frac{\sqrt{1-\varkappa^2}}{\operatorname{arctg} \frac{\sqrt{1-\varkappa^2}}{\varkappa}} \frac{x\bar{y}(-x^4+\bar{y}^4)}{(x^4+2\varkappa x^2 \bar{y}^2+\bar{y}^4)^2}. \tag{29 e}$$

8. Die Halbscheibe mit halbseitiger, gleichmäßiger Randbelastung p_0 (Abb. 15)

Für die Lösung dieser Randwertaufgabe wird die im Abschnitt B, IV. 2, erwähnte Methode des Koeffizientenvergleiches herangezogen. Hierbei sind für die Verschiebungen u und v so viele linear unabhängige Lösungen der Gln. (5) anzusetzen, daß neben der Erfüllung der Rand- und Gleichgewichtsbedingungen zusätzlich auch noch der Koeffizientenvergleich entsprechend den Gln. (4) durchgeführt werden kann.

Im vorliegenden Fall werden für die Verschiebungen die Ansätze

$$u(x, y) = U_A \sum_{k=1}^{2} (-1)^{k+1} \Re\mathrm{e}\, [{}^y z_k \{\ln {}^y z_k - 1\}] +$$

$$+ U_B \sum_{k=1}^{2} (-1)^{k+1} \Im\mathrm{m}\, [{}^y z_k \{\ln {}^y z_k - 1\}], \tag{30 a}$$

$$v(x, y) = V_A \sum_{k=1}^{2} \Re\mathrm{e}\, [{}^y z_k \{\ln {}^y z_k - 1\}] + V_B \sum_{k=1}^{2} \Im\mathrm{m}\, [{}^y z_k \{\ln {}^y z_k - 1\}] \tag{30 b}$$

gewählt. Durch diese Auswahl wird die Randbedingung $N_y(x > 0, y = 0) = 0$ bereits erfüllt, während die vier Konstanten U_A, U_B, V_A und V_B aus den folgenden vier Bedingungsgleichungen zu ermitteln sind.

1. Randbedingung:

$$N_{yx}(x, y = 0) = 0.$$

2. Randbedingung:

$$N_y(x < 0, y = 0) + p_0 = 0.$$

3. Koeffizientenvergleich nach Gl. (4 a) oder (4 b).

(Jede dieser Gleichungen liefert beim Koeffizientenvergleich zwei Gleichungen für die Konstanten. Davon sind aber jeweils nur zwei Gleichungen linear unabhängig voneinander. Wird z. B. die Gl. (4 a) verwendet, so sind die Koeffizienten der Glieder mit $\bar{y}^3$ und $\bar{y}\,x^2$ zu vergleichen, während die Gl. (4 b) keine unabhängigen Bedingungsgleichungen mehr liefert.)

Die aus den Gleichungen erhaltenen Konstanten werden in die Gln. (30) eingesetzt, und es ergeben sich nachstehende Verschiebungen:

$$u(x, y) = -\frac{p_0}{\pi}\frac{\lambda_x^2}{a_{xx}(1-\gamma^2)}\left[\sqrt{\frac{1+\varkappa}{2}}\,\bar{y}\ln\sqrt{x^4+2\varkappa x^2\bar{y}^2+\bar{y}^4}+\right.$$
$$+\frac{(\varkappa+\gamma)}{\sqrt{2(1-\varkappa)}}\,\bar{y}\operatorname{arctg}\frac{\sqrt{1-\varkappa^2}\,\bar{y}^2}{x^2+\varkappa\bar{y}^2}-\sqrt{2(1+\varkappa)}\,\bar{y}+\frac{(1+\gamma)}{2}\sqrt{\frac{1+\varkappa}{1-\varkappa}}\,x\times$$
$$\left.\times\ln\sqrt{\frac{x^2+\sqrt{2(1-\varkappa)}\,x\bar{y}+\bar{y}^2}{x^2-\sqrt{2(1-\varkappa)}\,x\bar{y}+\bar{y}^2}}+\frac{(1-\gamma)}{2}\,x\operatorname{arctg}\frac{\sqrt{2(1+\varkappa)}\,x\bar{y}}{x^2-\bar{y}^2}\right], \tag{31 a}$$

$$v(x, y) = \frac{p_0}{\pi}\frac{\lambda_x^3}{a_{xx}(1-\gamma^2)}\left[\sqrt{\frac{1+\varkappa}{2}}\,x\ln\sqrt{x^4+2\varkappa x^2\bar{y}^2+\bar{y}^4}-\right.$$
$$-\frac{(\varkappa+\gamma)}{\sqrt{2(1-\varkappa)}}\,x\operatorname{arctg}\frac{\sqrt{1-\varkappa^2}\,\bar{y}^2}{x^2+\varkappa\bar{y}^2}-\sqrt{2(1+\varkappa)}\,x+\frac{(1+\gamma)}{2}\sqrt{\frac{1+\varkappa}{1-\varkappa}}\,\bar{y}\times$$
$$\left.\times\ln\sqrt{\frac{x^2+\sqrt{2(1-\varkappa)}\,x\bar{y}+\bar{y}^2}{x^2-\sqrt{2(1-\varkappa)}\,x\bar{y}+\bar{y}^2}}-\frac{(1-\gamma)}{2}\,\bar{y}\operatorname{arctg}\frac{\sqrt{2(1+\varkappa)}\,x\bar{y}}{x^2-\bar{y}^2}\right]. \tag{31 b}$$

Werden die Verschiebungen in die Gln. (2) eingesetzt, so stellen sich die Spannungen in der folgenden Form dar:

$$N_x(x, y) = -\frac{p_0}{2\pi}\lambda_x^2\left[\sqrt{\frac{1+\varkappa}{1-\varkappa}}\ln\sqrt{\frac{x^2+\sqrt{2(1-\varkappa)}\,x\bar{y}+\bar{y}^2}{x^2-\sqrt{2(1-\varkappa)}\,x\bar{y}+\bar{y}^2}}+\right.$$
$$\left.+\operatorname{arctg}\frac{\sqrt{2(1+\varkappa)}\,x\bar{y}}{x^2-\bar{y}^2}\right], \tag{31 c}$$

$$N_y(x, y) = +\frac{p_0}{2\pi}\left[\sqrt{\frac{1+\varkappa}{1-\varkappa}}\ln\sqrt{\frac{x^2+\sqrt{2(1-\varkappa)}\,x\bar{y}+\bar{y}^2}{x^2-\sqrt{2(1-\varkappa)}\,x\bar{y}+\bar{y}^2}}-\right.$$
$$\left.-\operatorname{arctg}\frac{\sqrt{2(1+\varkappa)}\,x\bar{y}}{x^2-\bar{y}^2}\right], \tag{31 d}$$

$$N_{xy}(x, y) = -\frac{p_0}{\pi}\frac{\lambda_x}{\sqrt{2(1-\varkappa)}}\operatorname{arctg}\frac{\sqrt{1-\varkappa^2}\,\bar{y}^2}{x^2+\varkappa\,\bar{y}^2}. \tag{31 e}$$

Es ist interessant festzustellen, daß die Spannungen N_x und N_y längs des Randes $(x, y = 0)$ gleiche Werte aufweisen.

9. Die Halbscheibe mit halbseitiger, gleichmäßiger Randschubbelastung q_0 (Abb. 16)

Auch diese Aufgabe soll mit Hilfe der Methode des Koeffizientenvergleiches gelöst werden. Ein geeigneter Ansatz lautet:

$$u(x, y) = U_A \sum_{k=1}^{2} \Re\mathfrak{e}\,[{}^y z_k \{\ln {}^y z_k - 1\}] + U_B \sum_{k=1}^{2} \Im\mathfrak{m}\,[{}^y z_k \{\ln {}^y z_k - 1\}], \tag{32 a}$$

$$v(x, y) = V_A \sum_{k=1}^{2} (-1)^{k+1}\, \Re\mathfrak{e}\,[{}^y z_k \{\ln {}^y z_k - 1\}] +$$

$$+ V_B \sum_{k=1}^{2} (-1)^{k+1}\, \Im\mathfrak{m}\,[{}^y z_k \{\ln {}^y z_k - 1\}]. \tag{32 b}$$

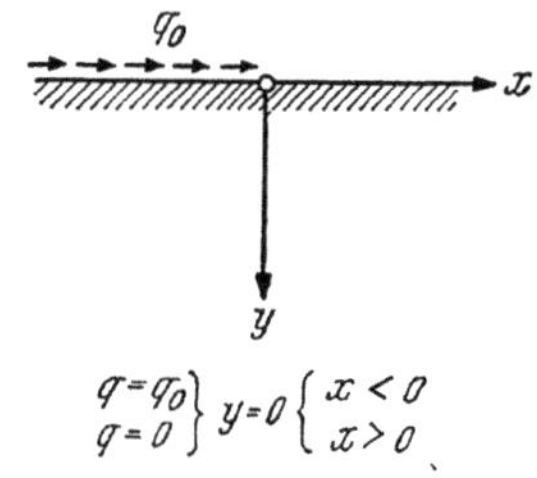

Abb. 16

Während die Randbedingung $N_{xy}(x > 0, y = 0) = 0$ durch das gewählte Lösungssystem der Verschiebungen bereits befriedigt wird, stehen die vier nachstehenden Gleichungen für die Ermittlung der Konstanten zur Verfügung:

1. Randbedingung:

$$N_{xy}(x < 0, y = 0) + q_0 = 0.$$

2. Randbedingung:

$$N_y(x, y = 0) = 0.$$

3. Koeffizientenvergleich nach Gl. (4 a) oder (4 b).

(Bei Verwendung der Gl. (4 a) erfolgt der Koeffizientenvergleich für die Potenzen x^3 und $x\,\bar{y}^2$.)

Nach erfolgter Konstantenbestimmung lauten die Verschiebungen:

$$u(x, y) = \frac{q_0}{\pi}\frac{\lambda_x}{a_{xx}(1-\gamma^2)}\Bigg[\sqrt{\frac{1+\varkappa}{2}}\,x \ln \sqrt{x^4 + 2\varkappa\, x^2 \bar{y}^2 + \bar{y}^4} +$$

$$+ \frac{(\varkappa+\gamma)}{\sqrt{2(1-\varkappa)}}\,x \operatorname{arctg}\frac{\sqrt{1-\varkappa^2}\,\bar{y}^2}{x^2+\varkappa\,\bar{y}^2} - \sqrt{2(1+\varkappa)}\,x + \frac{(1-2\varkappa-\gamma)}{2}\sqrt{\frac{1+\varkappa}{1-\varkappa}} \times$$

$$\times\, \bar{y} \ln \sqrt{\frac{x^2 + \sqrt{2(1-\varkappa)}\,x\,\bar{y} + \bar{y}^2}{x^2 - \sqrt{2(1-\varkappa)}\,x\,\bar{y} + \bar{y}^2}} - \frac{(1+2\varkappa+\gamma)}{2}\,\bar{y} \operatorname{arctg}\frac{\sqrt{2(1+\varkappa)}\,x\,\bar{y}}{x^2-\bar{y}^2}\Bigg], \tag{33 a}$$

$$v(x, y) = -\frac{q_0}{\pi}\frac{\lambda_x^2}{a_{xx}(1-\gamma^2)}\left[\sqrt{\frac{1+\varkappa}{2}}\,\gamma\,\bar{y}\ln\sqrt{x^4+2\varkappa x^2\bar{y}^2+\bar{y}^4}+\right.$$

$$+\frac{(1+\varkappa\gamma)}{\sqrt{2(1-\varkappa)}}\,\bar{y}\operatorname{arctg}\frac{\sqrt{1-\varkappa^2}\,\bar{y}^2}{x^2+\varkappa\bar{y}^2}-\sqrt{2(1+\varkappa)}\,\gamma\,\bar{y}+\frac{(1+\gamma)}{2}\sqrt{\frac{1+\varkappa}{1-\varkappa}}\,x\times$$

$$\left.\times\ln\sqrt{\frac{x^2+\sqrt{2(1-\varkappa)}\,x\bar{y}+\bar{y}^2}{x^2-\sqrt{2(1-\varkappa)}\,x\bar{y}+\bar{y}^2}}-\frac{(1-\gamma)}{2}\,x\operatorname{arctg}\frac{\sqrt{2(1+\varkappa)}\,x\bar{y}}{x^2-\bar{y}^2}\right]. \qquad (33\,\text{b})$$

Werden die Gln. (33 a) und (33 b) in die Gln. (2) eingesetzt, so ergeben sich die Spannungen:

$$N_x(x, y) = +\frac{q_0}{\pi}\lambda_x\left[\sqrt{\frac{1+\varkappa}{2}}\ln\sqrt{x^4+2\varkappa x^2\bar{y}^2+\bar{y}^4}+\right.$$

$$\left.+\frac{\varkappa}{\sqrt{2(1-\varkappa)}}\operatorname{arctg}\frac{\sqrt{1-\varkappa^2}\,\bar{y}^2}{x^2+\varkappa\bar{y}^2}\right], \qquad (33\,\text{c})$$

$$N_y(x, y) = -\frac{q_0}{\pi}\frac{1}{\lambda_x}\frac{1}{\sqrt{2(1-\varkappa)}}\operatorname{arctg}\frac{\sqrt{1-\varkappa^2}\,\bar{y}^2}{x^2+\varkappa\bar{y}^2}, \qquad (33\,\text{d})$$

$$N_{xy}(x, y) = -\frac{q_0}{2\pi}\left[\sqrt{\frac{1+\varkappa}{1-\varkappa}}\ln\sqrt{\frac{x^2+\sqrt{2(1-\varkappa)}\,x\bar{y}+\bar{y}^2}{x^2-\sqrt{2(1-\varkappa)}\,x\bar{y}+\bar{y}^2}}+\right.$$

$$\left.+\operatorname{arctg}\frac{\sqrt{2(1+\varkappa)}\,x\bar{y}}{x^2-\bar{y}^2}\right]. \qquad (33\,\text{e})$$

10. Die Viertelscheibe mit gleichmäßiger Randbelastung p_0 (Abb. 17)

Diese Randwertaufgabe kann durch den einfachen Ansatz

$$u(x, y) = U\,x \qquad (34\,\text{a})$$

und

$$v(x, y) = V\,y \qquad (34\,\text{b})$$

gelöst werden, wobei die Randbedingungen

$$N_{xy}(x, y=0) = N_{yx}(x=0, y) = 0$$

bereits wegen $N_{xy}(x, y) \equiv 0$ erfüllt werden. Die Konstanten U und V ergeben sich aus den Randbedingungen

$$N_y(x, y=0) + p_0 = 0 \quad \text{und} \quad N_x(x=0, y) = 0.$$

Es ergibt sich folgendes Lösungssystem:

$$u(x, y) = p_0\frac{\lambda_x^2}{a_{xx}(1-\gamma^2)}\,\gamma\,x, \qquad (35\,\text{a})$$

$$v(x, y) = -p_0\frac{\lambda_x^3}{a_{xx}(1-\gamma^2)}\,\bar{y}, \qquad (35\,\text{b})$$

$$N_x(x, y) \equiv 0, \qquad (35\,\text{c})$$

$$N_y(x, y) = -p_0, \qquad (35\,\text{d})$$

$$N_{xy}(x, y) \equiv 0. \qquad (35\,\text{e})$$

11. Die Viertelscheibe mit gleichmäßiger Randschubbelastung q_0 (Abb. 18)

Aus dem Lastfall „Halbscheibe mit halbseitiger, gleichmäßiger Randbelastung p_0" (Abb. 15) kann durch Superposition die Lösung dieser Randwertaufgabe entwickelt werden. Durch den Ansatz

$$u(x, y) = U\,x, \tag{36 a}$$

$$v(x, y) = V\,y \tag{36 b}$$

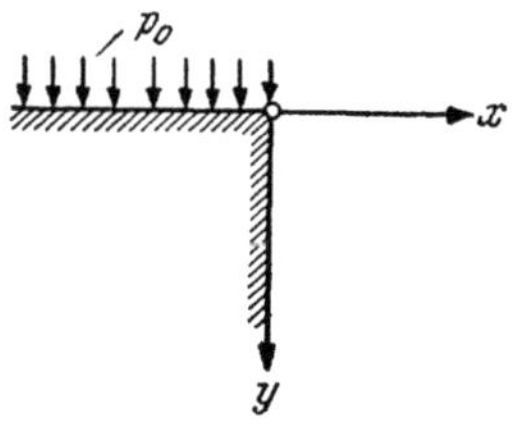

Abb. 17

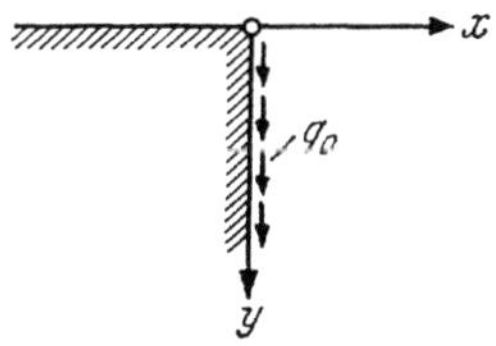

Abb. 18

können die sich aus den Gln. (31 c), (31 d) ergebenden Randbelastungen (mit $p_0 = 1$)

$$N_x(x = 0, y) = -\frac{\lambda_x^2}{2},$$

$$N_y(x < 0, y = 0) = -1$$

beseitigt werden. Wird dieser Ausgleich durchgeführt, so verbleibt am Rande $(x = 0, y)$ nur noch die Schubspannung [mit $p_0 = 1$ aus Gl. (31 e)]

$$N_{xy}(x = 0, y) = -\frac{1}{\pi}\,\frac{\lambda_x}{\sqrt{2\,(1-\varkappa)}}\,\operatorname{arctg}\frac{\sqrt{1-\varkappa^2}}{\varkappa}.$$

Alle Gleichungen werden daher noch mit der Konstanten

$$C = -\pi\,\frac{q_0}{\lambda_x}\,\frac{\sqrt{2\,(1-\varkappa)}}{\operatorname{arctg}\dfrac{\sqrt{1-\varkappa^2}}{\varkappa}}$$

multipliziert, und es ergeben sich dann die endgültigen Lösungen der vorgelegten Randwertaufgabe.

Verschiebungen:

$$u(x, y) = +\,q_0\,\frac{\lambda_x}{a_{x\,x}\,(1-\gamma^2)}\,\frac{\sqrt{2\,(1-\varkappa)}}{\operatorname{arctg}\dfrac{\sqrt{1-\varkappa^2}}{\varkappa}}\Bigg[-\frac{(1-2\,\gamma)}{2}\,\pi\,x\,+$$

$$+\sqrt{\frac{1+\varkappa}{2}}\,\bar{y}\ln\sqrt{x^4+2\,\varkappa\,x^2\,\bar{y}^2+\bar{y}^4}+\frac{(\varkappa+\gamma)}{\sqrt{2\,(1-\varkappa)}}\,\bar{y}\operatorname{arctg}\frac{\sqrt{1-\varkappa^2}\,\bar{y}^2}{x^2+\varkappa\,\bar{y}^2}\,-$$

$$-\sqrt{2\,(1+\varkappa)}\,\bar{y}+\frac{(1+\gamma)}{2}\sqrt{\frac{1+\varkappa}{1-\varkappa}}\,x\ln\sqrt{\frac{x^2+\sqrt{2\,(1-\varkappa)}\,x\,\bar{y}+\bar{y}^2}{x^2-\sqrt{2\,(1-\varkappa)}\,x\,\bar{y}+\bar{y}^2}}\,+$$

$$+\,\frac{(1-\gamma)}{2}\,x\operatorname{arctg}\frac{\sqrt{2\,(1+\varkappa)}\,x\,\bar{y}}{x^2-\bar{y}^2}\Bigg], \tag{37 a}$$

$$v(x, y) = -q_0 \frac{\lambda_x^2}{a_{xx}(1-\gamma^2)} \frac{\sqrt{2(1-\varkappa)}}{\operatorname{arctg}\frac{\sqrt{1-\varkappa^2}}{\varkappa}} \left[\frac{(2-\gamma)}{2}\pi\bar{y} + \right.$$

$$+\sqrt{\frac{1+\varkappa}{2}}\, x \ln\sqrt{x^4 + 2\varkappa x^2 \bar{y}^2 + \bar{y}^4} - \frac{(\varkappa+\gamma)}{\sqrt{2(1-\varkappa)}}\, x \operatorname{arctg}\frac{\sqrt{1-\varkappa^2}\,\bar{y}^2}{x^2+\varkappa\bar{y}^2} -$$

$$-\sqrt{2(1+\varkappa)}\, x + \frac{(1+\gamma)}{2}\sqrt{\frac{1+\varkappa}{1-\varkappa}}\,\bar{y}\ln\sqrt{\frac{x^2+\sqrt{2(1-\varkappa)}\,x\bar{y}+\bar{y}^2}{x^2-\sqrt{2(1-\varkappa)}\,x\bar{y}+\bar{y}^2}} -$$

$$\left. -\frac{(1-\gamma)}{2}\,\bar{y}\operatorname{arctg}\frac{\sqrt{2(1+\varkappa)}\,x\bar{y}}{x^2-\bar{y}^2}\right]. \tag{37b}$$

Spannungen:

$$N_x(x, y) = q_0 \frac{\lambda_x}{2} \frac{\sqrt{2(1-\varkappa)}}{\operatorname{arctg}\frac{\sqrt{1-\varkappa^2}}{\varkappa}} \left[-\pi + \right.$$

$$\left. + \sqrt{\frac{1+\varkappa}{1-\varkappa}} \ln\sqrt{\frac{x^2+\sqrt{2(1-\varkappa)}\,x\bar{y}+\bar{y}^2}{x^2-\sqrt{2(1-\varkappa)}\,x\bar{y}+\bar{y}^2}} + \operatorname{arctg}\frac{\sqrt{2(1+\varkappa)}\,x\bar{y}}{x^2-\bar{y}^2}\right], \tag{37 c}$$

$$N_y(x, y) = -\frac{q_0}{2\lambda_x} \frac{\sqrt{2(1-\varkappa)}}{\operatorname{arctg}\frac{\sqrt{1-\varkappa^2}}{\varkappa}} \left[2\pi + \right.$$

$$\left. + \sqrt{\frac{1+\varkappa}{1-\varkappa}} \ln\sqrt{\frac{x^2+\sqrt{2(1-\varkappa)}\,x\bar{y}+\bar{y}^2}{x^2-\sqrt{2(1-\varkappa)}\,x\bar{y}+\bar{y}^2}} - \operatorname{arctg}\frac{\sqrt{2(1+\varkappa)}\,x\bar{y}}{x^2-\bar{y}^2}\right], \tag{37 d}$$

$$N_{xy}(x, y) = q_0 \frac{1}{\operatorname{arctg}\frac{\sqrt{1-\varkappa^2}}{\varkappa}} \operatorname{arctg}\frac{\sqrt{1-\varkappa^2}\,\bar{y}^2}{x^2+\varkappa\bar{y}^2}. \tag{37 e}$$

III. Reguläre Lösungen der Differentialgleichungen

Die im Abschnitt C, II entwickelten Singularitäten erfüllen die vorgeschriebenen Randbedingungen einer endlichen Rechteckscheibe nicht (klassische Singularitäten) oder nur teilweise (modifizierte Singularitäten). Es muß daher noch eine reguläre Lösung hinzugefügt werden, die in Verbindung mit den Randwerten der singulären Integrale den geforderten Randbedingungen genügt. Diese regulären Funktionen müssen sowohl die simultanen Differentialgleichungen (4) als auch die entkoppelten Differentialgleichungen (5) erfüllen.

Zweckmäßigerweise werden Reihenansätze für die Erfüllung der Randbedingungen herangezogen. Der reguläre Anteil einer Verschiebung $(u_0(x, y), v_0(x, y))$, Dehnung $(\varepsilon_{x0}, \varepsilon_{y0})$, Gleitung $(\gamma_{xy,0})$ oder Spannung $(N_{x,0}, N_{y,0}, N_{xy,0})$ wird also allgemein als Summe

$$G_0(x, y) = \sum_{i=0}^{\infty} c_i\, P_i(x, y) \tag{38}$$

dargestellt. Unter Berücksichtigung der baustatischen Genauigkeit wird es genügen, eine endliche Anzahl von Reihengliedern für die Summe [Gl. (38)] anzusetzen. Die Konstanten c_i werden aus den Randbedingungen bestimmt. Die Formulierung der Randbedingungen kann aus dem bekannten Schrifttum [9] entnommen werden. Für die Reihenglieder $P_i(x, y)$ werden Polynome gewählt, die in diesem Abschnitt entwickelt werden.

Für die praktische Berechnung ist es zweckmäßig, dimensionslose Koordinaten einzuführen, wie dies in den Arbeiten [6], [7], [8] erfolgt ist. Eine geeignete Transformation ergibt sich mit den folgenden Substitutionen:

$$\xi = \frac{x}{l} \quad \text{und} \quad \eta = \frac{\lambda_x y}{l} = \frac{\bar{y}}{l}. \tag{39}$$

In Gl. (39) bedeutet l eine frei wählbare Längeneinheit.

In der vorliegenden Arbeit wird auf die Durchführung der Transformation verzichtet, da sie ohne Einfluß auf die weiteren Entwicklungen ist.

1. Die quasi-biharmonischen Polynome für das Verschiebungsfeld

Quasi-biharmonische Polynome, die die Differentialgleichungen (5) erfüllen, wurden in den Arbeiten [6], [7] abgeleitet und mit Erfolg bei der Aufstellung von Einflußflächen [8] für orthotrope Platten verwendet. Werden diese Polynome für die Verschiebungen u und v angesetzt, so erfüllen sie selbstverständlich die simultanen Differentialgleichungen (4) nicht. Es ist also erforderlich, ein System für die Verschiebungen aufzubauen, das diesen Bedingungen Rechnung trägt.

Als Grundlage dient die Reihenentwicklung für die quasi-biharmonischen Polynome, wie sie von Krug [7] dargestellt wird. Diese Reihe lautet:

$$P_{\sigma, n} = \sum_{2\varrho + \sigma \geqq 0}^{2\varrho + \sigma \leqq n} \binom{n}{2\varrho + \sigma} U_\varrho(\varkappa)\, x^{n-(2\varrho+\sigma)}\, \bar{y}^{2\varrho+\sigma}. \tag{40}$$

Die Summe der Exponenten ist stets n und kennzeichnet die Ordnung des Polynomes. $\binom{n}{2\varrho + \sigma}$ sind die Binomialkoeffizienten, während σ den Wert 0 oder 1 annehmen kann, so daß in jeder Ordnung n zwei unabhängige Polynome existieren. Die Funktionen $U_\varrho(\varkappa)$ müssen der linearen Differenzengleichung zweiter Ordnung mit konstanten Koeffizienten

$$U_{\varrho+1} + 2\varkappa U_\varrho + U_{\varrho-1} = 0 \tag{41}$$

genügen. Die Lösung dieser Gleichung lautet [10]:

$$U_\varrho = C_1 \alpha^\varrho + C_2 \alpha^{-\varrho}. \tag{42 a}$$

α ergibt sich aus der charakteristischen Gleichung zu

$$\alpha = -\varkappa + \sqrt{\varkappa^2 - 1},$$

während die beiden Konstanten C_1 und C_2 aus den Anfangsbedingungen für $U_\varrho(\varkappa)$ zu bestimmen sind. Werden als Anfangsbedingungen für $U_\varrho(\varkappa)$ die Werte

$$U_0(\varkappa) = 0 \qquad \text{und} \qquad U_1(\varkappa) = 1 \tag{42 b}$$

gewählt, so lautet die Lösung (42 a) nach erfolgter Konstantenbestimmung:

$$U_\varrho(\varkappa) = \frac{1}{\alpha^2 - 1}\left[\frac{\alpha^{2\varrho} - 1}{\alpha^\varrho - 1}\right], \tag{42 c}$$

die mit der in der Arbeit [7] angegebenen Reihenentwicklung übereinstimmt. Die Lösung (42 c) ist aber allgemeiner, da die Gleichung auch für negative ganzzahlige ϱ-Werte gültig ist. Diese mögliche Wertzuweisung ist für den Aufbau des gesuchten Verschiebungsfeldes erforderlich. Es ergeben sich z. B. folgende Funktionen:

$$\left.\begin{aligned} U_{-2}(\varkappa) &= +2\varkappa, \\ U_{-1}(\varkappa) &= -1, \\ U_0(\varkappa) &= 0, \\ U_1(\varkappa) &= +1, \\ U_2(\varkappa) &= -2\varkappa, \\ U_3(\varkappa) &= 4\varkappa^2 - 1. \end{aligned}\right\} \tag{42 d}$$

Durch eine andere Wahl der Anfangsbedingungen für $U_\varrho(\varkappa)$ [Gl. (42 b)] ergeben sich entsprechende Funktionsfolgen. Es sei an dieser Stelle darauf hingewiesen, daß TÖPFER im Verlauf der Programmierungsarbeiten für das erwähnte Tafelwerk [8] eingehende Untersuchungen über die quasi-biharmonischen Polynome durchgeführt hat.

Für die Entwicklungen in dieser Arbeit sollen jedoch die Polynome in der Form weiter verwendet werden, wie sie durch die Gl. (40) und Gl. (42 c) festgelegt sind.

Der Aufbau des Verschiebungsfeldes erfolgt nun dergestalt, daß für eine Verschiebung, die frei gewählt werden kann, die quasi-biharmonischen Polynome [Gl. (40)] angesetzt werden, während für die andere Verschiebung, die auf Grund der Gln. (4) an die frei gewählte Verschiebung gebunden ist, eine lineare Superposition dieser Polynome gewählt wird. Die Ansätze erfüllen somit von vornherein die Gln. (5). Die noch freien Konstanten der Linearkombination sind dann durch Koeffizientenvergleich aus den Gln. (4) zu bestimmen. Im vorliegenden Fall wird nur u als unabhängige Verschiebung eingeführt. Diese Auswahl bedeutet keine Einschränkung, da durch einfachen Austausch die entsprechenden Folgen für die Verschiebung v erhalten werden, wie weiter unten dargelegt wird.

Da durch Vertauschen der Koordinaten von x und $\bar{y}$ in der Gl. (40) ebenfalls ein quasi-biharmonisches Polynom entsteht, so ergeben sich zwei Folgen von Verschiebungssystemen, wenn u als unabhängige Größe gewählt wird. Ähnliche Systeme können abgeleitet werden, wenn die Verschiebung v als unabhängige Variable verwendet wird, so daß insgesamt vier Folgen zur Verfügung stehen.

1.1. *u-Folge I*

Wird die Entwicklung [Gl. (40)] für die Verschiebung u zugrunde gelegt, so ergibt sich das folgende Verschiebungsfeld ($n \geqq 2$ für $\sigma = 0$ und $n \geqq 3$ für $\sigma = 1$):

$$u_{\sigma,n}(x, y) = \sum_{2\varrho+\sigma \geqq 0}^{2\varrho+\sigma \leqq 0} \binom{n}{2\varrho + \sigma} U_\varrho(\varkappa)\, x^{n-(2\varrho+\sigma)}\, \bar{y}^{2\varrho+\sigma}, \tag{43 a}$$

$$v_{\sigma,n}(x, y) = -\frac{\lambda_x}{(1 + 2\varkappa\gamma + \gamma^2)} \Bigg[2(\varkappa + \gamma) \sum_{2\varrho+\sigma+1 \geqq 0}^{2\varrho+\sigma+1 \leqq n} \binom{n}{2\varrho + \sigma + 1} \times$$

$$\times\, U_\varrho(\varkappa)\, x^{n-1-(2\varrho+\sigma)}\, \bar{y}^{2\varrho+\sigma+1} +$$

$$+ (1 - \gamma^2) \sum_{2\varrho+\sigma-1 \geqq 0}^{2\varrho+\sigma-1 \leqq 0} \binom{n}{2\varrho + \sigma + 1} U_\varrho(\varkappa)\, x^{n+1-(2\varrho+\sigma)}\, \bar{y}^{2\varrho+\sigma-1} \Bigg]. \tag{43 b}$$

Dieses System erfüllt die partiellen Differentialgleichungen [Gln. (4) und Gln. (5)]. Auf den Beweis, der durch Einsetzen dieser Reihenentwicklungen in die diesbezüglichen Gleichungen geführt werden kann, muß in dieser Arbeit verzichtet werden. Es ist von Interesse, noch einmal darauf hinzuweisen, daß die beiden Polynome in der rechteckigen Klammer [Gl. (43 b)] quasi-biharmonische Polynome sind, die beide für sich allein die Gln. (5) erfüllen. Erwähnenswert ist auch die Tatsache, daß beim ersten Polynom der Gl. (43 b) für $\sigma = 1$ die Entwicklung bereits mit $\varrho = -1$ beginnt. Für die praktische Durchführung sei noch der Hinweis gegeben, daß die Reihenglieder für $\varrho = 0$ wegen der gewählten Anfangsbedingungen für $U_\varrho(\varkappa)$ [$U_0(\varkappa) = 0$] [Gl. (42 b)] immer identisch Null sind.

Für die Ordnungen 2 bis 5 werden die Polynome der Verschiebungen u und v als Beispiele angegeben.

$n = 2;\ \sigma = 0$:

$$\left.\begin{aligned} u_{0,2}(x, y) &= \bar{y}^2, \\ v_{0,2}(x, y) &= -\frac{2\lambda_x}{(1 + 2\varkappa\gamma + \gamma^2)} (1 - \gamma^2)\, x\, \bar{y}. \end{aligned}\right\} \tag{44.1}$$

$n = 3;\ \sigma = 0$:

$$\left.\begin{aligned} u_{0,3} &= 3\, x\, \bar{y}^2, \\ v_{0,3} &= -\frac{\lambda_x}{(1 + 2\varkappa\gamma + \gamma^2)} [3(1 - \gamma^2)\, x^2\, \bar{y} + 2\gamma(1 + \varkappa\gamma)\, \bar{y}^3]. \end{aligned}\right\} \tag{44.2}$$

$n = 3;\ \sigma = 1$:

$$\left.\begin{aligned} u_{1,3} &= \bar{y}^3, \\ v_{1,3} &= +\frac{\lambda_x}{(1 + 2\varkappa\gamma + \gamma^2)} [2(\varkappa + \gamma)\, x^3 - 3(1 - \gamma^2)\, x\, \bar{y}^2]. \end{aligned}\right\} \tag{44.3}$$

$n = 4;\ \sigma = 0$:

$$\left.\begin{aligned} u_{0,4} &= 6\,x^2\,\bar{y}^2 - 2\,\varkappa\,\bar{y}^4,\\ v_{0,4} &= -\frac{4\,\lambda_x}{(1 + 2\,\varkappa\,\gamma + \gamma^2)}\,[(1 - \gamma^2)\,x^3\,\bar{y} + 2\,\gamma\,(1 + \varkappa\,\gamma)\,x\,\bar{y}^3]. \end{aligned}\right\} \quad (44.4)$$

$n = 4;\ \sigma = 1$:

$$\left.\begin{aligned} u_{1,4} &= 4\,x\,\bar{y}^3,\\ v_{1,4} &= +\frac{2\,\lambda_x}{(1 + 2\,\varkappa\,\gamma + \gamma^2)}\,[(\varkappa + \gamma)\,x^4 - 3\,(1 - \gamma^2)\,x^2\,\bar{y}^2 -\\ &\quad - \gamma\,(1 + \varkappa\gamma)\,\bar{y}^4]. \end{aligned}\right\} \quad (44.5)$$

$n = 5;\ \sigma = 0$:

$$\left.\begin{aligned} u_{0,5} &= 10\,x^3\,\bar{y}^2 - 10\,\varkappa\,x\,\bar{y}^4,\\ v_{0,5} &= -\frac{\lambda_x}{(1 + 2\,\varkappa\,\gamma + \gamma^2)}\,[5\,(1 - \gamma^2)\,x^4\,\bar{y} + 20\,\gamma\,(1 + \varkappa\,\gamma)\,x^2\,\bar{y}^3 -\\ &\quad - (1 - \gamma^2 + 4\,\varkappa\,\gamma\,(1 + \varkappa\,\gamma))\,\bar{y}^5]. \end{aligned}\right\} \quad (44.6)$$

$n = 5;\ \sigma = 1$:

$$\left.\begin{aligned} u_{1,5} &= 10\,x^2\,\bar{y}^3 - 2\,\varkappa\,\bar{y}^5,\\ v_{1,5} &= +\frac{2\,\lambda_x}{(1 + 2\,\varkappa\,\gamma + \gamma^2)}\,[(\varkappa + \gamma)\,x^5 - 5\,(1 - \gamma^2)\,x^3\,\bar{y}^2 -\\ &\quad - 5\,\gamma\,(1 + \varkappa\gamma)\,x\,\bar{y}^4]. \end{aligned}\right\} \quad (44.7)$$

Aus dem Aufbau der Polynome wird ersichtlich, daß die Symmetrie- bzw. Antimetrieachsen der Verschiebung $u(x, y)$ zu Antimetrie- bzw. Symmetrieachsen der Verschiebung $v(x, y)$ werden. Soll in den Verschiebungen keine Achse ausgezeichnet werden, so sind die Polynome zusätzlich zu verwenden, die sich ergeben, wenn die Verschiebung $v(x, y)$ als Unabhängige gewählt wird (s. Abschnitt C, II, 6). Diese Polynome folgen aus den Gln. (43) durch Vertauschen von u und v. Dabei ist darauf zu achten, daß in Gl. (43 b) auch noch der Wert λ_x durch λ_y ersetzt wird (v-Folge I).

Abschließend muß noch zur Folge I festgestellt werden, daß die Polynome $u_{1,2}$ und $v_{1,2}$ nicht aus den Gln. (43) entwickelt werden können. Um die Folge zu vervollständigen, werden diese Polynome nachstehend angegeben.

$n = 2;\ \sigma = 1$:

$$\left.\begin{aligned} u_{1,2} &= 2\,x\,\bar{y},\\ v_{1,2} &= -\frac{\lambda_x}{(1 + 2\,\varkappa\,\gamma + \gamma^2)}\,[(1 - 2\,\varkappa - 2\,\gamma - \gamma^2)\,x^2 +\\ &\quad + (1 + 2\,\varkappa\,\gamma^2 + 2\,\gamma - \gamma^2)\,\bar{y}^2]. \end{aligned}\right\} \quad (44.8)$$

1.2. *u-Folge II*

Die Folge II entsteht durch das Vertauschen von x und $\bar{y}$ in der Gl. (40) und durch den Ansatz der entstehenden Polynome für die Verschiebung

$u(x, y)$. Es ergeben sich für dieses System folgende allgemeine Entwicklungen ($n \geqq 2$ für $\sigma = 0$ und $n \geqq 3$ für $\sigma = 1$):

$$u_{n,\sigma}(x, y) = \sum_{2\varrho+\sigma \geqq 0}^{2\varrho+\sigma \leqq n} \binom{n}{2\varrho+\sigma} U_\varrho(\varkappa)\, x^{2\varrho+\sigma}\, \bar{y}^{n-(2\varrho+\sigma)}, \tag{45 a}$$

$$\begin{aligned} v_{n,\sigma}(x, y) = -\frac{\lambda_x}{(1+2\varkappa\gamma+\gamma^2)} \Bigg[& 2(\varkappa+\gamma) \sum_{2\varrho+\sigma-1 \geqq 0}^{2\varrho+\sigma-1 \leqq n} \binom{n}{2\varrho+\sigma-1} \times \\ & \times U_\varrho(\varkappa)\, x^{2\varrho+\sigma-1}\, \bar{y}^{n+1-(2\varrho+\sigma)} + \\ & + (1-\gamma^2) \sum_{2\varrho+\sigma+1 \geqq 0}^{2\varrho+\sigma+1 \leqq n} \binom{n}{2\varrho+\sigma+1} U_\varrho(\varkappa)\, x^{2\varrho+\sigma+1}\, \bar{y}^{n-1-(2\varrho+\sigma)} \Bigg]. \end{aligned} \tag{45 b}$$

Auch für diese Folge sollen die ersten Polynome mitgeteilt werden. Erwartungsgemäß werden die Polynome für die Verschiebung $u_{n,\sigma}$ durch Vertauschen von x und $\bar{y}$ aus den Verschiebungen $u_{\sigma,n}$ hervorgehen, während auf Grund der Gln. (4) dieser Austausch bei der Verschiebung $v_{n,\sigma}$ nicht möglich ist, wie dies auch aus einem Vergleich der allgemeinen Gln. (43) und (45) ersichtlich wird.

$n = 2;\ \sigma = 0$:

$$\left. \begin{aligned} u_{2,0}(x, y) &= x^2, \\ v_{2,0}(x, y) &= -\frac{4\lambda_x}{(1+2\varkappa\gamma+\gamma^2)} (\varkappa+\gamma)\, x\, \bar{y}. \end{aligned} \right\} \tag{46.1}$$

$n = 3;\ \sigma = 0$:

$$\left. \begin{aligned} u_{3,0} &= 3x^2\bar{y}, \\ v_{3,0} &= -\frac{\lambda_x}{(1+2\varkappa\gamma+\gamma^2)} [6(\varkappa+\gamma)\, x\bar{y}^2 + (1-\gamma^2-4\varkappa(\varkappa+\gamma))\, x^3]. \end{aligned} \right\} \tag{46.2}$$

$n = 3;\ \sigma = 1$:

$$\left. \begin{aligned} u_{3,1} &= x^3, \\ v_{3,1} &= -\frac{\lambda_x}{(1+2\varkappa\gamma+\gamma^2)} [6(\varkappa+\gamma)\, x^2\bar{y} - (1-\gamma^2)\, \bar{y}^3]. \end{aligned} \right\} \tag{46.3}$$

$n = 4;\ \sigma = 0$:

$$\left. \begin{aligned} u_{4,0} &= 6x^2\bar{y}^2 - 2\varkappa x^4, \\ v_{4,0} &= -\frac{4\lambda_x}{(1+2\varkappa\gamma+\gamma^2)} [2(\varkappa+\gamma)\, x\bar{y}^3 + \\ &\quad + (1-\gamma^2-4\varkappa(\varkappa+\gamma))\, x^3\bar{y}]. \end{aligned} \right\} \tag{46.4}$$

$n = 4;\ \sigma = 1$:

$$\left. \begin{aligned} u_{4,1} &= 4x^3\bar{y}, \\ v_{4,1} &= +\frac{\lambda_x}{(1+2\varkappa\gamma+\gamma^2)} [(1-\gamma^2)\,\bar{y}^4 - 12(\varkappa+\gamma)\, x^2\bar{y}^2 - \\ &\quad - (1-\gamma^2-4\varkappa(\varkappa+\gamma))\, x^4]. \end{aligned} \right\} \tag{46.5}$$

$n = 5;\ \sigma = 0$:

$$\left.\begin{aligned} u_{5,0} &= 10\,x^2\,\bar{y}^3 - 10\,\varkappa\,x^4\,\bar{y},\\ v_{5,0} &= -\frac{2\,\lambda_x}{(1+2\,\varkappa\,\gamma+\gamma^2)}\,[5\,(\varkappa+\gamma)\,x\,\bar{y}^4 + 5\,(1-\gamma^2 -\\ &- 4\,\varkappa\,(\varkappa+\gamma))\,x^3\,\bar{y}^2 - (\varkappa+\gamma+\varkappa\,(1-\gamma^2) - 4\,\varkappa^2\,(\varkappa+\gamma))\,x^5]. \end{aligned}\right\}\quad(46.6)$$

$n = 5;\ \sigma = 1$:

$$\left.\begin{aligned} u_{5,1} &= 10\,x^3\,\bar{y}^2 - 2\,\varkappa\,x^5,\\ v_{5,1} &= +\frac{\lambda_x}{(1+2\,\varkappa\,\gamma+\gamma^2)}\,[(1-\gamma^2)\,\bar{y}^5 - 20\,(\varkappa+\gamma)\,x^2\,\bar{y}^3 -\\ &\qquad - 5\,(1-\gamma^2-4\,\varkappa\,(\varkappa+\gamma))\,x^4\,\bar{y}]. \end{aligned}\right\}\quad(46.7)$$

$n = 6;\ \sigma = 0$:

$$\left.\begin{aligned} u_{6,0} &= 15\,x^2\,\bar{y}^4 - 30\,\varkappa\,x^4\,\bar{y}^2 + (4\,\varkappa^2-1)\,x^6,\\ v_{6,0} &= -\frac{\lambda_x}{(1+2\,\varkappa\,\gamma+\gamma^2)}\,[3\,(\varkappa+\gamma)\,x\,\bar{y}^5 + 5\,(1-\gamma^2 -\\ &- 4\,\varkappa\,(\varkappa+\gamma))\,x^3\,\bar{y}^3 - 3\,(\varkappa+\gamma+\varkappa\,(1-\gamma^2) - 4\,\varkappa^2\,(\varkappa+\gamma))\,x^5\,\bar{y}]. \end{aligned}\right\}\quad(46.8)$$

$n = 6;\ \sigma = 1$:

$$\left.\begin{aligned} u_{6,1} &= 20\,x^3\,\bar{y}^3 - 12\,\varkappa\,x^5\,\bar{y},\\ v_{6,1} &= +\frac{\lambda_x}{(1+2\,\varkappa\,\gamma+\gamma^2)}\,[(1-\gamma^2)\,\bar{y}^6 - 30\,(\varkappa+\gamma)\,x^2\,\bar{y}^4 - 15\,(1 -\\ &- \gamma^2 - 4\,\varkappa\,(\varkappa+\gamma))\,x^4\,\bar{y}^2 + 2\,(\varkappa+\gamma+\varkappa\,(1-\gamma^2) - 4\,\varkappa^2\,(\varkappa+\gamma))\,x^6]. \end{aligned}\right\}\quad(46.9)$$

Aus der Folge II können in gleicher Weise wie bei der Folge I die Polynome gewonnen werden, wenn $v(x, y)$ als unabhängige Verschiebung gewählt wird. In den Gln. (45) muß u und v vertauscht und in Gl. (45 b) zusätzlich λ_x durch λ_y ersetzt werden (v-Folge II).

Ein Vergleich der Polynome der Folge I [Gln. (44)] und der Folge II [Gln. (46)] zeigt, daß das System von der vierten Ordnung für $\sigma = 0$ und von der fünften Ordnung für $\sigma = 1$ an für $\varkappa = 0$ unvollständig wird, da sich dann beispielsweise folgende Identitäten ergeben:

$n = 4;\ \varkappa = 0$:

$$u_{0,4} = 6\,x^2\,\bar{y}^2 = v_{4,0} \qquad \text{[Gl. (44.4) und Gl. (46.4)]},$$

$$v_{0,4} = -\frac{4\,\lambda_x}{(1+\gamma^2)}\,[(1-\gamma^2)\,x^3\,\bar{y} + 2\gamma\,x\,\bar{y}^3].$$

$n = 5;\ \varkappa = 0$:

$$u_{0,5} = 10\,x^3\,\bar{y}^2 = u_{5,1} \qquad \text{[Gl. (44.6) und Gl. (46.7)]},$$

$$v_{0,5} = -\frac{\lambda_x}{(1+\gamma^2)}\,[5\,(1-\gamma^2)\,x^4\,\bar{y} + 20\,\gamma\,x^2\,\bar{y}^3 - (1-\gamma^2)\,\bar{y}^5].$$

Nach KRUG [7] kann durch einen Grenzübergang das Funktionssystem für die quasi-biharmonischen Polynome wieder vervollständigt werden. Im vorliegenden Fall muß der Grenzübergang lediglich zusätzlich auch auf die Polynome der Verschiebung v ausgedehnt werden. Zur Erläuterung werden die Grenzübergänge für die Polynome der vierten Ordnung durchgeführt. Die Anwendung der Regel von L'HOSPITAL ergibt die folgenden Sonderpolynome:

$$\left.\begin{aligned} u_4(\varkappa = 0) &= \lim_{\varkappa \to 0} \frac{u_{4,0} - u_{0,4}}{\varkappa} = -2\,x^4 + 2\,\bar{y}^4, \\ v_4(\varkappa = 0) &= \lim_{\varkappa \to 0} \frac{v_{4,0} - v_{0,4}}{\varkappa} = -\frac{8\,\lambda_x}{(1+\gamma^2)}\,[(1-\gamma^2)\,x\,\bar{y}^3 - 2\,\gamma\,x^3\,\bar{y}]. \end{aligned}\right\} \tag{47}$$

2. Die Polynome für die Dehnungen, die Gleitung und die Spannungen

Werden die Verschiebungskomponenten der Gln. (43) und (45) in die Gln. (2) eingeführt, so ergeben sich die Polynome für die Spannungen, während die Polynome für die Dehnungen und die Gleitung aus den Zwischenergebnissen folgen. Auf die Darstellung der diesbezüglichen Summenformeln wird im Rahmen dieser Arbeit verzichtet, da bei der praktischen Durchführung der Berechnung die Verschiebungen u und v in den entwickelten Formen [Gln. (44) und (46)] vorliegen werden.

Am Beispiel der Polynome $u_{0,4}$ und $v_{0,4}$ [Gl. (44.4)] der Folge I und der Polynome $u_{4,0}$ und $v_{4,0}$ [Gl. (46.4)] der Folge II wird die Durchführung der Berechnung erläutert.

u-Folge I

Verschiebungen:

$$u_{0,4} = 6\,x^2\,\bar{y}^2 - 2\,\varkappa\,\bar{y}^4,$$

$$v_{0,4} = -\frac{4\,\lambda_x}{(1+\varkappa\,\gamma+\gamma^2)}\,[(1-\gamma^2)\,x^3\,\bar{y} + 2\,\gamma\,(1+\varkappa\,\gamma)\,x\,\bar{y}^3].$$

Dehnungen:

$$\varepsilon_x = \frac{\partial u}{\partial x} = 12\,x\,\bar{y}^2;$$

$$\varepsilon_y = \frac{\partial v}{\partial y} = -\frac{4\,\lambda_x^2}{(1+\varkappa\,\gamma+\gamma^2)}\,[(1-\gamma^2)\,x^3 + 6\,\gamma\,(1+\varkappa\,\gamma)\,x\,\bar{y}^2].$$

Gleitung: (48)

$$\gamma_{xy} = \frac{\partial u}{\partial y} + \frac{\partial v}{\partial x} = \frac{8\,(\varkappa+\gamma)\,\lambda_x}{(1+2\,\varkappa\,\gamma+\gamma^2)}\,[3\,\gamma\,x^2\,\bar{y} - (1+2\,\varkappa\,\gamma)\,\bar{y}^3.$$

Spannungen:

$$N_x = +4\,\frac{(1-\gamma^2)}{(1+2\,\varkappa\,\gamma+\gamma^2)}\,a_{xx}\,[3\,(1+2\,\varkappa\,\gamma)\,x\,\bar{y}^2 - \gamma\,x^3],$$

$$N_y = -4\,\frac{(1-\gamma^2)}{(1+2\,\varkappa\,\gamma+\gamma^2)}\,\frac{a_{xx}}{\lambda_x^2}\,[x^3 + 3\,\gamma\,x\,\bar{y}^2],$$

$$N_{xy} = +4\,\frac{(1-\gamma^2)}{(1+2\,\varkappa\,\gamma+\gamma^2)}\,\frac{a_{xx}}{\lambda_x}\,[3\,\gamma\,x^2\,\bar{y} - (1+2\,\varkappa\gamma)\,\bar{y}^3].$$

u-Folge II

$$
\left.\begin{aligned}
&\textit{Verschiebungen:}\\
&\qquad u_{4,0} = 6\,x^2\,\bar{y}^2 - 2\,\varkappa\,x^4;\\
&v_{4,0} = -\frac{4\,\lambda_x}{(1+2\,\varkappa\,\gamma+\gamma^2)}\,[2\,(\varkappa+\gamma)\,x\,\bar{y}^3 + (1-\gamma^2-4\,\varkappa\,(\varkappa+\gamma))\,x^3\,\bar{y}].\\
&\textit{Dehnungen:}\\
&\qquad \varepsilon_x = \frac{\partial u}{\partial x} = 12\,x\,\bar{y}^2 - 8\,\varkappa\,x^3;\\
&\qquad \varepsilon_y = \frac{\partial v}{\partial y} = -\frac{4\,\lambda_x^2}{(1+2\,\varkappa\,\gamma+\gamma^2)}\,[6\,(\varkappa+\gamma)\,x\,\bar{y}^2 +\\
&\qquad\qquad + (1-\gamma^2-4\,\varkappa\,(\varkappa+\gamma))\,x^3].\\
&\textit{Gleitung:}\\
&\gamma_{xy} = \frac{\partial u}{\partial y} + \frac{\partial v}{\partial x} = +\frac{8\,\lambda_x}{(1+2\,\varkappa\,\gamma+\gamma^2)}\,(\varkappa+\gamma)\,[3\,(\gamma+2\,\varkappa)\,x^2\,\bar{y} - \bar{y}^3].\\
&\textit{Spannungen:}\\
&N_x = \;\;\;4\,\frac{(1-\gamma^2)}{(1+2\,\varkappa\,\gamma+\gamma^2)}\,a_{xx}\,[3\,x\,\bar{y}^2 - (\gamma+2\,\varkappa)\,x^3],\\
&N_y = -4\,\frac{(1-\gamma^2)}{(1+2\,\varkappa\,\gamma+\gamma^2)}\,\frac{a_{xx}}{\lambda_x^2}\,[3\,(\gamma+2\,\varkappa)\,x\,\bar{y}^2 + (1-4\,\varkappa^2-2\,\varkappa\,\gamma)\,x^3],\\
&N_{xy} = \;\;\;4\,\frac{(1-\gamma^2)}{(1+2\,\varkappa\,\gamma+\gamma^2)}\,\frac{a_{xx}}{\lambda_x}\,[3\,(\gamma+2\,\varkappa)\,x^2\,\bar{y} - \bar{y}^3].
\end{aligned}\right\}\quad (49)
$$

Wird bei einer Dimensionsbetrachtung beachtet, daß die Konstante $c_i = c_4$ der Polynome der vierten Ordnung die Dimension [Längeneinheit]$^{-3}$ hat, da in diesem Fall die Verschiebungen die Dimension einer Längeneinheit besitzen, so ergibt sich die Dimensionsechtheit der abgeleiteten Gleichungen.

Aus dem Vergleich der Gl. (48) und Gl. (49) ergeben sich für $\varkappa = 0$ wieder Identitäten, und die Polynomsysteme werden unvollständig. Durch entsprechende Grenzübergänge [Gl. (47)] können die Sonderpolynome ermittelt werden.

D. Zusammenfassung

In dieser Arbeit wurde der ebene Spannungszustand der orthotropen elastischen Scheibe untersucht. Im Gegensatz zu den bekannten Arbeiten wurden für die Lösungen nicht die AIRYsche Spannungsfunktion, sondern in allen Fällen die Verschiebungsfelder als Ausgangspunkt gewählt. Die allgemeinen Beziehungen des Abschnittes B gestatten den Aufbau beliebiger Verschiebungsfelder unter Verwendung von allen elementaren Funktionen mit dem komplexen Argument z_i. Mit Hilfe dieser allgemeinen Ansätze wurden die wichtigsten klassischen und modifizierten Singularitäten entwickelt. Zur Erfüllung der Randbedingungen wurden mit Hilfe der quasi-biharmonischen Polynome reguläre Verschiebungsfelder abgeleitet.

Die dargelegten Lösungen gestatten somit die Berechnung beliebiger orthotroper Scheiben mit den verschiedenen Randbedingungen. Insbesondere eignen sich die mitgeteilten Verschiebungsfelder für die Ermittlung der Einflußfelder der Spannungen. Bezüglich der Entwicklung dieser Einflußfelder sei noch abschließend auf die grundlegenden Arbeiten von NEMÉNYI [11] hingewiesen.

Literatur

[1] CHWALLA, E.: Veröffentlichungen des Deutschen Stahlbau-Verbandes, Heft 3. Köln: Stahlbau-Verlag 1954. — KLÖPPEL-SCHARDT: Systematische Ableitung der Differentialgleichungen für ebene anisotrope Flächentragwerke. Stahlbau H. 2 (1960). — CHWALLA, E.*: Über die Grundgleichungen der allgemeinen orthotropen Scheiben und Platten. Rendiconti e Publicazioni del Corso di Perfezionamente del Politecnico di Milano, H. 7 (1957).

[2] MOSSAKOWSKI, J.: The Michell Problem for anisotropic semi-infinite Plate. Warszawa 1956.

[3] SADOWSKI, M.: Einige Randwertprobleme der Elastizitätstheorie in zwei Dimensionen. Sitzungsberichte der Berliner Mathematischen Gesellschaft 1929.

[4] SOKOLOWSKI, M.: Über einige Probleme der Elastizitätstheorie orthotroper Körper. Bulletin de l'Académie Polonaise des Sciences. Cl. IV-Vol. II, No. 4. 1954.

[5] PFLÜGER, A.: Zum Beulproblem der anisotropen Rechteckplatte. Ing.-Archiv **16** (1947/48).

[6] STEIN, P.: Die Anwendung der Singularitätenmethode zur Berechnung orthogonal anisotroper Rechteckplatten. Köln: Stahlbau-Verlag 1959.

[7] KRUG, S.: Berechnung und Anwendung von Einflußfeldern orthogonal anisotroper Rechteckplatten. Dissertation, TU Berlin 1960.

[8] KRUG-STEIN: Einflußfelder orthogonal anisotroper Platten. Berlin: Springer-Verlag 1960.

[9] GIRKMANN, K.: Flächentragwerke. Wien: Springer-Verlag 1959.

[10] BEYER, K.: Die Statik im Stahlbetonbau. Berlin: Springer Verlag 1948.

[11] NEMÉNYI, P.: Eine neue Singularitätenmethode für die Elastizitätstheorie. ZAMM (1929). — Über die Singularitäten der Elastizitätstheorie. ZAMM (1930).

* Auf den umfassenden Literaturnachweis in dieser Arbeit sei besonders aufmerksam gemacht.

Die dreiseitig gelagerte Rechteckplatte

Von

F. Czerny, Wien

Mit 7 Textabbildungen

Neben den in der Literatur bekanntgewordenen Abhandlungen [1] über dreiseitig gelagerte Rechteckplatten konstanter Dicke sind besonders die unter Vernachlässigung der Querdehnungszahl im Rahmen der Kirchhoffschen Theorie aufgestellten strengen Lösungen von Goriupp [2] und Bittner [3] hervorzuheben. Die vorliegende Arbeit knüpft an die letztgenannte Lösung an und bringt die Erweiterung durch die Berücksichtigung der Querdehnungszahl μ, welche in der Randbedingung für den freien Rand enthalten ist.

Wir unterscheiden ebenso wie bei der an allen vier Rändern gelagerten Rechteckplatte auch bei der dreiseitig gelagerten Rechteckplatte sechs Lagerungsfälle (Abb. 1), für welche in dem nachstehenden Abschnitt 3 für das Seitenverhältnis $h : a = 0{,}5$ die Verläufe der Biegemomente angegeben sind.

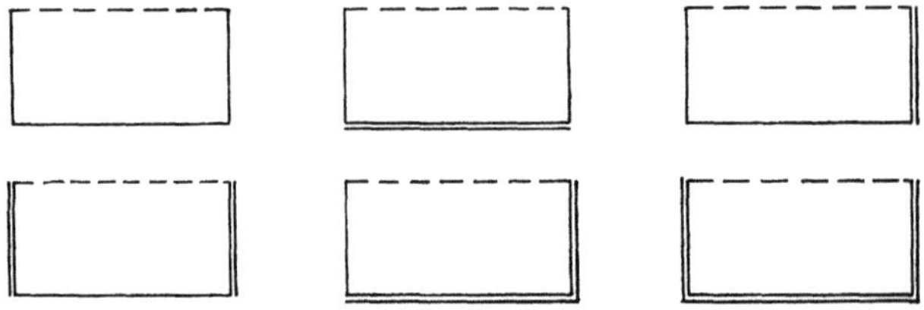

Abb. 1. Die sechs Lagerungsfälle der dreiseitig gelagerten Rechteckplatte
------ freier, ungestützter Plattenrand, ——— frei drehbar gelagerter Plattenrand,
═══ starr eingespannter Plattenrand

Da die dreiseitig gelagerte Rechteckplatte sowohl im Hochbau als Podestplatte, Balkonplatte u. dgl. wie auch im Tiefbau, insbesondere im Behälterbau, anzutreffen ist, werden beide Belastungsarten, nämlich die gleichmäßige Vollbelastung sowie die Dreieckvollbelastung, behandelt.

Schließlich ist es noch durch den Einsatz eines Elektronenrechners (IBM 650) möglich gewesen, für die Lagerungsfälle 1 und 6 den Einfluß der Querdehnungszahl auf die Biegemomente dreiseitig gelagerter Rechteckplatten aufzuzeigen.

1. Die dreiseitig gelagerte Rechteckplatte, 1. Lagerungsfall

Gleichmäßige Vollbelastung

Die Gleichung für die Biegefläche ${}_pw_{0(x,y)}$ der in Abb. 2 dargestellten, an allen vier Rändern einspannungsfrei gelagerten Rechteckplatte lautet mit der Plattensteifigkeit $K = \frac{E h^3}{12(1-\mu^2)}$

$$
{}_pw_0 = \frac{4\,p\,a^4}{\pi^5 K}\sum_{n=1,3,5\ldots}^{\infty}\frac{1}{n^5}\left[1-\frac{\left(\frac{n\pi h}{a}\,\mathrm{tgh}\,\frac{n\pi h}{a}+2\right)}{2\cosh\frac{n\pi h}{a}}\cosh\frac{n\pi y}{a}+\frac{\frac{n\pi y}{a}}{2\cosh\frac{n\pi h}{a}}\sinh\frac{n\pi y}{a}\right]\cos\frac{n\pi x}{a}\sin\frac{n\pi}{2}. \qquad (1)
$$

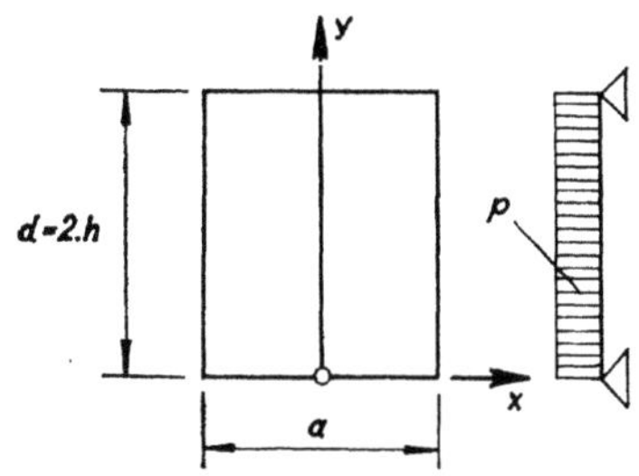

Abb. 2. Die an allen vier Rändern frei drehbar gelagerte Rechteckplatte mit gleichmäßiger Vollbelastung

Dreieckvollbelastung

Die Gleichung für die Biegefläche ${}_{p_1}w_{0(x,y)}$ der an allen vier Rändern einspannungsfrei gelagerten Rechteckplatte mit der in Abb. 3 angegebenen Querbelastung lautet mit der wie oben bezeichneten Plattensteifigkeit:

$$
\begin{aligned}
{}_{p_1}w_0 = \frac{2\,p_1\,a^4}{\pi^5 K}\sum_{n=1,3,5\ldots}^{\infty}\frac{1}{n^5}\Bigg\{2\left(1-\frac{y}{h}\right)+\frac{1}{\cosh\frac{n\pi h}{a}}\Bigg[\left(-2-\frac{n\pi h}{a}\,\mathrm{tgh}\,\frac{n\pi h}{a}\right)\times\\
\times\cosh\frac{n\pi(h-y)}{a}+\frac{n\pi(h-y)}{a}\sinh\frac{n\pi(h-y)}{a}+\\
+\frac{\left(3+\frac{n\pi h}{a}\,\mathrm{tgh}\,\frac{n\pi h}{a}\right)}{\frac{n\pi h}{a}}\sinh\frac{n\pi y}{a}-\frac{y}{h}\cosh\frac{n\pi y}{a}\Bigg]\Bigg\}\cos\frac{n\pi x}{a}\sin\frac{n\pi}{2}. \qquad (2)
\end{aligned}
$$

Beide Gln. (1) und (2) erfüllen längs der Koordinatenlinie $y = h$ (das ist die waagrechte Symmetrale) die Bedingung des Verschwindens der Querkraft, die wir den in Abb. 1 gezeichneten Platten als eine der beiden Randbedingungen des freien Randes zuzuordnen haben.

Der Lösung (1) bzw. (2) wird nun eine biharmonische Funktion (Lösung der homogenen Plattengleichung $\Delta\Delta w = 0$) überlagert, um am Rand $y = h$ das Biegemoment $m_{0y} = -K\left(\frac{\partial^2 w_0}{\partial y^2} + \mu \frac{\partial^2 w_0}{\partial x^2}\right)$ infolge gleichmäßiger Vollbelastung oder symmetrischer Dreieckvollbelastung auszulöschen.

Für diesen Momentenangriff am Rand $y = h$ (Abb. 4)

$$m_{y_h\,(y=h)} = \sum_{n=1,3,5\ldots}^{\infty} m_{hn} \cos\frac{n\pi x}{a} \sin\frac{n\pi}{2} \tag{3}$$

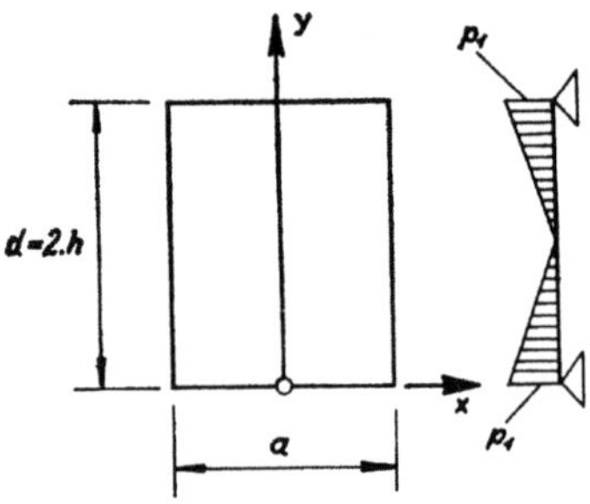

Abb. 3. Die an allen vier Rändern frei drehbar gelagerte Rechteckplatte mit symmetrischer Dreieckvollbelastung

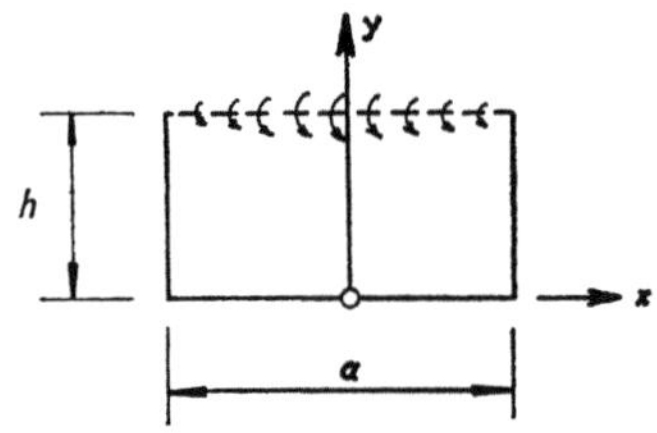

Abb. 4. Die an drei Rändern frei drehbar gelagerte Rechteckplatte mit Randmomentenangriff am ungestützten Querrand

lautet die Gleichung der Biegefläche:

$$w_{m_{y_h}} = \frac{a^2}{\pi^2 K} \sum_{n=1,3,5\ldots}^{\infty} \frac{m_{hn}}{n^2} \times$$

$$\times \left\{ \frac{\left(-\frac{1+\mu}{1-\mu} + \frac{n\pi h}{a}\operatorname{tgh}\frac{n\pi h}{a}\right)\sinh\frac{n\pi y}{a} - \frac{n\pi y}{a}\cosh\frac{n\pi y}{a}}{\left[(3+\mu)\sinh\frac{n\pi h}{a} + (1-\mu)\frac{\frac{n\pi h}{a}}{\cosh\frac{n\pi h}{a}}\right]} \right\} \times$$

$$\times \cos\frac{n\pi x}{a} \sin\frac{n\pi}{2}. \tag{4}$$

Mit der erforderlichen Randbedingung $m_y = 0$ am Rand $y = h$ für die an drei Rändern frei drehbar gelagerte und am vierten Rand freie Rechteckplatte erhält man mit $n = 1, 3, 5\ldots$ die Folge der Konstanten m_{hn}.

Aus (1) wird mit ${}_p m_{0y} = -K\left(\frac{\partial^2 {}_p w_0}{\partial y^2} + \mu \frac{\partial^2 {}_p w_0}{\partial x^2}\right)$ für $y = h$:

$${}_p m_{0y} = p\,a^2 \frac{2}{\pi^3} \sum_{n=1,3,5\ldots}^{\infty} \frac{1}{n^3} \left[\frac{\frac{n\pi h}{a}\operatorname{tgh}\frac{n\pi h}{a}}{\cosh\frac{n\pi h}{a}} + \right.$$

$$\left. + \mu\left(2 - \frac{\frac{n\pi h}{a}\operatorname{tgh}\frac{n\pi h}{a} + 2}{\cosh\frac{n\pi h}{a}}\right)\right] \cos\frac{n\pi x}{a} \sin\frac{n\pi}{2} \tag{5}$$

und damit ist entsprechend der Randbedingung ${}_p m_y = {}_p m_{0\,y} + m_{y_h} = 0$:

$$
{}_p m_{h\,n} = -p\,a^2 \frac{2}{\pi^3 n^3} \times
$$

$$
\times \left[\frac{\frac{n\pi h}{a} \operatorname{tgh} \frac{n\pi h}{a}}{\cosh \frac{n\pi h}{a}} + \mu \left(2 - \frac{\frac{n\pi h}{a} \operatorname{tgh} \frac{n\pi h}{a} + 2}{\cosh \frac{n\pi h}{a}} \right) \right]. \tag{6}
$$

Aus (2) wird analog mit ${}_{p_1} m_{0\,y} = -K \left(\frac{\partial^2 {}_{p_1} w_0}{\partial y^2} + \mu \frac{\partial^2 {}_{p_1} w_0}{\partial x^2} \right)$ für $y = h$:

$$
{}_{p_1} m_{0\,y} = p_1\,a^2 \frac{2}{\pi^3} \sum_{n=1,3,5\ldots}^{\infty} \frac{1}{n^3} \left[(1-\mu) \left(\frac{\frac{n\pi h}{a} \operatorname{tgh} \frac{n\pi h}{a}}{\cosh \frac{n\pi h}{a}} - \right.\right.
$$

$$
\left.\left. - \frac{\operatorname{tgh} \frac{n\pi h}{a}}{\frac{n\pi h}{a}} + \frac{1}{\cosh^2 \frac{n\pi h}{a}} \right) + 2\mu \left(\frac{\operatorname{tgh} \frac{n\pi h}{a}}{\frac{n\pi h}{a}} - \frac{1}{\cosh \frac{n\pi h}{a}} \right) \right] \times
$$

$$
\times \cos \frac{n\pi x}{a} \sin \frac{n\pi}{2} \tag{7}
$$

und damit ist entsprechend der Randbedingung ${}_{p_1} m_y = {}_{p_1} m_{0\,y} + m_{y\,h} = 0$:

$$
{}_{p_1} m_{h\,n} = -p_1\,a^2 \frac{2}{n^3 \pi^3} \left[(1-\mu) \left(\frac{\frac{n\pi h}{a} \operatorname{tgh} \frac{n\pi h}{a}}{\cosh \frac{n\pi h}{a}} - \frac{\operatorname{tgh} \frac{n\pi h}{a}}{\frac{n\pi h}{a}} + \right.\right.
$$

$$
\left.\left. + \frac{1}{\cosh^2 \frac{n\pi h}{a}} \right) + 2\mu \left(\frac{\operatorname{tgh} \frac{n\pi h}{a}}{\frac{n\pi h}{a}} - \frac{1}{\cosh \frac{n\pi h}{a}} \right) \right]. \tag{8}
$$

Die Überlagerung der Grundlösung w_0 (für gleichmäßige Vollbelastung p oder symmetrische Dreieckvollbelastung p_1) mit der Ergänzungslösung $w_{m_{y\,h}}$ liefert schließlich die Lösung $w^* = w_0 + w_{m_{y\,h}}$, welche die Berechnung der Durchbiegung und Schnittgrößen in jedem beliebigen Punkt der an allen drei Rändern frei drehbar gelagerten und am vierten Rand freien Rechteckplatte auch mit Berücksichtigung der Querdehnungszahl gestattet.

2. Die dreiseitig gelagerte Rechteckplatte, 6. Lagerungsfall

Gleichmäßige Vollbelastung und Dreieckvollbelastung

Bei diesem Lagerungsfall (drei Ränder starr eingespannt und der vierte Rand frei) der dreiseitig gelagerten Rechteckplatte werden der Grundlösung (1) bzw. (2) drei biharmonische Funktionen überlagert, um die Verdrehung an den Rändern $x = \pm a/2$ und am Rand $y = 0$ auf Null zurückzuführen (wie es der starren Einspannung in Abb. 1 entspricht) und um am Rand $y = h$ (wie beim 1. Lagerungsfall) das Biegemoment $m_{0\,y}$ auszulöschen.

Für den Momentenangriff nach Abb. 5:

$$m_{x(x=\pm a/2)} = \sum_{m=1,3,5\ldots}^{\infty} f_m \sin \frac{m\pi y}{2h} \tag{9}$$

erhalten wir die Biegefläche:

$$w_{m_x} = \frac{2h^2}{\pi^2 K} \sum_{m=1,3,5\ldots}^{\infty} f_m \frac{\sin \frac{m\pi y}{2h}}{m^2 \cosh \frac{m\pi a}{4h}} \times$$

$$\times \left(\frac{m\pi a}{4h} \operatorname{tgh} \frac{m\pi a}{4h} \cosh \frac{m\pi x}{2h} - \frac{m\pi x}{2h} \sinh \frac{m\pi x}{2h} \right), \tag{10}$$

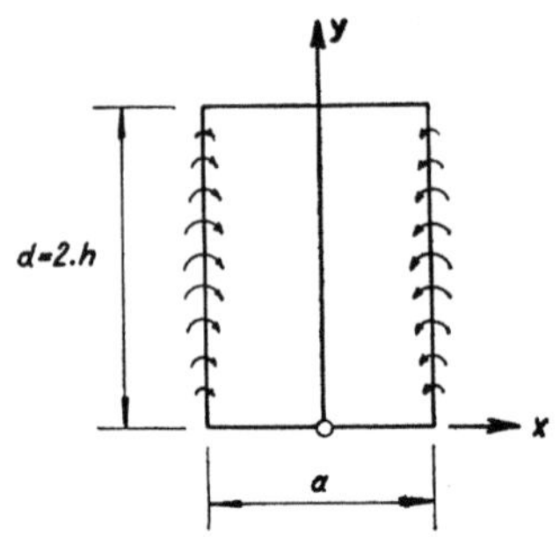

Abb. 5. Die an allen vier Rändern frei drehbar gelagerte Rechteckplatte mit Randmomentenangriff an den Rändern $x = \pm a/2$

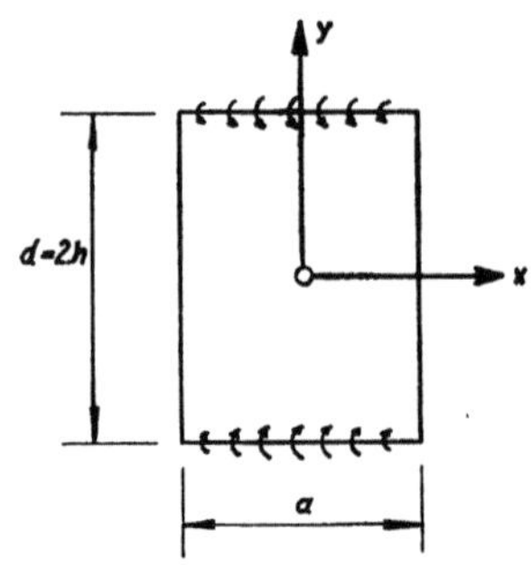

Abb. 6. Die an allen vier Rändern frei drehbar gelagerte Rechteckplatte mit Randmomentenangriff an den Rändern $y = \pm h$

und für den Momentenangriff nach Abb. 6:

$$m_{y(y=\pm h)} = \sum_{n=1,3,5\ldots}^{\infty} e_n \cos \frac{n\pi x}{a} \sin \frac{n\pi}{2} \tag{11}$$

ist die Biegefläche:

$$w_{m_y} = \frac{a^2}{2\pi^2 K} \sum_{n=1,3,5\ldots}^{\infty} e_n \frac{\cos \frac{n\pi x}{a} \sin \frac{n\pi}{2}}{n^2 \cosh \frac{n\pi h}{a}} \times$$

$$\times \left(\frac{n\pi h}{a} \operatorname{tgh} \frac{n\pi h}{a} \cosh \frac{n\pi y}{a} - \frac{n\pi y}{a} \sinh \frac{n\pi y}{a} \right); \tag{12}$$

der Momentenangriff am Rand $y = h$ (Abb. 4) wurde schon beim 1. Lagerungsfall verwendet, es gelten daher wie dort die Ausdrücke (3) und (4).

Mit den erforderlichen Randbedingungen (s. Abb. 2 bzw. Abb. 3)

$$\frac{\partial w}{\partial x} = 0 \text{ an den Rändern } x = \pm a/2,$$

$$\frac{\partial w}{\partial y} = 0 \quad \text{am Rand} \quad y = 0,$$

und

$$m_y = 0 \quad \text{am Rand} \quad y = h$$

für die an drei Rändern starr eingespannte und am vierten Rand freie Rechteckplatte erhält man aus dem nachstehend allgemein angeschriebenen linearen Gleichungssystem für $n = 1, 3, 5\ldots$ und $m = 1, 3, 5\ldots$ die einzelnen Konstanten e_n, f_m und m_{hn} für die zugehörigen Randmomentenangriffe; im rechten Teil dieses allgemeinen Gleichungssystems stehen alternativ der Ausdruck für gleichmäßige Vollbelastung bzw. für Dreieckvollbelastung (s. S. 226 bis 228).

Analog können die Gleichungssysteme für die übrigen Lagerungsfälle (s. Abb. 1) angeschrieben werden:

2. Lagerungsfall:

$$\frac{\partial w}{\partial y} = 0 \text{ am Rand } y = 0,$$

$$m_y = 0 \text{ am Rand } y = h.$$

3. Lagerungsfall:

$$\frac{\partial w}{\partial x} = 0 \text{ am Rand } x = +a/2,$$

$$m_y = 0 \text{ am Rand } y = \mathrm{h}.$$

4. Lagerungsfall:

$$\frac{\partial w}{\partial x} = 0 \text{ an den Rändern } x = \pm a/2,$$

$$m_y = 0 \text{ am Rand } y = h.$$

5. Lagerungsfall:

$$\frac{\partial w}{\partial x} = 0 \text{ am Rand } x = +a/2,$$

$$\frac{\partial w}{\partial y} = 0 \text{ am Rand } y = 0,$$

$$m_y = 0 \text{ am Rand } y = h.$$

Die Überlagerung der Grundlösung w_0 (für gleichmäßige Vollbelastung bzw. symmetrische Dreieckvollbelastung) mit den Ergänzungslösungen w_{m_x}, w_{m_y} und $w_{m_{y_h}}$ für die einzelnen Randmomentenangriffe liefert schließlich die Lösung $w^* = w_0 + w_{m_x} + w_{m_y} + w_{m_{y_h}}$, welche die Berechnung der Durchbiegung und Schnittgrößen in jedem beliebigen Punkt der gleichmäßig vollbelasteten bzw. dreieckig vollbelasteten, an drei Rändern starr eingespannten und am vierten Rand freien Rechteckplatte mit Berücksichtigung der Querdehnungszahl μ gestattet.

$\frac{\partial w}{\partial x} = 0$ an den Rändern $x = \pm \frac{a}{2}$:

$$f_m \left[\left(\frac{\frac{m \pi a}{2 h} \operatorname{ctgh} \frac{m \pi a}{2 h} - 1}{\sinh \frac{m \pi a}{2 h}} \right) + \left(\operatorname{ctgh} \frac{m \pi a}{2 h} - \frac{\frac{m \pi a}{2 h}}{\sinh^2 \frac{m \pi a}{2 h}} \right) \right] + \sum_{n=1,3,5\ldots}^{\infty} (-\cos n \pi)\, e_n \frac{4 \frac{a}{n h}}{\pi \left(\frac{2 n h}{m a} + \frac{m a}{2 n h} \right)^2} -$$

$$- \sin \frac{n \pi}{2} \sum_{n=1,3,5\ldots}^{\infty} (-\cos n \pi)\, m_{h n} \frac{4 m a^2 \left[1 + \mu \left(\frac{2 n h}{m a} \right)^2 \right]}{\pi n^2 h^2 (1 - \mu) \left(\frac{2 n h}{m a} + \frac{m a}{2 n h} \right)^2 \left[(3 + \mu) \operatorname{tgh} \frac{n \pi h}{a} + (1 - \mu) \frac{\frac{n \pi h}{a}}{\cosh^2 \frac{n \pi h}{a}} \right]} +$$

$$\overbrace{+ p\, a^2 \frac{16 \left(\frac{h}{a} \right)^2}{m^3 \pi^3} \left(\operatorname{tgh} \frac{m \pi a}{4 h} - \frac{\frac{m \pi a}{4 h}}{\cosh^2 \frac{m \pi a}{4 h}} \right) \sin^2 \frac{m \pi}{2} = 0}^{\text{gleichmäßige Vollbelastung}}$$

$$\underbrace{\ldots + p_1\, a^2 \frac{16 \left(\frac{h}{a} \right)^2}{m^3 \pi^3} \left[\left(1 - \frac{\sin \frac{m \pi}{2}}{\frac{m \pi}{2}} \right) \left(\operatorname{tgh} \frac{m \pi a}{4 h} - \frac{\frac{m \pi a}{4 h}}{\cosh^2 \frac{m \pi a}{4 h}} \right) \right] \sin^2 \frac{m \pi}{2} = 0.}_{\text{Dreieckvollbelastung}}$$

$\dfrac{\partial w}{\partial y} = 0$ am Rand $y = 0$:

$$\sum_{m=1,3,5\ldots}^{\infty} f_m\,(1-\cos n\,\pi)\,\frac{2\,h}{m\,a}\,\frac{4}{\pi\left(\dfrac{2\,n\,h}{m\,a}+\dfrac{m\,a}{2\,n\,h}\right)^2} + e_n\left(\operatorname{tgh}\frac{n\,\pi\,h}{a}+\frac{\dfrac{n\,\pi\,h}{a}}{\cosh^2\dfrac{n\,\pi\,h}{a}}\right)+$$

$$+\,m_{h\,n}\,2\,\frac{\left(\dfrac{n\,\pi\,h}{a}\operatorname{tgh}\dfrac{n\,\pi\,h}{a}-1-\dfrac{1+\mu}{1-\mu}\right)}{\left[(3+\mu)\sinh\dfrac{n\,\pi\,h}{a}+(1-\mu)\dfrac{\dfrac{n\,\pi\,h}{a}}{\cosh\dfrac{n\,\pi\,h}{a}}\right]}+$$

$$\overbrace{+\,p\,a^2\,\frac{4}{n^3\,\pi^3}\left(\frac{\dfrac{n\,\pi\,h}{a}}{\cosh^2\dfrac{n\,\pi\,h}{a}}-\operatorname{tgh}\frac{n\,\pi\,h}{a}\right)\sin^2\frac{n\,\pi}{2}=0}^{\text{gleichmäßige Vollbelastung}}$$

$$\underbrace{\ldots+p_1\,a^2\,\frac{4}{n^3\,\pi^3}\left[\operatorname{tgh}\frac{n\,\pi\,h}{a}+\frac{\sinh\dfrac{n\,\pi\,h}{a}-\dfrac{n\,\pi\,h}{a}}{\cosh^2\dfrac{n\,\pi\,h}{a}}-\frac{2}{\dfrac{n\,\pi\,h}{a}}\left(1-\frac{1}{\cosh\dfrac{n\,\pi\,h}{a}}\right)\right]\sin^2\frac{n\,\pi}{2}=0.}_{\text{Dreieckvollbelastung}}$$

$\underline{m_y = 0 \text{ am Rand } y = h:}$

$$\sum_{m=1,3,5\ldots}^{\infty} f_m (1 - \cos n\pi) \sin\frac{m\pi}{2} \frac{2}{n\pi\left(\frac{2nh}{ma} + \frac{ma}{2nh}\right)^2} +$$

$$+ \mu \sum_{m=1,3,5\ldots}^{\infty} f_m (1 - \cos n\pi) \sin\frac{m\pi}{2} \left\{ \frac{2}{n\pi\left[1 + \left(\frac{ma}{2nh}\right)^2\right]} - \frac{2}{n\pi\left(\frac{2nh}{ma} + \frac{ma}{2nh}\right)^2} \right\} + e_n \left[\frac{1 - (1-\mu)\frac{n\pi h}{2a} \operatorname{tgh}\frac{n\pi h}{a}}{\cosh\frac{n\pi h}{a}} \right] + m_{hn} +$$

$$\overbrace{+ p a^2 \frac{2}{n^3\pi^3} \left[\frac{\frac{n\pi h}{a} \operatorname{tgh}\frac{n\pi h}{a}}{\cosh\frac{n\pi h}{a}} + \mu \left(2 - \frac{\frac{n\pi h}{a} \operatorname{tgh}\frac{n\pi h}{a} + 2}{\cosh\frac{n\pi h}{a}} \right) \right] \sin^2\frac{n\pi}{2} = 0}^{\text{gleichmäßige Vollbelastung}}$$

$$\underbrace{\ldots + p_1 a^2 \frac{2}{n^3\pi^3} \left[(1-\mu) \left(\frac{\frac{n\pi h}{a} \operatorname{tgh}\frac{n\pi h}{a}}{\cosh\frac{n\pi h}{a}} - \frac{\operatorname{tgh}\frac{n\pi h}{a}}{\frac{n\pi h}{a}} + \frac{1}{\cosh^2\frac{n\pi h}{a}} \right) + 2\mu \left(\frac{\operatorname{tgh}\frac{n\pi h}{a}}{\frac{n\pi h}{a}} - \frac{1}{\cosh\frac{n\pi h}{a}} \right) \right] \sin^2\frac{n\pi}{2} = 0.}_{\text{Dreieckvollbelastung}}$$

3. Die Momentenverläufe der Lagerungsfälle 1 bis 6 des Seitenverhältnisses $h : a = 0{,}5$ infolge gleichmäßiger Vollbelastung und Dreieckvollbelastung (Abb. 7 a, b, c)

Im Zusammenhang mit einer Veröffentlichung über „Die hydrostatisch belastete Platte beliebiger Form mit einem freien Rand in der Wasserspiegelebene“ [4] wurden mit einem Elektronenrechner der Type IBM 650 die für die Baupraxis notwendigen Momentengrößtwerte von m_x, m_y und m_{xy} vorerst für die am häufigsten anzutreffenden Lagerungsfälle 1, 2 und 6 und ohne Berücksichtigung der Querdehnungszahl (d. h. $\mu = 0$) ermittelt und in Tafeln zusammengefaßt veröffentlicht [5].

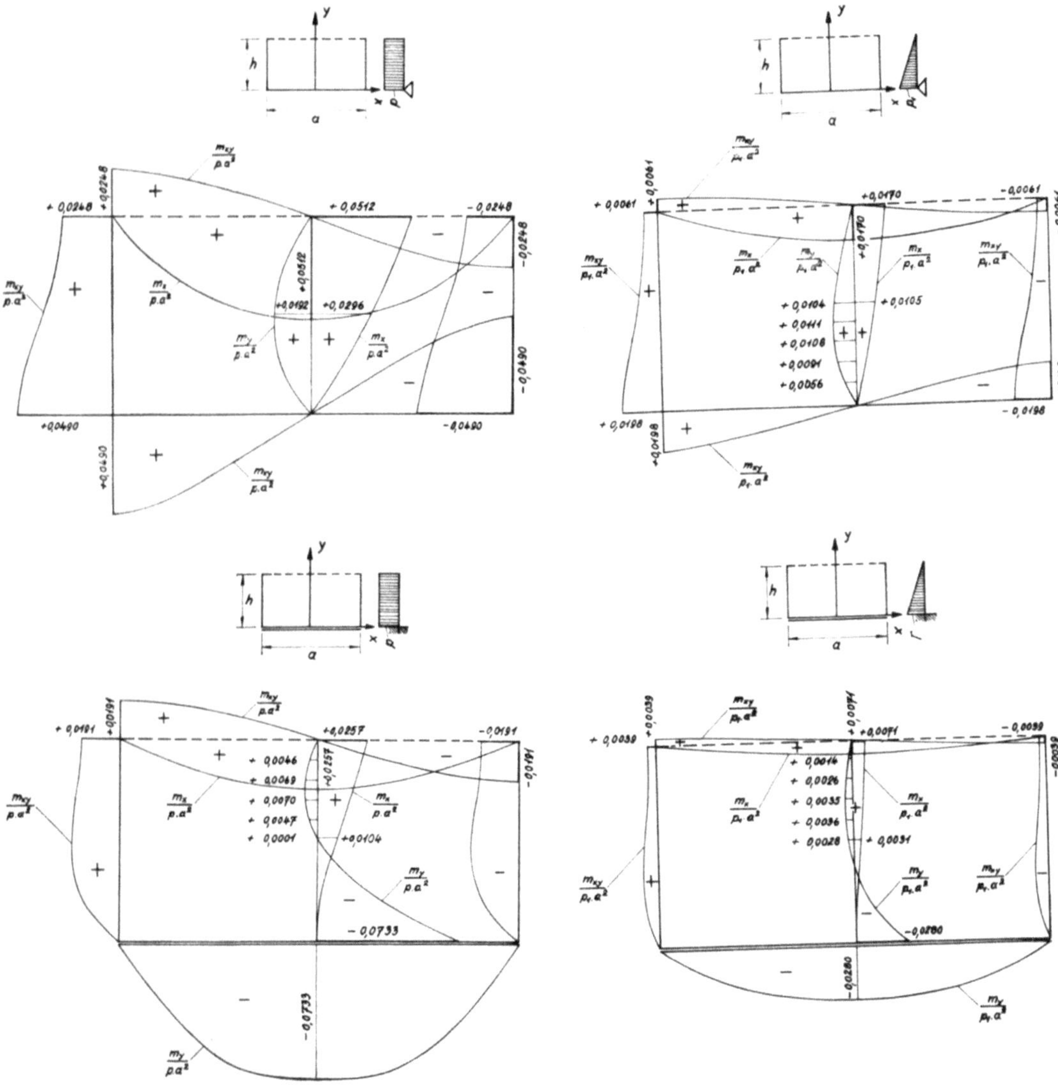

Abb. 7 a. Die Momentenverläufe der Lagerungsfälle 1 und 6 des Seitenverhältnisses $h : a = 0{,}5$ infolge gleichmäßiger Vollbelastung und Dreieckvollbelastung

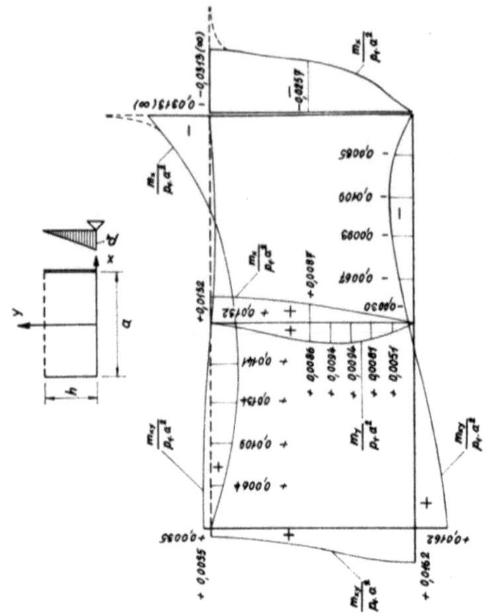

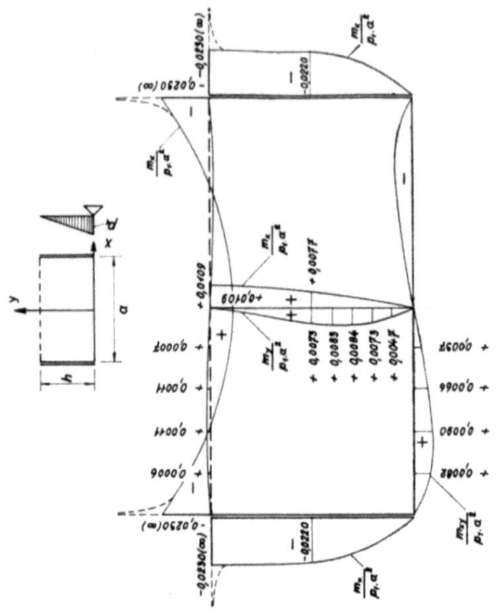

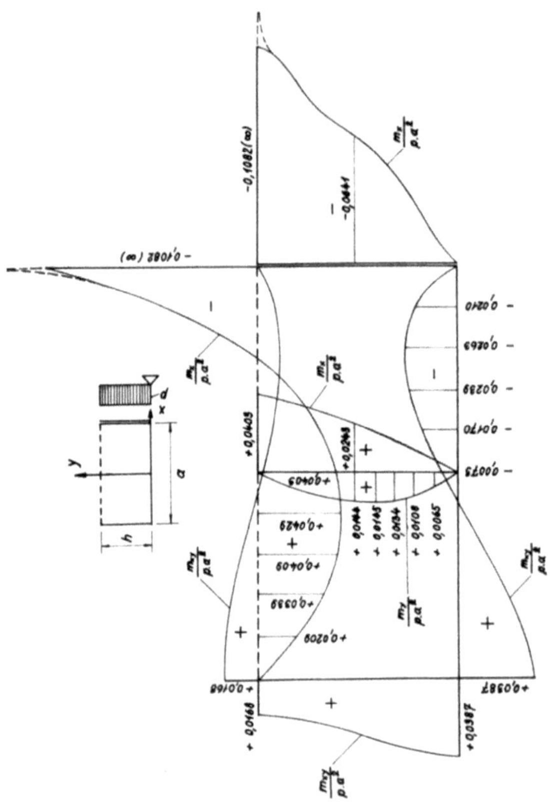

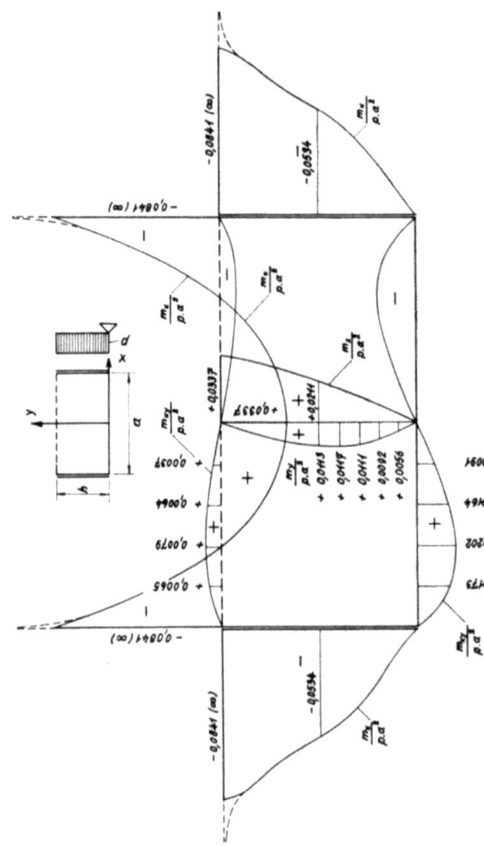

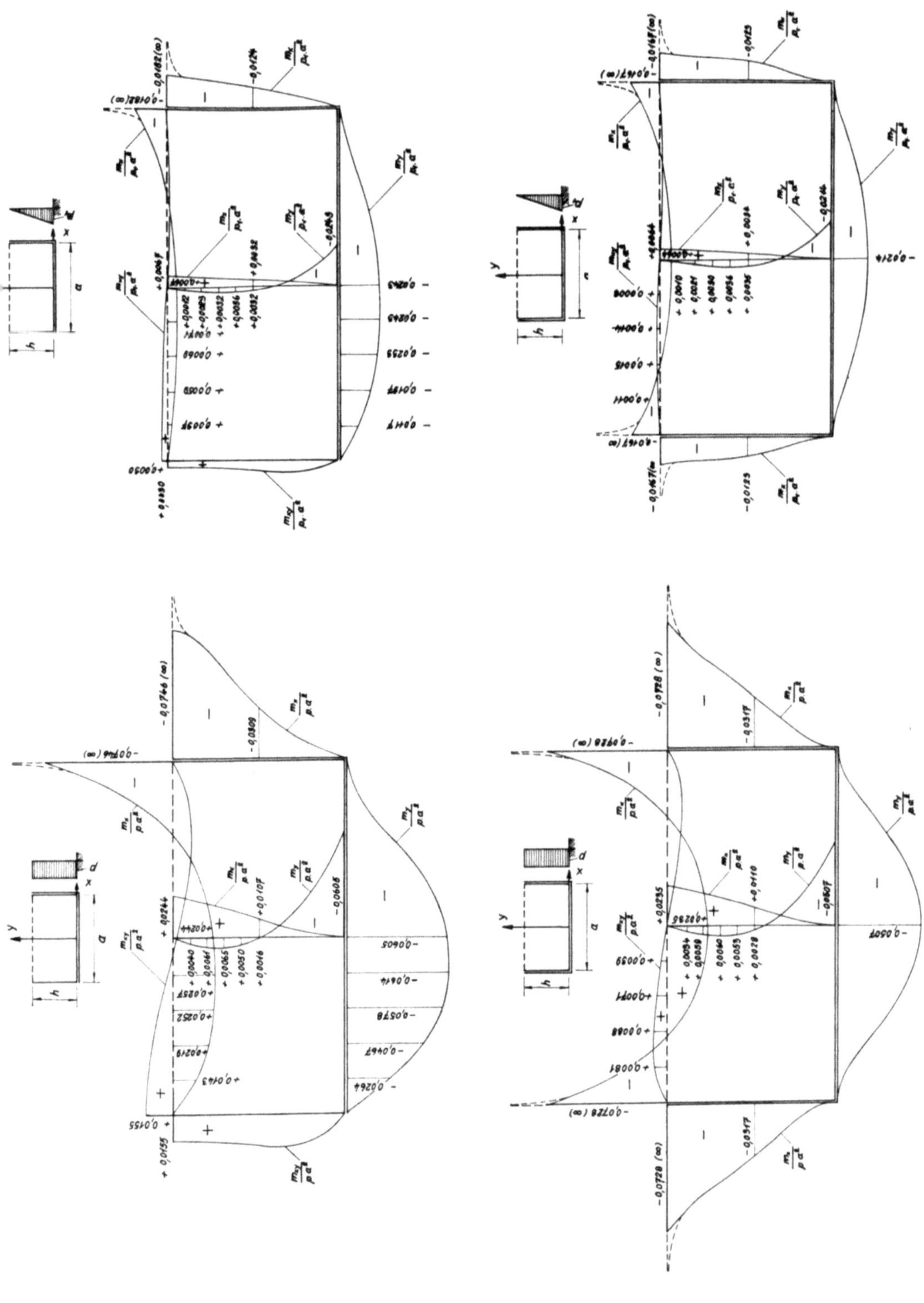

Abb. 7 c. Die Momentenverläufe der Lagerungsfälle 5 und 6 des Seitenverhältnisses $h : a = 0{,}5$ infolge gleichmäßiger Vollbelastung und Dreieckvollbelastung

Vorstehend sind für alle sechs Lagerungsfälle und das gewählte Seitenverhältnis $h : a = 0{,}5$ die unter Vernachlässigung der Querdehnungszahl ($\mu = 0$) errechneten Momentenverläufe für gleichmäßige Vollbelastung und Dreieckvollbelastung dargestellt. Es wird darauf hingewiesen, daß, wie schon oben erwähnt, zufolge der Verwendung einer elektronischen Rechenanlage bei den Lagerungsfällen 1, 2 und 6 die Konstanten e_n, f_m und m_{hn} für $n =$ bzw. $m = 1, 3, 5$ bis 15 ermittelt werden konnten, während bei der Untersuchung der restlichen Lagerungsfälle 3, 4 und 5 nur eine elektrische Tischrechenmaschine zur Verfügung stand und somit die Konstanten nur für $n =$ bzw. $m = 1$ bis 7 berechnet wurden. Die dadurch bedingte geringere Anzahl der Reihenglieder für die Berechnung der Momentenwerte setzt im allgemeinen nur die Genauigkeit der Einspannmomente herab. Aus den Darstellungen der Momentenverläufe kann aber auch ersehen werden, daß in jenem Platteneckpunkt, wo ein starr eingespannter und ein freier, ungestützter Plattenrand zusammentreffen, das Einspannmoment ∞ ist und der angeschriebene Momentenwert durch die zur Verfügung stehende Anzahl der Reihenglieder gegeben ist.

4. Der Einfluß der Querdehnungszahl μ auf die Momentenwerte dreiseitig gelagerter Platten

Bei der Programmgestaltung für die elektronische Berechnung der dreiseitig gelagerten Rechteckplatte (Lagerungsfall 1 und 6) wurde bereits am Anfang darauf Rücksicht genommen, daß auch, wie im allgemeinen Gleichungssystem ersichtlich, der Einfluß der Querdehnungszahl μ berücksichtigt werden kann.

Da die meisten für Modellversuche geeigneten Werkstoffe sowie die Baustoffe Stahl und Beton Querdehnungszahlen von $\mu = 0$ bis $\mu = 0{,}3$ aufweisen (Tabelle 1), wurde die Berechnung darauf abgestimmt, und die nachstehenden Zusammenstellungen enthalten zum besseren Erkennen des Einflusses der Querdehnungszahl für

$$\mu = 0, \; \mu = 0{,}15 \text{ und } \mu = 0{,}3$$

die Momentenwerte an ausgezeichneten Stellen der dreiseitig gelagerten Rechteckplatte des Lagerungsfalles 1 und 6 (Tabellen 2, 3, 4 und 5).

Tabelle 1

Werkstoff	Querdehnungszahl μ	Literatur
Messing	0,33	[6]
Aluminium	0,30 bis 0,36	[6], [7]
Plexiglas	0,30 „ 0,35	[8]
Stahl	0,26 „ 0,30	[6], [7]
Stahlbeton	0,25 „ 0,274	[9]
Gußeisen	0,25	[6]
Gips	0,215	[10]
Leichtmetall-Legierung	0,20 bis 0,30	
Glas	0,20 „ 0,22	[6], [7]
Stahlbeton, Spannbeton	0,1667	[11], [12], [13]

Tabelle 2. *Die Momentenwerte der an drei Rändern frei drehbar gelagerten und am vierten Rand freien Rechteckplatte infolge gleichmäßiger Vollbelastung für* $\mu = 0, \mu = 0{,}15$ *und* $\mu = 0{,}3$

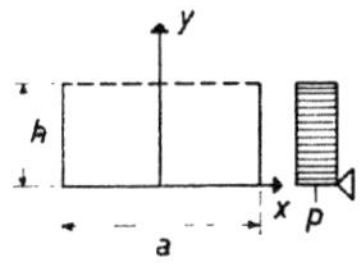

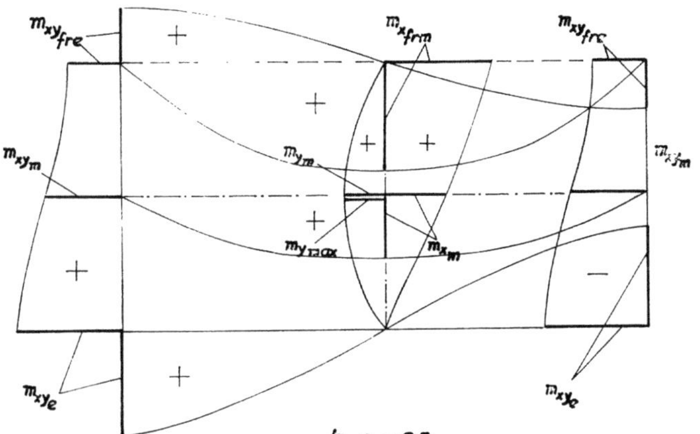

$h : a$	$m_{y_m}/p\,a^2$			$m_{y_{max}}/p\,a^2$		
	$\mu = 0$	$\mu = 0{,}15$	$\mu = 0{,}3$	$\mu = 0$	$\mu = 0{,}15$	$\mu = 0{,}3$
				$y/h \cong 0{,}48$	0,48	0,49
0,5	0,0192	0,0208	0,0223	0,0193	0,0209	0,0224
				0,33	0,4	0,44
1,0	0,0217	0,0306	0,0390	0,0240	0,0317	0,0395
				0,22	0,3	0,39
1,5	0,0147	0,0286	0,0421	0,0240	0,0328	0,0438

$h : a$	$m_{x_m}/p\,a^2$			$m_{x_{frm}}/p\,a^2$		
	$\mu = 0$	$\mu = 0{,}15$	$\mu = 0{,}3$	$\mu = 0$	$\mu = 0{,}15$	$\mu = 0{,}3$
0,5	0,0296	0,0341	0,0385	0,0512	0,0559	0,0602
1,0	0,0732	0,0764	0,0799	0,1024	0,1078	0,1117
1,5	0,0977	0,0993	0,1012	0,1190	0,1243	0,1275

$h : a$	$\pm m_{xy_e}/p\,a^2$			$\pm m_{xy_m}/p\,a^2$			$\pm m_{xy_{fre}}/p\,a^2$		
	$\mu = 0$	$\mu = 0{,}15$	$\mu = 0{,}3$	$\mu = 0$	$\mu = 0{,}15$	$\mu = 0{,}3$	$\mu = 0$	$\mu = 0{,}15$	$\mu = 0{,}3$
0,5	0,0490	0,0436	0,0384	0,0355	0,0332	0,0310	0,0248	0,0285	0,0320
1,0	0,0654	0,0560	0,0459	0,0315	0,0277	0,0243	0,0116	0,0212	0,0300
1,5	0,0675	0,0572	0,0470	0,0200	0,0170	0,0144	0,0036	0,0156	0,0265

Tabelle 3. *Die Momentenwerte der an drei Rändern frei drehbar gelagerten und am vierten Rand freien Rechteckplatte infolge Dreieckvollbelastung für* $\mu = 0$, $\mu = 0{,}15$ *und* $\mu = 0{,}3$

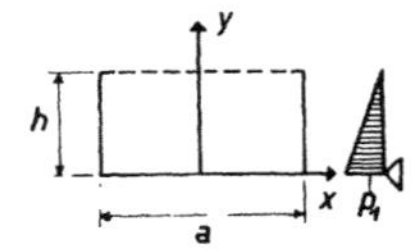

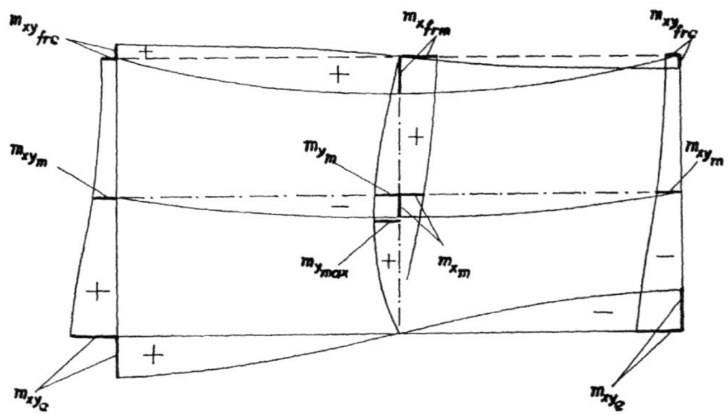

$h : a = 0{,}5$

$h:a$	$m_{y_m}/p_1 a^2$			$m_{y_{\max}}/p_1 a^2$			$-m_{y_{\min}}/p_1 a^2$		
	$\mu = 0$	$\mu = 0{,}15$	$\mu = 0{,}3$	$\mu = 0$	$\mu = 0{,}15$	$\mu = 0{,}3$	$\mu = 0$	$\mu = 0{,}15$	$\mu = 0{,}3$
0,5	0,0104	0,0111	0,0117	$y/h \cong 0{,}4$ 0,0111	0,4 0,0117	0,4 0,0123	—	—	—
1,0	0,0139	0,0177	0,0214	0,35 0,0195	0,3 0,0223	0,3 0,0252	—	—	—
1,5	0,0107	0,0170	0,0231	0,22 0,0223	0,25 0,0270	0,25 0,0320	$y/h \cong 0{,}9$ — 0,0023	—	—

$h:a$	$m_{x_m}/p_1 a^2$			$m_{x_{max}}/p_1 a^2$			$m_{x_{frm}}/p_1 a^2$		
	$\mu = 0$	$\mu = 0,15$	$\mu = 0,3$	$\mu = 0$	$\mu = 0,15$	$\mu = 0,3$	$\mu = 0$	$\mu = 0,15$	$\mu = 0,3$
0,5	0,0105	0,0125	0,0145	$y/h \cong 1,0$ 0,0170	1,0 0,0185	1,0 0,0197	0,0170	0,0185	0,0197
1,0	0,0292	0,0310	0,0331	0,8 0,0315	0,75 0,0324	0,6 0,0336	0,0309	0,0320	0,0325
1,5	0,0426	0,0439	0,0453	0,5 0,0426	0,45 0,0440	0,45 0,0460	0,0301	0,0308	0,0308

$h:a$	$m_{xy_e}/p_1 a^2$			$m_{xy_m}/p_1 a^2$			$m_{xy_{fre}}/p_1 a^2$		
	$\mu = 0$	$\mu = 0,15$	$\mu = 0,3$	$\mu = 0$	$\mu = 0,15$	$\mu = 0,3$	$\mu = 0$	$\mu = 0,15$	$\mu = 0,3$
0,5	$\pm$ 0,0198	$\pm$ 0,0174	$\pm$ 0,0151	$\pm$ 0,0108	$\pm$ 0,0101	$\pm$ 0,0094	$\pm$ 0,0061	$\pm$ 0,0075	$\pm$ 0,0087
1,0	$\pm$ 0,0332	$\pm$ 0,0281	$\pm$ 0,0231	$\pm$ 0,0059	$\pm$ 0,0051	$\pm$ 0,0045	$\mp$ 0,0019	$\pm$ 0,0013	$\pm$ 0,0043
1,5	$\pm$ 0,0413	$\pm$ 0,0351	$\pm$ 0,0288	$\mp$ 0,0018	$\mp$ 0,0016	$\mp$ 0,0013	$\mp$ 0,0056	$\mp$ 0,0021	$\pm$ 0,0011

Tabelle 4. *Die Momentenwerte der an drei Rändern starr eingespannten und am vierten Rand freien Rechteckplatte infolge gleichmäßiger Vollbelastung für* $\mu = 0$, $\mu = 0{,}15$ *und* $\mu = 0{,}3$

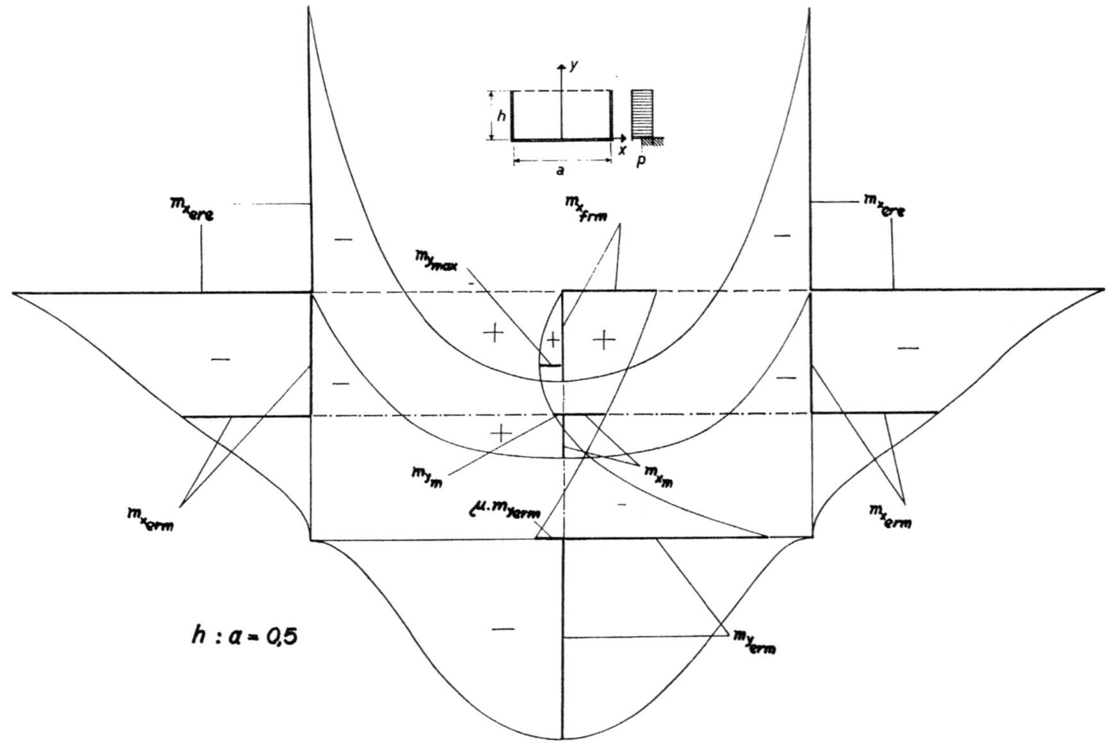

$h:a$	$-m_{y_{erm}}/p\,a^2$			$m_{y_m}/p\,a^2$			$m_{y_{max}}/p\,a^2$		
	$\mu = 0$	$\mu = 0{,}15$	$\mu = 0{,}3$	$\mu = 0$	$\mu = 0{,}15$	$\mu = 0{,}3$	$\mu = 0$	$\mu = 0{,}15$	$\mu = 0{,}3$
0,5	0,0507	0,0513	0,0522	0,0028	0,0033	0,0037	$y/h \cong 0{,}7$ 0,0060	0,7 0,0067	0,7 0,0073
1,0	0,0568	0,0566	0,0564	0,0089	0,0013	0,0167	0,45 0,0092	0,5 0,0129	0,5 0,0167
1,5	0,0570	0,0570	0,0570	0,0050	0,0011	0,0163	0,28 0,0092	0,32 0,0135	0,35 0,0180

$h:a$	$-m_{x_{erm}}/p\,a^2$			$m_{x_m}/p\,a^2$			$-m_{x_{ere}}/p\,a^2$			$m_{x_{frm}}/p\,a^2$		
	$\mu = 0$	$\mu = 0{,}15$	$\mu = 0{,}3$	$\mu = 0$	$\mu = 0{,}15$	$\mu = 0{,}3$	$\mu = 0$	$\mu = 0{,}15$	$\mu = 0{,}3$	$\mu = 0$	$\mu = 0{,}15$	$\mu = 0{,}3$
0,5	0,0317	0,0321	0,0328	0,0110	0,0116	0,0119	0,0728	0,0719	0,0691	0,0235	0,0252	0,0262
1,0	0,0667	0,0663	0,0660	0,0292	0,0303	0,0314	0,0863	0,0868	0,0860	0,0412	0,0429	0,0437
1,5	0,0800	0,0797	0,0794	0,0377	0,0383	0,0380	0,0842	0,0854	0,0860	0,0419	0,0435	0,0441

Tabelle 5. *Die Momentenwerte der an drei Rändern starr eingespannten und am vierten Rand freien Rechteckplatte infolge Dreieckvollbelastung für* $\mu = 0$, $\mu = 0{,}15$ *und* $\mu = 0{,}3$

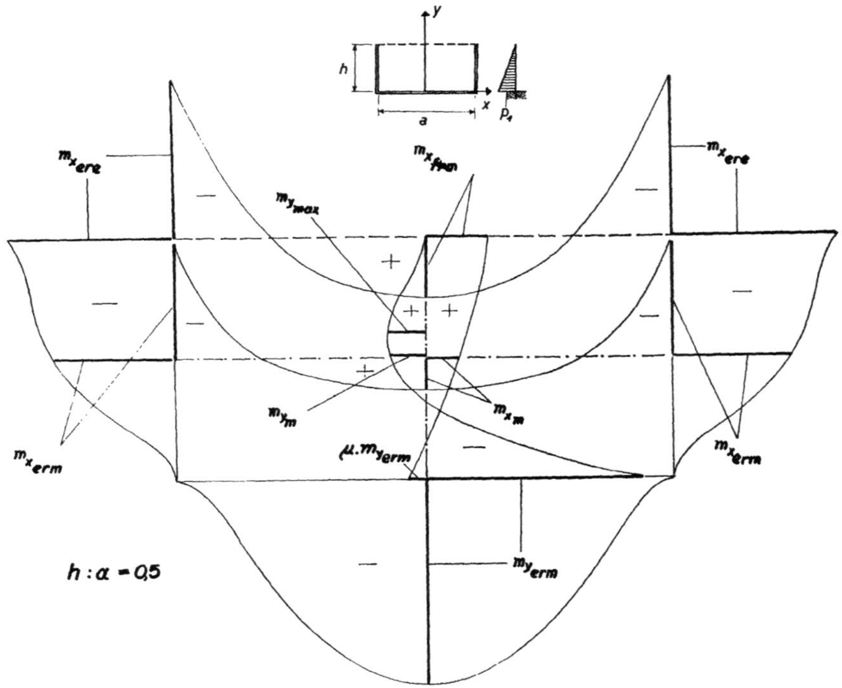

$h:a$	$-m_{y_{erm}}/p_1 a^2$			$m_{y_m}/p_1 a^2$			$m_{y_{max}}/p_1 a^2$			$-m_{y_{min}}/p_1 a^2$		
	$\mu = 0$	$\mu = 0{,}15$	$\mu = 0{,}3$	$\mu = 0$	$\mu = 0{,}15$	$\mu = 0{,}3$	$\mu = 0$	$\mu = 0{,}15$	$\mu = 0{,}3$	$\mu = 0$	$\mu = 0{,}15$	$\mu = 0{,}3$
0,5	0,0214	0,0215	0,0217	0,0035	0,0037	0,0039	$y/h \cong 0{,}6$ 0,0036	0,58 0,0039	0,57 0,0042	—	—	—
1,0	0,0351	0,0351	0,0350	0,0069	0,0087	0,0104	0,35 0,0085	0,40 0,0099	0,40 0,0114	$y/h \cong 0{,}9$ 0,0006	—	—
1,5	0,0422	0,0422	0,0422	0,0042	0,0068	0,0095	0,28 0,0093	0,30 0,0115	0,30 0,0138	0,0015	0,0005	—

$h:a$	$-m_{x_{erm}}/p_1 a^2$			$m_{x_m}/p_1 a^2$			$m_{x_{max}}/p_1 a^2$			$-m_{x_{ere}}/p_1 a^2$			$m_{x_{frm}}/p_1 a^2$		
	$\mu = 0$	$\mu = 0{,}15$	$\mu = 0{,}3$	$\mu = 0$	$\mu = 0{,}15$	$\mu = 0{,}3$	$\mu = 0$	$\mu = 0{,}15$	$\mu = 0{,}3$	$\mu = 0$	$\mu = 0{,}15$	$\mu = 0{,}3$	$\mu = 0$	$\mu = 0{,}15$	$\mu = 0{,}3$
0,5	0,0123	0,0124	0,0126	0,0034	0,0039	0,0044	0,0064	0,0068	0,0071	0,0167	0,0163	0,0154	0,0064	0,0068	0,0071
1,0	0,0301	0,0300	0,0299	0,0118	0,0127	0,0138	0,0122	0,0129	0,0138	0,0135	0,0132	0,0126	0,0092	0,0094	0,0093
1,5	0,0391	0,0391	0,0390	0,0177	0,0183	0,0189	0,0180	0,0190	0,0200	0,0087	0,0085	0,0082	0,0065	0,0065	0,0064

Während der Ausarbeitung dieser Berechnungen ist eine Arbeit [14] erschienen, welche die Lagerungsfälle 1, 2, 4 und 6 der dreiseitig gelagerten Rechteckplatte behandelt, wobei durchwegs die Querdehnungszahl $\mu = 0{,}2$ berücksichtigt wird. Die Berechnungsergebnisse sind dort für verschiedene Seitenverhältnisse in Tabellen und Diagrammen zusammengestellt.

Den zusammengestellten Berechnungsergebnissen der vorliegenden Untersuchung (s. Tabellen 2, 3, 4 und 5) kann entnommen werden:

1. Die positiven Biegemomente m_{xm}, $m_{x\,\max}$, $m_{x\,\mathrm{frm}}$, m_{ym} und $m_{y\,\max}$ werden mit steigender Querdehnungszahl größer; diese Erscheinung ist aus den Beziehungen

$$m_x = -K\left(\frac{\partial^2 w}{\partial x^2} + \mu\frac{\partial^2 w}{\partial y^2}\right),$$

$$m_y = -K\left(\frac{\partial^2 w}{\partial y^2} + \mu\frac{\partial^2 w}{\partial x^2}\right)$$

zu erklären. Der Einfluß der Querdehnungszahl tritt beim 1. Lagerungsfall (alle drei Ränder frei drehbar gelagert) wesentlich stärker in Erscheinung als beim 6. Lagerungsfall (alle drei Ränder starr eingespannt).

2. Die Drillmomente m_{xye} und m_{xym} werden, wie erwartet, erklärbar durch die Beziehung

$$m_{xy} = -K(1-\mu)\frac{\partial^2 w}{\partial x\,\partial y}$$

mit steigender Querdehnungszahl μ kleiner, während $m_{xy\,\mathrm{fre}}$ (im Platteneck, wo ein frei drehbar gelagerter Rand und ein freier, ungestützter Rand zusammentreffen) mit zunehmendem μ größer wird.

3. Die Berechnungsergebnisse der Einspannmomente werden von einer Veränderung der Querdehnungszahl nur geringfügig beeinflußt. Zudem kommt einwandfrei zum Ausdruck, daß beim Seitenverhältnis $h : a = 1{,}0$ und erst recht beim Seitenverhältnis $h : a = 1{,}5$ das Einspannmoment $m_{y\,\mathrm{erm}}$ bei variabler Querdehnungszahl konstant ist; d. h. die die Querzahl enthaltende Randbedingung $m_y = 0$ am Rand $y = h$ hat ab dem Seitenverhältnis ungefähr $h : a = 1{,}0$ keinen Einfluß mehr auf das Einspannmoment $m_{y\,\mathrm{erm}}$.

Literatur

[1] Horch, H.: Beitrag zur Berechnung dreiseitig gelagerter Platten. Beton- u. Stahlbetonbau **49**, H. 3, 63 (1954). — Zuschrift: Beton- u. Stahlbeton **50**, H. 9, 249 (1955). — Fuchssteiner, W.: Drei- und zweiseitig gelagerte Platten. Beton- u. Stahlbetonbau **50**, H. 9, 240 (1955). — Beck, H.: Ein erweitertes Lastaufteilungsverfahren zur vereinfachten Plattenberechnung. Der Bauingenieur **30**, H. 4, 150 (1955). — Koppenhöfer, H.: Näherungsberechnung dreiseitig eingespannter Platten mit einem freien Rand, konstanter Plattensteifigkeit und gleichmäßig verteilter Belastung. Die Bautechnik **33**, H. 7, 252 (1956). — Kuhlmann, H.: Beitrag zur Berechnung rechteckiger Behälter. Beton- u. Stahlbetonbau **51**, H. 12, 281 (1956).

[2] Goriupp, K.: Die dreiseitig gelagerte Rechteckplatte. I. Mitteilung: Ing.-Arch. **16**, H. 2, 77 (1947); II. Mitteilung: Ing.-Arch. **16**, H. 3 u. 4, 147 (1948); Berichtigung: Ing.-Arch. **16**, H. 5 u. 6, 446 (1948).

[3] Bittner, E.: Platten und Behälter. Wien: Springer-Verlag (in Vorbereitung).
[4] Czerny, F.: Die hydrostatisch belastete Platte beliebiger Form mit einem freien Rand in der Wasserspiegel-Ebene. Der Bauingenieur **35**, H. 8, 302 (1960).
[5] Czerny, F.: Tafeln für dreiseitig gelagerte Rechteckplatten. Beton-Kalender 1961, I. Teil, S. 203; Beton-Kalender 1964, I. Teil, S. 208. Berlin: Ernst u. Sohn.
[6] Roark, R. J.: Formulas for stress and strain, Third Ed. New York-Toronto-London: McGraw-Hill Book Company, Inc. 1954.
[7] Timoshenko, S., und S. Woinowsky-Krieger: Theory of plates and shells, Second Ed. New York-Toronto-London: McGraw-Hill Book Company, Inc. 1959.
[8] Franz, G.: Die Brücke für die Umgehungsstraße Bacharach über die Eisenbahngleise der linken Rheinuferbahn. Der Bauingenieur **29**, H. 5, 182 (1954).
[9] Homberg, H., und W. R. Marx: Schiefe Stäbe und Platten. Düsseldorf: Werner-Verlag 1958. — Lücking: Versuchsergebnisse bei Platten und a. Biegebelastungs- und Dauerschwingbelastungsversuchen der MPA Stuttgart anläßlich des Baues der Rodenkirchner Rheinbrücke. Düsseldorf: Dyckerhoff u. Widmann K. G. 1952. — Bührer: Versuchsergebnisse bei Plattenversuchen. Bundesbahnzentralamt München. — Simmons, J. C.: Mag. of Concrete Research **7**, Nr. 19, 31 (1955); **8**, 39 (1956). — Ohlemutz, A.: Der Bauingenieur **32**, H. 1, 28 (1957).
[10] Rüsch, H., und A. Hergenröder: Einflußfelder der Momente schiefwinkeliger Platten. München: Selbstverlag der MPA für das Bauwesen der T. H. München 1961.
[11] Yoshida: Über das elastische Verhalten von Beton, mit besonderer Berücksichtigung der Querdehnung. Berlin: Springer-Verlag 1926.
[12] DIN 1075, Absatz 3,3.
[13] DIN 4227, Absatz 7,32.
[14] Hellan, K.: The rectangular plate with one free edge. Trondheim: Norges Tekniske Høgskole 1960.

Die Haftlänge von Vorspannankern nach Rechnung und Versuch

Von

L. Seltenhammer, Wien

Mit 4 Textabbildungen

Die Anwendung von Vorspanngliedern gewinnt nicht nur im Stahlbetonbau immer weitere Verbreitung, sondern dient auch häufig der Verankerung im Fels oder Altbeton. Während die Endverankerung vorgespannter Bewehrungen im Stahlbeton statisch und konstruktiv als weitgehend abgeklärt gelten kann, trifft dies auf die Festhaltung des Fußteiles von Ankerungen nicht im gleichen Maße zu. Es mag daher für spätere Anwendungen nützlich sein, wenn nachstehend kurz über das Ergebnis von Labor- und Naturversuchen berichtet wird, die unter anderem zum Zwecke der Überprüfung der Berechnung und gegebenenfalls Berichtigungen der Bemessung der Fixverankerung im Bohrloch angestellt und vom Verfasser als Sachverständigem der Wasserrechtsbehörde statisch begutachtet worden sind.

Es handelt sich dabei um über 100 Vorspannglieder von 12 bis 42 m Länge, ausgeführt nach dem BBRV-Verfahren und je nach Type aus 16 bis 34 Einzeldrähten mit Durchmesser 7 mm bestehend. Als Stahlmaterial war der von der Firma Felten & Guilleaume speziell für Vorspannzwecke entwickelte kaltgezogene Draht „Delta 100“ vorgesehen, dessen kennzeichnende Festigkeitswerte sind: Kriechgrenze mindestens 100 kp/mm^2, 0,2-Streckgrenze 145 kp/mm^2, Bruchspannung 165 kp/mm^2. Die anzuwendende Vorspannung wurde mit rund 105 kp/mm^2 etwa gleich der Kriechgrenze festgelegt und entspricht damit annähernd 60 % der Mindestbruchfestigkeit.

Als entscheidend für die Zulässigkeit des Vorspannverfahrens im gegenständlichen Fall wurde die zuverlässige Verankerung der unzugänglichen unteren Ankerköpfe angesehen, die teils in Fels unterschiedlicher Güte und teils in Altbeton mittelmäßiger Beschaffenheit zu liegen kommen. Da bei der großen Anzahl vorgespannter Anker eine auf alle Fälle ausreichend scheinende Überdimensionierung der Einbettungslänge erhebliche Mehrkosten an Bohrlochtiefe und Spanngliedlänge bedingt hätte, entschloß sich der Bauherr zur Durchführung der eingangs erwähnten Vergleichsversuche, um bei der Bemessung sowohl der gebotenen Wirtschaftlichkeit als auch der geforderten Sicherheit gleicherweise Rechnung tragen zu können.

Eine spannungsoptische Versuchsreihe im Labor sollte zunächst Aufschluß über die Größe und Verteilung der Haftspannungen geben, welche die Überleitung der Vorspannkräfte aus dem Vorspannglied ins umgebende Medium (Mörtel, Beton, Fels) besorgen. Dabei wurden zur Berücksichtigung des Einflusses von Einbettungslänge, Lage des Einbettungsbereiches zur Berandung der Umgebung und Nachgiebigkeit der Verbindung zwischen Stab und Umgebung verschiedenartige Versuchskörper untersucht, deren typische Ausbildung aus Abb. 1 zu ersehen ist. Nach Angabe der Versuchs-

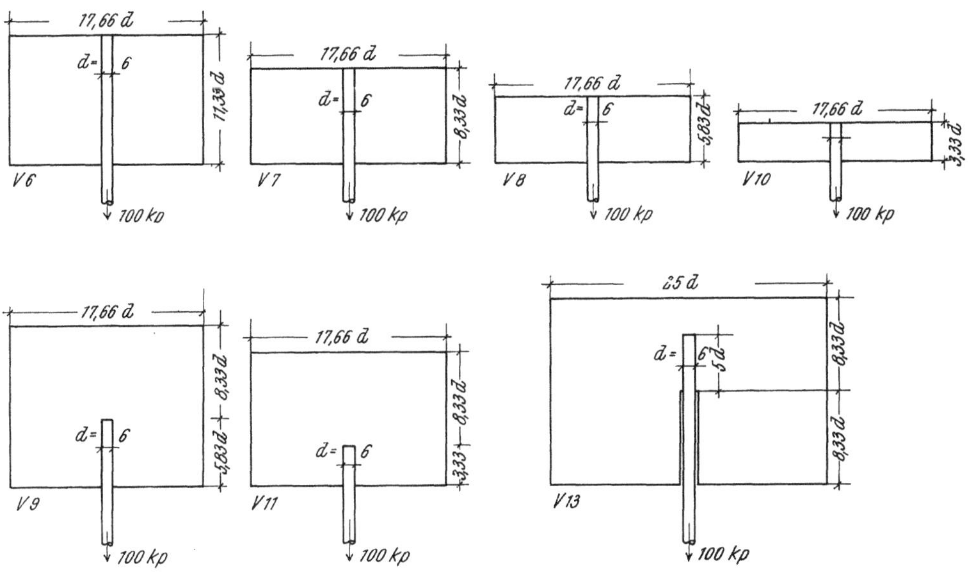

Abb. 1. Typen der spannungsoptischen Versuchskörper

anstalt wurden die Versuchsmaterialien für Ankerstäbe und Umgebung so ausgewählt, daß dem in der Natur zu erwartenden Verhältnis der E-Moduli genügend genau entsprochen war. Die Versuchsstäbe waren in die Modelle so eingeklebt, daß ein idealer Verbund dargestellt wurde. Lediglich der Versuch V_{13} wurde mit nicht völlig ausgehärtetem Kleber durchgeführt, um zusätzlich zum Formeinfluß den Einfluß einer mehr nachgiebigen Verbindung kennenzulernen. Die versuchsmäßig ermittelten und in Abb. 2 dargestellten unterschiedlichen Haftspannungsverteilungen über die jeweiligen als Vielfaches des Stabdurchmessers $d = 6$ mm angegebenen Einbettungslängen erlauben bei jeweils gleich gehaltener Vorspannkraft 100 kp bereits bemerkenswerte Feststellungen.

Zunächst bestätigt sich die aus theoretischen Untersuchungen bereits bekannte Tatsache [1], daß die Haftspannungen — bei genügend langer Einbettungsstrecke — sehr ungleichmäßig verteilt sind und eine deutliche Spannungsspitze unmittelbar an der Krafteinleitungsstelle aufweisen (Versuche 6, 7, 8). Bemerkenswerterweise ist aber in jedem Fall die Haftspannung in der Entfernung $L_E = 6\,d$ vom Krafteinleitungspunkt bereits auf Null abgeklungen, was zur Einführung des neuen Begriffes „Übertragungslänge $L_ü \leqq 6\,d$" Anlaß gibt. Wird L_E kleiner als $6\,d$, vergleichmäßigt sich die Spannungsverteilung (Versuche 6, 7, 9, 8, 13, 10). Ein Ankerkörper größer als L_E verstärkt umgekehrt die Ungleichmäßigkeit der Spannungsverteilung (Versuche 8, 9 und 10, 11). Da sich der Versuch 13 zwanglos in diese Tendenz einfügt, ergibt sich als weiterer bemerkenswerter Schluß, daß eine unterschiedliche Nachgiebigkeit der Verbindungsschichte keinen ausschlaggebenden Einfluß auf die Verteilung der Haftspannungen ausübt.

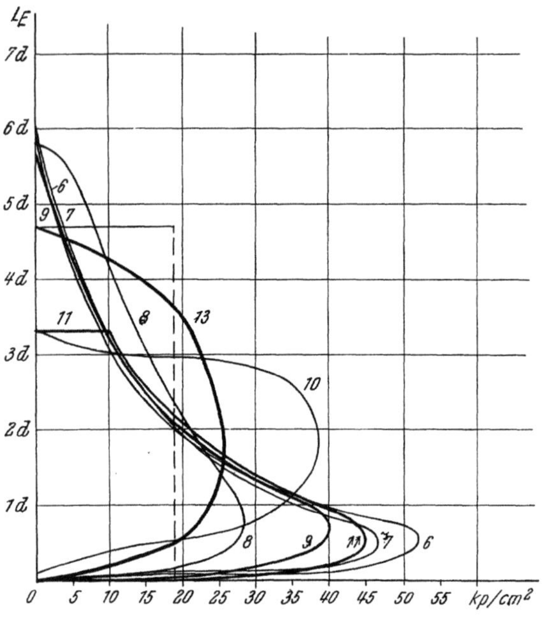

Abb. 2. Haftspannungsverteilung über die Einbettungslänge L_E

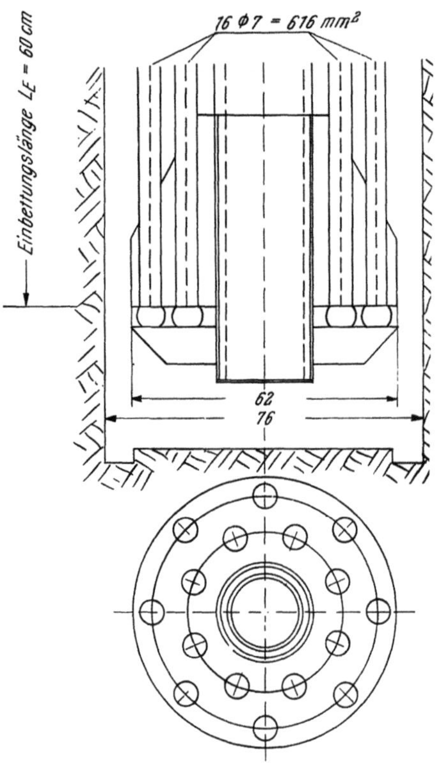

Abb. 3. Bohrloch-Ankerkopf für 62 t Vorspannkraft

Für die Umrechnung der Haftspannungswerte vom Modell auf die Abmessungen in der Natur gilt die Ähnlichkeitsformel $\frac{(\tau\, l\, d)_B}{(\tau\, l\, d)_M} = \frac{P_B}{P_M}$, wobei $B =$ Bau und $M =$ Modell bedeutet. Da aber l durch d linear ausgedrückt werden kann, gilt auch $\frac{(\tau\, d^2)_M}{(\tau\, d^2)_B} = \frac{P_M}{P_B}$.

Für die Werte der Natur $P_B = 100$ t (Bruchlast der Ausführung nach Abb. 3) und $d_B = 76$ mm ergibt die Umrechnung gemäß Versuch 13, welcher den natürlichen Verhältnissen am nächsten kommen dürfte, eine maximale Haftspannung von 163 kp/cm² aus $\tau_M = 26$ kp/cm² und eine durchschnittliche Haftspannung von 119 kp/cm² aus $\tau_M = 19$ kp/cm². Legt man Versuch 6 zugrunde, so errechnet sich sogar eine maximale Spannung von 312 kp/cm². Alle diese Spannungswerte sind weit höher, als man im gegenständlichen Fall einer Kraftübertragung durch Haftspannungen zwischen Stahl und Mörtel oder Mörtel und Fels bzw. Beton bisher als Bruchspannungen annahm. Man rechnet hierfür gewöhnlich mit Größenordnungen von 30 bis 50 kp/cm^2. Im einschlägigen Schrifttum sind wohl noch 100 kp/cm^2 als anscheinend möglich, aber doch der allgemeinen Erfahrung widersprechend bezeichnet worden [2].

Da die Spannungsoptik rein elastisches Verhalten des untersuchten Werkstoffes voraussetzt und die Umrechnung auf die Bauverhältnisse weit über dem elastischen Bereich, ja sogar über der Bruchgrenze liegende Werte ergibt, läßt sich aus den Laborversuchen zwar auf die anfänglichen statischen Verhältnisse schließen, jedoch nur mit Vorbehalt etwas über den Bruchvorgang aussagen. Hierzu bedarf es naturnaher Feldversuche, wie sie dankenswerterweise hier ebenfalls ausgeführt worden sind und nachstehend beschrieben werden. Mit Rücksicht auf die beschränkten Möglichkeiten der Krafteintragung wurde hierfür die kleinste Type der vorgesehenen BBRV-Spannanker gewählt, deren Abmessungen in Abb. 3 dargestellt und die für eine Ankernennkraft von rund 64 t ausgelegt sind. Die Bruchgrenze des Drahtbündels liegt knapp über 100 t, entsprechend der Höchstlast der verwendeten Spannpresse. Abb. 3 zeigt auch die grundsätzliche Ausbildung der Verankerung im Bohrloch mit 76 mm Durchmesser. Die 16 Einzeldrähte werden durch einen gemeinsamen Ankerkörper zusammengefaßt, der gegen die Zugrichtung mit 30° Öffnungswinkel kegelförmig ausgebildet ist und so eine sehr wirksame Keilverankerung ergibt. Die Verankerung soll jedoch allein durch die nach Auspressen der Hohlräume mit Mörtel auf die Einbettungslänge L_E entstandene Haftung an der Bohrlochwandung bewirkt werden. Die richtige Abmessung von L_E festzulegen, war eines der Hauptziele der Feldversuche, die mit verschiedenen Einbettungslängen angestellt wurden.

In Abb. 4 ist das Ergebnis jenes Ausziehversuches dargestellt, dessen bewußt knapp gehaltene Einbettungslänge $L_E = 60$ cm $= 7{,}9\,d$ betrug. Bei den übrigen Versuchskörpern mit größeren Einbettungslängen, L_E bis 5 m, konnten wegen der begrenzten Leistungsfähigkeit der Spannpresse Brucherscheinungen nicht erzielt werden. Die Analyse dieses in Abb. 4 als Linienzug c dargestellten Versuchsergebnisses läßt Schlüsse über die Art der Spannungsumlagerung bei den den elastischen Bereich übersteigenden Belastungen zu. Zum Vergleich ist die Spannungsdehnungslinie a des Stahlmaterials Delta 100 als dünne Linie eingetragen.

Betrachtet man zunächst den Einzeldraht mit $d = 7$ mm, so kann eine Übertragungslänge $l_ü = 6\,d = 4{,}2$ cm mit Bruchhaftspannungen von 40 bis 50 kp/cm^2 nur wenige hundert Kilopond Drahtzugkraft weiterleiten. Die jeweils wirksame Übertragungsstrecke $l_ü$ der Einzeldrähte wird also nach Überwindung der maximalen Haftspannungen zwischen Stahl und Mörtel sehr rasch nach unten weiterwandern. Bei steigender Ankerspannung werden schließlich die Einzeldrähte nur mehr in der gemeinsamen unteren Grundplatte Halt finden können, die sich ihrerseits aber noch auf den Mörtelpfropfen in dessen ganze Einbettungslänge L_E abstützt. Die Linie c in Abb. 4 zeigt diese Kraftumlagerung durch einen Sprung bei etwa 78 kp/mm² Drahtspannung deutlich an. Auf die Gesamteinbettungslänge von 60 cm bezogen, ergibt sich daraus eine mittlere Haftspannung der Einzeldrähte von rund 23 kp/cm², welcher Wert als Mischung zwischen Haftspannungen und Reibungskräften durchaus wahrscheinlich ist.

Nimmt man bei zunächst kleinen Drahtspannungen die aus den spannungsoptischen Versuchen gewonnene Übertragungslänge zwischen

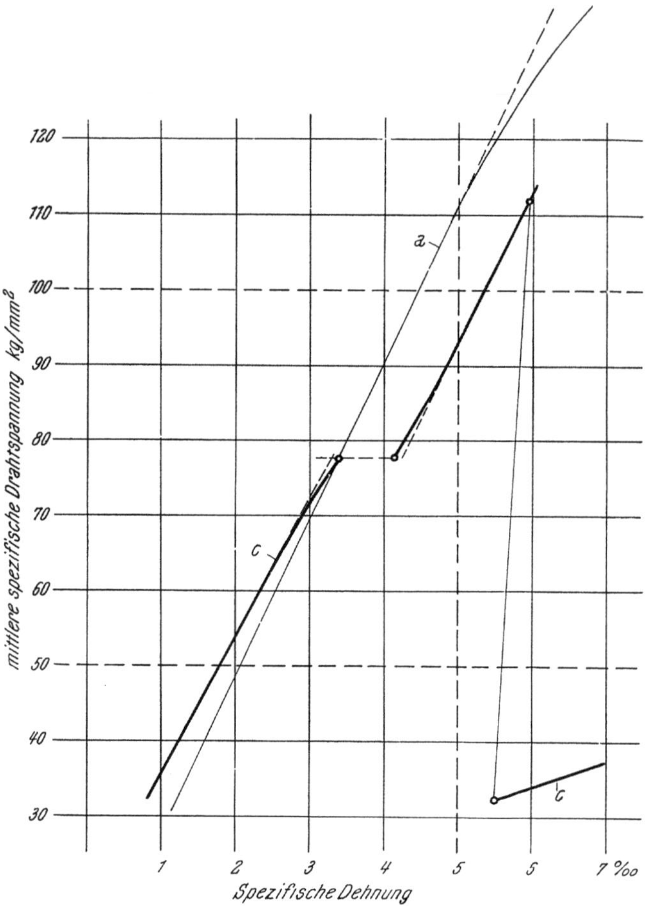

Abb. 4. Last-Weg-Diagramm eines Naturversuches nach Abb. 3

Mörtelpfropfen und Bohrloch $l_ü = 6\,d = 6 \times 7{,}6 = 45$ cm als wirksam an, so wird hier erst bei einer spezifischen Drahtspannung von knapp 100 kp/mm² eine mittlere Bruchhaftspannung am Bohrlochrand von 40 bis 50 kp/cm² erreicht. Die Spannungsspitze kann dabei nach den spannungsoptischen Versuchen 30 bis 40% höher, d. h. mit etwa 50 bis 70 kp/cm² eingeschätzt werden und erreicht damit die Grenze der Festigkeit. Nach dem Spannungsbild der Laborversuche muß also im Bereich der Spannungsspitzen die Bruchhaftspannung bereits überwunden und Gleiten eingetreten sein. Die Übertragungslänge $L_ü$ rückt dadurch bei steigender

Belastung abwärts, solange ein Überschuß an Einbettungslänge L_E über die Übertragungslänge $L_ü$ zur Verfügung steht. Der steigenden Ankerbelastung wird dabei durch die auf die wandernde Länge $L_ü$ wirksame Haftspannung und durch die auf den Rest der Einbettungslänge wirkende kleinere Reibung das Gleichgewicht gehalten. Im vorliegenden Fall ist der nur geringe Überschuß von $7{,}9\,d > 6\,d$ aber bald aufgezehrt, und bei etwa 110 kp/mm² Drahtspannung erfolgt ein plötzlicher Abfall der Drahtspannung auf wenig mehr als 30 kp/mm².

Das Abwärtswandern der Übertragungslängen $L_ü$ und $l_ü$ bedeutet eine stetige Vergrößerung der Dehnlänge des Vorspanngliedes, was sich rechnerisch in einer scheinbaren Verflachung der Spannungsdehnungslinien ausdrückt, wenn die Dehnung durchwegs auf die ursprüngliche Dehnlänge bezogen wird. Damit ist die in Abb. 4 deutlich merkbare verschiedene Neigung der Spannungslinie für das Drahtmaterial und das Vorspannglied erklärt.

Nach Überwindung der Haftfestigkeit an der Bohrlochwand im gesamten Bereich L_E erfolgt die Kraftübertragung in völlig anderer Weise nur mehr mittels der konischen Ankerplatte am Fuß des Drahtbündels. Diese wirkt keilförmig auf den Auspreßmörtel, drückt diesen dadurch an die Bohrlochwand und weckt dort Reibungskräfte, welche nunmehr die Einleitung der Vorspannkraft in den Grundkörper besorgen. Die ertragbare Ankerkraft ist allerdings nach völliger Zerstörung der Haftung zwischen Mörtel und Bohrlochwandung wesentlich kleiner als früher.

Das Ergebnis vorstehend beschriebener Versuche kann als Richtlinie für die Bemessung von Vorspannankern wie folgt zusammengefaßt werden:

1. Die Übertragungslänge der Ankerkraft ist mit $6\,d$ begrenzt. Die Ermittlung einer „erforderlichen Ankerlänge" durch Rückrechnung aus einer gleichmäßig verteilt gedachten zulässigen Haftspannung kann zu gefährlichen Fehlschlüssen führen.

2. Bei aus Drahtbündeln bestehenden Ankern ist die Anordnung einer möglichst keilförmig wirkenden Ankerplatte unerläßlich, da die Haftung zwischen Draht und Mörtel zur einwandfreien Übertragung der vollen Ankerkraft bei weitem nicht ausreicht.

3. Die auf die maßgebende Übertragungslänge $6\,d$ bezogene mittlere Haftfestigkeit zwischen Mörtel und Fels oder Altbeton übersteigt nicht wesentlich den schon bisher üblichen Wert von 30 bis etwa 40 kp/cm².

4. Spannungsoptische Untersuchungen können nur Aufschluß über das Verhalten im rein elastischen Bereich geben. Über das tatsächliche Bruchverhalten können nur naturnahe Ausziehversuche Aufschluß geben, wobei allerdings die Spannungsverteilung im elastischen Bereich als Ausgangspunkt wertvolle Gedankenhilfe gibt.

Literatur

[1] Melan-Hartmann: Der Brückenbau, 3. Band, Stahlbrücken, S. 222. — Schleicher: Taschenbuch für Bauingenieure, 2. Aufl., Band I, S. 599, 634, 762. 1954.

[2] Aichhorn, Josef: Ausziehversuch mit abnormal kurzen Perfo-Dübelankern. Österreichische Ingenieur-Zeitschrift H. 7 (1964).

Hängebrücke mit Seildiagonalen

Von

F. Cichocki, Graz

Mit 8 Textabbildungen

Einleitung

Wenn im nachfolgenden über Untersuchungen an einem Hängebrückensystem berichtet wird, so sei vorweg gesagt, daß das Ergebnis den Erwartungen nicht voll entsprochen hat. In den Schlußfolgerungen wird auf die Gründe näher eingegangen werden.

Die Arbeit mag aber doch für manchen nützlich sein, der auf dem gleichen Gebiet Untersuchungen anstellt.

Nur mit elektronischen Rechenanlagen ist es möglich, hochgradig statisch unbestimmte Systeme in verhältnismäßig kurzer Zeit zu untersuchen. Es sei der Firma Waagner-Biro und dem Leiter der elektronischen Rechenanlage, Herrn Dr. techn. P. Klement, für die Unterstützung bei der Durchführung der Berechnung bestens gedankt.

Entwicklung des Systems

Zu Beginn des Hängebrückenbaues hatten die Brücken keine Versteifungsträger. Die Kabel stellten sich je nach Spannung und Belastung in die entsprechende Gleichgewichtslage. Es lag daher nahe, daß Konstruktionen zur Versteifung dieser Tragwerke entworfen wurden, und es sind schon im 18. Jahrhundert eine Reihe von Entwürfen mit Schrägseilen und Spannkabeln entstanden. Später trat eine Vereinfachung aller dieser Systeme ein, und mit dem Aufkommen der Hängebrückentheorie II. Ordnung zu Anfang dieses Jahrhunderts war auch die klassische Form der Hängebrücke mit lotrechten Hängern und statisch bemessenen Versteifungsträgern erreicht, die durch viele Jahrzehnte gebaut wurde.

Erst in jüngster Zeit mit dem Vorstoß zu übergroßen Spannweiten und der Erkenntnis über die Windstabilität traten Forderungen nach Versteifung der Hängebrücken auf, die mit Rücksicht auf die Wirtschaftlichkeit über die Versteifung durch Versteifungsträger allein hinausgehen. So erhielt die Bronx-Whitestone-Brücke auf Vorschlag von D. B. Steinman nachträglich eine Versteifung durch einen zusätzlichen Gurt und durch Schrägseile [1].

Steinman befürwortet überhaupt in den letzten Jahren seiner Entwurfstätigkeit Schrägseile und hat auch für die von ihm vorgeschlagene Hängebrücke über die Meerenge von Messina Schrägseile vorgesehen. Diese wurden allerdings vom Auflager des Versteifungsträgers schräg gegen die Kabel geführt [2].

Bei den Projekten für die Tajobrücke bei Lissabon wurde von F. LEONHARD auch ein Vorschlag mit einer rautenförmigen Ausfachung zwischen Versteifungsträger und Kabel gemacht, und derzeit ist in England die Severnbrücke im Bau, mit Hängeseilen, die zwischen Versteifungsträger und Kabel eine Fachwerkwand bilden [3].

Ein anderer Gesichtspunkt beim Entwurf von Hängebrücken wurde durch die erstmals beim Entwurf der Elbe-Hochbrücke Hamburg erhobene Forderung nach Wandersicherheit der Schellen in den Vordergrund gerückt. Über die damaligen Untersuchungen wurde im Stahlbau 1943 berichtet [4].

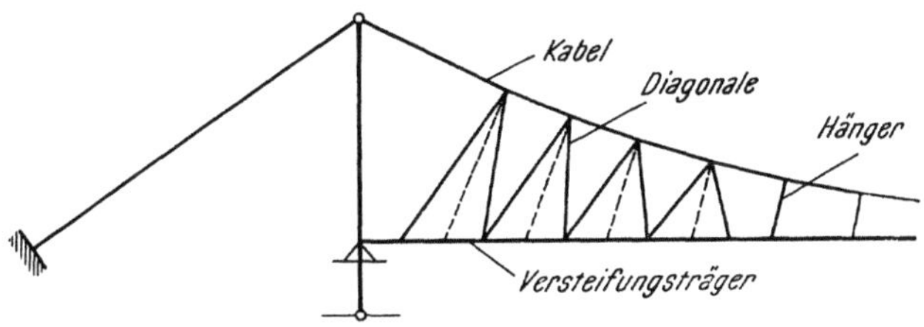

Abb. 1. System der Hängebrücke mit Seildiagonalen

Die Haftung der Schellen auf dem Kabel und die Wandersicherheit spielen bei Kabeln aus vorgefertigten verschlossenen Seilen, wie sie vorzugsweise in Europa angewendet werden, eine größere Rolle als bei den im Luftspinnverfahren hergestellten Kabeln. Bei diesen entstehen vermutlich unter den Schellen beim Anklemmen Querschnittsänderungen, welche das feste Anklemmen begünstigen.

Untersuchungen zur Lösung des Problems, das Abgleiten der Schellen hintanzuhalten, führten zu einer neuen Form der Hängebrücke, und zwar mit geneigten Hängern. Dieses System wurde im Stahlbau 1951 beschrieben [5].

Durch die Anordnung von Seildiagonalen entsteht aus dem Hängebrückensystem mit Versteifungsträger ein Fachwerk, das bei starren Diagonalen überhaupt keinen Versteifungsträger benötigen würde. Ein solches System wurde seinerzeit von Prof. DISCHINGER vorgeschlagen [6].

Hier wird eine Auslegerfachwerkbrücke durch das Kabel von der ständigen Last entlastet. Das weitere Zusammenwirken von Fachwerk und Kabel hängt sehr von der Wahl der Steifigkeiten der Stäbe ab. Auf jeden Fall müssen die Schellen, welche die Verbindung zwischen Kabel und Fachwerk bewirken, erhebliche Kräfte übertragen. Die Diagonalstäbe im Fachwerksystem werden durch die Verkehrslast auf Zug und Druck beansprucht.

In weiterer Verfolgung des Gedankens, eine Hängebrücke durch Diagonalen, welche vor allem Seildiagonalen sein sollten, zu versteifen und gleichzeitig die Schellenbefestigung am Kabel zu entlasten, wurde auf das Hängebrückensystem mit schrägen Hängern zurückgegriffen. In Abb. 1

ist dies durch Übereinanderzeichnung der beiden Systeme veranschaulicht. In dem Bereich, wo das Kabel nahe an den Versteifungsträger heranreicht, wie in Brückenmitte, ist es bei gleicher Teilung nicht mehr möglich, Diagonalen unterzubringen. In diesem Teil sollen die schrägen Hänger belassen werden. Der Übergang von Diagonalen zu Hängern ergibt eine Unstimmigkeit in der Teilung, aber auch die Einbringung der ständigen Last, welche im wesentlichen von der Lage der Querträger abhängt, bedarf einer besonderen Überlegung. Der Versteifungsträger soll bei diesem System nicht gänzlich unterdrückt werden. Im mittleren Bereich, wo keine Diagonalen angeordnet werden können, muß er sowieso vorhanden sein, und unterhalb der Seildiagonalen ist er bei der Lastverteilung von konzentrierten Einzellasten sehr wertvoll. Es entsteht so ein Fachwerksystem mit biegesteifem Gurt, welches bei parallelen Gurten unter dem Namen „Warrenscher Träger" behandelt wurde. Auch die genaue Berechnung von Rautenträgern unter Berücksichtigung der Biegesteifigkeit der Gurte ist schon relativ lange bekannt. Es sei auf die Arbeiten von Dr. Krabbe und Prof. Sattler verwiesen [7].

Der Zustand „Ständige Last"

Für die Untersuchung sind zunächst die Systemmaße, also die Form des Kabels und die Lage der Punkte am Seil und am Versteifungsträger, festzulegen. Hiezu wird auf die seinerzeitige Veröffentlichung im Stahlbau 1951 verwiesen. Die Form des Kabels bzw. die Lage der Schellen ergibt sich aus einer Rekursionsformel, welche programmiert wurde und die Berechnung auf der elektronischen Rechenanlage ermöglicht.

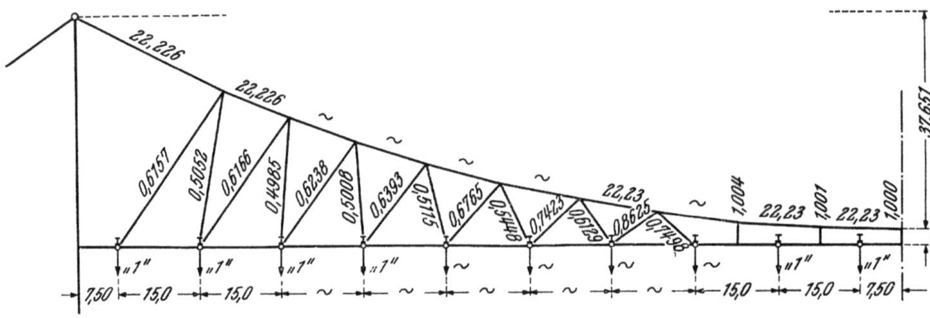

Abb. 2. Kabel- und Diagonalkräfte für Vollast

Für die Lasteintragung ist im wesentlichen die Lage der Querträger maßgebend. Am Ende der Montage soll — wie allgemein üblich und durch Montagemaßnahmen erzielbar — der Versteifungsträger keine Momente haben. Es können also für die Berechnung der Seilkräfte an beliebigen Stellen gedachte Gelenke angenommen werden. Damit kann die Lasteintragung in das System, die Kabelkräfte und die Kräfte in den Hängern und Diagonalen mit einer einfachen Kraftzerlegung von Punkt zu Punkt fortschreitend gewonnen werden.

In Abb. 2 ist das System mit Gelenken angedeutet. Die Querträger im Bereich der Hänger sind jeweils in der Mitte zwischen zwei Hängern und im Bereich der Diagonalen jeweils in den Knoten angeordnet. Die Berechnung wurde mit den Systemabmessungen des bereits seinerzeit gerechneten Beispiels mit $L = 20 \times 15 = 300$ m und $Q/S = 0{,}045$ mit $Q = 1$ durchgeführt.

In Abb. 2 ist das Ergebnis für Kabel und Diagonalen eingetragen, wobei die im Versteifungsträger auftretenden Kräfte weggelassen wurden. Sie sind verhältnismäßig gering.

Wie zu erwarten, bleibt die Wirkung des Gleichkraftpolygons erhalten. Das Kabel hat über die ganze Länge die gleiche Seilkraft, d. h. auch, daß die Schellen aus der ständigen Last keine Abtriebskraft erhalten.

Die Kräfte in den Diagonalen sind naturgemäß ungleich groß. Dies spielt jedoch bei den kurzen Seilen und der größeren erforderlichen Sicherheit keine Rolle.

Berechnung für Verkehrslast

Wir haben es mit einem hochgradig statisch unbestimmten System zu tun, für dessen Berechnung eine elektronische Rechenanlage eingesetzt wurde.

Dabei genügt es, die Berechnung so zu programmieren, daß Momente und Stabkräfte für die Belastung mit einer Einzelkraft $P = 1$ in einem Punkt des Versteifungsträgers errechnet werden können. Ist dies ermöglicht, können damit Einflußlinien aufgetragen werden.

Grundsätzlich wird zunächst eine Berechnung nach der Theorie I. Ordnung durchgeführt. Es ist zu erwarten, daß dieses System steifer als eine übliche Hängebrücke ist und daher der Einfluß der Durchbiegung nicht so entscheidend ist. Zudem kommt es zunächst nur auf eine Darstellung der wichtigsten Ergebnisse und einen Vergleich mit einer üblichen Hängebrücke an.

Es erschien zweckmäßig, als statisch unbestimmte Größen die Kabelkräfte anzunehmen. Das Grundsystem ist also der frei aufliegende Balken. Bei dieser Wahl treten zwar große Momentendifferenzen auf; dies spielt jedoch bei der Genauigkeit, welche mit elektronischen Rechnern zu erzielen ist, keine Rolle. Das System nach Abb. 3 hat somit 14 statisch unbestimmte Größen.

Die Berechnung wurde auf einer Rechenanlage IBM 1620 durchgeführt, und nachstehend werden die wichtigsten Ergebnisse im Vergleich zu den Größen einer normalen Hängebrücke mit gleichen Querschnittsgrößen dargestellt.

In Abb. 3 ist das System mit den angenommenen bzw. nach dem Gleichkraftpolygon errechneten Werten dargestellt. Die Querschnittsgrößen werden für die Berechnung sehr vereinfacht, und zwar:

Versteifungsträger	$F = 1{,}0$ m²	$I = 1{,}0$ m⁴
Kabel.................	$F = 0{,}2$ m²	
Seildiagonalen	$F = 0{,}01$ m²	
Pylon.................	$F = 2{,}0$ m²	

Ferner wurde mit einem einheitlichen E-Modul gerechnet und angenommen, daß der kleinere Elastizitätsmodul für die Seile schon in der Fläche berücksichtigt ist.

Für die Hängebrücke normaler Ausführung wurde das Pfeilverhältnis gleich belassen, also $f = 37{,}651$ m bei $L = 300$ m und gleichen Querschnittswerten wie vor.

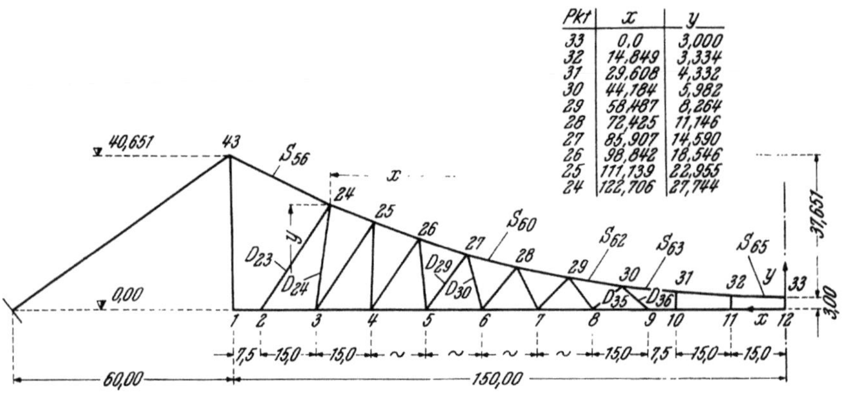

Abb. 3. Systemmaße für das Berechnungsbeispiel

In Abb. 4 sind nun die Einflußlinien für den Horizontalzug bei der Hängebrücke und drei Seilkräfte des diagonal versteiften Systems übereinandergezeichnet. Die Seilkräfte sind S_{56} anschließend an das Sattellager, S_{60} etwa im Viertelspunkt und S_{65} in Brückenmitte. Berücksichtigt man, daß im Hängebrückensystem die Seilkraft $S = \frac{H}{\cos\alpha}$ ist,

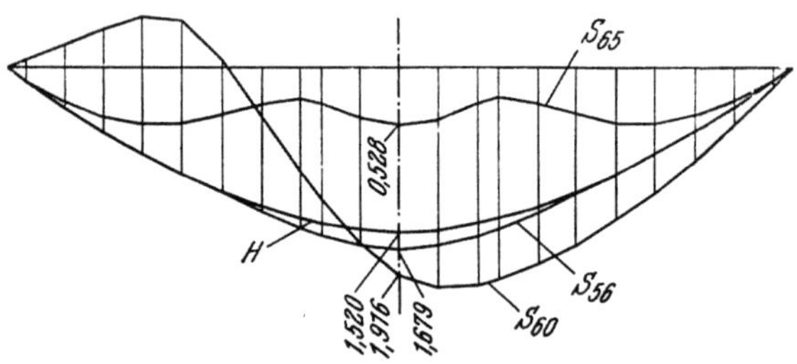

Abb. 4. Einflußlinien für Kabelkräfte

so entspricht diese Kraft etwa der Seilkraft S_{56} im neuen System. Die anderen Seilkräfte sind durch den Einfluß der Fachwerkwirkung, wobei sie als Obergurt Druckkräfte erhalten, wesentlich geringer. Zum Vergleich wurden die Ordinatensummen herangezogen, welche für S_{60} 91 % und für S_{65} 37,5 % der Ordinatensumme der Seilkraft S_{56} ergeben.

In Abb. 5 sind die Momenteneinflußlinien für Punkt 6 der beiden Systeme gegenübergestellt und in Abb. 6 die Momenteneinflußlinie für Punkt 12 (Brückenmitte).

Diese Einflußlinien wurden durch einen Irrtum in der Eingabe bei der elektronischen Berechnung auch mit einem Trägheitsmoment des Versteifungsträgers von $I = 0{,}01\ \mathrm{m}^4$, also einem Hundertstel des Trägheitsmomentes, gerechnet[1]. Man sieht den Einfluß einer Verminderung des Trägheitsmoments.

Die größten Diagonalkräfte sind beim Übergang vom Fachwerk zu den einfachen Hängern, also in den Stäben D_{35} und D_{36}. In Abb. 7 sind einige der gerechneten Einflußlinien, und zwar in der Mitte, im Viertelspunkt und am Pylon, dargestellt.

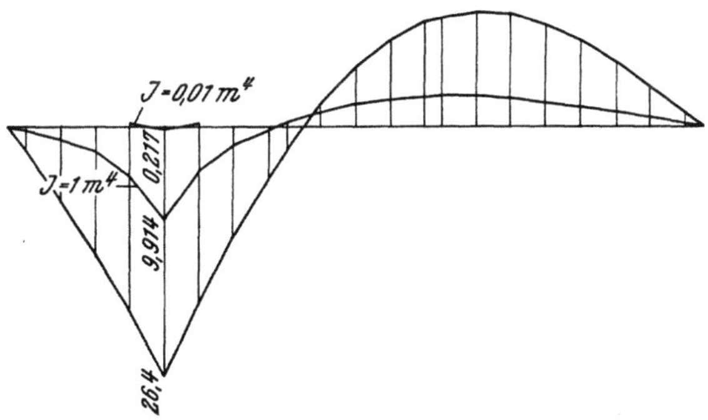

Abb. 5. Momenteneinflußlinie im Punkt 6

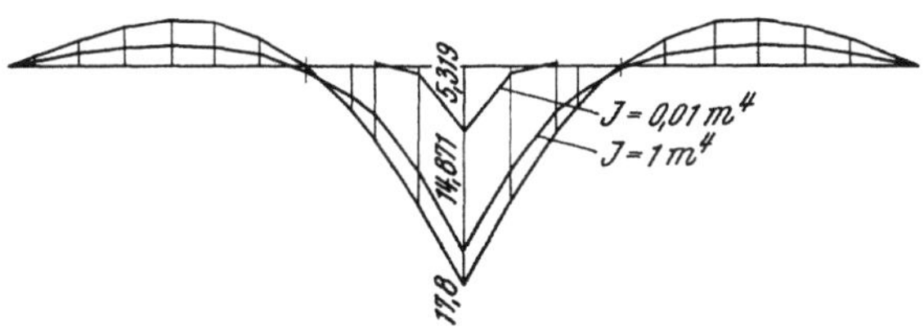

Abb. 6. Momenteneinflußlinie in Brückenmitte

Um einen Überblick über die Größen im Verhältnis zur Vorspannung zu bekommen, wurden die positiven und negativen Ordinatensummen gebildet, wobei die Ordinaten an den Grenzen der ungleichen Felder entsprechend der Belastungslänge mit einem Faktor bewertet wurden, so daß die Ordinatensumme einer Gleichlast entspricht. In der Tabelle zur Abb. 7 sind diese Summen gezeigt und man ersieht, daß bei der Diagonale D_{36} und D_{35} erhebliche Druck- und Zugkräfte auftreten. Im Vergleich zur Vorspannung, welche aus Abb. 2 ersichtlich ist, müßte also bei D_{36} das Eigengewicht ungefähr fünfmal größer sein als die Nutzlast, damit kein Druck in den Seildiagonalen entsteht.

Einen Überblick über die Größe der Klemmkraft, mit welcher die Schellen am Kabel anzuklemmen sind, um die Diagonalkräfte zu übertragen, ergibt die Differenz der Kabelkräfte. Es wird die Einflußlinie für

[1] Diese Werte wurden des Interesses wegen auch angedeutet.

die Differenz S_{62} minus S_{63} in Abb. 8 gezeigt. An dieser Stelle tritt zusammen mit den größten Diagonalkräften auch die größte Abtriebskraft für die Schellen auf. Die Ordinatensummen ergeben — 5,03 bzw. + 9,16. Dies sind sehr große und konstruktiv kaum zu bewältigende Werte.

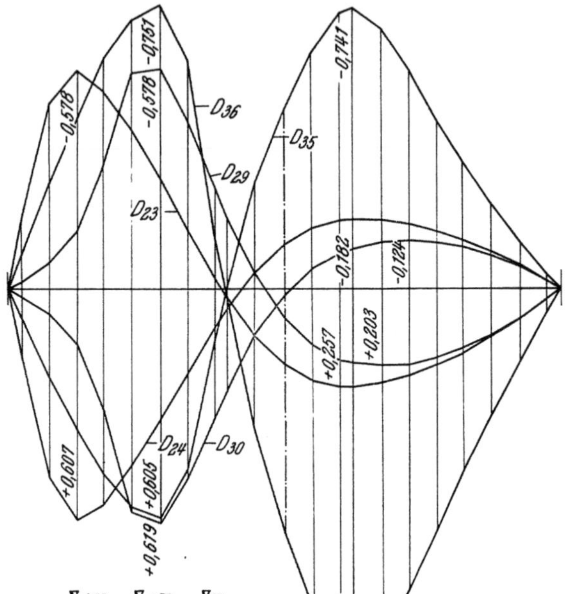

	Σ+η	Σ−η	Ση
D_{23}	+2,045	−2,560	−0,515
D_{24}	+2,921	−1,387	+1,534
D_{29}	+1,479	−2,522	−1,043
D_{30}	+2,853	−0,824	+2,029
D_{35}	+2,897	−4,895	−1,998
D_{36}	+6,771	−3,629	+3,142

Abb. 7. Einflußlinien für Diagonalkräfte

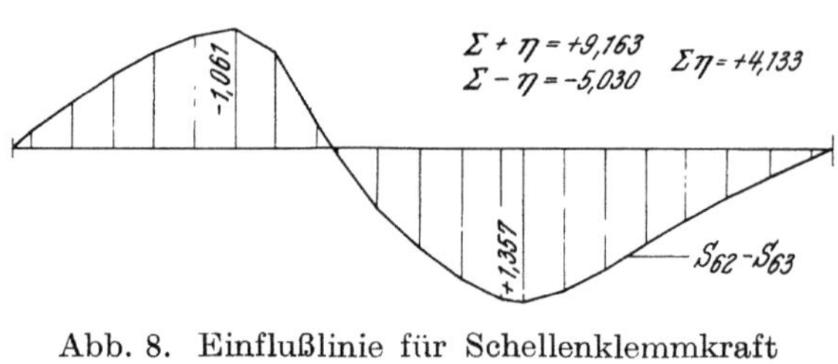

Abb. 8. Einflußlinie für Schellenklemmkraft

Schlußfolgerungen

Wie bereits in der Einleitung angedeutet, ist das Ergebnis der durchgeführten Untersuchungen nicht befriedigend.

Die Vorspannung aus dem Eigengewicht, welche in den Diagonalen durch die Formgebung des Systems eingeleitet wird, reicht nicht aus, um die Diagonalen dauernd in Spannung zu halten, wenn nicht das Eigengewicht die Verkehrslast erheblich überschreitet.

Der Einfluß des Fachwerkes überlagert sich dem Hängebrückensystem, so daß im Kabel aus der Verkehrslast stark verschiedene Kräfte auftreten. Vor allem im Mittelbereich des Systems liegt das Kabel nahe am Versteifungsträger und ist mit den beginnenden Diagonalen gegenüber dem Versteifungsträger festgelegt. Da diese Diagonalen überdies verhältnismäßig kurz sind, ist die Verbindung zu starr. Es entstehen bei der Durchbiegung des Versteifungsträgers große Schübe, welche zu den großen Diagonalkräften führen. Die Momente sind im Bereich des Fachwerkes erwartungsgemäß erheblich abgemindert.

Die weiteren Untersuchungen müßten dahingehend durchgeführt werden, das System so zu ändern, daß die offenbar zu starre Fixierung des Kabels im Mittelbereich der Brücke elastisch gestaltet wird. Möglichkeiten sind z. B. eine größere Höhe des Kabels über dem Versteifungsträger oder die Seildiagonalen nicht so weit gegen die Brückenmitte hin auszuführen. Da die Rechenprogramme vorliegen, könnten im Bedarfsfall Untersuchungen in dieser Richtung rasch durchgeführt werden. Eine weitere Frage wäre, den Einfluß der Verformung festzustellen. Wahrscheinlich ist dieser Einfluß zumindest im Bereich der Diagonalen gering.

Zum Abschluß sei nochmals allen, die im Rechenzentrum der Firma Waagner-Biro an der Ermittlung der Ergebnisse mitgewirkt haben, bestens gedankt.

Literatur

[1] Seegers, K. H.: Hängebrücken sind windsicher. Bauingenieur **25**, 223 (1950).
[2] Steinman, D. B.: Der Entwurf einer Brücke von Italien nach Sizilien. Stahlbau **20**, 29 (1951).
[3] Mitteilungen der IVBH, Bulletin Nr. 22 (1963).
[4] Witt-Cichocki: Das Wandern der Schellen. Stahlbau 16, 39 (1943).
[5] Cichocki: Eine neue Hängebrückenform. Stahlbau 20, 3 (1951).
[6] Dischinger: Auslegerbrücken, gekoppelt mit einem im Boden verankerten Kabel. Bauingenieur 26, 306 (1951).
[7] Stahlbau 4, 169 (1931); Bautechnik 29, 152 (1952).

Druckstöße in Servomotoren von Schnellschlußschützen

Von

R. Heckel und **G. Schneeweiß**, Wien

Mit 20 Textabbildungen

I. Ölhydraulische Hubwerke im Stahlwasserbau

Bei den Schützenwindwerken des Stahlwasserbaues kommen die Vorteile des ölhydraulischen Antriebes besonders zur Geltung. Denn für diese Windwerke gelten im allgemeinen folgende charakteristische Anlage- und Betriebsverhältnisse:

1. Die Hubkraft ist oft beträchtlich, die erforderliche Hubgeschwindigkeit verhältnismäßig klein. Beim mechanischen Windwerk wird die große Übersetzung unwirtschaftlich, das Pumpenaggregat des hydraulischen Hubzylinders kann dagegen ohne Schwierigkeit nach der erforderlichen Leistung dimensioniert werden.

2. Die Hubwerke müssen nach oft wochen- oder auch monatelangem Stillstand jederzeit einsatzbereit sein, wobei zum Anfahren der stillstehenden Schützen immer gleich die Maximallast benötigt wird. Die unter diesen Bedingungen bei Zahnrädern und Lagern des mechanischen Windwerkes auftretenden Schmierungsprobleme entfallen beim ölhydraulischen Hubwerk.

3. Die Schütze muß im Notfall auch bei Ausfall des elektrischen Stromes geschlossen werden können. Die Senkgeschwindigkeit soll leicht einstellbar sein. Die Ölhydraulik erfüllt ohne Mehraufwand beide Forderungen durch eine einfache Ventilsteuerung bzw. feste Blenden in der Rücklaufleitung.

4. Bei schnellschließenden Schützen muß die Fallgeschwindigkeit vor dem Erreichen der Endlage gedämpft werden. Auch das ist beim hydraulischen Hubwerk durch zwangsläufiges Drosseln des Ölstromes verläßlich möglich.

Hierzu kommen noch andere Vorteile: Der Hubzylinder selbst unterliegt zum Unterschied von Zahnrädern und Wellen keiner örtlichen Dauerbeanspruchung. Eine statische Überdruckprobe gewährleistet praktisch vollständige Betriebssicherheit. Bei Ausfall eines Motors oder einer Pumpe ist ein Austausch leicht möglich. Wenn — wie meist — mehrere Schützen vorhanden sind, kann dabei über Verbindungsrohrleitungen vorübergehend ein benachbartes Pumpenaggregat zum Antrieb des Zylinders eingeschaltet werden.

Der im Stahlwasserbau besonders wichtige Überlastschutz ist durch ein Sicherheitsventil einfach und verläßlich gewährleistet.

Auf der anderen Seite kommen die Nachteile, die bei Druckölantrieben auftreten können — Erwärmung des Öls im Dauerbetrieb, Luftaufnahme im Drucköl —, bei Windwerken von Schützen im Stahlwasserbau meist gar nicht zur Auswirkung, da im allgemeinen nach jeder Öffnungs- und Schließbewegung eine längere Pause zur Abkühlung und Entlüftung des Öls gegeben ist.

Aus den angeführten Gründen verbreitet sich der ölhydraulische Antrieb im Stahlwasserbau immer mehr. Er hat sich zuerst bei Turbineneinlaufschützen durchgesetzt, weil die dort geforderte Schnellschlußbewegung mit entsprechender Dämpfung ölhydraulisch besonders leicht zu beherrschen ist. In den letzten Jahren wird der hydraulische Druckzylinder jedoch auch für den Antrieb von normalen Wehrschützen, vor allem in Mitteleuropa, immer mehr verwendet.

II. Öldruckservomotore in Teleskopbauart

Der normale Öldruckservomotor mit Zylinder, Innenkolben und Kolbenstange baut in der Bewegungsrichtung verhältnismäßig lang. Das Gesamtaggregat benötigt mehr als den doppelten nutzbaren Hubweg. Bei den Tiefschützen in einer Talsperre, für welche hydraulische Hubzylinder zunächst vorzugsweise eingesetzt wurden, spielt dieser Platzbedarf in der Bewegungsrichtung im allgemeinen keine Rolle. Der Zylinder kann leicht im Schützenschacht untergebracht werden, wenn man sich damit abfindet, daß er bei offener Schütze und bei Vollstau den größten Teil seiner Länge ins Wasser eintaucht. Das ist zu vertreten, denn die Abdichtung zwischen Drucköl und Wasser läßt sich mit den heute zur Verfügung stehenden Spezialringen in den Stopfbüchsenpackungen ohne Schwierigkeiten lösen, und der einzige empfindliche Teil des Antriebsaggregates, die Gleitfläche der Kolbenstange, liegt im Betriebszustand — also bei gehobener Schütze — vollständig im Drucköl (Abb. 1).

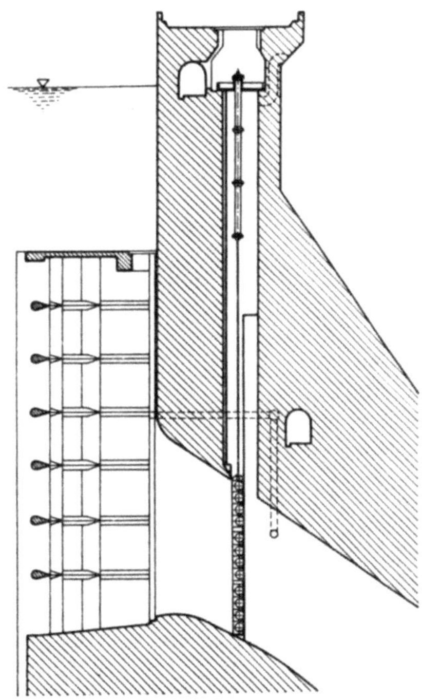

Abb. 1. Die übliche Anordnung einer Turbineneinlaufschütze

In Fällen, wo jedoch diese übliche Anordnung nicht möglich oder nicht erwünscht ist, läßt sich durch Anordnung eines Druckkolbens (Plunger) in der Regel eine platzsparende und räumlich günstigere Lösung erreichen. Die Baulänge läßt sich noch weiter verkürzen, wenn man statt eines einteiligen Druckkolbens einen teleskopartig zusammenschiebbaren wählt. Abb. 2 zeigt einen solchen Teleskopservomotor für den Antrieb einer als Segment ausgebildeten Turbineneinlaufschütze.

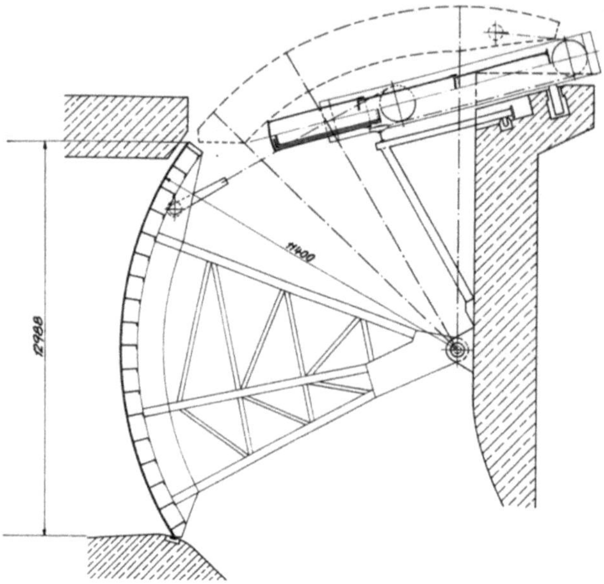

Abb. 2. Teleskopservomotor als Antrieb einer Segmentschütze (Turbineneinlaufschütze Bjurfors)

III. Die Turbineneinlaufschützen des Kraftwerkes Assuan

Die bisher bedeutendste Anwendung haben Teleskopservomotoren beim Kraftwerk Assuan gefunden. Es handelt sich dabei um das in den Jahren 1952 bis 1957 gebaute Kraftwerk zum bestehenden Assuandamm mit einer installierten Leistung von 345 MW und einer derzeitigen Jahreserzeugung von 2070 Millionen kWh. Das Kraftwerk liefert den Strom für den Bau des Assuanhochdammes und für eine in nächster Nähe bei Shellal errichtete Kunstdüngerfabrik, die den Nilschlamm ersetzen soll, auf dem die Landwirtschaft Ägyptens seit Jahrtausenden basiert und der nicht mehr zur Verfügung stehen wird, wenn der Riesenspeicher des neuen Hochdammes in Funktion tritt.

Bei einer maximalen Fallhöhe von 34 m sind in den Einläufen der KAPLAN-Turbinen schnellschlußfähige Notschützen vorgesehen, und zwar je zwei vor den sieben Hauptturbinen und je eine vor den beiden Eigenbedarfsturbinen. Für den Entwurf dieser Schützen waren folgende Bedingungen maßgebend: Die Unterkante der offenen Schütze sollte über Kote 107 liegen. Die Schützentafeln stehen dann während mehrerer Monate des Jahres über dem Stauspiegel und sind für Inspektions-, Wartungs- und Anstricharbeiten zugänglich. Nach Fertigstellung des

Hochdammes wird der Stau sogar während des ganzen Jahres auf dieser Höhe konstant gehalten werden, so daß die Schützen in ihrer Normalstellung immer vollständig im Trockenen stehen werden.

Die Schwelle der Turbineneinlaufschütze liegt auf Höhe 87; das ergibt den für eine Einlaufschütze ungewöhnlich großen Hubweg von 20 m. Bei einer von den Turbinenherstellern geforderten Schließzeit von 25 sec. ergibt sich für den Schnellschluß eine Fallgeschwindigkeit von zirka 0,9 m/sec.

Der große Hubweg und die Tatsache, daß die Oberkante der gehobenen Schütze nur 4,8 m unter der Sperrenkrone liegt, erlaubte nicht die übliche Anordnung eines Servomotorzylinders, wie sie in Abb. 1 gezeigt ist. Ein mechanisches Windwerk wurde wegen der schwierigeren Schnellschlußsteuerung und der größeren Abhängigkeit von Wartungsarbeiten vom Bauherrn abgelehnt. Es wurde daher die Ausführung nach Abb. 3 und 4 entwickelt. Die Hubhöhe des Öldruckservomotors beträgt nur ein Viertel des Schützenweges, das sind 5,2 m, und bleibt damit in vernünftigen Grenzen. Durch die über eine Rolle am Druckkolben geführte Kette, deren stromabwärtiges Ende am Fundament des Servomotors fest verankert ist, werden die Geschwindigkeit und der Hubweg zunächst auf das Doppelte übersetzt. Diese obere Kette bewegt eine in einem Führungsrahmen gelagerte Rolle, über welche die untere Hubkette läuft. Das eine Ende dieser Kette ist im Beton des Schützenschachtes verankert, am freien Ende hängt die Schützentafel, die somit den vierfachen Servomotorhub zurücklegt. Es war nun verlockend, den Führungsrahmen der unteren Kettenrolle, der mit der halben Geschwindigkeit der Schützentafel läuft, mit den Laufarmaturen einer sogenannten Freirollenschütze zu kombinieren. Es ergibt sich ein Rollenwagen, der den Wasserdruck von der Schütze auf ihre Schienen überträgt.

Damit ist nun in konsequenter Ausnützung der gegebenen Verhältnisse eine Bauausführung entstanden, wie sie einmal als Stoney-Schütze bekannt war, aber schon seit Jahrzehnten wieder verlassen worden ist. Die Gründe für die berechtigte Ablehnung der Stoney-Schützen im Wehrbau waren die hohen erforderlichen Windwerkstürme, Schwierigkeiten mit den vielen, damals meist sehr klein gewählten Laufrollen, besonders bei Vereisung, Beschädigungen des Rollenwagens, der bei gezogener Schütze immer noch zur Hälfte in den durchströmten Nischen lag, und falsch gewählte Anarbeitungstoleranzen, die sich bei der statisch unbestimmten Lagerung der Schützentafel auf den zahlreichen Laufrollen besonders ungünstig auswirkten.

Eine kritische Betrachtung zeigt aber nun, daß bei der Anwendung des alten Stoney-Prinzips für die modernen Turbineneinlaufschützen in Assuan alle diese Nachteile gegenstandslos werden. Hohe Gerüstpfeiler für die Windwerke sind nicht erforderlich, da die ganze Höhe der Sperrmauer für die Unterbringung der Aufhängung zur Verfügung steht. Bei dem angestrebten großen Hubweg der Schützentafel kommt auch der Rollenwagen vollständig aus der Strömung. Die Rollen sind gegenüber den alten Ausführungen stark vergrößert und als ringförmige Körper aus

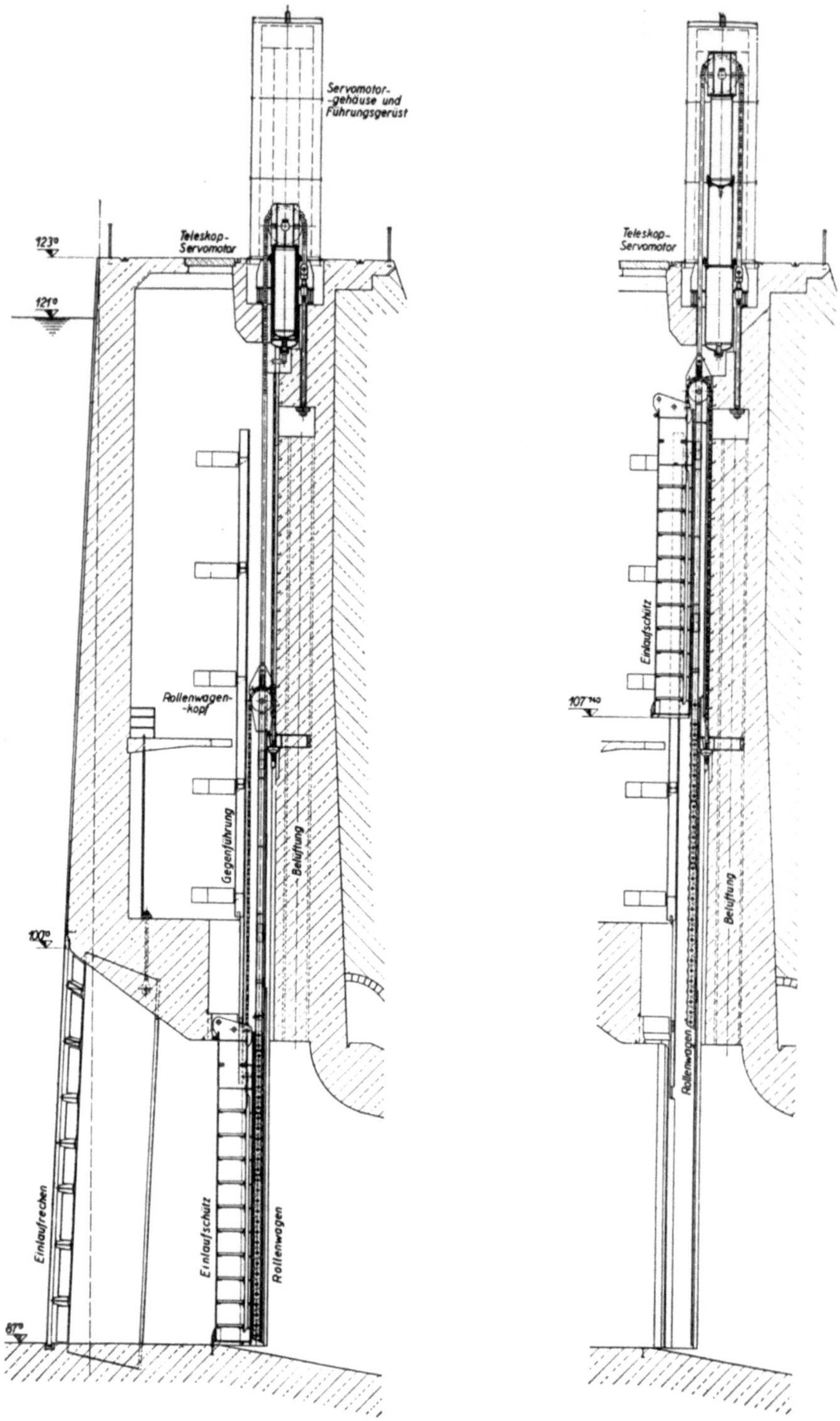

Abb. 3. Einlaufschütze der Hauptturbinen des Kraftwerkes Assuan mit vierfacher Übersetzung des Hubweges vom Teleskopservomotor auf die Schütze

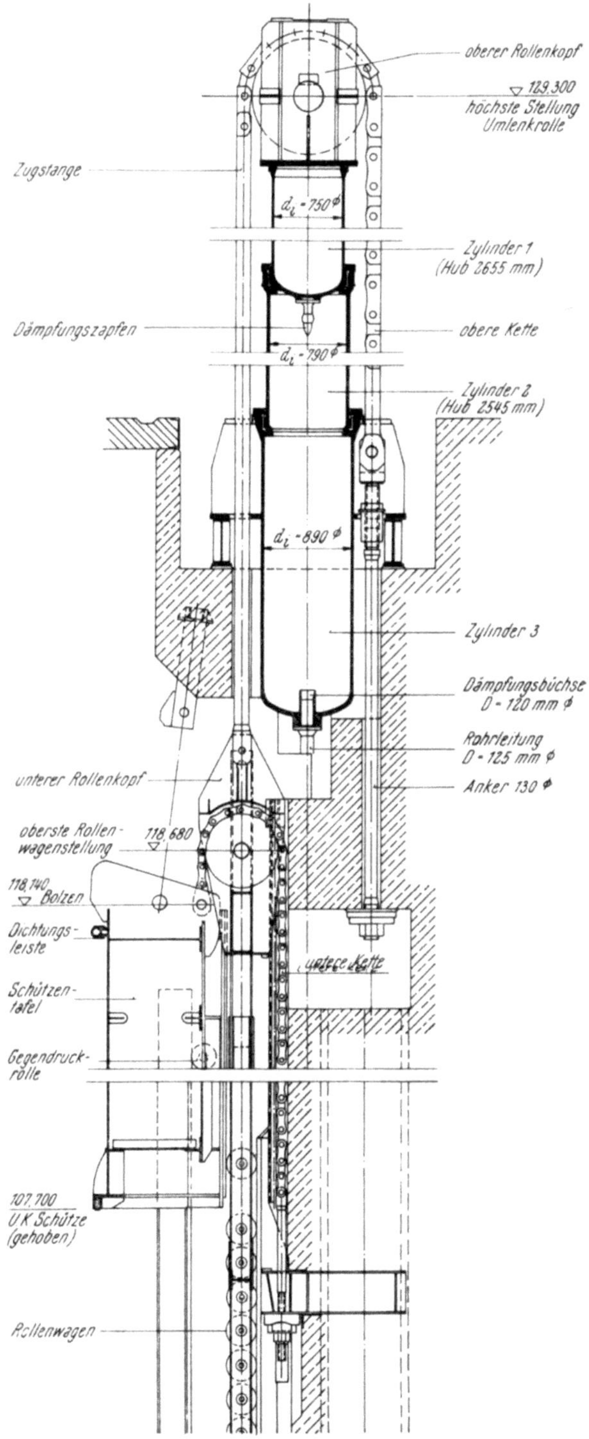

Abb. 4. Einlaufschütze Assuan. Servomotor und Schützenaufhängung

rostfreiem Stahl ausgeführt. Damit ist eine gewisse Elastizität der Laufrollen gegeben, die zusammen mit den heute bei Tiefschützen und ihren Laufbahnen üblichen Anarbeitungstoleranzen eine einwandfreie Auflagerung gewährleistet. Die Achsen dienen bei dieser Anordnung nur zur Geradeführung der zwischen der festen Schiene und der Lauffläche an der Schützentafel laufenden Rollen; sie sind unbelastet und durch die Verwendung von rostfreiem Stahl praktisch wartungsfrei. Vereisungsgefahr ist in Ägypten selbstverständlich überhaupt nicht gegeben. Der ölhydraulische Antrieb selbst und die Anordnung der Hubketten, die ebenfalls aus rostfreiem Stahl bestehen, haben mit der alten Stoney-Ausführung nichts gemein.

Die Turbineneinlaufschützen von Assuan haben sich mittlerweile auch unter harten Betriebsbedingungen ausgezeichnet bewährt. Ihr Entwurf ist ein gutes Beispiel dafür, daß ein Konstrukteur niemals eine Bauform an sich wegen in verschiedenen Anwendungsfällen aufgetretener Störungen verwerfen darf. Er muß die Ursachen dieser Störungen und die Frage, ob sie im gegebenen Fall überhaupt vorkommen, stets unvoreingenommen prüfen.

IV. Schnellschluß und Druckstoßprobleme

Zum Heben der Schützentafel wird Drucköl in den Servomotor gepumpt. Die größte Beanspruchung tritt hierbei zu Beginn der Bewegung beim Überwinden der ruhenden Reibung auf (Anreißdruck). Sie ist verhältnismäßig leicht zu berechnen und bleibt im folgenden außer Betracht.

Wesentlich schwieriger ist es, den Bewegungsablauf der Schütze beim Absenken im Notfall, also bei Störungen an der Turbine, und die daraus resultierenden Beanspruchungen zu ermitteln. Der Ablauf dieser Schließbewegung sei zunächst an Hand der Abb. 5 beschrieben:

Ausgangsstellung ist die Normallage mit voll angehobener Schütze. In dieser Stellung wird der Schnellschluß eingeleitet, und zwar durch Öffnen eines Ventils, welches den Ölabfluß aus dem Servomotor freigibt.

Anlaufvorgang: Unter dem Zylinderdruck strömt das Öl aus dem Servomotor aus. Der Zylinder 1 fährt in den Zylinder 2 ein. Seine Bewegung bestimmt über die Gehänge die Geschwindigkeit der Schützentafel. Da die Aufhängeketten und die Zylinderwandungen federn, treten im System Schwingungen und damit Belastungsänderungen auf.

Diese durch den Anlaufvorgang eingeleiteten Schwingungen werden durch die Reibungskräfte gedämpft. Sie klingen rasch ab und sind dann über dem restlichen Teil des Zylinderhubes h_1 zu vernachlässigen.

Stoßvorgang: Hat der Zylinder 1 den Zylinderhub h_1 zurückgelegt, so nimmt er den Zylinder 2 in seiner Bewegung mit. Da die wirksame Querschnittsfläche beider Zylinder größer ist als die des Zylinders 1 allein, würden die beiden Zylinder bei gleicher Geschwindigkeit plötzlich mehr Öl verdrängen. Es kommt demnach zu beachtlichen Druckerhöhungen im Servomotor und in der Folge zu Schwingungen im System.

Die durch diesen Stoßvorgang eingeleiteten Schwingungen klingen wiederum allmählich ab und sind dann über jenem weiteren Teil des

Zylinderhubes h_2 zu vernachlässigen, in dem der Dämpfungszapfen noch entsprechend weit von der Dämpfungsbüchse entfernt ist.

Bremsvorgang: Gegen Ende des Zylinderhubes h_2 ist der Wasserzufluß zu den Turbinen schon fast gesperrt, die Schützentafel nähert sich mit

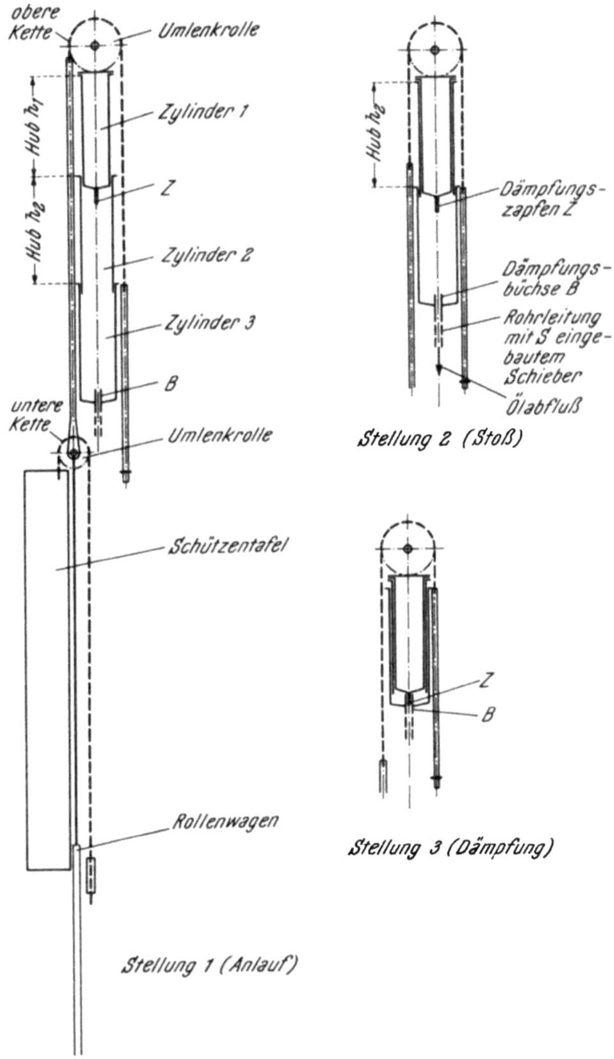

Abb. 5. Schema der charakteristischen Servomotorstellungen

verhältnismäßig großer Geschwindigkeit der Sohle des Einlaufstollens. Knapp vor dem Aufsetzen der Tafel auf der Schwelle beginnt im Servomotor der Dämpfungszapfen in die Dämpfungsbüchse einzutauchen. Dies leitet den Bremsvorgang ein. Der Ölaustritt aus dem Servomotor wird gedrosselt und die bewegten Zylinder und damit die Schützentafel abgebremst. Die hierbei auftretenden Kräfte leiten Schwingungen ein, die wiederum zu Belastungsänderungen im System führen.

Bei manchen Öldruckhubwerken von Schnellschlußschützen hat eine ungeeignete Auslegung des Dämpfungssystems hämmernde Schwingungen der Tafel und damit unzulässige Beanspruchungen verursacht. Bei Teleskopzylindern tritt schon vorher eine kritische Stelle im Bewegungsvorgang auf, der Stoß in dem Augenblick, wenn der Innenzylinder beginnt, den Zwischenzylinder mit größerem Durchmesser mitzunehmen. Bei einigen nach Abb. 2 ausgebildeten Teleskopservomotoren für Turbineneinlaufsegmente in Skandinavien haben sich vor allem diese Druckstöße unangenehm bemerkbar gemacht.

Bei der Ausführung von 16 gleichen Turbineneinlaufschützen für Assuan mußte jedes Risiko so weit wie möglich vermieden werden. Die Vorauserprobung eines Aggregates war nicht möglich. Bei der theoretischen Untersuchung der Funktionssicherheit sind sehr viele Faktoren zu berücksichtigen. Die Aufgabe besteht darin, das System so auszulegen, daß die von der Turbinenseite im Notfall geforderte maximale Schließzeit auch gegen volle Strömung, also bei vollem einseitigem Wasserdruck auf die Schützentafel und entsprechend hohen Laufwiderständen, und bei größter Zähigkeit des Drucköls erreicht wird. Der Bremsvorgang muß aber auch beim Schließen im ruhigen Wasser, also ohne wesentliche Laufwiderstände, und sogar beim Absenken im leeren Einlauf, also ohne Entlastung durch den Auftrieb, und bei höchster Temperatur, also dünnflüssigstem Drucköl, verläßlich ablaufen. Die Bremswirkung soll beim Notschluß möglichst knapp vor dem Erreichen der Schwelle auftreten, um im Katastrophenfall die noch durchströmende Wassermenge möglichst klein zu halten. Sie muß aber doch so frühzeitig wirken, daß die beim Abbremsen auftretende Schwingung abklingt, bevor die Schütze auf die Schwelle aufsetzt.

Die Schnellschlußbewegung wird durch die Schwerkraft angetrieben. Sie wird weiter durch die Strömungskräfte im Einlauftunnel und deren Sogwirkung auf die Schütze und durch die wasserschloßartige Schwingung im Schützenschacht beeinflußt. Auf der anderen Seite wird die Geschwindigkeit der Schließbewegung durch die Druckölströmung im Servomotor und deren Drosselung gesteuert. Die kraftschlüssige Verbindung zwischen dem Servomotor und der Schützentafel ist dabei nicht annähernd starr, sondern besteht aus langen Laschenketten von beträchtlicher Elastizität. Alle Kraftwirkungen und Geschwindigkeitsänderungen im System bewirken Schwingungen und beeinflussen sich gegenseitig.

Durch Rechnung allein ist ein so komplexes Problem schon infolge der Ungenauigkeit der Annahmen bei jeder Teilaufgabe kaum zu lösen. Ein Modellversuch zur Beurteilung der Wasserströmung im Turbineneinlauf und der beim Schließen auftretenden hydraulischen Kräfte war auch aus anderen Gründen notwendig. Es wurden nun weitere Modellversuche unternommen, um die Dämpfungseinrichtung, d. h. die Drosselung im abströmenden Drucköl des Servomotors, zu untersuchen. Diese Versuche wurden einer Berechnung zugrunde gelegt, die den Bewegungsablauf selbst, die auftretenden Schwingungen und die daraus resultierenden Druckstöße und Maximalkräfte im Servomotor mit ausreichender Verläßlichkeit abschätzen mußte. Über diese Behandlung des gegebenen Problems durch eine Kombination von Modellversuchen und Berechnung soll im folgenden berichtet werden.

V. Allgemeiner Gang der Untersuchung

Bei den Modellversuchen zur Untersuchung des gegebenen Systems sind im wesentlichen drei Modellgesetze zu beachten, deren Kennzahlen sind:

Reynoldssche Zahl (Re-Zahl) $\mathrm{Re} = \frac{l\,v}{\nu}$,

Cauchysche Zahl (Ca-Zahl) $\mathrm{Ca} = v\sqrt{\varrho/E}$,

Froudesche Zahl (Fr-Zahl) $\mathrm{Fr} = \frac{v}{\sqrt{g\,l}}$,

worin l [m] eine kennzeichnende Länge, v [m/sec.] eine kennzeichnende Geschwindigkeit, ν [m²/sec.] die kinematische Zähigkeit der Flüssigkeit, ϱ [kg sec.²/m⁴] die Dichte der federnden Teile und E [kg/m²] deren Elastizitätsmodul ist.

Die gleichzeitige Einhaltung dieser Modellgesetze ist kaum möglich. Zur Ermittlung des Bewegungsablaufes in der Großausführung und der dabei auftretenden Kräfte wurde daher folgender Weg eingeschlagen:

Die Strömungsverhältnisse in den einzelnen Konstruktionselementen wurden unabhängig vom mechanischen Bewegungssystem bestimmt, so daß für die Umrechnung der hierbei gewonnenen Kennzahlen auf die Großausführung lediglich die Reynoldssche Zahl (Druckabfall in Rohrleitungen und im Dämpfungssystem mit engen Strömungsquerschnitten) oder die Froudesche Zahl (für den Druckverlauf an der Schützentafel) maßgebend sind.

Alle Kenngrößen, welche sich auf die Berechnung der Schwingungen als solche (unabhängig von den Strömungsverhältnissen) beziehen, wurden berechnet. Sie wären durch Versuche unter Beachtung des Modellgesetzes von Cauchy zu erhalten.

Mit den so gewonnenen Unterlagen wurden die Beanspruchungen im Bewegungssystem berechnet. Bei Versuchen hätte hier das Froudesche Gesetz Anwendung zu finden, da die Bewegungsenergie des Systems aus der potentiellen Energie der Massen abgeleitet wird.

Der Berechnung wurden, wie üblich, Ersatzsysteme zugrunde gelegt, welche durch gewisse Vereinfachungen das physikalische Geschehen der mathematischen Behandlung zugänglich machen.

Die erste Aufgabe ist die Ermittlung der Schließzeit. Sie ist mit ausreichender Genauigkeit verhältnismäßig einfach zu lösen. Man kann von der Überlegung ausgehen, daß die Schwingungen der Zylinderwandungen und Gehänge auf die Schließzeit keinen wesentlichen Einfluß haben können. Demgemäß wurde für die Berechnung ein Ersatzsystem herangezogen, in welchem ein Kolben mit der Masse m in einem Teleskopzylinder von einer Kraft P gegen den Öldruck p bewegt wird.

Sämtliche bewegten Massen des Systems einschließlich des Öls in den Rohrleitungen wurden in der Masse m als Ersatzmasse, die Gewichte und Kräfte (Auftrieb, Reibung, Sogkraft) in der Kraft P als Ersatzkraft zusammengefaßt. Sowohl die Ersatzmasse m als auch die Ersatzkraft P sind mit dem Kolbenweg s (Weg der Ersatzmasse m) veränderlich. Der Öldruck im Zylinder wird durch den Druckverlust in der Rohrleitung und im Dämpfungssystem abgebaut und ist hieraus zu berechnen.

Die Gewichte und Reibungskräfte wurden auf Grund der Konstruktionszeichnungen bestimmt. Der Druckabfall in der Rohrleitung mit ihren Armaturen wurde als Erfahrungswert Handbüchern entnommen. Die Größe der Sogkraft wurde durch Modellversuche bestimmt.

Der Druckverlust im Dämpfungssystem wurde ebenfalls durch Versuche ermittelt. An einem maßstabgerechten Dämpfungssystem wurde dabei dieser Druckverlust in Form einer Ausflußziffer η_D in Abhängigkeit von einer entsprechend definierten Re-Zahl bestimmt.

Der Druckabfall in der Rohrleitung wurde in diesem Modell durch den Druckverlust an einer Normblende ersetzt. Um den Druckabfall im Dämpfungssystem zu berechnen, wurde als wesentliche Annahme die Ausflußziffer der Normblende als von der Re-Zahl unabhängig angesehen. Ferner wurde angenommen, daß die Ausflußziffer im Dämpfungssystem bei geometrischer Ähnlichkeit nur von der Re-Zahl abhängig sei und daher auch für die Großausführung gelte. Damit waren alle Unterlagen für die Berechnung gegeben.

Die Massenkräfte, die im wesentlichen zu Beginn der Bewegung, beim Auftreffen des Zylinders 1 auf den Zylinder 2 auch während des Bremsvorganges auftreten, haben auf die Schließzeit keinen nennenswerten Einfluß. Maßgebend sind vielmehr die Wegabschnitte, in denen die Beschleunigungen vernachlässigbar klein sind. Die Genauigkeit der ermittelten Schließzeiten hängt demnach im wesentlichen von der Genauigkeit in der Ermittlung der Widerstände im Rohrleitungssystem, d. h. von der Güte der dabei zugrunde gelegten Erfahrungswerte ab.

Die maximalen Beanspruchungen der Zylinder und Gehänge beim Schnellschluß der Schützentafel sind wesentlich schwieriger zu bestimmen. Beim Ersatzsystem (Abb. 15) wurden an Stelle der Rollen Ersatzbalken und an Stelle der federnden Gehänge und Zylinderwandungen massenlose Federn eingeführt. Die Massen der federnden Teile wurden in deren Endpunkten angeordnet.

Berechnet wurde der Fall der Schütze im wasserfreien Einlaufschacht, eine Sogkraft war also nicht zu berücksichtigen. Gewichte, Reibungskräfte und Rohrleitungswiderstände wurden wieder berechnet bzw. aus Handbüchern entnommen. Der Druckabfall im Dämpfungssystem wurde, wie vorhin beschrieben, mit Hilfe eines Modellversuches bestimmt. Zur Berechnung der Federkonstanten der Gehänge wurde ein E-Modul von 2100 kg/cm^2 angenommen und bei den Ketten der kleinste Querschnitt, bei den Stangen und Ankern der über den größten Teil der Länge auftretende Querschnitt herangezogen. Die Federkonstanten der Zylinder wurden vereinfacht nach den Formeln für unendlich lange Zylinder errechnet.

Auf Grund dieses Ersatzsystems wurden die Bewegungsgleichungen abgeleitet. Ihre Lösung ist nur durch numerische Integration möglich, wobei jedoch alle Randbedingungen erfaßbar sind. Da der Rechenaufwand jedoch verhältnismäßig groß ist, erschien es zweckmäßig, die Beanspruchungen vorerst an Hand eines vereinfachten Ersatzsystems abzuschätzen, in welchem die Gehänge als starr angesehen wurden (Abb. 11).

Als vereinfachtes Ersatzsystem erhält man sodann zwei durch eine Feder gekoppelte Massen. In der einen Ersatzmasse m_1 sind alle bewegten Massen mit Ausnahme des Rohrleitungsöls vereinigt. Dieses bildet die Ersatzmasse m_2. Auf m_1 wirken die Kräfte und Gewichte des Systems, auf m_2 der Widerstand im Dämpfungssystem und in der Rohrleitung. Die Massen m_1 und m_2 sind durch eine Feder gekoppelt, deren Konstante die resultierende Federkonstante der Zylinder ist.

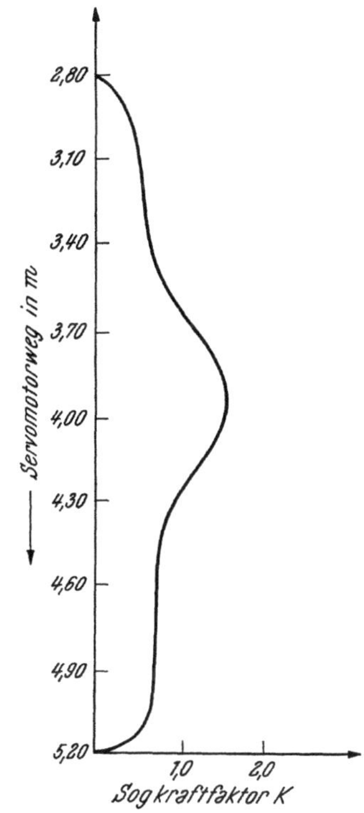

Abb. 6. Sogkraft in Einheiten des Tafelgewichtes

Die Berechnungsergebnisse mit dem vereinfachten Ersatzsystem zeigten, daß die größten Beanspruchungen entweder während des Stoß- oder während des Dämpfungsvorganges auftreten. Auf die exakte Berechnung des Anlaufvorganges am vollständigen System wurde daher verzichtet. Die Beanspruchungen durch den Stoßvorgang (beim Aufsetzen des innersten auf den mittleren Teleskopzylinder) wurden dagegen durch numerische Integration der Bewegungsgleichungen des vollständigen Ersatzsystems berechnet.

Der Rechenaufwand für die numerische Integration der Bewegungsgleichungen beim Dämpfungsvorgang wäre zu groß gewesen. Verhältnismäßig einfach läßt sich jedoch ein Grenzwert des Dämpfungsvorganges errechnen, wenn man annimmt, daß der Ölaustritt aus dem Servomotor plötzlich zur Gänze gedrosselt wird (Annahme $\dot{s}_8 = 0$), und die Ersatzmassen an den Ersatzbalken vernachlässigt.

VI. Die Modellversuche zur Bestimmung der Sogkraft

Die auf die Schützentafel wirkenden Strömungskräfte wurden durch Versuche an einem Metallmodell im Maßstab 1 : 30 ermittelt. Zugrunde gelegt wurde der Katastrophenfall, d. h. die maximale Strömung von 500 m³/sec., die beim Durchgehen der Turbine auftreten kann, wenn deren Steuerung und Leitapparat versagt haben sollten. Es wurde weiter angenommen, daß der eine der beiden Einläufe dieser Turbine durch Schütze oder Dammtafel bereits verschlossen ist, so daß der volle Durchfluß in dem Einlauf auftritt, in dem die Schütze abgesenkt wird. Da das Schluckvermögen der Turbine mit 500 m^3/sec. begrenzt ist, ergeben sich dabei die größten Wassergeschwindigkeiten unter der Tafel.

Die vertikalen Komponenten der hydraulischen Kräfte auf die Schützentafel wurden in verschiedenen Zwischenstellungen bei nicht bewegter Schützentafel gemessen. Da der tatsächliche Bewegungsablauf im Sinne einer Reaktion der Schützentafel auf die Sogkraft verläuft, kann die Sogkraft bei bewegter Schützentafel nur geringer ausfallen. Die Meßwerte der Strömungsversuche beinhalten natürlich zugleich auch den Auftrieb der Schützentafel infolge ihrer Lagerung im Wasser. Die unter diesen Voraussetzungen im Versuch erhaltenen Sogkräfte sind in Abb. 6 in Einheiten des Tafelgewichtes angegeben. Sie stellen auf jeden Fall die obere Grenze der möglichen Sogkräfte dar.

VII. Modellversuche mit dem Dämpfungssystem

Der Druckabfall im Dämpfungssystem läßt sich dimensionslos in Form einer Durchflußziffer darstellen.

Es wird angenommen, daß diese Durchflußziffer für alle geometrisch ähnlichen Dämpfungssysteme durch die Stellung des Dämpfungszapfens zur Dämpfungsbüchse und eine entsprechend definierte Re-Zahl vollständig beschrieben wird. Ob diese Annahme zutrifft, folgt meist bereits aus der Form der Strömungswege. Man kann die Richtigkeit dieser Annahme jedoch auch nachträglich an Hand der Meßwerte des Modellversuches überprüfen. Weist nämlich der Verlauf der Durchflußziffer über der Re-Zahl eine eindeutige Abhängigkeit ohne allzu große Streuung auf, so ist diese Annahme als zutreffend zu bezeichnen. Der Einfluß einer anderen Größe (etwa der Fr-Zahl) ist nämlich um die Versuchsstreuung kleiner als die Abweichung der Meßwerte vom mittleren Verlauf über der Re-Zahl.

Zur Ermittlung des Druckabfalles sind grundsätzlich zwei Arten von Modellversuchen möglich. Es können entweder Zapfenstellung und Durchfluß während eines Versuches ständig verändert werden (dynamische Durchflußversuche) oder es werden Zapfenstellung und Durchfluß konstant gehalten und der Druckabfall gemessen (statischer Durchflußversuch).

Im gegebenen Fall wurden dynamische Durchflußversuche an einem Modell im Maßstab 1 : 2,5 ausgeführt. Die Teile des Dämpfungssystems wurden der Großausführung geometrisch ähnlich nachgebildet, auch die unteren Teile des Kolbens entsprachen weitgehend der wirklichen Ausführung. Auf eine modellgerechte Anordnung der anschließenden Rohrleitung und der übrigen Servomotorteile wurde hingegen verzichtet, da nur die Strömungsverhältnisse im Dämpfungssystem untersucht werden sollten. Die eingebaute Blende gestattete durch Änderung des Blendendurchmessers d_B eine Änderung des Durchflusses.

Auf den Kolben des Modellzylinders mit dem Durchmesser D und der Fläche F wirken das Gewicht G, die Reibungskraft R und die Resultierende $\varkappa\, p\, F$ des Zylinderdruckes. Der Zylinderdruck bei (angenommen) gleichförmiger Bewegung des Kolbens sei als statischer Druck p_s bezeichnet. Er verläuft zwischen den Werten p_A und p_E und kann demnach leicht abgeschätzt werden. Sein Verlauf ist in den Abb. 7 und 8 strichpunktiert eingetragen. Aus dem Gleichgewicht der Kräfte während der gleichförmigen

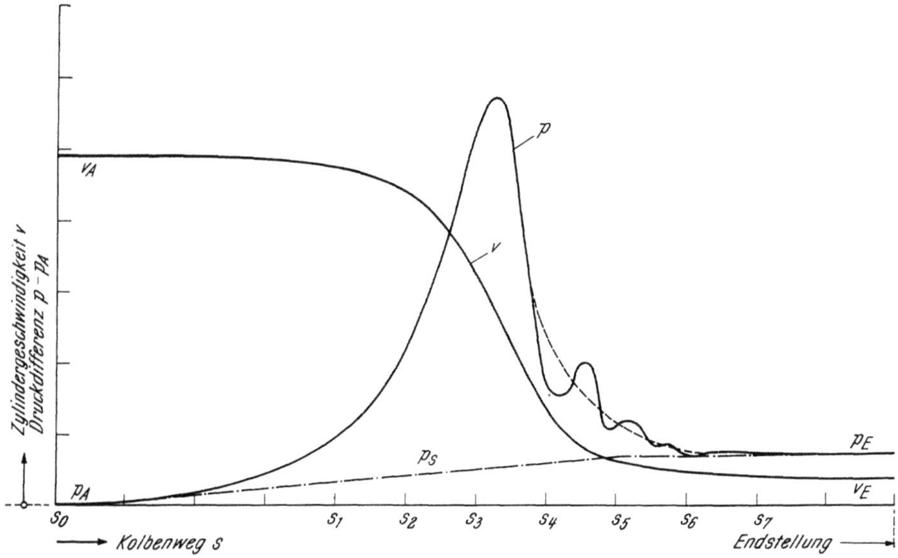

Abb. 7. Druck- und Geschwindigkeitsverlauf (Zapfenform 1: abgerundeter Dämpfungszapfen)

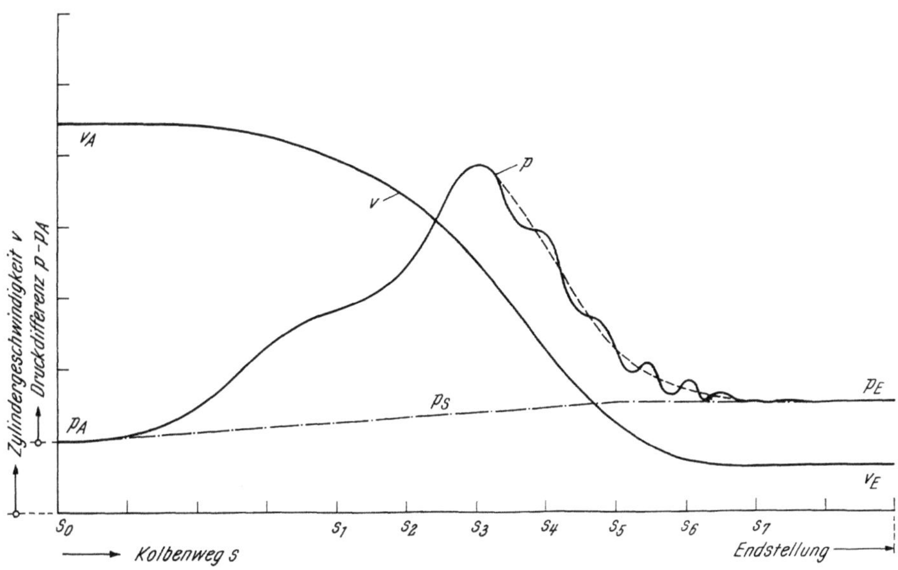

Abb. 8. Druck- und Geschwindigkeitsverlauf (Zapfenform 2: gerade abgeschnittener Dämpfungszapfen)

Bewegung des Kolbens errechnet man die Reibungskraft R nach der Beziehung

$$R = G - F\,p_A. \tag{1}$$

Es wurde angenommen, daß die Größe dieser Reibung vom Kolbenweg unabhängig ist, d. h. der Einfluß des Zylinderdruckes, der auch einen höheren Anpreßdruck der Dichtmanschette bewirkt, wurde vernachlässigt. Diese Vereinfachung ist zulässig, da die Reibung gegenüber dem Gewicht G verhältnismäßig klein ist.

Der Faktor $\varkappa$ berücksichtigt die Druckverteilung über die Kolbenfläche und wird aus folgender Gleichung abgeschätzt:

$$G - R = \varkappa F p_s. \tag{2}$$

Die Energiebilanz des Systems (Wegelement ds) führt unmittelbar auf eine Abhängigkeit zwischen dem Zylinderdruck p und der Kolbengeschwindigkeit v.

$$(p - p_s) \varkappa F \, ds = v \, dv \, G/g. \tag{3}$$

Einer dieser Werte könnte demnach auch berechnet statt gemessen werden. Es ist jedoch zweckmäßig, die Gl. (3) lediglich zur Kontrolle der Meßwerte heranzuziehen.

Vernachlässigt man die Massenkräfte des Öls (die während des Dämpfungsvorganges im Zylinder und im Ausflußstutzen befindliche Ölmasse ist klein), so ist der Druckabfall p_D nach Gl. (4) zu ermitteln,

$$p_D = p - p_B = p - v^2/\alpha_B^2 \text{ konst.} \tag{4}$$

worin α_B die Durchflußziffer der Blende ist.

Als dimensionslose Durchflußziffer kann der Wert η_D nach Gl. (5), die zugehörige Re-Zahl nach Gl. (6) festgelegt werden.

$$\eta_D = p_D \, 2 \, g/v^2 \gamma, \tag{5}$$

$$\mathrm{Re} = D \, v/\nu. \tag{6}$$

Die kinematische Zähigkeit ν und das spezifische Gewicht γ des Versuchsöls sind vor dem Versuch zu ermitteln.

Als Ergebnis eines dynamischen Durchflußversuches erhält man für jede Zapfenstellung zwei einander zugeordnete Werte von Re und η_D. Es hat sich als zweckmäßig erwiesen, diese Werte nur für eine begrenzte Anzahl von Zapfenstellungen darzustellen. Um den Verlauf der Durchflußziffer in Abhängigkeit von der REYNOLDSschen Zahl zu ermitteln, wurden die Strömungsverhältnisse verändert. Es wurden Versuche mit vier verschiedenen Blendendurchmessern mit je drei verschiedenen Ölsorten, also insgesamt 12 Versuche, für eine Ausbildung der Dämpfung durchgeführt. Verbindet man die so erhaltenen Werte η_D für jeweils eine Zapfenstellung s, so ergibt dies ein Diagramm, wie es in Abb. 9 dargestellt ist.

Die Meßeinrichtungen für die Druckmessungen im Zylinder und für die Messung der Kolbengeschwindigkeit wurden an der TVFA-Wien von Herrn Dipl.-Ing. W. TAUFFKIRCHEN entwickelt und gebaut.

Als Geber für die Messung des Öldruckes wurde ein dünnwandiger, einseitig geschlossener Meßzylinder in den Boden des Modellzylinders eingeschraubt. Die durch den Öldruck hervorgerufenen elastischen Verformungen der Meßzylinderwand wurden mit aufgeklebten Dehnungsmeßstreifen unter Verwendung einer geeigneten Meßbrückenschaltung in elektrische Spannungen umgeformt und nach entsprechender Verstärkung an die Vertikalplatten einer Kathodenstrahlröhre gelegt.

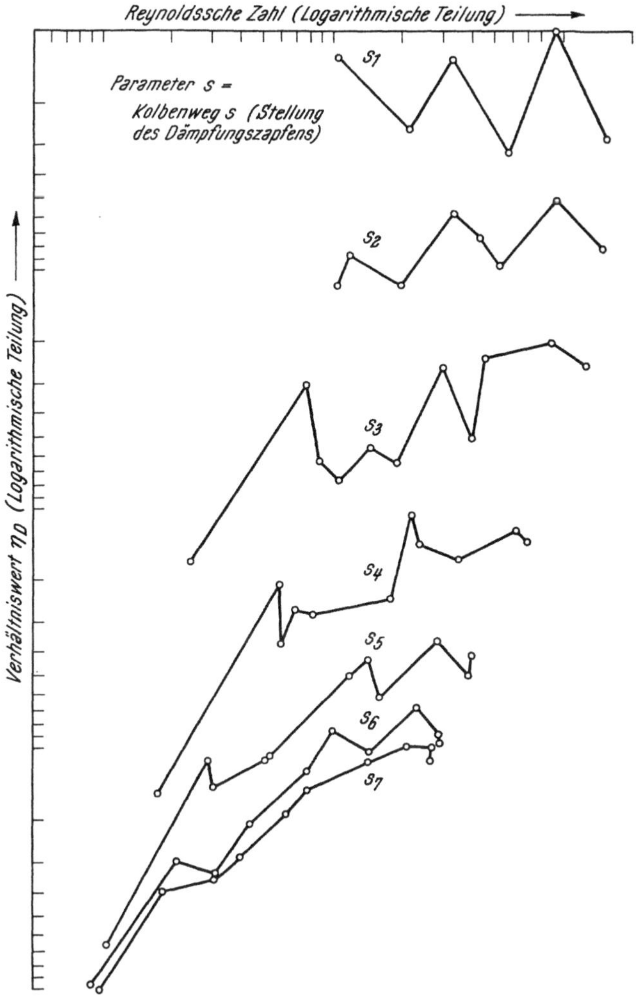

Abb. 9. Verhältniswert η_D in Abhängigkeit von der REYNOLDSschen Zahl (Meßwerte)

Die geradlinige Bewegung des Modellkolbens wurde in die Drehbewegung eines Drehwiderstandes (Potentiometer) umgeformt, so daß eine der jeweiligen Kolbenstellung proportionale elektrische Spannung zur Messung der Kolbenbewegung zur Verfügung stand. Diese Spannung wurde an die Horizontalplatten der Kathodenstrahlröhre gelegt. Um den verhältnismäßig großen Weg des Modellkolbens in seiner ganzen Länge und mit ausreichender Ablesegenauigkeit darzustellen, wurde die nutzbare

Schreibbreite des Bildschirmes (mit Hilfe einer trägheitslosen elektrischen Umsteuerung) stufenweise beschrieben. Der gesamte Kolbenweg von 400 mm wurde auf acht nutzbare Schreibbreiten des Bildschirmes von zusammen etwa 730 mm aufgezeichnet.

Zur Ermittlung der Kolbengeschwindigkeit wurde der innerhalb gewisser Zeitintervalle vom Kolben zurückgelegte Weg markiert. Dies erfolgte mit Hilfe eines Kippgenerators, dessen kurze elektrische Impulse mit einer für die Messung geeigneten Folgefrequenz auf die Vertikalplatten der Kathodenstrahlröhre gelegt wurden. Durch diese Impulse wurden die in den einzelnen gleichbleibenden Zeitintervallen zurückgelegten Kolbenwege abgegrenzt.

Die Bewegung des Bildpunktes der Kathodenstrahlröhre wurde photographisch festgehalten.

Die gesamte Meßeinrichtung wurde mehrmals geeicht und eine ausreichende Reproduzierbarkeit der Ergebnisse festgestellt.

Das Ausmessen der Oszillogramme erfolgte mit einem Meßmikroskop. Gemessen wurde der Verlauf des Zylinderdruckes p und der Kolbengeschwindigkeit v in Abhängigkeit vom Kolbenweg. In den Abb. 7 und 8 sind diese Größen für zwei dieser Versuche dargestellt. Die Kurven zeigen, daß der Kolben in dem vom Dämpfungsvorgang unbeeinflußten Teil des Weges nach der Einlaufstrecke s_0 eine gleichförmige Bewegung (Geschwindigkeit v_A, Zylinderdruck p_A) erreicht. Während des Dämpfungsvorganges sinkt die Kolbengeschwindigkeit auf den Wert v_E ab. Gleichzeitig steigt der Zylinderdruck p an, erreicht einen Höchstwert und schwingt sodann auf den Wert p_E ein. Die Schwingungen des Zylinderdruckes haben ihre Ursache zum Großteil in der Elastizität der Modellteile. Ist das Modell steif genug ausgeführt, so können diese Schwingungen bei der Auswertung vernachlässigt werden.

VIII. Auswertung der Meßergebnisse

Sind die Durchflußziffern η_D nur von der Zapfenstellung und der Re-Zahl abhängig, so bilden sie im η_D-Re-Diagramm eine Kurvenschar mit der Zapfenstellung als Parameter. Auf Grund der Meßwerte, die ja mit zufälligen Schwankungen behaftet sind, wird man zwar die wahre Lage dieser Kurvenschar nicht berechnen, wohl aber abschätzen können. Dies geschieht zweckmäßig so, daß man vorerst jeden einzelnen Polygonzug durch eine Ausgleichskurve annähert. Sodann setzt man diese Ausgleichskurven zueinander in Beziehung. Um diesen zweiten Schritt zu ermöglichen, sind die Konstanten in den Gleichungen der einzelnen Ausgleichskurven entsprechend zu wählen.

Die Polygone nach Abb. 9 wurden durch Polynome zweiter Ordnung nach Gl. (7) angenähert.

$$\lg \eta_D = a_i + b_i \lg \mathrm{Re} + c_i (\lg \mathrm{Re})^2. \tag{7}$$

Zur Vereinfachung wurde weiters festgestellt, daß die einzelnen Polynome lediglich durch Parallelverschiebung längs der η_D-Achse ineinander übergehen sollen. Der Verlauf der Polygone in Abb. 9 legte diese Annahme nahe.

Die so errechneten Polynome wurden mit den Versuchswerten verglichen. Soll die Annahme gerechtfertigt sein, muß sich eine rein zufällige Zuordnung erkennen lassen, d. h. die Versuchswerte dürfen gegenüber den Polynomen keinen Trend aufweisen. Ein solcher Trend wäre z. B.

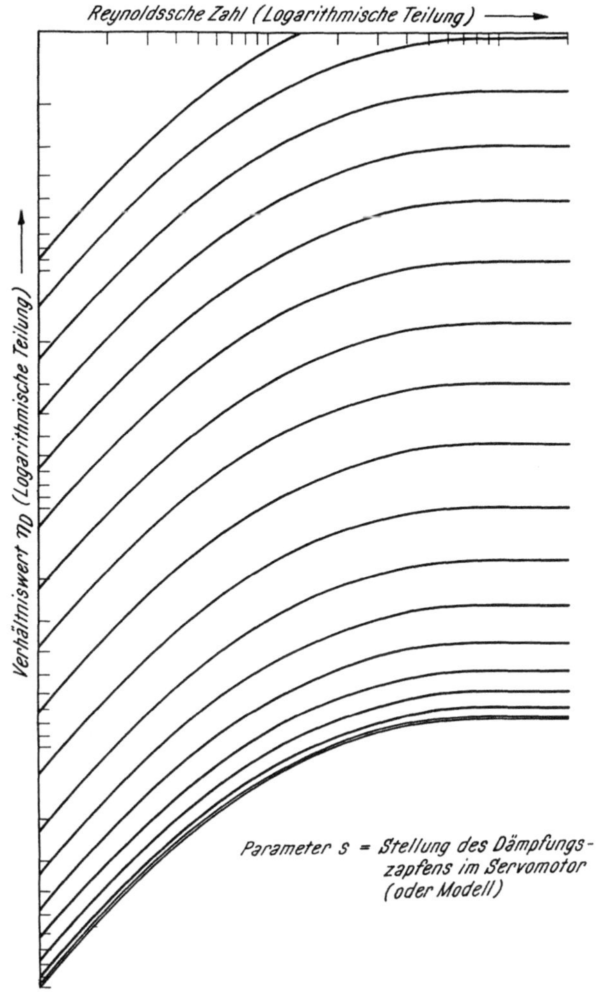

Abb. 10. Verhältniswert η_D in Abhängigkeit von der REYNOLDSschen Zahl (Ausgleichskurven)

vorhanden, wenn für kleine Re-Zahlen die Versuchswerte η_D im Durchschnitt größer, für große Re-Zahlen jedoch kleiner wären als es dem Verlauf der Polynome entspricht. Zum exakten Nachweis für das Auftreten eines Trends stehen Verfahren der mathematischen Statistik zur Verfügung.

Gehen die Polynome durch Parallelverschiebung ineinander über, so sind in Gl. (7) lediglich die Konstanten a_i veränderlich, die Konstanten b_i

und c_i jedoch als unabhängig von der Zapfenstellung anzunehmen: $b_i = b$, $c_i = c$.

Zur Vereinfachung wird x statt lg Re und y statt (lg Re)² geschrieben. Der gemittelte Wert von lg η_D wird Z, der Meßwert mit z, deren Differenz mit e bezeichnet. Zur Kennzeichnung der Meßwerte wird dem Index i der Index j zum Hinweis auf die Versuchsnummer angefügt. Die Meßwerte folgen mit diesen Bezeichnungen der Gl. (8).

$$Z_{ij} = z_{ij} - e_{ij} = a_i + b\,x_{ij} + c\,y_{ij}. \tag{8}$$

Die Konstanten a_i, b und c werden so festgelegt, daß die Summe der Quadrate der Differenzen e_{ij} [Gl. (9)] ein Minimum wird. Die Summe ist über die jeweils N_i Meßwerte aller Zapfenstellungen (durch das Zeichen φ_{ij} dargestellt) zu erstrecken.

$$\varphi_{ij}\, e_{ij}^2 = \varphi_{ij}\,(z_{ij} - a_i - b\,x_{ij} - c\,y_{ij})^2 = \text{Min!} \tag{9}$$

Differenziert man zu diesem Zweck Gl. (9) nach den Konstanten, so erhält man zu deren Berechnung die Gln. (10) bis (12). In den Gln. (11) und (12) ist $Q_{uv} = \varphi_i\,(\varphi_j\,u_{ij}\,v_{ij} - \frac{1}{N_i}\,\varphi_j\,u_{ij}\,\varphi_j\,v_{ij})$

$$a_i = (\varphi_j\,z_{ij} - b\,\varphi_j\,x_{ij} - c\,\varphi_j\,y_{ij})/N_i, \tag{10}$$

$$b = (Q_{zy}\,Q_{xy} - Q_{yy}\,Q_{zx})/(Q_{xy}^2 - Q_{xx}\,Q_{yy}), \tag{11}$$

$$c = (Q_{zx}\,G_{zy} - Q_{xx}\,Q_{zy})/(Q_{xy}^2 - Q_{xx}\,Q_{yy}). \tag{12}$$

Mit diesen Konstanten lassen sich sodann die einzelnen Ausgleichskurven angeben.

In Abb. 10 ist die auf diese Weise ermittelte Kurvenschar zu den Meßwerten nach Abb. 9 dargestellt. Die Parabeln waren hier nur bis zu ihrem Scheitelpunkt als Ausgleichskurven sinnvoll. Der Verlauf über den Scheitelpunkt hinaus wurde geradlinig angesetzt. Es muß jedoch betont werden, daß Ausgleichskurven nur in dem von Meßwerten annähernd überdeckten Bereich als Berechnungsgrundlage herangezogen werden dürfen.

Stellt man die Beziehung zwischen den Konstanten a und der Zapfenstellung durch eine Gleichung dar, so ist die Schar der Ausgleichskurven auch analytisch erfaßt und ermöglicht damit eine exakte Interpolation.

IX. Die Berechnung des vereinfachten Ersatzsystems

Das vereinfachte Ersatzsystem ist in Abb. 11 dargestellt. Die getroffenen Annahmen wurden bereits bei der Darstellung des allgemeinen Berechnungsganges beschrieben. Die Schützentafel und deren Zwischenglieder bis zum Servomotor sind als starr vorausgesetzt und zur Masse m_1 zusammengefaßt.

Die Summe der an den Teilen der Masse m_1 angreifenden Kräfte und Gewichte wird mit P,

die Masse des Öls in der Rohrleitung (Querschnitt f_R) wird mit und

die Wege der Massen m_1 und m werden mit s_1 und s bezeichnet.

Die Schwerpunktsätze für die Massen m_1 und m sind als Gln. (13) und (14) angeschrieben.

$$m_1 \ddot{s}_1 = P - p F, \tag{13}$$

$$m \ddot{s} = (p - p_D) f_R - p_R f_R. \tag{14}$$

Gl. (13) ist aus Abb. 11 abzuleiten. Gl. (14) ist der Schwerpunktsatz für die Ölsäule in der Rohrleitung, die durch den Druck $p - p_D$ (Druck unmittelbar nach dem Dämpfungssystem) beschleunigt, durch die Rohrreibung

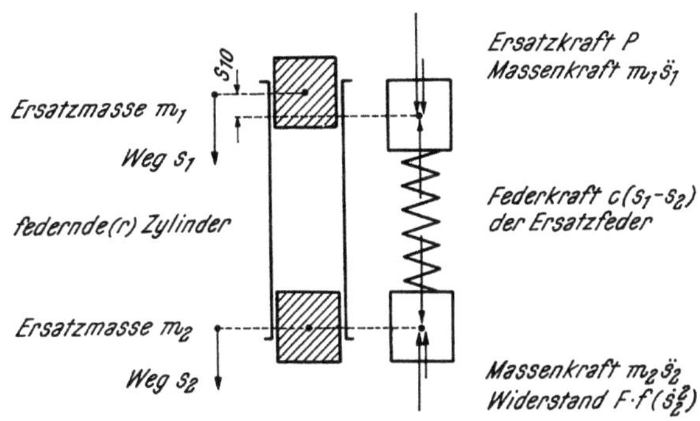

Abb. 11. Vereinfachtes Ersatzsystem

(dargestellt durch p_R) gebremst wird und deren Schwerpunkt annähernd in gleicher Höhenlage bleibt. Die Gln. (13) und (14) werden nun zweckentsprechend umgeformt:

An Stelle des Weges s wird der Weg s_2 nach Gl. (15) verwendet. Setzt man den Zylinder und die Rohrleitung als starr voraus, so ist s_2 jener Weg, den ein Kolben (mit der Masse m_2) im Zylinder (mit Geschwindigkeit $\dot{s}_2$) zurücklegen würde, wenn ein Kolben (mit der Masse m) in der Rohrleitung (mit der Geschwindigkeit $\dot{s}$) um den Weg s verschoben wird. Das zwischen den beiden Zylindern befindliche Medium ist hierbei als trägheitslos und inkompressibel vorausgesetzt. Der Übergang vom Querschnitt F des Zylinders auf den Querschnitt f_R der Rohrleitung wirkt sich sodann so aus, als wäre die Masse m des Rohrleitungsöls über das Übersetzungsverhältnis $ü = F/f_R$ mit einem Kolben im Punkt 2 gekoppelt, der den Zylinder beweglich abschließt.

Ferner wird an Stelle der Resultierenden $p F$ aus dem Öldruck [der Faktor $\varkappa$ nach Gl. (1) wurde vernachlässigt] der Ausdruck nach Gl. (16) verwendet, worin c die Federkonstante des Zylinders bedeutet.

Gl. (17) zeigt, daß die Druckerhöhung im Servomotor proportional der Differenz der Wege s_1 und s_2 ist und die Gl. (16) daher angewendet werden darf.

$$s_2 = s\, f_R/F = s/\ddot{u}, \tag{15}$$

$$p\, F = c\,(s_1 - s_2), \tag{16}$$

$$\Delta p \sim \Delta V = F\, s_1 - f_R\, s = F\,(s_1 - s_2). \tag{17}$$

Mit den Gln. (16) und (17) erhält man aus den Gln. (13) und (14) die Bewegungsgleichungen eines Schwingungssystems, in dem die beiden

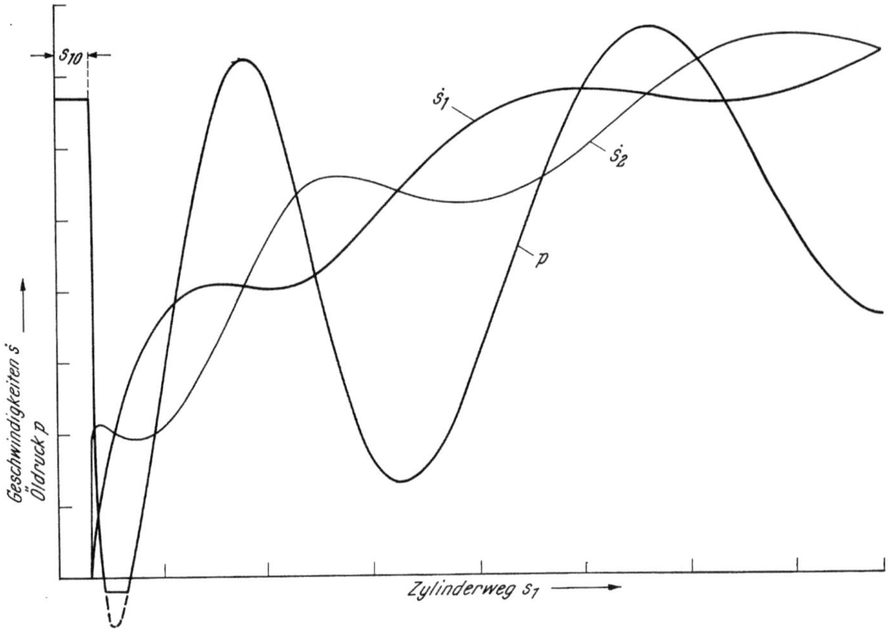

Abb. 12. Druck- und Geschwindigkeitsverlauf während des Anlaufvorganges

Massen m_1 und m_2 durch eine Feder mit der Federkonstanten c gekoppelt sind.

Gleichungssystem 1:

$$m_1\, \ddot{s}_1 = P - c\,(s_1 - s_2), \tag{18}$$

$$m_2\, \ddot{s}_2 = c\,(s_1 - s_2) - F\, f(\dot{s}_2^2). \tag{19}$$

Die Gln. (18) und (19) werden als Gleichungssystem 1 bezeichnet.

Die Ersatzmasse m_2 erhält man aus der Masse m nach Gl. (20). Sie stellt demnach die mit dem Übersetzungsverhältnis $\ddot{u}$ an das Schwingungssystem gekoppelte Masse m dar. Gl. (15) zeigt dies ebenfalls.

$$m_2 = m\, F^2/f_R^2 = m\, \ddot{u}^2. \tag{20}$$

Die Massen der Zylinder und des Öls im Servomotor wird man in entsprechenden Anteilen den Massen m_1 und m_2 zurechnen.

Die Feder mit der Federkonstanten c kennzeichnet die Elastizität der Zylinderwandungen. Die Gln. (16) und (17) sind zugleich die Berechnungsvorschrift zur Ermittlung der Federkonstanten.

Der Ausdruck $F\,f(\dot{s}_2^2)$ in Gl. (19) wurde an Stelle von $F\,(p_D + p_R)$ geschrieben, um die Abhängigkeit von der Geschwindigkeit $\dot{s}_2$ zum Ausdruck zu bringen. In diesem Ausdruck kann auch das Gewicht des Rohrleitungsöls (hier vernachlässigt) einbezogen werden.

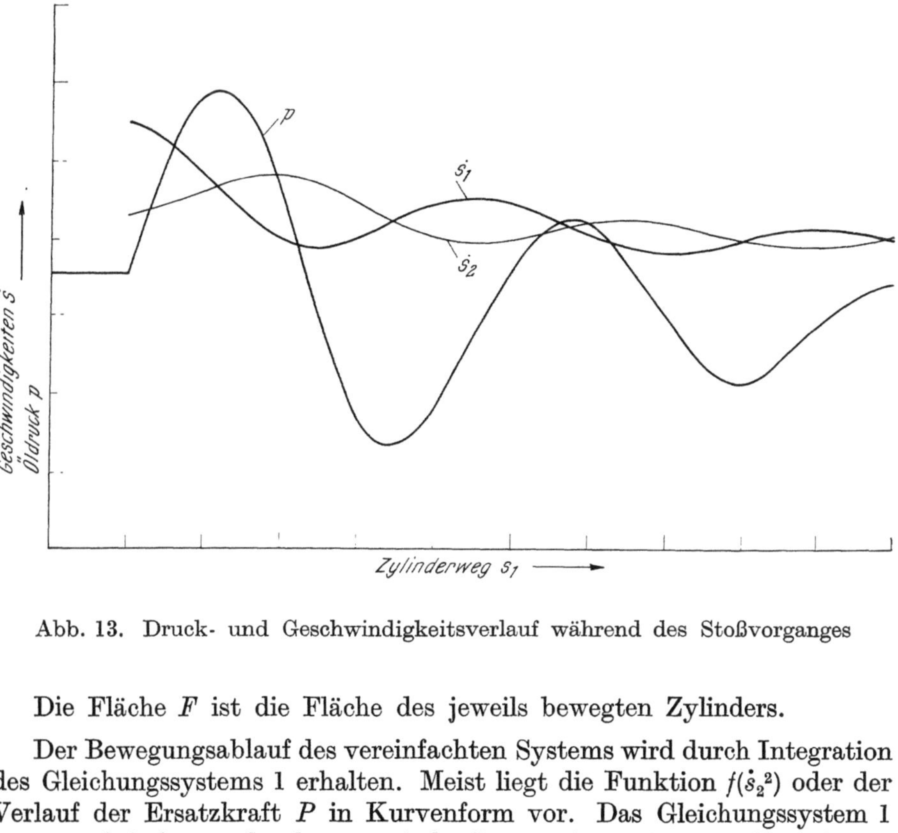

Abb. 13. Druck- und Geschwindigkeitsverlauf während des Stoßvorganges

Die Fläche F ist die Fläche des jeweils bewegten Zylinders.

Der Bewegungsablauf des vereinfachten Systems wird durch Integration des Gleichungssystems 1 erhalten. Meist liegt die Funktion $f(\dot{s}_2^2)$ oder der Verlauf der Ersatzkraft P in Kurvenform vor. Das Gleichungssystem 1 kann praktisch nur durch numerische Integration gelöst werden. Selbst wenn alle Größen analytisch erfaßt wären, wäre eine Lösung in geschlossener Form kaum möglich.

Zur numerischen Integration wurde mit Vorteil das Verfahren nach Runge-Kutta herangezogen. Nach diesem Verfahren ist es ohne Schwierigkeiten möglich, in Kurvenform vorliegende Funktionen zu berücksichtigen, im Verlauf der Berechnung den Zeitschritt zu wechseln oder auf ein anderes Gleichungssystem überzugehen.

Die Anfangsbedingungen: Anlauf-, Stoß- und Dämpfungsvorgang werden jeweils getrennt berechnet. Für jeden dieser Berechnungsabschnitte kann man die Ursprünge der Zeit- und Wegkoordinaten frei wählen.

Die Integrationen werden jeweils im Ursprung der Zeitkoordinate, also bei $t = 0$, begonnen. Die entsprechenden Größen werden mit dem Index 0 versehen.

Die Wegkoordinaten werden durch $s_{20} = 0$ festgelegt. Der Weg s_{10} folgt aus Gl. (18) mit $\ddot{s}_{10} = 0$.

Ferner wird angenommen, daß die Geschwindigkeiten der beiden Massen zur Zeit $t = 0$ gleich groß seien, also $\dot{s}_{10} = \dot{s}_{20}$ gilt. In diesem Zeitpunkt

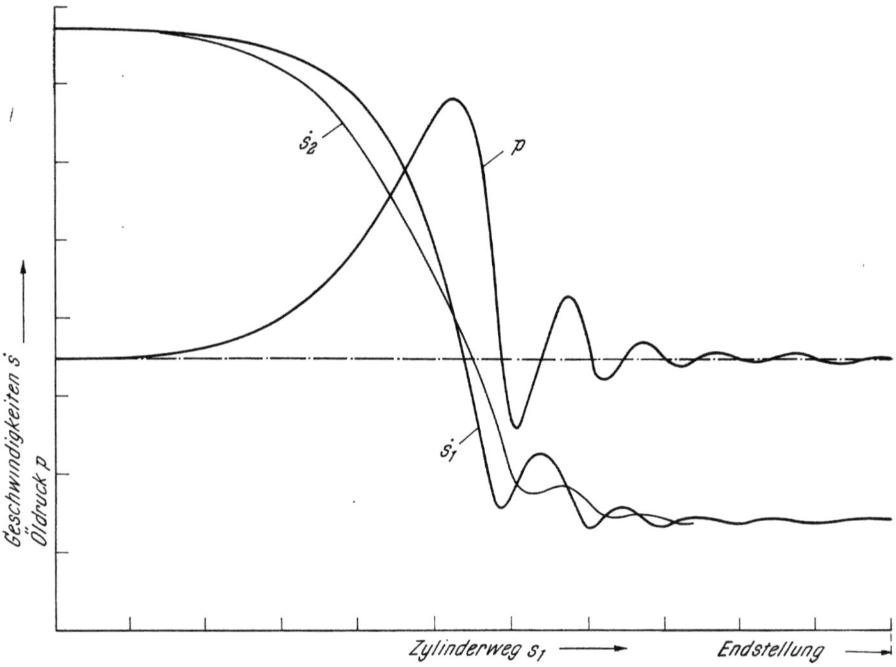

Abb. 14. Druck- und Geschwindigkeitsverlauf während des Dämpfungsvorganges

auftretende Schwingungen werden daher vernachlässigt. Die Geschwindigkeit $\dot{s}_{20}$ folgt aus Gl. (19) mit $\ddot{s}_{20} = 0$.

Einer kurzen Erläuterung bedarf noch die Berechnung des Stoßvorganges: Unmittelbar vor dem Stoßvorgang besitzen die Massen die Geschwindigkeiten $\dot{s}_{10} = \dot{s}_{20}$.

Im Augenblick des Auftreffens des Zylinders 1 auf den Zylinder 2 erhöht sich die Masse m_1 um die des Zylinders 2 auf $m_1{}^*$. Dies bedingt eine Änderung der Geschwindigkeit $\dot{s}_{10}$ auf $\dot{s}_{10}{}^*$. Infolge des veränderten Übersetzungsverhältnisses $\ddot{u}$ nach dem Stoßvorgang ist statt m_2 [nach Gl. (20) mit $F = F_1$] nunmehr $m_2{}^*$ (mit $F = F_2$) und an Stelle von $\dot{s}_{20}$ der Wert $\dot{s}_{20}{}^* = \dot{s}_{20} F_2/F_1$ einzusetzen. Die numerische Integration hat demnach von den Werten $s_{20} = 0$, s_{10}, $\dot{s}_{10}{}^*$, $\dot{s}_{20}{}^*$, $m_1{}^*$ und $m_2{}^*$ auszugehen.

In den Abb. 12 bis 14 sind Teilergebnisse der numerischen Integration für die drei Berechnungsabschnitte gezeigt. Das Schema für die Integration ist in Tabelle 1 angegeben.

Tabelle 1. *Numerische Integration, Gleichungssystem 1*

1	Bezeichnung	Zeit t	Weg der Masse m_1 s_1	$\alpha = \dot{s}_1 h$	$a_i = \ddot{s}_1 h^2/2$ **15** $h^2/2\,m_1$	Weg der Masse m_2 s_2	$\beta = \dot{s}_2 h$	$b_i = \ddot{s}_2 h^2/2$ **16** $h^2/2\,m_2$	Zuwachs
	Spalte	1	2	3	4	5	6	7	8
3	Zwischen-	t_0	s_{10}	α_0	a_1	s_{20}	β_0	b_1	$a = (a_1 + a_2 + a_3)/3$
4	rechnung	$t_0 + h/2$	$s_{10} + \alpha_0/2 + a_1/4$	$\alpha_0 + a_1$	a_2	$s_{20} + \beta_0/2 + b_1/4$	$\beta_0 + b_1$	b_2	$a' = (a_1 + 2\,a_2 + 2\,a_3 + a_4)/3$
5		$t_0 + h/2$	$s_{10} + \alpha_0/2 + a_1/4$	$\alpha_0 + a_2$	a_3	$s_{20} + \beta_0/2 + b_1/4$	$\beta_0 + b_2$	b_3	$b = (b_1 + b_2 + b_3)/3$
6		$t_0 + h$	$s_{10} + \alpha_0 + a_3$	$\alpha_0 + 2a_3$	a_4	$s_{20} + \beta_0 + b_3$	$\beta_0 + 2\,b_3$	b_4	$b' = (b_1 + 2\,b_2 + 2\,b_3 + b_4)/3$
7	Ergebnis	$t_0 + h$	$s_{10} + \alpha_0 + a = s_{11}$	$\alpha_0 + a' = \alpha_1$		$s_{20} + \beta_0 + b = s_{21}$	$\beta_0 + b' = \beta_1$		

Nebenrechnung

1	Bezeichnung	Zeit t	P	Federkraft $c\,s_1$	Federkraft $c\,s_2$	$(\beta/h)^2 = \dot{s}_2^2$	$F\,f(\dot{s}_2^2)$	$m_1\ddot{s}_1$	$m_2\ddot{s}_2$
	Spalte	9	10	11	12	13	14	15	16
3	Zwischen-	t_0	P	$c\,s_{10}$	$c\,s_{20}$	β_0^2/h^2	$F\,f\,\{\beta_0^2/h^2\}$		
4	rechnung	$t_0 + h/2$	P	$c\,(s_{10} + \alpha_0/2 + a_1/4)$	$c\,(s_{20} + \beta_0/2 + b_1/4)$	$(\beta_0 + b_1)^2/h^2$	$F\,f\,\{(\beta_0 + b_1)^2/h^2\}$		z. B.[2]
5		$t_0 + h/2$	P	$c\,(s_{10} + \alpha_0/2 + a_1/4)$	$c\,(s_{20} + \beta_0/2 + b_1/4)$	$(\beta_0 + b_1)^2/h^2$	$F\,f\,\{(\beta_0 + b_1)^2/h^2\}$	z. B.[1]	
6		$t_0 + h$	P	$c\,(s_{10} + \alpha_0 + a_3)$	$c\,(s_{20} + \beta_0 + b_3)$	$(\beta_0 + 2\,b_3)^2/h^2$	$F\,f\,\{(\beta_0 + 2\,b_3)^2/h^2\}$		
7	Ergebnis	$t_0 + h$	P	$c\,s_{11}$	$c\,s_{21}$		$F\,f\,\{\beta_1^2/h^2\}$	$m_1\ddot{s}_{11}$	$m_2\ddot{s}_{21}$

[1] $m_1\dot{s}_1 = P - c\,(s_{10} + \alpha_0/2 + a_1/4) + c\,(s_{20} + \beta_0/2) + b_1/4) = \mathbf{10} - \mathbf{11} + \mathbf{12}.$

[2] $m_2\dot{s}_2 = c\,(s_{10} + \alpha_0/2 + a_1/4) + c\,(s_{20} + \beta_0/2 + b_1/4) - F\,f\,\{(\beta_0 + b_1)^2/h^2\} = \mathbf{11} - \mathbf{12} - \mathbf{13}.$

X. Die Berechnung des vollständigen Systems

Das Ersatzsystem ist in Abb. 15 dargestellt. Folgende Annahmen sind dabei zu beachten:

Der Öldruck im Zylinder und in den Rohrleitungen kann nicht negativ werden, sondern nur auf jenen Druck absinken, bei dem die Ölsäule abreißt.

Die Gehänge übertragen Kräfte nur im gedehnten Zustand.

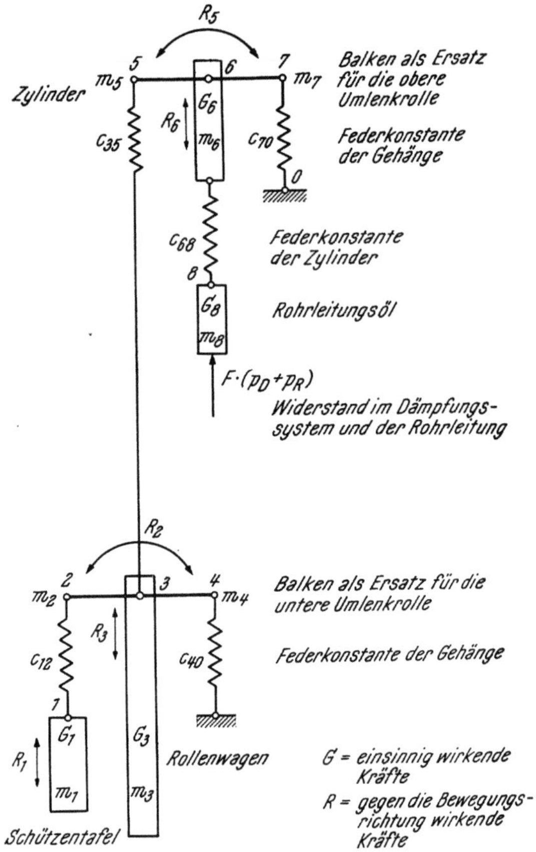

Abb. 15. Ersatzsystem für die tatsächliche Schützenanordnung

Ist die Lagerreibung einer Umlenkrolle größer als die Reibungskraft am Umfang, so dreht sich die Umlenkrolle nicht.

Ist die Differenz der Federkräfte zwischen den auf der Umlenkrolle ab- und auflaufenden Gehängeteilen größer als die Reibungskraft am Umfang, so gleiten die Gehänge auf den Umlenkrollen.

Alle Teile, die durch nur schwach federnde Zwischenglieder verbunden sind, wurden jeweils zu einer einzigen Ersatzmasse zusammengefaßt. In diesen Massen wurden auch, in entsprechenden Anteilen, die Massen der angrenzenden Gehänge, der Zylinder und des Zylinderöls hinzugezählt.

Die Ersatzmasse des Rohrleitungsöls wurde entsprechend den beim vereinfachten Ersatzsystem gegebenen Erläuterungen berechnet.

In den Größen G wurden die Gewichte und die während des gesamten Bewegungsablaufes einsinnig wirkenden Kräfte zusammengefaßt. Hingegen bezeichnen R jene Kräfte, die je nach Bewegungsrichtung des betreffenden Systempunktes in verschiedener Richtung wirken.

Die Ableitung der Bewegungsgleichungen

Die Bezeichnungen der Massen, Kräfte, Federkonstanten und Systempunkte sind aus Abb. 15 zu ersehen.

Es sind ferner:

Der erste Index der Wege s (und deren Ableitungen) die Kennzahl des betrachteten Systempunktes,

r der halbe Abstand der Bolzenachsen der von einer Umlenkrolle ablaufenden Kettenteile,

J die Trägheitsmomente der Umlenkrollen (Ersatzbalken),

λ die Winkelbeschleunigungen der Ersatzbalken.

$$m_3^* = 2\,m_2 + J_3/r_3^2, \tag{21}$$

$$m_4^* = m_2 + m_5 + J_3/2\,r_3^2, \tag{22}$$

$$m_6^* = 2\,m_5 + J_6/r_6^2, \tag{23}$$

$$m_7^* = m_5 + m_7 + J_6/2\,r_6^2, \tag{24}$$

$$f(\dot{s}_8^2) - G_8 = W = F\,(p_D + p_R) - G_8. \tag{25}$$

Schließlich erhalten die in Richtung der Schwerkraft zurückgelegten Wege positive Vorzeichen.

Die Geradlinigkeit der Ersatzbalken bedingt die Gln. (26) und (27). Entsprechende Gleichungen gelten für die Geschwindigkeiten und Beschleunigungen.

$$s_2 = 2\,s_3 - s_4, \tag{26}$$

$$s_5 = 2\,s_6 - s_7. \tag{27}$$

Ferner gelten für die Winkelbeschleunigungen λ die Gln. (28) und (29).

$$\lambda_3 = (\ddot{s}_2 - \ddot{s}_4)/2\,r_3, \tag{28}$$

$$\lambda_6 = (\ddot{s}_5 - \ddot{s}_7)/2\,r_6. \tag{29}$$

Die Momentensätze für die Ersatzbalken sind als Gln. (30) und (31) angeschrieben. Die Reibungskräfte ändern mit der Bewegungsrichtung der Systempunkte ihre Vorzeichen. Sie werden hier der Senkbewegung der Schützentafel entsprechend eingesetzt.

$$J_3\,\lambda_3/r_3 = -\,m_2\,\ddot{s}_2 + m_4\,\ddot{s}_4 + (s_1 - s_2)\,c_{12} + s_4\,c_{40} - R_2, \tag{30}$$

$$J_6 \lambda_6/r_6 = -m_5 \ddot{s}_5 + m_7 \ddot{s}_7 + (s_3 - s_5) c_{35} + s_7 c_{70} - R_5. \qquad (31)$$

Die Schwerpunktsätze für die Massen m_1 und m_8 sowie die Ersatzbalken sind als Gln. (32) bis (35) angeschrieben.

$$m_1 \ddot{s}_1 = G_1 - (s_1 - s_2) c_{12}, \qquad (32)$$

$$m_3 \ddot{s}_3 = G_3 + (s_1 - s_2) c_{12} - s_4 c_{40} - (s_3 - s_5) c_{35}, \qquad (33)$$

$$m_6 \ddot{s}_6 = G_6 - R_6 + (s_3 - s_5) c_{35} - s_7 c_{70} - (s_6 - s_8) c_{68}, \qquad (34)$$

$$m_8 \ddot{s}_8 = G_8 - (s_6 - s_8) c_{68} - f(\dot{s}_8^2). \qquad (35)$$

Alle Massen an den Ersatzbalken (auch m_2, m_4 und m_5, m_7) wurden zur Vereinfachung in den Massen m_3 und m_6 zusammengefaßt.

Eliminiert man aus den Gln. (27) bis (35) die Wege s_2 und s_4 sowie die Winkelbeschleunigungen λ_3 und λ_6, so erhält man die Gln. (36) bis (41) zur Berechnung der Belastungen der Schützenanordnung 2.

Gleichungssystem 2:

$$m_1 \ddot{s}_1 = G_1 - (s_1 - 2 s_3 + s_4) c_{12}, \qquad (36)$$

$$m_3 \ddot{s}_3 = G_3 + (s_1 - 2 s_3 + s_4) c_{12} - s_4 c_{40} - (s_3 - 2 s_6 + s_7) c_{35}, \qquad (37)$$

$$m_6 \ddot{s}_6 = G_6 - R_6 + (s_3 - 2 s_6 + s_7) c_{35} - s_7 c_{10} - (s_6 - s_8) c_{68}, \qquad (38)$$

$$m_8 \ddot{s}_8 = (s_6 - s_8) c_{68} - f(\dot{s}_8^2) + G_8, \qquad (39)$$

$$m_4^* \ddot{s}_4 = R_2 - (s_1 - 2 s_3 + s_4) c_{12} - s_4 c_{40} + m_3^* \ddot{s}_3, \qquad (40)$$

$$m_7^* \ddot{s}_7 = R_5 - (s_3 - 2 s_6 + s_7) c_{35} - s_7 c_{70} + m_6^* \ddot{s}_6. \qquad (41)$$

Die Gln. (36) bis (41) werden als Gleichungssystem 2 bezeichnet.

Wird eine der eingangs getroffenen Voraussetzungen durchbrochen, so ist auf ein entsprechend geändertes Gleichungssystem überzugehen. Das Schema (ein Zeitschritt) zur numerischen Integration des Gleichungssystems nach Runge-Kutta wird durch entsprechende Erweiterung des Schemas nach den Tabellen 2 und 3 erhalten.

Die Notwendigkeit, das Gleichungssystem zu wechseln und der große Berechnungsaufwand ließen es zweckmäßig erscheinen, mit dem Gleichungssystem 2 nur jene Abschnitte durchzurechnen, in denen die größten Belastungen bereits nach einigen Zeitschritten erhalten werden. In allen anderen Fällen wurden die Belastungen durch eine Näherungslösung geschätzt.

Im Anlaufvorgang treten, wie die Berechnung am vereinfachten System gezeigt hatte, die größten Belastungen erst nach einem längeren Einschwingvorgang auf. Die Nachrechnung mit dem Gleichungssystem 2 wäre daher langwierig. Diese Belastungen sind jedoch nicht maßgebend.

Tabelle 2. *Numerische Integration, Hauptrechnung*

1	Be-zeichnung	Zeit t	Weg s_1	$\alpha = \dot{s}_1 h$	$a_i = \ddot{s}_1 h^2/2$	Weg s_3	$\beta = \dot{s}_3 h$	$bi = \ddot{s}_3 h^2/2$	a, a', b, b' Zuwachs
2	Be-rechnung				**21** $h^2/2$			**26** $h^2/2$	
	Spalte	1	2	3	4	5	6	7	8
3	Zwischen-rechnung	t_0	s_{10}	α_0	a_1	s_{30}	β_0	b_1	$a = (a_1 + a_2 + a_3)/3$
4		$t_0 + h/2$	$s_{10} + \alpha_0/2 + a_1/4$	$\alpha_0 + a_1$	a_2	} $s_{30} + \beta_0/2 + b_1/4$ (Zeilen 4, 5)		$b_2 = b_3$ (Zeilen 4, 5)	$a' = (a_1 + 2a_2 + 2a_3 + a_4)/3$
5		$t_0 + h/2$	$s_{10} + \alpha_0/2 + a_1/4$	$\alpha_0 + a_2$	a_3				$b = (b_1 + b_2 + b_3)/3$
6		$t_0 + h$	$s_{10} + \alpha_0 + a_3$	$\alpha_0 + 2a_3$	a_4	$s_{30} + \beta_0 + b_3$		b_4	$b' = (b_1 + 2b_2 + 2b_3 + b_4)/3$
7	Ergebnis	$t_0 + h$	$s_{10} + \alpha_0 + a$	$\alpha_0 + a'$		$s_{30} + \beta_0 + b$	$\beta + b'$		

1	Be-zeichnung	Zeit t	Weg s_6	$\gamma = \dot{s}_6 h$	$c_i = \ddot{s}_6 h^2/2$	Weg s_8	$\vartheta = \dot{s}_8 h$	$d_i = \ddot{s}_8 h^2/2$	c, c', d, d' Zuwachs
2	Be-rechnung				**31** $h^2/2$			**36** $h^2/2$	
	Spalte	9	10	11	12	13	14	15	16
3	Zwischen-rechnung	t_0	s_{60}	γ_0	c_1	s_{80}	ϑ_0	d_1	$c = (c_1 + c_2 + c_3)/3$
4		$t_0 + h/2$	} $s_{60} + \gamma_0/2 + c_1/4$ (Zeilen 4, 5)		$c_2 = c_3$ (Zeilen 4, 5)	$s_{80} + \vartheta_0/2 + d_1/4$	$\vartheta_0 + d_1$	d_2	$c' = (c_1 + 2c_2 + 2c_3 + c_4)/3$
5		$t_0 + h/2$				$s_{80} + \vartheta_0/2 + d_1/4$	$\vartheta_0 + d_2$	d_3	$d = (d_1 + d_2 + d_3)/3$
6		$t_0 + h$	$s_{60} + \gamma_0 + c_3$		c_4	$s_{80} + \vartheta_0 + d_3$	$\vartheta_0 + 2d_3$	d_4	$d' = (d_1 + 2d_2 + 2d_3 + d_4)/3$
7	Ergebnis	$t_0 + h$	$s_{60} + \gamma_0 + c$	$\gamma_0 + c'$		$s_{80} + \vartheta_0 + d$	$\vartheta_0 + d'$		

Tabelle 3. *Numerische Integration, Nebenrechnung*

1	Bezeichnung	Zeit t	$\frac{c_{10}}{m_1} s_1$	$\frac{2\,c_{10}}{m_1} s_3$		$\ddot{s}_1$
	Spalte	17	18	19	20	21
3		t_0				K_1/m_1
4	Berechnung	$t_0 + h/2$	$\frac{c_{10}}{m_1}$ 2	$\frac{2\,c_{10}}{m_1}$ 5		— **18**
5	von $\ddot{s}_1$	$t_0 + h/2$				+ **19**
6		$t_0 + h$				

1	Bezeichnung	Zeit t	$\frac{2\,c_{10}}{m_3} s_1$	$\frac{4\,c_{10} + c_{30}}{m_3} s_3$	$\frac{2\,c_{30}}{m_3} s_6$	$\ddot{s}_3$
	Spalte	22	23	24	25	26
3		t_0				K_2/m_3
4	Berechnung	$t_0 + h/2$	$\frac{2\,c_{10}}{m_3}$ 2	$\frac{4\,c_{10} + c_{30}}{m_3}$ 5	$\frac{2\,c_{30}}{m_3}$ 10	+ **23**
5	von $\ddot{s}_3$					— **24**
6		$t_0 + h$				+ **25**

1	Bezeichnung	Zeit t	$\frac{2\,c_{30}}{m_6} s_3$	$\frac{4\,c_{30} + c_{68}}{m_6} s_6$	$\frac{2\,c_{68}}{m_6} s_8$	$\ddot{s}_6$
	Spalte	27	28	29	30	31
3		t_0				K_3/m_6
4	Berechnung	$t_0 + h/2$	$\frac{2\,c_{30}}{m_6}$ 5	$\frac{4\,c_{30} + c_{68}}{m_6}$ 10	$\frac{c_{68}}{m_6}$ 13	+ **28**
5	von $\ddot{s}_6$					— **29**
6		$t_0 + h$				+ **30**

1	Bezeichnung	Zeit t	$\frac{c_{68}}{m_8} s_6$	$\frac{c_{68}}{m_8} s_8$	$f(\dot{s}_8^2)$	$\ddot{s}_8$
	Spalte	32	33	34	35	36
3		t_0				G_8/m_8
4	Berechnung	$t_0 + h/2$	$\frac{c_{68}}{m_8}$ 10	$\frac{c_{68}}{m_8}$ 13	$f\left(\frac{\mathbf{14}^2}{h^2}\right)$	—F.**35**/m_8
5	von $\ddot{s}_8$	$t_0 + h/2$				+ **33**
6		$t_0 + h$				— **34**

Die Nachrechnung des kritischen Stoßvorganges mit dem Gleichungssystem 2 ist tragbar, da die größten Belastungen bereits nach einigen Zeitschritten erhalten werden. In Abb. 16 sind Teilergebnisse einer solchen Berechnung gezeigt.

Das Dämpfungssystem ist dann zweckmäßig ausgelegt, wenn die größten Belastungen bald nach Einleitung des Dämpfungsvorganges auftreten und über einen möglichst großen Bereich des Dämpfungsweges aufrechterhalten bleiben. Nur bei einem solchen Verlauf der Belastung ist die Nachrechnung des Dämpfungsvorganges mit dem Gleichungssystem 2 zu empfehlen.

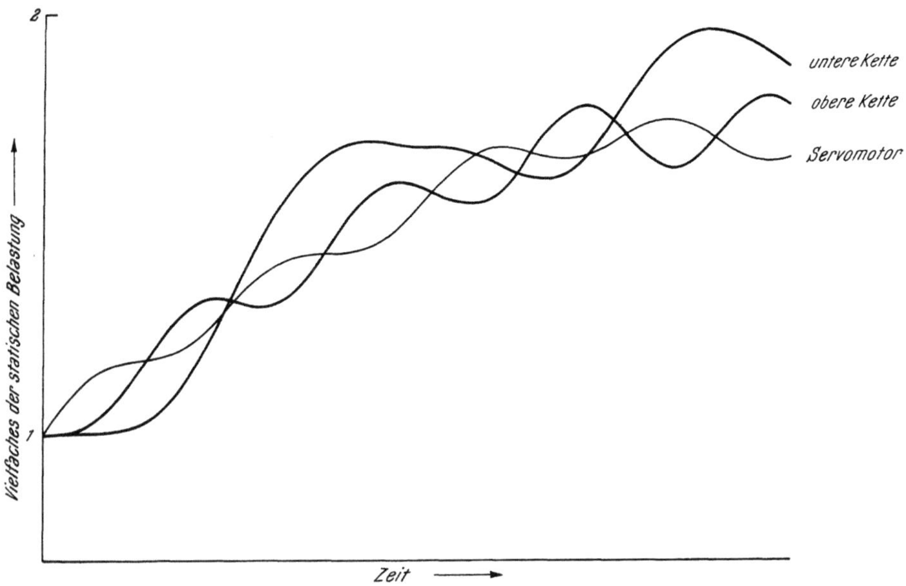

Abb. 16. Die Belastungen im Stoßvorgang

XI. Die vereinfachte Berechnung der Belastungen

Vernachlässigt man die Trägheitskräfte der Massen an den Ersatzbalken (m_3^*, m_4^* und m_6^*, m_7^*) als klein gegenüber den Federkräften, so folgen aus den Gln. (40) und (41) die Gln. (42) und (43).

$$s_4\, c_{40} + (s_1 - 2\, s_3 + s_4)\, c_{12} - R_2 = 0, \tag{42}$$

$$s_7\, c_{70} + (s_3 - 2\, s_6 + s_7)\, c_{35} - R_5 = 0. \tag{43}$$

Die Gln. (26), (27) und (36) bis (39) gelten unverändert. Es werden zur Vereinfachung folgende Bezeichnungen eingeführt [Gln. (44) bis (48)]:

$$c_{10} = c_{12}\, c_{40}/(c_{12} + c_{40}), \tag{44}$$

$$c_{30} = c_{35}\, c_{70}/(c_{35} + c_{70}), \tag{45}$$

$$K_1 = G_1 - R_2\, c_{12}/(c_{12} + c_{40}), \tag{46}$$

$$K_2 = G_3 - R_2 - R_5\, c_{35}/(c_{35} + c_{70}) + 2\, R_2\, c_{12}/(c_{12} + c_{40}), \tag{47}$$

$$K_3 = G_6 - R_6 - R_5 + 2\, R_5\, c_{35}/(c_{35} + c_{70}). \tag{48}$$

Mit diesen Bezeichnungen erhält man an Stelle des Gleichungssystems 2 die Gln. (49) bis (52).

Gleichungssystem 3:

$$+ s_1 c_{10} - s_3 2 c_{10} \qquad + m_1 \ddot{s}_1 = K_1, \tag{49}$$

$$- s_1 2 c_{10} + s_3 (4 c_{10} + c_{30}) - s_6 2 c_{30} \qquad + m_3 \ddot{s}_3 = K_2, \tag{50}$$

$$- s_3 2 c_{30} \qquad + s_6 (4 c_{30} + c_{68}) - s_8 c_{68} + m_6 \ddot{s}_6 = K_3, \tag{51}$$

$$- s_6 c_{68} \qquad + s_8 c_{68} + m_8 \ddot{s}_8 = \\ = G_8 - F\, f(\dot{s}_8^2). \tag{52}$$

Die Gln. (49) bis (52) werden als Gleichungssystem 3 bezeichnet.

Das Schema zur numerischen Integration des Gleichungssystems 3 ist in den Tabellen 2 und 3 dargelegt.

Die analytische Lösung dieses nichtlinearen, inhomogenen Gleichungssystems 3 mit Konstanten als Störgliedern ist im allgemeinen nicht zu geben. Es sei nun der Fall betrachtet, daß an Stelle der Funktion $f(\dot{s}_8^2)$ eine nur von der Zeit abhängige Funktion $f(t)$ gesetzt wird. Man erhält sodann ein inhomogenes, jedoch nun lineares Gleichungssystem, dessen Lösung sich zusammensetzt aus der allgemeinen Lösung des homogenen und einer partikulären Lösung des inhomogenen Gleichungssystems. Eine Teillösung, nämlich die allgemeine Lösung des homogenen Systems, bleibt somit unabhängig von der an Stelle von $f(\dot{s}_8^2)$ gewählten Funktion $f(t)$. Von der Wahl dieser Funktion hängt jedoch weitgehend der Aufwand zur Ermittlung der partikulären Lösung ab.

Die partikuläre Lösung wird besonders einfach erhalten, wenn man $\dot{s}_8 =$ konst. oder $\dot{s}_8 = 0$ ansetzt.

Mit der Annahme $\dot{s}_8 =$ konst. erhält man für den Anlauf- und den Stoßvorgang brauchbare Näherungslösungen.

Für den Dämpfungsvorgang ist diese Annahme deshalb von Bedeutung, weil durch den Vergleich der damit errechneten mit den durch numerische Integration ermittelten Belastungen eine Beurteilung des Dämpfungssystems möglich ist. Als Geschwindigkeit $\dot{s}_8$ ist in diesem Fall die nach dem Dämpfungsvorgang vorgesehene Geschwindigkeit (entsprechend v_E in Abb. 7 oder 8) heranzuziehen.

Zwei der mit der Annahme $\dot{s}_8 = 0$ errechneten Belastungen sind in den Abb. 17 und 18 dargestellt. Diese Belastungen sind als obere Grenzwerte zu betrachten. Sie zeigen ferner den prinzipiellen Verlauf der Belastungen im Stoßvorgang, der wertvolle Anhaltspunkte für die numerische Integration etwa des Gleichungssystems 2 liefert (vgl. Abb. 16 mit den Abb. 17 und 18). Da die Geschwindigkeit $\dot{s}_8$ nach dem Dämpfungsvorgang meist vernachlässigbar klein ist, können auch die Belastungen unter der Annahme $\dot{s}_8 = 0$ (statt $\dot{s}_8 =$ konst.) zur Beurteilung des Dämpfungssystems herangezogen werden.

Die Berechnung der Belastungen unter dieser Annahme sei kurz erläutert:

Sie bedingt vorerst, daß im Gleichungssystem 3 die Gl. (52) entfällt und in Gl. (51) s_8 gleich Null zu setzen ist.

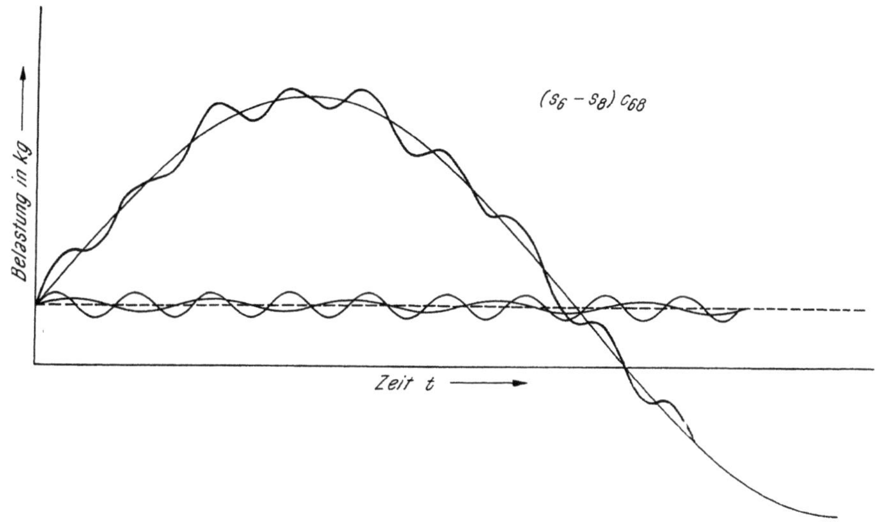

Abb. 17. Die Belastungen der Zylinder unter der Annahme $\dot{s}_8 = 0$

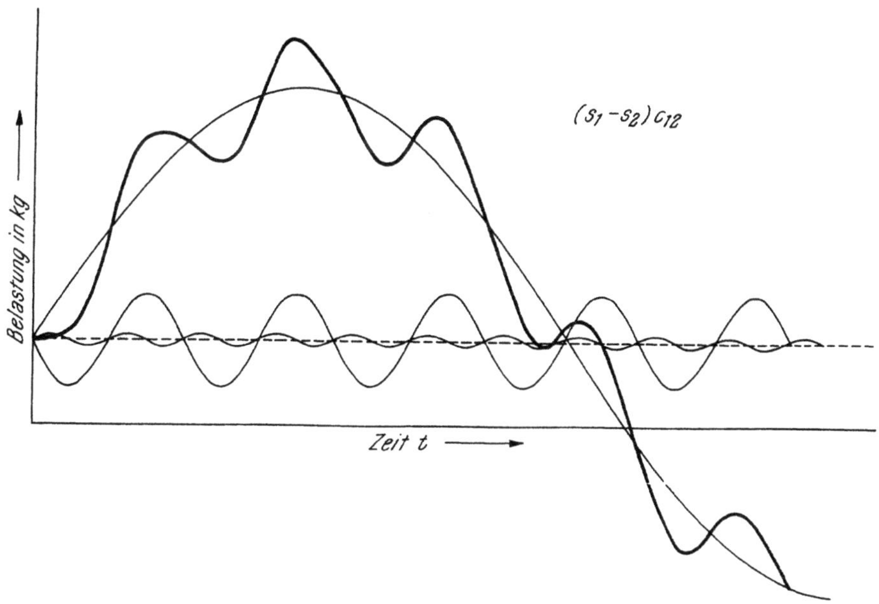

Abb. 18. Die Belastungen der unteren Kette unter der Annahme $\dot{s}_8 =$

Die partikuläre Lösung wird einfach, und zwar mit dem Ansatz $s_i = s_{i\,0}$ ($i = 1, 3, 6$), erhalten. Die Auswertung des Gleichungssystems zeigt, daß diese Werte $s_{i\,0}$ gleich den Wegen s_i unter der statischen Belastung sind.

Zur Lösung des homogenen Systems wird der Ansatz nach den Gln. (53) gewählt.

$$s_i = \sum_{j=1}^{6} \overset{j}{\alpha}_i \, e^{\lambda_j t}. \tag{53}$$

Die Werte λ_j sind hierin die Wurzeln der charakteristischen Gln. (54), wobei jeweils zwei konjugiert komplexe Wurzeln auftreten [Gln. (55) und (56)].

$$\begin{vmatrix} m_1 \lambda^2 + c_{10} & -2 c_{10} & 0 \\ -2 c_{10} & 4 c_{10} + c_{30} + m_3 \lambda^2 & -2 c_{30} \\ 0 & -2 c_{30} & 4 c_{30} + c_{68} + m_6 \lambda^2 \end{vmatrix} = 0. \tag{54}$$

Die Werte $\overset{j}{\alpha}_i$ erhält man, indem man die Wege s_i nach den Gln. (53) und deren Ableitungen in das homogene Gleichungssystem einsetzt und die Koeffizienten vergleicht. Man erhält dadurch ein System von Bestimmungsgleichungen, die homogen sind, weshalb eine der drei Konstanten $\overset{j}{\alpha}_i$ ($i = 1, 3, 6$; $j = \text{fest}$) frei zu wählen ist. (Es sei $\overset{j}{\alpha}_3 = 1$). Auch hier treten jeweils konjugiert komplexe Wurzeln auf [Gln. (57) und (58)].

$$\lambda_1 = u_1 + i v_1 \tag{55}$$

$$(\text{mit } u_1 = 0, \quad i = \sqrt{-1}),$$

$$\lambda_2 = u_1 - i v_1, \tag{56}$$

$$\overset{1}{\alpha}_1 = a_1 + i b_1 \tag{57}$$

$$(\text{mit } b_1 = 0),$$

$$\overset{2}{\alpha}_1 = a_1 - i b_1. \tag{58}$$

Faßt man in den Gln. (53) jeweils zwei Glieder zusammen, so lassen sie sich durch Kreisfunktionen darstellen. So erhält man etwa für die beiden ersten Glieder in Gl. (53) mit $i = 1$, $j = 1, 2$ die Elementarlösungen nach den Gln. (59) und (60).

$$\overset{1}{s}_1 = a_1 \cos v_1 t, \tag{59}$$

$$\overset{2}{s}_1 = a_1 \sin v_1 t. \tag{60}$$

Die entsprechende Ausweitung führt auf die allgemeine Lösung des Gleichungssystems 3. Die Konstanten A bis F sind aus den Anfangsbedingungen zur Zeit $t = 0$ zu bestimmen [Gln. (61) bis (63)].

$$s_1 = A\, a_1 \cos v_1 t + B\, a_1 \sin v_1 t + C\, a_2 \cos v_2 t + \\ + D\, a_2 \sin v_2 t + E\, a_3 \cos v_3 t + F\, a_3 \sin v_3 t + s_{10}, \tag{61}$$

$$s_3 = A \cos v_1 t + B \sin v_1 t + C \cos v_2 t + D \sin v_2 t + + E \cos v_3 t + F \sin v_3 t + s_{30}, \tag{62}$$

$$s_6 = A\,a_4 \cos v_1 t + B\,a_4 \sin v_1 t + C\,a_5 \cos v_2 t + + D\,a_5 \sin v_2 t + E\,a_6 \cos v_3 t + F\,a_6 \sin v_3 t + s_{60}. \tag{63}$$

Da die Federkonstanten als bekannt vorausgesetzt wurden, lassen sich aus diesen Wegen die Belastungen der Federn (Ketten und Zylinder) unmittelbar errechnen (Abb. 17 und 18).

XII. Die Auslegung eines Dämpfungssystems

Im vorhergehenden Abschnitt wurde gezeigt, wie für eine bestimmte Ausführung der Dämpfung die im System auftretenden Belastungen be-

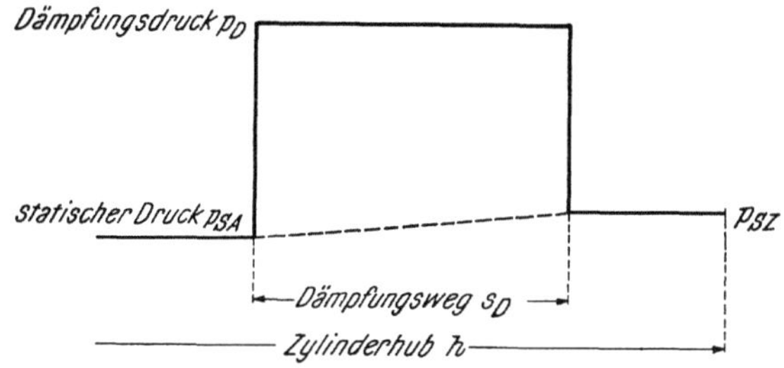

Abb. 19. Das ideale Dämpfungsdiagramm

rechnet werden. Oft lautet jedoch die Aufgabe, für ein gegebenes Bewegungssystem und eine bestimmte zulässige Belastung des Servomotors eine geeignete Dämpfungsanordnung zu entwerfen.

Im Dämpfungsdiagramm (Abb. 7 und 8) ist die Fläche zwischen dem Zylinderdruck p und dem statischen Druck p_s ein Maß für die im Dämpfungsvorgang vernichtete Energie. Für einen festgelegten Dämpfungsweg s_d erhält man die kleinste Druckerhöhung, wenn der Druck p über den gesamten Dämpfungsweg gleich groß ist. In Abb. 19 ist das ideale Dämpfungsdiagramm mit dem gleichbleibenden Dämpfungsdruck p_d dargestellt. Soll der größte während des Dämpfungsvorganges auftretende Druck $p_{d\,\max}$ nicht größer als der größte während des übrigen Bewegungsablaufes auftretende Druck $p_{\max}$ sein, so ist p_d kleiner als $p_{\max}$ zu wählen. Dies ist notwendig, da das ideale Dämpfungsdiagramm nicht verwirklicht werden kann und daher $p_{d\,\max}$ immer größer als p_d ausfallen wird.

Ist der Dämpfungsdruck p_d und damit der Dämpfungsweg s_d festgelegt, so kann mit dem für das Bewegungssystem abgeleiteten Gleichungssystem jener Druck- und Geschwindigkeitsverlauf errechnet werden, der dem Idealdiagramm entspricht. Dieser Druck- und Geschwindigkeitsverlauf führt im Re-η_D-Diagramm (Abb. 9) auf eine Punktreihe mit dem Parameter s. Das Dämpfungssystem ist sodann durch Modellversuche oder Rechnung so auszulegen, daß seine Kennlinien (nach Art der Abb. 10) sich mit dieser Punktreihe weitgehend decken.

Eine Rückrechnung hat dann zu zeigen, daß das Dämpfungsdiagramm den Anforderungen wirklich entspricht.

XIII. Abminderung des Druckstoßes durch konstruktive Maßnahmen

Die Beherrschung des Dämpfungsvorganges ist wichtig, weil er das einwandfreie Aufsetzen der Schütze auf der Schwelle gewährleisten muß. Die größten Beanspruchungen treten bei Teleskopservomotoren jedoch im allgemeinen beim Mitnehmen des Zwischenzylinders auf. Bei den hier beschriebenen Servomotoren von Assuan bleibt dieser Druckstoß innerhalb der voraus abgeschätzten Grenzen, und die ganze Schließbewegung verläuft einwandfrei. Es wurde jedoch schon erwähnt, daß bei anderen Anlagen, vor allem bei solchen mit starrerer Aufhängung der Schütze, dieser Stoßvorgang zu Beeinträchtigungen des Betriebes geführt hat. Abhilfen durch elastische Zwischenlagen auf dem Berührungsring zwischen Innen- und Zwischenzylinder befriedigten in der konstruktiven Ausführung und im Ergebnis nicht ganz.

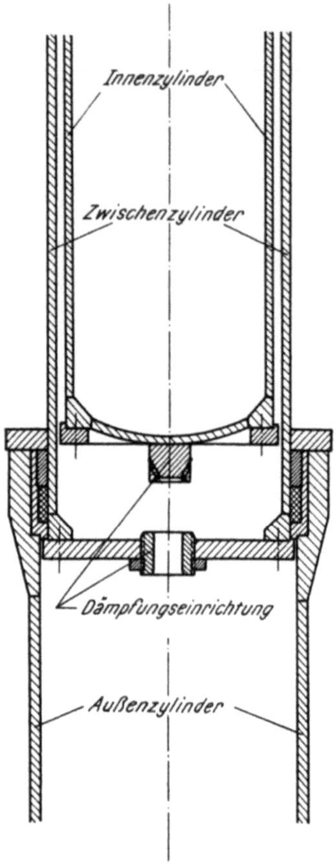

Abb. 20. Zwischendämpfung

Bei einer ähnlichen Anlage wurde daher versucht, auch diesen Stoß durch eine zwangsläufig wirkende hydraulische Dämpfung abzufangen. Dies wurde dadurch ermöglicht, daß auch im Zwischenzylinder ein Zylinderboden vorgesehen wurde. An sich könnte man einen am Innenzylinder angebrachten Dämpfungszapfen (ähnlich ausgeführt wie auf Abb. 4) zuerst eine in diesem Zwischenboden angebrachte Dämpfungsbüchse durchfahren lassen und damit den Zwischenstoß dämpfen. Derselbe Zapfen taucht dann am Ende der Bewegung auch in die Dämpfungsbüchse im Ausflußrohr des untersten Zylinders und bremst damit den Schnellschluß ab.

Da jedoch die Modellversuche mit gerade abgeschnittenem Dämpfungszapfen, d. h. mit etwa linearer Verringerung der durchströmten Fläche bei Annäherung an die Dämpfungsbüchse, gute Resultate gezeigt hatten, lag es auf der Hand, für die Zwischendämpfung eine andere Ausführung zu wählen, die das Mitnehmen des Zwischenzylinders vollständig exakt unmittelbar vor dem Auftreffzeitpunkt einleitet und die auch angebracht werden kann, wenn wegen beschränkter Baulänge die Endbremsung durch ein seitlich angeordnetes Dämpfungsventil durchgeführt wird.

Die konstruktive Ausbildung dieser Zwischendämpfung ist in Abb. 20 gezeigt. Am Innenzylinder ist ein Stempel angebracht, der gegen ein rohrförmiges Paßstück wirkt. Dieses ist im Boden des Zwischenzylinders eingeschraubt und kann mittels einer Gegenmutter so fixiert werden, daß der Stempel die Paßfläche gerade berührt, wenn der Innenzylinder am Zwischenzylinder aufsitzt. Der Öldurchtritt durch den Zwischenboden wird dadurch abgesperrt, bis auf kleine Bohrungen im Stempel, die notwendig sind, um beim Heben die Druckübertragung auf den vollen Querschnitt des Innenzylinders zu gewährleisten. Diese Einrichtung beschleunigt den Zwischenzylinder knapp vor dem Auftreffen des Innenzylinders, gewährleistet dadurch ein völlig sanftes Mitnehmen und ist unabhängig von Anarbeitungsungenauigkeiten und vor allem von der seitlichen Toleranz in der Führung der Teleskopzylinder. Diese Ausbildung einer Zwischendämpfung ist einfach und sehr wirksam, sie hat sich im praktischen Betrieb hervorragend bewährt.

Die Theorie 2. Ordnung für den räumlich belasteten Stab mit dünnwandigem, offenem Querschnitt

Von

W. Steinbach, Bad Nenndorf

Mit 16 Textabbildungen

1. Allgemeines

Im folgenden wird ein gerader Stab mit räumlicher Belastung betrachtet. Dabei sollen unter räumlicher Belastung beliebig verteilte Streckenlasten p_x, p_y und Torsionsmomente m_z verstanden werden. Außerdem können

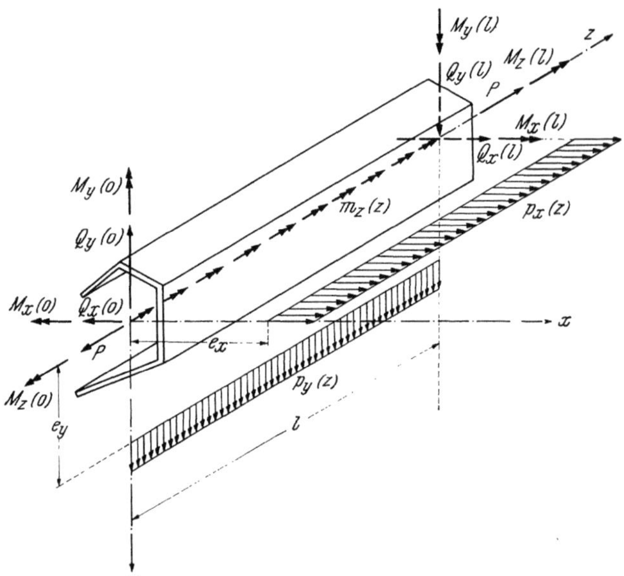

Abb. 1. Räumlich belasteter Stab

an den Stabenden noch Einzelkräfte und Einzelmomente angreifen (Abb. 1). Die Auflagerreaktionen sollen mit der Belastung ein Gleichgewichtssystem bilden.

Verteilt angreifende Längskräfte werden hier nicht berücksichtigt. Jedoch läßt sich die nachstehende Theorie ohne Schwierigkeiten für diesen Fall erweitern.

Ziel der Untersuchungen ist die Ermittlung der Schnittlasten unter Berücksichtigung der Verformungen, also nach der Theorie 2. Ordnung. Soweit es sich dabei um Stabilitätsprobleme handelt, werden die kritischen Lasten bzw. die Eigenwerte gesucht.

Über dieses Problem liegt bereits eine ganze Reihe von Veröffentlichungen vor. Diese enthalten jedoch mehr oder weniger nur die Lösungen von Sonderfällen hinsichtlich Belastung und Querschnittsausbildung des Stabes. Am bekanntesten sind hier wohl die Stabilitätsprobleme des Biegedrillknickens und Kippens sowie die Behandlung des längskraftfreien, aber sonst räumlich belasteten Stabes. Alle diese Abhandlungen sind jedoch im deutschsprachigen Schrifttum weit verstreut. Ausführliche Literaturhinweise darüber bieten die Werke [1] bis [4] und [20]. Eine Zusammenstellung gelöster Sonderfälle findet man in dem fremdsprachigen Werk von WLASSOW [5].

In der nachstehenden Arbeit sollen die Zusammenhänge zwischen den bekannten Lösungen gezeigt werden. Dazu werden zunächst die Beziehungen für den oben geschilderten allgemeinen Fall aufgestellt. Aus diesen ergeben sich durch entsprechende Vereinfachungen oder besondere Voraussetzungen hinsichtlich Querschnitt und Belastung die bereits bekannten Lösungen für die Sonderfälle.

2. Voraussetzungen

Der Stab möge aus ideal-elastischem, homogenem und isotropem Material bestehen, das uneingeschränkt dem HOOKEschen Gesetz gehorcht. Über die Länge des geraden Stabes wird der Querschnitt als konstant vorausgesetzt. Bei der Verformung des Trägers sollen die Querschnitte ihre Form unverändert beibehalten, so daß die Verschiebungen aller Querschnittspunkte durch die Verschiebungen u und v eines ausgezeichneten Punktes und die Drehung φ angegeben werden können.

Sämtliche Formänderungen sollen differentiell klein sein, damit für die Krümmungen im Sinne der Theorie 2. Ordnung $\frac{1}{\varrho_x} \approx u''$ und $\frac{1}{\varrho_y} \approx v''$ gesetzt werden kann. Endlich große Verformungen sind folglich ausgeschlossen.

Wie in der Theorie der ebenen Balkenbiegung wird der Einfluß vernachlässigt, den die aus den Querkräften herrührenden Schubspannungen auf die Verformungen haben. Die Wirkungslinien der Querkräfte sollen also durch den Schubmittelpunkt verlaufen.

Ebenso vernachlässigt wird der Einfluß der sekundären Schubspannungen infolge Wölbkrafttorsion (Wölbschubspannungen) auf die Deformationen. Da dieser Einfluß bei manchen Hohlquerschnitten nicht mehr ohne weiteres vernachlässigt werden kann [6], [7], gelten die folgenden Untersuchungen im wesentlichen für offene Profile.

Ferner werden dünnwandige Träger vorausgesetzt, bei denen sich die Verwölbungen infolge ST. VENANTscher Torsion näherungsweise durch die Verwölbungen in den Profilmittellinien beschreiben lassen.

Die Belastungen werden beliebig angenommen, jedoch sollen die Funktionen der aus ihnen herrührenden Schnittlasten (Querkräfte, Biegemomente usw.) stetig und differenzierbar sein. Schließlich wird Richtungstreue der Lasten vorausgesetzt, d. h. bei der Verformung des Trägers sollen die äußeren Lasten ihre ursprüngliche Richtung beibehalten.

3. Beziehungen zwischen den Verformungen [1], [2], [4], [5], [8] bis [10]

3.1. Verschiebungen und Drehungen in der Querschnittsebene

3.1.1. Bezugspunkt ist der Schwerpunkt S

Durch die Achsen x, y, z sei ein kartesisches Koordinaten-Rechtssystem gegeben. Von diesem Koordinatensystem braucht an und für sich nur

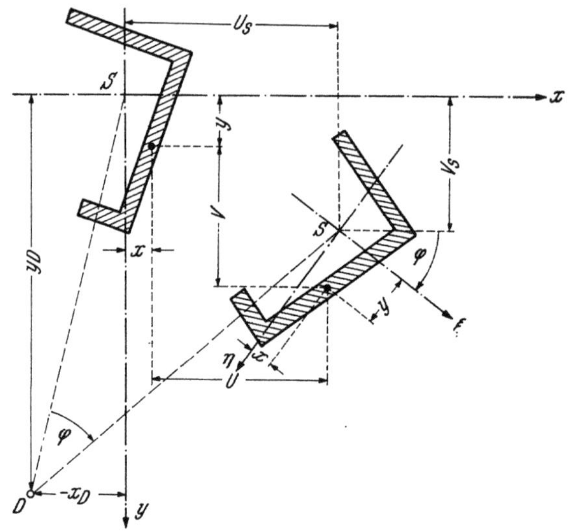

Abb. 2. Drehung und Verschiebungen des Querschnittes. Bezugspunkt ist der Schwerpunkt S

vorausgesetzt zu werden, daß die z-Achse parallel zur Stabachse verläuft. Um die weitere Behandlung zu erleichtern, soll das System jedoch von vornherein so orientiert werden, daß sein Ursprung im Schwerpunkt des Querschnittes liegt. Die Achsen x und y sind mit den Hauptträgheitsachsen identisch. Schließlich fällt die Achse z mit der Stabachse zusammen und zeigt in die Zeichenebene hinein (Abb. 2).

Bei der Verformung wird sich der Querschnitt an der Stelle z sowohl verschieben als auch drehen. Sind $u_S(z)$ und $v_S(z)$ die mit der Drehung $\varphi(z)$ verbundenen Verschiebungen des Schwerpunktes S in Richtung der x- und y-Achse, so lassen sich die Verschiebungen $u(z)$ und $v(z)$ eines beliebigen Querschnittspunktes mit den Koordinaten $(x; y)$ wie folgt angeben (Abb. 2):

$$\left.\begin{aligned} u(z) &= u_S(z) - x + x\cos\varphi(z) - y\sin\varphi(z), \\ v(z) &= v_S(z) - y + x\sin\varphi(z) + y\cos\varphi(z). \end{aligned}\right\} \tag{3.1}$$

Voraussetzungsgemäß soll $\varphi(z)$ ein kleiner Winkel sein. Man kann deshalb näherungsweise

$$\left.\begin{aligned} \sin\varphi(z) &\approx \varphi(z), \\ \cos\varphi(z) &\approx 1 \end{aligned}\right\} \qquad (3.2)$$

setzen und erhält damit aus (3.1):

$$\left.\begin{aligned} u(z) &= u_S(z) - y\,\varphi(z), \\ v(z) &= v_S(z) + x\,\varphi(z). \end{aligned}\right\} \qquad (3.3)$$

Nach einem Satz aus der Kinematik läßt sich nun jede beliebige Verschiebung (Bewegung) als reine Rotation um einen Drehpunkt D (Momentanzentrum, Pol) mit den Koordinaten (x_D; y_D) beschreiben. Da für diesen Drehpunkt D die Verschiebungen $u(z)$ und $v(z)$ gleich Null sein müssen, wird aus (3.3):

$$\left.\begin{aligned} u_S(z) - y_D\,\varphi(z) &= 0, \\ v_S(z) + x_D\,\varphi(z) &= 0. \end{aligned}\right\} \qquad (3.4)$$

Somit folgen die Koordinaten (x_D; y_D) des Drehpunktes D zu (Abb. 2):

$$\left.\begin{aligned} x_D &= -\frac{v_S(z)}{\varphi(z)}, \\ y_D &= \frac{u_S(z)}{\varphi(z)}. \end{aligned}\right\} \qquad (3.5)$$

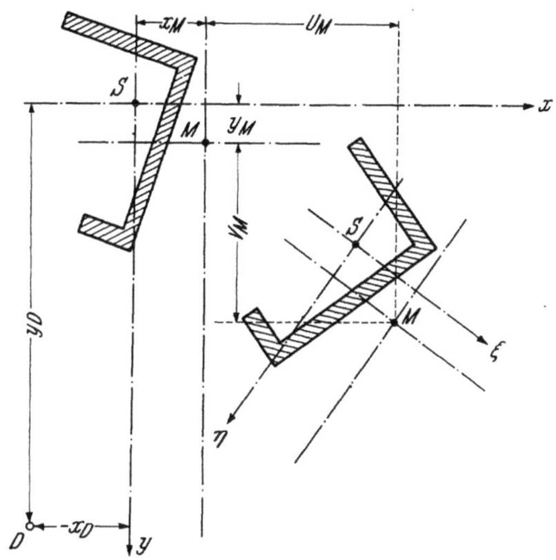

Abb. 3. Drehung und Verschiebungen des Querschnittes. Schwerpunkt S und Schubmittelpunkt M als Bezugspunkte

Die Lage des Drehpunktes D ist also mit z veränderlich und die Verbindungslinie der Drehpunkte (Drehachse) wird im allgemeinen Falle eine räumlich gekrümmte Kurve sein, worauf später noch eingegangen werden soll.

3.1.2. Bezugspunkt ist der Schubmittelpunkt M

Wie sich zeigen wird, kann es zweckmäßig sein, die Verschiebungen $u_M(z)$ und $v_M(z)$ des Schubmittelpunktes M zu verwenden. Die dafür geltenden Beziehungen sollen jetzt abgeleitet werden.

Behält man das Koordinatensystem x, y, z mit dem Ursprung im Schwerpunkt S bei, so folgen die Verschiebungen $u_M(z)$ und $v_M(z)$ mit den Koordinaten x_M und y_M des Schubmittelpunktes (Abb. 3) nach (3.3) zu:

$$\left.\begin{aligned} u_M(z) &= u_S(z) - y_M\,\varphi(z), \\ v_M(z) &= v_S(z) + x_M\,\varphi(z). \end{aligned}\right\} \qquad (3.6)$$

Daraus ergibt sich:

$$\left.\begin{aligned} u_S(z) &= u_M(z) + y_M\,\varphi(z), \\ v_S(z) &= v_M(z) - x_M\,\varphi(z). \end{aligned}\right\} \tag{3.7}$$

Mit (3.7) erhält man aus (3.3) die Verschiebungen eines beliebigen Punktes $(x; y)$:

$$\left.\begin{aligned} u(z) &= u_M(z) - (y - y_M)\,\varphi(z), \\ v(z) &= v_M(z) + (x - x_M)\,\varphi(z). \end{aligned}\right\} \tag{3.8}$$

Für die Koordinaten x_D und y_D des Drehpunktes D bekommt man entsprechend (3.4) und (3.5):

$$\left.\begin{aligned} x_D &= x_M - \frac{v_M(z)}{\varphi(z)}, \\ y_D &= y_M + \frac{u_M(z)}{\varphi(z)}. \end{aligned}\right\} \tag{3.9}$$

3.2. Verschiebungen in Richtung der Stabachse z

3.2.1. Bezugspunkt ist der Schwerpunkt S

Um die Verschiebungen $w(x, y, z)$ in Richtung der Stabachse ermitteln zu können, wird zunächst die umlaufende Koordinate s eingeführt. Sie verläuft in Richtung der Tangente an die Profilmittellinie (Abb. 4). Die zugehörige Verschiebung in Tangentenrichtung werde mit $t(s; z)$ bezeichnet.

Es wird nun nach Abb. 4 ein Rechteck mit den Seiten dz und ds aus dem Stab herausgeschnitten. Wegen der vorausgesetzten geringen Wanddicke kann man näherungsweise annehmen, daß in dem Element ein ebener Spannungszustand herrscht. Nach den allgemeinen Gleichungen der Elastizitätstheorie gilt somit für die Schubspannungen in der Mittelfläche des Elementes:

$$\tau = G\,\gamma = G\left(\frac{\partial w}{\partial s} + \frac{\partial t}{\partial z}\right). \tag{3.10}$$

Voraussetzungsgemäß wird der Einfluß der Schubspannungen infolge Querkraft und Wölbkrafttorsion auf die Verformungen vernachlässigt. Im Element wirken also nur Schubspannungen infolge freier (ST. VENANTscher) Torsion. Diese sind aber antimetrisch über die Wanddicke verteilt und haben in der Mittelebene der Wand den Wert Null. Mit $\tau = 0$ folgt also aus (3.10) für die Mittelebene:

$$\frac{\partial w}{\partial s} + \frac{\partial t}{\partial z} = 0. \tag{3.11}$$

Hieraus erhält man durch Integration die Verschiebungen der Profilmittellinie in Richtung der Stabachse:

$$w(z, s) = \bar{f}_S(z) - \int_{s_0}^{s} \frac{\partial t}{\partial z}\,ds. \tag{3.12}$$

Dabei ist $\bar{f}_S(z)$ eine vorläufig noch unbekannte, nur von z abhängige Funktion, deren Bestimmung später erfolgen soll.

Um das Integral in (3.12) auswerten zu können, ist es zunächst erforderlich, die Verschiebung $t(z, s)$ in Richtung der Umfangstangente zu bestimmen.

Ein Punkt $(x; y)$ oder (s), der auf der Profilmittellinie liegt, habe die Verschiebungen $u(z; s)$ und $v(z; s)$. Die Tangente an die Mittellinie im Punkt $(x; y)$ oder (s) bilde mit der x-Achse den Winkel $\alpha(s)$. Dann ist die Verschiebung $t(z; s)$ nach Abb. 5:

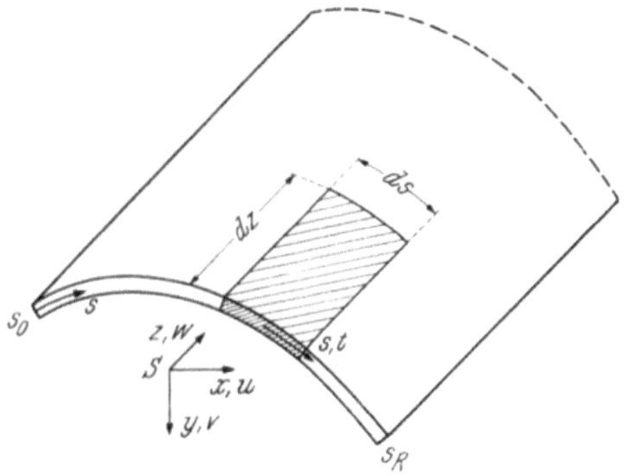

Abb. 4. Zur Tangentialverschiebung am Element

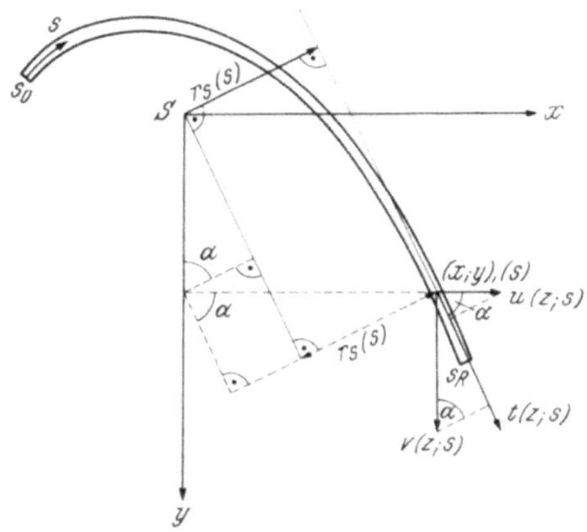

Abb. 5. Tangentialverschiebung $t(z, s)$

$$t(z; s) = u(z; s) \cos \alpha(s) + v(z; s) \sin \alpha(s). \tag{3.13}$$

Setzt man (3.3) in (3.13) ein, so folgt:

$$t(z; s) = u_S(z) \cos \alpha(s) + v_S(z) \sin \alpha(s) + [x \sin \alpha(s) - y \cos \alpha(s)]\, \varphi(z). \tag{3.14}$$

Nun ist, wie man aus Abb. 5 ablesen kann,

$$x \sin \alpha(s) - y \cos \alpha(s) = r_S(s), \tag{3.15}$$

also gleich dem Abstand von der Tangente zum Schwerpunkt S. Damit wird die Verschiebung in Tangentialrichtung

$$t(z; s) = u_S(z) \cos \alpha(s) + v_S(z) \sin \alpha(s) + \varphi(z)\, r_S(s). \tag{3.16}$$

Differenziert man (3.16) partiell nach z, so erhält man aus (3.12):

$$w(z; s) = \bar{f}_S(z) - u_S'(z) \int_{s_0}^{s} \cos \alpha(s)\, ds - v_S'(z) \int_{s_0}^{s} \sin \alpha(s)\, ds - \varphi'(z) \int_{s_0}^{s} r_S(s)\, ds. \tag{3.17}$$

Nach Abb. 6 sind weiter

$$\left.\begin{aligned} \cos \alpha(s)\, ds &= dx, \\ \sin \alpha(s)\, ds &= dy. \end{aligned}\right\} \tag{3.18}$$

Schließlich ist

$$\int_{s_0}^{s} r_S(s)\, ds = \omega_S - \omega_{S\,0} \tag{3.19}$$

die aus der Theorie der Wölbkrafttorsion her bekannte, auf den Schwerpunkt S bezogene „Einheitsverwölbung", auf deren Ermittlung hier nicht eingegangen werden soll (vgl. [1] bis [5], [8], [11]).

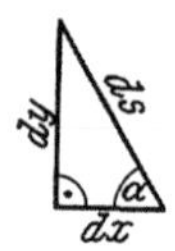

Abb. 6. Beziehungen für das Bogenelement ds

Die Einheitsverwölbung ω_S soll jedoch hier von vornherein so normiert werden, daß

$$\int_F \omega_S\, dF = 0 \tag{3.20}$$

ist. Bekanntlich führt diese Bedingung auf

$$\omega_{S\,0} = \frac{\int_F \bar{\omega}\, dF}{\int_F dF} = \frac{F_{\bar{\omega}}}{F}, \tag{3.21}$$

wobei $\bar{\omega}$ diejenige Verwölbung ist, die man erhält, wenn man für den beliebig gewählten Ausgangspunkt $s = s_A$ der Integration $\bar{\omega}(s_A) = 0$ setzt. Der Wert $\omega_{S\,0}$ stellt dann die normierte Einheitsverwölbung dieses Punktes dar.

Mit (3.18) und (3.19) erhält man aus (3.17) nach Durchführung der Integration:

$$w(z;s) = \bar{f}_S(z) - u_S'(z)\,(x - x_0) - v_S'(z)\,(y - y_0) - \varphi'(z)\,(\omega_S - \omega_{S\,0}). \tag{3.22}$$

In (3.22) sind x_0 und y_0 die Koordinaten des Ausgangspunktes der Integration, also Konstanten. Die Ausdrücke $x_0\, u_S'(z)$, $y_0\, v_S'(z)$ und $\omega_{S\,0}\, \varphi'(z)$ sind somit nur von z abhängig und können mit $\bar{f}_S(z)$ zu einer neuen Funktion $f_S(z)$ zusammengefaßt werden:

$$f_S(z) = \bar{f}_S(z) + x_0\, u_S'(z) + y_0\, v_S'(z) + \omega_{S\,0}\, \varphi'(z). \tag{3.23}$$

Mit (3.23) erhält man schließlich für die Verschiebung in Richtung der Stabachse:

$$w(z;s) = f_S(z) - u_S'(z)\, x - v_S'(z)\, y - \varphi'(z)\, \omega_S. \tag{3.24}$$

Es sei bei dieser Gelegenheit darauf hingewiesen, daß unter den Voraussetzungen des Abschnittes 2 die BERNOULLIsche Hypothese vom Ebenbleiben der Querschnitte nicht aufgeführt ist. Sie ist jedoch als Sonderfall im allgemeineren Verformungsgesetz (3.24) enthalten. Ist nämlich dort die Verdrillung $\varphi'(z) = 0$, so wird für $z =$ konst. die Verschiebung w eine in x und y lineare Funktion. Das bedeutet aber, daß der Querschnitt eben bleibt.

Zum Abschluß dieses Abschnittes soll noch gezeigt werden, daß man die Verschiebungen $w(z;s)$ auch als alleinige Funktion des Drehwinkels $\varphi(z)$ angeben kann. Dazu ist die Wahl eines neuen Bezugspunktes für die Verwölbungen erforderlich. Es wird zunächst der beliebige Punkt W gewählt (Abb. 7). Sind die auf den Schwerpunkt S bezogenen Verwölbungen ω_S bekannt, so gilt (Abb. 7) für die auf den Punkt W bezogenen Verwölbungen (s. z. B. [4], [8] bis [11]):

$$\omega_W = \omega_S - x_W\, y + y_W\, x - K \qquad (3.25)$$

oder

$$\omega_S = \omega_W + x_W\, y - y_W\, x + K, \qquad (3.26)$$

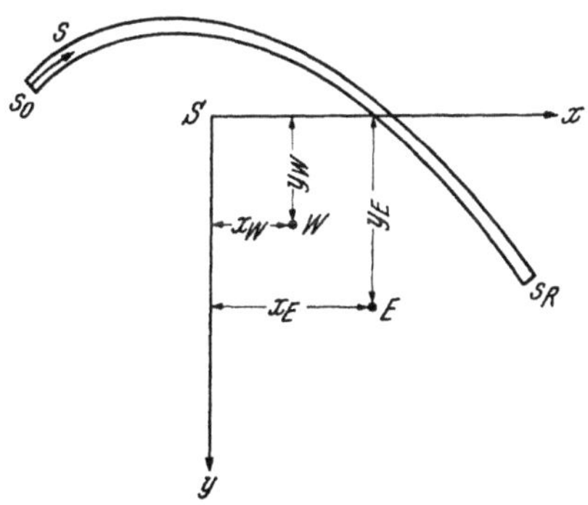

Abb. 7. Verschiedene Bezugspunkte für die Verwölbungen

wobei K eine bei der Transformation anfallende Konstante ist (sofern man ω_S noch nicht normiert hat). Setzt man (3.26) in (3.24) ein, so erhält man

$$w(z,s) = f_S(z) - K\,\varphi'(z) - [u_S'(z) - y_W\,\varphi'(z)]\,x - [v_S'(z) + \\ + x_W\,\varphi'(z)]\,y - \varphi'(z)\,\omega_W. \qquad (3.27)$$

Soll nun die Verschiebung $w(z;s)$ nur von $\omega_W(s)$ und $\varphi'(z)$ abhängig sein, so müssen die vier ersten Summanden in (3.27) verschwinden, d. h. es müssen

$$\left.\begin{aligned} f_S(z) - K\,\varphi'(z) &= 0,\\ u_S'(z) - y_W\,\varphi'(z) &= 0,\\ v_S'(z) + x_W\,\varphi'(z) &= 0 \end{aligned}\right\} \qquad (3.28)$$

sein. Das sind drei Bedingungen für K, x_W und y_W. Man erhält sie zu:

$$\left.\begin{aligned} K &= \frac{f_S(z)}{\varphi'(z)},\\ x_W &= -\frac{v_S'(z)}{\varphi'(z)},\\ y_W &= \frac{u_S'(z)}{\varphi'(z)}. \end{aligned}\right\} \qquad (3.29)$$

Wird also die Einheitsverwölbung auf den Punkt W bezogen, so läßt sich die Verschiebung in Richtung der Stabachse einfach durch

$$w(z;s) = -\,\varphi'(z)\,\omega_W(s) \qquad (3.30)$$

ausdrücken.

Die in (3.29) mitermittelte Konstante K ist nur hinsichtlich des Ausgangspunktes beim Integrieren längs des Umfanges von Bedeutung.

Der Punkt W soll hier als „Wölbzentrum" bezeichnet werden. Er ist *nicht* querschnittsgebunden, sondern seine Koordinaten x_W und y_W sind entsprechend (3.29) Funktionen von z. Die Verbindungslinie der „Wölbzentren W" längs des Stabes wird also im allgemeinen eine räumlich gekrümmte Kurve sein. Wie ein Vergleich von (3.29) mit (3.5) zeigt, ist im allgemeinen Fall das „Wölbzentrum W" *nicht* mit dem „Drehpunkt D" identisch.

Vorwegnehmend sei hier schon gesagt, daß man auch die Dehnungen (und damit die Spannungen) nur als Funktion des Drehwinkels $\varphi(z)$ ausdrücken kann. Es ist mit (3.24)

$$\varepsilon_z(z; s) = \frac{\partial w(z; s)}{\partial z} = f_S'(z) - u_S''(z)\, x - v_S''(z)\, y - \varphi''(z)\, \omega_S. \tag{3.31}$$

Eine entsprechende Betrachtung wie bei den Verschiebungen $w(z; s)$ führt auf

$$\varepsilon_z(z; s) = -\varphi''(z)\, \omega_E(s), \tag{3.32}$$

mit der auf das „Dehnungszentrum E" (Abb. 7) bezogenen Einheitsverwölbung ω_E. Ähnlich wie bei (3.28) und (3.29) ergeben sich hier:

$$\left.\begin{aligned} K' &= \frac{f_S'(z)}{\varphi''(z)}, \\ x_E &= -\frac{v_S''(z)}{\varphi''(z)}, \\ y_E &= \frac{u_S''(z)}{\varphi''(z)}. \end{aligned}\right\} \tag{3.33}$$

Auch das „Dehnungszentrum E" ist im allgemeinen Fall weder mit dem „Drehpunkt D" noch mit dem „Wölbzentrum W" identisch, wie der Vergleich zwischen (3.5), (3.29) und (3.33) zeigt. Nur wenn zwei oder mehrere der Bedingungen

$$\left.\begin{aligned} \frac{v_S(z)}{\varphi(z)} = \frac{v_S'(z)}{\varphi'(z)}; \quad \frac{v_S(z)}{\varphi(z)} = \frac{v_S''(z)}{\varphi''(z)}; \quad \frac{v_S'(z)}{\varphi'(z)} = \frac{v_S''(z)}{\varphi''(z)}; \\ \frac{u_S(z)}{\varphi(z)} = \frac{u_S'(z)}{\varphi'(z)}; \quad \frac{u_S(z)}{\varphi(z)} = \frac{u_S''(z)}{\varphi''(z)}; \quad \frac{u_S'(z)}{\varphi'(z)} = \frac{u_S''(z)}{\varphi''(z)} \end{aligned}\right\} \tag{3.34}$$

erfüllt sind, fallen zwei oder alle drei Punkte zusammen. Das ist z. B. beim Biegedrillknicken des zentrisch gedrückten Stabes [9], [10] der Fall, wo die Verschiebungsfunktionen mit

$$\left.\begin{aligned} u_S(z) &= a_1 \sin\frac{\pi}{l} z, \\ v_S(z) &= a_2 \sin\frac{\pi}{l} z, \\ \varphi(z) &= a_3 \sin\frac{\pi}{l} z \end{aligned}\right\} \tag{3.35}$$

angegeben werden können. Dort fallen die drei Punkte D, E und W zusammen und die Drehachse ist eine Gerade.

3.2.2. Bezugspunkt ist der Schubmittelpunkt M

Behält man den Schwerpunkt S als Koordinatenursprung bei und bezieht nur die Verwölbung auf den Schubmittelpunkt M, so folgt mit der für den Schubmittelpunkt M umgeschriebenen Gl. (3.26)

$$\omega_S = \omega_M + x_M\, y - y_M\, x \tag{3.36}$$

aus Gl. (3.24):

$$w(z;s) = f_S(z) - [u_S'(z) - y_M\, \varphi'(z)]\, x - [v_S'(z) + x_M\, \varphi'(z)]\, y - \varphi'(z)\, \omega_M. \tag{3.37}$$

Die Einheitsverwölbung ω_M ist dabei bereits normiert, d. h. die Bedingung $\int_F \omega_M\, dF = 0$ ist erfüllt, was sich unter Verwendung von (3.20) zeigen läßt. Eine Vereinfachung der Beziehung (3.37) erreicht man, wenn man an Stelle der Schwerpunktsverschiebungen u_S und v_S die Verschiebungen des Schubmittelpunktes u_M und v_M einführt, wobei der Koordinatenursprung immer noch im Schwerpunkt S liegt. Setzt man die einmal differenzierten Gln. (3.7) in (3.37) ein, so ergibt sich mit

$$f_M(z) = f_S(z) \tag{3.38}$$

schließlich:

$$w(z;s) = f_M(z) - u_M'(z)\, x - v_M'(z)\, y - \varphi'(z)\, \omega_M. \tag{3.39}$$

Das in (3.39) verwendete Bezugssystem, bei dem der Koordinatenursprung im Schwerpunkt S liegt, sämtliche Verformungen (also u, v, w und φ) aber auf den Schubmittelpunkt M bezogen werden, ist ein dadurch ausgezeichnetes System, daß die vier Summanden in (3.39) voneinander unabhängig sind ([3] bis [5]). Dieses Bezugssystem wird deshalb im folgenden vorzugsweise benutzt werden.

Die Unabhängigkeit läßt sich leicht zeigen. In (3.39) sind nämlich die vier verwendeten Grundkoordinaten:

$$1,\ x,\ y,\ \omega_M.$$

Als Beweis für die Unabhängigkeit soll die Orthogonalität der vier Grundkoordinaten dienen. Die Orthogonalitätsbedingungen sind

$$\left.\begin{aligned} &\int_F 1\, x\, dF = 0 \quad (a); && \int_F 1\, \omega_M\, dF = 0 \quad (d);\\ &\int_F 1\, y\, dF = 0 \quad (b); && \int_F x\, \omega_M\, dF = 0 \quad (e);\\ &\int_F x\, y\, dF = 0 \quad (c); && \int_F y\, \omega_M\, dF = 0 \quad (f). \end{aligned}\right\} \tag{3.40a—f}$$

Von vornherein sind die Bedingungen (a) bis (c) erfüllt, da im Abschnitt 3.1 vorausgesetzt war, daß die Achsen x und y mit den Hauptträgheitsachsen zusammenfallen. Die Bedingung (d) wird durch geeignete Wahl von K in (3.26) bzw. (3.27) oder durch Normieren entsprechend

(3.20) und (3.21) eingehalten. Schließlich wird auch den Forderungen (e) und (f) genügt, denn

$$\int_F x\,\omega\,dF = 0 \quad \text{und} \quad \int_F y\,\omega\,dF = 0$$

sind ja gerade die Bedingungsgleichungen für die Lage des Schubmittelpunktes M [4], [8].

4. Beziehungen zwischen Spannungen und Verformungen [4], [5], [10]

4.1. Normalspannungen

4.1.1. Bezugspunkt ist der Schwerpunkt S

Nachdem die Gültigkeit des Hookeschen Gesetzes vorausgesetzt wurde, ergeben sich die Normalspannungen zu:

$$\sigma = \varepsilon_z\,E = E\,\frac{\partial w}{\partial z}. \tag{4.1}$$

Mit (3.24) folgt hieraus

$$\sigma(z; s) = \sigma(x, y, z) = E\,[f_S'(z) - u_S''(z)\,x - v_S''(z)\,y - \varphi''(z)\,\omega_S]. \tag{4.2}$$

Anderseits erhält man mit (3.32) aus (4.1):

$$\sigma(z; s) = -E\,\omega_E\,\varphi''(z). \tag{4.3}$$

Es läßt sich also auch die Normalspannung σ nur als Funktion von $\varphi''(z)$ und ω_E darstellen, wobei allerdings außer $\varphi(z)$ auch die Lage des „Dehnungszentrums E" unbekannt ist.

4.1.2. Bezugspunkt ist der Schubmittelpunkt M

Liegt der Ursprung des Koordinatensystems im Schwerpunkt S, werden die Verwölbungen auf den Schubmittelpunkt M bezogen und die Verschiebungen u_S, v_S des Schwerpunktes verwendet, so folgt aus (4.1) mit (3.37)

$$\sigma(z; s) = \sigma(x, y, z) = E\,\{f_S'(z) - [u_S'' - y_M\,\varphi''(z)]\,x - [v_S''(z) + \\ + x_M\,\varphi''(z)]\,y - \varphi''(z)\,\omega_M\}. \tag{4.4}$$

Bezieht man auch die Verschiebungen u und v auf den Schubmittelpunkt M — wobei der Koordinatenursprung nach wie vor im Schwerpunkt S liegt —, so erhält man aus (4.1) mit (3.39):

$$\sigma(z; s) = \sigma(x, y, z) = E\,[f_M'(z) - u_M''(z)\,x - v_M''(z)\,y - \varphi''(z)\,\omega_M]. \tag{4.5}$$

4.2. Schubspannungen

4.2.1. Bezugspunkt ist der Schwerpunkt S

Aus den Gleichgewichtsbedingungen am herausgeschnittenen Element (Abb. 8) erhält man für die zu den Verwölbungen zugehörige Schubkraft

$$T(z; s) = \tau(z; s)\,d(s) = -\int_{s_0}^{s} \frac{\partial \sigma}{\partial z}\,dF + C_1(z). \tag{4.6}$$

Differenziert man (4.2) und setzt es in (4.6) ein, so folgt:

$$\tau(z;s) = \\ = \frac{E}{d(s)}\left[-f s''(z)\int_{s_0}^{s} dF + u s'''(z)\int_{s_0}^{s} x\,dF + v s'''(z)\int_{s_0}^{s} y\,dF + \varphi'''(z)\int_{s_0}^{s} \omega s\,dF + C_1(z)\right]. \tag{4.7}$$

Mit der Fläche

$$F(s) = \int_{s_0}^{s} dF,$$

den statischen Momenten

$$S_x(s) = \int_{s_0}^{s} y\,dF,$$

$$S_y(s) = \int_{s_0}^{s} x\,dF \tag{4.8}$$

und der Wölbfläche

$$F_{\omega s}(s) = \int_{s_0}^{s} \omega s\,dF$$

lautet der Ausdruck für die Schubspannung:

$$\tau(z;s) = \tau(x,y,z) = \\ = \frac{E}{d(s)}\left[-f s''(z) F(s) + u s'''(z) S_y(s) + v s'''(z) S_x(s) + \varphi'''(z) F_{\omega s}(s) + C_1(z)\right]. \tag{4.9}$$

An den freien Rändern $s = s_0$ und $s = s_R$ muß die Schubspannung $\tau(z,s)$ verschwinden. Da für $s = s_0$ die nur von s abhängigen Funktionen

$$F(s_0) = S_y(s_0) = S_x(s_0) = \\ = F_{\omega s}(s_0) = 0$$

sind, folgt also

$$C_1(z) = 0.$$

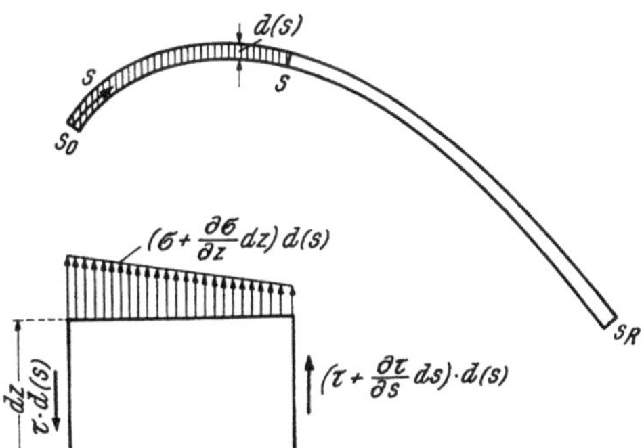

Abb. 8. Spannungen am Element

Für den Rand $s = s_R$ werden ebenfalls

$$S_y(s_R) = S_x(s_R) = F_{\omega s}(s_R) = 0,$$

und nur $F(s_R)$ hat einen endlichen Wert. Dies bedeutet, daß

$$f s''(z) = 0 \tag{4.10}$$

sein muß.

Damit ergibt sich die Schubspannung schließlich zu:

$$\tau(z,s) = \frac{E}{d(s)}\left[u s'''(z)\,S_y(s) + v s'''(z)\,S_x(s) + \varphi'''(z)\,F_{\omega s}(s)\right]. \tag{4.11}$$

Verwendet man statt (4.2) die Beziehung (4.3), so bekommt man:

$$\tau(z, s) = \frac{E}{d(s)} \varphi'''(z) F_{\omega E}(s). \tag{4.12}$$

4.2.2. Bezugspunkt ist der Schubmittelpunkt M

Mit dem Koordinatenursprung im Schwerpunkt S, den Schwerpunktsverschiebungen u_S, v_S und der auf den Schubmittelpunkt M bezogenen Einheitsverwölbung ω_M erhält man aus (4.6) mit (4.4):

$$\tau(z; s) = \frac{E}{d(s)} \{[u_S'''(z) - y_M \varphi'''(z)] S_y(s) + \\ + [v_S'''(z) + x_M \varphi'''(z)] S_x(s) + \varphi'''(z) F_{\omega M}(s)\}. \tag{4.13}$$

Verwendet man die Verschiebungen u_M und v_M des Schubmittelpunktes M — wobei der Koordinatenursprung immer noch im Schwerpunkt S liegt —, so folgt aus (4.6) mit (4.5):

$$\tau(z; s) = \frac{E}{d(s)} [u_M'''(z) S_y(s) + v_M'''(z) S_x(s) + \varphi'''(z) F_{\omega M}(s)]. \tag{4.14}$$

4.2.3. ST. VENANTsche Schubspannungen

Zu den oben ermittelten (sekundären) Wölbschubspannungen kommen in allen Fällen noch die (primären) Schubspannungen τ_{St} aus ST. VENANTscher (freier) Torsion hinzu, welche nach Abb. 9 antimetrisch über die

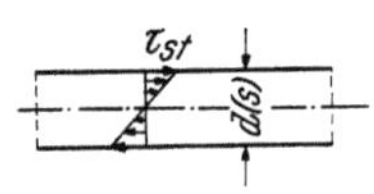

Abb. 9. ST. VENANTsche Schubspannungen

Wanddicke $d(s)$ verteilt sind und in der Profilmittellinie den Wert Null haben. Sie werden in bekannter Weise [4], [8] zu

$$\tau_{St} = G\, d(s)\, \varphi'(z) \tag{4.15}$$

ermittelt.

5. Beziehungen zwischen Schnittlasten, Spannungen und Verformungen

Mit Rücksicht auf die Bezeichnungsweise im folgenden Abschnitt werden bei den Schnittlasten die Indizes ξ, η und ζ für den verformten Stab verwendet (Abb. 2 und 3). Da der Querschnitt selbst unverformt bleiben soll, lassen sich hier bei den Indizes x und y ohne weiteres durch ξ und η ersetzen.

5.1. Längskraft $N(z)$

5.1.1. Bezugspunkt ist der Schwerpunkt S

Die Längskraft $N(z)$ ergibt sich zu

$$N(z) = \int_F \sigma(z; s)\, dF. \tag{5.1}$$

Setzt man (4.2) in (5.1) ein, so folgt

$$N(z) = E\, f_S'(z) \int_F dF - E\, u_S''(z) \int_F x\, dF - E\, v_S''(z) \int_F y\, dF - E\, \varphi''(z) \int_F \omega_S\, dF.$$

Für den Schwerpunkt S als Koordinatenursprung und mit der nach (3.20) normierten Einheitsverwölbung ω_S werden

$$\int_F x\, dF = \int_F y\, dF = \int_F \omega_S\, dF = 0,$$

und man erhält:

$$N(z) = E\, F\, f_S'(z). \tag{5.2}$$

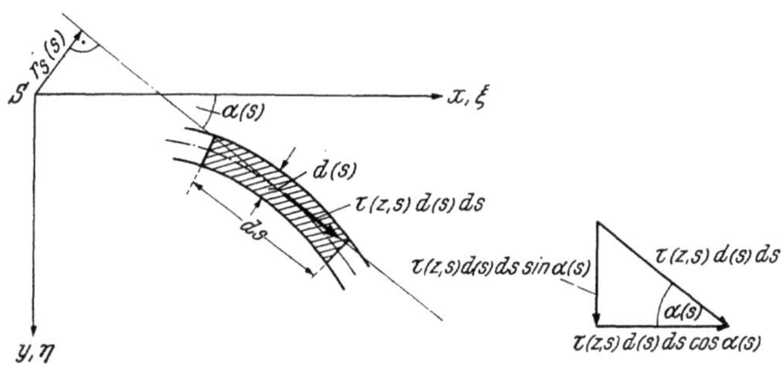

Abb. 10. Schubkräfte

5.1.2. Bezugspunkt ist der Schubmittelpunkt M

Verwendet man an Stelle von ω_S die auf den Schubmittelpunkt M bezogenen Einheitsverwölbungen ω_M, so folgt aus (5.1) mit (4.4) ebenfalls

$$N(z) = E\, F\, f_S'(z). \tag{5.2}$$

Auch aus den Verschiebungen u_M und v_M des Schubmittelpunktes M erhält man mit (4.5) bzw. (3.38) das gleiche Ergebnis:

$$N(z) = E\, F\, f_M'(z) = E\, F\, f_S'(z). \tag{5.3}$$

5.2. Querkraft $Q_\xi(z)$

5.2.1. Bezugspunkt ist der Schwerpunkt S

Nach Abb. 10 ist die Komponente der Schubkraft $\tau(z;s)\, d(s)\, ds$ in ξ-Richtung gleich $\tau(z;s)\, d(s)\, ds \cos\alpha(s)$. Demnach ist die Querkraft

$$Q_\xi(z) = \int_F \tau(z;s)\, dF = \int_F \tau(z;s)\, d(s)\, ds \cos\alpha(s),$$

woraus mit

$$dx = ds \cos\alpha(s)$$

$$Q_\xi(z) = \int_F \tau(z;s)\, d(s)\, dx \tag{5.4}$$

wird.

Setzt man (4.11) in (5.4) ein, so folgt

$$Q_\xi(z) = E\, u_S'''(z) \int_F S_y(s)\, dx + E\, v_S'''(z) \int_F S_x(s)\, dx + E\, \varphi'''(z) \int_F F_{\omega S}(s)\, dx. \quad (5.5)$$

Wie man durch partielle Integration zeigen kann, werden die Integrale zu

$$\left.\begin{aligned} \int_F S_x(s)\, dx &= 0, \\ \int_F S_y(s)\, dx &= -J_y, \\ \int_F F_{\omega S}(s)\, dx &= -\int_F x\, \omega_S\, dF = -R_{S\,y}. \end{aligned}\right\} \quad (5.6)$$

Damit bekommt man aus (5.5):

$$Q_\xi(z) = -E\, J_y\, u_S'''(z) - E\, R_{S\,y}\, \varphi'''(z). \quad (5.7)$$

Im vorliegenden Koordinatensystem ist [4], [8], [9]

$$R_{S\,y} = -y_M\, J_y, \quad (5.8)$$

und man kann auch schreiben:

$$Q_\xi(z) = -E\, J_y\, [u_S'''(z) - y_M\, \varphi'''(z)]. \quad (5.9)$$

Die St. Venantschen Schubspannungen τ_{St} liefern keinen Anteil zur Querkraft, da sie nach Abb. 9 antimetrisch über den Querschnitt verteilt sind.

5.2.2. Bezugspunkt ist der Schubmittelpunkt M

Liegt der Koordinatenursprung im Schwerpunkt S, werden die Verschiebungen u_S, v_S des Schwerpunktes verwendet und schließlich die Verwölbungen auf den Schubmittelpunkt M bezogen, so erhält man aus (5.4) mit (4.13):

$$\begin{aligned} Q_\xi(z) = E\, [u_S'''(z) - y_M\, \varphi'''(z)] \int_F S_y(s)\, dx\, + \\ + E\, [v_S'''(z) + x_M\, \varphi'''(z)] \int_F S_x(s)\, dx + E\, \varphi'''(z) \int_F F_{\omega M}(s)\, dx. \end{aligned} \quad (5.10)$$

Mit (5.6) und

$$\int_F F_{\omega M}(s)\, dx = -\int_F x\, \omega_M\, dF = -R_{M\,y} = 0 \quad (5.11)$$

folgt daraus das gleiche Ergebnis wie unter (5.9):

$$Q_\xi(z) = -E\, J_y\, [u_S'''(z) - y_M\, \varphi'''(z)]. \quad (5.9)$$

Verwendet man unter sonst gleichen Voraussetzungen die Verschiebungen u_M, v_M des Schubmittelpunktes M an Stelle derjenigen des Schwerpunktes S, so ergibt sich aus (5.4) mit (4.14) auf demselben Wege

$$Q_\xi(z) = -E\, J_y\, u_M'''(z), \quad (5.12)$$

was man auch mit (3.6) aus (5.9) herleiten kann.

5.3. Querkraft $Q_\eta(z)$

5.3.1. Bezugspunkt ist der Schwerpunkt S

Entsprechend Abb. 10 und auf gleichem Wege wie im vorigen Abschnitt erhält man

$$Q_\eta(z) = \int_F \tau(z; s)\, d(s)\, dy. \tag{5.13}$$

Setzt man hierin (4.11) ein, so folgt

$$Q_\eta(z) = E\, u_S'''(z) \int_F S_y(s)\, dy + E\, v_S'''(z) \int_F S_x(s)\, dy + E\, \varphi'''(z) \int_F F_{\omega S}(s)\, dy. \tag{5.14}$$

Mittels partieller Integration erhält man für die Integrale

$$\left.\begin{aligned} \int_F S_y(s)\, dy &= 0, \\ \int_F S_x(s)\, dy &= -J_x, \\ \int_F F_{\omega S}(s)\, dy &= -\int_F y\, \omega_S\, dF = -R_{S\,x}, \end{aligned}\right\} \tag{5.15}$$

womit sich (5.14) zu

$$Q_\eta(z) = -E\, J_x\, v_S'''(z) - E\, R_{S\,x}\, \varphi'''(z) \tag{5.16}$$

vereinfacht. Schließlich kann man mit

$$R_{S\,x} = x_M\, J_x \tag{5.17}$$

auch schreiben

$$Q_\eta(z) = -E\, J_x\, [v_S'''(z) + x_M\, \varphi'''(z)]. \tag{5.18}$$

5.3.2. Bezugspunkt ist der Schubmittelpunkt M

Für den Koordinatenursprung im Schwerpunkt S und mit u_S, v_S sowie ω_M folgt auf gleichem Wege wie im vorigen Abschnitt:

$$Q_\eta(z) = -E\, J_x\, [v_S'''(z) + x_M\, \varphi'''(z)], \tag{5.18}$$

wobei die Beziehung

$$\int_F F_{\omega M}(s)\, dy = -\int_F y\, \omega_M\, dF = -R_{M\,x} = 0 \tag{5.19}$$

benutzt wurde.

Verwendet man die Verschiebungen u_M, v_M des Schubmittelpunktes M, so folgt:

$$Q_\eta(z) = -E\, J_x\, v_M'''(z). \tag{5.20}$$

5.4. Biegemoment $M_\xi(z)$

5.4.1. Bezugspunkt ist der Schwerpunkt S

Das Biegemoment $M_\xi(z)$ erhält man zu

$$M_\xi(z) = \int_F y\, \sigma\, dF. \tag{5.21}$$

Daraus ergibt sich mit (4.2):

$$M_\xi(z) = E\, f_S'(z) \int_F y\, dF - E\, u_S''(z) \int_F x\, y\, dF -$$

$$- E\, v_S''(z) \int_F y^2\, dF - E\, \varphi''(z) \int_F y\, \omega_S\, dF. \tag{5.22}$$

Da

$$\int_F y\, dF = 0; \quad \int_F x\, y\, dF = 0;$$

$$\int_F y^2\, dF = J_x; \int_F y\, \omega_S\, dF = R_{S\,x}$$

sind, wird (5.22) zu

$$M_\xi(z) = - E\, J_x\, v_S''(z) - E\, R_{S\,x}\, \varphi''(z). \tag{5.23}$$

Schließlich kann man mit (5.17) auch schreiben:

$$M_\xi(z) = - E\, J_x\, [v_S''(z) + x_M\, \varphi''(z)]. \tag{5.24}$$

5.4.2. Bezugspunkt ist der Schubmittelpunkt M

Liegt der Koordinatenursprung im Schwerpunkt S, so erhält man mit u_S, v_S und den Einheitsverwölbungen ω_M aus (5.21) mit (4.4) und (5.19) wiederum

$$M_\xi(z) = - E\, J_x\, [v_S''(z) + x_M\, \varphi''(z)]. \tag{5.24}$$

Werden die Verschiebungen u_M, v_M des Schubmittelpunktes verwendet, so folgt auf gleichem Wege mit (4.5):

$$M_\xi(z) = - E\, J_x\, v_M''(z). \tag{5.25}$$

5.5. Biegemoment $M_\eta(z)$

5.5.1. Bezugspunkt ist der Schwerpunkt S

Man erhält das Biegemoment $M_\eta(z)$ zu

$$M_\eta(z) = - \int_F x\, \sigma\, dF. \tag{5.26}$$

Daraus folgt mit (4.2) und (5.6)

$$M_\eta(z) = E\, J_y\, u_S''(z) + E\, R_{S\,y}\, \varphi''(z) \tag{5.27}$$

oder mit (5.8)

$$M_\eta(z) = E\, J_y\, [u_S''(z) - y_M\, \varphi''(z)]. \tag{5.28}$$

5.5.2. Bezugspunkt ist der Schubmittelpunkt M

Mit dem Koordinatenursprung in S, den Verschiebungen u_S, v_S und den Verwölbungen ω_M bekommt man aus (5.26) mit (4.4) und (5.11) wiederum

$$M_\eta(z) = E\, J_y\, [u_S''(z) - y_M\, \varphi''(z)]. \tag{5.28}$$

Verwendet man die Verschiebungen u_M, v_M des Schubmittelpunktes, so erhält man entsprechend mit (4.5):

$$M_\eta(z) = E\, J_y\, u_M''(z). \tag{5.29}$$

5.6. Torsionsmoment $M_\zeta(z)$

5.6.1. Bezugspunkt ist der Schwerpunkt S

Das Torsionsmoment $M_\zeta(z)$ setzt sich aus drei Anteilen zusammen. Der erste Anteil $M_{\zeta 1}(z)$ ist der St. Venantschen (freien) Torsion zugeordnet, während der zweite Anteil zu den Wölbschubspannungen gehört. Schließlich rührt der dritte Anteil aus der Schrägstellung der Fasern bei der Verdrehung her. Dabei erhalten die Längsspannungen $\sigma(z)$ Komponenten in der Querschnittsebene, die wiederum zur Verdrehung beitragen.

5.6.1.1. Torsionsmoment $M_{\zeta 1 S}(z)$ infolge St. Venant*scher (freier) Torsion*

Nach der Theorie der freien Torsion ist das Moment $M_{\zeta 1}(z)$ von der Drehachse und damit vom Bezugspunkt unabhängig und beträgt

$$M_{\zeta 1 S}(z) = M_{\zeta 1}(z) = G\, J_T\, \varphi'(z) \tag{5.30}$$

mit

$$J_T = \frac{1}{3}\int_{s_0}^{s_R} d^3(s)\, ds = \frac{1}{3}\int_F d^2(s)\, dF. \tag{5.31}$$

5.6.1.2. Torsionsmoment $M_{\zeta 2 S}(z)$ infolge Wölbkrafttorsion

Es ergibt sich entsprechend Abb. 10 zu

$$M_{\zeta 2 S}(z) = \int_F \tau(z;s)\, r_S(s)\, dF = \int_{s_0}^{s_R} \tau(z;s)\, r_S(s)\, d(s)\, ds. \tag{5.32}$$

Setzt man (4.11) in (5.32) ein, so folgt

$$M_{\zeta 2 S}(z) = E\, u_S'''(z) \int_{s_0}^{s_R} S_y(s)\, r_S(s)\, ds + E\, v_S'''(z) \int_{s_0}^{s_R} S_x(s)\, r_S(s)\, ds + {} \\ + E\, \varphi'''(z) \int_{s_0}^{s_R} F_{\omega S}(s)\, r_S(s)\, ds. \tag{5.33}$$

Für die Integrale in (5.33) bekommt man mittels partieller Integration:

$$\left.\begin{aligned} \int_{s_0}^{s_R} S_y(s)\, r_S(s)\, ds &= -\int_F x\, \omega_S\, dF = -R_{S y}, \\ \int_{s_0}^{s_R} S_x(s)\, r_S(s)\, ds &= -\int_F y\, \omega_S\, dF = -R_{S x}, \\ \int_{s_0}^{s_R} F_{\omega S}(s)\, r_S(s)\, ds &= -\int_F \omega_S^2\, dF = -C_S. \end{aligned}\right\} \tag{5.34}$$

Damit wird aus (5.33)

$$M_{\zeta 2 S}(z) = -E\,R_{S_y}\,u_S'''(z) - E\,R_{S_x}\,v_S'''(z) - E\,C_S\,\varphi'''(z). \quad (5.35)$$

Man kann diesen Ausdruck noch umformen. Werden nämlich (5.9) und (5.18) in (5.35) eingeführt, so ergibt sich

$$M_{\zeta 2 S}(z) = -Q_\xi(z)\,y_M + Q_\eta(z)\,x_M - E\,(C_S + x_M^2\,J_x + y_M^2\,J_y)\,\varphi'''(z) \quad (5.36)$$

und weiter mit (5.8) und (5.17)

$$M_{\zeta 2 S}(z) = -Q_\xi(z)\,y_M + Q_\eta(z)\,x_M - E\,(C_S + x_M\,R_{S_x} - y_M\,R_{S_y})\,\varphi'''(z). \quad (5.37)$$

Aus der Theorie der Wölbkrafttorsion ist die Beziehung

$$C_S = C_M - x_M^2\,J_x - y_M^2\,J_y + 2\,x_M\,R_{S_x} - 2\,y_M\,R_{S_y} \quad (5.38)$$

bekannt. Setzt man diese in (5.37) ein und verwendet (5.8) und (5.17), so läßt sich schließlich schreiben

$$M_{\zeta 2 S}(z) = -Q_\xi(z)\,y_M + Q_\eta(z)\,x_M - E\,C_M\,\varphi'''(z). \quad (5.39)$$

5.6.1.3. Torsionsmoment $M_{\zeta 3 S}(z)$ infolge der Normalspannungen

Bei der Verdrehung des Stabes erfahren die Längsfasern eine Schrägstellung und die Längsspannungen σ erhalten eine Komponente in der Querschnittsebene, die zum Torsionsmoment beiträgt. Nach Abb. 11 ist

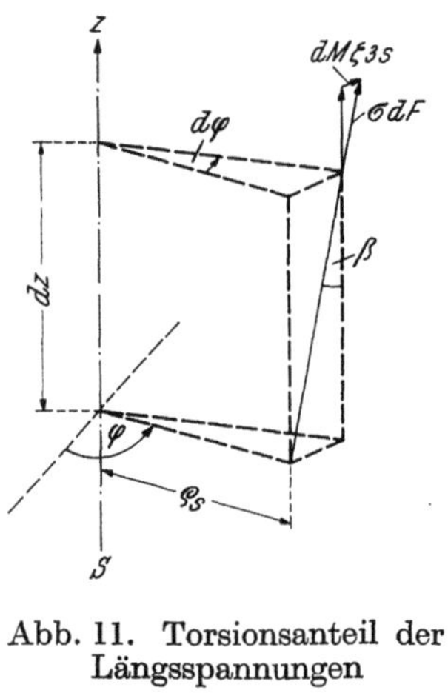

Abb. 11. Torsionsanteil der Längsspannungen

$$dM_{\zeta 3 S}(z) = \varrho_S(s)\,\sigma(z;s)\,dF\,\sin\beta. \quad (5.40)$$

Dies wird mit

$$\sin\beta = \frac{\varrho_S(s)\,d\varphi}{dz} = \varrho_S(s)\,\varphi'(z) \quad (5.41)$$

zu

$$dM_{\zeta 3 S}(z) = \sigma(z;s)\,\varrho_S^2(s)\,\varphi'(z)\,dF. \quad (5.42)$$

Daraus folgt durch Integration

$$M_{\zeta 3 S}(z) = \varphi'(z)\int_F \sigma(z;s)\,\varrho_S^2(s)\,dF. \quad (5.43)$$

Setzt man (4.2) in (5.43) ein, so ergibt sich:

$$M_{\zeta 3 S}(z) = E\,\varphi'(z)\,f_S'(z)\int_F \varrho_S^2 dF - E\,\varphi'(z)\,u_S''(z)\int_F x\,\varrho_S^2\,dF -$$

$$- E\,\varphi'(z)\,v_S''(z)\int_F y\,\varrho_S^2\,dF - E\,\varphi'(z)\,\varphi''(z)\int_F \omega_S\,\varrho_S^2\,dF. \quad (5.44)$$

Für die rein querschnittsabhängigen Integrale werden folgende Abkürzungen [18] eingeführt:

$$\left.\begin{aligned}\int_F \varrho_S^2\,dF &= \int_F (x^2+y^2)\,dF = J_{pS};\\ \int_F x\,\varrho_S^2\,dF &= \int_F x\,(x^2+y^2)\,dF = r_{Sy}\,J_y;\\ \int_F y\,\varrho_S^2\,dF &= \int_F y\,(x^2+y^2)\,dF = r_{Sx}\,J_x;\\ \int_F \omega_S\,\varrho_S^2\,dF &= \int_F \omega_S\,(x^2+y^2)\,dF = r_{S\omega}\,C_S.\end{aligned}\right\}\quad(5.45)$$

Damit kann man (5.44) schreiben:

$$M_{\zeta 3 S}(z) = E\,J_{pS}\,\varphi'(z)\,f_S'(z) - E\,J_y\,r_{Sy}\,\varphi'(z)\,u_S''(z) - E\,J_x\,r_{Sx}\,\varphi'(z)\,v_S''(z) - - E\,C_S\,r_{S\omega}\,\varphi'(z)\,\varphi''(z). \quad (5.46)$$

In der Beziehung (5.46) treten die Verformungen $u_S(z)$, $v_S(z)$ und $\varphi(z)$ nicht mehr in linearer Form auf. Einen einfacher gebauten *Näherungswert* für den Momentenanteil $M_{\zeta 3 S}(z)$ erhält man, wenn an Stelle von (4.2) der Ausdruck für die Längsspannungen nach der Theorie 1. Ordnung

$$\sigma(z,s) = \frac{N}{F} - \frac{M_y(z)}{J_y}\,x + \frac{M_x(z)}{J_x}\,y\left(+\frac{M_{zW}}{C_S}\,\omega_S\right) \quad (5.47)$$

eingeführt wird, wobei M_x, M_y die Biegemomente und M_{zW} das Wölbtorsionsmoment für den unverformten Stab sind. Im vorhandenen Schrifttum wird meist noch der letzte Summand $\frac{M_{zW}}{C_S}\,\omega_S$ weggelassen, da der Wölbkraftanteil M_{zW} des gesamten Torsionsmomentes M_z noch nicht bekannt ist. Es ergibt sich dann

$$M_{\zeta 3 S}(z) \approx \varphi'(z)\,[N(z)\,i_{pS}^2 - M_y(z)\,r_{Sy} + M_x(z)\,r_{Sx}]. \quad (5.48)$$

5.6.1.4. *Gesamtes Torsionsmoment $M_{\zeta S}(z)$*

Das gesamte Torsionsmoment erhält man mit (5.30), (5.35) und (5.46) zu

$$M_{\zeta S}(z) = G\,J_T\,\varphi'(z) - E\,R_{Sy}\,u_S'''(z) - E\,R_{Sx}\,v_S'''(z) - E\,C_S\,\varphi'''(z) + + E\,J_{pS}\,f_S'(z)\,\varphi'(z) - E\,J_y\,r_{Sy}\,u_S''(z)\,\varphi'(z) - E\,J_x\,r_{Sx}\,v_S''(z)\,\varphi'(z) - - E\,C_S\,r_{S\omega}\,\varphi''(z)\,\varphi'(z). \quad (5.49)$$

Mit dem Ausdruck (5.48) nach der Theorie 1. Ordnung kann man *näherungsweise* auch schreiben:

$$M_{\zeta S}(z) \approx [G\,J_T + N(z)\,i_{pS}^2 - M_y(z)\,r_{Sy} + M_x(z)\,r_{Sx}]\,\varphi'(z) - - E\,R_{Sy}\,u_S'''(z) - E\,R_{Sx}\,v_S'''(z) - E\,C_S\,\varphi'''(z). \quad (5.50)$$

5.6.2. Bezugspunkt ist der Schubmittelpunkt M

5.6.2.1. *Torsionsmoment $M_{\zeta 1 M}(z)$ infolge* ST. VENANT*scher Torsion*

Da dieser Anteil unabhängig von der Drehachse ist, folgt nach wie vor

$$M_{\zeta 1 M}(z) = M_{\zeta 1 S}(z) = G\, J_T\, \varphi'(z). \tag{5.51}$$

5.6.2.2. *Torsionsmoment $M_{\zeta 2 M}(z)$ infolge Wölbkrafttorsion*

Aus

$$M_{\zeta 2 M}(z) = \int_F \tau(z;s)\, r_M(s)\, dF = \int_{s_0}^{s_R} \tau(z;s)\, r_M(s)\, d(s)\, ds \tag{5.52}$$

folgt mit (4.13):

$$M_{\zeta 2 M}(z) = E\,[u_S'''(z) - y_M\, \varphi'''(z)] \int_{s_0}^{s_R} S_y(s)\, r_M(s)\, ds +$$

$$+ E\,[v_S'''(z) + x_M\, \varphi'''(z)] \int_{s_0}^{s_R} S_x(s)\, r_M(s)\, ds + E\, \varphi'''(z) \int_{s_0}^{s_R} F_{\omega M}(s)\, r_M(s)\, ds. \tag{5.53}$$

Mit

$$\left.\begin{aligned} &\int_{s_0}^{s_R} S_y(s)\, r_M(s)\, ds = -\, R_{M\,y} = 0, \\ &\int_{s_0}^{s_R} S_x(s)\, r_M(s)\, ds = -\, R_{M\,x} = 0, \\ &\int_{s_0}^{s_R} F_{\omega M}(s)\, r_M(s)\, ds = -\int_{s_0}^{s_R} \omega_M^2(s)\, dF = -\, C_M \end{aligned}\right\} \tag{5.54}$$

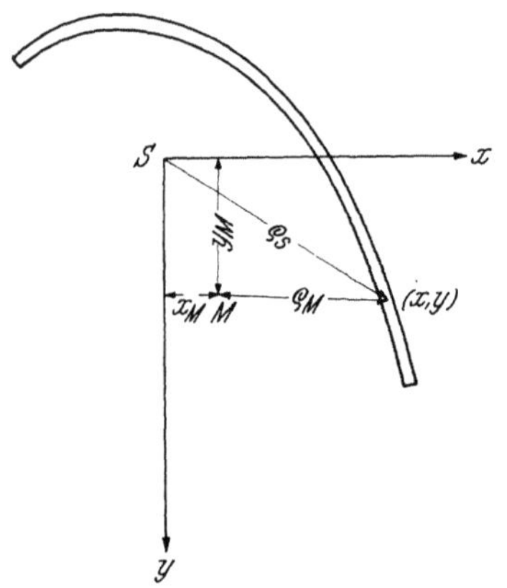

Abb. 12. Ortsvektoren ϱ_S und ϱ_M

vereinfacht sich (5.53) zu

$$M_{\zeta 2 M}(z) = -\, E\, C_M\, \varphi'''(z). \tag{5.55}$$

Auch wenn man die Verschiebungen u_M und v_M des Schubmittelpunktes M verwendet, erhält man aus (5.52) mit (4.14) das gleiche Ergebnis:

$$M_{\zeta 2 M}(z) = -\, E\, C_M\, \varphi'''(z). \tag{5.55}$$

5.6.2.3. *Torsionsmoment $M_{\zeta 3 M}(z)$ infolge Normalspannungen*

Entsprechend (5.43) hat man hier

$$M_{\zeta 3 M}(z) = \varphi'(z) \int_F \sigma(z;s)\, \varrho_M^2(s)\, dF. \tag{5.56}$$

Setzt man (4.5) in (5.56) ein, so erhält man

$$M_{\zeta 3 M}(z) = E\, \varphi'(z)\, [f_M'(z) \int_F \varrho_M^2(s)\, dF - u_M''(z) \int_F x\, \varrho_M^2(s)\, dF -$$

$$- v_M''(z) \int_F y\, \varrho_M^2(s)\, dF - \varphi''(z) \int_F \omega_M\, \varrho_M^2(s)\, dF]. \tag{5.57}$$

Nach Abb. 12 ist

$$\varrho_M^2 = (x - x_M)^2 + (y - y_M)^2 = \varrho_S^2 - 2\,x_M\,x - 2\,y_M\,y + x_M^2 + y_M^2. \tag{5.58}$$

Mit (5.58) und (3.36) werden die Integrale in (5.57) zu:

$$\left.\begin{aligned}
\int_F \varrho_M^2(s)\,dF &= J_{pM} = J_{pS} + x_M^2\,F + y_M^2\,F = \\
&= (i_{pS}^2 + x_M^2 + y_M^2)\,F = i_{pM}^2\,F,\\
\int_F x\,\varrho_M^2(s)\,dF &= r_{Sy}\,J_y - 2\,x_M\,J_y = (r_{Sy} - 2\,x_M)\,J_y = r_{My}\,J_y,\\
\int_F y\,\varrho_M^2(s)\,dF &= r_{Sx}\,J_x - 2\,y_M\,J_x = (r_{Sx} - 2\,y_M)\,J_x = r_{Mx}\,J_x,\\
\int_F \omega_M\,\varrho_M^2(s)\,dF &= r_{S\omega}\,C_S - r_{Sx}\,x_M\,J_x + r_{Sy}\,y_M\,J_y = \\
&= r_{S\omega}\,C_S - r_{Sx}\,R_{Sx} - r_{Sy}\,R_{Sy} = r_{M\omega}\,C_M.
\end{aligned}\right\} \tag{5.59}$$

Aus (5.57) folgt mit (5.59):

$$\begin{aligned}
M_{\zeta 3M}(z) &= E\,J_{pM}\,\varphi'(z)\,f_M'(z) - E\,J_y\,r_{My}\,\varphi'(z)\,u_M''(z) - \\
&- E\,J_x\,r_{Mx}\,\varphi'(z)\,v_M''(z) - E\,C_M\,r_{M\omega}\,\varphi'(z)\,\varphi''(z).
\end{aligned} \tag{5.60}$$

Verwendet man an Stelle von (4.5) wieder näherungsweise die Spannung nach der Theorie 1. Ordnung

$$\sigma(z, s) = \frac{N}{F} - \frac{M_y}{J_y}\,x + \frac{M_x}{J_x}\,y\left(+\frac{M_{zW}}{C_S}\,\omega_S\right) \tag{5.47}$$

und vernachlässigt den Wölbkraftanteil, so ergibt sich

$$M_{\zeta 3M}(z) \approx \varphi'(z)\,[N(z)\,i_{pM}^2 - M_y(z)\,r_{My} + M_x(z)\,r_{Mx}]. \tag{5.61}$$

5.6.2.4. Gesamtes Torsionsmoment $M_{\zeta M}(z)$

Mit (5.51), (5.55) und (5.60) folgt das gesamte Torsionsmoment zu

$$\begin{aligned}
M_{\zeta M}(z) &= G\,J_T\,\varphi'(z) - E\,C_M\,\varphi'''(z) + E\,J_{pM}\,\varphi'(z)\,f_M'(z) - \\
&- E\,J_y\,r_{My}\,\varphi'(z)\,u_M''(z) - E\,J_x\,r_{Mx}\,\varphi'(z)\,v_M''(z) - E\,C_M\,r_{M\omega}\,\varphi'(z)\,\varphi''(z).
\end{aligned} \tag{5.62}$$

In erster Näherung läßt sich mit (5.61) auch schreiben

$$\begin{aligned}
M_{\zeta M}(z) &= [G\,J_T + N(z)\,i_{pM}^2 - M_y(z)\,r_{My} + M_x(z)\,r_{Mx}]\,\varphi'(z) - \\
&- E\,C_M\,\varphi'''(z).
\end{aligned} \tag{5.63}$$

6. Gleichgewichtsbedingungen am Element

6.1. Bezugspunkt ist der Schwerpunkt S

Da der Stab nach der Theorie 2. Ordnung untersucht werden soll, werden die Gleichgewichtsbedingungen für den verformten Stab angeschrieben. Orientierung des Koordinatensystems und der Belastung sind aus Abb. 1 ersichtlich. Die Streckenlasten $p_x(z)$ und $p_y(z)$ sollen dabei mit den

Abständen e_x und e_y (vom Schwerpunkt aus gerechnet) angreifen. Zur Kennzeichnung der Schnittlasten des verformten Stabes wird ein mit der

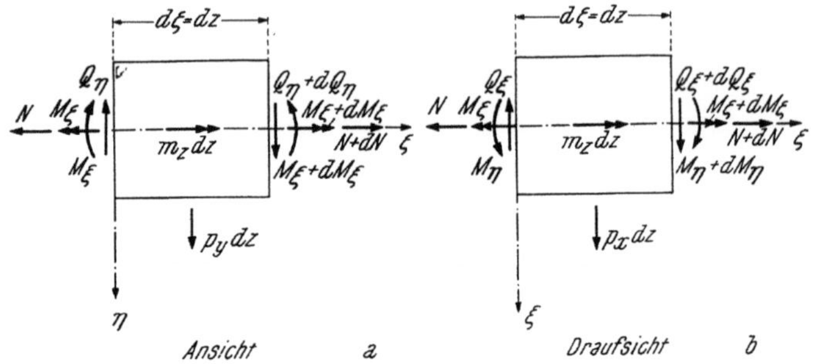

Abb. 13. Vorzeichenfestlegung der Schnittlasten

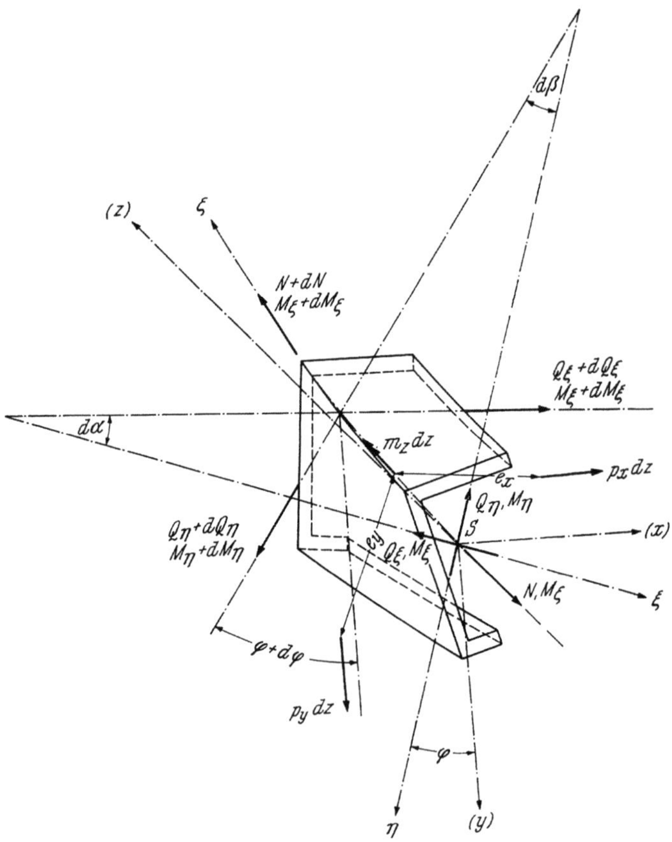

Abb. 14. Lasten am verformten Element von der Länge $d\zeta \approx dz$

Verformung mitgehendes Koordinatensystem ξ, η, ζ angeordnet, das seinen Ursprung im Schwerpunkt S hat und im übrigen dem x-y-z-System entspricht.

Die Festlegung der Vorzeichen für die Schnittlasten ist aus Abb. 13 ersichtlich. Weil die Verformungen sehr klein sind, kann bei den weiteren Ableitungen $d\zeta \approx dz$ gesetzt werden. Das verformte Element mit den zugehörigen Schnittlasten ist in Abb. 14 dargestellt.

6.1.1. Gleichgewicht der Kräfte in ξ-Richtung: $\Sigma P_\xi = 0$

Die Gleichgewichtsbedingung lautet

$$- Q_\xi + (Q_\xi + dQ_\xi) \cos d\varphi \cos d\alpha - (Q_\eta + dQ_\eta) \sin d\varphi \cos d\beta -$$
$$- (N + dN) \cos d\beta \sin d\alpha + p_{xs}\, dz \cos \varphi + p_{ys}\, dz \sin \varphi = 0.$$

Wegen der Kleinheit von φ, $d\varphi$, $d\alpha$ und $d\beta$ können $\cos\varphi \approx 1$; $\sin\varphi \approx \varphi$ usw. gesetzt werden. Vernachlässigt man noch Glieder, die klein 2. Ordnung sind, so vereinfacht sich die Gleichgewichtsbedingung zu

$$dQ_\xi - Q_\eta\, d\varphi - N\, d\alpha + p_{xs}\, dz + p_{ys}\, dz\, \varphi = 0$$

oder

$$Q_\xi' - Q_\eta\, \varphi' - N\, \alpha' + p_{xs} + p_{ys}\, \varphi = 0. \tag{6.1}$$

6.1.2. Gleichgewicht der Kräfte in η-Richtung: $\Sigma P_\eta = 0$

Die Gleichgewichtsbedingung lautet

$$- Q_{\eta\eta\eta} + (Q + dQ) \cos d\varphi \cos d\beta + (Q_\xi + dQ_\xi) \cos d\alpha \sin d\varphi -$$
$$- (N + dN) \cos d\alpha \sin d\beta - p_{xs}\, dz \sin \varphi + p_{ys}\, dz \cos \varphi = 0.$$

Vereinfacht wird daraus

$$dQ_\eta + Q_\xi\, d\varphi - N\, d\beta - p_{xs}\, dz\, \varphi + p_{ys}\, dz = 0$$

oder

$$Q_\eta' + Q_\xi\, \varphi' - N\, \beta' - p_{xs}\, \varphi + p_{ys} = 0. \tag{6.2}$$

6.1.3. Gleichgewicht der Kräfte in ζ-Richtung: $\Sigma P_\zeta = 0$

Die Gleichgewichtsbedingung lautet

$$- N + (N + dN) \cos d\beta \cos d\alpha + (Q_\xi + dQ_\xi) \cos d\varphi \sin d\alpha +$$
$$+ (Q_\eta + dQ_\eta) \cos d\varphi \sin d\beta = 0.$$

Vereinfacht wird daraus

$$dN + Q_\xi\, d\alpha + Q_\eta\, d\beta = 0$$

oder

$$N' + Q_\xi\, \alpha' + Q_\eta\, \beta' = 0. \tag{6.3}$$

6.1.4. Gleichgewicht der Momente um die ξ-Achse: $\Sigma M_\xi = 0$

Die Gleichgewichtsbedingung lautet

$$- M_{\xi s} + (M_{\xi s} + dM_{\xi s}) \cos d\alpha \cos d\varphi - (M_{\eta s} + dM_{\eta s}) \cos d\beta \sin d\varphi -$$
$$- (M_{\zeta s} + dM_{\zeta s}) \cos d\beta \sin d\alpha - m_{zs}\, dz \cos \frac{d\beta}{2} \sin \frac{d\alpha}{2} -$$
$$- (Q_\xi + dQ_\xi) \cos d\alpha \sin d\varphi\, dz - (Q_\eta + dQ_\eta) \cos d\beta \cos d\varphi\, dz -$$
$$- p_{ys}\, dz \cos \varphi \frac{dz}{2} + p_{xs}\, dz \sin \varphi \frac{dz}{2} - (N + dN) \cos d\alpha \sin d\beta\, dz = 0.$$

Vereinfacht wird daraus

$$dM_{\xi}s - M_{\eta}s\,d\varphi - M_{\zeta}s\,d\alpha - Q_{\eta}\,dz = 0$$

oder

$$M_{\xi}s' - M_{\eta}s\,\varphi' - M_{\zeta}s\,\alpha' - Q_{\eta} = 0. \tag{6.4}$$

6.1.5. Gleichgewicht der Momente um die η-Achse: $\Sigma M_{\eta} = 0$

Die Gleichgewichtsbedingung lautet

$$- M_{\eta}s + (M_{\eta}s + dM_{\eta}s)\cos d\beta\cos d\varphi + (M_{\xi}s + dM_{\xi}s)\cos d\alpha\sin d\varphi -$$

$$- (M_{\zeta}s + dM_{\zeta}s)\cos d\alpha\sin d\beta - m_{z}s\,dz\cos\frac{d\alpha}{2}\sin\frac{d\beta}{2} +$$

$$+ (Q_{\xi} + dQ_{\xi})\cos d\alpha\cos d\varphi\,dz - (Q_{\eta} + dQ_{\eta})\cos d\beta\sin d\varphi\,dz -$$

$$- (N + dN)\cos d\beta\sin d\alpha\,dz + p_{x}s\,dz\cos\varphi\frac{dz}{2} + p_{y}s\,dz\sin\varphi\frac{dz}{2} = 0.$$

Vereinfacht wird daraus

$$dM_{\eta}s + M_{\xi}s\,d\varphi - M_{\zeta}s\,d\beta + Q_{\xi}\,dz = 0$$

der

$$M_{\eta}s' + M_{\xi}s\,\varphi' - M_{\zeta}s\,\beta' + Q_{\xi} = 0. \tag{6.5}$$

6.1.6. Gleichgewicht der Momente um die ζ-Achse: $\Sigma M_{\zeta} = 0$

Die Gleichgewichtsbedingung lautet

$$- M_{\zeta}s + (M_{\zeta}s + dM_{\zeta}s)\cos d\alpha\cos d\beta + (M_{\xi}s + dM_{\xi}s)\cos d\varphi\sin d\alpha +$$

$$+ (M_{\eta}s + dM_{\eta}s)\cos d\varphi\sin d\beta +$$

$$+ m_{z}s\,dz\cos\frac{d\alpha}{2}\cos\frac{d\beta}{2} - p_{x}s\,dz\,e_{x}\sin\varphi - p_{y}s\,dz\,e_{y}\sin\varphi = 0.$$

Vereinfacht wird daraus

$$dM_{\zeta}s + M_{\xi}s\,d\alpha + M_{\eta}s\,d\beta + m_{z}s\,dz - p_{x}s\,e_{x}\varphi\,dz - p_{y}s\,e_{y}\varphi\,dz = 0$$

oder

$$M_{\zeta}s' + M_{\xi}s\,\alpha' + M_{\eta}s\,\beta' + m_{z}s - p_{x}s\,e_{x}\varphi - p_{y}s\,e_{y}\varphi = 0. \tag{6.6}$$

6.1.7. Zusammenstellung

Die sechs auf den Schwerpunkt S bezogenen Gleichgewichtsbedingungen seien noch einmal zusammengestellt. Sie lauten:

$$Q_{\xi}' - Q_{\eta}\varphi' - N\alpha' + p_{x}s + p_{y}s\,\varphi = 0, \tag{6.1}$$

$$Q_{\eta}' + Q_{\xi}\varphi' - N\beta' - p_{x}s\,\varphi + p_{y} = 0, \tag{6.2}$$

$$N' + Q_{\xi}\alpha' + Q_{\eta}\beta' = 0, \tag{6.3}$$

$$M_{\xi}s' - M_{\eta}s\,\varphi' - M_{\zeta}s\,\alpha' - Q_{\eta} = 0, \tag{6.4}$$

$$M_{\eta}s' + M_{\xi}s\,\varphi' - M_{\zeta}s\,\beta' + Q_{\xi} = 0, \tag{6.5}$$

$$M_{\zeta}s' + M_{\xi}s\,\alpha' + M_{\eta}s\,\beta' + m_{z}s - p_{x}s\,e_{x}\varphi - p_{y}s\,e_{y}\varphi = 0. \tag{6.6}$$

Diese sechs Gleichungen enthalten neun unbekannte Funktionen von z, nämlich die sechs Schnittlasten, die Krümmungen α', β' und die Drehung φ. Die Hauptkrümmungen α' und β' sind *nicht* mit den Krümmungen u_S'' und v_S'' identisch, welche in den vorigen Abschnitten verwendet wurden.

Nun lassen sich, wie im Abschnitt 5 gezeigt wurde, alle sechs Schnittlasten durch die Verformungen $f_S(z)$, $u_S(z)$, $v_S(z)$, $\varphi(z)$ und deren Ableitungen ausdrücken. Es verbleiben somit sechs unbekannte Funktionen, nämlich $f_S(z)$, $u_S(z)$, $v_S(z)$, $\varphi(z)$, $\alpha'(z)$ und $\beta'(z)$. Zu deren Bestimmung sind genau die sechs Gln. (6.1) bis (6.6) vorhanden.

Eliminiert man jetzt die Hauptkrümmungen α' und β', so behält man vier Gleichungen zur Ermittlung der Verformungen $f_S(z)$, $u_S(z)$, $v_S(z)$ und $\varphi(z)$. Im nächsten Abschnitt soll darauf noch eingegangen werden.

6.2. Bezugspunkt ist der Schubmittelpunkt M

Sämtliche inneren und äußeren Lasten sollen jetzt auf den Schubmittelpunkt M bezogen werden, d. h. sie sollen im Schubmittelpunkt wirken. Die Abb. 14 bleibt dann weiter benutzbar, wenn man dort den Schwerpunkt S durch den Schubmittelpunkt M und die Außermittigkeiten e_x bzw. e_y durch e_{xM} bzw. e_{yM} ersetzt. Hierbei sind entsprechend Abb. 3:

$$\left.\begin{aligned} e_{xM} &= e_x - x_M, \\ e_{yM} &= e_y - y_M. \end{aligned}\right\} \qquad (6.7)$$

Somit bleiben auch die Gleichgewichtsbedingungen (6.1) bis (6.6). Es ist lediglich der dem Bezugspunkt entsprechende Index M einzuführen. Die Gleichgewichtsbedingungen erhalten dann die Form:

$$Q_\xi' - Q_\eta\,\varphi' - N\,\alpha_M' + p_{xM} + p_{yM}\,\varphi = 0, \qquad (6.8)$$

$$Q_\eta' + Q_\xi\,\varphi' - N\,\beta_M' - p_{xM}\,\varphi + p_{yM} = 0, \qquad (6.9)$$

$$N' + Q_\xi\,\alpha_M' + Q_\eta\,\beta_M' = 0, \qquad (6.10)$$

$$M_{\xi M}' - M_{\eta M}\,\varphi' - M_{\zeta M}\,\alpha_M' - Q_\eta = 0, \qquad (6.11)$$

$$M_{\eta M}' + M_{\xi M}\,\varphi' - M_{\zeta M}\,\beta_M' + Q_\xi = 0, \qquad (6.12)$$

$$M_{\zeta M}' + M_{\xi M}\,\alpha_M' + M_{\eta M}\,\beta_M' + m_{zM} - p_{xM}\,e_{xM}\,\varphi - p_{yM}\,e_{yM}\,\varphi = 0. \qquad (6.13)$$

7. Die Differentialgleichungen für das allgemeine Problem 2. Ordnung

7.1. Bezugspunkt ist der Schwerpunkt S

Im vorigen Abschnitt war gesagt worden, daß mit den Gleichgewichtsbedingungen (6.1) bis (6.6) genügend Gleichungen zur Bestimmung der Verschiebungen zur Verfügung stehen. Es wird sich nun im folgenden zeigen, daß es mit den gewählten Ansätzen (3.1) bzw. (3.3) und (3.12) bzw. (3.17) nicht gelingt, alle sechs Gleichgewichtsbedingungen zu erfüllen. Dieser Mangel ist offensichtlich auf die Vereinfachungen zurückzuführen, welche bei den Verschiebungsansätzen (3.12) und (3.17) gemacht worden sind. Er dürfte wahrscheinlich zu mildern sein, wenn man den Verformungseinfluß der Wölbschubspannungen im Ansatz (3.12) bzw. (3.17) mit berücksichtigt.

Vor der eigentlichen Herleitung der Differentialgleichungen soll also vorerst gezeigt werden, daß sich nicht alle sechs Gleichgewichtsbedingungen durch die gewählten Ansätze befriedigen lassen.

Zunächst folgt aus (4.10)

$$f s'(z) = \varepsilon_p = \text{konst.} \tag{7.1}$$

und weiter mit (5.2)

$$N(z) = E\,F\,f s'(z) = E\,F\,\varepsilon_p = \text{konst.} = P. \tag{7.2}$$

Das ist die aus der Theorie 1. Ordnung bekannte Beziehung. Es folgt daraus

$$N'(z) = 0, \tag{7.3}$$

und das steht offenbar bereits im Widerspruch zu (6.3).

Ferner ergeben sich aus dem Vergleich von (5.18) mit (5.24)

$$M_\xi s' = Q_\eta \tag{7.4}$$

und von (5.9) mit (5.28)

$$M_\eta s' = -\,Q_\xi. \tag{7.5}$$

Beides sind ebenfalls Beziehungen, die der Theorie 1. Ordnung zugehören und die offensichtlich im Widerspruch zu (6.4) und (6.5) stehen. Würde man jedoch annehmen, daß sie auch für die Theorie 2. Ordnung voll gültig wären, so erhielte man mit ihnen aus (6.4) und (6.5)

$$\left.\begin{aligned} \alpha' &= \frac{-M_\eta s}{M_\zeta s}\,\varphi', \\ \beta' &= \frac{M_\xi s}{M_\zeta s}\,\varphi'. \end{aligned}\right\} \tag{7.6}$$

Setzt man nun (7.6) und (7.2) in (6.3) ein, so bekommt man

$$-\,Q_\xi\,M_\eta s + Q_\eta\,M_\xi s = 0$$

oder mit (7.4) und (7.5)

$$M_\eta s'\,M_\eta s + M_\xi s'\,M_\xi s = \frac{1}{2}\,(M_\xi s^2 + M_\eta s^2)' = 0,$$

woraus durch Integration

$$M_\xi s^2 + M_\eta s^2 = \text{konst.}$$

folgt. Das aber ist eine Beziehung, die unmöglich stimmen kann, weil bei beliebiger Belastung im Feld des Trägers Biegemomente vorhanden sein müssen, während sie an den Trägerenden ohne Einspannung verschwinden. Damit wäre also bewiesen, daß man mit den gewählten Verschiebungsansätzen nicht alle sechs Gleichgewichtsbedingungen erfüllen kann. Es führt infolgedessen auch zu keinem allgemein brauchbaren Ergebnis, wenn man die Hauptkrümmungen α' und β' mit Hilfe von (7.6) aus den übrigen Gleichgewichtsbedingungen eliminiert. Ziel der nachfolgenden Entwicklungen ist es vielmehr, durch entsprechende Vereinfachungen dahin zu gelangen, daß in den endgültigen Differentialgleichungen für die Verschiebungen wenigstens fünf der sechs Gleichgewichtsbedingungen berücksichtigt werden.

7.1.1. Die Differentialgleichungen in 1. Näherungsform

Es werden zunächst die Hauptkrümmungen α' und β' in 1. Näherung durch die Krümmungen in den Bezugsebenen des x-y-z-Koordinatensystems ersetzt:

$$\left.\begin{aligned} \alpha'(z) &\approx -u_S''(z), \\ \beta'(z) &\approx -v_S''(z). \end{aligned}\right\} \tag{7.7}$$

Mit (7.2) und (7.7) werden die Gleichgewichtsbedingungen ohne (6.3) zu

$$Q_\xi' - Q_\eta\,\varphi' + P\,u_S'' + p_{xS} + p_{yS}\,\varphi = 0, \tag{7.8}$$

$$Q_\eta' + Q_\xi\,\varphi' + P\,v_S'' - p_{xS}\,\varphi + p_{yS} = 0, \tag{7.9}$$

$$M_{\xi S}' - M_{\eta S}\,\varphi' + M_{\zeta S}\,u_S'' - Q_\eta = 0, \tag{7.10}$$

$$M_{\eta S}' + M_{\xi S}\,\varphi' + M_{\zeta S}\,v_S'' + Q_\xi = 0, \tag{7.11}$$

$$M_{\zeta S}' - M_{\xi S}\,u_S'' - M_{\eta S}\,v_S'' + m_{zS} - (p_{xS}\,e_x + p_{yS}\,e_y)\,\varphi = 0. \tag{7.12}$$

Differenziert man (7.10) bzw. (7.11) einmal und führt darin die aus (7.8) bzw. (7.9) gewonnenen Werte für Q_ξ' bzw. Q_η' ein, so ergeben sich:

$$M_{\xi S}'' - (M_{\eta S}\,\varphi')' + (M_{\zeta S}\,u_S'')' + Q_\xi\,\varphi' + P\,v_S'' - p_{xS}\,\varphi + p_{yS} = 0, \tag{7.13}$$

$$M_{\eta S}'' + (M_{\xi S}\,\varphi')' + (M_{\zeta S}\,v_S'')' + Q_\eta\,\varphi' - P\,u_S'' - p_{xS} - p_{yS}\,\varphi = 0. \tag{7.14}$$

Werden in (7.12) bis (7.14) die Beziehungen des Abschnittes 5 für die Schnittlasten eingesetzt, so erhält man die drei Gleichungen:

$$\begin{aligned} &E\,J_x\,[v_S''''(z) + x_M\,\varphi''''(z)] + E\,J_y\,\{[u_S''(z) - y_M\,\varphi''(z)]\,\varphi'(z)\}' + \\ &\quad + \{[E\,R_{Sy}\,u_S'''(z) + E\,R_{Sx}\,v_S'''(z) + E\,C_S\,\varphi'''(z) - \\ &\quad - (G\,J_T + P\,i_{pS}^2 + M_x(z)\,r_{Sx} - M_y(z)\,r_{Sy})\,\varphi'(z)]\,u_S''(z)\}' + \\ &+ E\,J_y\,[u_S'''(z) - y_M\,\varphi'''(z)]\,\varphi'(z) - P\,v_S''(z) + p_{xS}(z)\,\varphi(z) - p_{yS}(z) = 0, \end{aligned} \tag{7.15}$$

$$\begin{aligned} &E\,J_y\,[u_S''''(z) - y_M\,\varphi''''(z)] - E\,J_x\,\{[v_S''(z) + x_M\,\varphi''(z)]\,\varphi'(z)\}' - \\ &\quad - \{[E\,R_{Sy}\,u_S'''(z) + E\,R_{Sx}\,v_S'''(z) + E\,C_S\,\varphi'''(z) - \\ &\quad - (G\,J_T + P\,i_{pS}^2 + M_x(z)\,r_{Sx} - M_y(z)\,r_{Sy})\,\varphi'(z)]\,v_S''(z)\}' - \\ &- E\,J_x\,[v_S'''(z) + x_M\,\varphi'''(z)]\,\varphi'(z) - P\,u_S''(z) - p_{xS}(z) - p_{yS}(z)\,\varphi(z) = 0, \end{aligned} \tag{7.16}$$

$$E\,R_{S_y}\,u''''(z) + E\,R_{S_x}\,v_S''''(z) + E\,C_S\,\varphi''''(z) - (G\,J_T + P\,i_p{}_S^2)\,\varphi''(z) - \\ - [(M_x(z)\,r_{S_x} - M_y(z)\,r_{S_y})\,\varphi'(z)]' - E\,J_x\,[v_S''(z) + x_M\,\varphi''(z)]\,u_S''(z) + \\ + E\,J_y\,[u_S''(z) - y_M\,\varphi''(z)]\,v_S''(z) - m_z{}_S(z) + [p_x{}_S(z)\,e_x + p_y{}_S(z)\,e_y]\,\varphi(z) = 0. \tag{7.17}$$

Mit (7.15) bis (7.17) liegen nunmehr drei gekoppelte Differentialgleichungen für die gesuchten Verschiebungen $u_S(z)$, $v_S(z)$ und $\varphi(z)$ vor. Die Verschiebungen treten jedoch nicht in linearer, sondern in gemischter Form auf, und ihre Auffindung dürfte auf erhebliche mathematische Schwierigkeiten stoßen. Um die Differentialgleichungen zu linearisieren, sind weitere Vereinfachungen erforderlich.

7.1.2. Die Differentialgleichungen in 2. Näherungsform

Nach der Theorie 1. Ordnung wird als 2. Näherung eingeführt (vgl. Abb. 13):

$$\left.\begin{aligned} Q_\xi' &\approx Q_x' = -p_x, \\ Q_\eta' &\approx Q_y' = -p_y. \end{aligned}\right\} \tag{7.18}$$

Dabei sind Q_x und Q_y die Querkräfte nach der Theorie 1. Ordnung. Mit (7.18) folgen aus (7.4) und (7.5) sofort:

$$\left.\begin{aligned} M_\xi &\approx M_x;\ M_x' = Q_y; \\ M_\eta &\approx M_y;\ M_y' = -Q_x. \end{aligned}\right\} \tag{7.19}$$

Setzt man nun (7.18) und (7.19) in (7.12) und (7.13) ein, so erhält man

$$M_\xi{}_S'' - (M_y\,\varphi')' + (M_\zeta{}_S\,u_S'')' + P\,v_S'' + Q_x\,\varphi' + Q_x'\,\varphi + p_y{}_S = 0,$$
$$M_\eta{}_S'' + (M_x\,\varphi')' + (M_\zeta{}_S\,v_S'')' - P\,u_S'' + Q_y\,\varphi' + Q_y'\,\varphi - p_x{}_S = 0.$$

Daraus ergeben sich nach Umformung und nochmaliger Anwendung von (7.19) die Beziehungen:

$$M_\xi{}_S'' + P\,v_S'' + (M_\zeta{}_S\,u_S'')' - (M_y\,\varphi)'' + p_y{}_S = 0, \tag{7.20}$$
$$M_\eta{}_S'' - P\,u_S'' + (M_\zeta{}_S\,v_S'')' + (M_x\,\varphi)'' - p_x{}_S = 0. \tag{7.21}$$

Als dritte Gleichung folgt aus (7.12) mit (7.19)

$$M_\zeta{}_S' - M_x\,u_S'' - M_y\,v_S'' + m_z{}_S - (p_x{}_S\,e_x + p_y{}_S\,e_y)\,\varphi = 0. \tag{7.22}$$

Führt man nun wiederum die Ausdrücke (5.24), (5.28) und (5.50) für die Schnittlasten $M_\xi{}_S$, $M_\eta{}_S$ und $M_\zeta{}_S$ ein, so erhält man:

$$E\,J_x\,[v_S''''(z) + x_M\,\varphi''''(z)] + \{[E\,R_{S_y}\,u_S'''(z) + E\,R_{S_x}\,v_S'''(z) + \\ + E\,C_S\,\varphi'''(z) - (G\,J_T + P\,i_p{}_S^2 + M_x(z)\,r_{S_x} - M_y(z)\,r_{S_y})\,\varphi'(z)]\,u_S''(z)\}' - \\ - P\,v_S''(z) + [M_y(z)\,\varphi(z)]'' - p_y{}_S(z) = 0, \tag{7.23}$$

$$E\,J_y\,[u_S''''(z) - y_M\,\varphi''''(z)] - \{[E\,R_{S_y}\,u_S'''(z) + E\,R_{S_x}\,v_S'''(z) + \\ + E\,C_S\,\varphi'''(z) - (G\,J_T + P\,i_p{}_S^2 + M_x(z)\,r_{S_x} - M_y(z)\,r_{S_y})\,\varphi'(z)]\,v_S''\}' - \\ - P\,u_S''(z) + [M_x(z)\,\varphi(z)]'' - p_x{}_S(z) = 0, \tag{7.24}$$

$$E\,R_{S_y}\,u_S''''(z) + E\,R_{S_x}\,v_S''''(z) + E\,C_S\,\varphi''''(z) - (G\,J_T + P\,i_p s^2)\,\varphi''(z) -$$

$$- [(M_x(z)\,r_{S_x} - M_y(z)\,r_{S_y})\,\varphi'(z)]' + M_x(z)\,u_S''(z) + M_y(z)\,v_S''(z) - m_{z}\,s(z) +$$

$$+ [p_x\,s(z)\,e_x + p_y\,s(z)\,e_y]\,\varphi(z) = 0. \tag{7.25}$$

Die Gln. (7.23) bis (7.25) sind zwar bereits einfacher im Aufbau als die Gln. (7.15) bis (7.17), sie sind jedoch immer noch nicht linear in den Verformungen $u_S(z)$, $v_S(z)$ und $\varphi(z)$.

7.1.3. Die Differentialgleichungen in 3. Näherungsform

Man kann die zuletzt angegebenen Gleichungen wesentlich vereinfachen und damit der Lösung zugänglicher machen, wenn man die gemischten Glieder $M_{\xi S}\,u_S''$ und $M_{\xi S}\,v_S''$ in (7.21) und (7.22) annähernd gleich Null setzt. Damit ergeben sich schließlich die zwar gekoppelten, aber immerhin linearen Differentialgleichungen

$$E\,J_y\,[u_S''''(z) - y_M\,\varphi''''(z)] - P\,u_S''(z) + + [M_x(z)\,\varphi(z)]'' - p_x\,s(z) = 0, \tag{7.26}$$

$$E\,J_x\,[v_S''''(z) + x_M\,\varphi''''(z)] - P\,v_S''(z) + + [M_y(z)\,\varphi(z)]'' - p_y\,s(z) = 0, \tag{7.27}$$

$$\begin{gathered} E\,R_{S_y}\,u_S''''(z) + E\,R_{S_x}\,v_S''''(z) + \\ + E\,C_S\,\varphi''''(z) - (G\,J_T + P\,i_{pS}^2)\,\varphi''(z) - \\ - [(M_x(z)\,r_{S_x} - M_y(z)\,r_{S_y})\,\varphi'(z)]' + M_x(z)\,u_S''(z) + \\ + M_y(z)\,v_S''(z) - m_z\,s(z) + [e_x\,p_x\,s(z) + e_y\,p_y\,s(z)]\,\varphi(z) = 0. \end{gathered} \tag{7.28}$$

Die vorgenommene Streichung der gemischten Glieder mag auf den ersten Blick als recht gewaltsam erscheinen. Sie läßt sich jedoch nicht nur mit der Verringerung des mathematischen Aufwandes rechtfertigen. Im Abschnitt 2 war nämlich vorausgesetzt worden, daß alle Formänderungen sehr klein sein sollen. Unter dieser Voraussetzung können die gemischten Glieder bis zu einem gewissen Grade als „klein 2. Ordnung" angesehen und damit auch vernachlässigt werden*.

Die Beziehungen (7.26) bis (7.28) können als die „Grundgleichungen der Theorie 2. Ordnung" angesehen werden. Wie später gezeigt werden soll, sind in ihnen die Differentialgleichungen für die Stabilitätsfälle des Kippens und Biegedrillknickens enthalten, welche von den betreffenden Autoren meist auf anderem Wege hergeleitet wurden.

* Es dürfte übrigens möglich sein, den durch die Streichung der gemischten Glieder begangenen Fehler zum Teil wieder auszubessern. Hat man für einen bestimmten Belastungs- und Lagerungsfall eine angenäherte numerische Lösung der Gln. (7.26) bis (7.28), so wäre es denkbar, das Ergebnis auf iterativem oder anderem Wege mit den Gln. (7.23) bis (7.25) zu verbessern. Eine weitere Verbesserung könnte anschließend nach (7.15) bis (7.17) erfolgen. Ob sich der damit verbundene Arbeitsaufwand lohnt, ist allerdings eine andere Frage. Speziell im Hinblick auf die Vereinfachungen bei der Herleitung der Differentialgleichungen erscheint dies zweifelhaft.

Ob bei den angeführten Gleichungen ein Eigenwert- oder ein Randwertproblem vorliegt, d. h. also, ob es sich um ein Stabilitätsproblem oder um ein Spannungsproblem 2. Ordnung handelt, wird von der Belastung und den geometrischen Verhältnissen des Stabes abhängen. Es wäre dies von Fall zu Fall zu überprüfen. Hierzu könnte etwa das von Klöppel und Lie aufgezeigte Kriterium [16], [17] verwendet werden.

7.2. Bezugspunkt ist der Schubmittelpunkt M

7.2.1. Die Differentialgleichungen in 1. Näherungsform

Entsprechend Abschnitt 7.1.1 werden die sechs Gleichgewichtsbedingungen mit

$$\left.\begin{aligned} \alpha_M'(z) &\approx -u_M''(z), \\ \beta_M'(z) &\approx -v_M''(z) \end{aligned}\right\} \qquad (7.29)$$

und der aus (7.2) mit (5.3) folgenden Beziehung

$$N_M(z) \approx P \qquad (7.30)$$

zu:

$$Q_\xi' - Q_\eta\,\varphi' + P\,u_M'' + p_{xM} + p_{yM}\,\varphi = 0, \qquad (7.31)$$

$$Q_\eta' + Q_\xi\,\varphi' + P\,v_M'' - p_{xM}\,\varphi + p_{yM} = 0, \qquad (7.32)$$

$$M_{\xi M}' - M_{\eta M}\,\varphi' + M_{\zeta M}\,u_M'' - Q_\eta = 0, \qquad (7.33)$$

$$M_{\eta M}' + M_{\xi M}\,\varphi' + M_{\zeta M}\,v_M'' + Q_\xi = 0, \qquad (7.34)$$

$$M_{\zeta M}' - M_{\xi M}\,u_M'' - M_{\eta M}\,v_M'' + m_{zM} - (p_{xM}\,e_{xM} + p_{yM}\,e_{yM})\,\varphi = 0. \qquad (7.35)$$

Differenziert man (7.33) bzw. (7.34), setzt (7.32) bzw. (7.31) ein und bezieht mit

$$\left.\begin{aligned} M_{\xi M} &= M_\xi - y_M\,P, \\ M_{\eta M} &= M_\eta + x_M\,P \end{aligned}\right\} \qquad (7.36)$$

die Biegemomente und damit die Längskraft P auf den Schwerpunkt S, so erhält man

$$M_\xi'' - [(M_\eta + x_M\,P)\,\varphi']' + (M_{\zeta M}\,u_M'')' + Q_\xi\,\varphi' + P\,v_M'' - \\ - p_{xM}\,\varphi + p_{yM} = 0, \qquad (7.37)$$

$$M_\eta'' + [(M_\xi - y_M\,P)\,\varphi']' + (M_{\zeta M}\,v_M'')' + Q_\eta\,\varphi' - P\,u_M'' - \\ - p_{xM} - p_{yM}\,\varphi = 0. \qquad (7.38)$$

Etwas umgeformt werden beide Gleichungen zu:

$$M_\xi'' - M_\eta'\,\varphi' - (M_\eta + x_M\,P)\,\varphi'' + (M_{\zeta M}\,u_M'')' + Q_\xi\,\varphi' + P\,v_M'' - \\ - p_{xM}\,\varphi + p_{yM} = 0, \qquad (7.39)$$

$$M_\eta'' + M_\xi' \varphi' + (M_\xi - y_M P) \varphi'' + (M_{\zeta M} v_M'')' + Q_\eta \varphi' - P u_M'' -$$
$$- p_{xM} - p_{yM} \varphi = 0. \tag{7.40}$$

Die dritte Gleichung erhält man aus (7.35) mit (6.7) und (7.36):

$$M_{\zeta M}' - (M_\xi - y_M P) u_M'' - (M_\eta + x_M P) v_M'' + m_{zM} -$$
$$- [p_{xM} (e_x - x_M) + p_{yM} (e_y - y_M)] \varphi = 0. \tag{7.41}$$

Setzt man in (7.39) bis (7.41) die Beziehungen des Abschnittes 5 für die Schnittlasten ein, so ergeben sich die Differentialgleichungen:

$$E J_x v_M''''(z) + 2 E J_y u_M'''(z) \varphi'(z) +$$
$$+ [E J_y u_M''(z) + x_M P] \varphi''(z) - P v_M''(z) + \{[E C_M \varphi'''(z) -$$
$$- (G J_T + P i_{pM}^2 + M_x(z) r_{Mx} - M_y(z) r_{My}) \varphi'(z)] u_M''(z)\}' +$$
$$+ p_{xM}(z) \varphi(z) - p_{yM}(z) = 0, \tag{7.42}$$

$$E J_y u_M''''(z) - 2 E J_x v_M'''(z) \varphi'(z) -$$
$$- [E J_x v_M''(z) + y_M P] \varphi''(z) - P u_M''(z) - \{[E C_M \varphi'''(z) -$$
$$- (G J_T + P i_{pM}^2 + M_x(z) r_{Mx} - M_y(z) r_{My}) \varphi'(z)] v_M''(z)\}' -$$
$$- p_{xM}(z) - p_{yM}(z) \varphi(z) = 0, \tag{7.43}$$

$$E C_M \varphi''''(z) - [(G J_T + P i_{pM}^2 + M_x(z) r_{Mx} - M_y(z) r_{My}) \varphi'(z)]' -$$
$$- [E J_x v_M''(z) + y_M P] u_M''(z) - [E J_y u_M''(z) + x_M P] v_M''(z) +$$
$$+ m_{zM}(z) - [p_{xM}(z) (e_x - x_M) + p_{yM}(z) (e_y - y_M)] \varphi(z) = 0. \tag{7.44}$$

Die Gleichungen sind nicht linear in den Verschiebungen. Sie sollen deshalb auf gleiche Art und Weise wie im Abschnitt 7.1 linearisiert werden.

7.2.2. Die Differentialgleichungen in 2. Näherungsform

Verwendet man als 2. Näherung wiederum (7.18) und (7.19), so werden (7.39) und (7.40) nach einiger Rechnung zu:

$$M_\xi'' + P v_M'' - P x_M \varphi'' + (M_{\zeta M} u_M'')' - (M_y \varphi)'' + p_{yM} = 0, \tag{7.45}$$

$$M_\eta'' - P u_M'' - P y_M \varphi'' + (M_{\zeta M} v_M'')' + (M_x \varphi)'' - p_{xM} = 0. \tag{7.46}$$

Die dritte Gleichung ergibt sich aus (7.41) mit (7.19):

$$M_{\zeta M}' - (M_x - y_M P) u_M'' - (M_y + x_M P) v_M'' + m_{zM} -$$
$$- [p_{xM} (e_x - x_M) + p_{yM} (e_y - y_M)] \varphi = 0. \tag{7.47}$$

Setzt man wiederum die Beziehungen (5.25), (5.29) und (5.63) ein, so erhält man die drei Gleichungen:

$$E\,J_x\,v_M''''(z) - P\,v_M''(z) + P\,x_M\,\varphi''(z) + \{[E\,C_M\,\varphi'''(z) - $$
$$- (G\,J_T + P\,i_{pM}^2 + M_x(z)\,r_{Mx} - M_y(z)\,r_{My})\,\varphi'(z)]\,u_M''(z)\}' +$$
$$+ [M_y(z)\,\varphi(z)]'' - p_{yM}(z) = 0, \qquad (7.48)$$

$$E\,J_y\,u_M''''(z) - P\,u_M''(z) - P\,y_M\,\varphi''(z) - \{[E\,C_M\,\varphi'''(z) -$$
$$- (G\,J_T + P\,i_{pM}^2 + M_x(z)\,r_{Mx} - M_y(z)\,r_{My})\,\varphi'(z)]\,v_M''(z)\}' +$$
$$+ [M_x(z)\,\varphi(z)]'' - p_{xM}(z) = 0, \qquad (7.49)$$

$$E\,C_M\,\varphi''''(z) - \{[G\,J_T + P\,i_{pM}^2 + M_x(z)\,r_{Mx} - M_y(z)\,r_{My}]\,\varphi'(z)\}' +$$
$$+ [M_x(z) - y_M\,P]\,u_M''(z) + [M_y(z) + x_M\,P]\,v_M''(z) - m_{zM}(z) +$$
$$+ [p_{xM}(z)\,(e_x - x_M) + p_{yM}(z)\,(e_y - y_M)]\,\varphi(z) = 0. \qquad (7.50)$$

7.2.3. Die Differentialgleichungen in 3. Näherungsform

Vernachlässigt man unter der gleichen Begründung wie im Abschnitt 7.1.2 die gemischten Glieder, so ergeben sich schließlich die drei linearen und gekoppelten Differentialgleichungen:

$$E\,J_x\,v_M''''(z) - P\,v_M''(z) + P\,x_M\,\varphi''(z) + [M_y(z)\,\varphi(z)]'' - p_{yM}(z) = 0, \qquad (7.51)$$

$$E\,J_y\,u_M''''(z) - P\,u_M''(z) - P\,y_M\,\varphi''(z) + [M_x(z)\,\varphi(z)]'' - p_{xM}(z) = 0, \qquad (7.52)$$

$$E\,C_M\,\varphi''''(z) - (G\,J_T + P\,i_{pM}^2)\,\varphi''(z) - \{[M_x(z)\,r_{Mx} - M_y(z)\,r_{My}]\,\varphi'(z)\}' +$$
$$+ [M_x(z) - y_M\,P]\,u_M''(z) + [M_y(z) + x_M\,P]\,v_M''(z) +$$
$$+ [p_{xM}(z)\,(e_x - x_M) + p_{yM}(z)\,(e_y - y_M)]\,\varphi(z) - m_{zM}(z) = 0. \qquad (7.53)$$

In (7.51) bis (7.53) liegen wiederum die „Grundgleichungen der Theorie 2. Ordnung“ vor. Jedoch sind hier die Verschiebungen des Schubmittelpunktes M verwendet worden*. Bei ihrer Anwendung ist die äußere Längskraft im Schwerpunkt S anzusetzen, und die Biegemomente M_x und M_y sind auf die durch den Schwerpunkt S gehenden Trägheitshauptachsen zu beziehen. Die Wirkungslinien aller übrigen äußeren und inneren Lasten verlaufen durch den Schubmittelpunkt M.

Es sei abschließend bemerkt, daß man die drei gekoppelten Differentialgleichungen immer zu einer einzigen Gleichung für $\varphi(z)$ zusammenfassen kann. (7.26) bzw. (7.51) lassen sich nämlich schreiben

$$E\,J_y\,u'''' - P\,u'' = F_1(\varphi(z)).$$

---

* WLASSOW ist in [5] auf andere Art und Weise mehrfach dicht an diese Gleichungen herangekommen. Bei ihm fehlen jedoch entweder die Absolutglieder p_x, p_y, m_z oder die Ausdrücke $(M_x\,\varphi)''$ bzw. $(M_y\,\varphi)''$ sind unvollständig.

Die Lösung der homogenen Gleichung ist bekannt, und das partikuläre Integral läßt sich durch Variation der Konstanten ermitteln. Auf gleiche Weise kann man die zweite Gleichung

$$E\,J_x\,v'''' - P\,v'' = F_2(\varphi(z))$$

behandeln. Schließlich sind die so gefundenen Werte u und v in die dritte Gleichung einzusetzen, die damit nur noch die Drehung φ enthält. Allerdings tritt $\varphi(z)$ dabei nicht nur in seinen Ableitungen, sondern im allgemeinen auch noch unter Integralen auf.

8. Sonderfälle

8.1. Das Kippen eines Trägers mit einfach-symmetrischem Querschnitt

8.1.1. Bezugspunkt ist der Schwerpunkt S

Für einen Träger mit einfach-symmetrischem Querschnitt, der nur in seiner Symmetrieebene belastet ist, sind die Gleichungen für den Stabilitätsfall des Kippens von Chwalla in [13] angegeben worden. Man erhält sie auf folgendem Wege aus (7.26) bis (7.28):

Die y-Achse sei die Symmetrieachse des Querschnittes. Dann werden

$$x_M = p_{x\,S}(z) = M_y(z) = R_{S\,x} = r_{S\,y} = m_{z\,S}(z) = 0, \tag{8.1}$$

und (7.26) bis (7.28) vereinfachen sich zu:

$$E\,J_y\,[u_S''''(z) - y_M\,\varphi''''(z)] - P\,u_S''(z) + [M_x(z)\,\varphi(z)]'' = 0, \tag{8.2}$$

$$E\,J_x\,v_S''''(z) - P\,v_S''(z) - p_{y\,S}(z) = 0, \tag{8.3}$$

$$E\,R_{S\,y}\,u_S''''(z) + E\,C_S\,\varphi''''(z) - (G\,J_T + P\,i_{pS}^2)\,\varphi''(z) -$$

$$- r_{S\,x}\,[M_x(z)\,\varphi'(z)]' + M_x(z)\,u_S''(z) + e_y\,p_{y\,S}(z)\,\varphi(z) = 0. \tag{8.4}$$

Das Gleichungssystem ist damit zum Teil zerfallen, d. h. die inhomogene Gl. (8.3) ist unabhängig von den beiden anderen homogenen Gleichungen geworden.

Mit (5.8) und (5.38) kann man (8.4) umformen und das Gleichungssystem wird zu

$$E\,J_x\,v_S''''(z) - P\,v_S''(z) - p_{y\,S}(z) = 0, \tag{8.3}$$

$$E\,J_y\,[u_S''''(z) - y_M\,\varphi''''(z)] - P\,u_S''(z) + [M_x(z)\,\varphi(z)]'' = 0, \tag{8.2}$$

$$E\,C_M\,\varphi''''(z) + y_M^2\,E\,J_y\,\varphi''''(z) - y_M\,E\,J_y\,u_S''''(z) - (G\,J_T + P\,i_{pS}^2)\,\varphi''(z) -$$

$$- r_{S\,x}\,[M_x(z)\,\varphi'(z)]' + M_x(z)\,u_S''(z) + e_y\,p_{y\,S}(z)\,\varphi(z) = 0. \tag{8.5}$$

Die beiden letzten, gekoppelten Gln. (8.2) und (8.5) stellen die von Chwalla auf anderem Wege [13] hergeleiteten Differentialgleichungen des Kippens dar. Dort sind lediglich die Längskraft P, die Außermittigkeit e_y und die y-Achse im anderen Sinne als positiv definiert worden (vgl. auch [2], S. 171).

8.1.2. Bezugspunkt ist der Schubmittelpunkt M

Mit den Werten (8.1) werden (7.51) bis (7.53):

$$E\,J_x\,v_M''''(z) - P\,v_M''(z) - p_{yM}(z) = 0, \tag{8.6}$$

$$E\,J_y\,u_M''''(z) - P\,u_M''(z) - P\,y_M\,\varphi''(z) + [M_x(z)\,\varphi(z)]'' = 0, \tag{8.7}$$

$$E\,C_M\,\varphi''''(z) - (G\,J_T + P\,i_{pM}^2)\,\varphi''(z) - r_{Mx}\,[M_x(z)\,\varphi'(z)]' + M_x(z)\,u_M''(z) -$$
$$- y_M\,P\,u_M''(z) + p_{yM}(z)\,(e_y - y_M)\,\varphi(z) = 0. \tag{8.8}$$

In dieser Form sind die Differentialgleichungen des Kippens von Kollbrunner in [2] angegeben worden. Dort ist nur P als Druckkraft positiv definiert und ein anderes Koordinatensystem verwendet worden.

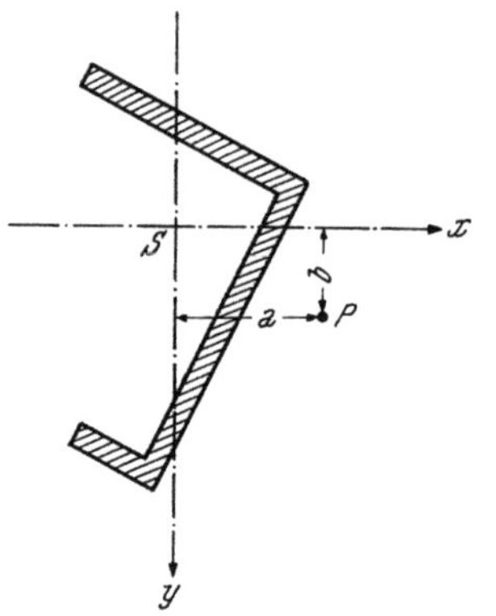

Abb. 15. Außermittig angreifende Längskraft

8.2. Der außermittig gedrückte Stab

8.2.1. Bezugspunkt ist der Schwerpunkt S

Betrachtet wird ein Stab beliebigen Querschnittes, der nur durch eine Längskraft P (als Zugkraft positiv) belastet ist, welche mit den Außermittigkeiten a und b angreift (Abb. 15).

Mit

$$p_x(z) = p_y(z) = m_z(z) = 0 \tag{8.9}$$

und

$$\left.\begin{aligned} M_x(z) &= P\,b, \\ M_y(z) &= -\,P\,a \end{aligned}\right\} \tag{8.10}$$

erhält man aus (7.26) bis (7.28):

$$E\,J_y\,[u_S''''(z) - y_M\,\varphi''''(z)] - P\,u_S''(z) + P\,b\,\varphi''(z) = 0, \tag{8.11}$$

$$E\,J_x\,[v_S''''(z) + x_M\,\varphi''''(z)] - P\,v_S''(z) - P\,a\,\varphi''(z) = 0, \tag{8.12}$$

$$E\,R_{Sy}\,u_S''''(z) + E\,R_{Sx}\,v_S''''(z) + E\,C_S\,\varphi''''(z) -$$
$$-\,(G\,J_T + P\,i_{pS}^2 + P\,b\,r_{Sx} + P\,a\,r_{Sy})\,\varphi''(z) +$$
$$+\,P\,b\,u_S''(z) - P\,a\,v_S''(z) = 0. \tag{8.13}$$

Das Gleichungssystem (8.11) bis (8.13) stimmt bis auf die anders positiv definierte Längskraft P mit den von Chwalla [19] angegebenen Gleichungen überein.

Für den mittig gedrückten Stab doppelt-symmetrischen Querschnittes zerfällt das System mit

$$a = b = x_M = y_M = R_{Sx} = R_{Sy} = r_{Sx} = r_{Sy} = 0$$

in drei voneinander unabhängige Gleichungen [9], [10].

8.2.2. Bezugspunkt ist der Schubmittelpunkt M

Mit (8.9) und (8.10) vereinfachen sich (7.51) bis (7.53) zu:

$$E J_x v_M''''(z) - P v_M''(z) + P x_M \varphi''(z) - P a \varphi''(z) = 0, \quad (8.14)$$

$$E J_y u_M''''(z) - P u_M''(z) - P y_M \varphi''(z) + P b \varphi''(z) = 0, \quad (8.15)$$

$$E C_M \varphi''''(z) - (G J_T + P i_{pM}^2 + P b r_{Mx} + P a r_{My}) \varphi''(z) +$$
$$+ P (b - y_M) u_M''(z) - P (a - x_M) v_M''(z) = 0. \quad (8.16)$$

In dieser Form gibt KOLLBRUNNER [2] die Gleichungen an. Dort ist lediglich P als Druckkraft positiv eingeführt.

9. Die energetische Methode und das zugehörige Variationsproblem

Obwohl die Differentialgleichungen des Problems mehrfach vereinfacht worden sind, dürfte ihre Lösung selbst in der linearisierten Form (7.26) bis (7.28) erhebliche Schwierigkeiten bereiten. Es liegt der Gedanke nahe, nach einfacher zu ermittelnden Näherungslösungen zu suchen. Hier bietet sich die energetische Methode an. Auf eine bis ins einzelne gehende Herleitung des zugehörigen Variationsproblems soll im folgenden verzichtet werden. Für Sonderfälle ist diese Herleitung unter anderem ausführlich in [1], [9], [12] und [13] angegeben, und die Erweiterung auf den vorliegenden allgemeinen Fall bereitet nur geringe Schwierigkeiten.

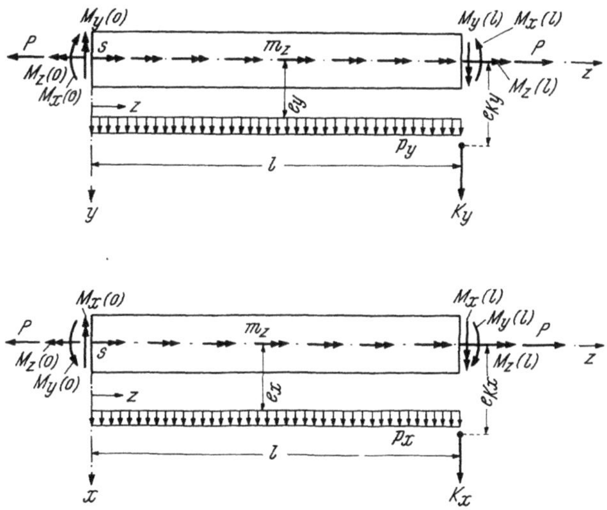

Abb. 16. Belastung des Stabes

Betrachtet wird ein Träger nach Abb. 16. Neben den Streckenlasten und den Stabendmomenten soll er am Ende $z = l$ durch zwei Einzelkräfte K_x und K_y mit den Außermittigkeiten e_{Kx} und e_{Ky} belastet sein. Als Bezugspunkt für die Verformungen und Schnittlasten wird des weiteren ausschließlich der Schwerpunkt S verwendet.

Über die am gesamten Stab bei der Verformung geleistete Arbeit erhält man das zugehörige Variationsproblem

$$\delta\left[\int_0^l F\,dz - K_x\,u_S(l) - K_y\,v_S(l) + \frac{1}{2}\,\varphi^2(l)\,(K_x\,e_{Kx} + K_y\,e_{Ky})\right] = 0, \tag{9.1}$$

mit

$$F = \frac{1}{2}E\,J_y\,u_S''^2 + \frac{1}{2}E\,J_x\,v_S''^2 + \frac{1}{2}E\,C_S\,\varphi''^2 + E\,R_{Sy}\,u_S''\,\varphi'' +$$

$$+ E\,R_{Sx}\,v_S''\,\varphi'' + \frac{1}{2}G\,J_T\,\varphi'^2 + \frac{1}{2}P\,u_S'^2 + \frac{1}{2}P\,v_S'^2 + \frac{1}{2}P\,i_{pS}^2\,\varphi'^2 +$$

$$+ M_x\,u_S''\,\varphi + M_y\,v_S''\,\varphi + \frac{1}{2}\,(M_x\,r_{Sx} - M_y\,r_{Sy})\,\varphi'^2 - p_x\,u_S -$$

$$- p_y\,v_S - m_{zS}\,\varphi + \frac{1}{2}\,(p_x\,e_x + p_y\,e_y)\,\varphi^2. \tag{9.2}$$

Führt man die Variation durch, so ergeben sich die drei energetischen Grundgleichungen

$$\int_0^l F_1\,\delta u\,dz - (F_2\,\delta u)_{z=0}^l + (F_3\,\delta u')_{z=0}^l - K_x\,\delta u(l) = 0, \tag{9.3}$$

$$\int_0^l F_4\,\delta v\,dz - (F_5\,\delta v)_{z=0}^l + (F_6\,\delta v')_{z=0}^l - K_y\,\delta v(l) = 0, \tag{9.4}$$

$$\int_0^l F_7\,\delta\varphi\,dz - (F_8\,\delta\varphi)_{z=0}^l + (F_9\,\delta\varphi')_{z=0}^l + (K_x\,e_{Kx} + K_y\,e_{Ky})\,\varphi(l)\,\delta\varphi(l) = 0. \tag{9.5}$$

Dabei lauten die Ausdrücke F_1 bis F_9 im einzelnen [wobei von (5.8) und (5.17) Gebrauch gemacht wurde]:

$$F_1 = E\,J_y\,u_S'''' - y_M\,E\,J_y\,\varphi'''' - P\,u_S'' + (M_x\,\varphi)'' - p_x, \tag{9.6}$$

$$F_2 = E\,J_y\,u_S''' - y_M\,E\,J_y\,\varphi''' - P\,u_S' + (M_x\,\varphi)', \tag{9.7}$$

$$F_3 = E\,J_y\,u_S'' - y_M\,E\,J_y\,\varphi'' + M_x\,\varphi, \tag{9.8}$$

$$F_4 = E\,J_x\,v_S'''' + x_M\,E\,J_x\,\varphi'''' - P\,v_S'' + (M_y\,\varphi)'' - p_y, \tag{9.9}$$

$$F_5 = E\,J_x\,v_S''' + x_M\,E\,J_x\,\varphi''' - P\,v_S' + (M_y\,\varphi)', \tag{9.10}$$

$$F_6 = E\,J_x\,v_S'' + x_M\,E\,J_x\,\varphi'' + M_y\,\varphi, \tag{9.11}$$

$$F_7 = E\,C_S\,\varphi'''' - y_M\,E\,J_y\,u_S'''' + x_M\,E\,J_x\,v_S'''' - (G\,J_T + P\,i_{pS}^2)\,\varphi'' -$$

$$- [(M_x\,r_{Sx} - M_y\,r_{Sy})\,\varphi']' + M_x\,u_S'' + M_y\,v_S'' +$$

$$+ (p_x\,e_x + p_y\,e_y)\,\varphi - m_{zS}, \tag{9.12}$$

$$F_8 = E\,C_S\,\varphi''' - y_M\,E\,J_y\,u_S''' + x_M\,E\,J_x\,v_S''' -$$

$$- (G\,J_T + P\,i_{pS}^2 + M_x\,r_{Sx} - M_y\,r_{Sy})\,\varphi', \tag{9.13}$$

$$F_9 = E\,C_S\,\varphi'' - y_M\,E\,J_y\,u_S'' + x_M\,E\,J_x\,v_S''. \tag{9.14}$$

Die Ausdrücke $F_1 = 0$, $F_4 = 0$ und $F_7 = 0$ stellen die EULERschen Gleichungen des Variationsproblemes dar und stimmen mit den Differentialgleichungen (7.26) bis (7.28) überein.

Alle weiteren Summanden in den Forderungen (9.3) bis (9.5) führen auf die Randbedingungen des Problems, die im nächsten Abschnitt besprochen werden sollen.

10. Die Randbedingungen

Aus den Forderungen (9.3) bis (9.5) folgen sowohl die geometrischen (oder wesentlichen) Randbedingungen

$$\delta u_R = 0; \quad \delta u_R' = 0; \quad \delta v_R = 0; \quad \delta v_R' = 0; \quad \delta \varphi_R = 0; \quad \delta \varphi_R' = 0 \tag{10.1}$$

als auch die dynamischen (oder restlichen) Randbedingungen

$$\left.\begin{aligned} (F_2)_R - K_x = 0;\ (F_3)_R = 0;\ (F_5)_R - K_y = 0;\ (F_6)_R = 0; \\ (F_8)_R + (K_x\, e_x + K_y\, e_y)\, \varphi(l) = 0;\ (F_9)_R = 0. \end{aligned}\right\} \tag{10.2}$$

Im einzelnen kann dazu folgendes bemerkt werden:

10.1. Seitliche Verschiebungen der Stabenden

Vorzuschreiben sind bestimmte seitliche Verschiebungen u_{SR}, v_{SR} der Endquerschnitte als geometrische Randbedingungen; z. B. $u_{SR} = 0$ oder $v_{SR} = 0$ bei seitlich unverschieblicher Lagerung.

Sind die Stabenden frei verschieblich, so lauten die dynamischen Randbedingungen

$$E\, J_y\, u_{SR}''' - y_M\, E\, J_y\, \varphi_R''' - P\, u_{SR}' + (M_x\, \varphi)_R' - K_x = 0, \tag{10.3}$$

$$E\, J_x\, v_{SR}''' + x_M\, E\, J_x\, \varphi_R''' - P\, v_{SR}' + (M_y\, \varphi)_R' - K_y = 0. \tag{10.4}$$

10.2. Seitliche Verdrehungen der Stabenden

Vorzuschreiben sind bestimmte seitliche Verdrehungen u_{SR}', v_{SR}' der Stabachse an den Endquerschnitten als geometrische Randbedingungen; z. B. $u_{SR}' = 0$ oder $v_{SR}' = 0$ bei seitlicher Einspannung der Stabenden.

Sind die Stabenden seitlich frei drehbar gelagert, so lauten die dynamischen Randbedingungen

$$E\, J_y\, u_{SR}'' - y_M\, E\, J_y\, \varphi_R'' + M_{xR}\, \varphi_R = 0, \tag{10.5}$$

$$E\, J_x\, v_{SR}'' + x_M\, E\, J_x\, \varphi_R'' + M_{yR}\, \varphi_R = 0. \tag{10.6}$$

10.3. Drehung der Endquerschnitte um die Stabachse

Vorzuschreiben sind bestimmte Verdrehungen φ_R der Endquerschnitte als geometrische Randbedingungen; z. B. $\varphi_R = 0$ bei Gabellagerung oder Einspannung.

Sind die Endquerschnitte um die Stabachse frei verdrehbar und wirkt dort ein äußeres Torsionsmoment $M_{zR} = M_z(0)$ oder $M_{zR} = M_z(l)$ (vgl. Abb. 16), so lautet die dynamische Randbedingung

$$\begin{aligned} E\,C_S\,\varphi_R''' - y_M\,E\,J_y\,u_{SR}''' + x_M\,E\,J_x\,v_{SR}''' - \\ -(G\,J_T + P\,i_{pS}^2 + M_{xR}\,r_{Sx} - M_{yR}\,r_{Sy})\,\varphi_R' + \\ + (K_x\,e_{Kx} + K_y\,e_{Ky})\,\varphi(l) = M_{zR}, \end{aligned} \qquad (10.7)$$

wie der Vergleich von (9.13) bzw. (9.5) mit (5.50) zeigt.

10.4. Verwölbung der Endquerschnitte

Vorzuschreiben ist eine bestimmte Verwölbung φ_R' am Endquerschnitt als geometrische Randbedingung; z. B. $\varphi_R' = 0$ bei vollkommener Verhinderung der Verwölbung.

Können sich die Endquerschnitte frei verwölben, so lautet die dynamische Randbedingung

$$E\,C_S\,\varphi_R'' - y_M\,E\,J_y\,u_{SR}'' + x_M\,E\,J_x\,v_{SR}'' = 0. \qquad (10.8)$$

11. Näherungslösungen nach Ritz oder Galerkin

Nachdem die energetischen Grundgleichungen (9.3) bis (9.5) bekannt sind, lassen sich in üblicher Weise Näherungslösungen mit den Verfahren von Ritz oder Galerkin ermitteln. Dabei werden die Verformungen $u_S(z)$, $v_S(z)$ und $\varphi(z)$ durch die Ansätze

$$u_S(z) = \sum_i a_i\,f_i(z); \qquad (11.1)$$

$$v_S(z) = \sum_j b_j\,g_j(z); \qquad (11.2)$$

$$\varphi(z) = \sum_k c_k\,h_k(z); \qquad (11.3)$$

$$(i, j, k = 1, 2, 3 \ldots n)$$

angenähert. Von diesen Ansätzen wird beim allgemeineren Ritzschen Verfahren nur verlangt, daß sie den geometrischen Randbedingungen genügen müssen.

Geht man mit den Ansätzen (11.1) bis (11.3) in die Grundgleichungen (9.3) bis (9.5), so erhält man

$$\int_0^l F_1^* \frac{\partial u}{\partial a_i}\,dz - \left[F_2^* \frac{\partial u}{\partial a_i}\right]_{z=0}^l + \left[F_3^* \frac{\partial u'}{\partial a_i}\right]_{z=0}^l - K_x \frac{\partial u}{\partial a_i}\Big|_{z=l} = 0, \qquad (11.4)$$

$$\int_0^l F_4^* \frac{\partial v}{\partial b_j}\,dz - \left[F_5^* \frac{\partial v}{\partial b_j}\right]_{z=0}^l + \left[F_6^* \frac{\partial v'}{\partial b_j}\right]_{z=0}^l - K_y \frac{\partial v}{\partial b_j}\Big|_{z=l} = 0, \qquad (11.5)$$

$$\begin{aligned} \int_0^l F_7^* \frac{\partial \varphi}{\partial c_k}\,dz - \left[F_8^* \frac{\partial \varphi}{\partial c_k}\right]_{z=0}^l + \left[F_9^* \frac{\partial \varphi'}{\partial c_k}\right]_{z=0}^l + \\ +(K_x\,e_{Kx} + K_y\,e_{Ky})\,\varphi(l) \frac{\partial \varphi}{\partial c_k}\Big|_{z=l}. \end{aligned} \qquad (11.6)$$

Die Funktionen F_i^* in (11.4) bis (11.6) erhält man, indem man die Ansätze (11.1) bis (11.3) in die Beziehungen (9.6) bis (9.14) für F_i einführt.

Mit (11.4) bis (11.6) liegt ein lineares Gleichungssystem für die Koeffizienten a_i, b_j und c_k vor. Hat man diese Koeffizienten ermittelt, so sind gemäß (11.1) bis (11.3) auch die Näherungslösungen für die Verformungen bekannt.

Handelt es sich um ein Stabilitätsproblem und wird das Gleichungssystem (11.4) bis (11.6) homogen, so liefert die gleich Null gesetzte Koeffizientendeterminante in bekannter Weise den gesuchten Eigenwert.

Wird von den Ansätzen (11.1) bis (11.3) verschärfend verlangt, daß sie sämtliche Randbedingungen des Problems erfüllen, so verschwinden in (11.4) bis (11.6) die Randausdrücke und es bleiben die GALERKINschen Gleichungen

$$\int_0^l F_1^* \frac{\partial u}{\partial a_i} dz = 0; \quad \int_0^l F_4^* \frac{\partial v}{\partial b_j} dz = 0; \quad \int_0^l F_7^* \frac{\partial \varphi}{\partial c_k} dz = 0 \qquad (11.7)$$

übrig.

12. Ein Anwendungsbeispiel

Es soll der Träger nach Abb. 16 untersucht werden. Die Stabenden mögen in beiden Richtungen x und y gabelgelagert sein, und die Endquerschnitte sollen sich frei verwölben können. Ferner wird noch vorausgesetzt, daß die Stabendlasten

$$M_x(0) = M_x(l) = M_y(0) = M_y(l) = M_z(0) = M_z(l) = K_x = K_y = 0 \quad (12.1)$$

und die Streckenlasten

$$\left.\begin{aligned} p_x(z) &= p_x = \text{konst.}, \\ p_y(z) &= p_y = \text{konst.}, \\ m_z(z) &= m_z = \text{konst.} \end{aligned}\right\} \qquad (12.2)$$

sind.

Nach der Theorie 1. Ordnung betragen die Biegemomente

$$\left.\begin{aligned} M_x(z) &= p_y \frac{z}{2} (l - z), \\ M_y(z) &= -p_x \frac{z}{2} (l - z). \end{aligned}\right\} \qquad (12.3)$$

Entsprechend Abschnitt 10 lauten die sechs geometrischen Randbedingungen

$$u_S(0) = u_S(l) = v_S(0) = v_S(l) = \varphi(0) = \varphi(l) = 0 \qquad (12.4)$$

und die sechs dynamischen Randbedigungen

$$\left.\begin{aligned} E J_y u_S'' - y_M E J_y \varphi'' + M_x \varphi &= 0, \\ E J_x v_S'' + x_M E J_x \varphi'' + M_y \varphi &= 0, \\ E C_S \varphi'' - y_M E J_y u_S'' + x_M E J_x v_S'' &= 0, \end{aligned}\right\} \begin{matrix} \text{für } z = 0 \\ \text{und } z = l. \end{matrix} \qquad (12.5)$$

Die Ansätze

$$\left.\begin{aligned} u_S &= a_1 \sin\frac{\pi}{l} z, \\ v_S &= b_1 \sin\frac{\pi}{l} z, \\ \varphi &= c_1 \sin\frac{\pi}{l} z \end{aligned}\right\} \quad (12.6)$$

erfüllen alle zwölf Randbedingungen. Es lassen sich also die GALERKINschen Gleichungen (11.7) verwenden. [Sind Stabendmomente vorhanden, so empfiehlt es sich, entweder mehrere Glieder entsprechend (11.1) bis (11.3) mitzunehmen oder einen anderen Ansatz zu wählen.]

Führt man die Ansätze (12.6) in die Beziehungen (9.6), (9.9) und (9.12) ein, so erhält man die Funktionen F_1^*, F_4^* und F_7^*, welche wiederum in (11.7) einzusetzen sind. Nach einiger Rechnung ergeben sich die drei Gleichungen:

$$a_1 G_1 + c_1 G_2 = p_x, \quad (12.7)$$

$$b_1 G_3 + c_1 G_4 = p_y, \quad (12.8)$$

$$a_1 G_2 + b_1 G_4 + c_1 G_5 = m_z. \quad (12.9)$$

Dabei bedeuten die Abkürzungen:

$$\left.\begin{aligned} G_1 &= E\,J_y \frac{76,6}{l^4} + P \frac{7,75}{l^2}; \\ G_2 &= -\,y_M\,E\,J_y \frac{76,6}{l^4} - p_y \cdot 0,842; \\ G_3 &= E\,J_x \frac{76,6}{l^4} + P \frac{7,75}{l^2}; \\ G_4 &= x_M\,E\,J_x \frac{76,6}{l^4} + p_x \cdot 0,842; \\ G_5 &= E\,C_S \frac{76,6}{l^4} + (G\,J_T + P\,i_{p\,S}^2) \frac{7,75}{l^2} + \\ &\quad + (p_y\,r_{S\,x} + p_x\,r_{S\,y})\,0,45 + \\ &\quad + (p_x\,e_x + p_y\,e_y) \cdot 0,785. \end{aligned}\right\} \quad (12.10)$$

Mit (12.7) bis (12.9) liegt ein inhomogenes Gleichungssystem für die Koeffizienten a_1, b_1 und c_1 vor. Man erhält zunächst aus (12.7) und (12.8)

$$\left.\begin{aligned} a_1 &= \frac{1}{G_1}(p_x - c_1 G_2), \\ b_1 &= \frac{1}{G_3}(p_y - c_1 G_4) \end{aligned}\right\} \quad (12.11)$$

und damit aus (12.9)

$$c_1 = \frac{m_z G_1 G_3 - p_x G_2 G_3 - p_y G_1 G_4}{G_1 G_3 G_5 - G_2^2 G_3 - G_1 G_4^2}. \quad (12.12)$$

Die Koeffizienten a_1, b_1 und c_1 stellen die maximalen Verschiebungen an der Stelle $z = \frac{l}{2}$, also in Stabmitte, dar:

$$\left.\begin{aligned} a_1 &= \max u_S = u_S\left(\frac{l}{2}\right), \\ b_1 &= \max v_S = v_S\left(\frac{l}{2}\right), \\ c_1 &= \max \varphi \;= \varphi\;\left(\frac{l}{2}\right). \end{aligned}\right\} \tag{12.13}$$

Mit (12.11), (12.12) und (12.6) sind die Verschiebungen $u_S(z)$, $v_S(z)$ und $\varphi(z)$ näherungsweise bekannt, und es lassen sich damit auch sämtliche Schnittlasten und Spannungen nach der Theorie 2. Ordnung ermitteln.

Liegt ein Verzweigungsproblem vor und wird das Gleichungssystem (12.7) bis (12.9) ganz oder teilweise homogen, so ergeben sich die Eigenwerte aus der gleich Null gesetzten Nennerdeterminante des Systems.

Zum Schluß soll noch auf den Sonderfall eines Trägers mit einfachsymmetrischem Querschnitt eingegangen werden, der nur in der y-z-Ebene belastet ist. Mit

$$p_x = m_z = x_M = r_{S\,y} = 0 \tag{12.14}$$

vereinfachen sich die Ausdrücke (12.10) zu

$$\left.\begin{aligned} \overline{G}_1 &= E\,J_y \frac{76{,}6}{l^4} + P\frac{7{,}75}{l^2}, \\ \overline{G}_2 &= -\,y_M\,E\,J_y\frac{76{,}6}{l^4} - p_y\cdot 0{,}842, \\ \overline{G}_3 &= E\,J_x\frac{76{,}6}{l^4} + P\frac{7{,}75}{l^2}, \\ \overline{G}_4 &= 0, \\ \overline{G}_5 &= E\,C_S\frac{76{,}6}{l^4} + (G\,J_T + P\,i_{p\,S}^2)\,\frac{7{,}75}{l^2} + \\ &\quad + p_y\,(0{,}45\,r_{S\,x} + 0{,}785\,e_y). \end{aligned}\right\} \tag{12.15}$$

Das Gleichungssystem (12.7) bis (12.9) zerfällt in die Einzelgleichung

$$b_1\,\overline{G}_3 = p_y \tag{12.16}$$

und das homogene Gleichungspaar

$$\left.\begin{aligned} a_1\,\overline{G}_1 + c_1\,\overline{G}_2 &= 0, \\ a_1\,\overline{G}_2 + c_1\,\overline{G}_5 &= 0. \end{aligned}\right\} \tag{12.17}$$

Die gleich Null gesetzte Nennerdeterminante von (12.17)

$$\overline{G}_1\,\overline{G}_5 - \overline{G}_2{}^2 = 0 \tag{12.18}$$

liefert die von Chwalla [13] angegebene Kippbedingung (wobei hier jedoch keine Stabendmomente berücksichtigt wurden).

Aus der Einzelgleichung (12.16) erhält man die maximale Durchbiegung in y-Richtung:

$$b_1 = \max v_S = v_S\left(\frac{l}{2}\right) = \frac{p_y}{E\,J_x\,\dfrac{\pi^5}{4\,l^4} + P\,\dfrac{\pi^3}{4\,l^2}}. \tag{12.19}$$

Verschwindet schließlich noch die Längskraft P, so wird

$$v_S\left(\frac{l}{2}\right) = \frac{4\,p_y\,l^4}{\pi^5\,E\,J_x} = 0{,}013\,\frac{p_y\,l^4}{E\,J_x}, \tag{12.20}$$

und das entspricht fast genau dem exakten Wert

$$v_S\left(\frac{l}{2}\right) = \frac{5\,p_y\,l^4}{384\,E\,J_x}.$$

13. Zusammenfassung

Ausgehend von dem Kappusschen Ansatz für die Verschiebungen des seine Form behaltenden Querschnittes wurden systematisch die Zusammenhänge zwischen Verschiebungen, Spannungen und Schnittlasten aufgeführt. Es zeigte sich, daß der Ansatz für die Verschiebungen nicht allen Gleichgewichtsbedingungen des räumlich belasteten Stabes genügt. Mit Hilfe von fünf der sechs Gleichgewichtsbedingungen wurden als „Grundgleichungen der Theorie 2. Ordnung für den räumlich belasteten Stab" drei gekoppelte lineare Differentialgleichungen hergeleitet. Die bekannten Stabilitätsprobleme des Biegedrillknickens und Kippens sind als Sonderfälle in diesen Gleichungen enthalten.

Um für die Praxis brauchbare Näherungslösungen ermitteln zu können, ist das zugehörige Variationsproblem angeführt worden, und es wurde die Anwendung der Verfahren von Ritz oder Galerkin erörtert. Auf diesem Wege erfolgte zum Abschluß auch die Entwicklung von Näherungsformeln für den beidseitig gabelgelagerten Balken.

Literatur

[1] Bürgermeister, R., und H. Steup: Stabilitätstheorie I, 2. Aufl. Berlin: Akademie-Verlag. 1959.

[2] Kollbrunner, C. F., und M. Meister: Knicken, Biegedrillknicken, Kippen, 2. Aufl. Berlin-Göttingen-Heidelberg: Springer-Verlag. 1961.

[3] Chwalla, E.: Einführung in die Baustatik, 2. Aufl. Köln: Stahlbau-Verlags-GmbH. 1954.

[4] Bornscheuer, F. W.: Systematische Darstellung des Biege- und Verdrehvorganges unter besonderer Berücksichtigung der Wölbkrafttorsion. Der Stahlbau **21**, 1 (1952).

[5] Wlassow, W. Z.: Dünnwandige elastische Stäbe, 2. Aufl. Moskau: Gosisdat. 1959. (In russischer Sprache. Englische Übersetzung: Jerusalem 1961.)

[6] Flügge, W., und K. Marguerre: Wölbkräfte in dünnwandigen Profilstäben. Ing.-Arch. **18**, 23 (1950).

[7] Heilig, R.: Beitrag zur Theorie der Kastenträger beliebiger Querschnittsform. Der Stahlbau **30**, 333 (1961).

[8] Wansleben, F.: Die Theorie der Drillfestigkeit von Stahlbauteilen. Forschungshefte aus dem Gebiete des Stahlbaues, H. 11. Köln: Stahlbau-Verlags-GmbH. 1956.

[9] Kappus, R.: Drillknicken zentrisch gedrückter Stäbe mit offenem Profil im elastischen Bereich. Luftfahrtforschung **14**, 444 (1937).

[10] Kappus, R.: Drillknicken von Stäben mit offenem Profil. Jahrbuch 1937 der deutschen Luftfahrtforschung. München und Berlin: Verlag Oldenbourg, S. I/409.

[11] Sattler, K.: Torsion von Stahlquerschnitten. Umdruck des Lehrstuhls für Stahlbau der Technischen Universität Berlin. 1952.

[12] CHWALLA, E.: Kippung von Trägern mit einfach-symmetrischen, dünnwandigen und offenen Querschnitten. Sitz.-Berichte der Akademie d. Wiss. in Wien; Abt. II a, 153. Bd. Wien 1944.

[13] CHWALLA, E.: Über die Kippstabilität querbelasteter Druckstäbe mit einfachsymmetrischem Querschnitt. Beiträge zur angewandten Mechanik. FEDERHOFER-GIRKMANN-Festschrift. Wien: Franz Deuticke-Verlag. 1950.

[14] KLÖPPEL, K., R. MÖLL und G. WAGNER: Ein Beitrag zur Bestimmung der Kippstabilität von gedrückten Durchlaufträgern. Der Stahlbau **31**, 353 (1962).

[15] KLÖPPEL, K., und R. MÖLL: Das räumliche Stabilitätsproblem beliebig gelagerter, gebrochener Stabzüge mit doppelt- oder einfach-symmetrischem, offenem dünnwandigem Querschnitt unter feldweise konstanter Momenten- und Normalkraftbeanspruchung. Der Stahlbau **32**, 289 (1963).

[16] KLÖPPEL, K., und K. LIE: Das hinreichende Kriterium für den Verzweigungspunkt des elastischen Gleichgewichts. Der Stahlbau **16**, 17 (1943).

[17] KLÖPPEL, K.: Zur Einführung der neuen Stabilitätsvorschriften. Abhandl. a. d. Stahlbau **12**, 87 (1952).

[18] KINDEM, S. E.: Biegung, Drehung und Knickung gerader Stäbe mit offenem Profil. Diss. Norw. TH. Trondheim: Tapirs Forlag. 1949.

[19] CHWALLA, E.: Einige Ergebnisse der Theorie des außermittig gedrückten Stabes mit dünnwandigem, offenem Querschnitt. Forschungshefte aus dem Gebiete des Stahlbaues, H. 6. Berlin: Springer-Verlag. 1943.

[20] PFLÜGER, A.: Stabilitätsprobleme der Elastostatik, 2. Aufl. Berlin-Heidelberg-New York: Springer-Verlag. 1964.

Über die mittragende Breite symmetrischer Kastenträger

Von

P. Klement, Wien

Mit 6 Textabbildungen

Bei der Berechnung der Spannungen in Kastenträgern tritt immer das Problem an den Statiker heran, wie groß die sogenannte mittragende Breite der Gurtscheiben in die Rechnung einzusetzen ist. In den einschlägigen Brückenbaunormen werden für die üblichen Fälle Näherungswerte durch Formeln (s. z. B. die Formel von Puwein in ÖNORM B 4500, 2. Teil) bzw. Tabellen (s. z. B. DIN 1078) angegeben. Bei größeren Bauwerken ist es mitunter nicht wirtschaftlich, diese Werte anzuwenden, und eine genauere Berechnung wird notwendig. Für genauere Berechnungen wurden verschiedene Verfahren veröffentlicht und bei der Berechnung bedeutender Bauwerke angewendet. Im folgenden wird mit Hilfe eines bekannten Verfahrens der Versuch unternommen, die mittragende Breite für verschiedene Momentenlinien und in Abhängigkeit von anderen Tragwerksabmessungen soweit in Schaubildern darzustellen, daß beim Entwurf von Tragwerken ohne großen Arbeitsaufwand schon genauere Werte für die mittragende Breite erhalten werden. In den meisten Fällen wird auch für die endgültige Rechnung damit das Auslangen gefunden werden, wenn nicht bei einer speziellen Momentenlinie oder bei veränderlicher Gurtstärke ein genaueres baustatisches Verfahren gewählt werden muß.

Mit den Bezeichnungen

$$\left.\begin{aligned}
F &= \text{Airysche Spannungsfunktion},\\
s &= \text{Blechstärke},\ b = 2\,\bar{b} = \text{Kastenbreite},\\
s_x, s_y &= \text{verglichene Scheibenstärke in } x\text{- bzw. } y\text{-Richtung},\\
\frac{s}{s_{xy}} &= 1 + \mu - \frac{\mu}{2}\left(\frac{s}{s_x} + \frac{s}{s_y}\right),\\
\alpha^2 &= \left(\frac{\pi}{l}\right)^2 \left[\frac{s_x}{s_{xy}} + \sqrt{\left(\frac{s_x}{s_{xy}}\right)^2 - \frac{s_x}{s_y}}\right] = \left(\frac{\pi}{l}\right)^2 \alpha_0^2,\\
\beta^2 &= \left(\frac{\pi}{l}\right)^2 \left[\frac{s_x}{s_{xy}} - \sqrt{\left(\frac{s_x}{s_{xy}}\right)^2 - \frac{s_x}{s_y}}\right] = \left(\frac{\pi}{l}\right)^2 \beta_0^2,\\
\gamma &= \frac{\pi}{l}\, b,\\
k &= \frac{\pi}{l}
\end{aligned}\right\} \qquad (1)$$

ist die Differentialgleichung durch

$$\frac{\partial^4 F}{\partial x^4}\frac{s}{s_y} + 2\frac{\partial^4 F}{\partial x^2\,\partial y^2}\frac{s}{s_{xy}} + \frac{\partial^4 F}{\partial y^4}\frac{s}{s_x} = 0 \tag{2}$$

gegeben. In dieser Differentialgleichung wird der Lösungsansatz

$$F = \overline{F}(y)\cos\frac{\pi}{l}x \tag{3}$$

getroffen, der bedeutet, daß eine cosinusförmige Normalspannungsverteilung bzw. cosinusförmige Momentenlinie vorliegt. Durch diesen Ansatz wird die Allgemeinheit der Lösung nicht beeinträchtigt, da durch Fourier-Reihenentwicklung jede praktisch vorkommende Momentenlinie berücksichtigt werden kann. Durch den Lösungsansatz geht die Gleichung in die totale Differentialgleichung (4) über mit der charakteristischen Gl. (5) und der allgemeinen Lösung (6). Setzt man für die Scheibe die Randbedingungen (7)

$$\frac{d^4\overline{F}}{dy^4}\frac{s}{s_x} - 2\frac{d^2\overline{F}}{dy^2}\frac{s}{s_{xy}}\frac{\pi^2}{l^2} + \overline{F}\frac{{}_x s}{s_y}\frac{\pi^4}{l^4} = 0 \tag{4}$$

$$\alpha^4 - 2\frac{s_x}{s_{xy}}\left(\frac{\pi}{l}\right)^2\alpha^2 + \frac{s_x}{s_y}\left(\frac{\pi}{l}\right)^4 = 0 \tag{5}$$

$$F = (c_1\cosh\alpha\, y + c_2\cosh\beta\, y)\cos\frac{\pi}{l}x \tag{6}$$

$$\left.\begin{aligned} y = \pm\overline{b}\qquad \sigma_{x_0} &= \frac{\partial^2 F}{\partial y^2}\frac{s}{s_x} = \sigma_{\max}\cos\frac{\pi x}{l},\\ \sigma_{y_0} &= \frac{\partial^2 F}{\partial x^2}\frac{s}{s_y} = 0,\end{aligned}\right\} \tag{7}$$

$$\left.\begin{aligned} c_1 &= \sigma_{\max}\frac{s_x}{s}\frac{1}{(\alpha^2-\beta^2)\cosh\alpha\,\overline{b}}\\ c_2 &= \sigma_{\max}\frac{s_x}{s}\frac{-1}{(\alpha^2-\beta^2)\cosh\beta\,\overline{b}}\end{aligned}\right\} \tag{8}$$

ein, so ergeben sich die Integrationskonstanten (8). Bei den im Stahlbrückenbau üblichen Blechdicken kann die Querdehnung an der Kante vernachlässigt werden, und die mittragende Plattenbreite ergibt sich aus der Bedingung, daß die Spannung über dem Trägersteg bei genauer Rechnung sich gleich groß ergibt wie bei Rechnung mit der Gurtbreite λ bei Navierscher Spannungsverteilung.

$$\lambda = \frac{1}{\sigma_{\max}}\int_0^{\overline{b}}\sigma_x\,dy. \tag{9}$$

$$\lambda = \frac{\overline{b}}{\gamma(\alpha_0^2-\beta_0^2)}(\alpha_0\tanh\alpha_0\gamma - \beta_0\tanh\beta_0\gamma). \tag{10}$$

Setzt man Isotropie voraus, so lautet die totale Differentialgleichung

$$\frac{d^4\overline{F}}{dy^4} - 2k^2\frac{d^2\overline{F}}{dy^2} + k^4\overline{F} = 0 \tag{11}$$

und ihre Lösung

$$\lambda = \frac{\operatorname{tgh} k \bar{b}}{2k} (1 - k \bar{b} \operatorname{tgh} k \bar{b} + k \bar{b} \operatorname{ctgh} k \bar{b}). \tag{12}$$

Da bei cosinusförmiger Verteilung der Momente die mittragende Plattenbreite unabhängig von x ist, ist es bei ihrer Ermittlung nicht notwendig, auf die Dimensionierung des Steges Rücksicht zu nehmen. Bei Berücksichtigung anderer Momentenlinien ergeben sich jedoch die Spannungen über dem Steg als Summe der Einzelspannungen auf Grund der einzelnen Glieder einer FOURIER-Reihe. Berechnet man für einen vereinfachten Kastenquerschnitt das Widerstandsmoment, so läßt sich der Einfluß des Steges und eventueller direkt über dem Steg liegender zusätzlicher Gurtplatten nach Formel (13)

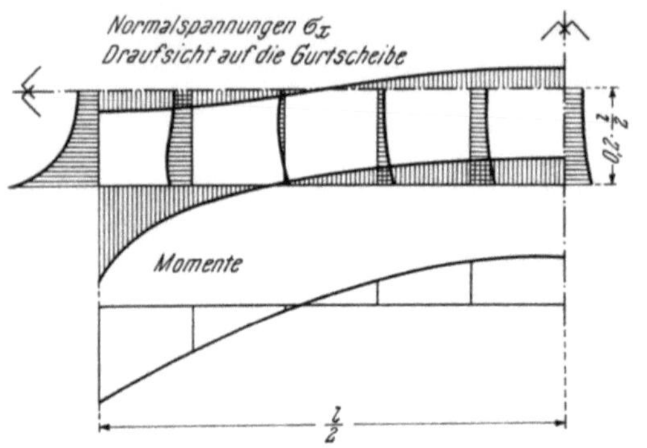

Abb. 1

$$\left.\begin{aligned} J &\doteq 2\frac{h^3 t}{12} + \frac{h^2}{4}(2 b s_x + 4 F_G), \\ W &= \frac{J}{h} 2 = s_x h \left[b + \frac{1}{s_x}\left(\frac{h t}{3} + 2 F_G\right)\right] = s_x h (b + b_i), \\ b_i &= \frac{1}{s_x}\left(\frac{h t}{3} + 2 F_G\right) \end{aligned}\right\} \tag{13}$$

durch eine „ideelle Stegbreite", die immer vollständig mitwirkt, ausdrücken. Ist die Zerlegung der Momentenlinie in eine FOURIER-Reihe bekannt, so läßt sich die Spannung nach Formel (14) bzw. die mittragende Plattenbreite in einem bestimmten Punkt x des Trägers durch Formel (15) ausdrücken.

$$\sigma = \frac{M}{W} = \frac{M}{(\lambda + b_i) h s_x} = \sum_{h=0}^{n=\infty} \frac{M_n}{(\lambda_n + b_i) h s_x}. \tag{14}$$

$$\lambda = \frac{M}{\sum \frac{M n}{\lambda_n + b_i}} - b_i. \tag{15}$$

Der Spannungsverlauf in der Gurtscheibe eines Durchlaufträgers ist in Abb. 1 dargestellt, und es kann aus dieser Abbildung eine wichtige Erkenntnis gewonnen werden. Für die richtige Beurteilung des Spannungsverhaltens ist der Begriff der mittragenden Breite nur in der Nähe der Momentenmaxima brauchbar. In der Nähe des Momentennullpunktes ist das Spannungsmaximum nicht unbedingt über dem Steg und im Momentennullpunkt ist unsere Definition überhaupt wertlos, da nach unserer Definition die Spannungen identisch Null sein müßten, was jedoch, wie aus der Abbildung zu ersehen ist, nicht der Fall ist. Bemerkenswert ist, daß in Brückenachse fast nur mehr die 1. Welle der FOURIER-Reihe zu sehen ist, obwohl das gewählte Verhältnis noch als schlank zu bezeichnen ist. Zur Berechnung der Spannungen wurde im Rechenzentrum der Waagner-Biro A. G. von Herrn Dipl.-Ing. ATILLA BAYKAL ein Programm für den Elektronenrechner IBM 1620 aufgestellt, bei dem 100 Reihenglieder berücksichtigt wurden. Auf Grund der Ergebnisse dieser Rechnung wurde vom ursprünglichen Plan, die mittragende Plattenbreite in den Fünftelpunkten der Träger zu bestimmen, abgegangen und nur mehr in Brückenmitte und an der Stütze die mittragende Breite errechnet. Dabei wurden die Momentenlinien der vier folgenden Belastungstypen berücksichtigt, die zur Annäherung aller praktisch vorkommenden Lastfälle genügen dürften.

Einzellast auf einem Einfeldbalken.

Für die Einzellast auf einem Durchlaufbalken gelten die gleichen Verhältnisse, wenn statt der Stützweite die Entfernung der Momentennullpunkte eingesetzt wird (nicht exakt!).

Gleichlast auf einem Einfeldbalken.

Gleichlast auf einem eingespannten Balken.

Der eingespannte Balken ist identisch mit einem Unendlichfeldträger und kann näherungsweise auch für die Verhältnisse des Durchlaufträgers herangezogen werden.

Kragträger unter Gleichlast.

Für diese vier Momentenlinien gelten folgende FOURIER-Reihen:

$$\left.\begin{array}{ll}
\text{Einfeldbalken Einzellast} & M = M_m \dfrac{8}{\pi^2} \sum \dfrac{\cos \dfrac{(2n+1)\pi x}{l}}{(2n+1)^2}, \\[2ex]
\text{Einfeldbalken Gleichlast} & M = M_m \dfrac{32}{\pi^3} \sum \dfrac{\cos \dfrac{(2n+1)\pi x}{l}}{(2n+1)^2} (-1)^n, \\[2ex]
\text{Durchlaufträger Gleichlast} & M = M_{\text{Stütze}} \dfrac{6}{\pi^2} \sum \dfrac{\cos \dfrac{2n\pi x}{l}}{n^2}, \\[2ex]
\text{Kragträger Gleichlast} & M = M_{\text{Stütze}} \left(\dfrac{1}{3} - \dfrac{4}{\pi^2} \sum \dfrac{\cos \dfrac{n\pi x}{l}}{n^2} \right).
\end{array}\right\} \qquad (16)$$

Die Formeln für die mittragende Plattenbreite wurden so programmiert, daß jeweils so viele Reihenglieder bei der Berechnung berücksichtigt werden, bis in der 3. Dezimale keine Änderung mehr eintritt. Bei Momentenspitzen ist dies bei zirka 100 Gliedern der Reihe der Fall, während an den Parabelbäuchen bereits nach wenigen Gliedern die verlangte Konvergenz vorhanden ist. Die Rechnung wurde für isotrope Platten und für drei verschiedene Werte der Orthotropie durchgeführt. Da die Werte für die praktisch vorkommende Orthotropie nur wenig von der isotropen Scheibe abweichen, wurden in den Abb. 2 bis 4 nur die Ergebnisse für die isotrope

Scheibe dargestellt. Für die Werte $\frac{b}{l} = 1{,}0$ sind die mittragenden Breiten für alle berechneten Werte der Orthotropie der Tabelle 1 zu entnehmen.

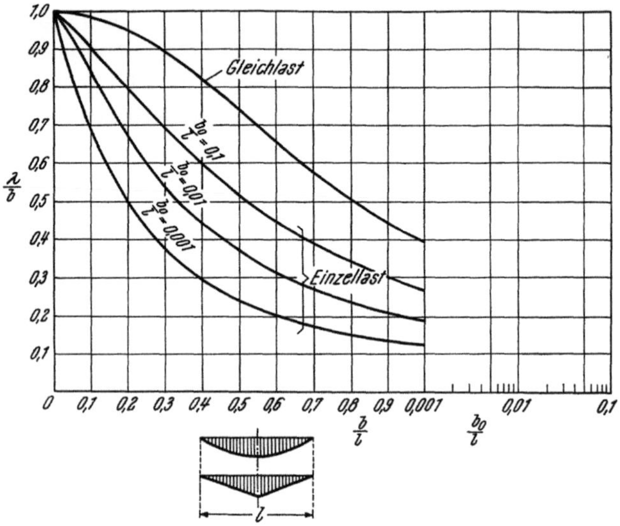

Abb. 2

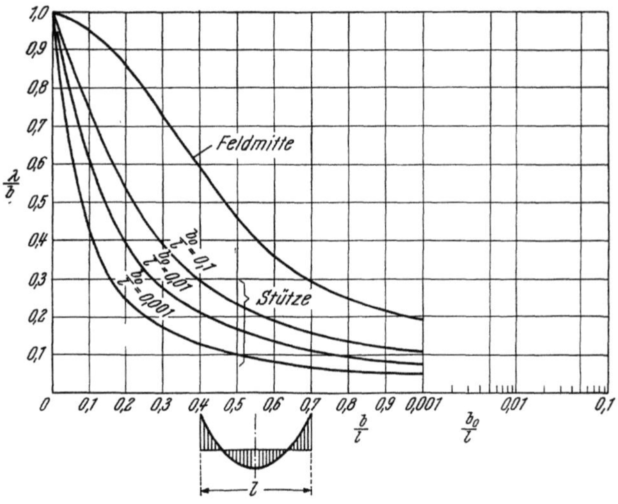

Abb. 3

Der Einfluß des mitwirkenden Steges bei Gleichlast in Feldmitte ist so gering, daß sich praktisch unabhängig von der ideellen Stegbreite für die Feldmitte nur immer eine Kurve ergibt. Der Einfluß der ideellen Stegbreite bei Momentenspitzen ist jedoch sehr groß und wirkt sich besonders beim Stützmoment des eingespannten Balkens aus. Neben den Schaubildern wurde ein Feld mit logarithmischem Maßstab angeordnet, welches für eine bestimmte ideelle Stegbreite die graphische Interpolation zwischen den drei angegebenen Kurven erleichtern soll. Bei breiten Trägern kann angenommen werden, daß das Verhältnis $\frac{\lambda}{l}$, das für $\frac{b}{l} = 1{,}0$ aus den Schaubildern zu entnehmen ist, konstant bleibt.

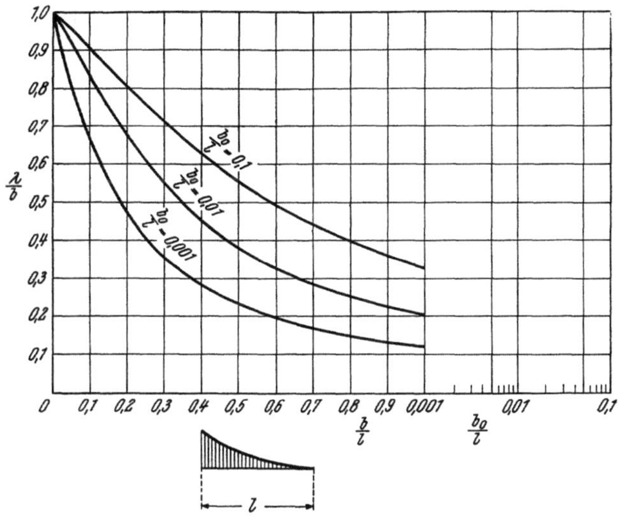

Abb. 4

Tabelle 1. *Mittragende Breiten für* $\frac{b}{l} = 1{,}0$ *und verschiedene Orthotropie*

		s/s_x / s/s_y — b_i/l	1 / 1	1 / 0,75	0,75 / 1	0,75 / 0,75
		0,1	0,268	0,274	0,237	0,241
		0,01	0,187	0,191	0,168	0,171
		0,001	0,123	0,125	0,111	0,113
		0,1	0,386	0,395	0,333	0,341
		0,01	0,396	0,405	0,341	0,349
		0,001	0,398	0,407	0,343	0,351
		0,1	0,183	0,190	0,161	0,166
	Feld	0,01	0,191	0,199	0,168	0,174
		0,001	0,193	0,201	0,170	0,176
		0,1	0,106	0,109	0,094	0,097
	Stütze	0,01	0,076	0,078	0,069	0,071
		0,001	0,048	0,049	0,044	0,045
		0,1	0,329	0,334	0,303	0,307
		0,01	0,203	0,207	0,185	0,189
		0,001	0,120	0,122	0,111	0,112

Wenn man mit Hilfe dieser Tabellen Kastenträger untersucht, so zeigt sich besonders im Stützenbereich von Durchlaufträgern auch bei schlanken Scheiben eine relativ starke Einschränkung der mittragenden Plattenbreite und demgemäß eine starke Verminderung der Tragfähigkeit, wenn man für diese die Spannungsspitze über dem Steg als maßgebend ansieht. Aus praktischen Belastungsversuchen ist jedoch bekannt, daß die Tragreserve der Träger auch bei Einzellast noch sehr bedeutend ist.

An Hand einer kleinen plastizitätstheoretischen Untersuchung soll der Versuch unternommen werden, die plastische Reserve eines Kastenträgers bei Einzellastbelastung zu berechnen. Für unsere plastische Untersuchung wollen wir einen Kasten nach Abb. 5 heranziehen. Zur Beurteilung der Plastizierung soll die Gestaltsänderungsenergie herangezogen werden (MISES, HUBER, HENCKY). Die Fließbedingung lautet somit

$$\beta_F^2 = \sigma_x^2 - \sigma_x \sigma_y + \sigma_y^2 + 3\tau^2, \tag{17}$$

$$\beta_F^2 = \left(\frac{\partial^2 F}{\partial y^2}\right)^2 - \left(\frac{\partial^2 F}{\partial x^2}\right)\left(\frac{\partial^2 F}{\partial y^2}\right) + \left(\frac{\partial^2 F}{\partial x^2}\right)^2 + 3\left(\frac{\partial^2 F}{\partial x\, \partial y}\right)^2 \tag{18}$$

und mit Hilfe der AIRYschen Spannungsfunktion ergibt sich die Differentialgleichung (18) der plastischen Scheibe. Zuerst soll die Breite festgelegt werden, bei der sowohl die Schubspannungen τ entlang der Scheibenkante als auch die Normalspannungen σ_x in Trägermitte die Fließgrenze erreichen. Aus Gleichgewichtsgründen ist es dazu notwendig, daß auch am Brückenende Schubspannungen τ wirken und in Brückenachse Normalspannungen σ_y wirksam sind. Mit Hilfe der Formeln

$$\left.\begin{aligned} \tau = \frac{\beta_P}{\sqrt{3}}, \qquad \sigma_x = \frac{\beta_F}{\sqrt{3}}\, l, \qquad \sigma_y = \frac{\beta_F}{\sqrt{3}}\,\frac{1}{l}, \\ \frac{\beta^2}{3}\left(\frac{b}{l}\right)^2 - \frac{\beta^2}{3} + \frac{\beta^2}{3}\left(\frac{l}{b}\right)^2 = \beta^2, \\ \left(\frac{b}{l}\right)^2 = 2 \pm \sqrt{3}, \\ \frac{b}{l} = 1{,}93 \end{aligned}\right\} \tag{19}$$

ergibt sich ein Verhältnis Länge zu Breite von 1,93. Bei diesem Verhältnis läßt sich erkennen, daß mit Ausnahme der Querscheiben, die so stark angenommen werden, daß sie nicht fließen, der ganze Träger an allen Stellen den Fließzustand erreicht, also plastisch betrachtet einen Träger gleicher Festigkeit darstellt. Dabei ist die Gurtscheibe in einen rhombusförmigen Bereich, in dem nur Normalspannungen auftreten, und in vier Dreiecksbereiche, in denen reiner Schub herrscht, geteilt (siehe Abb. 6). Wird die Länge größer, so wird das Fließen in Brückenmitte zufolge der Normalspannungen, bei größerer Breite das Fließen im Steg die Tragkraft begrenzen. Setzt man bei den gegebenen Abmessungen eine Fließgrenze $\beta_F = 2{,}4\ \mathrm{t/cm^2}$ voraus, so trägt der Kasten eine Last von 55,4 t. Bei elastischer Berechnung ist mit Hilfe der Abb. 2 die mittragende Breite zu bestimmen. $\frac{b_0}{l}$ ergibt sich dabei mit 0,0431 und $\frac{b}{l}$ mit 0,518. Als voll mittragende Breite erhält man rund 18 cm, und wenn man die Spannung über dem Steg mit der am gleichen Ort auftretenden Schubspannung überlagert, ergibt sich eine zulässige Tragkraft von 24,6 t. Die plastische Reserve ermöglicht also ein Ansteigen der Tragkraft auf über das Doppelte, wobei allerdings festgehalten werden muß, daß die volle plastische Tragkraft bei elastisch-plastischem Material erst bei unendlich großen Verformungen erreicht wird. Es ist jedoch anzunehmen, daß auch bei verhältnismäßig kleinen

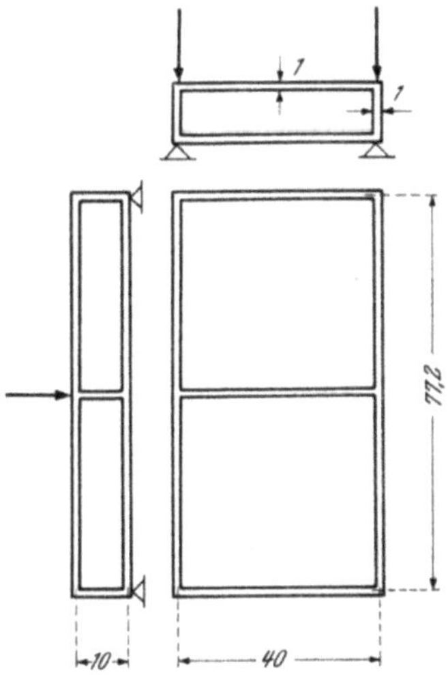

Abb. 5

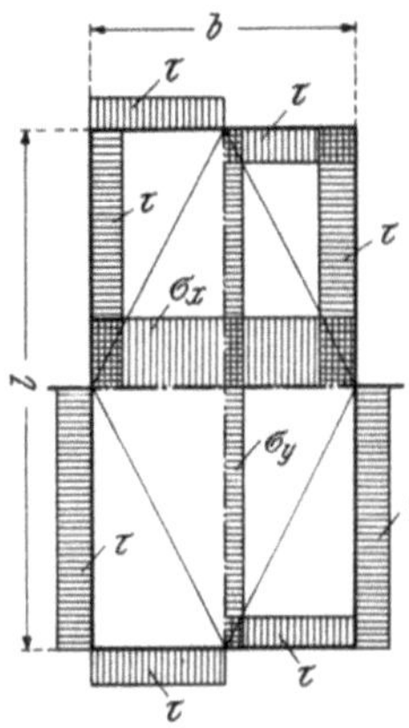

Abb. 6

Verformungen die Tragkraft wesentlich über der elastizitätstheoretisch ermittelten liegt, und es wäre interessant, mit einem derartigen Kasten Belastungsversuche durchzuführen, wobei zur Behinderung des Beulens die obere und untere Scheibe durch Stäbe verbunden werden könnten. Bei der Beurteilung der Spannungsspitzen über dem Steg sollte man sich vor Augen halten, daß ähnliche Spitzen auch bei Biegeträgern in der Nähe der Lasteintragungspunkte auftreten und nach der Scheibentheorie die Werte der NAVIERschen Spannungsverteilung oft ganz beträchtlich überschritten werden. Trotzdem ist es üblich, sich auch bei auf Ermüdung beanspruchten Trägern mit der Berechnung nach NAVIER zu begnügen, und es scheint kein Grund gegeben, bei den Gurtscheiben einen strengeren Maßstab anzulegen.

Literatur

CHWALLA, E.: Die Formeln zur Berechnung der voll mittragenden Breite dünner Gurt- und Rippenplatten. Der Stahlbau **9** (1936).

CHWALLA, E.: Über die Grundgleichungen der allgemein orthotropen Scheiben und Platten. Estratto dai Rendiconti e Pubblicazioni del Corso di Perfeziomento per le costruzioni in cemento armato, Vol. VIII.

Schnadel, G.: Die Spannungsverteilung in den Flanschen dünnwandiger Kastenträger. Jahrbuch der Schiffsbautechnischen Gesellschaft, Bd. 27.

Rüsch, H.: Die mitwirkende Plattenbreite bei Plattenbalken. Der Stahlbau **22** (1953).

Beer-Resinger: Ein baustatisches Verfahren zur Ermittlung der Krafteinleitung in rechtwinkelig ausgesteifte Scheiben. Der Stahlbau **26** (1957).

Hawranek und Steinhardt: Theorie und Berechnung der Stahlbrücken. Springer-Verlag. 1958.

A Note on the Thermoelastic Theory of Thin Shallow Shells

By

M. Gradowczyk, Buenos Aires

I. Introduction

The basic equations for the thermoelastic analysis of thin shallow shells had been discussed by several authors, e. g., in references [1], [2], [3], [4].

In this note the thermoelastic equations for shallow shells are obtained with the help of a general method indicated in reference [5], where the thermoelastic membrane and inextensional shell theories introduced by the author in references [3] and [4] had been also discussed.

Finally an order of magnitude analysis of magnitudes of interest is also given for two different kinds of thermal fields. This analysis is confirmed by calculations given in reference [3].

II. Basic equations

Let us consider a differential element of the shallow shell subjected to an external loading g_α, p, where g_α is the external load tangent to the middle surface of the shell and in the direction of the coordinate x_α and p the load perpendicular to the middle surface.

The equilibrium equations may be written as follows:

$$N_{\alpha\beta,\beta} + g_\alpha = 0, \tag{1}$$

$$Q_{\alpha,\alpha} + N_{\alpha\beta} z_{,\alpha\beta} + p = 0, \tag{2}$$

$$Q_\beta - M_{\alpha\beta,\alpha} = 0 \tag{3}$$

where $N_{\alpha\beta}$ are the in-plane stress resultants (membrane forces), Q_α the transverse shear stress resultants (shear forces), $M_{\alpha\beta}$ the stress couples (bending and twisting moments) and z is the coordinate of the middle surface.

The sixth-equilibrium equation is within the accuracy of this theory identically fulfilled, so that $N_{\alpha\beta} = N_{\beta\alpha}$, $M_{\alpha\beta} = M_{\beta\alpha}$. The subscript after the comma denotes partial differentiation with respect to the variable x_α. The Einstein summation convention is applied only to the repeated greek indexes α, β, γ, which run between 1, 2.

After substituting Eq. (3) into Eq. (2) we obtain the equilibrium equation (2) in the usual form

$$M_{\alpha\beta,\alpha\beta} + N_{\alpha\beta} z_{,\alpha\beta} + p = 0. \tag{4}$$

The stress resultants and couples $N_{\alpha\beta}$, $M_{\alpha\beta}$ are related to the middle surface strain measures $\varepsilon_{\alpha\beta}$, $\varkappa_{\alpha\beta}$ by means of expressions

$$N_{\alpha\beta} = \overline{N}_{\alpha\beta} - \frac{N_T}{1-\nu}\,\delta_{\alpha\beta}, \tag{5}$$

$$M_{\alpha\beta} = \overline{M}_{\alpha\beta} - \frac{M_T}{1-\nu}\,\delta_{\alpha\beta}, \tag{6}$$

where

$$\overline{N}_{\alpha\beta} = B\,[\nu\,\varepsilon_{\gamma\gamma}\,\delta_{\alpha\beta} + (1-\nu)\,\varepsilon_{\alpha\beta}], \tag{7}$$

$$\overline{M}_{\alpha\beta} = K\,[\nu\,\varkappa_{\gamma\gamma}\,\delta_{\alpha\beta} + (1-\nu)\,\varkappa_{\alpha\beta}], \tag{8}$$

$$B = \frac{E\,h}{1-\nu^2}, \qquad K = \frac{E\,h^3}{12\,(1-\nu^2)}$$

are the part of the stress resultants and couples due to the deformation of the shell. The thermal weighting functions N_T, M_T are given by

$$N_T = \alpha\,E\,h\,T_0, \quad M_T = \alpha\,\frac{E\,h^2}{12}\,T_1, \tag{9}$$

where

$$T_0 = \frac{1}{h}\int_{-h/2}^{h/2} T\,(x_\alpha, x_3)\,dx_3, \tag{10}$$

$$T_1 = \frac{12}{h^2}\int_{-h/2}^{h/2} T\,(x_\alpha, x_3)\,x_3\,dx_3 \tag{11}$$

are the averages of the temperature field along the thickness h of the shell. Note that x_3 is the coordinate normal to the middle surface of the shell.

If we substitute relations (5), (6) into the equilibrium equations (1), (4), we obtained the following equations

$$\overline{N}_{\alpha\beta,\beta} + g_\alpha^* + g_\alpha = 0, \tag{12}$$

$$\overline{M}_{\alpha\beta,\alpha\beta} + \overline{N}_{\alpha\beta} z_{,\alpha\beta} + p^* + p = 0, \tag{13}$$

where

$$g_\alpha^* = -\frac{1}{1-\nu}\,N_{T,\alpha}, \tag{12'}$$

$$p^* = -\frac{1}{1-\nu}\,(M_{T,\alpha\alpha} + N_T\,z_{,\alpha\alpha}) \tag{13'}$$

are the components of the fictitious thermal loading vector introduced in reference [5].

Taking into account that the following relations between the displacement vector $\vec{v} = [u_1\, u_2\, w]$ and the strain measures hold

$$2\,\varepsilon_{\alpha\beta} = u_{\alpha,\beta} + u_{\beta,\alpha} - 2\,z_{,\alpha\beta}\,w, \tag{14}$$

$$\varkappa_{\alpha\beta} = -\,w_{,\alpha\beta}, \tag{15}$$

where u_α, w are the displacement components of vector in the x_α- and x_3-directions respectively, and z is the coordinate of the middle surface of the shell.

Considering further that the external loading g_α, p are identically zero, the equilibrium equation (12) is satisfied by a stress function F, which is related to the stress resultants $\overline{N}_{\alpha\beta}$ by the expression

$$\overline{N}_{\alpha\beta} = F_{,\gamma\gamma}\,\delta_{\alpha\beta} - F_{,\alpha\beta} + \frac{N_T}{1-\nu}\,\delta_{\alpha\beta}. \tag{16}$$

Substituting Eqs. (5), (6), (16) into Eq. (4) we obtain the equilibrium equation in its final form

$$-\,K\,w_{,\alpha\alpha\beta\beta} + F_{,\beta\beta}\,z_{,\alpha\alpha} - F_{,\alpha\beta}\,z_{,\alpha\beta} + p^{**} = 0, \tag{17}$$

where

$$p^{**} = -\,\frac{1}{1-\nu}\,M_{T,\alpha\alpha}. \tag{18}$$

The compatibility equation of the middle surface strains lead us to the equation

$$F_{,\alpha\alpha\beta\beta} + E\,h\,(w_{,\beta\beta}\,z_{,\alpha\alpha} - w_{,\alpha\beta}\,z_{,\alpha\beta}) + N_{T,\alpha\alpha} = 0. \tag{19}$$

Eqs. (17) and (19) may be written in the usual form

$$K\,\nabla^4 w - \nabla_K^2 F = -\,\frac{1}{1-\nu}\,\nabla^2 M_T, \tag{20}$$

$$\nabla^4 F + E\,h\,\nabla_K^2\,w = -\,\nabla^2 N_T \tag{21}$$

where

$$\nabla^4 \equiv \nabla^2\,\nabla^2, \quad \nabla^2 \equiv (\ )_{,11} + (\ )_{,22},$$

$$\nabla_K^2 \equiv z_{,11}\,(\ )_{,22} + z_{,22}\,(\ )_{,11} - 2\,z_{,12}\,(\ )_{,12},$$

which agree with results already given in references [1] and [3], if due allowance is given to the different notations used.

It should be noted that these equations are only valid when the displacement w is much smaller than the thickness h of the shell.

It is of convenience to express Eqs. (20), (21) in terms of w or F. Therefore the final equations read as follows

$$\nabla^8 w + \frac{E\,h}{K}\,\nabla_K^4\,w = -\,\frac{1}{(1-\nu)\,K}\,\nabla^6 M_T - \frac{1}{K}\,\nabla^2\,\nabla_K^2 N_T, \tag{22}$$

$$\nabla^8 F + \frac{E\,h}{K}\,\nabla_K^4 F = -\,\nabla^6 N_T + \frac{E\,h}{(1-\nu)\,K}\,\nabla^2\,\nabla_K^2\,M_T. \tag{23}$$

A detailed discussion of the integration of Eqs. (22), (23) had been given in [3].

III. Order of magnitude analysis

We present here an order of magnitude analysis of Eqs. (22), (23), following some general considerations given in reference [5]. This should help us to establish the behaviour of the shell when different kinds of thermal fields act on the shell. To clarify the ideas we consider that the middle surface of the shell is given by

$$z = \frac{x_1^2}{R_1} + \frac{x_2^2}{R_2}.$$

In this case we can write the Eqs. (22), (23) in a non-dimensional form

$$\mathfrak{L}[w] + \chi^2 \mathfrak{N}[w] = -\chi \mathfrak{P}[M_T^*] - \chi^2 \mathfrak{Q}[N_T^*], \tag{22'}$$

$$\mathfrak{L}[f] + \chi^2 \mathfrak{N}[f] = -\chi \mathfrak{P}[N_T^*] + \chi^2 \mathfrak{Q}[M_T^*]. \tag{23'}$$

$\mathfrak{L}$, $\mathfrak{N}$, $\mathfrak{P}$ and $\mathfrak{Q}$ are the non-dimensional linear differential operators

$$\mathfrak{L} \equiv \overline{\nabla}^8, \quad \mathfrak{N} \equiv \overline{\nabla}_K^4, \quad \mathfrak{P} \equiv \overline{\nabla}^6, \quad \mathfrak{Q} \equiv \overline{\nabla}^2 \overline{\nabla}_K^2,$$

where

$$\overline{\nabla}^2 = (\ )_{,\xi\xi} + \gamma^2 (\ )_{,\eta\eta}, \quad \overline{\nabla}_K^2 = \varkappa (\ )_{,\xi\xi} + \gamma^2 (\ )_{,\eta\eta},$$

$$\xi = \frac{x_1}{a}, \quad \eta = \frac{x_2}{b}, \quad \varkappa = \frac{R_1}{R_2}, \quad \gamma = \frac{a}{b}.$$

a, b are the lengths of the shell in the x_1- and x_2-directions respectively. The remaining parameters and functions are equal to

$$\chi = \frac{\sqrt{12(1-\nu^2)}}{h R_1} a^2, \quad f = \frac{\sqrt{12(1-\nu^2)}}{E h^2} F,$$

$$N_T^* = R_1 \frac{N_T}{E h}, \quad M_T^* = \frac{\sqrt{12(1-\nu^2)}}{1-\nu} \frac{R_1}{E h} M_T.$$

Let us consider that the thermal field can be expanded into a double Fourier series. Hence the weighting functions N_T^* and M_T^* may be given as follows

$$N_T^* = \sum_{m=1,2\ldots}^{m=\infty}{}' \sum_{n=1,2\ldots}^{n=\infty}{}' \overline{N_{T\,mn}^*} \sin m \pi \xi \sin n \pi \eta, \tag{24}$$

$$M_T^* = \sum_{m=1,2\ldots}^{m=\infty}{}' \sum_{n=1,2\ldots}^{n=\infty}{}' \overline{M_{T\,mn}^*} \sin m \pi \xi \sin n \pi \eta. \tag{25}$$

The particular solutions of Eqs. (22'), (23') may also be expanded as double series. Using the formal procedure, the m-n-term of the w and f expansions are given by the following expressions

$$\overline{w}_{mn} = \frac{\chi \pi^2 \overline{M_{T\,mn}^*} (m^2 + \gamma^2 n^2)^3 - \chi^2 \overline{N_{T\,mn}^*} (m^2 + \gamma^2 n^2)(\varkappa m^2 + \gamma^2 n^2)}{\pi^4 (m^2 + \gamma^2 n^2)^4 + \chi^2 (\varkappa m^2 + \gamma^2 n^2)^2}, \tag{26}$$

$$\overline{f}_{mn} = \frac{\chi \pi^2 \overline{N_{T\,mn}^*} (m^2 + \gamma^2 n^2)^3 + \chi^2 \overline{M_{T\,mn}^*} (m^2 + \gamma^2 n^2)(\varkappa m^2 + \gamma^2 n^2)}{\pi^4 (m^2 + \gamma^2 n^2)^4 + \chi^2 (\varkappa m^2 + \gamma^2 n^2)^2}. \tag{27}$$

As we are interested in an order of magnitude analysis of the particular integrals of Eqs. (22), (23), two different temperature distributions are considered:

(a) the temperature varies antisymmetrically with respect to the middle surface of the shell, i. e., $N_T \equiv 0$;

(b) the temperature varies symmetrically with respect to the middle surface, i. e., $M_T \equiv 0$.

Table I ($N_T \equiv 0$)

	$\chi \gg 0\ (1)$			$\chi = 0\ (1)$		
	$m = 0\ (1)$, $n = 0\ (1)$	$m = 0\ (\chi)$, $n = 0\ (1)$	$m = 0\ (\chi)$, $n = 0\ (\chi)$	$m = 0\ (1)$, $n = 0\ (1)$	$m \gg 0\ (1)$, $n = 0\ (1)$	$m \gg 0\ (1)$, $n \gg 0\ (1)$
w	$0\left(\frac{\alpha R_1 T_1}{\chi}\right)$	$0\left(\frac{\alpha R_1 T_1}{\chi}\right)$	$0\left(\frac{\alpha R_1 T_1}{\chi}\right)$	$0\ (\alpha R_1 T_1)$	$0\left(\frac{\alpha R_1 T_1}{m^2}\right)$	$0\ (\alpha R_1 T_1)$
σ_{11}^M	$0\left(\frac{\alpha E T_1}{\chi}\right)$	$0\left(\frac{\alpha E T_1}{\chi^3}\right)$	$0\left(\frac{\alpha E T_1}{\chi}\right)$	$0\ (\alpha E T_1)$	$0\left(\frac{E \alpha T_1}{m^4}\right)$	$0\left(\frac{\alpha E T_1}{m^2}\right)$
σ_{22}^M	$0\left(\frac{\alpha E T_1}{\chi}\right)$	$0\left(\frac{\alpha E T_1}{\chi}\right)$	$0\left(\frac{\alpha E T_1}{\chi}\right)$	$0\ (\alpha E T_1)$	$0\left(\frac{\alpha E T_1}{m^2}\right)$	$0\left(\frac{\alpha E T_1}{m^2}\right)$
$\bar{\sigma}_{11}^B$	$0\left(\frac{\alpha E T_1}{\chi^2}\right)$	$0\ (\alpha E T_1)$	$0\ (\alpha E T_1)$	$0\ (\alpha E T_1)$	$0\ (\alpha E T_1)$	$0\ (\alpha E T_1)$
$\bar{\sigma}_{22}^B$	$0\left(\frac{\alpha E T_1}{\chi^2}\right)$	$0\left(\frac{\alpha E T_1}{\chi^2}\right)$	$0\ (\alpha E T_1)$	$0\ (\alpha E T_1)$	$0\left(\frac{\alpha E T_1}{m^2}\right)$	$0\ (\alpha E T_1)$
σ_{11}^B	$0\ (\alpha E T_1)$	$0\ (\alpha E T_1)$	$0\ (\alpha E T_1)$	$0\ (\alpha E T_1)$	$0\ (\alpha E T_1)$	$0\ (\alpha E T_1)$
σ_{22}^B	$0\ (\alpha E T_1)$	$0\ (\alpha E T_1)$	$0\ (\alpha E T_1)$	$0\ (\alpha E T_1)$	$0\ (\alpha E T_1)$	$0\ (\alpha E T_1)$

Table II ($M_T \equiv 0$)

	$\chi \gg 0\ (1)$			$\chi = 0\ (1)$		
	$m = 0\ (1)$, $n = 0\ (1)$	$m = 0\ (\chi)$, $n = 0\ (1)$	$m = 0\ (\chi)$, $n = 0\ (\chi)$	$m = 0\ (1)$, $n = 0\ (1)$	$m \gg 0\ (1)$, $n = 0\ (1)$	$m \gg 0\ (1)$, $n \gg 0\ (1)$
w	$0\ (\alpha R_1 T_0)$	$0\left(\frac{\alpha R_1 T_0}{\chi^2}\right)$	$0\left(\frac{\alpha R_1 T_0}{\chi^2}\right)$	$0\ (\alpha R_1 T_0)$	$0\left(\frac{\alpha R_1 T_0}{m^4}\right)$	$0\left(\frac{\alpha R_1 T_0}{m^4}\right)$
σ_{11}^M	$0\left(\frac{\alpha E T_0}{\chi^2}\right)$	$0\left(\frac{\alpha E T_0}{\chi^2}\right)$	$0\ (\alpha E T_0)$	$0\ (\alpha E T_0)$	$0\left(\frac{\alpha E T_0}{m^2}\right)$	$0\ (\alpha E T_0)$
σ_{22}^M	$0\left(\frac{\alpha E T_0}{\chi^2}\right)$	$0\ (\alpha E T_0)$	$0\ (\alpha E T_0)$	$0\ (\alpha E T_0)$	$0\ (\alpha E T_0)$	$0\ (\alpha E T_0)$
σ_{11}^B	$0\left(\frac{\alpha E T_0}{\chi}\right)$	$0\left(\frac{\alpha E T_0}{\chi}\right)$	$0\left(\frac{\alpha E T_0}{\chi}\right)$	$0\ (\alpha E T_0)$	$0\left(\frac{\alpha E T_0}{m^2}\right)$	$0\left(\frac{\alpha E T_0}{m^2}\right)$
σ_{22}^B	$0\left(\frac{\alpha E T_0}{\chi}\right)$	$0\left(\frac{\alpha E T_0}{\chi^3}\right)$	$0\left(\frac{\alpha E T_0}{\chi}\right)$	$0\ (\alpha E T_0)$	$0\left(\frac{\alpha E T_0}{m^4}\right)$	$0\left(\frac{\alpha E T_0}{m^2}\right)$

The final results for the different cases (a), (b) are tabulated in Tables I and II respectively, for different orders of magnitude of the shell parameter χ and integers m and n. The applicability of these tables should be in general restricted to the case

$$|\varkappa| = \left|\frac{R_1}{R_2}\right| = 0\,(1), \qquad \gamma = \frac{a}{b} = 0\,(1),$$

otherwise Eqs. (22) or (23) (which are the linearized MARGUERRE-VLASOV equations) may lead to error. An accuracy study of the MARGUERRE-VLASOV Eqs. had been given in reference [6]. The symbol 0 (1) indicates that $|\varkappa|$ and γ are of the order of unity.

To explain in some detail a particular case of Table I, let us consider, e. g., $\chi \gg 0\,(1)$, $m = n = 0\,(1)$. We recall here the definition of a smooth varying function. A function $F(x_i)$ is said to be a smooth varying function if its k-partial derivative with respect to the variable x_j is of the same order of magnitude as the function itself

$$\frac{\partial^k F(x_i)}{\partial x_j^k} = 0\left(F(x_i)\right),$$

i. e., $F(x_i)$ does not increase by differentiation in the domain of interest.

As in this case the integers m, n are of the order of unity, the thermal function $M_T{}^*$ is a smooth varying function. As the shell parameter $\chi \gg 0\,(1)$, it results the following orders of magnitude for the quantities of interest

$$w_{mn} = 0\left(\frac{M^*_{Tmn}}{\chi}\right) = 0\left(\frac{\alpha\, R_1\, T_1}{\chi}\right),$$

$$f_{mn} = 0\,(M^*_{Tmn}) = 0\,(\alpha\, R_1\, T_1),$$

and therefore

$$\sigma^M_{11} = 0\left(\frac{\alpha\, E\, T_1}{\chi}\right), \qquad \sigma^M_{22} = 0\left(\frac{\alpha\, E\, T_1}{\chi}\right),$$

$$\bar{\sigma}^B_{11} = 0\left(\frac{\alpha\, E\, T_1}{\chi^2}\right), \qquad \bar{\sigma}^B_{22} = 0\left(\frac{\alpha\, E\, T_1}{\chi^2}\right),$$

$$\sigma^B_{11} = 0\,(\alpha\, E\, T_1), \qquad \sigma^B_{22} = 0\,(\alpha\, E\, T_1).$$

The bending stresses $\bar{\sigma}^B_{\alpha\beta}$ and $\sigma^B_{\alpha\beta}$ are due to the stress resultants $\overline{M}_{\alpha\beta}$ and M_T respectively.

For those problems where $\chi \gg 0\,(1)$ and $m = 0\,(1)$, $n = 0\,(1)$, i. e., the thermal function $M_T{}^*$ is a smooth varying function, the thermal membrane theory as given in references [3], [4], [5] may be used with sufficient accuracy for the obtaining of particular integrals of Eqs. (22), (23). On the other hand, the inextensional thermal theory may be used to advantage for those cases where $M_T \equiv 0$, $\chi \gg 0\,(1)$, $m = 0\,(1)$, $n = 0\,(1)$, i. e., $N_T{}^*$ is a smooth varying function. It is of interest to note that this inextensional thermal theory is only applicable when the boundary conditions of the shell problem are static ones. Otherwise a thermal membrane state of stress may appear at the interior of the shell.

In those cases where the membrane and inextensional thermal theories are applicable, their use simplifies the calculation of particular integrals of the bending equations. Once those integrals are obtained, the boundary conditions may be satisfied using similar methods as in the isothermal problems, as given for instance, in reference [7].

References

[1] NOWACKI, W.: Thermoelasticity. Warsaw 1962.

[2] BOLOTIN, V. V.: Prikl. Mat. Mekh. 1960.

[3] GRADOWCZYK, M. H.: Proc. Symposium non-classical shell problems. Ed. Olzsak-Sawczuk. Amsterdam 1964.

[4] GRADOWCZYK, M. H.: On thermal membrane stresses in thin shallow shells, to appear in Arch. Mech. Stos. 1965.

[5] GRADOWCZYK, M. H.: Proc. XI Int. Congress of Appl. Mech. (to be published).

[6] GRADOWCZYK, M. H.: An accuracy study of the MARGUERRE-VLASOV Equations (to be published).

[7] GIRKMANN: Flächentragwerke. Wien 1959.

Zur Berechnung räumlicher Rahmen nach Kani

Von

W. Mudrak, Graz

Mit 2 Textabbildungen

I. Einleitung

Räumliche Rahmentragwerke, bei denen in einer größeren Anzahl von Knoten geometrische und statische Übergangsbedingungen erfüllt werden müssen, werden zweckmäßig mittels der Deformationsmethode oder eines von ihr abgeleiteten Verfahrens untersucht. Hierfür spricht nicht nur die kleinere Zahl der zu errechnenden unbekannten Größen; die benötigten Gleichungskoeffizienten sind auch einfacher zu bestimmen, und die Gleichungen sind untereinander weniger stark gekoppelt. Daher kann ihre Lösung auch nach dem Verfahren der Näherungsfolgen (iterativ) erfolgen. Bei den ebenen Rahmen hat dies zur Ausbildung der Verfahren von Cross und Kani mit ihren verschiedenen Abwandlungen geführt.

In diesem Sinn hat Herr Professor Dr. Beer [1], [2] eine Übertragung der Cross-Methode auf räumliche Rahmentragwerke entwickelt. Wenn die Achsen der Stäbe und die Hauptachsen der Stabquerschnitte jeweils parallel zu Achsen eines raumfesten, rechtwinkeligen Koordinatensystems sind, so zerfällt der Momentenausgleich in drei unabhängige Ausgleiche für jede dieser drei Momentenvektorrichtungen. Es werden also immer die Biege- und Torsionsmomente um eine dieser Achsen für sich ausgeglichen, ohne die anderen Richtungen zu beeinflussen. Knotenverschiebungen können im Sinne des Ostenfeldschen Verfahrens erfaßt werden; dies bedingt ebenso viele zusätzliche Ausgleiche wie das System an Freiheitsgraden der Verschiebung aufweist.

Im allgemeinen Fall treten in jedem Knoten alle Richtungen untereinander in Wechselwirkung. Eine Drehung um eine Achse (um das entsprechende Momentengleichgewicht herzustellen) erzeugt durch die Verformung der anlaufenden Stäbe grundsätzlich Momente um die anderen Achsen und stört so das dort etwa schon erreichte Gleichgewicht. Die Güte der Konvergenz wird dadurch nicht wesentlich verschlechtert, da dieser Einfluß etwa ebenso groß ist wie jener der Nachbarknoten, der ja auch einen neuerlichen Ausgleich bedingt. Bezüglich der Knotenverschiebungen gilt das oben Gesagte.

Das Verfahren von KANI geht aber davon aus, jeden Knoten immer wieder unter der Wirkung der äußeren Belastung, der Drehung der Nachbarknoten und des Knotens selbst ins Gleichgewicht zu setzen, was bei ebenen Systemen nur eine Drehung verlangt. Sollen die entsprechenden drei Drehungen im Raum dasselbe Ziel erreichen, so ist es angezeigt, die Drehachsen so zu wählen, daß die drei Drehungen sich nicht gegenseitig beeinflussen. Sie müssen daher um die elastischen Hauptachsen jedes Knotens erfolgen.

II. Voraussetzungen und Bezeichnungen

Im folgenden werden wir es mit verschiedenen rechtshändigen orthogonalen Achsenkreuzen zur Festlegung von Koordinaten und Richtungen zu tun haben. Zur Unterscheidung sollen die Elemente eines jeden Typs allgemein gleich gekennzeichnet werden (beispielsweise die des raumfesten Achsenkreuzes durch p), um in den späteren Ausdrücken nicht alle mitspielenden Achsen ausdrücklich anführen zu müssen. Wenn in einem Ausdruck zwei — nicht notwendig voneinander verschiedene — Achsen des gleichen Typs aufscheinen, so werden sie durch Querstrich ($p, \overline{p}$) unterschieden.

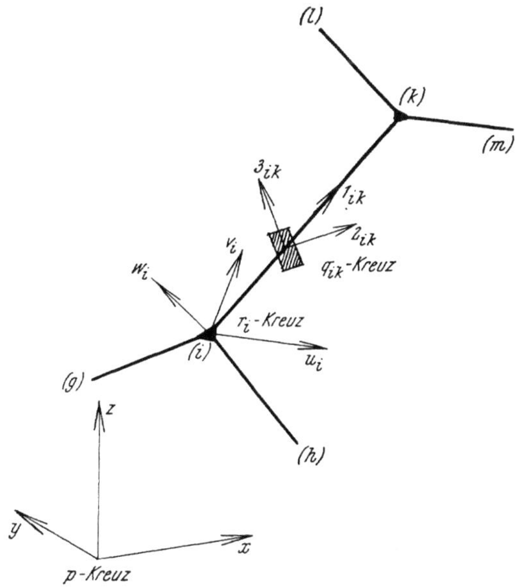

Abb. 1. Verwendete Achsenkreuze

Wir beziehen das ganze Stabwerk auf ein raumfestes System x, y, z, allgemein p, in dem die Knotenpunkte durch ihre Koordinaten bestimmt sind. Die Knoten werden in beliebiger Reihenfolge von (1), (2), (3), ... (i) ... (k) ... (n) durchgezählt. Die Stäbe haben gerade Achsen, die einzelne dieser Knoten verbinden; sie werden nach diesen Knoten in obiger Reihenfolge benannt, allgemein als $i - k$ mit der Länge s_{ik}. Damit erhält die Achse eine Orientierung und ist damit die Achse 1 eines Stab-Achsenkreuzes (allgemein q_{ik}); die Achsen 2 und 3 haben die Richtungen der Querschnitts-Trägheitshauptachsen, die daher entlang des Stabes parallel bleiben müssen, wenn auch die Größe der Trägheitsmomente sich ändern kann. Im folgenden sollen die Querschnitte als stabweise fest unterstellt werden, um die Ableitungen einfacher zu halten. Die von den Richtungen q und p eingeschlossenen Winkel liefern die Richtungskosinusse e_{qp}, wie $\cos(2_{ik,z}) = e_{2ik,z} = e_{z,2ik}$. Die Bezeichnung e soll darauf hinweisen, daß diese Richtungskosinusse als Projektionen der Einheitsvektoren in den Richtungen q auf die Richtungen p (oder umgekehrt) gedeutet werden können. Die Angabe des Stabes wird oft entfallen können.

Endlich werden wir jedem Knoten (i) ein diesem angepaßtes Achsenkreuz u_i, v_i, w_i (allgemein r_i) zuordnen; wiederum sind hier die Richtungskosinusse bezüglich der p als $\cos(r, p) = e_{rp} = e_{pr}$ und bezüglich der q als $\cos(r, q) = e_{rq} = e_{qr}$ zwischen den positiven p- bzw. q- und r-Richtungen zu nehmen.

Obwohl es bei den Steifigkeiten nur auf deren Verhältniswerte ankommt, so daß alle auf denselben Wert bezogen und auch dimensionslos gemacht werden können, wollen wir hier mit wahren Größen arbeiten. Daher bezeichnen wir als Stabsteifigkeit $K_{q\,i\,k}$ jenes Moment, das am Ende (i) des Stabes $i - k$ wirken muß, um ihm die Drehung „1" um die Achse q zu erteilen, wenn das andere Stabende (k) starr eingespannt ist. Somit gilt

$$K_{2,\,i\,k} = \left(\frac{4\,E\,J_2}{s}\right)_{i\,k} \quad \text{bzw.} \quad K_{3,\,i\,k} = \left(\frac{4\,E\,J_3}{s}\right)_{i\,k}. \tag{1}$$

Gleichzeitig wirkt am anderen Stabende das Moment

$$K'_{2,\,ik} = \frac{1}{2}\,K_{2,\,i\,k} \quad \text{bzw.} \quad K'_{3,\,ik} = \frac{1}{2}\,K_{3,\,i\,k}. \tag{2}$$

Bei der Torsionssteifigkeit K_1 setzen wir SAINT-VENANTsche Torsion voraus mit $K_1 = \frac{G\,J_D}{s}$; bei Rechteckquerschnitten mit $h > b$ und $K_2 > K_3$ kann man dafür als Näherung schreiben

$$K_1 = K_2\,\frac{G}{E}\,\frac{1}{1{,}2\left[1 + \left(\frac{h}{b}\right)^2\right]}. \tag{3}$$

Ähnliches gilt für andere Querschnittsformen, bei denen Schwerpunkt und Schubmittelpunkt zusammenfallen. Am Stabende (k) wirkt das Moment

$$K'_{1\,ik} = -\,K_{1\,i\,k}. \tag{4}$$

Die von den Stäben auf einen Knoten ausgeübten Momente sollen als positiv gelten, wenn sie um die jeweilige Bezugsachse (p, q, r) im Sinn einer Rechtsschraube drehen.

Wir wollen auch die aus den Stabsteifigkeiten abgeleiteten Größen, z. B. die aus vorgeschriebenen Knoten-Einheitsdrehungen folgenden Momente, an allen betroffenen Knoten ebenfalls mit K bezeichnen (also auch die Knotensteifigkeiten, die bei ebenen Rahmen einfach durch $\sum_k K_{i\,k}$ gegeben sind). Ort und Richtung der Drehung und des jeweiligen Momentes werden durch Zeiger gegeben; so bedeutet ${}_iK_{a\,b\,k}$ das auf (i) wirkende Moment um die Achse a zufolge der Einheitsdrehung von (k) um die Achse b.

III. Grundlegender Gedankengang

Die Knoten eines räumlichen Rahmentragwerkes erfahren zufolge der Belastungen sowohl Verschiebungen als auch Drehungen. Um diese zu berechnen, stehen im Sinne des Verformungsverfahrens ebenso viele Gleichgewichtsbedingungen zur Verfügung, wie das System Freiheitsgrade der Verschiebung bzw. der Drehung besitzt. Nun sind zwar je freiem Knoten allgemein drei Drehungen möglich, also insgesamt meist sehr viele; die Zahl der frei wählbaren Verschiebungen ist aber wegen der Verbindung der Knoten durch die als undehnbar angenommenen Stäbe wesentlich kleiner. Daher werden — ähnlich wie in [1], [2] ausgeführt — die Verschiebungen des Systems aus den entsprechenden OSTENFELD-Gleichungen gewonnen, während die Knotendrehungen bzw. die zugehörigen Zustände des Systems unter der Belastung ohne Knotenverschiebungen ebenso wie jene zufolge der verschiedenen Einheitsverschiebungen nach dem unten entwickelten Verfahren bestimmt werden. Der gleiche Vorgang ist ja auch bei der Untersuchung allgemeiner ebener Rahmen nach dem Verfahren von KANI üblich. Da dieser Berechnungsteil — Aufstellung und Lösung der Gleichgewichtsbedingungen für einzelne Knoten oder auch größere Teile des Systems — schon bekannt ist und auch nicht abgeändert wird, soll er aus den weiteren Betrachtungen ausgeschlossen bleiben.

Die Belastung des Stabes $i - k$ bewirkt in (i) die zugehörigen Starreinspannmomente $\overline{M}_{q,ik}$. Durch Summieren über alle am Knoten anlaufenden Stäbe (darunter können auch Kragarme sein) erhalten wir das den Knoten belastende Gesamtmoment $\overline{\mathfrak{M}}_i$, dessen Komponenten nach den p-Richtungen aus den Projektionen der Teilmomente auf diese Richtungen folgen:

$$ {}_i\overline{M}_p = \sum_k \sum_q e_{pqik} \overline{M}_{q,ik}. \tag{5}$$

Damit der Knoten unverdreht bleibt, muß das entgegengesetzt wirkende „Festhaltemoment" $-\overline{\mathfrak{M}}_i$ angreifen. Wenn dies bei allen Knoten der Fall ist, liegt das „geometrisch bestimmte Grundsystem" vor, ohne Knotendrehungen und ohne bzw. mit bekannten Knotenverschiebungen. Da aber diese Festhaltemomente tatsächlich nicht vorhanden sind, werden die Knoten Drehungen erfahren, die wir nun betrachten wollen.

Eine allgemeine Drehung φ_i des Knotens (i) können wir wieder in ihre Komponenten um die Richtungen p zerlegen. Wir setzen für die φ_p den entgegengesetzten Drehsinn wie bei den M_p als positiv voraus, damit positive Knotendrehungen zu positiven Knotenmomenten führen. Aus der Einheitsdrehung ${}_i\varphi_p = 1$ folgen die anteiligen Drehungen um die verschiedenen Stabkoordinatenachsen q zu ${}_i\varphi_{qik,p} = e_{pqik}$, womit die zugehörigen Stabendmomente (mit der gleichen Vorzeichenregel wie oben)

$$ {}_iK_{qik,p} = {}_i\varphi_{qik,p} K_{qik} = e_{pqik} K_{qik}. \tag{6}$$

Zugleich greifen gemäß (2) und (4) an den abliegenden Knoten (k) die Momente

$$ {}_kK_{qik,pi} = e_{pqik} K'_{qik} \tag{7}$$

an. Ebenso bewirken aber auch die Drehungen der Nachbarknoten im Knoten (i) die Momente

$$ {}_iK_{qik,pk} = e_{pqik} K'_{qik}. \tag{8}$$

Zur Aufstellung der Gleichgewichtsbedingungen benötigen wir aber die Momente bezüglich einheitlicher Achsen in den Knoten und wählen hierfür die Richtungen $\bar{p}$. Infolge $\varphi_{pi} = 1$ folgen über die obigen ${}_iK_{qp}$ aus einem Stab $i\,k$ bezüglich der Achse $\bar{p}$

$$ {}_iK_{\bar{p}pik} = \sum_q e_{\bar{p}qik}\, {}_iK_{qik,p} = \sum_q e_{\bar{p}q}\, e_{qp}\, K_{qik} \tag{9}$$

und aus allen in (i) anlaufenden Stäben insgesamt

$$ {}_iK_{\bar{p}pi} = \sum_k \sum_q e_{\bar{p}q}\, e_{qp}\, K_{qik}. \tag{10}$$

Die Drehung φ_{pi} des Knotens (i) ruft über den Stab $i\,k$ in (k) das Knotenmoment

$$ {}_kK_{\bar{p}pi} = \sum_q e_{\bar{p}q}\, e_{qp}\, K'_{qik} \tag{11}$$

hervor, und umgekehrt erzeugt die im Knoten (k) auftretende Drehung $\varphi_{pk} = 1$ im Knoten (i) die Knotenmomente

$$ {}_iK_{\bar{p}pk} = \sum_q e_{\bar{p}q}\, e_{qp}\, K'_{qki}. \tag{12}$$

Insgesamt wirken auf den Knoten (i) aus der Belastung, den Drehungen des Knotens selbst und jenen der Nachbarknoten die Momente

$$ {}_iM_{\bar{p}} = {}_i\overline{M}_{\bar{p}} + \sum_{p_i} {}_iK_{\bar{p}pi}\, \varphi_{pi} + \sum_k \sum_q {}_iK_{\bar{p}pk}\, \varphi_{pk} = 0. \tag{13}$$

Sie müssen — wie hier schon vorweggenommen — verschwinden, weil an dem Knoten sonst keine Momente angreifen und er daher unter dieser Gesamteinwirkung im Gleichgewicht sein muß. Es folgen also je Knoten drei Gleichungen für die drei Drehwinkel des Knotens. Damit wäre also im Sinne der Deformationsmethode ein Gleichungssystem für die Drehwinkelkomponenten der Knoten gegeben. Es könnte entweder als Ganzes oder im Zug einer allmählichen Annäherung — iterativ — gelöst werden, indem die Drehwinkel der Nachbarknoten — und auch die zwei anderen Komponenten des Knotens selbst — als bekannt unterstellt werden. Wir kämen so zu einer iterativen Deformationsmethode. Da uns aber die Formänderungen weniger interessieren als die zugehörigen Momente, gehen wir folgendermaßen vor.

Der zu einem $\varphi_{pi} = 1$ gehörende Zustand ist durch die ${}_iK_{\bar{p}pi}$ und die ${}_kK_{\bar{p}pi}$ gekennzeichnet. Wenn also in (i) ein aus den ${}_i\overline{M}_p$ und den ${}_iK_{p\bar{p}k}\,\varphi_{\bar{p}k}$ (zufolge der $\varphi_{\bar{p}k}$) gebildetes Knotenmoment ${}_i\tilde{M}_p$ wirksam wird, so dreht sich der Knoten um

$$ \varphi_{pi} = \frac{-1}{{}_iK_{ppi}} \left[{}_i\overline{M}_p + \sum_k \sum_{\bar{p}} {}_iK_{p\bar{p}k}\, \varphi_{\bar{p}k} + \sum_{\bar{p} \neq p} {}_iK_{p\bar{p}i}\, \varphi_{\bar{p}i} \right] = -\frac{{}_i\tilde{M}_p}{{}_iK_{ppi}}. \tag{14}$$

Dies bedingt wiederum in den Knoten (k) als auch in (i) selbst bei den $\bar{p} \neq p$ die Momente

$$ \left. \begin{array}{l} {}_kK_{\bar{p}pi}\, \varphi_{pi}, \\ {}_iK_{\bar{p}pi}\, \varphi_{pi}. \end{array} \right\} \tag{15}$$

Auf ${}_i\tilde{M}_p = 1$ reduziert stellen diese nichts anderes als die Drehungsfaktoren μ nach KANI dar. Wir haben also nur die

$$\left.\begin{aligned} {}_i\mu_{\overline{p}\,p\,i} &= -\frac{{}_iK_{\overline{p}\,p\,i}}{{}_iK_{p\,p\,i}}, \\ {}_k\mu_{\overline{p}\,p\,i} &= -\frac{{}_kK_{\overline{p}\,p\,i}}{{}_iK_{p\,p\,i}} \end{aligned}\right\} \tag{16}$$

zu bestimmen und können dann nach KANI vorgehen. Hierbei ist aber noch folgender wesentliche Unterschied zu beachten. Während bei ebenen Systemen in den Knoten sofort die auf die Stäbe entfallenden Drehungsanteile angeschrieben werden, schreiben wir nun die Drehungsanteile bezüglich bestimmter Richtungen an; daher stehen in jedem Knoten ohne Rücksicht auf die Zahl der anlaufenden Stäbe immer drei Komponenten. Anderseits kommen für jede Richtung im allgemeinen alle Nachbarknoten zum Zug, so daß in jedem Rechnungsgang (Iterationsschritt) ebenso viele Zeilen zu schreiben sind wie die Nachbarknoten insgesamt Drehkomponenten liefern. Aus diesem Grund ist hier die zweckmäßigste Art der Aufschreibung nicht in einer mehr oder weniger schematischen Abbildung des Systems mit Andeutung der Stäbe als vielmehr in Form einzelner Knoten-Tabellen gegeben, deren jede drei Spalten für die drei Drehrichtungen besitzt, während ein eigenes Schema die jeweils zu berücksichtigenden μ-Werte ersehen läßt. Dies kann am besten dem untenstehenden Beispiel entnommen werden.

Wir sahen, daß im allgemeinen ${}_iK_{\overline{p}\,p\,i} \neq 0$. Dies hat leider zur Folge, daß der Knoten (i) auch dann nicht im Gleichgewicht ist, wenn wir hintereinander die drei Drehungen $\varphi_{x\,i}$, $\varphi_{y\,i}$ und $\varphi_{z\,i}$ ausführen; denn war durch die erste das Gleichgewicht um die x-Achse erreicht worden, so wurde es durch die zweite infolge des ${}_iK_{x\,y\,i}$ wieder gestört. Die Drehungen um die anderen Achsen eines Knotens wirken also ebenso wie die in den Nachbarknoten.

Wünscht man aber, daß der Knoten durch Drehungen um drei Achsen vollständig ins Gleichgewicht kommt, so müssen diese Drehungen daher nicht um die an sich willkürlichen Koordinatenrichtungen p, sondern um ein dem Knoten zugeordnetes räumliches Achsenkreuz erfolgen. Wir wollen es u_i, v_i, w_i, allgemein r_i, nennen; es ist durch die Forderung bestimmt, daß eine Drehung um r, z. B. $\varphi_r = 1$, nur ein Moment um eben diese Achse, ein K_{rr}, erzeugt, aber keine $K_{\overline{r}\,r}$ um die beiden anderen, dazu senkrechten Achsen. Die aus $\varphi_r = 1$ mit den Richtungskosinussen $e_{r\,p}$ entstehenden Momenten-Komponenten von $K_{r\,r}$ müssen sich demnach wie eben diese Richtungskosinusse verhalten:

$$ {}_iK_{\overline{p}\,r\,i} = \sum_p {}_iK_{\overline{p}\,p\,i}\, e_{r\,p} = {}_iK_{r\,r}\, e_{r\,\overline{p}} \tag{17}$$

oder ausgeschrieben (ohne den gemeinsamen Knotenindex i)

$$\left.\begin{aligned} K_{xr} &= K_{xx}\, e_{rx} + K_{xy}\, e_{ry} + K_{xz}\, e_{rz} = K_{rr}\, e_{rx}, \\ K_{yr} &= K_{yx}\, e_{rx} + K_{yy}\, e_{ry} + K_{yz}\, e_{rz} = K_{rr}\, e_{ry}, \\ K_{zr} &= K_{zx}\, e_{rx} + K_{zy}\, e_{ry} + K_{zz}\, e_{rz} = K_{rr}\, e_{rz}. \end{aligned}\right\} \tag{18}$$

Dies liefert — als ein in den e_{rp} homogenes Gleichungssystem — entweder eine charakteristische Determinante, gleichwertig einer kubischen Gleichung für K_{rr} und hieraus die drei Hauptwerte für K_{rr} und hernach die zugehörigen e_{rp}, oder aber durch Elimination von K_{rr} sofort eine kubische Gleichung für beispielsweise $\frac{e_{ry}}{e_{rx}}$ mit im allgemeinen wieder drei verschiedenen Lösungen.

Auf jeden Fall lassen sich die je drei e_{rp}-Werte für die drei Hauptrichtungen r und die zugehörigen K_{rr} bestimmen. Dies ist besonders vorteilhaft, wenn entweder die Berechnung für mehrere Lastfälle (z. B. auch Verschiebungen bei beweglicher Knotenfigur) durchgeführt werden muß, oder auch dann, wenn (wie im Zahlenbeispiel) aus Symmetriegründen mehrere gleichartige Knoten vorliegen, so daß die Hauptachsen nur an einem Knoten ermittelt werden müssen und auf andere Knoten durch Drehung übertragen werden können.

Liegen diese Achsenkreuze r für alle Knoten vor, so können die Grundwerte (Steifigkeiten und Drehungsfaktoren) auf diese bezogen werden. Hierzu kann man entweder unmittelbar von den auf die q-Achsen bezogenen individuellen Stabsteifigkeiten ausgehen und sie über die e_{rq} auf die r-Achsen beziehen, oder aber die schon auf die p-Achsen bezogenen Größen auf die r-Achsen umrechnen. Im ersten Fall gilt für die eigenen Knotensteifigkeiten (die natürlich nur für $r = \bar{r}$ endliche Werte haben)

$$ {}_iK_{\bar{r}ri} = \sum_k \sum_q K_{qik} e_{rq} e_{q\bar{r}} \tag{19}$$

und für die in den Nachbarknoten auftretenden induzierten Momente

$$ {}_kK_{\bar{r}ri} = \sum_q K'_{qik} e_{rqi} e_{q\bar{r}k}. \tag{20}$$

Dagegen können wir aus den Knotensteifigkeiten ${}_iK_{\bar{p}pi}$ bzw. ${}_kK_{\bar{p}pi}$ auf die neuen Größen schließen:

$$ {}_iK_{\bar{r}ri} = \sum_{\bar{p}} \sum_p {}_iK_{\bar{p}pi} e_{rpi} e_{r\bar{p}i}, \tag{21a}$$

$$ {}_kK_{\bar{r}ri} = \sum_{\bar{p}} \sum_p {}_kK_{\bar{p}pi} e_{rpi} e_{\bar{r}pk}. \tag{21b}$$

In beiden Fällen folgen die Drehungsfaktoren zu

$$ {}_k\mu_{\bar{r}ri} = -\frac{{}_kK_{\bar{r}ri}}{{}_iK_{rri}}. \tag{22}$$

Sie werden zweckmäßig am Kopf der Ausgleichstabelle angeschrieben, so daß innerhalb jedes Ausgleichsschrittes die Ergebnisse der verschiedenen Rechenoperationen an dieselbe Stelle zu stehen kommen wie im Kopf die zugehörigen Drehungsanteile. Die praktische Durchführung ist am besten dem Zahlenbeispiel zu entnehmen.

Die bei Bildung der Ausdrücke (19) und (20) auftretenden Teilprodukte $K_{qr} = K_q e_{rq}$ bzw. $K'_{qr} = K'_q e_{rq}$ liefern gemäß

$$\mu_{qr} = -\frac{K_{qr}}{K_{rr}} \quad \text{bzw.} \quad \mu'_{qr} = -\frac{K'_{qr}}{K_{rr}} \tag{23}$$

brauchbare Hilfswerte zur Berechnung der endgültigen Stabendmomente.

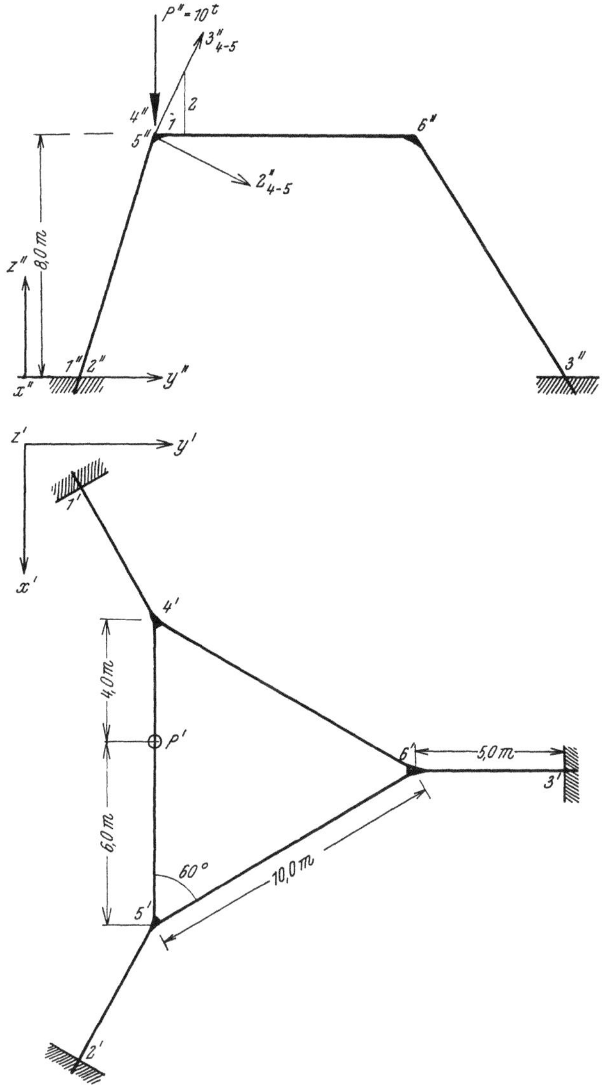

Abb. 2. Geometrische Angaben zum Zahlenbeispiel

IV. Zahlenbeispiel

Wir wollen nun die vorstehenden Entwicklungen an dem in Abb. 2 wiedergegebenen System durchführen, das sich an die Abb. 5 in [2] anlehnt. Die Stiele sind mit ihren Hauptachsen sternsymmetrisch orientiert mit

$J_2 = 72\ \text{dm}^4$, $J_3 = 32\ \text{dm}^4$, so daß mit der Stablänge $s_{st} = 9{,}434$ m und $E = 225\ \text{t/cm}^2$ ein $K_{st2} = 6850$ tm und $K_{st3} = 3060$ tm sowie $K_{st1} = 700$ tm folgen. Für die 10,0 m langen Riegel gelten je $K_{R2} = 13\,437$ tm, $K_{R3} = 5972$ tm und $K_{R1} = 1378$ tm. Die Querschnittshauptachsen dieser Riegel stehen gemäß der Skizze schräg. Aus diesen Angaben folgen die in der Tabelle 1 zusammengestellten e_{pq}-Werte für die sechs Stab-Hauptachsenkreuze. Da sie aus Symmetriegründen bei manchen Stäben sich nur durch die Vorzeichen unterscheiden, gelten fallweise die oberen Vorzeichen für den im Kopf oberhalb genannten Stab. Mit den K_{qik}-Werten ergeben sich weiters die Stabendmomente K_{qp} bezogen auf die Stab-Hauptachsen zufolge der Einheitsdrehungen.

Tabelle 1. *Zusammenstellung der Richtungskosinusse* e_{pq}

Stab i — k: p	q	1 — 4 2 — 5	3 — 6	4 — 5	5 — 6 6 — 4
x	1	± 0,45899	0	+ 1,00000	— 0,50000
	2	— 0,50000	+ 1,00000	0	∓ 0,77460
	3	∓ 0,73439	0	0	∓ 0,38730
y	1	+ 0,26500	— 0,53000	0	± 0,86603
	2	± 0,86603	0	+ 0,89443	— 0,44721
	3	— 0,42400	+ 0,84800	+ 0,44721	— 0,22361
z	1	+ 0,84800	+ 0,84800	0	0
	2	0	0	— 0,44721	— 0,44721
	3	+ 0,53000	+ 0,53000	+ 0,89443	+ 0,89443

Knoten 4,

infolge $\varphi_x = 1$: Stab 1—4: $K_{1x} = 0{,}45899 \cdot 700 = 321{,}295$ tm,

$$K_{2x} = -0{,}50000 \cdot 6850 = -3425{,}000 \text{ tm},$$

$$K_{3x} = -0{,}73439 \cdot 3060 = -2247{,}227 \text{ tm};$$

analog Stab 4—5: $K_{1x} = 1{,}000 \cdot 1378 = 1378{,}000$ tm,

$$K_{2x} = K_{3x} = 0;$$

Stab 6—4: $K_{1x} = -0{,}500 \cdot 1378 = -689{,}000$ tm,

$$K_{2x} = 0{,}77460 \cdot 13\,437 = 10\,408{,}255 \text{ tm},$$

$$K_{3x} = 0{,}38730 \cdot 5972 = 2312{,}946 \text{ tm}.$$

Bezogen auf die Hauptachsen p folgen damit nach (10)

$$_4K_{xx4} = \sum_k \sum_q K_{qx} e_{xq} = 14\,190{,}809 \text{ tm},$$

$$_4K_{yx4} = -6503{,}382 \text{ tm},$$

$$_4K_{zx4} = -3504{,}522 \text{ tm}.$$

Die entsprechenden Betrachtungen für $\varphi_y = 1$ bzw. $\varphi_z = 1$ führen über die K_{qy} und K_{qz} zu den übrigen ${}_4K_{\overline{p}p4}$, die in der Matrix zusammengestellt sind:

$${}_4K_{\overline{p}p4}$$

	x	y	z
x	+ 14190,809	— 6503,382	— 3504,522
y	— 6503,382	+ 21700,269	— 2023,337
z	— 3504,522	— 2023,337	+ 16292,922

Ebenso ergeben sich die auf die q-Achsen bezogenen K-Werte der im Knoten (1) entstehenden Momente zufolge der Drehungen in (4). Infolge $\varphi_{x4} = 1$ werden:

$$K_1 = - 321{,}295 \text{ tm},$$

$$K_2 = -1712{,}500 \text{ tm},$$

$$K_3 = -1123{,}613 \text{ tm},$$

woraus, auf die p-Achsen bezogen, die in untenstehender Matrix in der ersten Spalte stehenden ${}_1K_{xx4}$ folgen; ebenso auch die anderen Spalten zufolge $\varphi_{y4} = 1$ bzw. $\varphi_{z4} = 1$:

$${}_1K_{\overline{p}p4}$$

		1		
		x	y	z
4	x	+ 1533,947	— 1091,800	— 867,971
	y	— 1091,800	+ 2794,549	— 501,123
	z	— 867,971	— 501,123	— 73,596

Diese Matrix ist natürlich wie auch die folgenden für die übrigen Nachbarknoten symmetrisch bezüglich der Hauptdiagonale, weshalb weiter die jeweiligen i und k nur beim K beigeschrieben werden.

$${}_5K_{\overline{p}p4}$$

	x	y	z
x	— 1378,000	0	0
y	0	+ 5971,000	— 1493,000
z	0	— 1493,000	+ 3732,500

$${}_6K_{\overline{p}p4}$$

	x	y	z
x	+ 4134,500	— 3182,643	— 1292,975
y	— 3182,643	+ 459,500	+ 746,500
z	— 1292,975	+ 746,500	+ 3732,500

Analoge Matrizen, wenn auch mit zum Teil anderen Vorzeichen, gelten für den Knoten (5) und seine Nachbarknoten (2), (4) und (6). Dagegen lauten die Matrizen für den Knoten (6) und seine Nachbarn wegen seiner Stellung zu den p-Achsen:

${}_6K_{\bar{p}\,p\,6}$

	x	y	z
x	+ 25455,000	0	0
y	0	+ 10436,078	+ 4046,674
z	0	+ 4046,674	+ 16292,922

${}_3K_{\bar{p}\,p\,6}$

	x	y	z
x	+ 3425,000	0	0
y	0	+ 903,595	+ 1002,247
z	0	+ 1002,247	— 73,595

Die den Riegeln zugehörigen Matrizen unterscheiden sich nur in den Vorzeichen (obere Vorzeichen für ${}_4K$, untere für ${}_5K$), wobei natürlich überdies die ${}_4K_{\bar{p}\,p\,6}$ mit den ${}_6K_{\bar{p}\,p\,4}$ übereinstimmen.

${}_{4,5}K_{p\,p\,6}$

	x	y	z
x	+ 4134,500	∓ 3182,645	∓ 1292,972
y	∓ 3182,645	+ 459,500	+ 746,500
z	∓ 1292,972	+ 746,500	+ 3732,500

Um in (4) die Knoten-Hauptachsen zu erhalten, stellen wir das Gleichungssystem (18) auf, das die in der nachstehenden Matrix zusammengestellten Richtungskosinusse liefert; wiederum gelten die unteren Vorzeichen für den Knoten (5), dessen Hauptrichtungen, ebenso wie die des Knotens (6), aus jenen des Knotens (4) durch Drehen um die z-Achse um 120° hervorgehen.

${}_{4,5}e_{r\,p}$

	$u_{4,5}$	$v_{4,5}$	$w_{4,5}$
x	∓ 0,77126	∓ 0,39390	— 0,50000
y	— 0,44529	— 0,22742	± 0,86603
z	— 0,45483	+ 0,89058	0

${}_6e_{r\,p}$

	u_6	v_6	w_6
x	0	0	+ 1,00000
y	+ 0,89058	+ 0,45483	0
z	— 0,45483	+ 0,89058	0

Damit sind auch die Richtungskosinusse der Hauptachsen der vom Knoten (4) ausgehenden Stäbe in bezug auf die Hauptachsen r_4 dieses Knotens bestimmt und der Tabelle 2 zu entnehmen. Dank der Symmetrie des Systems gilt die Tabelle auch für die Knoten (5) bzw. (6), wenn entsprechend auch die Bezeichnungen der Knoten und Stäbe zyklisch vertauscht

Tabelle 2. *Zusammenstellung der Richtungskosinusse* e_{rq} (Knoten 4)

r_4	Stab: q	1—4	4—5	6—4
u	1	— 0,85770	— 0,77126	+ 0,77126
	2	0	— 0,19487	— 0,19487
	3	+ 0,51415	— 0,60595	— 0,60595
v	1	+ 0,51415	— 0,39390	+ 0,39390
	2	0	— 0,60169	— 0,60169
	3	+ 0,85770	+ 0,69485	+ 0,69485
w	1	0	— 0,50000	— 0,50000
	2	+ 1,00000	+ 0,77460	— 0,77460
	3	0	+ 0,38730	— 0,38730

werden. Die Werte ${}_4K_{rr4}$ und die zugehörigen ${}_5K_{\bar{r}r4}$ folgen gemäß den Gln. (19) bis (21) zu ${}_4K_{uu4} = 8369{,}379$ tm, ${}_4K_{vv4} = 18\,359{,}621$ tm, ${}_4K_{ww4} = 25\,455{,}000$ tm bzw. zu den in untenstehender Matrix zusammengestellten Zahlen, wobei wieder die unteren Vorzeichen den ${}_6K_{\bar{r}r4}$ zugehören. Aus Symmetriegründen gilt die Matrix auch für die Knoten (5) und (6), wenn wie oben eine zyklische Vertauschung vorgenommen wird.

${}_{5,6}K_{\bar{r}\,r_4}$

	$u_{5,6}$	$v_{5,6}$	$w_{5,6}$
u_4	+ 2171,231	— 50,862	± 1183,508
v_4	— 50,862	+ 4087,769	± 2056,274
w_4	∓ 1183,508	∓ 2056,274	— 4823,502

Werden diese ${}_kK_{\bar{r}ri}$ durch das zugehörige $-{}_iK_{rri}$ dividiert, so folgen die entsprechenden μ, die im Kopf der Ausgleichstabelle (Tabelle 3) eingetragen sind. Desgleichen werden die K_{qr} und K'_{qr} sowie die μ_{qr} und μ_{qr}' nach (23) berechnet, z. B. für den Stab 4—5:

$$K_{2u} = 13\,437 \cdot (-\,0{,}19487) = -\;\;2\,618{,}468 \text{ tm},$$

$$K_{2v} = 13\,437 \cdot (-\,0{,}60169) = -\;\;8\,084{,}909 \text{ tm},$$

$$K_{2w} = 13\,437 \cdot (+\,0{,}77460) = +\,10\,408{,}300 \text{ tm}$$

und damit

$$\mu_{2u} = -\,(-\,2\,618{,}468) : \;\;8\,369{,}379 = +\,0{,}31286,$$

$$\mu_{2v} = -\,(-\,8\,084{,}909) : 18\,359{,}621 = +\,0{,}44036,$$

$$\mu_{2w} = -\;\;\;(10\,408{,}300) : 25\,455{,}000 = -\,0{,}40889.$$

Da die in der Abb. 2 eingetragene Last $P = 10$ t parallel zur (negativen) z-Achse auf den der x-Achse parallelen Stab (4—5) wirkt, folgen nur die beiden Starreinspannmomente $\overline{M}_{4,y} = +\,14{,}40$ tm und $\overline{M}_{5,y} = -\,9{,}60$ tm. Die später benötigten Komponenten dieser Größen in den Stab-Hauptrichtungen folgen daraus durch Multiplikation mit den e_{yq} aus Tabelle 1, z. B. $\overline{M}_{45.2} = 14{,}40 \cdot 0{,}89443 = +\,12{,}87975$ tm, $\overline{M}_{54.2} = -\,9{,}60 \cdot 0{,}89443 = -\,6{,}43988$ tm. Ebenso erhalten wir die in der ersten Zeile der Ausgleichstabelle eingetragenen M_r durch Umrechnung mit den entsprechenden e_{ry} (Tabelle 2).

Nunmehr kann die weitere Berechnung ähnlich wie im ebenen Fall erfolgen. Stellen wir zunächst das Gleichgewicht des Knotens (4) um die Achse u her (Tabelle 3, Zeile 4 u), so entstehen in den Nachbarknoten die dort angeschriebenen Drehungsanteile $M_{4u} \cdot {}_{k}\mu_{4}$, z. B. in (5) um die Achse u ... $+\,1{,}66348$. Ähnlich ergeben sich bei Herstellung des Gleichgewichtes um die v_4- bzw. die w_4-Achse die in den nächsten Zeilen notierten Drehungsanteile. Insgesamt entsteht aus den Drehungen des Knotens (4) zunächst in (5) ein Drehanteil um die u-Achse von 2,23423 tm, der zusammen mit dem Starreinspannungsmoment den Knoten mit 6,50900 tm belastet. Im nächsten Rechnungsgang (5 u) werden demgemäß die Drehanteile in (4) und (6) zufolge dieser neuen Knotenmomente in (5) errechnet usw.

Jeder vollständige Knotenausgleich bringt daher drei Zeilen, wonach wieder in einem anderen Knoten die Summe der bisherigen Drehungsanteile bestimmt und mit dem Starreinspannmoment vereinigt wird. Dann werden die aus diesem Knoten bzw. seiner Drehung fließenden Drehungsanteile seiner Nachbarn bestimmt. In der Tabelle 3 wird nach dem ersten Gesamtdurchgang (bis Zeile 6 w) nur die erste Zeile des neuen Durchganges (mit nunmehr dem Drehungsanteil von 2,21571 tm in u_5) vorgeführt. Weiterhin sind die am Ende der einzelnen Rechnungsgänge ermittelten Knotenmomente zu ersehen, die die schnelle Konvergenz des Verfahrens erkennen lassen. Zu diesem Zweck sind auch hier alle Zahlen mit den praktisch nicht erforderlichen fünf Dezimalstellen angeschrieben worden; zur Erzielung einer praktisch ausreichenden Genauigkeit hätten höchstens vier Durchgänge genügt.

Die endgültigen, zweckmäßig auf die Stab-Hauptachsen q_{ik} bezogenen Momente werden am einfachsten durch Multiplikation der Knotenmomente M_{ir} an den beiden Stabenden mit den oben ermittelten μ_{qr} nach (23) erhalten. Zum Beispiel folgt (aus insgesamt sieben Posten)

$$M_{45.2} = \overline{M}_{45.2} + \sum_{r_4} \mu_{2r}\, M_{4.r} + \sum_{r_5} \mu'_{2r}\, M_{5.r}$$

zu

$$M_{45.2} = 12{,}87975 - 8{,}86101 \cdot 0{,}31286 - 5{,}11473 \cdot 0{,}44036 -$$

$$- 17{,}06514 \cdot 0{,}40889 + \ldots = +\,5{,}81962 \text{ tm}$$

und ebenso

$$M_{54.2} = -\,4{,}70333 \text{ tm}.$$

Tabelle 3. Ausgleichstabelle

Knoten:	(4)			(5)			(6)		
	u	v	w	u	v	w	u	v	w
μ: 4 u				— 0,25943	+ 0,00608	— 0,14141	— 0,25943	+ 0,00608	+ 0,14141
4 v				+ 0,00277	— 0,22265	— 0,11200	+ 0,00277	— 0,22265	+ 0,11200
4 w				+ 0,04649	+ 0,08078	+ 0,18949	— 0,04649	— 0,08078	+ 0,18949
5 u	— 0,25943	+ 0,00608	+ 0,14141				— 0,25943	+ 0,00608	— 0,14141
. . .	. . . .	. . . .	. . . .				. . . .	. . . .	. . . .
$\overline{M}$	— 6,41216	— 3,27479	+ 12,47077	+ 4,27477	+ 2,18319	+ 8,31384	0	0	0
M: 4 u				+ 1,66348	— 0,03897	+ 0,90674	+ 1,66348	— 0,03897	— 0,90674
4 v				— 0,00907	+ 0,72913	+ 0,36678	— 0,00907	+ 0,72913	— 0,36678
4 w				+ 0,57982	+ 1,00740	+ 2,36310	— 0,57982	— 1,00740	+ 2,36310
				+ 2,23423	+ 1,69756	+ 3,63662			
5 u	— 1,68860	+ 0,03956	+ 0,92043	+ 6,50900	+ 3,88075	+ 11,95046	— 1,68860	+ 0,03956	— 0,92043
5 v	+ 0,01075	— 0,86405	+ 0,43464				+ 0,01075	— 0,86405	— 0,43464
5 w	— 0,55563	— 0,96537	+ 2,26451				+ 0,55563	+ 0,96537	+ 2,26451
6 u	+ 0,01236	— 0,00029	+ 0,00674	+ 0,01236	— 0,00029	— 0,00674	— 0,04763	— 0,17636	+ 1,99902
6 v	— 0,00049	+ 0,03927	+ 0,01975	— 0,00049	+ 0,03927	— 0,01975			
6 w	+ 0,09294	+ 0,16148	+ 0,37880	— 0,09294	— 0,16148	+ 0,37880			
	— 2,12867	— 1,58940	+ 4,02487						
4 u	— 8,54083	— 4,86419	+ 16,49564	+ 2,21571	— 0,05190	+ 1,20775	+ 2,21571	— 0,05190	— 1,20775
				. . . .	. . . .	. . . .	. . . .	. . . .	. . . .
				+ 7,16288	+ 4,42433	+ 13,54447	. . . .	. . . .	. . . .
							+ 0,21905	— 0,14884	+ 2,43138
	. . . .	. . . .	. . . .						
	. . . .	. . . .	. . . .	. . . .	. . . .	. . . .			
	. . . .	. . . .	. . . .	. . . .	. . . .	. . . .	. . . .	. . . .	. . . .
	— 8,83207	— 5,07959	+ 16,99217	+ 7,17172	+ 4,47119	+ 13,82660	+ 0,28187	— 0,13035	+ 2,50712
	— 8,86010	— 5,11038	+ 17,05553	+ 7,16208	+ 4,47314	+ 13,87132	+ 0,29069	— 0,12564	+ 2,52135
	— 8,86126	— 5,11432	+ 17,06377	+ 7,15981	+ 4,47252	+ 13,87795	+ 0,29150	— 0,12480	+ 2,52395
	— 8,86107	— 5,11471	+ 17,06493	+ 7,15949	+ 4,47232	+ 13,87890	+ 0,29153	— 0,12468	+ 2,52438
	— 8,86102	— 5,11474	+ 17,06510	+ 7,15945	+ 4,47228	+ 13,87903	+ 0,29151	— 0,12466	+ 2,52447
Endwerte	— 2,44885	— 1,83994	+ 4,59437	+ 2,88468	+ 2,28908	+ 5,56521	+ 0,29151	— 0,12468	+ 2,52448
	— 8,86101	— 5,11473	+ 17,06514	+ 7,15945	+ 4,47227	+ 13,87905			

Literatur

[1] BEER, H.: Beitrag zur Berechnung von räumlichen Rahmensystemen mit beweglicher Knotenfigur. Österr. Bauzeitschrift **3**, 103 (1948).

[2] BEER, H.: Ein allgemeines Verfahren zur Berechnung von räumlichen Rahmensystemen. Federhofer-Girkmann-Festschrift. Wien: Deuticke. 1950. S. 1.

[3] KUPFERSCHMID, V.: Ebene und räumliche Rahmentragwerke. Wien: Springer-Verlag. 1952.

[4] RAWLINGS, B.: The general moment distribution analysis of space frames. The structural Engineer **38**, 185 (1960).

[5] KIUSALAAS, J., S. L. LEE und M. MAKINO: Analysis of continuous space frames by conjugate frame analogy. The structural Engineer **41**, 203 (1963).

Zur Stabstabilität bei vorgegebener Ausweichform

Von

F. Resinger, Graz

Mit 7 Textabbildungen

Vorwort

Die nachfolgenden Untersuchungen bauen auf grundlegenden Entwicklungen auf, die Prof. E. CHWALLA in seinen Vorlesungen an der Technischen Hochschule Graz in den Jahren 1956 bis 1960 gegeben hat. Aus dem Anlaß des 60. Geburtstages der beiden Professoren H. BEER und K. SATTLER wenigstens einen kleinen Zweig dieser wertvollen Grundlagen zu verwenden und auszubauen, erschien dem Verfasser vor allem deswegen sinnvoll, da die beiden Jubilare selbst sich in weitem Umfang mit Stabilitätsproblemen beschäftigt haben und beide mit ihrem Freund und Kollegen CHWALLA ganz besonders eng verbunden waren.

Möge daher durch diesen Beitrag zur Festschrift mehr der überragende Lehrer der Stabilitätstheorie als sein verfassender Schüler vertreten sein!

1. Einleitung

Aufgabe der folgenden Darstellungen soll es sein, ausgehend vom allgemein gültigen Differentialgleichungssystem des Stabes, wie es von E. CHWALLA angegeben wurde [1], eine Reihe jener Stabilitätsaufgaben herauszuschälen, bei denen — im Gegensatz zum völlig frei verformbaren Stab — die Ausweichmöglichkeiten in bestimmter vorgegebener Art eingeschränkt sind. Dieses Ausweichen bei Erreichen einer bestimmten kritischen Belastung erfolge dabei so, daß im allgemeinen die Verschiebungen des Stabquerschnittes in den beiden Hauptachsenrichtungen sowie die Verdrehung um den Schubmittelpunkt — nach einem gegebenen Gesetz verknüpft — gemeinsam auftreten.

Dabei wird noch zu unterscheiden sein, ob diese Koppelung der drei Verformungskomponenten kontinuierlich über die ganze Stablänge oder nur an einzelnen Querschnitten des Stabes (Stabenden oder Übergangsstellen) vorliegt.

CHWALLA hat in seiner Arbeit „Die neuen Hilfstafeln zur Berechnung von Spannungsproblemen der Theorie zweiter Ordnung und von Knickproblemen“ [2] bereits einen solchen Fall der „gebundenen Torsion“ angeführt und dabei gezeigt, daß auch zur Lösung solcher Probleme mit Vorteil die tabulierten ε-Funktionen [3] (vgl. auch [4]) verwendet werden können. In Anknüpfung daran soll hier eine Reihe weiterer solcher Fälle systematisch aufgezeigt werden, bei denen die Lösung mit Hilfe der angegebenen ε-Tafeln gefunden werden kann. (Man vergleiche hierzu auch K. SATTLER [5] und [6] sowie die umfangreichen Literaturangaben CHWALLAS in [2].)

2. Voraussetzungen, Annahmen, Bezeichnungen

Um nicht in aller Ausführlichkeit auf sämtliche Idealisierungen und Voraussetzungen eingehen zu müssen, sei auf den zuständigen Abschnitt

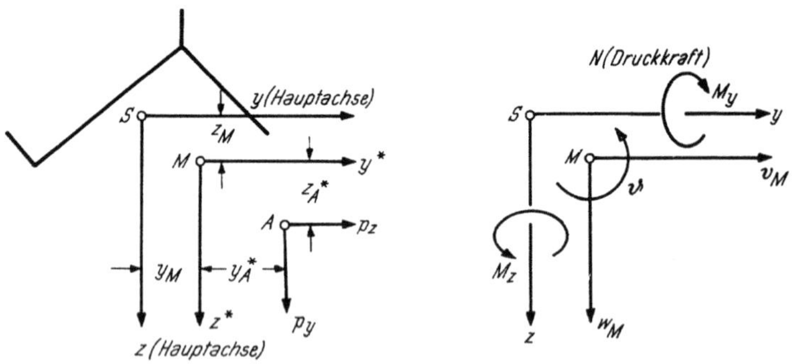

Abb. 1. Festlegungen von Koordinaten, positiven Verformungen und Schnittkräften

in der allgemein zugänglichen Arbeit CHWALLAS [2] verwiesen und mögen hier folgende Stichworte genügen:

Gerader prismatischer Stab,
Werkstoff nach HOOKEschem Gesetz,
Querschnittswerte über Stablänge konstant (bei sprungweiser Veränderlichkeit Annahme eines „Knotens" an der Sprungstelle),
Richtungstreue der Längskräfte,
Einleitung der Längskräfte an den Stabenden bzw. „Knoten",
Vernachlässigung der Vorverformung,
Unverformbarkeit der Querschnittsfigur,
Vernachlässigung des Einflusses der Schubverformung.

Wir verwenden ein rechtwinkliges Koordinatensystem nach Abb. 1 mit den Querschnittshauptachsen y und z sowie der Stablängsachse x. Aus Abb. 1 ist auch die Festlegung der positiven Schnittkräfte, Belastungen und Verformungen zu ersehen.

Bezeichnungen

J_y, J_z auf die Hauptachsen y, z bezogene Trägheitsmomente des Stabquerschnittes,
J_T SAINT VENANTscher Torsionswiderstand,
C_M auf den Schubmittelpunkt M bezogener Wölbwiderstand des Profils,
E, G Elastizitätsmodul, Schubmodul,

y_M, z_M	Koordinaten des Schubmittelpunktes M, bezogen auf den Schwerpunkt S des Profils,
r_y, r_z	„Querschnittsstrecken" in Richtung y, z,
y_A^*, z_A^*	Koordinaten des Lastangriffspunktes A, bezogen auf den Schubmittelpunkt,
a_M, b_M	Koordinaten des Drehpunktes D, bezogen auf M,
a, b	Koordinaten des Drehpunktes D, bezogen auf S,
$-b/a = \mu$	Koordinatenverhältnis für D,
v_M, w_M	Verschiebungen des Schubmittelpunktes in Richtung y, z,
v, w	Verschiebungen des Schwerpunktes in Richtung y, z,
i_M, i_D	der auf M, D bezogene polare Trägheitsradius des Stabquerschnittes,
ϑ	Drillwinkel (positiv in fortschreitender x-Richtung entgegen dem Uhrzeigersinn),
w', v', ϑ'	Ableitungen der Verformungsfunktionen nach x,
p_y, p_z	Querbelastung in y-, z-Richtung,
m_T	Torsionsbelastung (positiv in fortschreitender x-Richtung im Uhrzeigersinn),
ω	Drehbettungsziffer,
M_y, M_z	Biegemomente um die y-, z-Achse,
N	Normalkraft in der Stabachse S (Druck positiv),
l, l_K	Stablänge, Knicklänge,
$\varepsilon, \varepsilon_K$	Stabkennzahl, kritische Stabkennzahl,
A', B', C'	Funktionen von ε, tabuliert in [3],
λ	Stabschlankheit,
ϱ	Verhältniswert Torsionssteifigkeit/Biegesteifigkeit,
α, β, γ	Winkel zwischen Koordinatenachsen und Scharnierachse,
ζ_i	Drehwinkel um die vorgegebene Scharnierachse an der Stelle i,
Z_{ik}	Festhaltescharniermoment im Scharnier i infolge $\zeta_k = 1$ im Scharnier k.

3. Die Differentialgleichungen des Problems

Die Gln. (1), in CHWALLAS Vorlesungen [1] als Gleichungsgruppe I bezeichnet, beschreiben allgemein das Verhalten des längs-, quer- und auf Torsion belasteten Stabes.

$$\left.\begin{aligned} E J_y w_M'''' + (M_z \vartheta)'' + y_M (N \vartheta)'' + (N w_M')' - p_y &= 0, \\ E J_z v_M'''' - (M_y \vartheta)'' - z_M (N \vartheta)'' + (N v_M')' - p_z &= 0, \\ E C_M \vartheta'''' - G J_T \vartheta'' + i_M^2 (N \vartheta')' + (2 z_M - r_z)(M_y \vartheta')' &+ \\ + (2 y_M - r_y)(M_z \vartheta')' + M_z w_M'' - M_y v_M'' &+ \\ + N y_M w_M'' - N z_M v_M'' + p_y (y_A^* + z_A^* \vartheta) &- \\ - p_z (z_A^* - y_A^* \vartheta) + \omega \vartheta + m_T &= 0. \end{aligned}\right\} \quad (1)$$

Hierin sind die Momente M_y und M_z sowie die Normalkraft N noch mit x veränderlich und der Stab elastisch „drehgebettet" angenommen.

Halten wir für unsere weiteren Betrachtungen M_y, M_z und N über die Stablänge konstant und steuern wir auf das Stabilitätsproblem ohne Berücksichtigung der Drehbettung zu, so ergibt sich das vereinfachte Gleichungssystem (1a):

$$\left.\begin{aligned} E\,J_y\,w_M'''' + (M_z + y_M\,N)\,\vartheta'' + N\,w_M'' &= 0,\\ E\,J_z\,v_M'''' - (M_y + z_M\,N)\,\vartheta'' + N\,v_M'' &= 0,\\ E\,C_M\,\vartheta'''' + [i_M^2\,N - G\,J_T + (2\,z_M - r_z)\,M_y &+\\ + (2\,y_M - r_y)\,M_z]\,\vartheta'' + (M_z + y_M\,N)\,w_M'' &-\\ - (M_y + z_M\,N)\,v_M'' &= 0. \end{aligned}\right\} \qquad (1\text{a})$$

Dieses Gleichungssystem vereinfacht sich nun für verschiedene Sonderfälle. Es sollen hier drei charakteristische angegeben werden:

Allgemeiner Querschnitt mit $M_y = 0$ und $M_z = 0$

$$\left.\begin{aligned} E\,J_y\,w_M'''' + y_M\,N\,\vartheta'' + N\,w_M'' &= 0,\\ E\,J_z\,v_M'''' - z_M\,N\,\vartheta'' + N\,v_M'' &= 0,\\ E\,C_M\,\vartheta'''' + (i_M^2\,N - G\,J_T)\,\vartheta'' &+\\ + N\,y_M\,w_M'' - N\,z_M\,v_M'' &= 0. \end{aligned}\right\} \qquad (1\text{b})$$

Einfachsymmetrischer Querschnitt mit $M_z = 0$

Legen wir die z-Achse in die Symmetrieachse des Querschnitts, so gilt $w_M = w$ und vereinfacht sich das Gleichungssystem (1a) auf folgendes:

$$\left.\begin{aligned} E\,J_y\,w'''' + N\,w'' &= 0,\\ E\,J_z\,v_M'''' - (M_y + z_M\,N)\,\vartheta'' + N\,v_M'' &= 0,\\ E\,C_M\,\vartheta'''' + [i_M^2\,N - G\,J_T + (2\,z_M - r_z)\,M_y]\,\vartheta'' &-\\ - (M_y + z_M\,N)\,v_M'' &= 0. \end{aligned}\right\} \qquad (1\text{c})$$

Doppelsymmetrischer Querschnitt mit $M_z = 0$

Hier gilt $w_M = w$ und $v_M = v$, und das zugehörige Gleichungssystem lautet nun:

$$\left.\begin{aligned} E\,J_y\,w'''' + N\,w'' &= 0,\\ E\,J_z\,v'''' - M_y\,\vartheta'' + N\,v'' &= 0,\\ E\,C_M\,\vartheta'''' + (i_M^2\,N - G\,J_T)\,\vartheta'' - M_y\,v'' &= 0. \end{aligned}\right\} \qquad (1\text{d})$$

Ist nun der Stabquerschnitt durch eine scharnierartige, zur Stabachse parallele Lagerung gezwungen, sich in seiner Ebene um einen gegebenen Drehpunkt D (Abb. 2) zu verdrehen, so besteht zwischen den Verformungsgrößen w_M, v_M und ϑ folgender Zusammenhang:

$$w_M = a_M\,\vartheta \quad \text{und} \quad v_M = -\,b_M\,\vartheta.$$

Führen wir ferner die abkürzenden Bezeichnungen

$$a = y_M + a_M \quad \text{und} \quad b = z_M + b_M$$

ein, so lautet das Gleichungssystem (1a):

$$E\,J_y\,a_M\,\vartheta'''' + [M_z + a\,N]\,\vartheta'' = 0,$$

$$E\,J_z\,b_M\,\vartheta'''' + [M_y + b\,N]\,\vartheta'' = 0,$$

$$E\,C_M\,\vartheta'''' + [(i_M^2 + a_M\,y_M + b_M z_M)\,N - G\,J_T + (2\,z_M - r_z + b_M)\,M_y + (2\,y_M - r_y + a_M)\,M_z]\,\vartheta'' = 0.$$

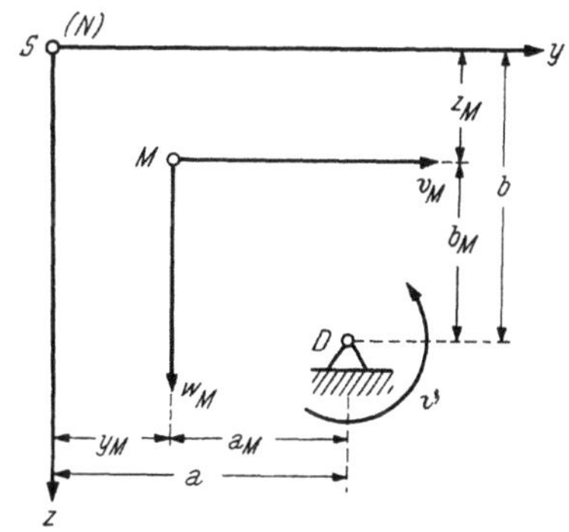

Abb. 2. Festlegung der Drehachse beim allgemeinen Querschnitt

Multiplizieren wir die erste dieser Gleichungen mit a_M, die zweite mit b_M, um alle drei Gleichungen auf dieselbe Dimension zu bringen, und setzen wir außerdem abkürzend

$$i_D^2 = i_M^2 + a_M^2 + b_M^2,$$

dann läßt sich durch Addition das Gleichungssystem auf eine einzige Differentialgleichung folgender Form reduzieren:

$$[E\,C_M + a_M^2\,E\,J_y + b_M^2\,E\,J_z]_1\,\vartheta'''' + [M_z\,(2\,a - r_y) + M_y\,(2\,b - r_z) + N\,(i_D^2 + 2\,a_M\,y_M + 2\,b_M\,z_M) - G\,J_T]_2\,\vartheta'' = 0. \tag{2a}$$

Sie beschreibt das Verhalten des Stabes, der in der Scharnierachse D kontinuierlich über die ganze Stablänge zwangsgelagert ist.

In analoger Weise ergeben sich für die früher angeführten drei charakteristischen Fälle aus den Gleichungssystemen (1b), (1c) und (1d) folgende einfache Differentialgleichungen:

Allgemeiner Querschnitt mit $M_y = 0$ und $M_z = 0$

$$[E\,C_M + a_M^2\,E\,J_y + b_M^2\,E\,J_z]_1\,\vartheta'''' + [N\,(i_D^2 + 2\,a_M\,y_M + 2\,b_M\,z_M) - G\,J_T]_2\,\vartheta'' = 0 \tag{2b}$$

(vgl. Abb. 2).

Einfachsymmetrischer Querschnitt mit $M_z = 0$

$$[E\,C_M + a^2\,E\,J_y + b_M^2\,E\,J_z]_1\,\vartheta'''' + [M_y\,(2\,b - r_z) + N\,(i_D^2 + 2\,b_M\,z_M) - G\,J_T]_2\,\vartheta'' = 0 \tag{2c}$$

(vgl. Abb. 3).

Doppelsymmetrischer Querschnitt mit $M_z = 0$

$$[E\,C_M + a^2\,E\,J_y + b^2\,E\,J_z]_1\,\vartheta'''' +$$
$$+ [2\,M_y\,b + N\,i_D^2 - G\,J_T]_2\,\vartheta'' = 0 \tag{2d}$$

(vgl. Abb. 4).

Alle diese Differentialgleichungen lassen sich also in der Form

$$[\ ]_1\,\vartheta'''' + [\ ]_2\,\vartheta'' = 0 \tag{3}$$

darstellen. Vergleichen wir diese mit der bekannten Differentialgleichung des Druckstabes

$$E\,J^*\,w'''' + N^*\,w'' = 0, \tag{4}$$

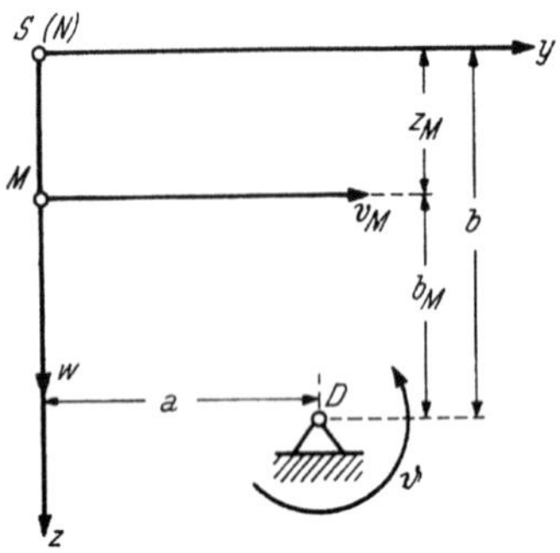

Abb. 3. Festlegung der Drehachse beim einfachsymmetrischen Querschnitt

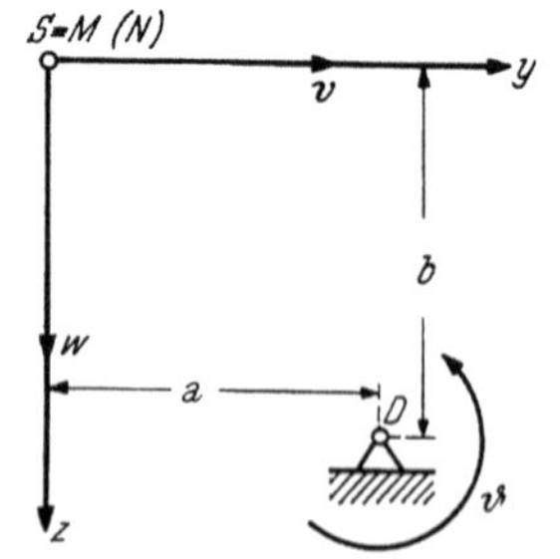

Abb. 4. Festlegung der Drehachse beim doppelsymmetrischen Querschnitt

so erkennen wir die Analogie. Sind nun auch die Randbedingungen für die drei Verformungskomponenten in derselben Weise gekoppelt, dann sind auch die Randbedingungen analog denen des Druckstabes, und somit ist die Analogie vollständig.

Mit

$$E\,J^* = [\ ]_1, \quad N^* = [\ ]_2$$

und

$$\varepsilon = l\sqrt{\frac{N^*}{E\,J^*}} = l\sqrt{\frac{[\ ]_2}{[\ ]_1}} \tag{5}$$

können daher sämtliche bekannten Lösungen und Lösungsmethoden für das Stabilitätsproblem des Druckstabes oder von Stabsystemen auch zur Lösung des Stabilitätsproblems bei vorgegebener Drehachse verwendet werden.

Insbesondere kommt hierfür — gerade bei Stabsystemen — auch die von Chwalla [2] angegebene Deformationsmethode unter Verwendung der erwähnten Hilfstafeln [3] in Betracht. (Man vergleiche auch [4], [5] und [6].)

4. Lösungen für den Einzelstab

4.1. Allgemeiner Querschnitt mit $M_y = 0$ und $M_z = 0$

Die in Analogie zum Druckstab fiktiven Werte der Biegesteifigkeit $E\,J^*$ und der Normalkraft N^* betragen hier, wie aus (2b) zu ersehen,

$$E\,J^* = [\ ]_1 = E\,C_M + a_M^2\,E\,J_y + b_M^2\,E\,J_z,$$

$$N^* = [\ ]_2 = N\,(i_D^2 + 2\,a_M\,y_M + 2\,b_M\,z_M) - G\,J_T.$$

Der Stabkennwert ergibt sich damit zu

$$\varepsilon^2 = l^2 \frac{N\,(i_D^2 + 2\,a_M\,y_M + 2\,b_M\,z_M) - G\,J_T}{E\,C_M + a_M^2\,E\,J_y + b_M^2\,E\,J_z}, \tag{6}$$

woraus für den Stab mit vorläufig noch nicht festgelegten Randbedingungen die kritische Drucklast angegeben werden kann:

$$N_K = \frac{\frac{\varepsilon_K^2}{l^2}\,(E\,C_M + a_M^2\,E\,J_y + b_M^2\,E\,J_z) + G\,J_T}{i_D^2 + 2\,a_M\,y_M + 2\,b_M\,z_M}. \tag{7}$$

ε_K berücksichtigt die verschiedenen Lagerungsmöglichkeiten und kann — in vollkommener Analogie zum Druckstab — für folgende Lagerungsfälle direkt angegeben werden:

a) Beide Stabenden gelenkig und gabelgelagert: $\varepsilon_K = \pi$.

b) Beide Stabenden voll eingespannt: $\varepsilon_K = 2\,\pi$.

c) Ein Ende voll eingespannt, das andere vollkommen frei (verschieblich, verdrehbar und verwölbbar im Sinne der vorgegebenen Ausweichform): $\varepsilon_K = \pi/2$.

d) Ein Ende voll eingespannt, das andere gelenkig und gabelgelagert: $\varepsilon_K = 4{,}493 = 1{,}42\,\pi$.

4.2. Einfachsymmetrischer Querschnitt mit $M_z = 0$

Aus (2c) ergeben sich hier die fiktiven Werte des Druckstabes zu

$$E\,J^* = [\ ]_1 = E\,C_M + a^2\,E\,J_y + b_M^2\,E\,J_z,$$

$$N^* = [\ ]_2 = M_y\,(2\,b - r_z) + N\,(i_D^2 + 2\,b_M\,z_M) - G\,J_T$$

und damit der Stabkennwert

$$\varepsilon^2 = l^2 \frac{M_y\,(2\,b - r_z) + N\,(i_D^2 + 2\,b_M\,z_M) - G\,J_T}{E\,C_M + a^2\,E\,J_y + b_M^2\,E\,J_z}. \tag{8}$$

Um zu den kritischen Werten von M_{yK} und N_K zu gelangen, ist auch hier wieder ε_K zu bestimmen, das für die in 4.1 erwähnten Lagerungsfälle wiederum der Reihe nach gegeben ist mit: π, $2\,\pi$, $\pi/2$ und $1{,}42\,\pi$.

Es ist zu bemerken, daß es sich in diesem Fall um „gebundenes Biegedrillknicken" oder um „gebundenes Kippen" handelt (vgl. [2]), deren

Abgrenzung gegeneinander nicht eindeutig gegeben ist. Es ergeben sich dabei in der Bestimmung von kritischen Belastungen folgende Möglichkeiten:

a) M_y auf einem bestimmten Wert zu halten und den dazugehörigen kritischen Wert $N = N_K$ auszurechnen,

b) N festzuhalten und hierzu $M = M_K$ zu bestimmen,

c) M_y und N im selben Verhältnis bis zu den kritischen Werten M_{yK} und N_K zu steigern,

d) wenn keine Normalkraft vorhanden ist, das kritische Kippmoment M_{yK} aufzusuchen,

e) die Drillknicklast N_K, wenn kein Moment M_y vorhanden ist, zu ermitteln.

f) Es kann auch der Fall des exzentrischen Druckes, bei dem das über die Stablänge konstante Moment durch die Beziehung

$$M_y = \pm z_N N$$

gegeben ist, behandelt werden. z_N bedeutet den Abstand des N-Angriffspunktes von S auf der Symmetrieachse.

Hier wird

$$N^* = [\ ]_2 = N\,[i_D^2 + 2\,b_M z_M \pm z_N (2\,b - r_z)] - G\,J_T,$$

und aus

$$\varepsilon_K = l\sqrt{\frac{N_K^*}{E\,J^*}}$$

ist die kritische, exzentrisch angreifende Längskraft gegeben durch

$$N_K = \frac{\frac{\varepsilon_K^2}{l^2}\,E\,J^* + G\,J_T}{i_D^2 + 2\,b_M z_M \pm z_N (2\,b - r_z)}. \tag{9}$$

ε_K ist für die Standardlagerungsfälle wiederum bekannt. Das alternierende Vorzeichen im Nenner läßt den steigernden bzw. abmindernden Einfluß der Lage des Kraftangriffspunktes auf die kritische Last erkennen.

In all diesen Fällen kann N auch als Zugkraft auftreten und ist N dann mit umgekehrtem Vorzeichen in die gegebenen Ausdrücke einzuführen.

4.3. Doppelsymmetrischer Querschnitt mit $M_z = 0$

Für $M_z = 0$ und mit $r_z = 0$ sowie $z_M = 0$ (wegen der Symmetrie) ergibt sich hier aus dem Fall 4.2

$$E\,J^* = [\ ]_1 = E\,C_M + a^2\,E\,J_y + b^2\,E\,J_z,$$

$$N^* = [\ ]_2 = 2\,M_y\,b + N\,i_D^2 - G\,J_T,$$

$$\varepsilon_K^2 = l^2\,\frac{(2\,M_y\,b + N\,i_D^2 - G\,J_T)_K}{E\,C_M + a^2\,E\,J_y + b^2\,E\,J_z}. \tag{10}$$

ε_K ist durch die jeweiligen Randbedingungen gegeben, und so können auch hier alle Varianten a) bis f) von 4.2 behandelt werden.

5. Der Sonderfall des Stabes mit doppelsymmetrischem Querschnitt unter zentrischem Druck

Für diesen Fall sollen verschiedene Koppelungsmöglichkeiten der drei Verformungskomponenten eingehender studiert werden. Da hier Schwerpunkt und Schubmittelpunkt zusammenfallen (Abb. 4) und nur zentrische Druckbelastung vorhanden sei, vereinfacht sich das Differentialgleichungssystem (1d) auf folgendes:

$$\left.\begin{aligned} E\,J_y\,w'''' + N\,w'' &= 0,\\ E\,J_z\,v'''' + N\,v'' &= 0,\\ E\,C_M\,\vartheta'''' + (N\,i_M^2 - G\,J_T)\,\vartheta'' &= 0. \end{aligned}\right\} \tag{1e}$$

Diese Gleichungen sind an sich entkoppelt, also voneinander unabhängig. Damit ist für jede der drei Verformungen ein gesonderter Stabilitätsfall vorhanden. Nehmen wir nun jedoch wieder an, daß dem Stab von außen her Verformungen aufgezwungen werden, die w, v und ϑ miteinander verknüpfen. Diese Verkoppelungen können entweder

I. kontinuierlich über die ganze Stablänge oder

II. an einzelnen Stabquerschnitten (Stabenden oder Übergangsstellen)

vorliegen. Für jede dieser zwei Arten nehmen wir ferner folgende Verknüpfungsmöglichkeiten an:

1. $w = a\,\vartheta, \quad v = -b\,\vartheta$; w, v, ϑ verknüpft.
2. $v = -w \cdot b/a = \mu\,w$; v, w verknüpft, ϑ unabhängig.
3. a) $w = a\,\vartheta$; w, ϑ verknüpft, v unabhängig.
   b) $v = -b\,\vartheta$; v, ϑ verknüpft, w unabhängig.

Die analogen Verknüpfungen können auch für die Ableitungen von w, v, ϑ nach x vorliegen.

Für die Form I verknüpfen sich die Differentialgleichungen, während für die Form II zwar die Gleichungen voneinander unabhängig bleiben, jedoch die Rand- bzw. Übergangsbedingungen gekoppelt werden.

Fälle I: Koppelung über die ganze Stablänge

Fall I.1

Mit $w = a\,\vartheta$ und $v = -b\,\vartheta$ führt die Verknüpfung der Differentialgleichungen (1e) [man vergleiche auch (2d) und Abb. 4] zu der einen Differentialgleichung

$$[E\,C_M + a^2\,E\,J_y + b^2\,E\,J_z]\,\vartheta'''' + [N\,i_D^2 - G\,J_T]\,\vartheta'' = 0. \tag{11}$$

Der für die Anwendung der Hilfstafeln [3] benötigte Stabkennwert beträgt hier

$$\varepsilon = l\sqrt{\frac{N^*}{E\,J^*}} = l\sqrt{\frac{N\,i_D^2 - G\,J_T}{E\,C_M + a^2\,E\,J_y + b^2\,E\,J_z}}. \tag{12}$$

Handelt es sich nun um den Stabilitätsfall eines Einzelstabes mit den Randbedingungen der EULER-Fälle, so kann mit den früher angegebenen ε_K-Werten der jeweils zugehörige kritische Wert N_K ermittelt werden. Stabsysteme sind analog zum Druckstabsystem (vgl. [2]) zu behandeln; nur sind nun die entsprechenden Werte für $E\,J^*$, N^* und ε nach (12) einzuführen.

Fall I.2

Für $v = \mu\, w$ reduziert sich das Gleichungssystem (1e) auf folgende zwei Gleichungen:

$$(E\,J_y + \mu^2\,E\,J_z)\,w'''' + N\,(1 + \mu^2)\,w'' = 0, \tag{13}$$

$$E\,C_M\,\vartheta'''' + (N\,i_M{}^2 - G\,J_T)\,\vartheta'' = 0. \tag{14}$$

Die zugehörigen Stabkennwerte lauten

zu (13)

$$\varepsilon_{y*} = l\,\sqrt{\frac{N\,(1 + \mu^2)}{E\,J_y + \mu^2\,E\,J_z}}, \tag{13a}$$

zu (14)

$$\varepsilon_\vartheta = l\,\sqrt{\frac{N(i_M{}^2) - G\,J_T}{E\,C_M}}. \tag{14a}$$

(13) und (13a) charakterisieren ein Biegeknicken, wobei sich Biegung um die y- und Biegung um die z-Achse verknüpfen, während (14) und (14a) hier den unabhängigen Drillknickfall darstellen.

Für die Dimensionierung des Stabes ist der Fall mit der kleineren kritischen Normalkraft N_K maßgebend. Beim Einzelstab mit den Standardlagerungen sind die ε_K-Werte und damit die zugehörigen N_K wiederum bekannt. Bei anderen Lagerungen und bei Stabsystemen ist wieder nach [2] vorzugehen.

Fall I.3a

Für diesen Fall verbleiben von (1e) die zwei voneinander unabhängigen Differentialgleichungen

$$E\,J_z\,v'''' + N\,v'' = 0, \tag{15}$$

$$[E\,C_M + a^2\,E\,J_y]\,\vartheta'''' + [N\,i_D{}^2 - G\,J_T]\,\vartheta'' = 0 \tag{16}$$

mit den zugehörigen Stabkennzahlen

$$\varepsilon_z = l\,\sqrt{\frac{N}{E\,J_z}}, \tag{15a}$$

$$\varepsilon_{\vartheta*} = l\,\sqrt{\frac{N\,i_D{}^2 - G\,J_T}{E\,C_M + a^2\,E\,J_y}}, \tag{16a}$$

wobei

$$i_D{}^2 = i_M{}^2 + a^2$$

gilt.

Hier beschreiben (15) und (15a) den gewöhnlichen Druckstab, (16) und (16a) den Fall des Biegedrillknickens, wobei für die Lösungen das Analoge von Fall I.2 gilt.

Fall I.3b

Hier ergibt sich mit $v = -b\,\vartheta$ in analoger Weise, ohne die entsprechenden Differentialgleichungen noch einmal anzuführen,

$$\varepsilon_y = l \sqrt{\frac{N}{E\,J_y}}, \tag{17a}$$

$$\varepsilon_{\vartheta*} = l \sqrt{\frac{N\,i_D{}^2 - G\,J_T}{E\,C_M + b^2\,E\,J_z}}. \tag{18a}$$

(17a) ist hier der für das Biegeknicken um die y-Achse maßgebende Stabkennwert; (18a) charakterisiert den Biegedrillknickfall, wobei z-Biegung und Drillung miteinander verknüpft sind.

Fälle II: Koppelung nur an den Stabenden

Die Verknüpfung der drei Verformungsgrößen w, v und ϑ oder von deren Ableitungen liegt hier nur an Einzelquerschnitten vor, die wir vorerst an die Stabenden legen wollen. Betrachten wir also zunächst den einfachen Stab, dessen Enden in Richtung senkrecht zur Stabachse unverschieblich gelagert sind, so können wir uns die Koppelung der Verformungen w', v' und ϑ an den Stabenden am besten durch ein Scharnier an jedem Stabende realisiert denken, dessen Drehachsenrichtung beliebig sein kann. Diese Scharnierachse, um die sich das Stabende bei (z. B. infolge Erreichens der kritischen Druckbelastung) eintretender Verformung verdrehen muß, wird in ihrer Richtung durch die Angabe zweier voneinander unabhängiger Winkel festgelegt.

Bezeichnen wir mit

α den Winkel zwischen Scharnierachse und x-Achse des Stabes (= Längsachse),

β den Winkel zwischen Scharnierachse und y-Achse des Stabquerschnittes und

γ den Winkel zwischen Scharnierachse und z-Achse des Stabquerschnittes,

so besteht zwischen diesen drei Winkeln die Beziehung

$$\cos^2\alpha + \cos^2\beta + \cos^2\gamma = 1,$$

so daß bei zwei gegebenen Werten der dritte bestimmt ist.

Zur rechnerischen Behandlung von solchen nun räumlichen Stabproblemen greifen wir auf die grundlegende Arbeit von H. Beer [7] zurück, in der die Deformationsmethode der Theorie I. Ordnung für beliebig räumliche Stabknoten angewendet wurde, und erweitern diese für die hier betrachteten Fälle auf die Theorie II. Ordnung (nach Chwalla [2]).

Erteilt man nun dem Stabende 1 eine Verdrehung $\zeta_1 = 1$ um die Scharnierachse am Stabende 1, so ergeben sich dort die Verformungskomponenten

$$\left.\begin{aligned} \vartheta_1 &\equiv \zeta_{x1} = \zeta_1 \cos \alpha_1, \\ w_1' &\equiv \zeta_{y1} = \zeta_1 \cos \beta_1, \\ v_1' &\equiv \zeta_{z1} = \zeta_1 \cos \gamma_1. \end{aligned}\right\} \tag{19}$$

Vernachlässigen wir im Rahmen dieser Betrachtungen den Einfluß der Wölbkraft (vgl. auch [7]) und berücksichtigen wir hier nur die durch die Normalkraft beeinflußte St. Venantsche Torsionssteifigkeit des Stabes

$$G\,J_T^* = G\,J_T - N\,i_M^2 \tag{20}$$

(mit $+N$ als Druckkraft), dann lauten die drei Differentialgleichungen (1e)

$$\left.\begin{aligned} E\,J_y\,w'''' + N\,w'' &= 0, \\ E\,J_z\,v'''' + N\,v'' &= 0, \\ G\,J_T^*\,\vartheta'' &= 0. \end{aligned}\right\} \tag{1f}$$

Die zu den einzelnen Verformungen gehörenden Steifigkeiten, definiert als die für die Verformungsgröße 1 erforderliche Kraftgröße, betragen nun für den

$$\left.\begin{aligned} &\text{Drillwinkel } \vartheta = 1: && s_\vartheta = G\,J_T^*/l, \\ &\text{Biegewinkel } w' = 1: && s_y = I_y'\,E\,J_y/l, \\ &\text{Biegewinkel } v' = 1: && s_z = I_z'\,E\,J_z/l. \end{aligned}\right\} \tag{21}$$

Dabei ist I_i' von der Lagerung des Stabgegenendes abhängig, und zwar für das gelenkige Ende als C', für das volleingespannte Ende als A', bei symmetrischer Belastung des Stabes als $A' - B'$ und bei antimetrischer Biegung des Stabes als $A' + B'$ in den erwähnten Hilfstafeln [3] in Abhängigkeit von den ε-Werten

$$\varepsilon_y = l\sqrt{\frac{N}{E\,J_y}} \quad \text{und} \quad \varepsilon_z = l\sqrt{\frac{N}{E\,J_z}} \tag{22}$$

tabuliert.

Betrachten wir nun einen Stab mit den Scharnieren 1 und 2 an den Stabenden 1 und 2 und verdrehen wir bei festgehaltenem Scharnier 2 das Stabende 1 um den Winkel $\zeta_1 = 1$ um das Scharnier 1, so stellen die Richtungskosinusse

$$\vartheta_1 = \cos \alpha_1; \quad w_1' = \cos \beta_1; \quad v_1' = \cos \gamma_1$$

die für das erforderliche Scharniermoment Z_{11} im Scharnier 1 maßgebenden Verformungskomponenten dar. Das Scharniermoment beträgt dann unter Berücksichtigung der entsprechend wirksamen Komponenten von (21)

$$Z_{11} = \frac{G\,J_T^*}{l}\cos^2 \alpha_1 + A_y'\,\frac{E\,J_y}{l}\cos^2 \beta_1 + A_z'\,\frac{E\,J_z}{l}\cos^2 \gamma_1. \tag{23}$$

Gleichzeitig tritt bei der Verdrehung des Scharniers 1 um $\zeta_1 = 1$ im Scharnier 2 am Gegenende des Stabes das Festhaltescharniermoment Z_{21}

auf, in das nun auch die Richtungskosinusse des Scharniers 2 eingehen:

$$Z_{21} = \frac{G J_T^*}{l} \cos \alpha_1 \cos \alpha_2 - B_y' \frac{E J_y}{l} \cos \beta_1 \cos \beta_2 - \\ - B_z' \frac{E J_z}{l} \cos \gamma_1 \cos \gamma_2. \tag{24}$$

Wird das Scharnier Z_2 um den Winkel $\zeta_2 = 1$ verdreht, ergeben sich in vollkommen analoger Weise das Scharniermoment im Scharnier 2

$$Z_{22} = \frac{G J_T^*}{l} \cos^2 \alpha_2 + A_y' \frac{E J_y}{l} \cos^2 \beta_2 + A_z' \frac{E J_z}{l} \cos^2 \gamma_2 \tag{25}$$

und das Festhaltescharniermoment im Scharnier 1

$$Z_{12} = Z_{21}. \tag{26}$$

Für praktische Berechnungen ist es zweckmäßig, mit $\overline{Z} = \frac{l}{E J_y} Z$ zu arbeiten und die Abkürzung $\varrho = \frac{G J_T^*}{E J_y}$ einzuführen. Wir erhalten dann:

$$\left.\begin{aligned} \overline{Z}_{11} &= \varrho \cos^2 \alpha_1 + A_y' \cos^2 \beta_1 + A_z' \frac{J_z}{J_y} \cos^2 \gamma_1, \\ \overline{Z}_{12} &= \overline{Z}_{21} = \varrho \cos \alpha_1 \cos \alpha_2 - B_y' \cos \beta_1 \cos \beta_2 - B_z' \frac{J_z}{J_y} \cos \gamma_1 \cos \gamma_2, \\ \overline{Z}_{22} &= \varrho \cos^2 \alpha_2 + A_y' \cos^2 \beta_2 + A_z' \frac{J_z}{J_y} \cos^2 \gamma_2. \end{aligned}\right\} \tag{27}$$

Die Stabilitätsbedingung lautet nun (vgl. [2])

$$\Delta = \begin{vmatrix} \overline{Z}_{11} & \overline{Z}_{12} \\ \overline{Z}_{12} & \overline{Z}_{22} \end{vmatrix} = 0, \tag{28}$$

d. h. die Knickdeterminante muß verschwinden. Die Lösung dieser Stabilitätsbedingung erfolgt nun im allgemeinen durch probierendes Variieren der Normalkraft (Einführung des „Lastfaktors"), bis die Determinante (28) Null wird. Dieses Aufsuchen der Nullstelle geschieht am einfachsten unter Zuhilfenahme der ε-Funktionstafeln [3], aus denen, den ε-Werten (22) entsprechend, die hier nötigen Funktionswerte A' und B' zu entnehmen sind. Bei einiger Erfahrung hat man in der Regel nach drei Rechenschritten bereits genügend genau den kritischen Lastfaktor bzw. die kritische Normalkraft N_K, wobei jedoch darauf zu achten ist, daß keine Nullstelle übersprungen und damit die kleinste maßgebende kritische Last übersehen wurde.

Es ist leicht zu ersehen, daß die hier aufgezeigte Art der $\overline{Z}_{ik}$-Werteermittlung und damit der Aufstellung der Stabilitätsbedingung analog auch für Stabsysteme durchgeführt werden kann (vgl. [2]).

Im folgenden sollen nun mehrere Sonderfälle des an den Enden scharniergelagerten Einzelstabes betrachtet und hierfür die Stabilitätsbedingungen bzw. deren Lösungen angegeben werden:

Sonderfälle A

Wir nehmen hier an, daß das Scharnier an jedem der beiden Stabenden senkrecht zur Stabachse x ($\alpha_1 = \alpha_2 = 90°$), aber zu den Hauptachsen des Querschnitts beliebig geneigt angeordnet sei. In diesem Fall werden nur die beiden Verformungen w und v bzw. an den beiden Stabenden w' und v' gekoppelt und das Torsionsproblem besteht für sich allein (Fall II.2). Betrachten wir nur das gekoppelte Biegeknickproblem, so ergeben sich mit der hier geltenden Beziehung $\cos\gamma_i = \sin\beta_i$ aus (27) die $\overline{Z}$-Werte

$$\left.\begin{aligned} \overline{Z}_{11} &= A_y' \cos^2\beta_1 + A_z' \frac{J_z}{J_y} \sin^2\beta_1, \\ \overline{Z}_{22} &= A_y' \cos^2\beta_2 + A_z' \frac{J_z}{J_y} \sin^2\beta_2, \\ \overline{Z}_{12} &= -B_y' \cos\beta_1 \cos\beta_2 - B_z' \frac{J_z}{J_y} \sin\beta_1 \sin\beta_2, \end{aligned}\right\} \quad (29)$$

in denen nun der Torsionseinfluß nicht aufscheint. Wir nehmen nun von der hier noch beliebigen Lage der Scharnierachse in der y-z-Ebene der beiden Stabendquerschnitte folgende Fälle heraus:

Fall A.1

In diesem Fall seien die beiden Scharnierachsen parallel angeordnet:

$$\beta_1 = \beta_2 = \beta.$$

Hier gilt nach (29)

$$\overline{Z}_{11} = \overline{Z}_{22} = A_y' \cos^2\beta + A_z' \frac{J_z}{J_y} \sin^2\beta,$$

$$\overline{Z}_{12} = \overline{Z}_{21} = -B_y' \cos^2\beta - B_z' \frac{J_z}{J_y} \sin^2\beta,$$

und die Stabilitätsbedingung

$$\overline{Z}_{11}^2 - \overline{Z}_{12}^2 = (\overline{Z}_{11} - \overline{Z}_{12})(\overline{Z}_{11} + \overline{Z}_{12}) = 0$$

läßt sich dann in zwei voneinander unabhängige Bedingungen aufspalten:

a) $\overline{Z}_{11} - \overline{Z}_{12} = 0$ und
b) $\overline{Z}_{11} + \overline{Z}_{12} = 0$.

In der Tat gehören diese zwei Bedingungen zu zwei voneinander unabhängigen Knickformen des Stabes, und zwar

a) $(A_y' + B_y') \cos^2\beta + (A_z' + B_z') \frac{J_z}{J_y} \sin^2\beta = 0$ zur antimetrischen Knickform und

b) $(A_y' - B_y') \cos^2\beta + (A_z' - B_z') \frac{J_z}{J_y} \sin^2\beta = 0$ zur symmetrischen Ausweichform des Stabes.

Für den weiter eingeschränkten Fall $\beta_1 = \beta_2 = 0$, daß also die Scharnierachse mit der y-Achse des Querschnitts zusammenfällt, ergeben sich diese beiden Knickbedingungen zu

a) $A_y' + B_y' = 0$ mit der bekannten Lösung $\varepsilon_{K\,y} = 2\,\pi$ für antimetrisches Ausknicken in zwei Halbwellen und

b) $A_y' - B_y' = 0$ mit der Lösung $\varepsilon_{K\,y} = \pi$ für symmetrisches Ausweichen in einer Halbwelle.

Analog erhalten wir für $\beta_1 = \beta_2 = 90°$ (Scharnierachse in der z-Achse)

a) $A_z' + B_z' = 0$ mit $\varepsilon_{K\,z} = 2\,\pi$ und

b) $A_z' - B_z' = 0$ mit $\varepsilon_{K\,z} = \pi$.

Fall A.2

Nehmen wir die Scharnierlage in den beiden Endquerschnitten so an, daß $\beta_1 = -\beta_2 = \beta$ gilt, so erhalten wir nach (29)

$$\overline{Z}_{11} = \overline{Z}_{22} = A_y' \cos^2\beta + A_z' \frac{J_z}{J_y} \sin^2\beta,$$

$$\overline{Z}_{12} = \overline{Z}_{21} = -B_y' \cos^2\beta + B_z' \frac{J_z}{J_y} \sin^2\beta$$

und damit wieder die beiden getrennten Stabilitätsbedingungen

a) $(A_y' + B_y') \cos^2\beta + (A_z' - B_z') \dfrac{J_z}{J_y} \sin^2\beta = 0,$

b) $(A_y' - B_y') \cos^2\beta + (A_z' + B_z') \dfrac{J_z}{J_y} \sin^2\beta = 0,$

die für den gegebenen Winkel β und das vorhandene Verhältnis J_z/J_y mit Hilfe der ε-Tafeln zu lösen sind.

Fall A.3

Für $\beta_1 = 0$ und $\beta_2 = 90°$ ergibt sich, für die Richtungen y und z getrennt, der bekannte Sonderfall des am einen Ende voll eingespannten und am andern Ende gelenkig gelagerten Druckstabes und erhalten wir aus (29) mit $\sin\beta_1 = 0$; $\cos\beta_1 = 1$; $\sin\beta_2 = 1$; $\cos\beta_2 = 0$ die Stabilitätsbedingungen

$$\overline{Z}_{11} = A_y' = 0 \quad \text{und} \quad \overline{Z}_{22} = A_z' = 0$$

mit den Lösungen $\varepsilon_{K\,y} = \varepsilon_{K\,z} = 4{,}493$, also der Knicklänge $l_K = \pi/\varepsilon_K \cdot l = 0{,}7\,l$ für beide Richtungen.

Sonderfälle B

In diesen Fällen liege die Scharnierachse an beiden Stabenden in der x-y-Ebene, also in einer Ebene, welche die Stabachse x enthält; es ist dann für einen beliebigen Winkel α $\gamma = 90°$ und $\beta = \alpha - 90°$, d. h. $\cos\beta = -\sin\alpha$. Hier koppelt sich beim Ausweichvorgang die y-Biegung mit der Torsion, während die Knickbiegelinie um die z-Achse unabhängig bleibt.

Für die Verknüpfung von w' mit ϑ gilt nach (27)

$$\left.\begin{aligned}\bar{Z}_{11} &= \varrho \cos^2 \alpha_1 + A_y' \sin^2 \alpha_1,\\ \bar{Z}_{22} &= \varrho \cos^2 \alpha_2 + A_y' \sin^2 \alpha_2,\\ \bar{Z}_{12} &= \bar{Z}_{21} = \varrho \cos \alpha_1 \cos \alpha_2 - B_y' \sin \alpha_1 \sin \alpha_2.\end{aligned}\right\} \tag{30}$$

Mit diesen $\bar{Z}$-Werten kann die Stabilitätsbedingung (28) aufgestellt werden. Die Lösung erfolgt in der angegebenen Weise. Wir betrachten wieder einige Sonderfälle hierzu:

Fall B.1

Für den Fall, daß die Scharniere an den beiden Stabenden in derselben Ebene und parallel zueinander liegen ($\alpha_1 = \alpha_2 = \alpha$), ergeben sich nach (30) die $\bar{Z}$-Werte

$$\bar{Z}_{11} = \bar{Z}_{22} = \varrho \cos^2 \alpha + A_y' \sin^2 \alpha,$$
$$\bar{Z}_{12} = \bar{Z}_{21} = \varrho \cos^2 \alpha - B_y' \sin^2 \alpha,$$

und die Stabilitätsbedingung löst sich wiederum in zwei voneinander unabhängige auf:

a) $\bar{Z}_{11} - \bar{Z}_{12} = 0$; $A_y' + B_y' = 0$ mit der antimetrischen Knickbiegelinie und der bekannten Lösung $\varepsilon_{K\,y} = 2\,\pi$,

b) $\bar{Z}_{11} + \bar{Z}_{12} = 0$; $2\,\varrho + (A_y' - B_y')\,\mathrm{tg}^2\,\alpha = 0$ mit der symmetrischen Ausweichform.

Da der Fall a) in den praktischen Fällen nicht maßgebend ist, betrachten wir genauer den Fall b): Bei der gegebenen Scharnierlage ist mit dem symmetrischen Ausweichen nach einer Halbwelle zwangsläufig eine Verdrillung gekoppelt; die dadurch mobilisierte Torsionssteifigkeit des Stabes bewirkt eine Erhöhung der Knicklast. Der Verfasser hat diese Lösungen bei der Berechnung der Stabilität von Fachwerkfüllstäben ausgewertet [8] und die Beeinflussung der Knicklast bzw. der Knicklänge durch die Torsionssteifigkeit, durch die Größe des Winkels α und durch die Steifigkeit der Nachbarstäbe (Stabsysteme) angegeben.

Fall B.2

Für $\alpha_1 = -\alpha_2 = \alpha$ ergeben sich aus (30) die $\bar{Z}$-Werte

$$\bar{Z}_{11} = \bar{Z}_{22} = \varrho \cos^2 \alpha + A_y' \sin^2 \alpha,$$

$$\bar{Z}_{12} = \bar{Z}_{21} = \varrho \cos^2 \alpha + B_y' \sin^2 \alpha$$

und erhalten wir die zwei Stabilitätsbedingungen

a) $\bar{Z}_{11} - \bar{Z}_{12} = 0$ bzw. $A_y' - B_y' = 0$ mit der trivialen Lösung $\varepsilon_{K\,y} = \pi$ und damit der Knicklänge $l_{K\,y} = l$,

b) $\bar{Z}_{11} + \bar{Z}_{12} = 0$ bzw. $2\,\varrho + (A_y' + B_y')\,\mathrm{tg}^2\,\alpha = 0$.

Der Fall b) ist praktisch nie maßgebend, weil er die mit Verdrillung verbundene antimetrische Ausweichform darstellt, die nicht die kleinere Knicklast liefern kann als der Fall a). Bei letzterem fällt hier auf, daß bei schiefer Scharnierlagerung mit gegengleichen Winkeln an den Stabenden beim Ausknicken nach einer Halbwelle (symmetrische Knickform) keine gleichzeitige Verdrillung auftritt und daher auch die kritische Last nicht vergrößert werden kann. Man vergleiche im Gegensatz dazu den Fall B.1.b), mit gleichsinnigen Scharnierwinkeln an den Stabenden, wo in der symmetrischen Knickform gleichzeitig Torsion auftritt und damit die Knicklast erhöht wird.

6. Beispiele

Zu Abschnitt 5 sollen zwei Beispiele behandelt werden, um einerseits die Anwendung der dort gegebenen Entwicklungen und anderseits den Einfluß solcher Verformungskoppelungen aufzeigen zu können.

6.1. Vergleich der Koppelung über die ganze Stablänge mit der Koppelung nur an den Stabenden

Wir untersuchen einen an beiden Enden seitlich unverschieblich gelagerten Stab mit doppelsymmetrischem Querschnitt. Dabei unterscheiden wir

Fall I mit der Verknüpfung der Verschiebungen w und v über die ganze Stablänge (Fall I.2) und

Fall II mit der Verknüpfung der Verdrehungen w' und v' nur an den beiden Stabenden (Fall II.2; A.1).

Der Fall der Torsion wird hier außer acht gelassen.

Fall I

Nach (13a) ergibt sich für die hier betrachtete Lagerung die Knickbedingung

$$A_{y*}' - B_{y*}' = 0$$

mit der Lösung

$$\varepsilon_{K\,y*} = \pi.$$

Man kann daher auch schreiben:

$$\pi = l\sqrt{\frac{N_K}{E J_y}} \cdot \sqrt{\frac{1+\mu^2}{1+\mu^2 \dfrac{J_z}{J_y}}} = \varepsilon_{K\,y} \cdot \sqrt{\frac{1+\mu^2}{1+\mu^2 \dfrac{J_z}{J_y}}}$$

und erhält damit

$$\frac{l_{K\,y}}{l} = \frac{\pi}{\varepsilon_{K\,y}} = \sqrt{\frac{1+\mu^2}{1+\mu^2 \dfrac{J_z}{J_y}}}.$$

Mit dem Ergebnis der Knicklänge $l_{K\,y}$ kann die Stabilitätsberechnung als abgeschlossen betrachtet werden. Das für verschiedene μ- und $\frac{J_z}{J_y}$-Werte erhaltene Verhältnis $l_{K\,y}/l$ wurde im Diagramm (s. Abb. 5) aufgetragen.

Fall II

Für das betrachtete Beispiel gilt an beiden Stabenden $\alpha_1 = \alpha_2 = 90^\circ$ (Scharnierachse in der y-z-Ebene) und $\beta_1 = \beta_2 = \beta$ (Fall A.1). Zwischen den Verdrehungen w' und v' besteht daher der Zusammenhang $v' = \mu\, w' =$

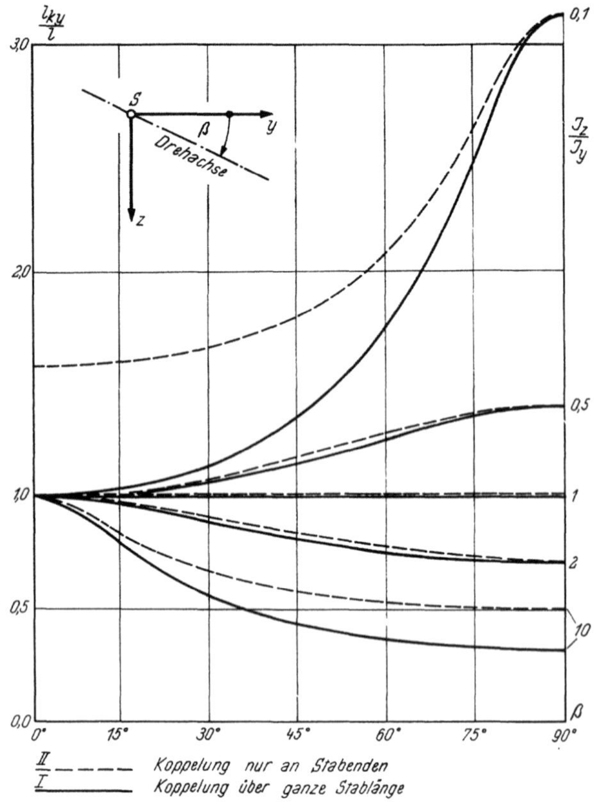

Abb. 5. Vergleich der Knicklängen bei Verformungskoppelung über die ganze Stablänge und nur an den Stabenden

$= -\operatorname{tg}\beta\, w'$ (s. Abb. 6). Wir erhalten (vgl. Fall A.1) die zwei Stabilitätsbedingungen

$$\text{a)}\quad A_y' + B_y' + (A_z' + B_z')\frac{J_z}{J_y}\operatorname{tg}^2\beta = 0 \quad\text{und}$$

$$\text{b)}\quad A_y' - B_y' + (A_z' - B_z')\frac{J_z}{J_y}\operatorname{tg}^2\beta = 0.$$

Setzen wir $\operatorname{tg}^2\beta = \mu^2$ ein und beachten wir, daß für den Vergleich mit Fall I hier nur die Bedingung b) interessiert, so ist also die Forderung

$$\frac{A_y' - B_y'}{A_z' - B_z'} = -\frac{J_z}{J_y}\mu^2$$

zu erfüllen. Sie wurde mit Hilfe der ε-Funktionstafeln für verschiedene μ bzw. β und J_z/J_y gelöst. Die Ergebnisse sind in Abb. 5 denen des Falles I gegenübergestellt.

In beiden Fällen ist $l_{K\,y}/l$ dargestellt, so daß mit $\lambda_y = l_{K\,y}/i_y$ der normengemäße Knicknachweis geführt werden kann. Es leuchtet ein, daß die Knicklängen des Falles II (Koppelung nur an den Stabenden) für Winkel zwischen 0 und 90° stets über denen des Falles I (Koppelung über die ganze Stablänge) liegen; dies umso mehr, je weiter das Trägheitsmomentenverhältnis J_z/J_y von 1 abweicht. Für $J_z/J_y = 1$ stimmen die Ergebnisse überein.

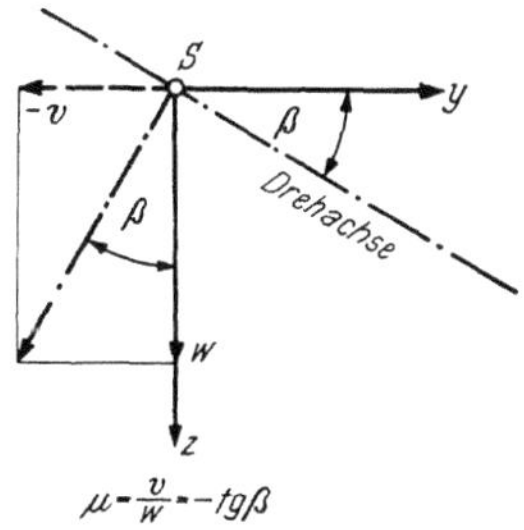

Abb. 6. Beziehung zwischen μ und tg β

Im Sonderfall $\beta = 0°$ ergibt sich für die Koppelungsart I naturgemäß stets $l_{K\,y}/l = 1$, während für II bei Trägheitsmomentenverhältnissen $J_z/J_y < 0{,}25$ die Knicklänge $l_{K\,y}/l = \frac{1}{2}\sqrt{\frac{J_y}{J_z}}$ wird; dies entspricht der Knickung um die z-Achse bei eingespannten Stabenden, die hier maßgebend wird. Anderseits entsprechen im Sonderfall $\beta = 90°$ für Koppelung I die Knicklängenergebnisse $l_{K\,y}/l = \sqrt{J_y/J_z}$ der Knickung um die z-Achse, da der Stab gegen Ausweichen um die y-Achse über die ganze Länge gehalten ist, während für Koppelung II bei Trägheitsmomentenverhältnissen $J_z/J_y > 4$ trotzdem noch die Knickung um die y-Achse — bei voll eingespannten Stabenden —, also mit $l_{K\,y}/l = 0{,}5$, auftritt. Im Diagramm sind diese beiden Sonderfälle für $J_z/J_y = 0{,}1$ und 10 aufgezeigt.

6.2. Druckstütze mit Schneidenlagerung

Hier soll die Stabilität einer Druckstütze mit gleichen Hauptträgheitsmomenten $J_y = J_z$ untersucht werden. Die beiden Enden seien seitlich unverschieblich, in senkrecht zur Stablängsachse x angeordneten Schneiden gelagert. Die Schneide am Ende 2 sei gegenüber der am Ende 1 um den Winkel β verschwenkt. Setzen wir somit $\beta_1 = 0$ und $\beta_2 = \beta$, so erhalten wir nach (29):

$$\bar{Z}_{11} = A',$$
$$\bar{Z}_{22} = A' \cos^2\beta + A' \sin^2\beta = A' = \bar{Z}_{11},$$
$$\bar{Z}_{12} = \bar{Z}_{21} = -B' \cos\beta$$

und die beiden Stabilitätsbedingungen

$$\text{a)}\quad \bar{Z}_{11} - \bar{Z}_{12} = 0;\quad A' + B' \cos\beta = 0,$$
$$\text{b)}\quad \bar{Z}_{11} + \bar{Z}_{12} = 0;\quad A' - B' \cos\beta = 0.$$

Die Lösungen wurden in der Abb. 7 polar aufgetragen. Für $\beta = 0$ und $\beta = 90°$ ergeben sich die bekannten Euler-Fälle mit $l_K/l = 1{,}0$ bzw. 0,5 und 0,7.

7. Stabsysteme

Mit den angegebenen erweiterten ε-Werten sowie den entsprechend ermittelten fiktiven Größen N^* und $E\,J^*$ sind nun nicht nur einfache Stäbe mit verschiedenen Endlagerungen zu behandeln, sondern in vollkommen analoger Weise zu den in der erwähnten Literatur ([1], [2], [4] bis [6]) angegebenen Verfahren auch Stabsysteme. Dabei müssen jedoch bestimmte Bedingungen hinsichtlich Gleichartigkeit der Verformungs-

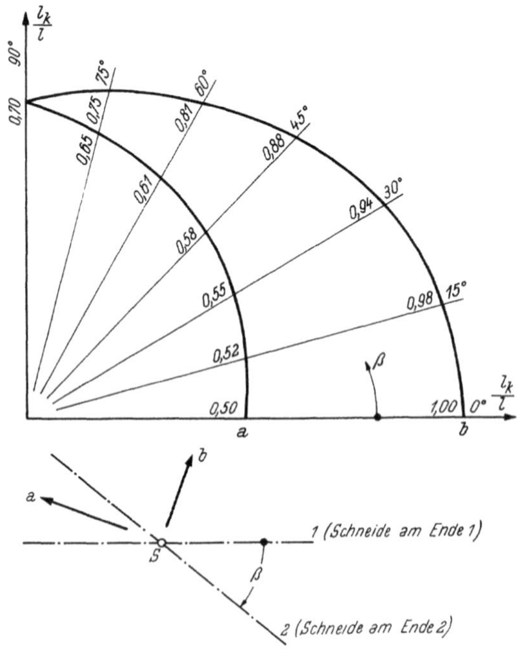

Abb. 7. Knicklängen der Druckstütze mit Schneidenlagerung

koppelungen in den einzelnen Stäben erfüllt sein. Treten bei der Behandlung von Stabsystemen Zugkräfte auf, so ist N in den gegebenen Ausdrücken mit umgekehrtem Vorzeichen einzuführen und sind die entsprechenden ε-Funktionen für Zugstäbe [3] zu verwenden.

8. Zusammenfassung

Die vorliegende Arbeit befaßt sich mit einer erweiterten Anwendungsmöglichkeit der vom Deutschen Stahlbauverband herausgegebenen „Hilfstafeln zur Berechnung von Spannungsproblemen der Theorie zweiter Ordnung und von Knickproblemen". Es werden vor allem Stabilitätsfälle von Stäben und Stabsystemen behandelt, bei denen sich in der Ausweichform die Verformungskomponenten in vorgegebener Art verknüpfen. Dabei wird unterschieden, ob diese Verknüpfungen sich über die ganze Stablänge erstrecken oder nur an bestimmten Einzelquerschnitten (Stabenden oder Übergangsstellen) vorliegen. Der Unterschied zwischen diesen beiden sowie der Einfluß von solchen Koppelungen auf die Knicklänge wird an zwei einfachen Beispielen gezeigt.

Literatur

[1] CHWALLA, E.: Sondervorlesungen über Stabilitätsprobleme. 1956 bis 1960 an der Technischen Hochschule Graz.

[2] CHWALLA, E.: Die neuen Hilfstafeln zur Berechnung von Spannungsproblemen der Theorie zweiter Ordnung und von Knickproblemen. Bauing. **34**, H. 4, 6 und 8 (1959).

[3] Hilfstafeln zur Berechnung von Spannungsproblemen der Theorie zweiter Ordnung und von Knickproblemen. Köln: Stahlbau-Verlag GmbH. 1959.

[4] SCHABER, E.: Beitrag zur Stabilitätsberechnung ebener Stabwerke. Dissertation an der Technischen Universität Berlin-Charlottenburg. Berlin 1958.

[5] SATTLER, K.: Stabilitätsuntersuchungen nach LUNDQUIST und SLAVIN. Umdruckblätter des Lehrstuhls für Stahlbau der Technischen Universität Berlin.

[6] SATTLER, K.: Das Verfahren Slavin zur Untersuchung der Stabilität ganzer Fachwerksysteme. Bautechnik **30**, 222 (1953).

[7] BEER, H.: Ein allgemeines Verfahren zur Berechnung von räumlichen Rahmensystemen. Federhofer-Girkmann-Festschrift. Wien: Franz Deuticke Verlag. 1950.

[8] RESINGER, F.: Zur Stabilität von torsionssteifen Fachwerkfüllstäben, insbesondere aus Rundstahl. Der Stahlbau **1963**, H. 1.

Zur Gültigkeit der Dreischübegleichungen in der Gelenksfaltwerkstheorie

Von

H. Stoiser, Graz

Mit 11 Textabbildungen

I. Einleitung

Die Schnittkräfte, die den Spannungszustand eines Gelenksfaltwerkes beschreiben, müssen bekanntlich den Gleichgewichtsbedingungen und folgenden Formänderungsbedingungen genügen: Gleichheit der Dehnungen sowie Zusammenfallen der räumlichen Biegelinien gemeinsamer Kanten von aneinanderstoßenden Wänden.

In der Gelenksfaltwerkstheorie wird nun in der Regel die Formänderungsbedingung gleicher Durchbiegung vernachlässigt, was auch im allgemeinen berechtigt ist, vor allem dann, wenn das Verhältnis der Höhe einer Scheibe zu ihrer Dicke groß ist [1], [2].

Die alleinige Formänderungsbedingung gleicher Kantendehnung ist allerdings für die Berechnung in manchen Grenzfällen nicht ausreichend, weil die Bedingung der gleichen Durchbiegung dort auch nicht mehr näherungsweise eingehalten ist (s. [3]).

Im folgenden wurden zwei charakteristische Beispiele (ein offenes und ein geschlossenes Profil) mit verschiedenen Variablen untersucht, wobei in der Berechnung alle Formänderungsbedingungen erfüllt wurden. Die Beispiele wurden auch mit Hilfe der Dreischübegleichungen gelöst und die Ergebnisse einander gegenübergestellt. Aus dieser Gegenüberstellung ist deutlich zu ersehen, wann die Berechnung nach den Dreischübegleichungen genügt und in welchen Fällen es notwendig ist, die weiteren Formänderungsbedingungen zu berücksichtigen. Es wurde ebenso wie in der Gelenksfaltwerkstheorie mit einer gelenkigen (scharnierartigen) Verbindung der Kanten gerechnet, da sich aus einer Vorberechnung, bei der die Querbiegung (starre Eckverbindung der Kanten) mitberücksichtigt wurde, ergab, daß dies für die behandelten Beispiele von minimalem Einfluß ist und daher vernachlässigt werden konnte. Die Schubverformung, die in bestimmten Fällen von Bedeutung ist, wurde außer acht gelassen.

II. Grundlagen und Voraussetzungen

Es wurde wie in der Gelenksfaltwerkstheorie nach der normalen Trägerlehre gerechnet, d. h. es wurde vorausgesetzt, daß das Verhältnis der Trägerlänge zur Trägerhöhe genügend groß ist. Dieses Verhältnis wurde zur Vereinfachung der Berechnung für die angenommenen Beispiele mit 10 gewählt. Weiters wurde angenommen, daß der Querschnitt über die Trägerlänge und die Scheibendicke über den ganzen Querschnitt konstant sind, es wurde aber das Höhendickenverhältnis in verschiedenen Beispielen variiert.

Die Belastung wurde sinusförmig über die Länge verteilt, in Richtung einer Scheibenwand wirkend, angenommen. Um die Berechnung des statisch unbestimmten Spannungszustandes durchführen zu können, wurde folgender Weg beschritten: Die Faltwerksscheiben werden an ihren Kanten völlig voneinander getrennt, wobei jede Scheibe in der Endquerscheibe frei drehbar gelagert gedacht ist. Die äußere Belastung erzeugt nun in den einzelnen Wänden, der Belastung entsprechend über die Länge des Trägers verteilt, Biegemomente $M^\circ_{||}$ parallel zur Wandebene, Biegemomente $M^\circ_{\perp}$ quer zur Wandebene und Torsionsmomente, die um die Längsachse der Einzelscheibe wirken. Als statisch Unbestimmte wurden nun zwei zueinander senkrecht stehende Schnittkräfte X und Y (Schnittkraftgruppen) gewählt, die die Biegeverformungen, und Schubkräfte T, wie in der Faltwerkstheorie üblich, die die Kantendehnungen auszugleichen haben. Die Schubkraft T bezeichnet im Rahmen dieser Arbeit die jeweilige Schubkraftsumme $T_x = \int\limits_0^x t\,dx$ im Sinne der Faltwerkstheorie. Auch die Verteilung dieser unbekannten Schnittkräfte ist zwangsläufig sinusförmig, so daß durch die Erfüllung der Formänderungsbedingungen in *einem* Querschnitt diese in jedem Querschnitt des Trägers gegeben ist.

Die Annahme der „Sinusbelastung" bedeutet keine Einschränkung, da jeder beliebige Belastungsverlauf durch eine Sinusreihe dargestellt werden kann.

III. Allgemeine Begriffsfestlegung

Querschnittswerte (über die Trägerlänge konstant):

h Höhe einer Scheibe,

t Dicke einer Scheibe,

$F = t\,h$ Fläche einer Scheibe,

$J_{||} = \frac{t\,h^3}{12}$ Trägheitsmoment für die Biegung parallel zur Höhe,

$J_{\perp} = \frac{t^3\,h}{12}$ Trägheitsmoment für die Biegung quer zur Höhe,

$J_T = \frac{t^3\,h}{3}$ SAINT-VENANTscher Torsionswiderstand,

E Elastizitätsmodul,

G Schubmodul.

Folgende Festlegungen werden getroffen:

$$\frac{E}{G} = 2{,}6 \text{ (für Stahl)};$$

$$\frac{h}{l} = \lambda = 10; \qquad \frac{h}{t} = \beta.$$

Die Annahme der positiven Belastungsrichtungen ist aus Abb. 1 zu ersehen.

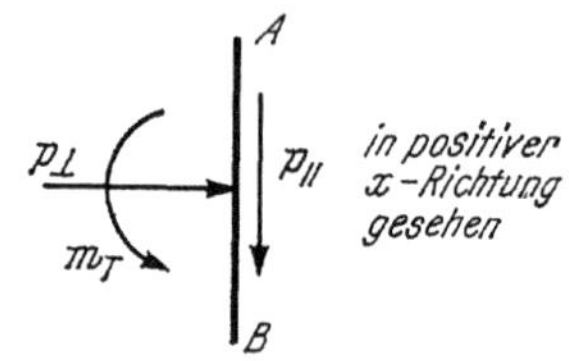

Abb. 1. Positive Belastungsrichtungen

IV. Beispiel 1

Als erstes Beispiel wird ein offenes Profil behandelt, und zwar ein Winkel mit gleichlangen Schenkeln und gleicher Schenkeldicke. Der Winkel α (s. Abb. 2a)* wurde von $+ 90°$ bis $- 90°$ veränderlich gewählt.

Dieses Beispiel wurde zunächst mit Hilfe der Dreischübegleichung berechnet. Diese Lösung, für die nur die Unbekannte T existiert, ist völlig unabhängig vom Winkel α und dem Höhendickenverhältnis β und bringt in allen Fällen für die Trägermitte folgendes Ergebnis (s. Abb. 6):

$$T = \frac{7{,}5}{\pi} p = + 2{,}3873\, p,$$

$$\sigma_A = + 0{,}2500\, p \frac{l^2}{\pi^2} \frac{6}{t\, h^2},$$

$$\sigma_B = - 0{,}5000\, p \frac{l^2}{\pi^2} \frac{6}{t\, h^2},$$

$$\sigma_C = + 0{,}7500\, p \frac{l^2}{\pi^2} \frac{6}{t\, h^2}.$$

Die genauere Berechnung wurde, wie schon in der Einleitung beschrieben, durch Hinzuziehen der Unbekannten X und Y durchgeführt (Abb. 2b).

Aus der Belastung und aus den Unbekannten ergeben sich in den Einzelscheiben folgende Beanspruchungen:

Zustand 0 (Abb. 3a): Zufolge der äußeren Belastung bleibt die Scheibe AB ohne Beanspruchung, und für die Scheibe BC ergibt sich lediglich eine Biegemoment

$$M^\circ_{BC||,\,x} = + p \frac{l^2}{\pi^2} \sin \frac{\pi x}{l}.$$

---

* In den Abbildungen 2 und 3 ist bei der Darstellung des Zustandes T an der Scheibe BC das andere Schnittufer gezeichnet. Die Schnittkraft T wirkt als Zugkraft.

Zustand X_1 (Abb. 3b): Durch die vertikale Unbekannte $X = \sin\frac{\pi x}{l}$ entsteht in der Scheibe AB

ein Parallelbiegemoment $M^{(1)}_{AB||,x} = -\sin\alpha\frac{l^2}{\pi^2}\sin\frac{\pi x}{l}$,

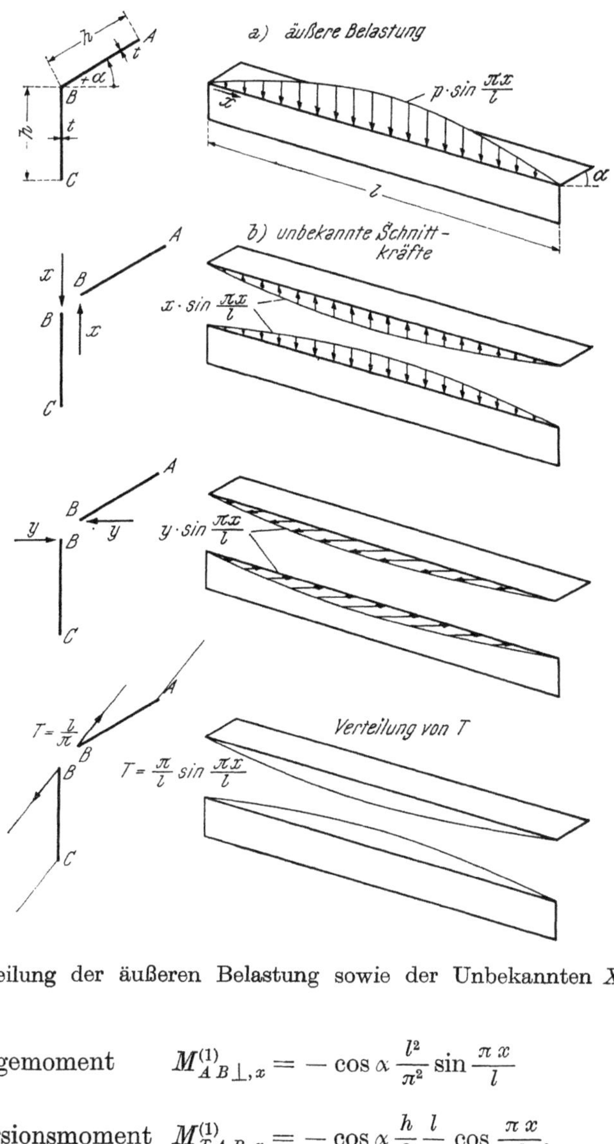

Abb. 2. Verteilung der äußeren Belastung sowie der Unbekannten X, Y und T

ein Querbiegemoment $M^{(1)}_{AB\perp,x} = -\cos\alpha\frac{l^2}{\pi^2}\sin\frac{\pi x}{l}$

und ein Torsionsmoment $M^{(1)}_{TAB,x} = -\cos\alpha\frac{h}{2}\frac{l}{\pi}\cos\frac{\pi x}{l}$.

Für die Scheibe BC entsteht nur:

$$M^{(1)}_{BC||,x} = +\frac{l^2}{\pi^2}\sin\frac{\pi x}{l}.$$

Zustand X_2 (Abb. 3c): Infolge der horizontalen Unbekannten $Y = \sin \frac{\pi x}{l}$ entstehen:

In der Scheibe AB: $M^{(2)}_{AB\|, x} = + \cos\alpha \frac{l^2}{\pi^2} \sin \frac{\pi x}{l}$,

$$M^{(2)}_{AB\perp, x} = - \sin\alpha \frac{l^2}{\pi^2} \sin \frac{\pi x}{l},$$

$$M^{(2)}_{TAB, x} = - \sin\alpha \frac{h}{2} \frac{l}{\pi} \cos \frac{\pi x}{l}.$$

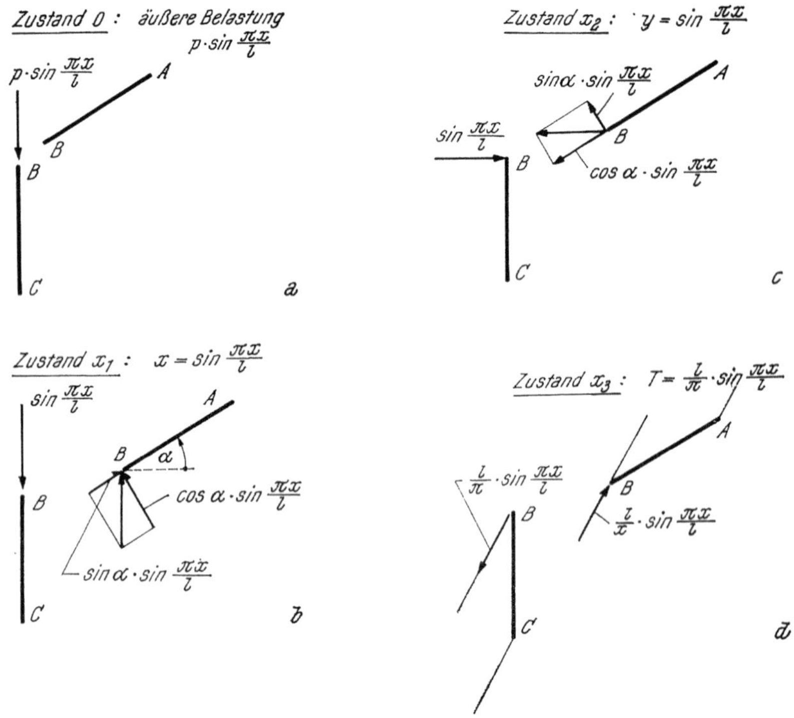

Abb. 3. Belastungen der Einzelscheiben

In der Scheibe BC: $M^{(2)}_{BC\perp, x} = + \frac{l^2}{\pi^2} \sin \frac{\pi x}{l}$,

$$M^{(2)}_{TBC, x} = - \frac{h}{2} \frac{l}{\pi} \cos \frac{\pi x}{l}.$$

Zustand X_3 (Abb. 3d): Infolge der Schubkraft $T = \frac{l}{\pi} \sin \frac{\pi x}{l}$ ergeben sich folgende Beanspruchungen:

In der Scheibe AB: $M^{(3)}_{AB\|, x} = - \frac{l}{\pi} \frac{h}{2} \sin \frac{\pi x}{l}$,

$$N^{(3)}_{AB, x} = - \frac{l}{\pi} \sin \frac{\pi x}{l}.$$

In der Scheibe BC: $M^{(3)}_{BC||, x} = -\frac{l}{\pi}\frac{h}{2}\sin\frac{\pi x}{l}$,

$$N^{(3)}_{BC, x} = +\frac{l}{\pi}\sin\frac{\pi x}{l}.$$

Aus diesen Einzelbeanspruchungen lassen sich die daraus entstehenden Formänderungsgrößen δ_{ik} mit Hilfe des Arbeitssatzes auf die bekannte Art ermitteln. Mit n für die Anzahl der Scheiben lautet solch ein Wert allgemein:

$$\delta_{ik} = \sum_0^n \Big[\int_0^l M_{||i} M_{||k} \frac{1}{E J_{||}} dx + \int_0^l M_{\perp i} M_{\perp k} \frac{1}{E J_{\perp}} dx + \\ + \int_0^l M_{Ti} M_{Tk} \frac{1}{G J_T} dx + \int_0^l N_i N_k \frac{1}{EF} dx\Big]. \tag{1}$$

Die Ausdrücke für $E J_c \delta_{ik}$ nehmen im betrachteten Beispiel mit $J_c = J_{||}$ folgende Form an:

$$E J_c \delta_{11} = \frac{\pi}{2}\left(\sin^2\alpha \frac{l^4}{\pi^4} 1 + \cos^2\alpha \frac{l^4}{\pi^4}\beta^2 + \cos^2\alpha \frac{h^2}{4}\frac{l^2}{\pi^2}\frac{2{,}6\,\beta^2}{4} + \frac{l^4}{\pi^4} 1\right),$$

$$E J_c \delta_{12} = \frac{\pi}{2}\Big(-\sin\alpha\cos\alpha \frac{l^4}{\pi^4} 1{,}0 + \sin\alpha\cos\alpha \frac{l^4}{\pi^4}\beta^2 + \\ + \sin\alpha\cos\alpha \frac{h^2}{4}\frac{l^2}{\pi^2}\frac{2{,}6\,\beta^2}{4}\Big)$$

usw.

Alle diese Werte lassen sich mit der Abkürzung

$$\varkappa = \beta^2\left(1 + \frac{2{,}6\,\pi^2 h^2}{16\, l^2}\right)$$

vereinfachen auf:

$$\frac{2\pi^3}{l^4} E J_c \delta_{11} = (1 + \sin^2\alpha + \varkappa\cos^2\alpha),$$

$$\frac{2\pi^3}{l^4} E J_c \delta_{12} = -\sin\alpha\cos\alpha\,(1 - \varkappa)$$

usw.

Mit den $\frac{2\pi^3}{l^4} E J_c \delta_{ik}$-Werten ergibt sich folgendes Gleichungssystem:

X	Y	T	Lastglied
$1 + \sin^2\alpha + \varkappa\cos^2\alpha$	$-\sin\alpha\cos\alpha\,(1-\varkappa)$	$0{,}15708\,(\sin\alpha - 1)$	$1{,}00\,p$
$-\sin\alpha\cos\alpha\,(1-\varkappa)$	$\cos^2\alpha + \varkappa(\sin^2\alpha + 1)$	$-0{,}15708\cos\alpha$	—
$0{,}15708\,(\sin\alpha - 1)$	$-0{,}15708\cos\alpha$	$0{,}06580$	$-0{,}15708\,p$

Die Gleichungen wurden für verschiedene Werte von α zwischen $+90°$ und $-90°$ gelöst; der Wert β wurde mit 5, 10, 20 und 50 angenommen. Für $\beta = 100$ werden praktisch außer in den Grenzfällen $\alpha = +90°$ und

$\alpha = -90°$ die Unbekannten X und Y gleich Null und die Schubkraft sowie die Spannungen gleich groß wie nach der Dreischübegleichung.

Folgende Ergebnisse sind in Diagrammen dargestellt:

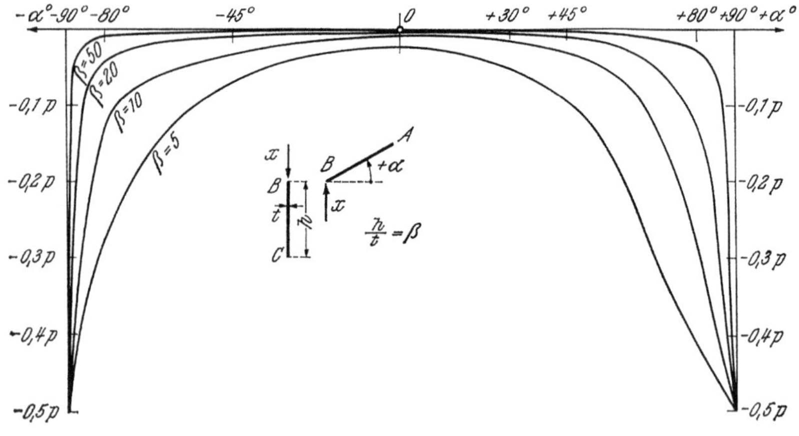

Abb. 4. Abhängigkeit der Unbekannten X von α und β

Abb. 4 stellt die Abhängigkeit der Unbekannten X vom Winkel α und dem Höhendickenverhältnis β dar. Für kleine Werte von α und dünne Wände bleibt X vernachlässigbar klein.

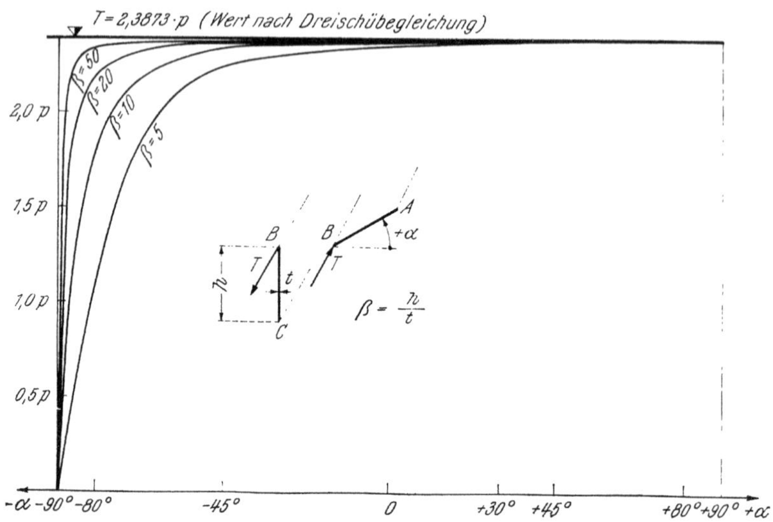

Abb. 5. Abhängigkeit der „Schubkraft T" von α und β

In Abb. 5 wird die „Schubkraft T" in Abhängigkeit von α und β dargestellt. Diese Werte werden nach der Dreischübegleichung sehr gut angenähert und stimmen nur bei sehr spitzen Winkeln zwischen den beiden Wänden nicht überein.

Aus Abb. 6 kann man die endgültigen Kantenspannungen ablesen. Aus diesem Diagramm ersieht man, daß für einen großen Wert $\beta = \frac{h}{t}$ (dünne Wände) die Dreischübegleichung für einen Bereich von etwa $-80° < \alpha < +80°$ genügend genaue Ergebnisse liefert. Bei im Verhältnis zu ihrer Höhe dicken Scheiben (kleine β-Werte) ist jedoch der Einfluß aus den Durchbiegungsbedingungen bei wesentlich kleineren Winkeln schon nicht mehr vernachlässigbar. Für den Bereich von etwa $80° < \alpha < 90°$

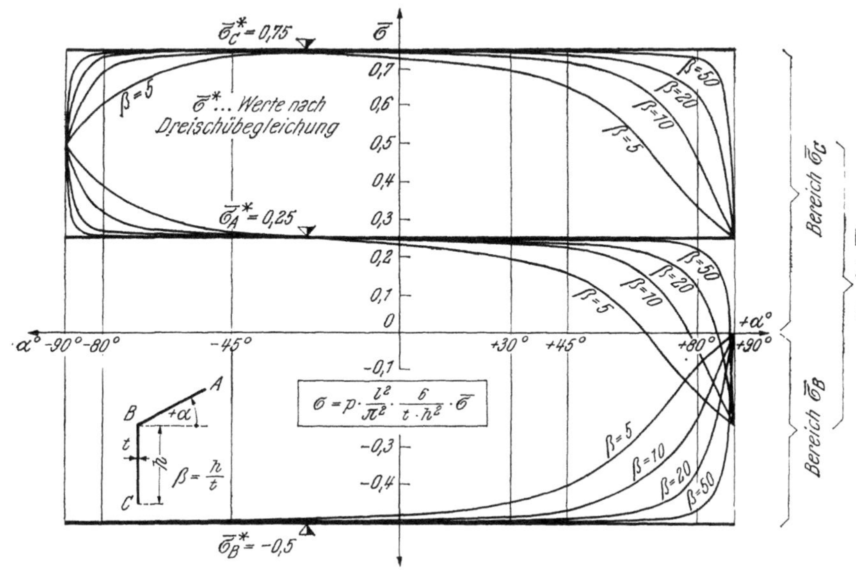

Abb. 6. Kantenspannungen in Trägermitte in Abhängigkeit von α und β

und $-80° > \alpha > -90°$ jedoch ist der Spannungszustand, der sich durch die Berechnung mit der Dreischübegleichung ergibt, unrichtig und der Einfluß der weiteren Unbekannten auf jeden Fall zu berücksichtigen.

Diese Probleme können z. B. bei flachen Faltwerksdächern auftreten, insbesondere dann, wenn Tonnendächer für die Berechnung durch Faltwerke ersetzt werden (s. [4]); oder auch bei der Behandlung von mehrzelligen Kasten nach der Faltwerkstheorie, bei denen mehrere Scheiben in einer Ebene ($\alpha = +90°$) liegen.

V. Beispiel 2

Als zweites Beispiel wurde ein geschlossenes Profil gewählt, und zwar ein rechteckiger symmetrischer Kasten mit konstantem Querschnitt über die Trägerlänge und gleicher Wanddicke für Stege und Deckscheiben (Abb. 7a). In der Untersuchung wurde das Verhältnis α von Kastenbreite zu dessen Höhe und das Verhältnis β von Kastenhöhe zu Wanddicke variiert.

Dieser Kasten wurde in den beiden Stegebenen gegensinnig, in der Längsrichtung sinusförmig (Abb. 7b) belastet. Dies ergibt für den Kasten eine Torsionsbelastung, so daß aus Antimetrie- und Symmetriegründen die jeweils drei Unbekannten X, Y und T an allen vier Kanten gleich sind. Somit brauchen die drei Formänderungsbedingungen nur an einer Kante aufgestellt zu werden.

Abb. 8 zeigt die Einheitszustände dieser Unbekannten mit den zugehörigen Schnittkräften.

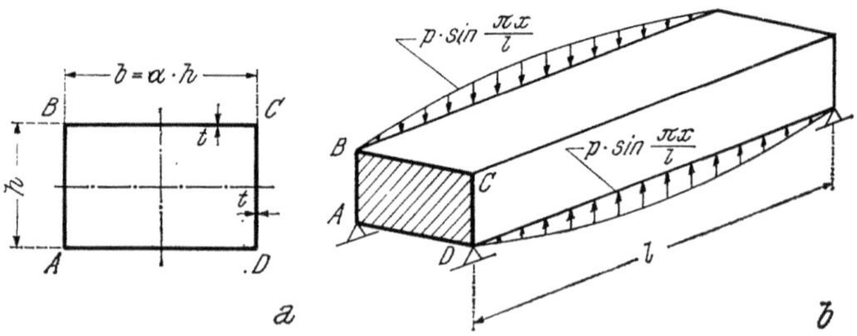

Abb. 7. Rechteckiger Kasten mit Torsionsbelastung

Die $E\,J_c\,\delta_{ik}$-Werte werden wieder analog zum Beispiel 1, Gl. (1) ermittelt. Mit den $\frac{\pi^3}{l^4}\,E\,J_c\,\delta_{ik}$-Werten und $\varkappa = 0{,}0065\,\beta^2$ ergibt sich folgendes Gleichungssystem:

X	Y	T	Lastglied
$\alpha\,\varkappa\,\pi^2 + 4$	—	$0{,}2\,\pi$	$-\,2{,}0\,p$
—	$\varkappa\,\pi^2 + \frac{4}{\alpha^3}$	$0{,}2\,\frac{\pi}{\alpha^2}$	—
$0{,}2\,\pi$	$0{,}2\,\frac{\pi}{\alpha^2}$	$0{,}01\,\pi^2\,\frac{\alpha+1}{\alpha}$	$-\,0{,}1\,\pi\,p$

In Trägermitte betragen die Ausdrücke für die Lösung der Unbekannten allgemein:

$$\left.\begin{aligned} T &= \frac{10\,p\,(\alpha^3\,\varkappa\,\pi^2 + 4)}{\pi\,(\alpha+1)\,(\alpha^2\,\varkappa\,\pi^2 + 4)}, \\ X &= +\,\frac{2\,\alpha\,p}{(\alpha+1)\,(\alpha^2\,\varkappa\,\pi^2 + 4)}, \\ Y &= -\,\frac{2\,\alpha\,p}{(\alpha+1)\,(\alpha^2\,\varkappa\,\pi^2 + 4)}, \end{aligned}\right\} \tag{2}$$

die endgültigen Biegemomente $M_{||}$

$$M_{AB||,x} = \frac{\alpha^2\,\varkappa\,\pi^2}{(\alpha+1)\,(\alpha^2\,\varkappa\,\pi^2 + 4)}\,p\,\frac{l^2}{\pi^2}\sin\frac{\pi\,x}{l},$$

$$M_{BC||,x} = \frac{-\,\alpha^4\,\varkappa\,\pi^2}{(\alpha+1)\,(\alpha^2\,\varkappa\,\pi^2 + 4)}\,p\,\frac{l^2}{\pi^2}\sin\frac{\pi\,x}{l}$$

und die Kantenspannungen in Trägermitte:

$$\sigma_i = p \frac{l^2}{\pi^2} \frac{6}{t\,h^2} \bar{\sigma}_i, \tag{3}$$

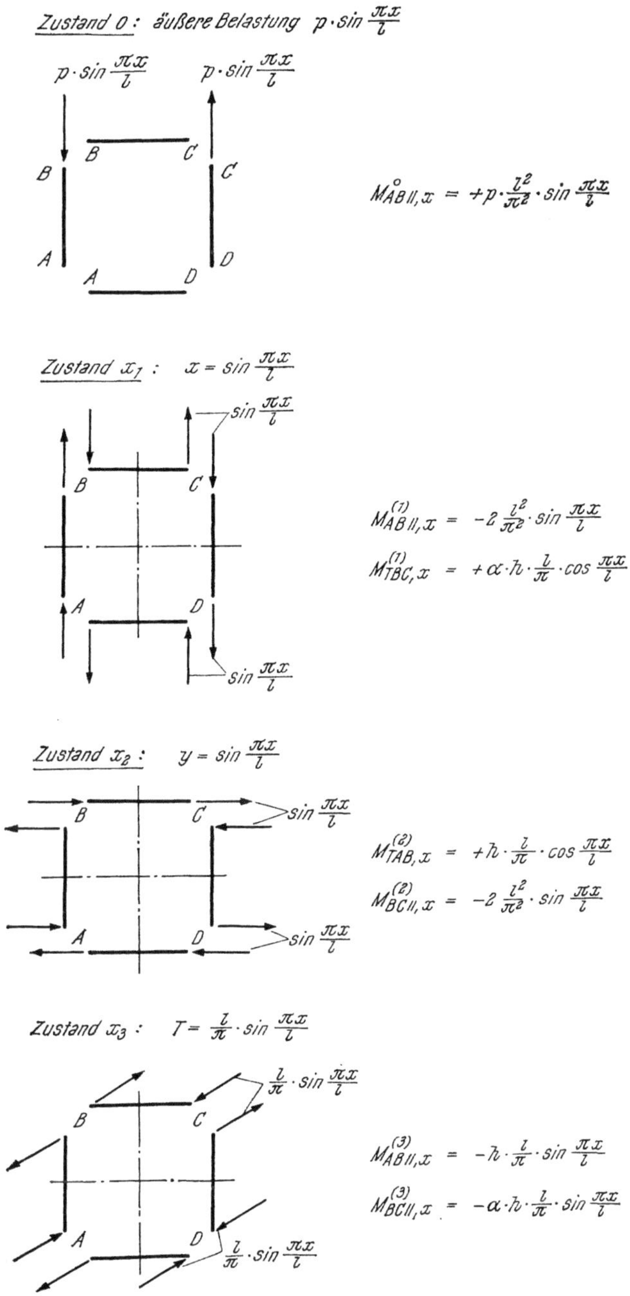

Abb. 8. Zustände der äußeren Belastung sowie der Einheitsunbekannten X, Y und T

wobei

$$\bar{\sigma}_A = -\bar{\sigma}_B = \bar{\sigma}_C = -\bar{\sigma}_D = \frac{\alpha^2 \varkappa \pi^2}{(\alpha+1)(\alpha^2 \varkappa \pi^2 + 4)}.$$

Wenn man die „Schubkräfte T" und die Kantenspannungen nach den Dreischübegleichungen ermittelt, lauten die allgemeinen Ausdrücke für die Trägermitte:

$$T = \frac{10\,p}{\pi} \frac{\alpha}{(\alpha+1)} \tag{4}$$

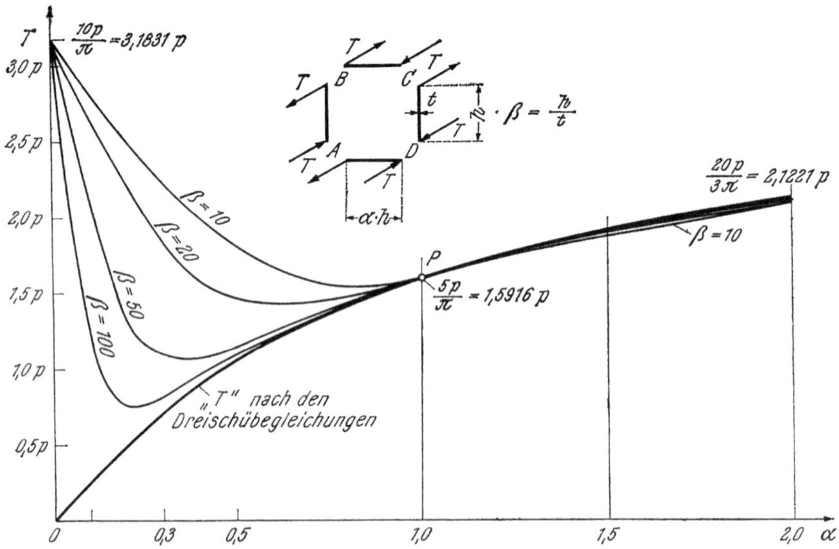

Abb. 9. Abhängigkeit der „Schubkraft T" von α und β

und

$$\sigma_A = -\sigma_B = \sigma_C = -\sigma_D = \frac{1}{(\alpha+1)}\, p\, \frac{l^2}{\pi^2} \frac{6}{t\,h^2}. \tag{5}$$

Der Vergleich der Ausdrücke (2) mit (4) bzw. (3) mit (5) zeigt, daß für große $\alpha^2\varkappa$-Werte ($\alpha^2\beta^2$-Werte) das Ergebnis der genauen Lösung (2) und (3) in das aus den Dreischübegleichungen (4) und (5) übergeht; X und Y werden dabei Null.

Die Gegenüberstellung dieser beiden Ergebnisse erfolgt für den Bereich $0 < \alpha < 2$ und für $\beta = 10$, 20, 50 und 100 in den folgenden Diagrammen (Abb. 9 und 10).

In Abb. 9 ist der Verlauf der „Schubkraft T" in Abhängigkeit von α und β dargestellt. Für große Werte $\alpha^2\beta^2$ liefern die Dreischübegleichungen genügend genaue Ergebnisse. Das trifft für alle β-Werte zu, wenn $\alpha > 1$, und für große β-Werte auch bei $\alpha < 1$.

Je kleiner aber α wird (schmale, hohe Kasten) und je kleiner auch β wird (im Verhältnis zur Kastenhöhe dicke Scheiben), um so stärker wird der Unterschied zwischen den beiden Lösungen. Während nach den Dreischübegleichungen „T" für kleiner werdendes α dem Punkt 0 zustrebt, nähert sich die Schubkraft nach der genauen Lösung einem Maximalwert von $\frac{10\,p}{\pi}$.

Für einen quadratischen Kasten ($\alpha = 1$) ergibt sich unabhängig vom Höhendickenverhältnis β in allen Fällen (s. Punkt P, Abb. 9) für T eine einzige Lösung: $T = \frac{5\,p}{\pi}$.

Die Spannungen aber, deren Verlauf in Abb. 10 dargestellt ist, werden in keinem Fall unabhängig vom Höhendickenverhältnis β. Auch hier gilt

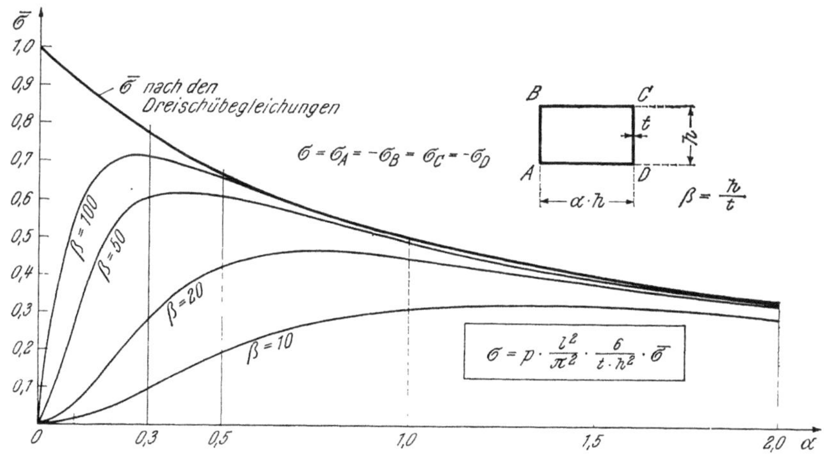

Abb. 10. Kantenspannungen in Trägermitte in Abhängigkeit von α und β

für große Werte $\alpha^2\,\beta^2$, daß die Dreischübegleichung für die Berechnung genügt.

Für kleine $\alpha^2\,\beta^2$-Werte sind jedoch die Durchbiegungsbedingungen in die Berechnung einzubeziehen; dies ist immer dann der Fall, wenn entweder schmale, hohe Kastenquerschnitte oder dicke Wände vorhanden sind.

VI. Praktische Vereinfachung für nicht sinusförmig verteilte Belastung

Anstatt die Berechnung mit einer vielgliedrigen Sinusreihe durchzuführen, wird hier eine Näherungsmethode für beliebige Belastungen aufgezeigt. Beide angeführten Beispiele wurden für den Fall der Einzellast in Trägermitte danach berechnet. Um die statisch unbestimmte Rechnung durchführen zu können, wurden auch hier die Scheiben voneinander getrennt und an den Einzelscheiben die Belastung bzw. die Unbekannten X, Y und T angebracht. Die Unbekannten X und Y wurden hier gleich wie die Belastung als Einzellasten angenommen. Diese Annahme entspricht der Affinitätsbedingung der Gelenksfaltwerkstheorie. Durch Erfüllung sämtlicher Formänderungsbedingungen in einem Querschnitt ist zwar die Gleichheit der Kantendehnung über die ganze Trägerlänge, jedoch die Durchbiegungsübereinstimmung nur in dem berechneten Querschnitt eingehalten.

Es wurden in beiden Beispielen die Formänderungsbedingungen in Trägermitte, d. h. unter der Einzellast, erfüllt und die Momente und Spannungen an dieser Stelle berechnet. Um einen Vergleich mit der Berechnung unter der „Sinuslast" herstellen zu können, wurde die Größe der Belastung so gewählt, daß in Trägermitte an den Einzelscheiben gleich große Biegemomente entstehen.

Für das Beispiel 1 waren die Unterschiede in den Spannungen kleiner als 1%.

Beim Beispiel 2 lagen die Lösungen etwas weiter auseinander, und im folgenden sollen die Spannungsergebnisse aus den verschiedenen Berechnungsmethoden gegenübergestellt werden.

Mit Hilfe der Dreischübegleichung ergibt sich für die Einzellast in Trägermitte:

$$\sigma = \frac{1}{\alpha + 1} \frac{P\,l}{4} \frac{6}{t\,h^2} = \frac{1}{\alpha + 1} \frac{6}{t\,h^2} M^\circ \bar{\sigma}_{\mathrm{I}}$$

und für die Sinuslast

$$\sigma = \frac{1}{\alpha + 1} \frac{p\,l^2}{\pi^2} \frac{6}{t\,h^2} = \frac{1}{\alpha + 1} \frac{6}{t\,h^2} M^\circ \bar{\sigma}_{\mathrm{I}}.$$

Infolge der Einzellast in Trägermitte ergibt sich aus der angegebenen Näherungsberechnung:

$$\sigma = \frac{1}{\alpha + 1} \frac{P\,l}{4} \frac{6}{t\,h^2} \frac{0{,}039\,\alpha^2\,\beta^2}{2 + 0{,}039\,\alpha^2\,\beta^2} = \frac{1}{\alpha + 1} \frac{6}{t\,h^2} M^\circ \bar{\sigma}_{\mathrm{II}},$$

nach der genauen Berechnung infolge der Sinuslast:

$$\sigma = \frac{1}{\alpha + 1} \frac{p\,l^2}{\pi^2} \frac{6}{t\,h^2} \frac{0{,}064\,\alpha^2\,\beta^2}{4 + 0{,}064\,\alpha^2\,\beta^2} = \frac{1}{\alpha + 1} \frac{6}{t\,h^2} M^\circ \bar{\sigma}_{\mathrm{III}}.$$

Wenn man die Spannungen auf die gleichen Momente M° in Trägermitte bezieht, unabhängig von dem weiteren Verlauf über die Trägerlänge, so wie es auch bei der Berechnung nach den Dreischübegleichungen geschieht, so ist nur jeweils der Wert $\bar{\sigma}$ verschieden.

Die Werte von $\bar{\sigma}$ betragen

nach den Dreischübegleichungen:

$$\bar{\sigma}_{\mathrm{I}} = 1,$$

nach der Näherungsberechnung für die Einzellast:

$$\bar{\sigma}_{\mathrm{II}} = \frac{0{,}039\,\alpha^2\,\beta^2}{2 + 0{,}039\,\alpha^2\,\beta^2},$$

nach der genauen Berechnung für die Sinuslast:

$$\bar{\sigma}_{\mathrm{III}} = \frac{0{,}064\,\alpha^2\,\beta^2}{4 + 0{,}064\,\alpha^2\,\beta^2}.$$

Aus dem nachstehenden Diagramm für $\bar{\sigma}$ (Abb. 11) ersieht man, daß der Verlauf der Werte $\bar{\sigma}_{II}$ sich sehr eng dem Verlauf von $\bar{\sigma}_{III}$ anschmiegt. Die Werte $\bar{\sigma}_{II}$ liegen grundsätzlich etwas höher, also auf der ungünstigeren Seite, so daß in vielen Fällen diese Näherungsberechnung ausreichend sein wird.

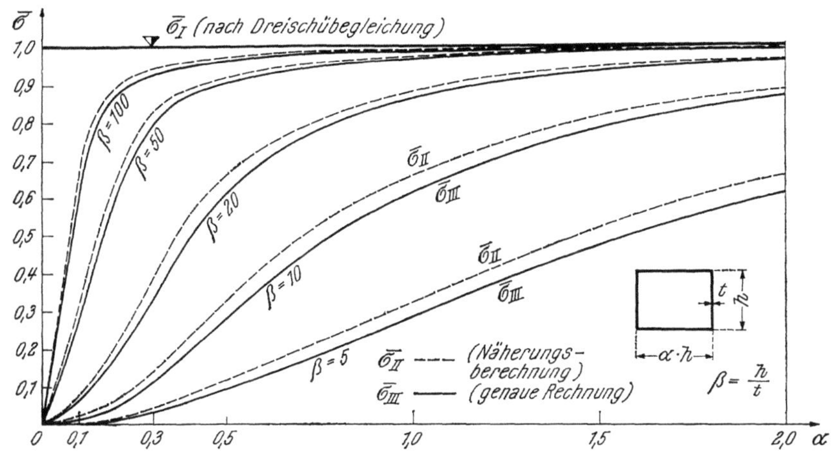

Abb. 11. Vergleich der Kantenspannungen

VII. Zusammenfassung

Es wurde versucht, an Hand von zwei Beispielen die Grenzen für die Gültigkeit der Dreischübegleichungen zu beleuchten.

Im allgemeinen ist zu sagen, daß für Gelenksfaltwerke mit im Verhältnis zu ihrer Höhe dicken Scheiben auch die Formänderungsbedingungen für die Durchbiegung berücksichtigt werden müssen, während die Berechnung nach den Dreischübegleichungen für dünne Wände in den meisten Fällen genügt.

Außerdem wird die genaue Berechnung bei sehr spitzen oder sehr stumpfen Kantenwinkeln und bei schmalen, hohen Kasten unter gegensinniger Vertikalbelastung notwendig sein.

Wenn in der vorliegenden Arbeit auch nur zwei spezielle Fälle untersucht wurden, so zeigt sich doch, daß bei der Anwendung der Dreischübegleichungen gewisse Vorsicht geboten ist.

Literatur

[1] Ehlers, G.: Ein neues Konstruktionsprinzip. Bauingenieur **1930**, S. 125.
[2] Born, J.: Faltwerke, ihre Theorie und Berechnung. Stuttgart 1954.
[3] Maxian, S.: Berechnung zylindrischer Schalen und Faltwerke. Wien 1961.
[4] Tetzlaff, W.: Tonnen und trogartige Schalen. Berlin: VEB Verlag Technik. 1953.

Zur Spanngliedführung in gekrümmten Balken

Von

H. Egger und **W. Zellner**, Stuttgart

Mit 25 Textabbildungen

1. Einleitung und Zielsetzung

Der gerade Balken wird infolge vertikaler Belastung im allgemeinen durch Querkräfte und Biegemomente beansprucht, der gekrümmte Balken dagegen zusätzlich noch durch Torsionsmomente. Die Größe dieser Torsionsmomente ist von der Krümmung und dem Öffnungswinkel abhängig.

Die Querkräfte und Biegemomente des geraden Balkens können in ihrer Wirkung auf den Betonquerschnitt durch Vorspannung reduziert, ja selbst aufgehoben werden, wobei nur eine Normalkraft aus der Vorspannung im Betonquerschnitt verbleibt.

Es erhebt sich nun die Frage, ob durch geeignete Vorspannung nicht auch die Torsionsmomente eines gekrümmten Balkens in dieser Weise beeinflußt werden können. Es zeigt sich, daß unter gewissen Voraussetzungen ohne Mehraufwand an Vorspannung neben den Querkräften und Biegemomenten auch die Torsionsmomente aufgehoben werden können. Im allgemeinen ist dazu aber ein gewisser Mehraufwand nötig.

Die folgende Arbeit befaßt sich mit der zweckmäßigen Spanngliedführung und dem Mehraufwand, der sich aus der Beeinflussung der Torsionsmomente durch Vorspannung ergibt. Um einen quantitativen Vergleich des Aufwandes ohne und mit Beeinflussung der Torsionsmomente zu ermöglichen, ist es notwendig, in beiden Fällen die durch die Vorspannung abzubauenden Schnittkräfte ganz aufzuheben, um so eine gleiche Ausgangsbasis zu schaffen. Dadurch kommt man zur „formtreuen Vorspannung". Als zweite Annahme, um den quantitativen Vergleich des Aufwandes zu ermöglichen und das Prinzipielle der Spanngliedführung zu demonstrieren, wird der Lastfall $g =$ konst. (konstantes Eigengewicht) der Untersuchung zugrunde gelegt. Andere Lastfälle könnten dann auf gleiche Art, wie für $g =$ konst. gezeigt, behandelt werden. Ein Großteil der Fälle wird dabei aber schon erfaßt, weil man bei praktischen Berechnungen die Spannglieder meist für eine Gleichlast $g + k\,p$ mit ($k < 1$) einlegt und die zusätzlichen Spannungen aus veränderlicher Nutzlast in Kauf nimmt.

2. Bezeichnungen

α Halber Öffnungswinkel, beim Kragbalken ganzer Öffnungswinkel.

φ Veränderlicher Winkel (gezählt von Balkenmitte bzw. Kragbalkenende).

α_1, α_2 Oberer Grenzwinkel des ersten bzw. zweiten Bereiches der Spanngliedführung.

φ_m Stelle des Extremwertes der Spanngliedkurve z_φ. $0 < |\varphi_m| < \alpha$.

x, y, z Koordinatenachsen eines Rechtssystems mit dem Ursprung im Schwerpunkt des Querschnittes, positiver X-Achse normal vom Querschnitt weggerichtet und positiver Z-Achse vertikal nach oben gerichtet.

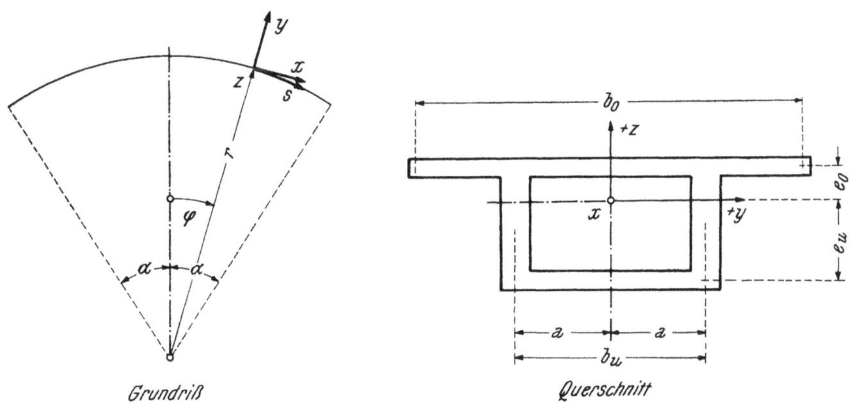

Abb. 1. Allgemeine Bezeichnungen

r Über die Länge des Balkens konstanter Krümmungsradius.

s Längen, gemessen in der Stabachse.

a Abstand der lotrecht angenommenen Stege vom Schwerpunkt.

b_u Verfügbare Breite für ein Spannglied in der unteren Platte.

b_o Verfügbare Breite für ein Spannglied in der oberen Platte.

e_u Verfügbare Höhe für ein Spannglied im Steg unterhalb des Schwerpunktes.

e_o Verfügbare Höhe für ein Spannglied im Steg oberhalb des Schwerpunktes (e_u und e_o stets positiv).

e Konstante Exzentrizität des resultierenden Spanngliedes der Vorspannart 3 (positiv in Richtung $+ y$).

$$\left.\begin{aligned} \mu &= \frac{a}{r} \\ \lambda &= \frac{e_o}{e_u} \end{aligned}\right\}$$ Dimensionslose Parameter.

Q Querkraft.

M_B Biegemoment.

M_T Torsionsmoment.

g Vertikal gerichtete Gleichlast.

q Vertikal gerichtete, beliebige, äußere Belastung.

V Vorspannkraft; über die ganze Balkenlänge konstant angenommen, als Druck auf den Beton positiv.

$M^\circ_{B,\varphi V} = V z_\varphi$ Statisch bestimmter Anteil des Biegemomentes aus der Vorspannung.

$M'_{B,\varphi V}$ Statisch unbestimmter Anteil des Biegemomentes aus der Vorspannung.

$M_{B,\varphi V} = M^\circ_{B,\varphi V} + M'_{B,\varphi V}$ Biegemoment aus der Vorspannung.

A_B Aufwand an Vorspannung, um M_B aufzuheben.

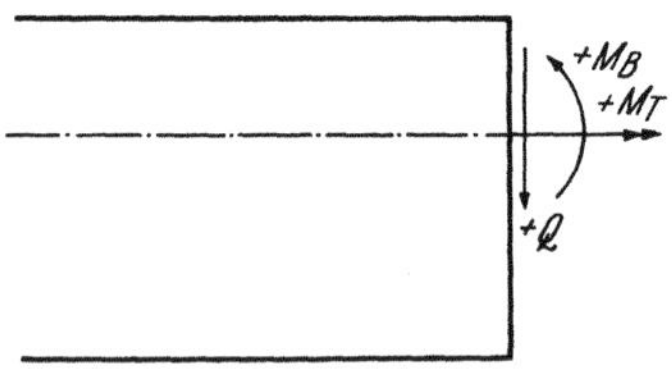

Abb. 2. Positive Richtung der Schnittkräfte

A_{B+T} Aufwand an Vorspannung, um Q, M_B und M_T aufzuheben.

$\Gamma = \dfrac{A_{B+T}}{A_B}$ Aufwandsverhältnis.

3. Torsionsmomente durch Vorspannung

In einem Stabquerschnitt seien aus der äußeren Belastung q die Querkräfte Q_q und die Biegemomente $M_{B,q}$ gegeben. Ihre Wirkung auf den Betonquerschnitt kann durch Vorspannung aufgehoben werden. Es ist

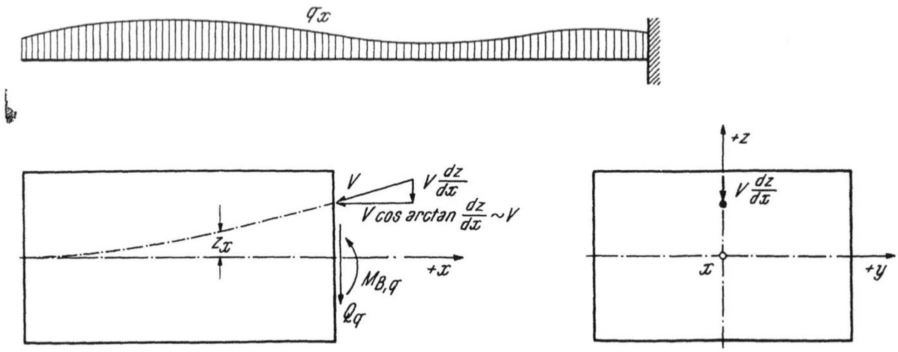

Abb. 3. Schnittkräfte in vorgespannten, statisch bestimmt gelagerten Systemen, die nur auf Biegung beansprucht werden

dies schon durch ein einziges Spannglied möglich. Dabei wird der Querschnitt dann nur noch durch eine Normalkraft aus der Vorspannung beansprucht. Am statisch bestimmten System kann man dies einfach zeigen, denn hier sind die Schnittkräfte aus Vorspannung unmittelbar aus der Lage des Spanngliedes abzulesen.

$$\text{Aus } \Sigma P^z = 0 \text{ folgt:} \qquad -Q_q - V\frac{dz}{dx} = 0, \tag{3.1}$$

$$\text{aus } \Sigma M^y = 0 \text{ folgt:} \qquad -M_q - V\,z = 0. \tag{3.2}$$

Beim nicht auf Torsion beanspruchten Balken beinhalten wegen $Q_q = \frac{dM_{B,q}}{dx}$ die Gleichungen keinen Widerspruch, so daß bei gegebener Vorspannkraft V die Spanngliedkurve z_φ eindeutig bestimmt ist. Dabei — wie auch in der weiteren Untersuchung — wird die übliche Näherung $V_H = V \cos \arctan \frac{dz}{dx} \approx V$ getroffen und reibungsfreie Vorspannung vorausgesetzt.

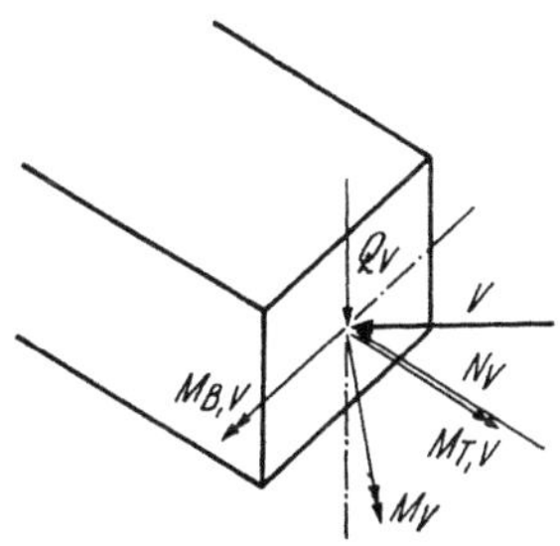

Abb. 4. Schnittkräfte aus Vorspannung, positiver Richtungssinn

Kommt als weitere Schnittkraft $M_{T,q}$ hinzu, so kann die Wirkung der Summe der Schnittkräfte Q_q, $M_{B,q}$, $M_{T,q}$ auf den Betonquerschnitt durch Vorspannung V nur dann aufgehoben werden, wenn mindestens zwei im Raum sich kreuzende Spannglieder vorhanden sind. Die Begründung liegt darin, daß der resultierende Kraft- und der resultierende Momentenvektor (P_V und M_V) aus jener Vorspannung, die notwendig ist, um Q_q, $M_{B,q}$ und $M_{T,q}$ aufzuheben, nicht mehr normal aufeinander stehen. Die weitere Reduktion dieses allgemeinen, räumlichen Kraftsystems führt nicht auf eine Einzelkraft, sondern auf eine Kraftschraube oder Dyname, die nur durch mindestens zwei im Raum sich kreuzende Kräfte (Kraftkreuz oder Dyade) äquivalent ersetzt werden kann.

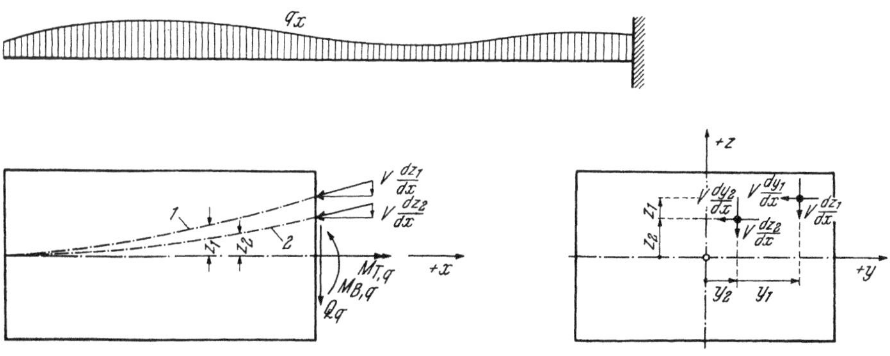

Abb. 5. Schnittkräfte in vorgespannten, statisch bestimmt gelagerten Systemen, die auf Biegung und Torsion beansprucht werden

Die durch die Spannglieder 1 und 2 in den Betonquerschnitt eingetragenen Vorspannkräfte V_1 und V_2 können somit nicht mehr zu einer Resultierenden zusammengefaßt werden, d. h. V_1 und V_2 bilden eine Dyade (Dyadenvorspannung).

$$\text{Aus } \Sigma P^y = 0 \text{ folgt:} \qquad -V_1\frac{dy_1}{dx} - V_2\frac{dy_2}{dx} = 0, \tag{3.3}$$

aus $\Sigma P^z = 0$ folgt: $$- Q_q - V_1 \frac{dz_1}{dx} - V_2 \frac{dz_2}{dx} = 0, \tag{3.4}$$

aus $\Sigma M^x = 0$ folgt: $$+ M_{T,q} - V_1 \frac{dz_1}{dx} y_1 - V_2 \frac{dz_2}{dx} y_2 + + V_1 \frac{dy_1}{dx} z_1 + V_2 \frac{dy_2}{dx} z_2 = 0, \tag{3.5}$$

aus $\Sigma M^y = 0$ folgt: $$- M_{B,q} - V_1 z_1 - V_2 z_2 = 0, \tag{3.6}$$

aus $\Sigma M^z = 0$ folgt: $$+ V_1 y_1 + V_2 y_2 = 0. \tag{3.7}$$

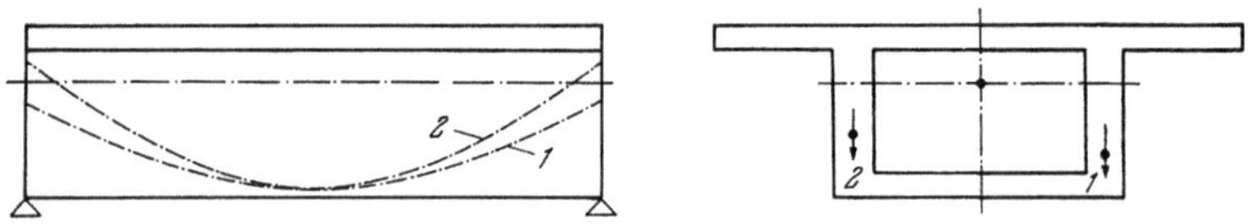

Abb. 6. Vorspannart 1; schematische Darstellung der Spanngliedführung

Aus diesen fünf Gleichungen können die Unbekannten V_1, V_2, z_1, z_2, y_1, y_2 ermittelt werden, wobei sich eine einparametrige Lösungsmannigfaltigkeit ergibt. Um zu einer eindeutigen Lösung zu kommen, kann noch eine weitere Bedingung aufgenommen werden. Je nach Art dieser Bedingung ergeben sich verschiedene Möglichkeiten für die Spanngliedführung. Im weiteren werden drei Spanngliedführungen, die für die praktische Anwendung besonders geeignet sein dürften, einer eingehenden Betrachtung unterzogen.

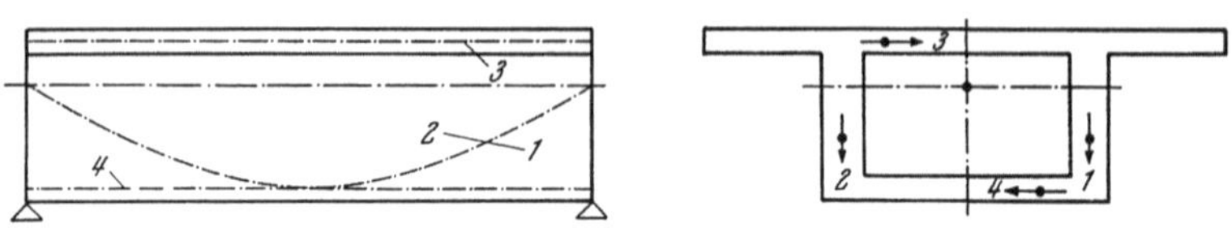

Abb. 7. Vorspannart 2; schematische Darstellung der Spanngliedführung

3.1. Vorspannart 1

In den Stegen Spannglieder mit ungleichem Stich aber gleicher Vorspannkraft.

Bedingung:

$$y_1 = - y_2 = a. \tag{3.8}$$

Diese Bedingung kann im besonderen bei zweistegigen Plattenbalken- und Hohlkasten-Querschnitten mit konstantem Stegabstand $2a$ erfüllt werden. In diesem Falle werden die vorhergehenden Gleichgewichtsbedingungen zu einem System von vier Gleichungen mit vier Unbekannten. Da es sich um Differentialgleichungen handelt, ist weiterhin eine mehrparametrige Lösungsmannigfaltigkeit enthalten. Wirtschaftlichkeitsüberlegungen und die damit verbundenen Randbedingungen führen zur zweckmäßigsten und damit eindeutigen Lösung.

3.2. Vorspannart 2

In den Stegen gleiche Spannglieder, in den Platten gegenläufige Spannglieder.

Diese Vorspannart eignet sich vornehmlich für zweistegige Hohlkasten-Querschnitte. Zwei gleiche Spannglieder in den Stegen wirken dann den Biegemomenten $M_{B,q}$ entgegen, während zwei gegenläufige Spannglieder in den Platten die Torsionsmomente $M_{T,q}$ beeinflussen. Die durch die Torsionsmomente erforderlich gewordene Dyadenvorspannung wird hier durch die Spannglieder 3 und 4 in den Platten erzeugt.

3.3. Vorspannart 3

In den Stegen zwei Spannglieder mit gleichem Stich aber unterschiedlicher Vorspannkraft.

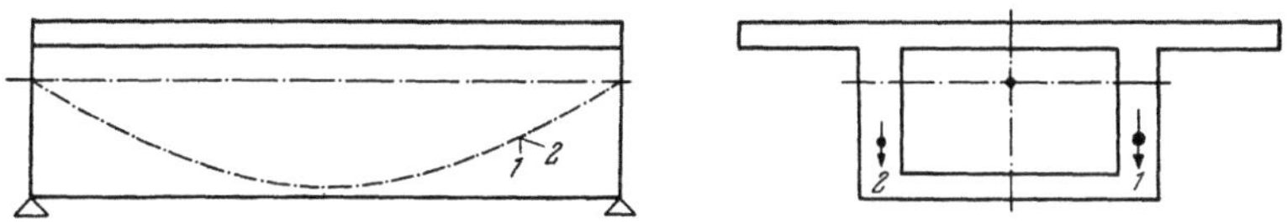

Abb. 8. Vorspannart 3; schematische Darstellung der Spanngliedführung

Für die Rechnung können diese parallelen Spannglieder zu einem resultierenden, mit konstanter Exzentrizität e zusammengefaßt werden. Somit ist dies keine Dyadenvorspannung.

Es entsteht ein unerwünschtes Biegemoment M_V^z, welches den Momentenvektor M_V in Abb. 4 soweit gegen die xy-Ebene neigt, daß er wieder normal auf V steht. Im Gegensatz zur Vorspannart 1 und 2 gelingt es also bei Vorspannart 3 nicht mehr, im Gesamtlastfall nur eine Normalkraftbeanspruchung des Betonquerschnittes durch N_V zu erreichen.

4. Gleichgewichtsbedingungen am gekrümmten Stabelement

Zwischen den Schnittgrößen und den stetig verteilten äußeren Kräften bestehen Zusammenhänge, die man aus der Betrachtung des Gleichgewichtes am Stabelement der Achslänge ds gewinnt. Im allgemeinsten Fall gibt es für das räumlich belastete, gekrümmte Stabelement sechs Gleichgewichtsbedingungen. Mit Hilfe des in Abb. 9 skizzierten Belastungszustandes ergeben sich die folgenden sechs Gleichungen.

Aus $\Sigma P^z = 0$ folgt: $$\frac{dQ}{ds} = -q, \tag{4.1}$$

aus $\Sigma M^y = 0$ folgt: $$\frac{dM_B}{ds} + \frac{M_T}{r} = Q + m_B, \tag{4.2}$$

aus $\Sigma M^x = 0$ folgt: $$\frac{dM_T}{ds} - \frac{M_B}{r} = -m_T, \tag{4.3}$$

aus $\Sigma P^y = 0$ folgt: $$\frac{dQ^y}{ds} + \frac{N}{r} = -q^y, \tag{4.4}$$

aus $\Sigma P^x = 0$ folgt: $dN = 0, \quad N = \text{konst.},$ (4.5)

aus $\Sigma M^z = 0$ folgt: $Q^y = -\frac{dM^z}{ds}.$ (4.6)

Diese Gleichungen stellen den Zusammenhang zwischen der äußeren Belastung und den Schnittkräften dar, und man kann mit ihrer Hilfe die Schnittkräfte aus verschiedenen Lastfällen kontrollieren.

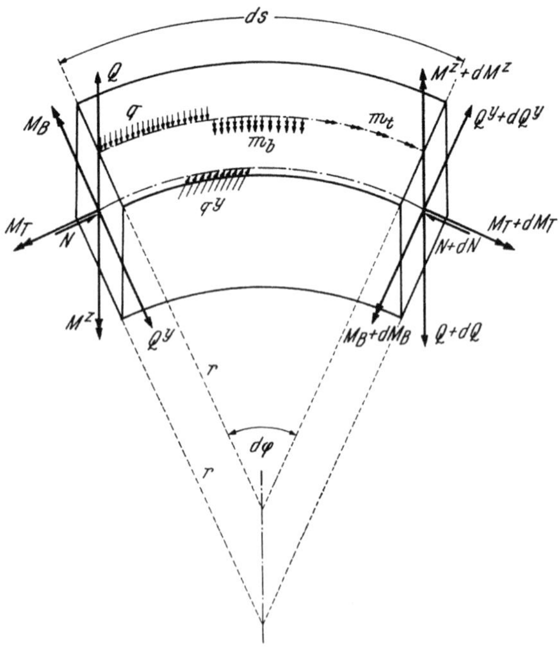

Abb. 9. Gleichgewicht am eben gekrümmten Stabelement

5. Schnittkräfte aus einem Spannglied beliebiger Lage

x ... Flächennormale im Querschnittsschwerpunkt.

x' ... Flächennormale im Angriffspunkt von V.

Mit den Zusammenhängen:

$$dx \approx ds = r\,d\varphi,$$

$$dx' = (r + y)\,d\varphi = \frac{r+y}{r}\,ds$$

ergeben sich für die Schnittkräfte folgende Beziehungen.

$$Q_V = +V\frac{dz}{dx'} = V\frac{dz}{ds}\frac{r}{r+y}, \tag{5.1}$$

$$M_{BV} = +V\,z, \tag{5.2}$$

$$M_{T\,V} = V \frac{dy}{dx'} z - V \frac{dz}{dx'} y = V \frac{dy}{ds} \frac{r}{r+y} z - V \frac{dz}{ds} \frac{r}{r+y} y, \qquad (5.3)$$

$$M_V^z = + V\, y, \qquad (5.4)$$

$$Q_V^y = - V \frac{dy}{dx'} = - V \frac{dy}{ds} \frac{r}{r+y}. \qquad (5.5)$$

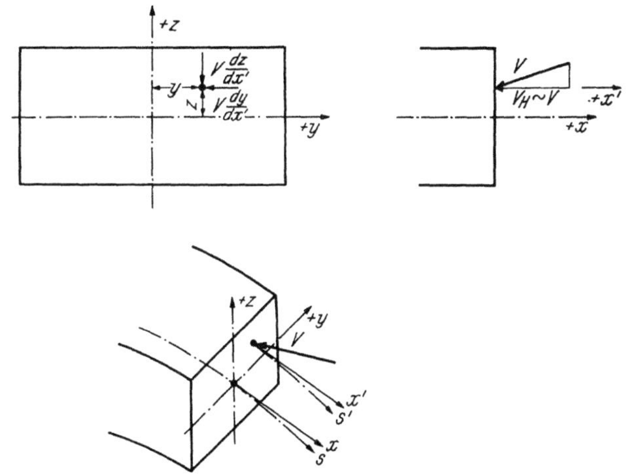

Abb. 10. Bezeichnungen zur Berechnung der Schnittkräfte aus einem Spannglied beliebiger Lage

Mit Hilfe der Umlenkkräfte u aus der Vorspannung kann gezeigt werden, daß die Gln. (5.1) bis (5.5) die unter Abschnitt 4 angegebenen Gleichgewichtsbedingungen erfüllen.

6. Der Kragbalken

6.1. Schnittkräfte infolge $g =$ konst.

$$Q_g = - g\, r\, \varphi, \qquad (6.1)$$

$$M_{B,\,g} = - g\, r^2 (1 - \cos \varphi), \qquad (6.2)$$

$$M_{T,\,g} = - g\, r^2 (\varphi - \sin \varphi). \qquad (6.3)$$

Die Richtigkeit der Gln. (6.1) bis (6.3) kann mit Hilfe der Beziehungen (4.1) bis (4.3) überprüft werden:

Aus (4.1):

$$\frac{dQ_g}{ds} = \frac{1}{r} \frac{dQ_g}{d\varphi} = - \frac{1}{r} g\, r = - g,$$

aus (4.2):

$$\frac{dM_{B\,g}}{ds} + \frac{M_{T\,g}}{r} = Q_g,$$

$$- \frac{1}{r} g\, r^2 \sin \varphi - \frac{1}{r} g\, r^2 (\varphi - \sin \varphi) = - g\, r\, \varphi,$$

aus (4.3):

$$\frac{dM_{Tg}}{ds} - \frac{M_{Bg}}{r} = m_T,$$

$$-\frac{1}{r} g\, r^2 (1 - \cos\varphi) + \frac{1}{r} g\, r^2 (1 - \cos\varphi) = 0.$$

6.2. Vorspannart 1

Mit (5.1)

$$Q_V = V_1 \frac{dz_1}{ds} \frac{r}{r+a} + V_2 \frac{dz_2}{ds} \frac{r}{r-a}, \tag{6.4}$$

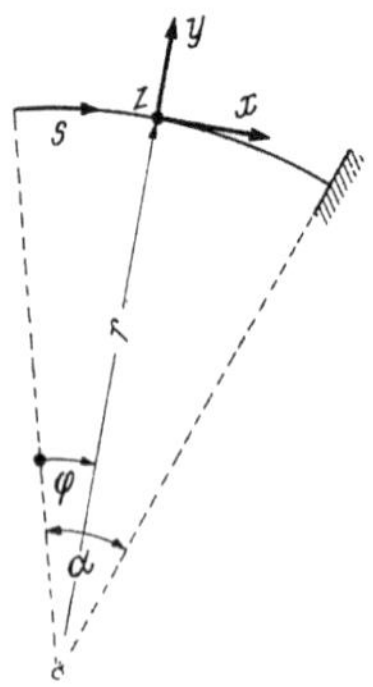

Abb. 11. Kragbalken, allgemeine Bezeichnungen

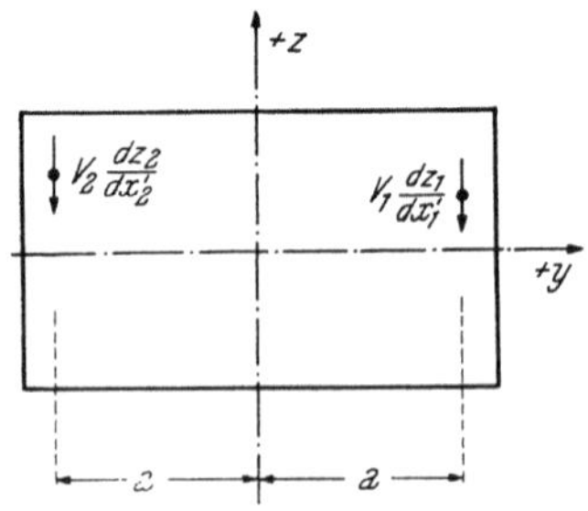

Abb. 12. Vorspannart 1; Lage der Spannglieder im Querschnitt

mit (5.2)

$$M_{BV} = V_1 z_1 + V_2 z_2, \tag{6.5}$$

mit (5.3)

$$M_{TV} = -V_1 \frac{dz_1}{ds} \frac{r\,a}{r+a} + V_2 \frac{dz_2}{ds} \frac{r\,a}{r-a}, \tag{6.6}$$

mit (5.4)

$$M_V^z = V_1 a - V_2 a, \tag{6.7}$$

$\Sigma P^z = 0$ $\quad -Q_g - Q_V = 0,$

$$g\, r\, \varphi - V_1 \frac{dz_1}{ds} \frac{r}{r+a} - V_2 \frac{dz_2}{ds} \frac{r}{r-a} = 0, \tag{6.8}$$

$\Sigma M^x = 0$ $\quad + M_{Tg} + M_{TV} = 0,$

$$-g\, r^2 (\varphi - \sin\varphi) - V_1 \frac{dz_1}{ds} \frac{r\,a}{r+a} + V_2 \frac{dz_2}{ds} \frac{r\,a}{r-a} = 0, \tag{6.9}$$

$\Sigma M^y = 0$ $\quad - M_{Bg} - M_{BV} = 0,$

$$g\, r^2 (1 - \cos\varphi) - V_1 z_1 - V_2 z_2 = 0, \tag{6.10}$$

$\Sigma M^z = 0$ $\quad M_V^z = 0,$

$$V_1 = V_2 = V. \tag{6.11}$$

Aus den Differentialgleichungen (6.8) und (6.9) können durch Trennung der Variablen und mit Berücksichtigung von (6.11) die allgemeinen Gleichungen der Spanngliedlage errechnet werden:

$$z_{1(\varphi)} = -\frac{g\,r}{2\,a\,V}(r+a)\left[(r-a)\frac{\varphi^2}{2} + r\cos\varphi\right] + C_1, \tag{6.12}$$

$$z_{2(\varphi)} = \frac{g\,r}{2\,a\,V}(r-a)\left[(r+a)\frac{\varphi^2}{2} + r\cos\varphi\right] + C_2. \tag{6.13}$$

Zur Berechnung der Integrationskonstanten C_1 und C_2 müssen hinsichtlich der Randbedingungen zwei Fälle unterschieden werden.

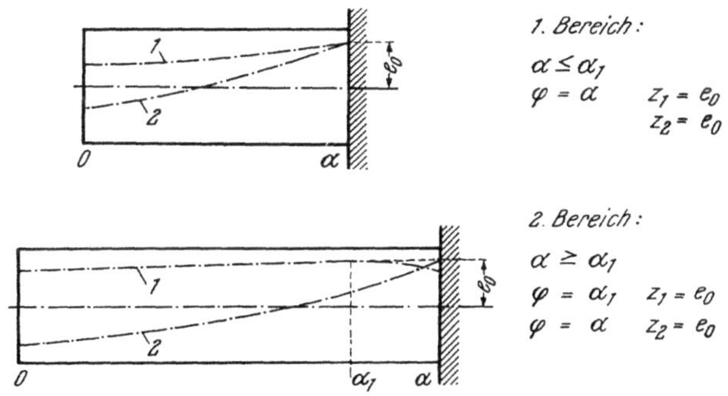

Abb. 13. Kragbalken; Vorspannart 1, Spanngliedführung in den einzelnen Bereichen

Der Grenzwinkel α_1 folgt aus der Bedingung $\frac{dz_1}{d\varphi} = 0$ für $\varphi = \alpha = \alpha_1$

$$\alpha_1 \approx \sqrt{6\,\frac{a}{r}} = \sqrt{6\,\mu} \quad \text{gültig für } \mu \ll 1. \tag{6.14}$$

Bereich 1:

$$z_{1(\varphi)} = \frac{g\,r}{2\,a\,V}(r+a)\left[(r-a)\frac{\alpha^2-\varphi^2}{2} + r(\cos\alpha - \cos\varphi)\right] + e_o, \tag{6.15}$$

$$z_{2(\varphi)} = \frac{g\,r}{2\,a\,V}(r-a)\left[(r+a)\frac{\varphi^2-\alpha^2}{2} + r(\cos\varphi - \cos\alpha)\right] + e_o. \tag{6.16}$$

Aus (6.10), (6.15) und (6.16) folgt:

$$V = \frac{g\,r^2}{2\,e_o}(1-\cos\alpha) = V_{B+T}. \tag{6.17}$$

Würde man durch die Vorspannung nur das Biegemoment aufheben, so wäre dazu die Vorspannkraft V_B erforderlich.

$$V_B = \frac{-M_{B,g(\varphi=\alpha)}}{2\,e_o} = \frac{g\,r^2}{2\,e_o}(1-\cos\alpha). \tag{6.18}$$

Aufwandsverhältnis:

$$\Gamma = \frac{A_{B+T}}{A_B} = \frac{V_{B+T}}{V_B} = 1. \tag{6.19}$$

Dabei wird angenommen, daß die Summe der Längen der Spannglieder in beiden Fällen gleich ist.

Bereich 2:

$$\varphi_m = \alpha_1 \approx \sqrt{6\mu},$$

$$z_{1(\varphi)} = \frac{g\,r}{2\,a\,V}(r+a)\left[(r-a)\frac{\varphi_m^2-\varphi^2}{2} + r(\cos\varphi_m - \cos\varphi)\right] + e_o, \quad (6.20)$$

$$z_{2(\varphi)} = \frac{g\,r}{2\,a\,V}(r-a)\left[(r+a)\frac{\varphi^2-\alpha^2}{2} + r(\cos\varphi - \cos\alpha)\right] + e_o. \quad (6.21)$$

Aus (6.10), (6.20) und (6.21) folgt:

$$V = \frac{g\,r}{4\,a\,e_o}\left[(r^2-a^2)\frac{\alpha^2-\varphi_m^2}{2} + \right.$$

$$\left. + 2\,a\,r - (r^2 + a\,r)\cos\varphi_m + (r^2 - a\,r)\cos\alpha\right] = V_{B+T}. \quad (6.22)$$

Das Aufwandsverhältnis erhält man näherungsweise aus den ersten Gliedern der Reihenentwicklung.

$$\Gamma \approx \frac{1}{\mu}\left(\frac{\alpha^2}{24} + \frac{\alpha^4}{480}\right) + \frac{1}{2} + \mu\left(\frac{3}{2}\frac{1}{\alpha^2} - \frac{3}{8}\right) + \mu^2\left(\frac{3}{2}\frac{1}{\alpha^2} + \frac{3}{24}\right). \quad (6.23)$$

Die Auswertung dieser Formel für verschiedene Parameter μ ist in Abb. 15 dargestellt.

Die Rechnung vereinfacht sich, wenn man von der Näherung $\frac{r}{r-a} \approx \frac{r}{r+a} \approx 1$ Gebrauch macht. Das Aufwandsverhältnis berechnet sich dann zu:

$$\Gamma \approx \frac{1}{\mu}\left(\frac{\alpha^2}{24} + \frac{\alpha^4}{288}\right) + \left(\frac{1}{2} + \frac{\alpha^2}{24}\right) + \mu\left(\frac{3}{2}\frac{1}{\alpha^2} + \frac{1}{8}\right). \quad (6.24)$$

Diese Formel wurde für die Parameter $\mu = 0{,}001$, $\mu = 0{,}01$ und $\mu = 0{,}05$ ausgewertet und das Ergebnis in Abb. 15 gestrichelt eingetragen.

Die Abweichungen von den genaueren Werten der Gl. (6.23) (ausgezogene Linien) sind in den besonders interessierenden Bereichen gering. Bei der Berechnung der Vorspannart 2 wird daher von dieser vereinfachenden Näherung Gebrauch gemacht.

6.3. Vorspannart 2

Mit den in 6.2 begründeten Näherungen

$$\frac{r}{r-a} \approx \frac{r}{r+a} \approx \frac{r}{r+y_3} \approx \frac{r}{r+y_4} \approx 1 \quad \text{ist} \quad \frac{d}{ds} = \frac{d}{dx'} \quad (6.25)$$

und mit (5.1)

$$Q_V = (V_1 + V_2)\frac{dz}{ds}, \quad (6.26)$$

mit (5.2)

$$M_{BV} = (V_1 + V_2)\, z + V_3\, e_o - V_4\, e_u, \tag{6.27}$$

mit (5.3)

$$M_{TV} = -V_1 \frac{dz}{ds} a + V_2 \frac{dz}{ds} a + V_3 \frac{dy_3}{ds} e_o - V_4 \frac{dy_4}{ds} e_u, \tag{6.28}$$

mit (5.4)

$$M_V^z = V_1\, a - V_2\, a + V_3\, y_3 + V_4\, y_4, \tag{6.29}$$

mit (5.5)

$$Q_V^y = -V_3 \frac{dy_3}{ds} - V_4 \frac{dy_4}{ds}. \tag{6.30}$$

6.3.1. $e_o = e_u,\ b_o = b_u = 2\,a$

Aus $b_o = b_u$ folgt $y_3 = -y_4$ (gegenläufige Spannglieder)

$$\frac{dy_3}{ds} = -\frac{dy_4}{ds}$$

$\Sigma P^y = 0$ $\quad Q_V^y = 0$ so folgt aus (6.30) $V_3 = V_4$, (6.31)

$\Sigma M^z = 0$ $\quad M_V^z = 0$ so folgt aus (6.29) und (6.31) $V_1 = V_2$, (6.32)

$\Sigma M^y = 0$ $\quad -M_{Bg} - M_{BV} = 0$,

$$g\, r^2 (1 - \cos\varphi) - 2\, V_1\, z = 0, \tag{6.33}$$

$\Sigma M^x = 0$ $\quad M_{Tg} + M_{TV} = 0$,

$$-g\, r^2 (\varphi - \sin\varphi) + 2\, V_3 \frac{dy_3}{ds} e_o = 0, \tag{6.34}$$

aus (6.34)

$$y_3 = \frac{g\, r^3}{2\, V_3\, e_o} \left(\frac{\varphi^2}{2} + \cos\varphi\right) + C_3,$$

mit den Randbedingungen: $\varphi = 0, \quad y_3 = -a,$

$\varphi = \alpha, \quad y_3 = +a$

$$y_3 = \frac{g\, r^3}{2\, V_3\, e_o} \left(\frac{\varphi^2}{2} + \cos\varphi - 1\right) - a, \tag{6.35}$$

$$V_3 = \frac{g\, r^3}{4\, a\, e_o} \left(\frac{\alpha^2}{2} + \cos\alpha - 1\right), \tag{6.36}$$

aus (6.33)

$$z = \frac{g\, r^2}{2\, V_1} (1 - \cos\varphi), \tag{6.37}$$

mit der Randbedingung: $\varphi = \alpha, \quad z = e_o$

$$V_1 = \frac{g\, r^2}{2\, e_o} (1 - \cos\alpha) = \frac{V_B}{2}. \tag{6.38}$$

Aufwandsverhältnis:

$$\Gamma = \frac{V_{B+T}}{V_B} = \frac{V_1 + V_2 + V_3 + V_4}{V_1 + V_2} = 1 + \frac{V_3}{V_1} =$$

$$= 1 + \frac{r}{2a} \frac{\left(\frac{\alpha^2}{2} + \cos\alpha - 1\right)}{1 - \cos\alpha}, \tag{6.39}$$

$$\Gamma \approx 1 + \frac{1}{\mu}\left(\frac{\alpha^2}{24} + \frac{\alpha^4}{480}\right). \tag{6.40}$$

Dieses Ergebnis ist in Abb. 15 strichpunktiert dargestellt.

6.3.2. $e_u = 2\,e_o,\ b_o = 4\,a,\ b_u = 2\,a$

Aus $b_o = 2\,b_u$ folgt $y_3 = -2\,y_4$ (gegenläufige Spannglieder, welche die ganze gegebene Breite ausnützen)

$$\frac{dy_3}{ds} = -2\frac{dy_4}{ds}$$

$\Sigma P^y = 0 \quad Q_V^y = 0 \quad$ aus (6.30) $\quad 2\,V_3 = V_4,$ (6.41)

$\Sigma M^z = 0 \quad M_V^z = 0 \quad$ aus (6.29) und (6.42) $\quad V_1 = V_2,$ (6.42)

$\Sigma M^y = 0 \quad -M_{B\,g} - M_{B\,V} = 0,$

$$g\,r^2(1 - \cos\varphi) - 2\,V_1\,z + 3\,V_3\,e_o = 0, \tag{6.43}$$

$\Sigma M^x = 0 \quad M_{T\,g} + M_{T\,V} = 0,$

$$-g\,r^2(\varphi - \sin\varphi) + 3\,V_3\frac{dy_3}{ds}\,e_o = 0, \tag{6.44}$$

aus (6.44)

$$y_3 = \frac{g\,r^3}{3\,V_3\,e_o}\left(\frac{\varphi^2}{2} + \cos\varphi\right) + C_3,$$

mit den Randbedingungen: $\varphi = 0, \quad y_3 = -2\,a,$

$\varphi = \alpha, \quad y_3 = +2\,a$

$$y_3 = \frac{g\,r^3}{3\,V_3\,e_o}\left(\frac{\varphi^2}{2} + \cos\varphi - 1\right) - 2\,a, \tag{6.45}$$

$$V_3 = \frac{g\,r^3}{12\,a\,e_o}\left(\frac{\alpha^2}{2} + \cos\alpha - 1\right), \tag{6.46}$$

aus (6.43)

$$z = \frac{g\,r^2}{2\,V_1}(1 - \cos\varphi) + \frac{3\,V_3}{2\,V_1}\,e_o, \tag{6.47}$$

mit der Randbedingung: $\varphi = \alpha, \quad z = e_o$

$$V_1 = \frac{g\,r^2}{2\,e_o}(1 - \cos\varphi) + \frac{3}{2}\,V_3, \tag{6.48}$$

aus (6.38)

$$V_B = \frac{g\,r^2}{e_0}(1 - \cos\alpha).$$

Aufwandsverhältnis:

$$\Gamma = \frac{V_{B+T}}{V_B} = \frac{V_1 + V_2 + V_3 + V_4}{V_B} = 1 + \frac{3\,V_3 + V_3 + 2\,V_3}{\frac{g\,r^2}{e_0}(1 - \cos\alpha)},$$

$$\Gamma = 1 + \frac{r}{2\,a}\,\frac{\left(\frac{\alpha^2}{2} + \cos\alpha - 1\right)}{1 - \cos\alpha} \approx 1 + \frac{1}{\mu}\left(\frac{\alpha^2}{24} + \frac{\alpha^4}{480}\right). \tag{6.49}$$

Hier ergibt sich trotz der größeren Plattenbreite das gleiche Ergebnis wie bei 6.3.1, Gl. (6.39).

6.4. Vorspannart 3

Mit (5.1)

$$Q_V = V\frac{dz}{ds}\,\frac{r}{r + e}, \tag{6.50}$$

mit (5.2)

$$M_{B,V} = V\,z, \tag{6.51}$$

mit (5.3)

$$M_{T,V} = -\,V\frac{dz}{ds}\,\frac{r\,e}{r + e}, \tag{6.52}$$

mit (5.4)

$$M_V^z = V\,e, \tag{6.53}$$

mit (5.5)

$$Q_V^y = 0, \quad \text{wegen } y = e = \text{konst.}, \tag{6.54}$$

$\Sigma M^y = 0$

$$-\,M_{B,g} - M_{B\,V} = 0,$$

$$g\,r^2(1 - \cos\varphi) - V\,z = 0,$$

$$z = \frac{g\,r^2}{V}(1 - \cos\varphi), \tag{6.55}$$

mit der Randbedingung: $\varphi = \alpha, \quad z = e_0$ folgt:

$$V = \frac{g\,r^2}{e_0}(1 - \cos\alpha). \tag{6.56}$$

Aufwandsverhältnis:

$$\Gamma = \frac{V}{V_B} = 1. \tag{6.57}$$

Ein Mehraufwand an Vorspannung ist also bei dieser Vorspannart nicht erforderlich, aber es gelingt auch nicht, das Torsionsmoment in allen Punkten der Stabachse aufzuheben. Außerdem tritt zusätzlich, wie bereits in Abschnitt 3.3 beschrieben, ein unerwünschtes Biegemoment M_V^z auf.

Mit der Wahl von e kann das Torsionsmoment $M_{T,g}$ an einer und nur einer Stelle $\varphi \neq 0$ aufgehoben werden.

$$\Sigma M^{\alpha} = M_{T,g+V} = M_{Tg} + M_{TV},$$
$$= -g r^2 (\varphi - \sin\varphi) - g r^2 \frac{e}{r+e} \sin\varphi,$$
$$= -g r^2 \varphi + g r^2 \frac{r}{r+e} \sin\varphi. \tag{6.58}$$

Die Exzentrizität e wird nun aus der Forderung berechnet, daß der Absolutwert des im Stab verbleibenden Torsionsmomentes M_T zum Minimum wird.

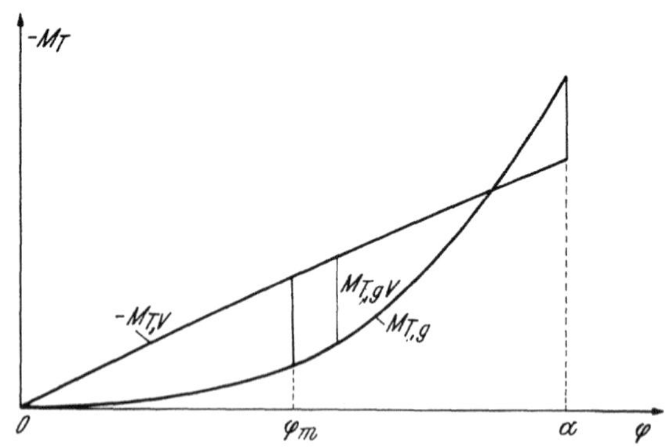

Abb. 14. Kragbalken; Vorspannart 3, Verlauf der Torsionsmomente $M_{T,g}$ und $M_{T,V}$

$$M_{T,g+V(\varphi=\varphi_m)} = -M_{T,g+V(\varphi=\alpha)}, \tag{6.59}$$

wobei φ_m aus

$$\frac{dM_{T,g+V}}{d\varphi} = 0 \tag{6.59a}$$

folgt.

$$\cos\varphi_m = \frac{r+e}{r}, \tag{6.60}$$

$$\varphi_m \approx \sqrt{2\frac{|e|}{r}}. \tag{6.61}$$

Wegen $\cos\varphi_m < 1$ ist $e < 0$, d. h. das Spannglied ist um die konstante Exzentrizität e nach der Bogeninnenseite verschoben.

Aus (6.59), (6.60):

$$-\varphi_m + \operatorname{tg}\varphi_m = +\alpha - \frac{\sin\alpha}{\cos\varphi_m},$$

$$\varphi_m \approx \frac{\alpha}{2}, \tag{6.62}$$

$$e \approx -r\frac{\alpha^2}{8}. \tag{6.63}$$

Der Maximalwert des dabei im Stab verbleibenden Torsionsmomentes $M_{T,g+V}$ beträgt 25% des Maximalwertes von $M_{T,g}$ (an der Einspannstelle).

6.5. Zusammenfassung

Aus Abb. 15 ist zu ersehen, daß beim Kragbalken die Vorspannart 1 der Vorspannart 2 eindeutig überlegen ist, weil das Aufwandsverhältnis Γ bei Vorspannart 1 immer kleiner ist als bei Vorspannart 2.

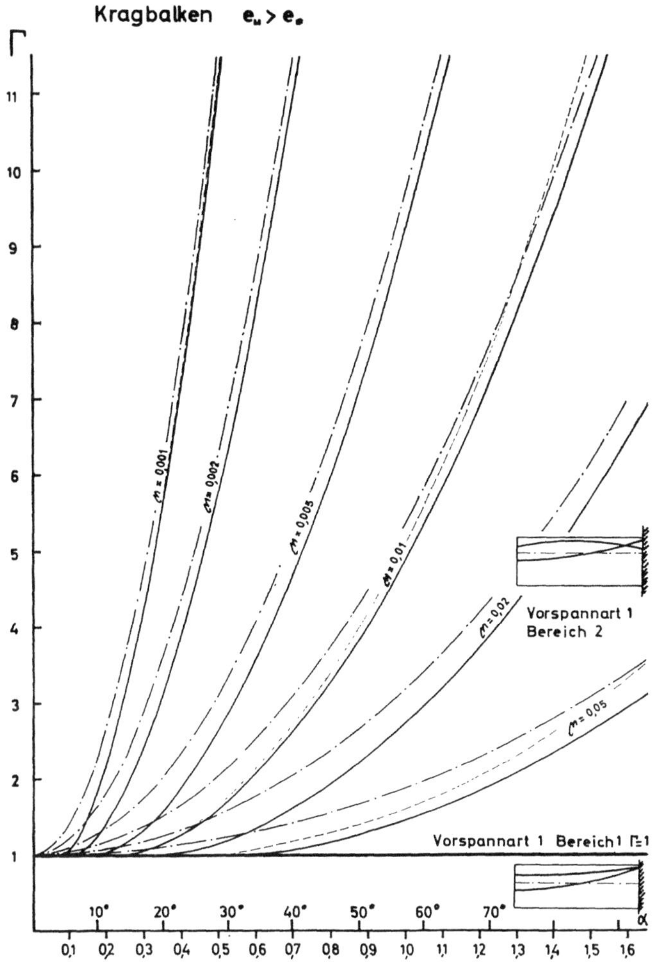

Abb. 15. Kragbalken, Aufwandsdiagramm für $\lambda \leqq 1$. ——— Vorspannart 1, – – – – Vorspannart 1 (genähertes Ergebnis), –·–·– Vorspannart 2

Entgegen der Vermutung, daß Torsionsmomente M_{T_g} durch gegenläufige Spannglieder in den breiten Platten von Brücken-Hohlkastenquerschnitten besonders wirkungsvoll abgebaut werden können, zeigt sich, daß dies nicht der Fall ist. Führt man in einem rechteckigen Hohlquerschnitt einmal gegenläufige Spannglieder in den Stegen, das andere Mal in den Platten, so ist bei gleicher Vorspannkraft V in beiden Fällen das erzeugte Torsionsmoment M_{TV} gleich.

$$M_{TV} = K_{(V)}\, h\, b.$$

Wenn die Vorspannart 1 der Vorspannart 2 sogar überlegen ist, so liegt das an der „Reserve in der Höhe", welche hier ausgenützt werden kann. Das heißt, beim Kragbalken ohne Torsionsmoment kann der Bereich unterhalb der Schwerachse des Stabes von den Spanngliedern nicht ausgenützt werden. Sind hingegen Torsionsmomente $M_{T\,g}$ vorhanden, so kann dieser Bereich für die Vorspannung genützt werden. Dadurch gibt es für Vorspannart 1 einen Bereich für α, in dem Torsionsmomente $M_{T\,g}$ sogar ohne Mehraufwand aufgehoben werden können. Dieser Vorteil geht bei Vorspannart 2 verloren, weil hier die Torsionsmomente $M_{T\,g}$, unabhängig von den Spanngliedern 1 und 2 für die Biegemomente $M_{B\,g}$, durch zusätzliche Spannglieder 3 und 4 aufzuheben sind.

Bei Vorspannart 3 ergibt sich wohl das günstige Aufwandsverhältnis $\Gamma = 1$, aber neben den Resttorsionsmomenten $\max M_{T,\,g+V} = 0{,}25 \max M_{T,\,g}$ verbleiben äußerst ungünstige horizontale Biegemomente M_V^z, welche in praktischen Fällen dem Querschnitt meist nicht zugewiesen werden können.

Bei Vollquerschnitten ist es möglich, statt $e =$ konst. das Spannglied mit veränderlichem y einzulegen (Vorspannart 3a). Durch das Vorhandensein dieser weiteren Variablen ist es möglich, neben den Biegemomenten $M_{B\,g}$ auch die Torsionsmomente $M_{T\,g}$ durch Vorspannung über die ganze Balkenlänge aufzuheben. Allerdings ergibt sich dabei ein maximales y, das etwa siebenmal so groß ist als die konstante Exzentrizität e der Vorspannart 3. Damit sind die verbleibenden horizontalen Biegemomente noch größer, und der Vorspannart 3a dürfte noch weniger Bedeutung zukommen als der Vorspannart 3.

7. Der freiaufliegende Einfeldbalken

7.1. Schnittkräfte infolge $g =$ konst.

$$Q_g = -g\,r\,\varphi, \tag{7.1}$$

$$M_{B\,g} = g\,r^2\left(\frac{\cos\varphi}{\cos\alpha} - 1\right), \tag{7.2}$$

$$M_{T\,g} = g\,r^2\left(\frac{\sin\varphi}{\cos\alpha} - \varphi\right). \tag{7.3}$$

7.2. Vorspannart 1

Für die Schnittkräfte aus Vorspannung gelten die Gln. (6.4) bis (6.7).

Die Forderung nach formtreuer Vorspannung ergibt auch hier wieder die Grundgleichungen. Entsprechend den Gln. (6.8) bis (6.11) ist:

$$g\,r\,\varphi - V_1\frac{dz_1}{ds}\,\frac{r}{r+a} - V_2\frac{dz_2}{ds}\,\frac{r}{r-a} = 0, \tag{7.4}$$

$$g\,r^2\left(\frac{\sin\varphi}{\cos\alpha} - \varphi\right) - V_1\frac{dz_1}{ds}\,\frac{r\,a}{r+a} + V_2\frac{dz_2}{ds}\,\frac{r\,a}{r-a} = 0, \tag{7.5}$$

$$g\,r^2\left(\frac{\cos\varphi}{\cos\alpha} - 1\right) + V_1 z_1 + V_2 z_2 = 0, \tag{7.6}$$

$$V_1 = V_2 = V. \tag{7.7}$$

Aus (7.4) und (7.5) berechnen sich die allgemeinen Gleichungen der Spanngliedlagen zu:

$$z_{1(\varphi)} = -\frac{g\,r}{2\,a\,V}(r+a)\left[(r-a)\frac{\varphi^2}{2} + r\frac{\cos\varphi}{\cos\alpha}\right] + C_1, \tag{7.8}$$

$$z_{2(\varphi)} = \frac{g\,r}{2\,a\,V}(r-a)\left[(r+a)\frac{\varphi^2}{2} + r\frac{\cos\varphi}{\cos\alpha}\right] + C_2. \tag{7.9}$$

Zur Berechnung der Integrationskonstanten C_1 und C_2 müssen verschiedene Fälle der Spanngliedführung berücksichtigt werden, wobei auch das Verhältnis $\frac{e_o}{e_u} = \lambda$ von Einfluß wird.

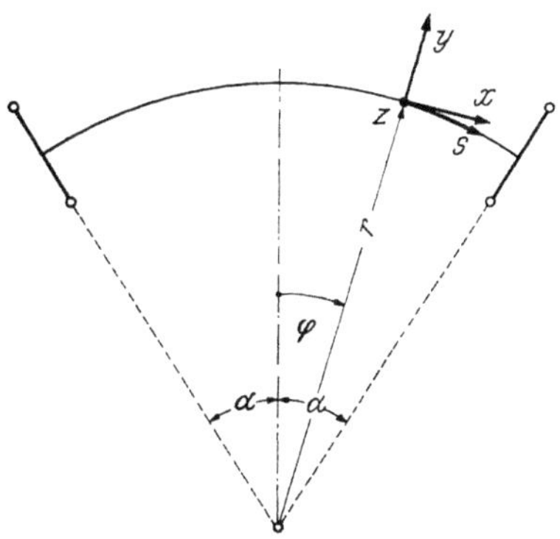

Abb. 16. Freiaufliegender Einfeldbalken; allgemeine Bezeichnungen

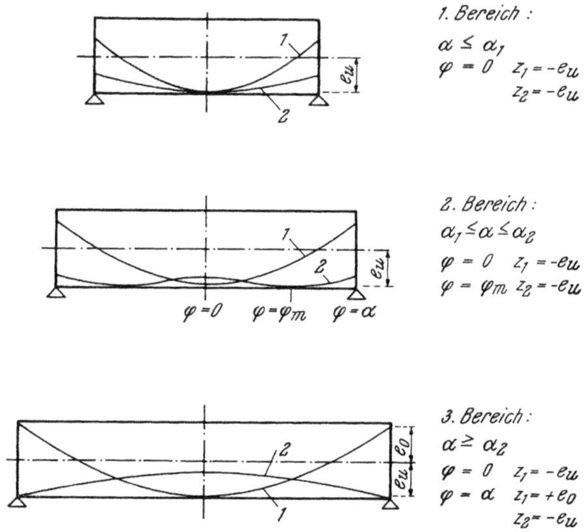

Abb. 17. Freiaufliegender Einfeldbalken; Vorspannart 1, $\lambda = 1$, Spanngliedführung in den einzelnen Bereichen

7.2.1. $e_o = e_u$ $(\lambda = 1)$

Die Grenzwinkel α_1 und α_2 für die Grenzen der Bereiche berechnen sich mit (7.9) aus der Bedingung $\frac{dz_2}{d\varphi} = 0$. Daraus folgt:

$$(r+a)\,\varphi_m - r\frac{\sin\varphi_m}{\cos\alpha} = 0,$$

$$\varphi_m \approx \sqrt{3\,\alpha^2 - 6\frac{a}{r}}\,. \tag{7.10}$$

Aus der Diskussion dieser Gleichung folgt:

1. Bereich $\quad \alpha^2 < 2\frac{a}{r}, \quad \varphi_m$ imaginär,

Ende des 1. Bereiches:

$$\alpha^2 = 2\frac{a}{r} = \alpha_1^2, \qquad \alpha_1 = \sqrt{2\frac{a}{r}}\,, \tag{7.11}$$

2. Bereich $2\frac{a}{r} < \alpha^2 < 3\frac{a}{r}$, $0 < |\varphi_m| < \alpha$

Ende des 2. Bereiches:

$$\alpha^2 = 3\frac{a}{r} = \alpha_2^2, \quad \alpha_2 = \sqrt{3\frac{a}{r}}, \tag{7.12}$$

3. Bereich $\alpha^2 > 3\frac{a}{r}$.

1. Bereich $\left(\alpha \leqq \sqrt{2\frac{a}{r}}\right)$:

$$z_1 = -\frac{g\,r}{2\,a\,V}(r+a)\left[(r-a)\frac{\varphi^2}{2} + r\frac{\cos\varphi - 1}{\cos\alpha}\right] - e_u, \tag{7.13}$$

$$z_2 = +\frac{g\,r}{2\,a\,V}(r-a)\left[(r+a)\frac{\varphi^2}{2} + r\frac{\cos\varphi - 1}{\cos\alpha}\right] - e_u, \tag{7.14}$$

aus Gl. (7.6):

$$V = \frac{g\,r^2}{2\,e_u}\left(\frac{1}{\cos\alpha} - 1\right) = V_{B+T}, \tag{7.15}$$

$$V_B = \frac{\max M_B}{2\,e_u} = \frac{g\,r^2}{2\,e_u}\left(\frac{1}{\cos\alpha} - 1\right), \tag{7.16}$$

$$\Gamma = \frac{V_{B+T}}{V_B} = 1. \tag{7.17}$$

2. Bereich $\left(\sqrt{2\frac{a}{r}} \leqq \alpha \leqq \sqrt{3\frac{a}{r}}\right)$:

$$z_1 = -\frac{g\,r}{2\,a\,V}(r+a)\left[(r-a)\frac{\varphi^2}{2} + r\frac{\cos\varphi - 1}{\cos\alpha}\right] - e_u, \tag{7.18}$$

$$z_2 = +\frac{g\,r}{2\,a\,V}(r-a)\left[(r+a)\frac{\varphi^2 - \varphi_m^2}{2} + r\frac{\cos\varphi - \cos\varphi_m}{\cos\alpha}\right] - e_u, \tag{7.19}$$

$$\varphi_m \approx \sqrt{3\,\alpha^2 - 6\frac{a}{r}}, \tag{7.10}$$

aus Gl. (7.6):

$$V = \frac{g\,r^2}{4\,a\,e_u}\left[-\left(r - \frac{a^2}{r}\right)\frac{\varphi_m^2}{2} + (r-a)\frac{\cos\alpha - \cos\varphi_m}{\cos\alpha} - \right.$$
$$\left. - (r+a)\frac{\cos\alpha - 1}{\cos\alpha}\right] = V_{B+T}, \tag{7.20}$$

mit Gl. (7.16):

$$\Gamma = \frac{V_{B+T}}{V_B} = \frac{1}{2}\,\frac{\cos\alpha}{1-\cos\alpha}\left[-\left(\frac{r}{a} - \frac{a}{r}\right)\frac{\varphi_m^2}{2} + \frac{r}{a}\,\frac{1-\cos\varphi_m}{\cos\alpha} + \right.$$
$$\left. + \frac{1+\cos\varphi_m}{\cos\alpha} - 2\right]. \tag{7.21}$$

Näherungsweise mit den ersten Gliedern von Reihenentwicklungen und dem dimensionslosen Parameter $\mu = \frac{a}{r}$ gilt:

$$\Gamma \approx \frac{1}{\mu}\left(\frac{3}{4}\,\alpha^2 - \frac{5}{16}\,\alpha^4\right) - \left(2 + \frac{\alpha^2}{12}\right) + \mu\left(\frac{3}{\alpha^2} + \frac{1}{4}\right). \tag{7.22}$$

3. Bereich $\quad \left(\alpha \geqq \sqrt{3\,\frac{a}{r}}\right)$:

$$z_1 = -\frac{g\,r}{2\,a\,V}(r+a)\left[(r-a)\frac{\varphi^2}{2} + r\,\frac{\cos\varphi - 1}{\cos\alpha}\right] - e_u, \qquad (7.23)$$

$$z_2 = +\frac{g\,r}{2\,a\,V}(r-a)\left[(r+a)\frac{\varphi^2 - \alpha^2}{2} + r\,\frac{\cos\varphi - \cos\alpha}{\cos\alpha}\right] - e_u, \qquad (7.24)$$

aus Gl. (7.6):

$$V = \frac{g\,r^2}{4\,a\,e_u}\left[-\left(r - \frac{a^2}{r}\right)\frac{\alpha^2}{2} - (r+a)\,\frac{\cos\alpha - 1}{\cos\alpha}\right] = V_{B+T}, \qquad (7.25)$$

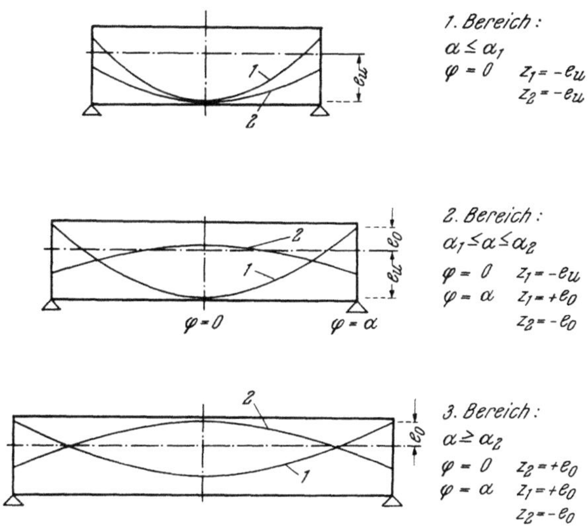

Abb. 18. Freiaufliegender Einfeldbalken, Vorspannart 1, $\lambda = 0{,}5$, Spanngliedführung in den einzelnen Bereichen

mit Gl. (7.16):

$$\Gamma = \frac{V_{B+T}}{V_B} = \frac{\alpha^2}{2}\,\frac{\cos\alpha}{1-\cos\alpha}\left(\frac{a}{r} - \frac{r}{a}\right)\frac{1}{2} + \frac{1}{2}\left(\frac{r}{a} + 1\right), \qquad (7.26)$$

$$\Gamma \approx \frac{1}{\mu}\left(\frac{5\,\alpha^2}{24} - \frac{\alpha^4}{480}\right) + \frac{1}{2} + \mu\left(\frac{1}{2} - \frac{5\,\alpha^4}{24}\right). \qquad (7.27)$$

Die Auswertung der Gln. (7.22) und (7.27) für verschiedene Parameter μ ist in Abb. 19 dargestellt.

7.2.2. $e_o = \frac{e_u}{2}$ $\quad \left(\lambda = \frac{1}{2}\right)$

1. Bereich ($\alpha \leqq \alpha_1$).

Für den 1. Bereich gelten die Gln. (7.13) bis (7.17). Das Ende des 1. Bereiches ist durch $z_{1(\varphi=\alpha)} = +e_o$ gegeben. Aus (7.13) mit (7.15) folgt die Bestimmungsgleichung für α_1.

$$e_o = \frac{e_u \cos\alpha_1}{a\,r\,(\cos\alpha_1 - 1)}(r+a)\left[(r-a)\frac{\alpha_1^2}{2} + r\,\frac{\cos\alpha_1 - 1}{\cos\alpha_1}\right] - e_u. \qquad (7.28)$$

Durch entsprechende Reihenentwicklung folgt für α_1:

$$\alpha_1 \approx \sqrt{\frac{12}{5}\left[\frac{e_o}{e_u}\frac{a}{r} - \left(\frac{a}{r}\right)^2\right]}. \tag{7.29}$$

2. Bereich ($\alpha_1 \leqq \alpha \leqq \alpha_2$).

$$z_1 = -\frac{g\,r}{2\,a\,V}(r+a)\left[(r-a)\frac{\varphi^2}{2} + r\frac{\cos\varphi - 1}{\cos\alpha}\right] - e_u, \tag{7.13}$$

$$z_2 = +\frac{g\,r}{2\,a\,V}(r-a)\left[(r+a)\frac{\varphi^2-\alpha^2}{2} + r\frac{\cos\varphi - \cos\alpha}{\cos\alpha}\right] - e_o. \tag{7.30}$$

V berechnet sich aus der Forderung: $z_{1(\varphi=\alpha)} = +e_o$

$$V = -\frac{g\,r\,(r+a)}{2\,a\,(e_o+e_u)}\left[(r-a)\frac{\alpha^2}{2} + r\frac{\cos\alpha - 1}{\cos\alpha}\right] = V_{B+T}, \tag{7.31}$$

mit (7.16):

$$\Gamma = \frac{V_{B+T}}{V_B} = -\frac{r+a}{a}\,\frac{e_u}{e_o+e_u}\left[\left(1-\frac{a}{r}\right)\frac{\alpha^2}{2}\,\frac{\cos\alpha}{1-\cos\alpha} - 1\right], \tag{7.32}$$

$$\Gamma \approx \frac{1}{\lambda+1}\left[\frac{1}{\mu}\left(\frac{5\,\alpha^2}{12} - \frac{\alpha^4}{240}\right) + 1 + \mu\left(1 - \frac{5\,\alpha^2}{12}\right)\right]. \tag{7.33}$$

Der Grenzwinkel α_2 ergibt sich aus der Bedingung: $z_{2(\varphi=0)} = +e_o$. Einfacher ist aber seine Berechnung über den Aufwand Γ. Immer ist der Aufwand Γ durch das Verhältnis des Stiches eines Spanngliedes, das nur die Biegemomente aufhebt, zum Stich des „gemittelten Spanngliedes" z_m gegeben.

$$\Gamma = \frac{-e_u}{z_{m\,(\varphi=0)}}, \tag{7.34}$$

$$z_m = \frac{z_1 + z_2}{2}.$$

Für $\lambda = \frac{1}{2}$ folgt

$$\Gamma_{(\alpha=\alpha_2)} = 4{,}00 \tag{7.35}$$

und mit (7.33) nach Reihenentwicklung:

$$\alpha_2 \approx \sqrt{\frac{12}{5\,(1-\mu)}\left[6\,\frac{\mu}{1+\mu} - \mu\right]}. \tag{7.36}$$

3. Bereich $\alpha \geqq \alpha_2$.

$$z_1 = \frac{g\,r}{2\,a\,V}(r+a)\left[(r-a)\left(\frac{\alpha^2}{2} - \frac{\varphi^2}{2}\right) + r\frac{\cos\alpha - \cos\varphi}{\cos\alpha}\right] + e_o, \tag{7.37}$$

$$z_2 = \frac{g\,r}{2\,a\,V}(r-a)\left[(r+a)\frac{\varphi^2}{2} + r\frac{\cos\varphi - 1}{\cos\alpha}\right] + e_o. \tag{7.38}$$

V berechnet sich aus der Forderung: $\varphi = \alpha$, $z_2 = -e_o$

$$V = -\frac{g\,r}{4\,a\,e_o}(r-a)\left[(r+a)\frac{\alpha^2}{2} + r\frac{\cos\alpha - 1}{\cos\alpha}\right] = V_{B+T}, \tag{7.39}$$

mit (7.16):

$$\Gamma = \frac{V_{B+T}}{V_B} = \frac{e_u}{2\,e_o}\,\frac{r-a}{a}\left[1 - \left(1+\frac{a}{r}\right)\frac{\alpha^2}{2}\,\frac{\cos\alpha}{1-\cos\alpha}\right], \tag{7.40}$$

$$\Gamma \approx \frac{1}{2\,\lambda}\left[\frac{1}{\mu}\left(\frac{5\,\alpha^2}{12} - \frac{\alpha^4}{240}\right) - 1 + \mu\left(1 - \frac{5\,\alpha^2}{12}\right)\right]. \tag{7.41}$$

Die Näherungsformeln für den Aufwand (7.33) und (7.41) sind mit dem Parameter λ angegeben, da sie auch für $\lambda \neq 1/2$ gelten. Ihre Auswertung ist in Abb. 20 dargestellt.

7.3. Vorspannart 2

Mit den Näherungen (6.25) sind die Schnittkräfte aus Vorspannung wieder durch die Gln. (6.26) bis (6.30) gegeben.

7.3.1. $e_o = e_u$, $b_o = b_u = 2\,a$

$$y_3 = -\,y_4;\ \frac{d y_3}{d s} = -\frac{d y_4}{d s}\ \text{(s. 6.3.1)}.$$

Aus den Gleichgewichtsbedingungen folgt entsprechend den Gln. (6.31) bis (6.34):

$$V_3 = V_4. \tag{7.42}$$

Bei dieser Vorspannart wird von den Spanngliedern 1 und 2 nur der Bereich unterhalb der Schwerachse beansprucht, es wird also die „Reserve in der Höhe" nicht ausgenützt. Durch $V_3 \neq V_4$ wäre es möglich, mit den Spanngliedern 1 und 2 die ganze Balkenhöhe auszunützen. Dabei ergäbe sich aber wieder der gleiche Aufwand Γ.

$$V_1 = V_2, \tag{7.43}$$

$$-\,g\,r^2\left(\frac{\cos\varphi}{\cos\alpha} - 1\right) - 2\,V_1\,z = 0, \tag{7.44}$$

$$g\,r^2\left(\frac{\sin\varphi}{\cos\alpha} - \varphi\right) + 2\,V_3\,\frac{d y_3}{d s}\,e_o = 0, \tag{7.45}$$

aus (7.45):

$$y_3 = \frac{g\,r^3}{2\,V_3\,e_o}\left(\frac{\varphi^2}{2} + \frac{\cos\varphi - 1}{\cos\alpha}\right) + C_3,$$

mit den Randbedingungen: $\varphi = 0,\quad y_3 = +\,a,$

$\varphi = a,\quad y_3 = -\,a$

$$y_3 = \frac{g\,r^3}{2\,V_3\,e_o}\left(\frac{\varphi^2}{2} + \frac{\cos\varphi - 1}{\cos\alpha}\right) + a, \tag{7.46}$$

$$V_3 = \frac{g\,r^3}{4\,a\,e_o}\left(\frac{1}{\cos\alpha} - 1 - \frac{\alpha^2}{2}\right) = V_4, \tag{7.47}$$

aus (7.44):

$$z = \frac{g\,r^2}{2\,V_1}\left(1 - \frac{\cos\varphi}{\cos\alpha}\right), \tag{7.48}$$

mit der Randbedingung $\varphi = 0,\quad z = -\,e_u$

$$V_1 = \frac{g\,r^2}{2\,e_u}\left(\frac{1}{\cos\alpha} - 1\right) = \frac{V_B}{2}, \tag{7.49}$$

$$\Gamma = \frac{V_{B+T}}{V_B} = \frac{V_1 + V_3}{V_1} = 1 + \frac{a}{2\,r}\left(1 - \frac{\alpha^2}{2}\,\frac{\cos\alpha}{1 - \cos\alpha}\right), \tag{7.50}$$

$$\Gamma \approx 1 + \mu\,\frac{5\,\alpha^2}{24} - \mu\,\frac{\alpha^4}{480}. \tag{7.51}$$

Die Auswertung dieser Gleichung für verschiedene Parameter μ ist in Abb. 19 strichpunktiert eingetragen.

7.3.2. $e_u = 2\,e_o,\ b_o = 4\,a,\ b_u = 2\,a$

$$y_3 = -2\,y_4;\ \frac{dy_3}{ds} = -2\,\frac{dy_4}{ds}\ \text{(s. 6.3.2).}$$

Aus den Gleichgewichtsbedingungen folgt entsprechend den Gln. (6.41) bis (6.44):

$$2\,V_3 = V_4, \tag{7.52}$$

$$V_1 = V_2, \tag{7.53}$$

$$-g\,r^2\left(\frac{\cos\varphi}{\cos\alpha} - 1\right) - 2\,V_1\,z + 3\,V_3\,e_o = 0, \tag{7.54}$$

$$g\,r^2\left(\frac{\sin\varphi}{\cos\alpha} - \varphi\right) + 3\,V_3\,\frac{dy_3}{ds}\,e_o = 0, \tag{7.55}$$

aus (7.55):

$$y_3 = \frac{g\,r^3}{3\,V_3\,e_o}\left(\frac{\varphi^2}{2} + \frac{\cos\varphi}{\cos\alpha}\right) + C_3,$$

mit den Randbedingungen: $\varphi = 0,\quad y_3 = +2\,a,$

$\varphi = \alpha,\quad y_3 = -2\,a$

$$y_3 = \frac{g\,r^3}{3\,V_3\,e_o}\left(\frac{\varphi^2}{2} + \frac{\cos\varphi - 1}{\cos\alpha}\right) - 2\,a, \tag{7.56}$$

$$V_3 = \frac{g\,r^3}{12\,a\,e_o}\left(-\frac{\alpha^2}{2} + \frac{1 - \cos\alpha}{\cos\alpha}\right), \tag{7.57}$$

aus (7.54):

$$z = \frac{g\,r^2}{2\,V_1}\left(1 - \frac{\cos\varphi}{\cos\alpha}\right) + \frac{3\,V_3}{2\,V_1}\,e_o. \tag{7.58}$$

Die Gl. (7.58) hat nur so lange Gültigkeit, als $z_{(\varphi=\alpha)} \leqq e_o$. Der Grenzwinkel α_1 für diesen 1. Bereich ergibt sich aus der Bedingung $z_{(\varphi=\alpha_1)} = e_o$. Mit (7.58):

$$2\,V_{1(\alpha_1)} = 3\,V_{3(\alpha_1)}. \tag{7.59}$$

Nach Reihenentwicklung:

$$\alpha_1 \approx \sqrt{\frac{16}{5}\,\mu}\,. \tag{7.60}$$

1. Bereich $\alpha \leqq \alpha_1$.

Mit der Randbedingung: $\varphi = 0,\quad z = -e_u = -2\,e_o$ und mit Gl. (7.58):

$$V_1 = \frac{g\,r^2}{4\,e_o}\left(\frac{1}{\cos\alpha} - 1\right) - \frac{3}{4}\,V_3 = \frac{V_B}{2}, \tag{7.61}$$

$$\Gamma = \frac{V_1 + V_2 + V_3 + V_4}{V_B} = 1 + \frac{3\,V_3}{V_B},$$

$$\Gamma = 1 + \frac{1}{4\,\mu}\left(1 - \frac{\alpha^2}{2}\,\frac{\cos\alpha}{1 - \cos\alpha}\right), \tag{7.62}$$

$$\Gamma \approx 1 + \frac{5}{48\,\mu}\,\alpha^2. \tag{7.63}$$

2. Bereich $\alpha \geqq \alpha_1$.

Mit der Randbedingung: $\varphi = \alpha, \quad z = + e_o$
und mit Gl. (7.58):

$$V_1 = \frac{3}{2} V_3, \tag{7.64}$$

$$\Gamma = \frac{V_1 + V_2 + V_3 + V_4}{V_B} = \frac{6\, V_3}{V_B} = \frac{6\, V_3\, 2\, e_o}{\max M_{B\,g}},$$

$$\Gamma = \frac{1}{\mu}\left(1 - \frac{\alpha^2}{2} \frac{\cos\alpha}{1 - \cos\alpha}\right), \tag{7.65}$$

$$\Gamma \approx \frac{5\,\alpha^2}{12\,\mu}, \tag{7.66}$$

$$\Gamma_{\alpha_1} \approx \frac{5\,\alpha_1^2}{12\,\mu} = \frac{4}{3} = 1{,}333 \text{ (unabhängig vom Parameter } \mu). \tag{7.67}$$

Die Auswertung der Gln. (7.63) und (7.66) ist in Abb. 20 strichpunktiert dargestellt. Man beachte, daß es hier Bereiche gibt, in denen die Vorspannart 2 einen kleineren Aufwand als die Vorspannart 1 erfordert.

7.4. Vorspannart 3

Für die Schnittkräfte aus Vorspannung gelten die Gln. (6.50) bis (6.54).

Aus $\Sigma M^y = 0, \quad - g\, r^2 \left(\frac{\cos\varphi}{\cos\alpha} - 1\right) - V z = 0,$

$$z = - \frac{g\, r^2}{V}\left(\frac{\cos\varphi}{\cos\alpha} - 1\right), \tag{7.68}$$

mit den Randbedingungen: $\varphi = 0, \quad z = - e_u$

$$V = \frac{g\, r^2}{e_u}\left(\frac{1 - \cos\alpha}{\cos\alpha}\right) = V_{B+T} = V_B, \tag{7.69}$$

$$\Gamma = \frac{V_{B+T}}{V_B} = 1. \tag{7.70}$$

Die konstante Exzentrizität e wird wie beim Kragbalken so bestimmt, daß der Absolutbetrag des im Lastfall $g + V$ verbleibenden Torsionsmomentes ein Minimum wird. Auch hier ist es bei dieser Vorspannart nicht möglich, das Torsionsmoment $M_{T\,g}$ durch Vorspannung über die ganze Länge des Balkens aufzuheben.

$$M_{T,\,g+V} = M_{T\,g} + M_{T\,V} = g\, r^2 \left(\frac{\sin\varphi}{\cos\alpha} - \varphi\right) - g\, r^2 \frac{\sin\varphi}{\cos\alpha} \frac{e}{r + e},$$

$$M_{T,\,g+V} = g\, r^2 \left(\frac{r}{r + e} \frac{\sin\varphi}{\cos\alpha} - \varphi\right). \tag{7.71}$$

Mit den Gln. (6.59) und (6.59a)

$$\cos\varphi_m = \cos\alpha \frac{r + e}{r}, \tag{7.72}$$

$$\operatorname{tg}\varphi_m - \varphi_m = \alpha - \frac{\sin\alpha}{\cos\varphi_m}. \tag{7.73}$$

Aus den beiden Gleichungen für φ_m und e folgt nach Reihenentwicklung:

$$\varphi_m \approx \frac{\alpha}{2}, \tag{7.74}$$

$$e \approx r\left(\frac{\cos\frac{\alpha}{2}}{\cos\alpha} - 1\right) \cong 0{,}375\, r\, \alpha^2. \tag{7.75}$$

Das Spannglied ist um die konstante Exzentrizität e nach der Bogenaußenseite verschoben. Der Maximalwert des dabei im Stab verbleibenden Torsionsmomentes beträgt 12,5% des Maximalwertes von $M_{T,g}$ (am Auflager).

7.5. Zusammenfassung

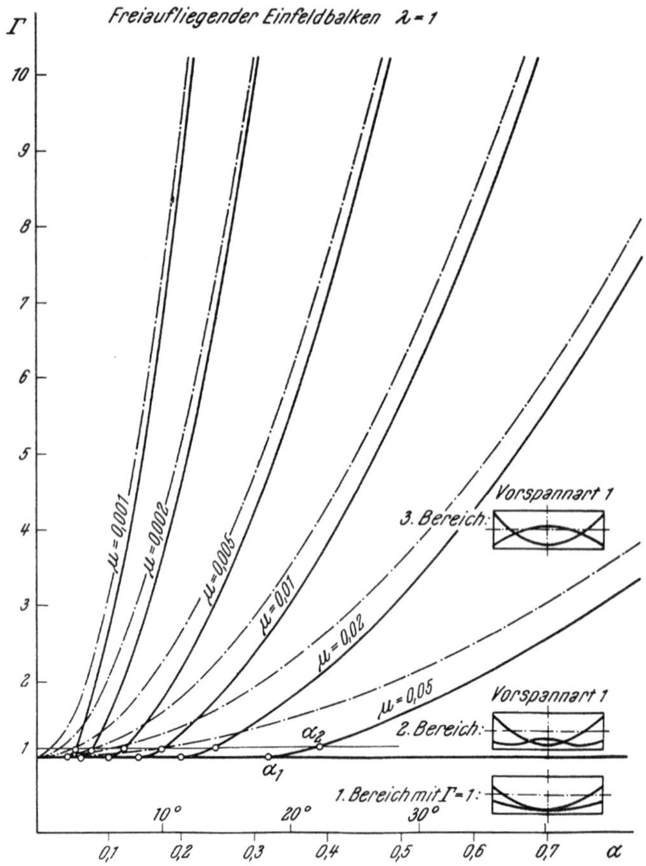

Abb. 19. Freiaufliegender Einfeldbalken; Aufwandsdiagramm für $\lambda = 1$, ——— Vorspannart 1, —·—·— Vorspannart 2

Aus den Abb. 19 und 20 ist zu ersehen, daß die Vorspannart 1 im allgemeinen der Vorspannart 2 überlegen ist. Die Begründung dafür liegt wieder in der „Reserve in der Höhe“ (s. 6.5). Für den Fall, daß die Platte breiter als der Stegabstand ist, gibt es in Abb. 20 Bereiche, in denen sich für Vorspannart 2 ein kleineres und damit günstigeres Aufwandsverhältnis ergibt.

Mit Hilfe der Abb. 19 und 20 und der Beziehung (7.34)

$$z_{m\,(\varphi=0)} = \frac{-e_u}{\Gamma} \tag{7.34}$$

kann man rasch einen Überblick über den Verlauf der Spannglieder — sowohl im 2. als auch im 3. Bereich — bekommen.

Der Stich $z_{m\,(\varphi=0)}$ des „gemittelten Spanngliedes" läßt sich aus (7.34) einfach berechnen. Eines der beiden Spannglieder, je nachdem in welchem

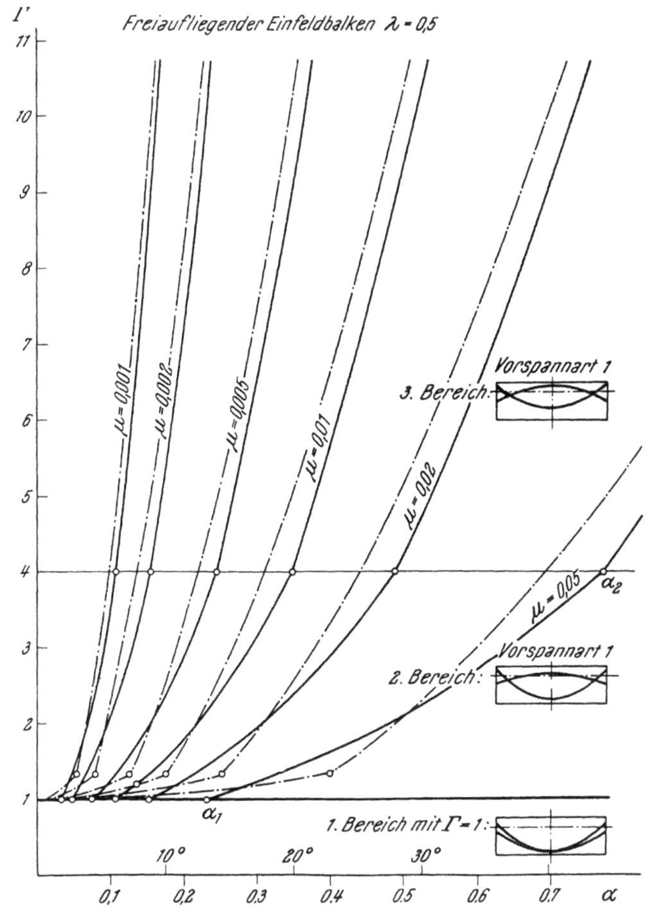

Abb. 20. Freiaufliegender Einfeldbalken; Aufwandsdiagramm für $\lambda = 0{,}5$, ——— Vorspannart 1, —·—·— Vorspannart 2

Bereich man sich gerade befindet, ist immer gegeben. So läßt sich dann auch $z_{(\varphi=0)}$ des anderen Spanngliedes mit Hilfe der Beziehung

$$z_m = \frac{z_1 + z_2}{2}$$

berechnen.

8. Der beidseits eingespannte Balken

8.1. Schnittkräfte infolge $g =$ konst.

$$Q_g = -g\,r\,\varphi, \tag{8.1}$$

$$M_{B\,g} = -g\,r^2\,(1 - K\cos\varphi), \tag{8.2}$$

$$M_{T\,g} = -g\,r^2\,(\varphi - K\sin\varphi), \tag{8.3}$$

wobei:

$$K = \frac{2\,[\sin\alpha\,(1+\varkappa) - \varkappa\,\alpha\cos\alpha]}{\alpha\,(1+\varkappa) + \sin\alpha\cos\alpha\,(1-\varkappa)} \quad \text{und} \quad \varkappa = \frac{E\,I}{G\,I_T},$$

$$K \approx 1 + \frac{\alpha^2}{6} - \frac{\alpha^4}{360} - \frac{\alpha^4}{45}\,\varkappa. \tag{8.4}$$

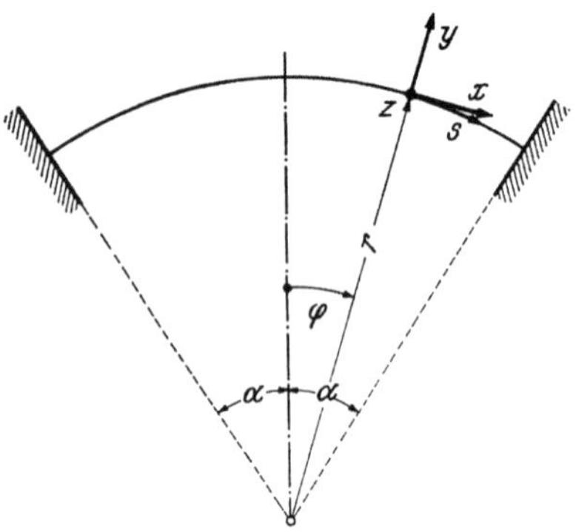

Abb. 21. Beidseits eingespannter Balken; allgemeine Bezeichnungen

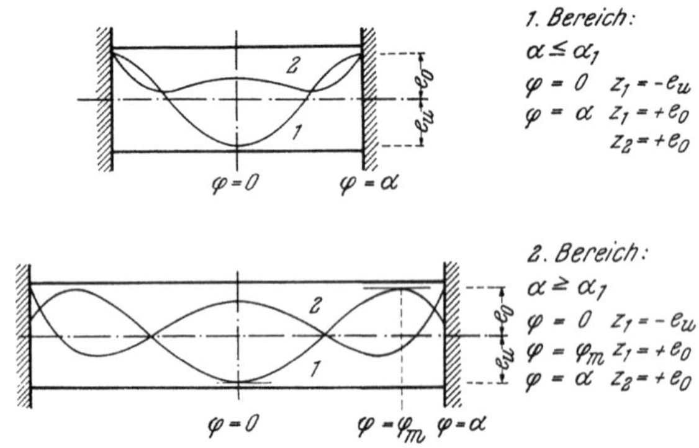

Abb. 22. Beidseits eingespannter Balken; Vorspannart 1, Spanngliedführung in den einzelnen Bereichen

Aus der Näherung für K kann man erkennen, daß der Einfluß der Torsionssteifigkeit des Balkens auf die Schnittkräfte gering ist. Im Rahmen dieser Untersuchung wird er aber der Vollständigkeit halber berücksichtigt.

8.2. Vorspannart 1

Um die Vorspannart 1 nicht mit dem Problem der Vorspannart 3 zu verquicken, wird $M'^{z}_{V\,(\varphi=0)} = 0$ gewählt, damit tritt aus Symmetriegründen in Balkenmitte an statisch unbestimmten Momenten aus der Vorspannung nur ein $M'_{B\,V\,(\varphi=0)} = M'$ auf.

Mit (5.1)

$$Q_V = V_1 \frac{dz_1}{ds}\,\frac{r}{r+a} + V_2 \frac{dz_2}{ds}\,\frac{r}{r-a}, \tag{8.5}$$

analog (5.2)

$$M_{B\,V} = V_1\,z_1 + V_2\,z_2 + M'\cos\varphi, \tag{8.6}$$

analog (5.3)

$$M_{T\,V} = -V_1 \frac{dz_1}{ds}\,\frac{r\,a}{r+a} + V_2 \frac{dz_2}{ds}\,\frac{r\,a}{r-a} + M'\sin\varphi, \tag{8.7}$$

mit (5.4)

$$M^z_V = V_1\,a - V_2\,a. \tag{8.8}$$

Aus $\Sigma M^z = 0$ $\qquad V_1 = V_2 = V. \tag{8.9}$

Aus $\Sigma P^z = 0$ und $\Sigma M^x = 0$ berechnen sich die allgemeinen Gleichungen der Spanngliedlagen zu:

$$z_{1(\varphi)} = \frac{r+a}{2aV}\left(g\,r\,a\frac{\varphi^2}{2} - g\,r^2\frac{\varphi^2}{2} - g\,r^2 K\cos\varphi - M'\cos\varphi\right) + C_1, \quad (8.10)$$

$$z_{2(\varphi)} = \frac{r-a}{2aV}\left(g\,r\,a\frac{\varphi^2}{2} + g\,r^2\frac{\varphi^2}{2} + g\,r^2 K\cos\varphi + M'\cos\varphi\right) + C_2. \quad (8.11)$$

Zur Berechnung der Integrationskonstanten C_1 und C_2 müssen hinsichtlich der Randbedingungen verschiedene Bereiche unterschieden werden.

1. Bereich $\alpha \leqq \alpha_1$.

Aus $\Sigma M^y = 0$ und den Gln (8.10) und (8.11) mit den Randbedingungen des 1. Bereiches folgt:

$$z_1 = \frac{r+a}{2aV}\left[(g\,r^2 - g\,r\,a)\frac{\alpha^2-\varphi^2}{2} + (g\,r^2 K + M')(\cos\alpha - \cos\varphi)\right] + e_o, \quad (8.12)$$

$$z_2 = \frac{r-a}{2aV}\left[-(g\,r^2 + g\,r\,a)\frac{\alpha^2-\varphi^2}{2} - (g\,r^2 K + M')(\cos\alpha - \cos\varphi)\right] + e_o, \quad (8.13)$$

$$g\,r^2 K + M' = (g\,r^2 - 2\,V e_o)\frac{1}{\cos\alpha}, \quad (8.14)$$

$$V = \frac{g\,r^2}{2}\frac{1}{e_u}\,\frac{\dfrac{1-\cos\alpha}{\cos\alpha} - (1-\mu)\dfrac{\alpha^2}{2}}{\dfrac{\mu}{1+\mu}(1+\lambda) + \lambda\dfrac{1-\cos\alpha}{\cos\alpha}} = V_{B+T}. \quad (8.15)$$

Beeinflußt man die Torsionsmomente durch Vorspannung nicht, so gilt:

$$V_B = \frac{g\,r^2}{2}\frac{1}{e_u}\frac{1-\cos\alpha}{\cos\alpha+\lambda}, \quad (8.16)$$

$$\Gamma = \frac{(\cos\alpha+\lambda)\left(\dfrac{1}{\cos\alpha} - \dfrac{1-\mu}{1-\cos\alpha}\dfrac{\alpha^2}{2}\right)}{\dfrac{\mu}{1+\mu}(1+\lambda) + \lambda\dfrac{1-\cos\alpha}{\cos\alpha}}, \quad (8.17)$$

$$\Gamma \approx \frac{\dfrac{5\,\alpha^2}{12} + \dfrac{49\,\alpha^4}{240} + \mu\left(1+\dfrac{\alpha^2}{12}\right) - \left(\dfrac{5\,\alpha^4}{24} + \mu\dfrac{\alpha^2}{2}\right)\dfrac{1}{1+\lambda}}{\mu(1-\mu+\mu^2) + \dfrac{\lambda}{1+\lambda}\left(\dfrac{\alpha^2}{2} + \dfrac{5\,\alpha^4}{24}\right)}. \quad (8.18)$$

Für den Grenzwinkel α_1 folgt aus der Bedingung:

$$\left(\frac{dz_1}{d\varphi}\right)_{(\varphi=\alpha_1)} = 0$$

die transzendente Gleichung:

$$(1-\mu^2)\,\lambda\,\alpha_1 - \mu(\lambda+1)\sin\alpha_1 + (1-\mu)(\mu-\lambda)\,\alpha_1\cos\alpha_1 -$$
$$-(1-\mu^2)\,\lambda\frac{\alpha_1^2}{2}\sin\alpha_1 = 0. \quad (8.19)$$

Eine geschlossene Lösung für α_1 läßt sich hier nicht angeben. Für $\lambda = 1$ wurden folgende Werte durch Probieren gefunden:

$\mu = 0{,}001, \qquad \alpha_1 = 0{,}136,$

$\mu = 0{,}002, \qquad \alpha_1 = 0{,}193,$

$$\mu = 0{,}005, \qquad \alpha_1 = 0{,}304,$$
$$\mu = 0{,}01, \qquad \alpha_1 = 0{,}430,$$
$$\mu = 0{,}02, \qquad \alpha_1 = 0{,}600,$$
$$\mu = 0{,}05, \qquad \alpha_1 = 0{,}931.$$

2. Bereich $\alpha \geqq \alpha_1$.

Aus $\Sigma M^y = 0$ und den Gln. (8.10) und (8.11) mit den Randbedingungen des 2. Bereiches folgt:

$$z_1 = \frac{r+a}{2aV}\left[-(g r^2 - g r a)\frac{\varphi^2}{2} + (g r^2 K + M')(1-\cos\varphi)\right] - e_u, \tag{8.20}$$

$$z_2 = \frac{r-a}{2aV}\left[-(g r^2 + g r a)\frac{\alpha^2-\varphi^2}{2} - (g r^2 K + M')(\cos\alpha - \cos\varphi)\right] + e_o, \tag{8.21}$$

$$e_o = \frac{r+a}{2aV}\left[-(g r^2 - g r a)\frac{\varphi_m^2}{2} + (g r^2 K + M')(1-\cos\varphi_m)\right] - e_u, \tag{8.22}$$

$$\left(\frac{dz_1}{d\varphi}\right)_{\varphi=\varphi_m} = \frac{r+a}{2aV}\left[-(g r^2 - g r a)\varphi_m + (g r^2 K + M')\sin\varphi_m\right] = 0, \tag{8.23}$$

$$g r^2 - (g r^2 K + M')\cos\varphi - V(z_1 + z_2) = 0. \tag{8.24}$$

Aus diesen fünf Gleichungen mit den Unbekannten $z_{1(\varphi)}$, $z_{2(\varphi)}$, V, $(g r^2 K + M')$ und φ_m kann die allgemeine Lösung gewonnen werden. Eine Entkoppelung der Gleichungen ergibt sich für $\lambda = 1$. Es gilt dann:

$$\frac{g r^2 K + M'}{g r^2} = \frac{(1-\mu^2)\frac{\alpha^2}{2} + 2\mu}{(1+\mu) - (1-\mu)\cos\alpha} = \theta, \tag{8.25}$$

$$\frac{\varphi_m}{\sin\varphi_m} = \frac{\theta}{1-\mu} \to \varphi_m, \tag{8.26}$$

$$V = \frac{g r^2}{e_o}\frac{1+\mu}{4\mu}\left[-(1-\mu)\frac{\varphi_m^2}{2} + \theta(1-\cos\varphi_m)\right] = V_{B+T}, \tag{8.27}$$

mit (8.16)

$$\Gamma = \frac{V_{B+T}}{V_B} = \frac{1+\mu}{2\mu}\frac{1+\cos\alpha}{1-\cos\alpha}\left[-(1-\mu)\frac{\varphi_m^2}{2} + \theta(1-\cos\varphi_m)\right). \tag{8.28}$$

Eine obere Grenze des 2. Bereiches konnte beim beidseits eingespannten Balken nicht festgestellt werden.

Die Auswertung der Näherungsformel (8.18) und der Formel (8.28) ist für verschiedene Parameter μ und dem Parameter $\lambda = 1$ in Abb. 25 dargestellt.

8.3. Vorspannart 2

Mit den Näherungen (6.25) und den Annahmen in (8.2) sind die Schnittkräfte aus Vorspannung analog den Gln. (6.26) bis (6.30) gegeben: Q_V, M_V^z und Q_V^y wie (6.26), (6.29) und (6.30)

$$M_{BV} = (V_1 + V_2) z + V_3 e_o - V_4 e_u + M' \cos\varphi, \tag{8.28}$$

$$M_{TV} = -V_1\frac{dz}{ds} a + V_2\frac{dz}{ds} a + V_3\frac{dy_3}{ds} e_o - V_4\frac{dy_4}{ds} e_u + M' \sin\varphi. \tag{8.29}$$

8.3.1. $e_o = e_u, \quad b_o = b_u = 2\,a$

$$y_3 = -\,y_4, \quad \frac{dy_3}{ds} = -\,\frac{dy_4}{ds} \quad \text{(s. 6.3.1)}.$$

Aus den Gleichgewichtsbedingungen folgt analog den Gln. (6.31) bis (6.34):

$$V_3 = V_4, \tag{8.30}$$

$$V_1 = V_2, \tag{8.31}$$

$$g\,r^2\,(1 - K\cos\varphi) - 2\,V_1\,z - M'\cos\varphi = 0, \tag{8.32}$$

$$-\,g\,r^2\,(\varphi - K\sin\varphi) + 2\,V_3\,\frac{dy_3}{ds}\,e_o + M'\sin\varphi = 0. \tag{8.33}$$

Aus (8.33):

$$y_3 = \frac{g\,r^3}{2\,V_3\,e_o}\left[\frac{\varphi^2}{2} + \left(K + \frac{M'}{g\,r^2}\right)\cos\varphi\right] + C_3. \tag{8.34}$$

Mit den Randbedingungen: $\varphi = 0, \quad y_3 = +\,a,$

$\varphi = \alpha, \quad y_3 = -\,a$

$$y_3 = \frac{g\,r^3}{2\,V_3\,e_o}\left[\frac{\varphi^2}{2} + \left(K + \frac{M'}{g\,r^2}\right)(\cos\varphi - 1)\right] + a, \tag{8.35}$$

$$V_3 = \frac{g\,r^3}{4\,a\,e_o}\left[\left(K + \frac{M'}{g\,r^2}\right)(1 - \cos\alpha) - \frac{\alpha^2}{2}\right]. \tag{8.36}$$

Aus (8.32):

$$z = \frac{g\,r^2}{2\,V_1}\left[1 - \left(K + \frac{M'}{g\,r^2}\right)\cos\varphi\right]. \tag{8.37}$$

Mit den Randbedingungen: $\varphi = 0, \quad z = -\,e_u,$

$\varphi = \alpha, \quad z = +\,e_o$

$$K + \frac{M'}{g\,r^2} = \frac{2}{1 + \cos\alpha}, \tag{8.38}$$

$$V_1 = \frac{g\,r^2}{2\,e_o}\,\frac{1 - \cos\alpha}{1 + \cos\alpha} = \frac{V_B}{2}, \tag{8.39}$$

$$\Gamma = \frac{V_{B+T}}{V_B} = \frac{V_1 + V_3}{V_1} = 1 + \frac{V_3}{V_1} = 1 + \frac{1}{\mu}\left(1 - \frac{\alpha^2}{4}\,\frac{1 + \cos\alpha}{1 - \cos\alpha}\right), \tag{8.40}$$

$$\Gamma \approx 1 + \frac{1}{\mu}\left(\frac{\alpha^2}{6} - \frac{\alpha^4}{240}\right). \tag{8.41}$$

8.4. Vorspannart 3

Mit (5.1)

$$Q_V = V\,\frac{dz}{ds}\,\frac{r}{r + e}, \tag{8.42}$$

analog (5.2)

$$M_{B\,V} = +\,V\,z + M'\cos\varphi, \tag{8.43}$$

analog (5.3)

$$M_{T\,V} = -\,V\,\frac{dz}{ds}\,\frac{r\,e}{r + e} + M'\sin\varphi, \tag{8.44}$$

analog (5.4)

$$M_V^z = Ve + M_V'^z, \tag{8.45}$$

Ist ein eben gekrümmter Balken an beiden Enden eingespannt, so wird durch ein in der Balkenebene liegendes Spannglied mit konstanter Exzentrizität der Betonquerschnitt nicht auf Biegung beansprucht.

Daher:

$$M_V^z = M_V^{\circ z} + M_V'^z = 0, \quad M_V^{\circ z} = Ve, \quad M_V'^z = -Ve. \tag{8.46}$$

$$\text{Aus } \Sigma M^y = 0, \quad z = \frac{g\,r^2}{V}(1 - K\cos\varphi) - \frac{M'}{V}\cos\varphi. \tag{8.47}$$

Mit den Randbedingungen:

$$\varphi = 0, \quad z = -e_u, \tag{8.48}$$

$$\varphi = \alpha, \quad z = +e_o \tag{8.48a}$$

$$z = \frac{g\,r^2}{V}(1 - \cos\varphi) - e_u\cos\varphi, \tag{8.49}$$

$$V = \frac{g\,r^2}{e_u\cos\alpha + e_o}(1 - \cos\alpha). \tag{8.50}$$

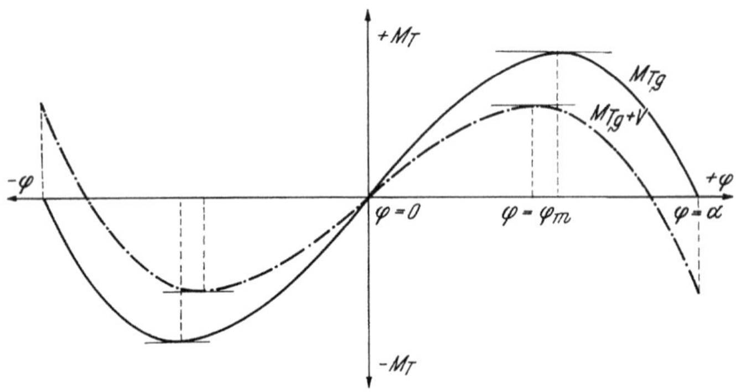

Abb. 23. Beidseits eingespannter Balken; Vorspannart 3, Verlauf der Torsionsmomente $M_{T,g}$ und $M_{T,g+V}$ für $\alpha = 10°$

Aufwandsverhältnis:

$$\Gamma = \frac{V}{V_B} = 1. \tag{8.51}$$

Im Gegensatz zu den statisch bestimmten Systemen (Kragbalken, freiaufliegender Einfeldbalken) kann man hier nicht nur ohne Mehraufwand, sondern auch ohne daß dabei das unerwünschte Biegemoment M^z auftritt, das Torsionsmoment beeinflussen.

Mit der Wahl von e kann das Torsionsmoment $M_{T\,g}$ wegen seines antimetrischen Verlaufes zusätzlich an zwei symmetrisch liegenden Stellen der Stabachse aufgehoben werden.

Wieder wird die Exzentrizität e aus der Forderung berechnet, daß der Absolutwert des im Stab verbleibenden Torsionsmomentes M_T ein Minimum wird.

Da die Torsionsmomente bei symmetrischer Belastung den gleichen Gesetzmäßigkeiten folgen wie beim Kragbalken, gilt hier sinngemäß Abb. 14 und die Ableitung von Gl. (6.58) bis (6.61).

$$\varphi_m \approx \frac{\alpha}{2}, \tag{8.52}$$

$$e \approx r \frac{\alpha^2}{4} \frac{3 - \lambda}{2\lambda + 2 - \alpha^2}, \tag{8.53}$$

$$\eta = \frac{\max M_{T\,V+g}}{\max M_{T\,g}} \approx \frac{M_{T\,(\varphi = \varphi_m)\,V+g}}{M_{T\,(\varphi = \varphi_m)\,g}}, \tag{8.54}$$

für $\varphi_m \approx \frac{\alpha}{2}$

$$\eta = \frac{-g\,r^2(\varphi_m - \tan\varphi_m)}{-g\,r^2(\varphi_m - K\sin\varphi_m)} \approx \frac{1 + \frac{\alpha^2}{10}}{1{,}5 - \frac{\alpha^2}{12}}. \tag{8.55}$$

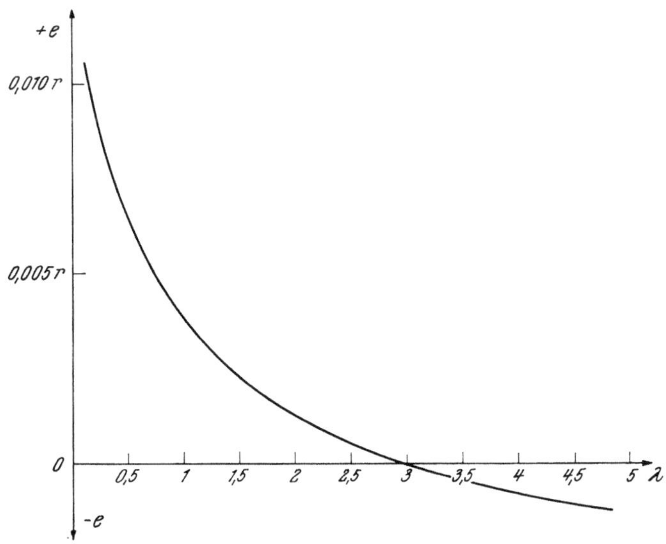

Abb. 24. Beidseits eingespannter Balken; Vorspannart 3, Verlauf der Exzentrizität e in Abhängigkeit von λ für das Beispiel $\alpha = 10°$

Das im Stab verbleibende Torsionsmoment $M_{T.V+g}$ ist abhängig vom Winkel α. Sein Maximalwert beträgt aber immer mehr als $0{,}6\dot{6}$ des Maximalwertes aus $M_{T\,g}$ (im Viertelspunkt). Die Exzentrizität e ist hier eine Funktion des Parameters $\lambda = \frac{e_o}{e_u}$.

In Abb. 24 ist für $\alpha = 10°$ der Verlauf dieser Kurve dargestellt.

Die Abhängigkeit der Exzentrizität e vom Parameter λ resultiert aus dem Einfluß des statisch unbestimmten Vorspannmomentes M'_{BV} auf den Torsionsmomentenverlauf.

Aus Gl. (8.47) und der Randbedingung (8.48) folgt:

$$M' = g\,r^2(1 - K) + V\,e_u, \tag{8.56}$$

mit (8.50):

$$M' = g\,r^2\left(\frac{\lambda + 1}{\cos\alpha + \lambda} - K\right), \tag{8.57}$$

mit (8.4):

$$M' \approx g\,r^2\left(\frac{\alpha^2}{2 + 2\lambda} - \frac{\alpha^2}{6}\right). \tag{8.58}$$

Die Diskussion dieser Gleichung mit Gl. (8.44) ergibt:

für $\lambda = 2$ $\quad M' = 0$ $\quad$ kein Beitrag zu $M_{T\,V}$,

für $\lambda < 2$ $\quad M' > 0$ $\quad$ positiver Beitrag zu $M_{T\,V}$ für $\varphi > 0$,

für $\lambda > 2$ $\quad M' < 0$ $\quad$ negativer Beitrag zu $M_{T\,V}$ für $\varphi > 0$.

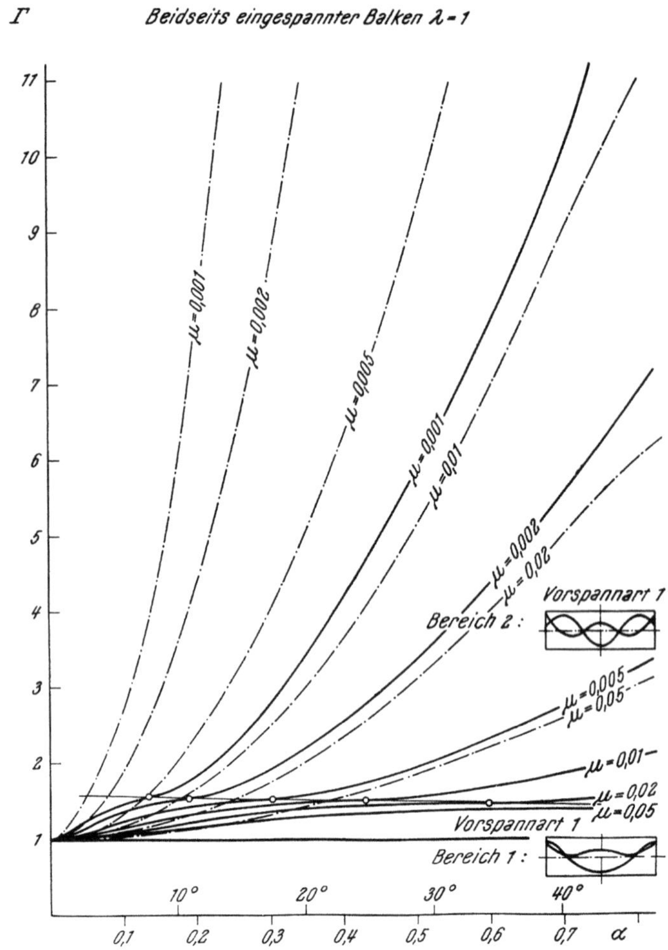

Abb. 25. Beidseits eingespannter Balken; Aufwandsdiagramm für $\lambda = 1$.
——— Vorspannart 1, —·—·— Vorspannart 2

Aus der Diskussion der Gl. (8.3) mit (8.4) folgt, daß die Torsionsmomente $M_{T\,g}$ für $\varphi > 0$ positiv sind. Legt man das Spannglied zur Beeinflussung der Biegemomente wie bisher üblich ohne Exzentrizität ein, so folgt aus Gl. (8.44):

$$M_{T\,V} = +\,M' \sin\varphi. \tag{8.59}$$

Aus der Diskussion der Gl. (8.58) folgt weiter:

$M' > 0$ für $\lambda < 2$, d. h. in diesem Fall wird bei — wie bisher üblich — nicht exzentrisch eingelegtem Spannglied für die Biegung das Torsionsmoment durch die Vorspannung erhöht!

8.5. Zusammenfassung

Aus Abb. 25 ist zu ersehen, daß beim beidseits eingespannten Balken die Vorspannart 1 der Vorspannart 2 eindeutig überlegen ist. Die Aufwandskurven weichen ganz erheblich voneinander ab. Der Grund für das starke Ansteigen des Aufwandes bei Vorspannart 2 liegt darin, daß mit wachsendem α durch Stegspannglieder, die die ganze Balkenhöhe ausnützen, erhebliche, zusätzliche Torsionsmomente M_{TV} erzeugt werden (s. 8.4 für $\lambda < 2$). Diese müssen durch die Spannglieder in den Platten mit großem Aufwand aufgehoben werden. Bei Vorspannart 1 kann erreicht werden, daß sich λ für das gemittelte Spannglied vergrößert und damit das unerwünschte statisch unbestimmte Torsionsmoment $M'_{TV} = M' \sin\varphi$ abnimmt. Somit muß hier durch die Vorspannung nur ein verhältnismäßig kleines Gesamttorsionsmoment $M_{Tg} + M'_{TV}$ aufgehoben werden.

Einen Bereich, in dem die Torsionsmomente ohne Mehraufwand aufgehoben werden können, gibt es hier nicht, weil die „Reserve in der Höhe" fehlt.

Vorspannart 3 ist, wie in 8.4 gezeigt, nicht mit dem Nachteil des horizontalen Biegemomentes behaftet. Dadurch gewinnt diese Vorspannart bei statisch unbestimmten Systemen an Bedeutung. Die Beeinflussung der Torsionsmomente durch diese ist aber nur in sehr beschränktem Maße möglich, da höchstens $33{,}\dot{3}\%$ des Torsionsmomentes aus Eigengewicht aufgehoben werden können.

IX. Schlußbemerkung

Man hat verschiedentlich versucht, die Beanspruchung aus Torsion durch konstruktive Maßnahmen zu vermindern oder sogar aufzuheben.

Im Rahmen dieser Arbeit wurde nun der Versuch unternommen, mit Hilfe der Vorspannung der Torsionsbeanspruchung zu begegnen. Aus der Fülle der Möglichkeiten, die sich dabei bieten, wurden drei für die Praxis interessierende herausgegriffen, untersucht, gegenübergestellt und der dabei notwendige Aufwand an Vorspannung berechnet. Um dabei die Zusammenhänge deutlicher zu zeigen, wurde in den Diagrammen der Verlauf der Aufwandskurven auch bis in wirtschaftlich nicht zu vertretende Bereiche verfolgt. Für die Praxis sind jedoch nur die flachen Teile der Kurven von Bedeutung. An Hand des Beispieles in der Veröffentlichung [4] könnte gezeigt werden, daß die Torsionsmomente ohne Mehraufwand aufgehoben werden können. Die Spannglieder würden also im 1. Bereich liegen. In praktischen Fällen wird man vielleicht überhaupt — wählt man Vorspannart 1 — immer im 1. Bereich bleiben und die Restbeanspruchung aus Torsion dem Beton zuweisen. Aber es sind nicht nur die Vorspannarten 1, 2 und 3 für sich allein möglich, sondern auch Kombinationen derer. Bei statisch bestimmten Systemen werden Kombinationen von Vorspannart 1 und 2 von Bedeutung, denn hier sollte die „Reserve in der Höhe" genützt werden. Bei statisch unbestimmten Systemen drängen sich dagegen Kombinationen aus Vorspannart 1 und 3 auf.

Stellt auch die vorliegende Arbeit für den Praktiker noch kein abgeschlossenes Ganzes dar, so hoffen die Verfasser, wenigstens die Richtung für einen neuen Weg gezeigt und Anregungen, diesen zu beschreiten, gegeben zu haben.

Am Schluß unserer Arbeit möchten wir für die in der Bürogemeinschaft Beratender Ingenieure VBI „Leonhardt-Andrä", Stuttgart, erhaltenen Anregungen und wertvollen Hinweise zu dieser Arbeit herzlichst danken.

Literatur

[1] Wolf, K.: Lehrbuch der Technischen Mechanik starrer Systeme. Wien: Springer-Verlag. 1947.

[2] Leonhardt, F.: Spannbeton für die Praxis, 2. Aufl. Berlin: Verlag Wilhelm Ernst u. Sohn. 1962.

[3] Vreden, W.: Die Berechnung des gekrümmten Durchlaufträgers. Berlin: Verlag Wilhelm Ernst u. Sohn. 1964.

[4] Bechert, H.: Zur Berechnung gekrümmter, einfeldriger Brücken. B. u. St. **1963**, H. 12, S. 279.

Die Berechnung von Brückenplatten auf Grund der Theorie der linearen Reduktion von Flächentragwerken[1])

Von

K. Havelka, Preßburg

Mit 4 Textabbildungen

In dieser kurzen Abhandlung können natürlich nur einige Berechnungsbeispiele gebracht werden, welche die Anwendung der im Titel erwähnten Theorie in der Praxis erläutern sollen. Die Theorie selbst wurde eingehend in der grundlegenden Abhandlung [6] und ihre Anwendung auf die Berechnung von Brückenplatten in den Arbeiten [10], [11] und [12] gegeben. Hierin wurde vor allem der Begriff des statisch bestimmten, aus zwei Streifensystemen bestehenden Grundsystems, des sogenannten baustatischen Mittellinienmodelles, erläutert, auf dem die ganze Berechnung der Brückenplatte, gestützt auf das Prinzip der virtuellen Arbeiten, beruht. Damit wird dieses Prinzip auch wirkungsvoll in die Lösungsverfahren der Flächentragwerke übertragen und erleichtert so die Berechnung außerordentlich. Natürlich stellt im Zusammenhang damit auch der Satz von Maxwell eine willkommene Kontrolle bei der Aufstellung der Matrix der Einheitsverdrehungen und -verschiebungen dar. Ähnlich werden auch die Absolutglieder der Bedingungsgleichungen für die einzelnen Belastungsarten bestimmt. Zu diesen zählen auch vorgeschriebene Verformungen, wie sie bei der Ermittlung einzelner Einflußflächen der statischen und Verformungsgrößen sowie auch bei der Untersuchung der Wirkung von Rauminhaltsänderungen (Schwinden, Temperaturänderungen u. dgl.) vorkommen. Die Berechnung des vorläufig reduzierten tragenden Doppelstreifensystems bietet ebenso wenig Schwierigkeiten wie jene von Stabwerken; seine Verformung kann unabhängig von der eigentlichen Berechnung des Flächentragwerkes ermittelt werden. Die Berechnung beruht im allgemeinen auf der Bestimmung von n unbekannten Größen $Y_1 \ldots Y_n$, welche wir als Verbindungskräfte bezeichnen (sie sind zwar meist Momente), da dank ihrer Wirkung das zu einem aus zwei Streifenscharen aufgebauten System reduzierte Flächentragwerk wieder zu einem einheitlichen (monolithischen) Tragwerk wird, indem sowohl Winkel- als auch im allgemeinen

---

[1] Diese wissenschaftliche Forschungsarbeit des Lehrstuhls der Betonkonstruktionen und Brücken der Slowakischen Technischen Hochschule in Bratislava wird später in erweiterter Form in einem Buch (als II. Teil der Arbeit [6]) im Verlag der Slowakischen Akademie der Wissenschaften in Bratislava veröffentlicht werden.

Längsverschiebungen bzw. andere Klaffungen rückgängig gemacht werden, so daß zuletzt alle Punkte der beiden vorübergehend getrennten Streifensysteme wieder gehörig zur Deckung kommen. Damit wird das ursprünglich gegebene Tragwerk wieder hergestellt und gleichzeitig die genannten Verbindungskräfte in das vorübergehend reduzierte Doppelstreifensystem eingeführt. Dieser Vorgang stellt den zweiten Hauptteil der Berechnung dar und bildet gegenüber der Reduktion einen rückläufigen Arbeitsgang. Damit wird das ursprünglich gegebene Flächentragwerk in allen seinen Eigenschaften, natürlich in dem durch die Belastung bedingten und eindeutig gegebenen Verformungszustand, wieder hergestellt, wobei durch die Funktionen der ermittelten Überzähligen der zugehörige Spannungszustand folgt.

Bei der Anwendung auf die Berechnung von Brückenplatten, selbst bei veränderlicher Steifigkeit der Platten, komplizierterer Form oder Unterstützung der Platten, anisotroper oder orthotroper Ausbildung derselben, oder anderen verwickelten mechanischen Bedingungen, erweist sich das statische Mittellinienmodell stets als verhältnismäßig einfaches Gebilde, da es schließlich immer aus zwei einander kreuzenden Scharen von geraden parallelen Streifen besteht, die wir im Falle der Brückenplatten aus später angeführten Gründen als Elastizitoren und Iteratoren bezeichnen wollen.

Die Iteratoren stellen in der Längsrichtung liegende monolithische Tragelemente dar, deren Kontinuität nicht gestört wird, auch wenn im Schnittpunkt ihrer Mittellinien mit jenen der Elastizitoren in der Vorstellung sogenannte Drehscheibenscharniere eingebaut sind. Dieses symbolische Gedankengebilde ist in der Abb. 1 oben dargestellt. Wenn die Brückenplatte über Zwischenstützen (Schneidenlager) durchläuft, also mehrere Felder aufweist, so kann auch jeder einzelne Iterator als durchlaufender Träger gewählt werden und somit rechnerisch als ein einziger Stab erfaßt werden. Es ist jedoch vorteilhafter, bei durchlaufenden Plattenkonstruktionen auf frei aufliegende Einzelfelder überzugehen. In diesem Fall sind die Iteratoren nach Form, Unterstützung und Wirkungsweise nur einfache Träger. Nach der Behandlung der Einzelfelder der Platte werden diese nach den Regeln der Baustatik durch die statischen Wirkungen der Einheits-Auflagermomente, welche in den Achsen der Iteratoren in den einzelnen Feldern wirken, wieder verbunden. Dadurch wird die ganze Berechnung viel einfacher, bedingt durch die stark verringerte Zahl der unbekannten Verbindungskräfte in einem Arbeitsgang. Mit anderen Worten, die hohe statische Unbestimmtheit des ganzen Systems wird in jene der Einzelfelder zerlegt und deren Kontinuität am Schluß wieder hergestellt. Die gedachten Drehscheibenscharniere im reduzierten Tragwerk haben den Zweck, gegenseitige Drehungen (zwischen Iterator und Elastizitor um die Elastizitorachse) unter der Wirkung von Einheitsmomentenangriffen im Kreuzungspunkt der Mittellinien zu ermöglichen, und zwar sowohl zufolge der Biegung des Iterators als auch der Verdrehung (Torsion) des Elastizitors, weshalb der eine Teil des Doppelmomentenangriffes auf ein Element des einen und der andere Teil auf ein Element des anderen Streifensystems wirkt. Die gemeinsame Achse des Doppelmomenten-Einheitsvektors ist jene des Drehscheibenscharnieres (Abb. 1).

Das zweite Streifensystem, das der Elastizitoren, hat eine andere Aufgabe. Der einzelne Elastizitor verhält sich wie ein durchlaufender Querträger, der an den Achsen der Iteratoren elastisch gestützt ist, gleich einem auf elastischen Stützen gelagerten Durchlaufträger. Um seine eigene statische Unbestimmtheit zu beseitigen, werden gedachte Scharniere eingeführt, die als rohrartig bezeichnet werden (Abb. 1). Sie liegen zu

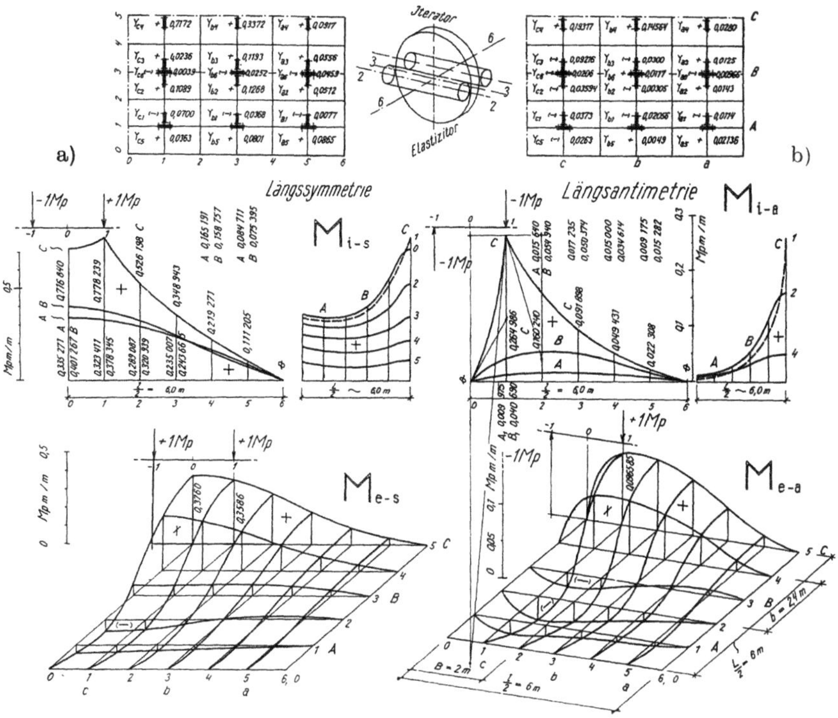

Abb. 1a, b. Biegemomente M_i und M_e in der Längs- und Querrichtung bei a) Längs-Symmetrie, b) Längs-Antimetrie. Übersicht der Verbindungskräfte. Modell des Wirkungspunktes

beiden Seiten der Drehscheibenscharniere des Iterators, mit denen sie starr verbunden sind. Der Doppelmomenten-Einheitsangriff in der Achse eines solchen Scharniers wirkt auf den Elastizitor biegend, auf den Iterator tordierend ein. Die Differenz der beiden Momente eines Scharnierpaares, die in der aufgelösten Konstruktion als zwei dicht beieinander wirksame Stützenmomente auftreten, greift in Form eines Drehmomentes (Torsionsmomentes) in der Achse des Iterators an. Als das theoretisch richtige Biegungsmoment könnte der arithmetische Mittelwert beider nebeneinander im Mittellinienknotenpunkt des Elastizitors wirkenden Stützmomente angesehen werden. Vom praktischen Standpunkt aus ist es aber vorteilhafter, zur Bemessung das größere der beiden Stützmomente zu wählen, das gewöhnlich auf der dem Lastangriff abgewandten Seite auftritt.

Um der falschen Vorstellung der wenn auch nur latenten Existenz der Scharniere vorzubeugen, sollte man sie sich unendlich klein denken. Die drei erwähnten Scharniere fallen dann in der Vorstellung in einem einzigen Wirkungspunkt zusammen, der mit den oben beschriebenen Fähigkeiten der Übertragung statischer und Deformationswirkungen zwischen den Mittellinien der beiden Streifensysteme ausgestattet ist. Könnten wir die Vorstellung auf ∞^2 an der Mittelfläche kombiniert wirkende Übertragungspunkte ausdehnen, so ließen sich alle theoretischen, an eine strenge Berechnung der Flächentragwerke zu stellenden Forderungen restlos erfüllen. Das ist selbstverständlich unmöglich, da dann auch die statische Unbestimmtheit über alle Grenzen wüchse. Deshalb wählen wir zwar Streifen mit endlicher Breite und bekommen dadurch auch eine endliche Anzahl von Schnittpunkten mit Scharnieren, die Verbesserung im Sinn einer Annäherung an die strenge Lösung kann aber nicht nur durch Wahl schmälerer Streifen erreicht werden, sondern auch mit anderen, viel bequemeren Mitteln. Die gesuchten Funktionen können auch auf die Weise genauer berechnet werden, daß die Linien der berechneten Größen nicht durch Ordinatenendpunkte in den Rechnungspunkten selbst gelegt werden, sondern so, daß diese Punkte als elastische Schwerpunkte kleiner Bögen auftreten, die den Breiten der von den Mittellinien vertretenen Streifen entsprechen. Auch kann man die Mittellinien nicht so legen, daß sie die Streifenbreite halbieren, sondern durch die Steifigkeitsschwerpunkte der Streifenquerschnitte. Glücklicherweise ist die Berechnung gegenüber solchen Maßnahmen wenig empfindlich. Die bei der Berechnung mehrerer, auch sehr komplizierter Konstruktionen gewonnenen Erfahrungen lehren, daß die Ergebnisse der Wirklichkeit sehr nahe kommen, begreiflich und damit auch wirklichkeitsgetreu, wenn auch nicht streng genau sind. Es ist aber als großer Vorteil anzusehen, daß die Genauigkeit der Berechnung beliebig gesteigert werden kann. Dies kann nicht nur durch die oben erwähnte Verminderung der Streifenbreite und die damit verbundene Erhöhung der Anzahl der Berechnungspunkte (welche als Knotenpunkte die Übergangsstellen der Verbindungskräfte sind) erfolgen, sondern auch durch Abstufung der mechanischen Konstanten in Übereinstimmung mit dem wirklichen Verhalten der Konstruktion und zuletzt, was wir als das Wichtigste betonen, dadurch, daß wir uns stets vor Augen halten, daß theoretisch die Einteilung unendlich fein sein müßte. Das geschieht dadurch, daß die in den diskreten Punkten wirkenden Größen direkt den Schwerpunkten der Abschnitte zugeordnet werden, während die entlang der Achse des Elementes sich integrierenden Größen dem entsprechenden Streifenrand zugewiesen werden. So werden die aus der Unmöglichkeit, die theoretisch infinitesimale Teilung zu verwirklichen, hervorgehenden Mängel weitgehend, ja fast vollkommen ausgeglichen. Wie gesagt, könnte eine unendlich feine Teilung zu einer der exakten gleichwertigen Lösung führen.

Daß man auch bei der unvermeidlichen endlichen Teilung ganz befriedigende Ergebnisse erhalten kann, welche große Fehler und falsche Vorstellungen ausschließen, ist dadurch gegeben, daß die ganze Berechnung ununterbrochen alle statischen und Verformungsbedingungen beachtet und daß durch das Schließen der entstandenen Winkelöffnungen nirgendwo die Kontinuität der Konstruktion gestört wurde.

Wir sagten oben, daß bei der Anwendung auf Brückenplatten das statisch bestimmte System der reduzierten Fläche einfach ist. Das einzige Hindernis ist der hohe Grad der statischen Unbestimmtheit, welcher von der großen Zahl von Mittellinienkreuzungen herrührt. Wenn auch alle sechs Bewegungen des Kriteriumwürfels (s. [6]) nie gleichzeitig vorkommen (in unserem Fall gibt es keine Verschiebungen, sondern nur drei Verdrehungen und deshalb ist der allgemeine Kreuzungspunkt nur mit drei Scharnieren ausgestattet, während die Randpunkte mit nur zwei Scharnieren versehen sind), so wird der Grad der statischen Unbestimmtheit doch recht hoch. Glücklicherweise ist dieser Umstand heute kein Hindernis mehr, wo die hochleistungsfähigen Digitalrechner eingesetzt werden können; er verlangt nur eine kritische, systematische, strenge und umfassende Überwachung des Rechenvorganges. Die statische Unbestimmtheit kann durch Ausnützen innerer Gesetzmäßigkeiten, wie im Falle doppelter Symmetrie bzw. Antimetrie, verringert werden, bei den im Grundriß schiefen Platten aber nur dank der polaren Symmetrie bzw. Antimetrie. Der Vorteil einer solchen Organisation der Berechnung besteht überdies noch darin, daß die Randbedingungen, in unserem Falle jene der frei aufliegenden Rechteckplatte, zu den in der Längs- und Querachse geltenden Bedingungen hinzutreten, wodurch die Linienführung der statischen Größen genauer und verläßlicher wird. Die praktischen Berechnungsbeispiele können davon anschaulich überzeugen. Als interessante Bemerkung möchte ich anführen, daß die ersten Versuche der Berechnung von Brückenplatten noch unter Anwendung von Lastgruppen als Unbekannten erfolgten. Die Längselemente haben deshalb die Bezeichnung als Iteratoren bekommen, weil entlang ihrer Achsen die ganzen Gruppen von Unbekannten iterierten, welche durch die selbständige Berechnung der Elastizitoren als eigene Konstruktionselemente ermittelt wurden. Die Berechnung des Elastizitors, welcher vorübergehend in seinen Drehscheiben- und Rohrscharnieren Knickwinkel erhalten hatte, erfolgte durch Erfüllung seiner Kontinuitätsbedingungen. Daraus stammt auch die Bezeichnung dieses Elementes als Elastizitor. So wurde eine zusammenhängende, allen Bedingungen gehorchende Lösung gewonnen. Der Vorgang war aber mühevoll und zeitraubend. Eine günstige Wendung in der Entwicklung des Verfahrens brachte die Anwendung des Digitalrechners LGP 30. Bisher wurden zwei Systeme zu je 18 Bedingungsgleichungen gelöst und Fälle von in der Querrichtung symmetrischen Belastungen behandelt, welche in der Längsrichtung symmetrisch bzw. antimetrisch waren, und zwar für 21 verschiedene Belastungsarten. Zur Illustration wird im weiteren unser Fall 3 mit einer Einzellast in allgemeiner Lage auf der Längssymmetrieachse vorgeführt. Abb. 1 weist die errechneten Verbindungskräfte $Y_{a \ldots c, 1 \ldots 6}$ für einen Teilfall der in der Längsrichtung symmetrischen bzw. antimetrischen Belastung aus. Eine nähere Betrachtung zeigt, daß nach Berechnung der Verbindungskräfte mittels eines Digitalrechners der ganze weitere Berechnungsvorgang und die zeichnerische Darstellung sowohl im Verlauf der Rückrechnung als auch der Verteilung der Wirkungen über das ganze Mittelliniennetz und auch über die zwischenliegenden Linien sehr leicht sind. Es ist aber vorerst notwendig zu erläutern, wie das Doppelstreifensystem und daher auch das Mittellinienmodell aufgebaut sind.

Wir haben eine frei aufliegende Platte $12 \cdot 12\ m^2$, $d = 0{,}40$ m, welche in der Längsrichtung in fünf Iteratoren mit $l = 12$ m, $b = 2{,}4$ m und in der Querrichtung in sechs Elastizitoren mit $L = 12$ m und $B = 2{,}0$ m eingeteilt wurde. Wir wählten eine quadratförmige Konstruktion, da sie für die verfolgten Zwecke am geeignetsten ist. Sie ist nämlich weder zu lang, wodurch die Berechnung erleichtert würde, noch zu breit, wodurch der Charakter einer Brückenplatte undeutlich würde. Im Sinne der in der Abb. 1 dargestellten Schemata (welche zur Raumeinsparung nicht im Grundrißmaßstabe, d. h. als Quadrate, gezeichnet sind) werden nach Festlegung der drei allgemeinen Funktionspunkte auf dem Iterator B in den Lagen der Elastizitoren a, b und c, weiters der drei entsprechenden Knotenpunkte auf dem Iterator A und schließlich der drei einzelnen isolierten Rohrscharniere an der C-Achse, insgesamt 18 Y-Kräfte wirksam, und zwar in Gruppen zu je 6 entlang der Achsen der Elastizitoren $Y_{a,1\,..\,6}$, $Y_{b,1\,..\,6}$ und $Y_{c,1\,..\,6}$. An der Außenseite der Drehscheibenscharniere an der A-Achse hätten die Rohrscharniere keinen Sinn mehr; sie würden in die monolithisch verbundenen Kragarme der Elastizitoren eingebaut werden. Umgekehrt können an der C-Achse die Drehscheibenscharniere nicht angewendet werden, da alsdann das statisch bestimmte System seine geometrische (morphologische) Bestimmtheit verlieren und zu einem statisch überbestimmten Gebilde umgewandelt würde. Dies hätte zur Folge, daß die Elastizitoren als Ganzes in diesen Scharnieren rotieren könnten, ohne einen Widerstand zu erfahren; es könnte kein Gleichgewicht hergestellt werden bzw. die Verdrehungen wären unendlich groß. Der Iterator C, der mit allen Elastizitoren starr (gegen Drehungen um deren Achse) verbunden ist, führt so zum statisch bestimmten, zu Streifen reduzierten Tragwerk und ermöglicht dadurch auch die Anwendung des MAXWELLschen Satzes wie auch jene des Prinzips der virtuellen Arbeiten als eines unentbehrlichen Recheninstrumentes. An dem so konstruierten gedachten Mittellinienmodell können alle nötigen sowohl von den Einheitsmomentenangriffen als auch von den gewählten 21 Belastungsarten herrührenden Verdrehungen ermittelt werden. Über den Berechnungsvorgang hierzu und die Verteilung der Verdrehungen über die Modellkonstruktion s. [10] und [12], über die Verteilung der ermittelten Verbindungskräfte Y s. [11] und [11a]. Im weiteren treten wir auf Grund der oben angeführten ermittelten Verbindungskräfte, welche zufolge der in der Brückenachse stehenden Einzellast $P = 2$ Mp bestimmt wurden, in die ausführliche Untersuchung der Wirkung dieser Belastung ein. Die Y-Kräfte greifen natürlich entsprechend dem oben Gesagten in den Knoten des Mittelliniensystems an und in unserem einfachen Beispiel werden sie sehr leicht gemäß den Gesetzmäßigkeiten der Streifenelemente und der durch deren Lagerung bzw. Einspannung bestimmten Randbedingungen über die ganze Konstruktion verteilt. Ich möchte hier drei wesentliche Typen der resultierenden Momente, welche durch die Verteilung der Verbindungskräfte über das ganze System entstehen, besprechen. Es sind dies:

1. Die in der Längsrichtung wirkenden Biegemomente M_i, die vom Standpunkt der Bemessung am wichtigsten sind. Im Falle der Symmetrie in der Längsrichtung werden sie als Biegemomente an frei aufliegenden Trägern, die von den Iteratoren $l = 12$ m dargestellt werden, abgeleitet. Wenn die Belastung in der Längsrichtung antimetrisch angreift, werden die Biegemomente M_i am frei aufliegenden Träger mit der halben Stützweite 6 m berechnet. Bei der Ermittlung dieser Momente kommen alle vorkommenden Verbindungskräfte $Y_{a\,..\,c,1\,...\,6}$ ins Spiel, und zwar so, daß die Verbindungskräfte $Y_{1\,..\,4}$ an einzelnen Elastizitoren a, b und c bzw. an deren Abschnitten (welche zwischen den Rohrscharnieren liegen) Auflagerkräfte hervorrufen, welche dann die entsprechenden Iteratoren belasten, während die Drehmomente $Y_{5,6}$ unmittelbar auf den Iterator als Biegungsmomente übertragen werden. Die belasteten Iteratoren nehmen außerdem noch die volle Wirkung der an dem frei aufliegenden Träger angreifenden Belastung mit ihrem ganzen charakteristischen Verlauf auf. Die Summe aller dieser Momente ergibt in der Projektion auf eine zur Brückenlängsachse parallele Ebene den von der gegebenen Belastung hervorgerufenen Momentenverlauf (Momentendiagramm). Wenn (auf die zugehörige Schnittlänge) bezogene Momente (Dimension Mpm/m) gebildet werden sollen, müssen alle Resultate durch die jeweilige Iteratorenbreite dividiert werden. Die Verteilung kann natürlich auch auf die Kontaktlinien zwischen Iteratoren und Elastizitoren bezogen werden. Hieraus folgt eine ganze, durch die Ordinaten der in der Längsrichtung wirkenden Momente M_i bestimmte Momentenfläche, sofern diese Momente sowohl in der Längs- als auch in der Querrichtung verteilt wurden. Auf Einzelheiten kann hier aus Raummangel nicht eingegangen werden und wir verweisen diesbezüglich auf die Arbeiten [11] und [11a]. Wir bemerken nur, daß bei der in der Querrichtung symmetrischen Belastung die Iteratorachse C eine Sonderstellung einnimmt. Die Momente Y_5 und Y_6, welche die Torsion in der Querrichtung bewirken, reichen in ihrer Wirkung nicht bis zur C-Achse, da an der Achse die Verwindung (Torsion) gleich Null ist. Deshalb übersteigt die Summe der $(2\,A + 2\,B + C)$-Achsen unbedeutend den bei Betrachtung der Platte als frei aufliegenden Träger erhaltenen Wert. Das muß auch so sein, weil die C-Achse selbst statisch nicht den Wirkungsmittelwert des Iterators darstellt, sondern ein Extrem.

In der Abb. 1a, b haben wir diese Momente M_i für beide Fälle, das ist für den Fall der Längssymmetrie und -antimetrie, ausführlich dargestellt. Die Richtigkeit der Ergebnisse ist auch anschaulich dadurch erwiesen, daß in der Summe der beiden Teillösungen (s. Abb. 2) die resultierende Momentenlinie C ohne Sprung oder irgendeine Störung über die ganze Stützweite verläuft. Die schraffierte Fläche stellt den zu der symmetrischen Wirkung hinzugefügten (antimetrischen) Teil des Momentendiagramms dar, was sicher eine wirksame Kontrolle darstellt. Die in der Abb. 1b in der C-Achse dargestellte Momentenlinie wurde auch als Potenzfunktion angesetzt, die durch die ermittelten Ordinaten geht, und gestattete so die eingetragenen Tangenten genau festzulegen (obwohl die Ergebnisse hier nicht angeführt werden), wodurch der Singularitätspunkt verläßlich bestimmt wurde.

2. Die in der Querrichtung wirksamen Momente M_e werden dagegen sehr einfach abgeleitet. Es sind die Biegemomente der Elastizitoren $Y_{1..4}$, welche unmittelbar an der Stelle auf die den Elastizitoren zugehörigen Breiten $B = 2{,}0$ m verteilt und mit dem zutreffenden Vorzeichen versehen wurden. Wie die einander benachbarten Momente Y_2 und Y_3 herangezogen werden, wurde schon besprochen. Die Differenz dieser Momente wird an den Iterator als Drehmoment abgegeben, wobei aber der Verlauf gegen

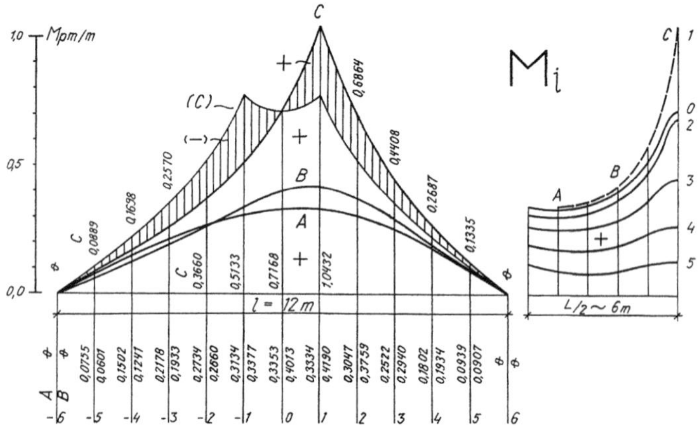

Abb. 2. Endwerte der Biegemomente M_l in der Längsrichtung für die Last 2 Mp in allgemeiner Lage auf der Längssymmetrieachse

die Stützen zu von der Befestigung der Iteratoren in den Endpunkten abhängt, was bei den Drillungsmomenten näher besprochen werden wird. Es empfiehlt sich, wenigstens die aus $Y_{1..4}$ unmittelbar abgeleiteten Grundkurven der Momente M_e als Potenzfunktion rechnerisch aufzustellen; die übrigen können auf dieser verläßlichen Grundlage einfach graphisch bestimmt werden. In unseren Abb. 1a, b wurden diese Linien sowohl für den Fall der Symmetrie als auch der Antimetrie in der Längsrichtung nur graphisch bestimmt und entsprechen trotzdem offensichtlich allen Forderungen gut. Die Linien wurden unter Berücksichtigung der jeweiligen Randbedingungen gezeichnet. In der Nähe des Angriffspunktes der Einzellast gibt es aber keine solchen Bedingungen und deshalb wurden die Linien ohne etwaige Zuspitzung gezeichnet (die ohnehin ausgerundet werden müßte). Für praktische Zwecke sind die ermittelten Koordinaten maßgebend, welche in der Abb. 3 für die ganze Fläche der Platte anschaulich dargestellt sind. Die Tatsache, daß die Momentenlinien in beiden Richtungen, das ist sowohl in der Längs- als auch in der Querrichtung einwandfrei und überdies in ihrer Gesamtheit als glatte Fläche dargestellt werden konnten, stellt ein Zeugnis für die Richtigkeit der Ergebnisse dar.

3. Die in beiden Richtungen wirksamen Drillungsmomente M_{ei} müssen aus zwei Teilen abgeleitet werden: erstens von den Momentenangriffen

$Y_{5,6}$, welche primär in Längsebenen wirken, zweitens von den Momenten $Y_{1..4}$, die ursprünglich in den Querebenen angreifen; in beiden Fällen werden aber Spannungen und Verformungen in beiden Richtungen hervorgerufen. Die Momente $Y_{5,6}$ greifen an den Elastizitoren tordierend an und werden als positiv bezeichnet, wenn sie nach rechts drehen (s. Abb. 4, Momente M_{te}). Aus Platzmangel führen wir die Entwicklung der M_{te}- und auch der M_{ti}-linien nur für den Fall der Längssymmetrie an. Die Drillungsmomente werden integriert und müssen deshalb auf den Rand des betreffenden Streifens bezogen werden. Der funktionelle Verlauf der

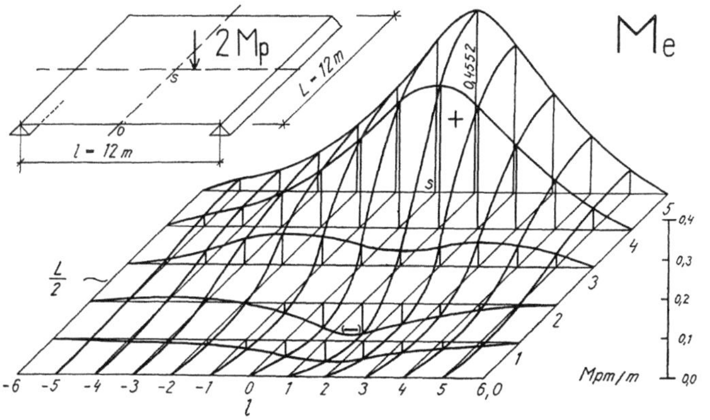

Abb. 3. Endwerte der Biegemomente M_e in der Querrichtung für die Last 2 Mp in allgemeiner Lage auf der Längssymmetrieachse

bezogenen Momente muß übereinstimmend mit den Randbedingungen die Form annehmen:

$$M_{te} \equiv y = f(x), \quad \text{wo} \quad y_0 = 0, \quad y_2 = \frac{1}{B} Y_5, \quad y_4 = \frac{1}{B}(Y_5 + Y_6), \quad y_5 = 0.$$

Für den Fall der Antimetrie ist der Aufbau der Momente derselbe; die Momente integrieren sich entlang der Elastizitorachse unter denselben Bedingungen in der Richtung zu C hin, besitzen aber andere Randbedingungen in der Längsrichtung.

Bei den Momenten M_{ti} ist es etwas anders. Im Symmetriefalle können diese nur in der Richtung zu den Stützen hin integriert werden, s. Abb. 4. An der Achse fängt die Linie mit dem Wert Null an und an der Stütze endet sie mit einer waagerechten Tangente, da sie ihrem Wesen nach eine Integrallinie der Momente M_e sein muß, die an einer starren Stütze unbedingt verschwinden müssen. Die entwickelte Funktion ist dann $M_{ti} \equiv y = f(x)$ mit den Koordinaten in der Richtung von 0 bis 6 an der A-Achse

$$y_0 = 0, \; y_2 = -\frac{1}{b} Y_{c1}, \; y_4 = -\frac{1}{b}(Y_{c1} + Y_{b1}),$$

$$y_6 = -\frac{1}{b}(Y_{c1} + Y_{b1} + Y_{a1}).$$

An der B-Achse muß dann, wie schon erwähnt, statt der einzelnen Y_1

immer die Differenz $(Y_3 - Y_2)$ geschrieben und dann auf gleiche Weise wie vorher zu den Stützen hin integriert werden. An der C-Achse verschwindet die Torsion überhaupt, da sie durchgehend Null ist.

Durch Summieren der Teilresultate M_{te} und M_{ti}, wobei linksseitig drehende M_{ti} als positiv zu zählen sind, erhalten wir das Gesamtbild der Drillungsmomente M_{ei}. Das charakteristische Ergebnis im Stützenquerschnitt gestattet auch die Berechnung der Auflagerkraftverteilung $\mathfrak{R} = R + M'_{ei}$, wobei unter Umständen die Tendenz zum Abheben der

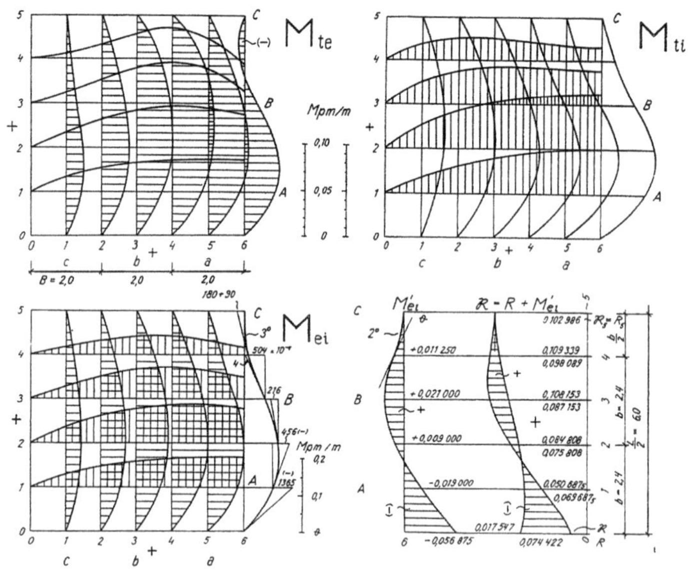

Abb. 4. Drillungsmomente M_{te}, M_{ti} und die Endwerte M_{ei}, sowie die Auflagerkräfteverteilung im Stützenquerschnitt bei Längssymmetrie

Platte zufolge des starken Einflusses der M_{ei}-Momente in den Randteilen der Stützkante sichtbar wird. Im Falle der Antimetrie müßte man bei der Verteilung und Integration der M_{ti}-Momente beachten, daß der sie aufnehmende Iterator sich dann gegenüber der Wirkung von Drillungsmomenten so verhält, als wäre er nicht nur an den Stützpunkten, sondern auch in der Mittelachse völlig eingespannt. Im übrigen ist der Vorgang bei den resultierenden M_{ei} wie auch ihr Einfluß auf die Auflagerkräfte ganz analog zum symmetrischen Fall. Von der Besprechung dieser Ergebnisse sowie auch jener der aus dem symmetrischen und dem antimetrischen Fall zusammengesetzten Wirkung wird aus Zeit- und Raummangel Abstand genommen. Sie werden zusammen mit vielen anderen, zur Zeit schon eingehend ausgearbeiteten Fällen, einschließlich der Ermittlung von Extremwerten der Biegemomente und deren Richtungen, die von den Drillungsmomenten stark beeinflußt werden, Gegenstand einer wissenschaftlichen Forschungsarbeit über die Lösung der Brückenplatte beliebiger Form, Lagerung und Steifigkeit sein, die in Kürze erscheinen soll.

Literatur

a) Zur Theorie der linearen Reduktion der Flächentragwerke

[1] HAVELKA, K.: Tuhé plošné konštrukcie riešené metódou lineárnej redukcie. (Die Lösung steifer Flächentragwerke an Hand der Methode der linearen Reduktion.) Stavebnícky časopis, 1956/IV, Bratislava.

[2] HAVELKA, K.: Riešenie tuhých plošných konštrukcií metódou lineárnej redukcie. Sborník I. čsl. sjazdu teoretikov stavebných konštrukcií, 1959, Bratislava, VSAV. (Die Lösung steifer Flächentragwerke mittels der Methode der linearen Reduktion. Abhandlungen des I. Kongresses der Theoretiker der Bauwerke, 1959, Bratislava, Verlag der SAW.)

[3] HAVELKA, K.: Základové predpäté škrupiny. Príspevok v jubilejnom sborníku Fakulty inžinierskeho stavitelstva Slovenskej vysokej školy technickej v Bratislave, 1958, Bratislava. (Vorgespannte Fundamentschalen. Ein Beitrag in der Festschrift der Fakultät für das Bauingenieurwesen der Slowakischen Technischen Hochschule in Bratislava, 1958, Bratislava.)

[4] HAVELKA, K.: Obliczanie sztywnych konstrukcji powierzchniowych przy zastosowaniu redukcji do układu prętowego, Czasopismo techniczne 3/19, 1959, Kraków. (Die Berechnung steifer Flächentragwerke unter Anwendung der linearen Reduktion.)

[5] HAVELKA, K.: Základové predpäté škrupiny. Referát o vedecko-výskumnej úlohe na Ústave stavebníctva a architektúry Slovenskej akadémie vied v sborníku Nové výskumy v stavebnictve. VSAV 1960, Bratislava. (Vorgespannte Fundamentschalen. Referat über die wissenschaftliche Forschungsaufgabe des Instituts für Bauwesen und Architektur der Slowakischen Akademie der Wissenschaften in der Sammelschrift Neue Forschungen im Bauwesen. Bratislava: Verlag SAW. 1960.)

[6] HAVELKA, K., und J. ZVARA: Teória lineárnej redukcie plošných konštrukcií. I. diel: Rotačné nosné plochy. VSAV, Bratislava, 1961. (Theorie der linearen Reduktion der Flächentragwerke. I. Teil: Rotationsschalen, 558 Seiten, 123 Abb., 63 Tabellen, Register neueingeführter Begriffe. Bratislava: Verlag SAW. 1961.)

[7] HAVELKA, K.: Riešenie kontaktnej úlohy kombinovaného predpätého panela. Sborník vedeckých prác Stavebnej fakulty Slovenskej vysokej školy technickej, zväzok 2, Bratislava 1962. (Die Lösung des Kontaktproblems einer vorgespannten kombinierten Wandplatte. Sammlung der wissenschaftlichen Arbeiten der Slowakischen Technischen Hochschule, Band 2, Bratislava 1962.)

[8] HAVELKA, K.: Riešenie kontaktnej ulohy kombinovaného predpätého panelu. Stavebnícky časopis 1962/X, Bratislava, VSAV. (Lösung einer kombinierten vorgespannten Wandscheibe.)

[9] ZVARA, J.: Contribution to Havelka's Method of Linear Reduction. Bulletin de l'Academie Polonaise des Sciences. Vol. XI, No. 4 (1963). (Beitrag zu Havelkas Methode der linearen Reduktion.)

b) Zur Anwendung der linearen Reduktion auf Brückenplatten

[10] HAVELKA, K.: Mostové Dosky l'ubovol'ného tvaru a tuhosti. Stavebnícky časopis 1—2/XI, 1963, VSAV, Bratislava. (Brückenplatten beliebiger Form und Steifigkeit.)

[11] HAVELKA, K., J. TROKAN und J. ZVARA: Indukcia funkcií statických veličín pri výpočte mostových dosiek. Inžinierske stavby, č. 10, 1963, Bratislava. (Die Induktion der Funktionen der statischen Größen bei der Berechnung der Brückenplatten.)

[11a] HAVELKA, K., J. TROKAN und J. ZVARA: Indukcia funkcií statických veličín pri výpočte mostových dosiek (pokračovanie), Jubilejný sborník Stavebnej fakulty Slovenskej vysokej školy technickej v Bratislave, v tlači. (Die Induktion der Funktionen der statischen Größen bei der Berechnung der Brückenplatten. Festschrift zum Jubiläum der Baufakultät der Slowakischen Technischen Hochschule in Bratislava, im Druck.)

[12] Havelka, K., J. Trokan und J. Zvara: Mostové dosky l'ubovolného tvaru, uloženia a tuhosti. Sborník sjazdu o mostoch; Železobetónové a predpäté mosty, v tlači, Bratislava, VSAV. (Brückenplatten beliebiger Form, Unterstützung und Steifigkeit. Abhandlungen des Kongresses über Brückenkonstruktionen: Stahlbeton- und Spannbetonbrücken, im Druck.)

c) Verwandte Literatur anderer Autoren

[13] Pucher, A.: Einflußfelder elastischer Platten, 3. Aufl. Wien: Springer-Verlag. 1963.

[14] Krug, S., und P. Stein: Einflußfelder orthogonal anisotroper Platten. Berlin-Göttingen-Heidelberg: Springer-Verlag. 1961.

[15] Kolář, V., J. Beneš und Z. Sobotka: Nosné stěny a desky. Státní nakladatelství technické literatury, Praha, 1961. (Tragplatten und Scheiben. Prag: Verlag der STNL. 1961.)

MIX
Papier aus verantwortungsvollen Quellen
Paper from responsible sources
FSC® C105338

If you have any concerns about our products,
you can contact us on
ProductSafety@springernature.com

In case Publisher is established outside the EU,
the EU authorized representative is:
Springer Nature Customer Service Center GmbH
Europaplatz 3, 69115 Heidelberg, Germany

Printed by Libri Plureos GmbH
in Hamburg, Germany